2026 마스터 전기기능장

실기 [필답형]

현명걸, 김동진 공저

엔트미디어

실기 출제기준

직무분야	전기·전자	중직무분야	전기	자격종목	전기기능장	적용기간	2020.1.1.~2020.12.31.

◦ **직무내용** : 전기에 관한 최상급 숙련기능을 가지고 산업현장에서 작업관리와 소속 기능자의 지도 및 감독, 현장훈련, 경영계층과 생산계층을 유기적으로 결합시켜주는 현장의 중간 관리 등의 업무를 수행하는 직무이다.

◦ **수행준거** :
1. 전기설비의 시공도면을 해독하고 설치, 제작, 시운전 및 유지보수 할 수 있다.
2. 자동제어시스템의 종류와 특성을 이해하고, 시스템의 분석, 제어판의 제작, 설치 및 시운전 할 수 있다.
3. 전기설비에 관한 최상급의 숙련기능을 가지고 현장의 중간 관리 등의 직무를 수행할 수 있다.

실기검정방법	복합형	시험시간	6시간 30분정도(필답형 : 1시간30분, 작업형 : 5시간 정도)

실기과목명	주요항목	세부항목	세세항목
전기에 관한 실무	1. 자동제어시스템	1. 자동제어시스템 설계 및 유지관리하기	1. PC기반, PLC 제어기기의 요소들을 이해하고 적합한 기기들을 선정할 수 있다. 2. 자동제어시스템의 도면 등을 분석 할 수 있다. 3. 시퀀스 및 PLC 제어회로를 구성 및 설치할 수 있다. 4. 제어기기 간의 통신시스템을 구축할 수 있다. 5. 제어시스템의 공정을 확인하고 연동제어회로의 각종 신호변화에 따른 정상동작 유무를 판단할 수 있다. 6. 논리회로 구성을 이해하고 간략화할 수 있으며, 유접점, 무접점 회로를 상호 변환하여 구성할 수 있다. 7. 자동제어시스템을 관련규정에 따라 유지보수 계획을 수립하고 계획에 준하여 유지보수 할 수 있다.
	2. 수변전설비공사	1. 수변전설비 공사하기	1. 수변전 설비에 대한 설계도서 등의 적정성을 검토할 수 있다. 2. 수변전 설비 설치공사를 설계 도면 등에 의하여 시공 할 수 있다. 3. 변압기의 규격을 파악하고, 결선방식, 냉각방식, 탭 절환의 취부상태 등을 파악할 수 있다. 4. 개폐기 제작도면을 검토하여 규격을 파악하고, 제어회로, 결선상태 등을 확인할 수 있다. 5. 수전설비용으로 설치되는 주변압기, 콘서베이터, 방열기, LA, DS, CB, ES, IS, COS, PF등의 기능과 역할을 이해하고 설치할 수 있다. 6. 수변전용 CT, PT, ZCT, GPT 등의 기능과 역할을 이해하고 설치할 수 있다.

실기과목명	주요항목	세부항목	세세항목
전기에 관한 실무		2. 수변전설비 안전 및 유지관리	1. 수변전 설비를 안전관리규정에 따라 유지보수 계획을 수립하고 계획에 준하여 유지보수 및 관리할 수 있다. 2. 검교정 기준에 따라 계측장비의 검교정 계획을 수립하고 계획에 준하여 실시할 수 있다. 3. 계기류의 설치위치 및 연결상태에 따라 동작상태, 오류, 편차, 이상신호 여부 등을 판단할 수 있다. 4. 계측장비 관리 절차서에 따라 계측장비를 관리할 수 있다.
	3. 동력설비 공사	1. 동력설비 및 제어반 공사하기	1. 전동기가 외부요인으로부터 영향을 받지 않고 유지보수가 용이하게 될 수 있도록 전기 및 기계 설계도 등을 검토할 수 있다. 2. 전동기가 과전류로 인하여 문제가 발생하지 않도록 동력 제어반에 설치된 차단기 정정, 보호계전기용량, 케이블 및 전선규격을 검토하여 시공할 수 있다. 3. 전동기의 기동방식을 검토하여 적합한 방법으로 시공 할 수 있다. 4. 동력설비의 작동 및 운전이 용이하기 위하여 운전, 감시, 제어방식 등을 이해하고 적용할 수 있다.
		2. 전력간선 동력설비 공사하기	1. 설계도서를 확인하고 부하불평형, 전압불평형, 허용전류, 전압강하 등 기술계산서를 검토할 수 있다. 2. 단락, 지락, 과전류보호를 이해하고 MCCB, ELB, EOCR등 보호장치를 설치할 수 있다.
		3. 동력설비 안전 및 유지관리하기	1. 동력설비를 안전관리규정에 따라 유지보수 계획을 수립하고 계획에 준하여 유지보수 할 수 있다.
	4. 전력변환설비 공사	1. 무정전전원(UPS) 설비 공사하기	1. 설계도서에 따라 설비를 구매, 시공할 수 있도록 건축물에서 요구하는 무정전전원의 종류, 전력량, 및 무정전전원 공급 방법, 시스템 구성 등을 검토할 수 있다. 2. 무정전전원 운영에 문제가 없도록 무정전전원과 상시전원의 연결 방법 등을 검토할 수 있다.
		2. 인버터(PCS) 설비 공사하기	1. 인버터를 포함한 AC-DC변환, DC-DC 변환 모듈 등 계통연계를 위해 사용되는 전기설비의 용량, 전기설비의 사양 등을 확인하여 계통과의 안정적인 운전을 위해 케이블, 보호기기, 차단기 등과의 연계에 문제가 없는지 검토할 수 있다.

실기과목명	주요항목	세부항목	세세항목
전기에 관한 실무			2. 인버터의 정격용량이 발전기 정격출력이며 인버터의 입력전압 범위 내에 발전기 출력 전압이 들어가는지 시스템 구성, 설계도서 등을 검토하여 확인할 수 있다.
		3. 축전지 설비공사 하기	1. 설계도서에 따라 설비를 구매, 시공할 수 있도록 건축물에서 요구하는 축전지의 종류, 전력량 및 축전지 공급방법, 시스템구성 등을 검토할 수 있다. 2. 축전지설비를 그 사용 용도에 따라 구분하여 설치하며, 설계도서를 검토하여 용도에 맞게 구성되어 있는지 확인 후 시공할 수 있다. 3. PMS, EMS, ESS 등의 구성을 이해하고 배터리 설치용 가대 등을 설계도서 준하여 설치할 수 있다.
	5. 피뢰 및 접지공사	1. 피뢰설비 검사 및 공사하기	1. 수뇌부는 낙뢰로부터 구조체를 확실하게 보호하기 위하여 규격에 적합한 피뢰침이나 수평도체를 사용하여 보호범위 안에 구조체가 포함되도록 견고하게 시공할 수 있다. 2. 낙뢰 보호구역 경계에 낙뢰환경에 적합한 SPD를 올바른 배선과 유지보수가 용이하도록 시공할 수 있다.
		2. 접지설비 검사 및 공사하기	1. 법적으로 요구되는 접지저항 값을 만족하는지 확인하기 위하여 올바른 접지저항을 측정할 수 있다. 2. 인하도선이 낙뢰전류를 효율적으로 흘려 보낼 수 있도록 최단거리로 시공되었는지 여부를 확인할 수 있다. 3. 접지설비 등을 시공할 수 있다. 4. 접지저항을 계산할 수 있다. 5. 접지선 굵기를 선정할 수 있다.
	6. 배선배관 및 기타 전기공사	1. 배선배관 공사하기	1. 내선공사 견적산출 및 자재를 선정할 수 있다. 2. 배선 및 배관 등을 설계 도면에 의하여 시공할 수 있다.
		2. 외선 공사하기	1. 외선공사 견적산출 및 자재를 선정할 수 있다. 2. 배전기기 및 외선공사를 시공할 수 있다. 3. 외선공법을 선정하고 현장관리, 공정관리, 안전관리, 품질관리계획 등 작업수행에 필요한 시공계획서를 작성할 수 있다. 4. 이도를 측정하고, 긴선공사에 쓰이는 각종 부품들을 규정에 준하여 활용할 수 있다.

실기과목명	주요항목	세부항목	세세항목
전기에 관한 실무		3. 조명 및 전열공사 하기	1. 조명기구의 설계도면을 이해하고 시설장소 및 용도에 적합하게 설치할 수 있다. 2. 전등의 규격, 점등방식, 사용조건, 조명기구의 외형, 조명기구의 설치방법 등을 고려하여 설계도서, 전문시방서 또는 공사시방서 등을 검토하여 적용할 수 있다. 3. 콘센트 및 전열기구를 설계도면에 의하여 시공할 수 있다.
		4. 기타 전기설비 공사하기	1. 보호설비, 피난설비, 소화활동설비 등을 이해하고 시공 할 수 있다. 2. 설계도면에 표기된 방폭지역, 방폭등급, 위험물 지역을 고려하여 비교 검토하여 방폭자재 등을 선정할 수 있다. 3. 비상콘센트 및 제연설비를 이해하고 설계도서에 따라 시공할 수 있다. 4. 유도등, 누설동축케이블, 분배기, 증폭기등 피난설비를 이해하고 검토할 수 있다. 5. 신재생발전설비를 설계도서에 준하여 설치할 수 있다. 6. 태양광, 풍력, 연료전지등 신재생발전 설비의 각 부품을 관련 규정에 충족하는지 검토할 수 있다.

전기기능장 실기시험 변경 안내(63회~)

■ **변경 목적**

NCS 기반 국가기술자격 실기시험 평가방법 개선 및 출제기준 개정 적용

■ **변경 내용**

구 분	변경 전	변경 후	
변경 적용 시점	-	2018년도 1월 1일 이후 시행되는 실기시험 부터	
시험 형태	작업형	**복합형 (작업 + 필답)**	
시험 시간	6시간 정도	**작업 : 5시간 정도**	**필답 : 1시간30분**
배점 구성	100점	**배점 : 50점**	**배점 : 50점**
작업형 과제구성	1과제 : PLC 프로그램 2과제 : 전기공사 1) 배관 및 기구배치도 2) PCB 회로도 3) 시퀀스도 4) 논리회로 구성(삼로스위치)	1과제 : PLC 프로그램 2과제 : 전기공사 1) 배관 및 기구배치도 2) 시퀀스도 ※ PCB 회로도 및 논리회로 구성(삼로스위치) 과제는 작업형 평가에서 제외	
필답형 문제수	-	10문항 내외	
합격기준	100점 만점에 60점 이상	작업형과 필답형 점수를 합산하여 100점 만점에 60점 이상 ※ 필답형 과락 점수 없음	

머리말

본서의 특징은

전기기능장은 최고급 수준의 숙련기능을 가지고 산업현장에서 작업 관리, 소속 기능 인력의 지도 및 감독, 현장훈련, 경영계층과 생산계층을 유기적으로 연계시켜 주는 현장관리 등의 역할을 수행할수 있어야 한다.

그러므로 본도서는 전기 안전과 직접적인 관련이 있는 전기설비분야을 독학으로 이해하고 필요한 내용을 숙지하기 위해 저자는 대학과 전기학원 등에서 지난 25～30년간 강의한 [현명걸 교수, 김동진 교수] 자료와 국내 저서등을 참조하였으며,
특히 단원별 문제 분석 및 해설을 통해 쉽게 접근할수 있도록 예상모의고사·기출문제 등을 수록하여 전반적인 전기에 대한 기초적인 지식과 기능이 요구되는 산업 현장과 연계시켰고, 필요한 기능인력 양선을 목적으로 하였다.

전기안전사고에 대한 고귀한 인명과 재산상의 피해를 사전에 예방하기 위해서 전기설비의 기능을 구축하는 일이 최우선이므로 본도서는 전기기능장 자격 취득을 준비하는 수험생들을 위하여 만들었으며 조금이라도 도움이 될수 있다면 더없이 기쁨이 될것입니다.

끝으로 이책을 수정 보완하여 도와 주신 서울공과전기학원 정용근 원장님과 엔트미디어 오세욱 대표님, 임직원 들게 감사의 뜻을 표합니다.

현명걸, 김동진
저자 드림

수험서내용 연락처 : greenwonsa@yi.or.kr

차 례

1장 배전설비공사
1.1 건주공사 ·· 14
1.2 장주(애자)공사 ·· 19
1.3 지선공사 ·· 35
1.4 피뢰기 및 피뢰침 설비공사 ·· 44

2장 방재설비공사
2.1 자동화재 탐지설비 ·· 60
2.2 자동화재 속보설비 ·· 63
2.3 감지기 ·· 64
2.4 종단저항 ·· 74
2.5 발신기 ·· 75
2.6 수신기 ·· 76
2.7 유도등 ·· 77
2.8 비상콘센트 ·· 79
2.9 누전경보기 ·· 80
■ 단원별 예상문제 ·· 82

3장 배선설비설계
3.1 부하의 상정 및 분기회로 ·· 100
3.2 과부하 전류 및 단락전류에 대한 보호 ······················ 103
3.3 전로의 절연 및 누전 차단기 ······································ 103
3.4 저압 개폐기 ·· 105
3.5 단상 3선식과 단상 2선식의 비교 ······························ 108
3.6 불평형률 ·· 109
3.7 전압 강하 ·· 110
■ 단원별 예상문제 ·· 115

4장 전등 및 동력설비

- 4.1 조명 ·· 134
- 4.2 전동기 및 전열기의 용량 산정 ································ 141
- ■ 단원별 예상문제 ·· 144

5장 송배전 특성

- 5.1 송배전 선로의 전기적 특성 ······································ 160
- 5.2 지락전류 ·· 165
- 5.3 배전 전압 승압의 필요성 및 효과 ···························· 166
- 5.4 절연협조 ·· 168
- 5.5 유도 장해 및 대책 ·· 169
- 5.6 코로나 ·· 172
- ■ 단원별 예상문제 ·· 175

6장 수변전 설비

- 6.1 수변전 설비에 대한 계획 ·· 188
- 6.2 부하 관계 용어 및 변압기 용량 산정 ······················ 190
- 6.3 변압기 ·· 193
- 6.4 단권 변압기 ·· 209
- 6.5 표준전압 ·· 211
- 6.6 차단기 ·· 211
- 6.7 전력 퓨즈(PF : Power Fuse) ································· 220
- 6.8 이상전압 방지대책 ·· 223
- 6.9 역률 개선 ·· 230
- 6.10 계기용 변성기 ··· 235
- 6.11 보호 계전기 ··· 242
- 6.12 수전설비 표준 결선도 ··· 250
- ■ 단원별 예상문제 ·· 257

7장 예비전원설비

- 7.1 자가 발전 설비 ··· 316
- 7.2 무정전 전원 장치(UPS : Uninterruptible Power Supply) ············ 320
- 7.3 축전지 설비 ·· 321
- 7.4 태양광발전시스템의 전기공사 ·································· 330
- ■ 단원별 예상문제 ·· 334

8장 피뢰 및 접지공사와 안전

- 8.1 접지공사 ········· 350
- 8.2 접촉 전압의 계산 ········· 359
- 8.3 감전 ········· 360
- 8.4 방폭 구조 ········· 361
- 8.5 피뢰설비공사 ········· 363
- ■ 단원별 예상문제 ········· 370

9장 시험 및 측정

- 9.1 전기계기 ········· 388
- 9.2 전력의 측정 ········· 388
- 9.3 적산전력계 ········· 389
- 9.4 저항 및 접지저항 측정법 ········· 394
- 9.5 고장점 탐지법 ········· 396
- 9.6 변압기 시험 ········· 398
- ■ 단원별 예상문제 ········· 400

10장 시퀀스

- 10.1 시퀀스(SEQUENCE) 제어 ········· 410
- 10.2 PLC 제어 ········· 423
- ■ 단원별 예상문제 ········· 424

11장 추가요점 및 예제정리

- 11.1 전선 및 옥내배선용 기호 ········· 430
- 11.2 내선규정(용어) ········· 437
- 11.3 내선규정(배선설비설계) ········· 441
- 11.4 조명(전등)설비 ········· 450
- 11.5 동력설비 ········· 457
- 11.6 수변전설비 ········· 462
- 11.7 옥내배선시설 ········· 493
- 11.8 예비전원설비 ········· 504
- 11.9 시험 및 측정 ········· 513
- 11.10 방재설비 ········· 516
- 11.11 송·배전설비 ········· 517

12장 전기기능장 필답형 과년도문제

- 2018년 전기기능장 제63회 필답형 실기시험 ·· 534
- 2018년 전기기능장 제64회 필답형 실기시험 ·· 539
- 2019년 전기기능장 제65회 필답형 실기시험 ·· 544
- 2019년 전기기능장 제66회 필답형 실기시험 ·· 549
- 2020년 전기기능장 제67회 필답형 실기시험 ·· 554
- 2020년 전기기능장 제68회 필답형 실기시험 ·· 559
- 2021년 전기기능장 제69회 필답형 실기시험 ·· 564
- 2021년 전기기능장 제70회 필답형 실기시험 ·· 569
- 2022년 전기기능장 제71회 필답형 실기시험 ·· 576
- 2022년 전기기능장 제72회 필답형 실기시험 ·· 581
- 2023년 전기기능장 제73회 필답형 실기시험 ·· 587
- 2023년 전기기능장 제74회 필답형 실기시험 ·· 593
- 2024년 전기기능장 제75회 필답형 실기시험 ·· 600
- 2024년 전기기능장 제76회 필답형 실기시험 ·· 607
- 2025년 전기기능장 제77회 필답형 실기시험 ·· 614
- 2025년 전기기능장 제78회 필답형 실기시험 ·· 622

마스터 전기기능장 실기

PART
01

배전설비공사

제 1 장 배전설비공사

1.1 건주공사

1 지지물

지지물에는 콘크리트주의 사용을 원칙으로 한다. 단, 필요시에 따라서 강관주 철주 또는 철탑을 다음과 같이 사용할 수 있다.

(1) 철주, 철근 콘크리트주 또는 철탑의 종류

특고압 가공 전선로의 지지물로 사용하는 B종 철주, B종 철근 콘크리트주 또는 철탑의 종류는 다음과 같다.

① 직선형 : 전선로의 직선 부분(3도 이하의 수평 각도를 이루는 곳을 포함)에 사용하는 것으로 내장형과 보강형은 제외한다.
② 각도형 : 전선로 중 3도를 넘는 수평 각도를 이루는 곳에 사용하는 것
③ 인류형 : 전가섭선을 인류하는 곳에 사용하는 것
④ 내장형 : 전선로 지지물의 양측의 경간의 차가 큰 곳에 사용하는 것
⑤ 보강형 : 전선로의 직선 부분에 그 보강을 위하여 사용하는 것

(2) 지지물의 기초 강도

① 가공 전선 지지물의 기초 강도는 안전율 2이상으로 할 것
② 지지물의 전장이 15[m] 이하의 경우에는 땅에 묻히는 깊이를 전장의 1/6 이상으로 할 것
③ 전장이 15[m]를 초과하는 경우에는 2.5[m] 이상 매설하여야 한다. 단, 철근 콘크리트주 전장이 14[m] 이상 17[m] 이하로서 설계 하중이 6.8[kN]을 초과하고 9.8[kN] 이하인 것은 기준보다 30[cm]를 더한다.

(3) 전주 근입시 전주의 지표면 지름

$$D[\text{cm}] = d[\text{cm}] + H \times \frac{1}{75} \times 100$$

여기서, D : 지표면에서의 전주의 지름[cm]
d : 전주 말구 지름[cm]
H : 전주의 지표면상 길이[m]

전주의 지름 증가율 $\begin{cases} \text{목주} : \dfrac{9}{1000} \\ \text{CP주} : \dfrac{1}{75} \end{cases}$

2 철근콘크리트주(Reinforced Concrete Pole, C P)

(1) 일반용 및 중하중용 전주규격

전주길이[M]	끝지름[mm]	밑지름[mm]	설계하중[kg]	지지점 높이[m]
8	170	277	200	1.4
10	190	323	350(500)	1.7
12	190	350	500(700)	2.0
14	190	377	500(700)	2.4
15	190	390	500	2.5
16	190	404	500(700)	2.5
17	190	417	700	2.5

(2) 특고압 가공전선로 각부 명칭

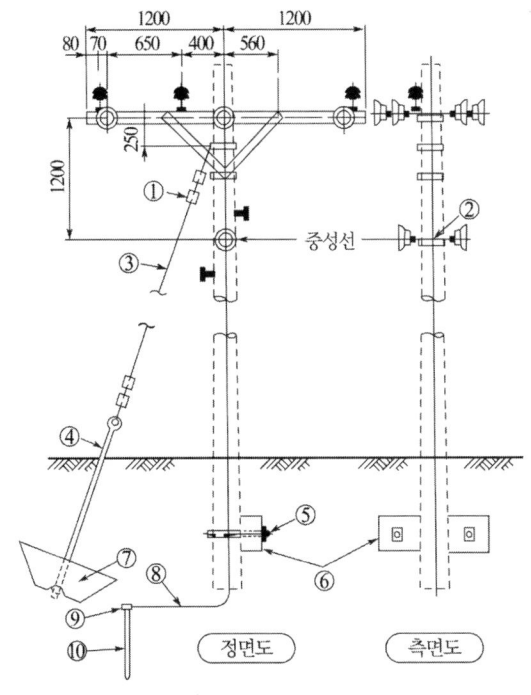

① 지선 클램프
② 랙 밴드
③ 지선
④ 지선로드
⑤ 근가용 U볼트
⑥ 근가
⑦ 지선 근가
⑧ 접지 전선
⑨ 접지 동봉용 클램프
⑩ 접지 동봉

3 철탑

타지지물로서 필요한 길이와 강도를 얻기 어려운 경우
① 직선형 철탑 : A형, F형…전선로 수평각도 3°이하
② 각도형 철탑 : B형…전선로 수평각도 3°초과
③ 내장형 철탑 : C형, E형…경간의 차가 큰 곳
④ 인류형 철탑 : D형…전선 끝맺음 하는 곳
⑤ 보강형 철탑 : 전선로 직선부분 보강
⑥ 특수 철탑 : S형

(1) 철탑 각 부의 명칭

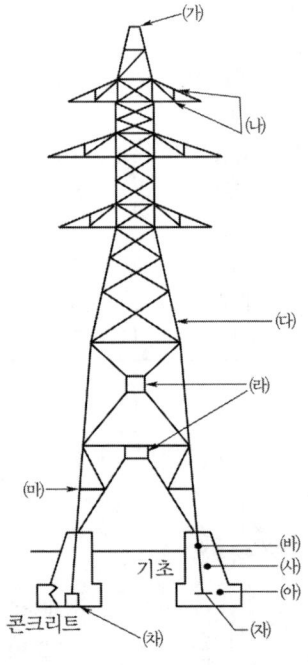

㈎ 철탑정부
㈏ 암
㈐ 주주재
㈑ 거싯플레이트
㈒ 사재
㈓ 주각재
㈔ 주체부
㈕ 상판부
㈖ 앵커재
㈗ 앵커블록

(2) Bleich 결구(브레히 결구)

강도 자체의 경제성으로 현재 가장 많이 사용되는 결구

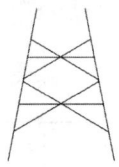

(3) 각입

철탑의 기초작업에서 굴착 다음 공정으로 콘크리트를 타설하기전 철탑의 앵커재 및 주각재 또는 주주재를 설치하는 공정을 각입이라 한다.

예제 1 철탑 기초공사에서 각입이란?

풀이 철탑의 기초작업에서 굴착 다음 공정으로 콘크리트를 타설하기전 철탑의 앵커재 또는 주주재를 설치하는 공정을 각입이라 한다.

예제 2 근가용 U볼트 용도는?

풀이 전주에 근가를 취부할 때 근가를 고정시켜주는 볼트

예제 3 그림에서 철탑의 명칭을 쓰시오.

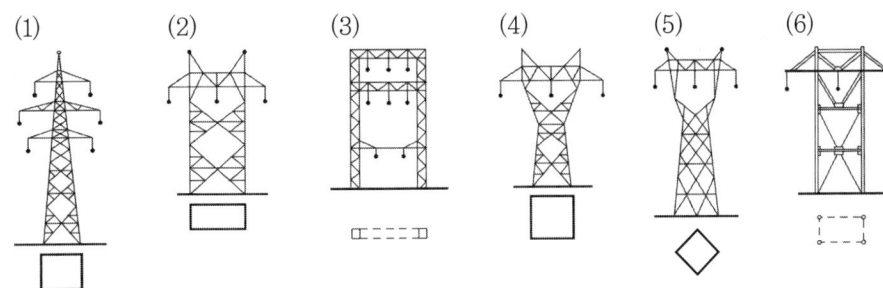

풀이
(1) 사각 철탑　　(2) 방형 철탑　　(3) 문형 철탑
(4) 우두형 철탑　(5) 회전형 철탑　(6) MC 철탑

예제 4 강도 자체의 경제성으로 현재 가장 많이 사용되는 그림과 같은 결구방식은?

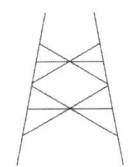

풀이　브레히 결구(Bleich 結構)

4 지지물의 최소길이

전압별, 용도별, 지역별로 전주의 최소 길이는 다음과 같다.
- 저압 – 8[m] 이상
- 고압 및 특고압 – 표 1.1과 같다.

표 1.1 전주최소길이

용도	일 반 주			기 기 장 치 주		
지역	상가및 번화가	밀집 주택가	기타 지역	상가및 번화가	밀집 주택가	기타 지역
1회선	16	14	12	16	16	14
2회선	16	16	14	16	16	16

5 전주의 건설

(1) 전주의 표준근입(根入)

① 전장 15[m] 이하 : 전장의 1/6 이상
② 전장 15[m] 초과 : 2.5[m] 이상

표 1.2 전주의 표준근입

전주 길이	표준근입	
	6.86[kN] (700kg) 이하	6.86[kN] 초과 9.8[kN] 이하
8	1.4	표준근입에 30[cm] 가산
10	1.7	
12	2.0	
14	2.4	
16	2.5 이상	

6 근가의 취부

(1) 콘크리트주는 지표면 0.5m이상의 깊이에 근가블록 1개를 취부하여야 하며 전주규격별 근가와 취부 Bolt 의 표준은 표 1.3과 같다
  단, 선로의 장력이 클 때 또는 지반이 약할 때는 그 수를 증가한다.

표 1.3

전주길이[m]	근가길이[m]		U-BOLT(경×길이)[m]
8	1.0	1.2[m]	270×500
10	1.2		320×550
12~14	1.5		360×590
16	1.8		400×630

(2) 근가블록의 취부하는 방향은 그림 1.1과 같이 직선선로에서는 선로방향으로 전주 1개마다 좌,우 교대로 취부하여야 하며 곡선선로 및 인류 전주에서는 장력의 직각방향에 취부한다.

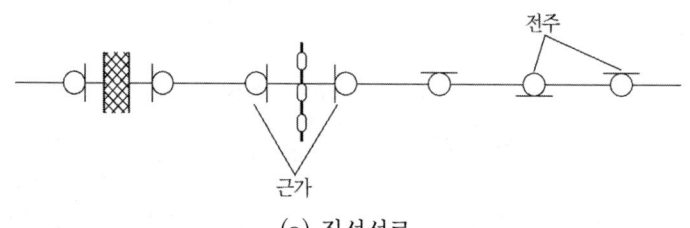

(a) 직선선로

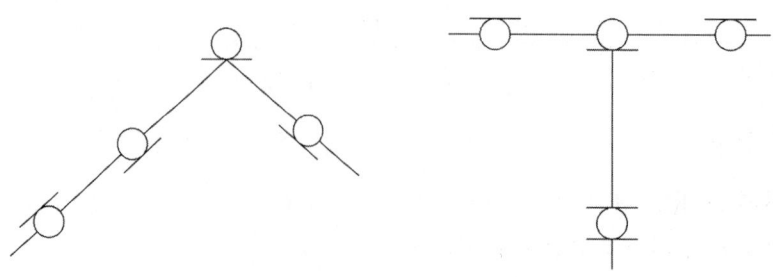

(b) 각도개소 또는 인류, 내장개소

그림 1.1 근가설치

7 H주와 A주

단주로서는 충분한 강도를 얻을 수 없거나 큰 강도를 필요로 할 때에는 H주를 건주하며, H주 건주가 곤란할 때에는 A주로 한다. 단, 교통에 지장이 되는 곳에는 H주나 A주는 건주하지 않는다.

(1) 하천, 계곡, 횡단등 장경간 일 때
(2) 변압기등 중량이 큰 기기를 주상에 설치할 때
(3) 중요한 공작물을 횡단할 때
(4) 변전소 또는 대수용장소의 인입, 인출주로서 다회선 가설시

1.2 장주(애자)공사

1 배전선의 장주 순위

(1) 서로 다른 전압선을 병가할 때에는 높은 전압선을 상단으로 한다.
(2) 전용선 또는 이와 유사한 전선은 일반선의 상단으로 한다.
(3) 원거리에 송전하는 전선은 근거리에 송전하는 선의 상단으로 한다.

2 크로스암의 사용과 간격

(1) 크로스암 : ㄱ형 완금, 경완금
(2) 최상단의 크로스암 : 콘크리트전주, 강판주 말구로부터 25cm
   ** 완금(腕金), 완철(腕鐵)
      말구(末口) : Topend, Small end

완철의 종류

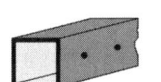
경완철(輕腕鐵)
Square Type
Steel Crossarm
3.46~16kg

ㄱ형 완철(腕鐵)
L Type
Steel Crossarm
37.5~64.5kg

3 크로스암의 길이

표 1.4 크로스암의 표준길이 [mm]

전선조수	특고압	고압		저압
		종부하(end load)	경부하	
2 조	1,800	1,400	900	900
3 조	2,400	1,800	1,400	1,400
4 조	-	2,400	2,400	-
5~6 조	-	2,600	2,600	-

(1) 크로스암의 취부위치

전주를 중심으로 하여 전원의 반대측(부하측)에 취부함을 원칙으로 하되 다음의 경우는 제외한다.

① 인류 및 분기 크로스암은 장력방향의 반대측에 취부한다.
② 철도, 도로, 약전선 또는 하천등을 횡단할 때에는 횡단코자 하는 경간의 반대측에 취부한다.
③ 보호선(또는 보호망)용 크로스암은 장력방향의 반대측에 취부한다.
④ 하부 크로스암은 상부 크로스암과 동일측에 취부한다.

4 완금과 애자의 사용구분

단크로스암과 겹크로스암의 사용구분 및 이에 다른 핀애자와 인류애자의 사용은 다음과 같다.

(1) 인류주

1) 전선의 인류시공을 요하는 장소
   ① 전선이 수평각도 30° 이상을 이루는 수평각도 개소
   ② 전선의 분기개소
   ③ 전선의 종단개소

2) 인류주의 경우
   다음 표 1.5인 경우에 한하여 겹크로스암으로 하고 기타는 단크로스암으로 한다.

표 1.5 인류주의 크로스암 사용구분

전압별	크로스암의 길이	전선의 굵기	
		동선	Al선
특고압	1,800[mm] 2,400[mm]	38[mm^2] 이상 22[mm^2] 이상	58[mm^2] 이상 32[mm^2] 이상
고압	1,400[mm] 1,800[mm] 2,600[mm]	38[mm^2] 이상 38[mm^2] 이상 22[mm^2] 이상의 2회선	58[mm^2] 이상 58[mm^2] 이상 32[mm^2] 이상의 2회선

(2) 내장주

1) 전선의 내장시공을 요하는 장소
   ① 종류 또는 굵기가 상이한 전선을 접속할 때(단, Jumper에서 접속한다.)
   ② 전선이 수직각도 15° 이상으로 인상 또는 인하되는 장소
   ③ 개폐기 취부 장소
   ④ 장경간 개소 또는 특수개소
   ⑤ 양종지선 취부장소 (兩縱支線 / Double Longitudial Stay)
   ⑥ 보호선 또는 보호망 설치장소
   ⑦ 전선로가 수평각도 15° 이상 30° 미만의 각도인 장소
   ⑧ 철도와 중요도로 횡단장소
   ⑨ 기타 중요시설의 횡단장소

전선 굵기의 단계차가 있는 경우의 내장개소에서는 표 1.6에 따라 단 크로스암 또는 겹크로스암으로 하고 전선 굵기의 단계차가 없는 경우는 단 크로스암으로 한다.

표 1.6 내장주의 크로스암 사용구분

전압	전선의 굵기의 단계차						
	1 단		2 단		3 단		4 단 이상
	동	AL	동	AL	동	AL	
특고압	단 완 철			겹 완 철			
고압							
저압							

[주] 전선굵기의 단계차는 다음과 같다.

동 선	3.2[mm]	5.0[mm]	22[mm^2]	38[mm^2]	60[mm^2]	100[mm^2]	150[mm^2]
Al 선	-	-	25[mm^2]	32[mm^2]	58[mm^2]	95[mm^2]	160[mm^2]

(3) 수평각도주

수평각도주에서 전선의 굵기에 따른 크로스암 사용구분은 표 1.7에 따른다.

표 1.7 수평각도에서 크로스암의 사용구분

전선규격	단크로스암 pin 장주	겹크로스암 pin 장주	내장 또는 인류
동선 38[mm^2] (ACSR32[mm^2])이하	10°미만	10°~20°	20° 초과
동선 38[mm^2] (ACSR32[mm^2])초과	10°미만	10°~15°	15° 초과

(4) 기기장치주

차단기 개폐기류 또는 주상 기기의 설치주에서는 필요에 따라 크로스암을 겹으로 시설한다.

5 랙크[Rack]의 사용

저압을 수직 배선할 때에는 다음에 따른다.

(1) 전선의 배열

① 중성선을 상위로 하고 전압선을 하위로 한다.
② 중성선이 2개 이상 가선되는 경우에는 높은 계통의 중성선을 최상단으로 배열한다.

(2) 암타이는 장주형태 및 완철 길이에 따라 차등 적용할 것.

1) 보통 장주

Crossarm 길이	적용 Arm 규격	장주형 태별 개수	
		직선주	인류 및 내장주
900	750	1개(평)	2개
1400	750	1개(평)	2개
1800	900	2개(평)	2개 또는 4개(각)
2400	900	2개(각)	2개 또는 4개(각)
2600	900	2개(각)	2개 또는 4개(각)

2) 완금밴드

기호	밴드의 최소내경[mm^2]	적용전주직경[mm]	용도	비고
1방 1호	140	140 ~ 170	단완금 취부용	
1방 2호	170	170 ~ 200	단완금 취부용	
1방 3호	200	200 ~ 230	단완금 취부용	
2방 1호	140	140 ~ 170	겹완금 취부용	
2방 2호	170	170 ~ 200	겹완금 취부용	
2방 3호	200	200 ~ 230	겹완금 취부용	

(2) 발판볼트의 취부

① 개폐기 변압기 등이 설치된 저압이 가선된 전주에는 지표상 1.8[m]의 위치로부터 크로스암하부 약 0.9[m]까지 발판볼트를 취부한다.(단. 최하부의 발판못은 교통이나 통행인에 지장이 없도록 하여야 한다.)

② 그 외의 전주는 지표상 3.6[m]의 위치로부터 크로스암 하부 약 0.9[m]까지 발판볼트를 취부한다.

6 애자설치 방법

(1) 가공 배전선로에 쓰이는 애자의 종류 4가지

① 핀애자 : 직선 선로에 사용
② 현수애자 : 인류 및 내장 개소에 사용
③ 라인포스트 애자 : 연가용 철탑등에서 점퍼선 지지
④ 인류 애자 : 인류 개소 및 배전선로의 중성선

(2) 가공전선을 애자에 바인드 하는 방법

① 인류 바인드법
② 측부 바인드법
③ 두부 바인드법

(3) 색상구분
  ① 특고핀애자 – 적갈색
  ② 저압애자 – 백색
  ③ 접지측애자 – 청색

1) 라인포스트 애자

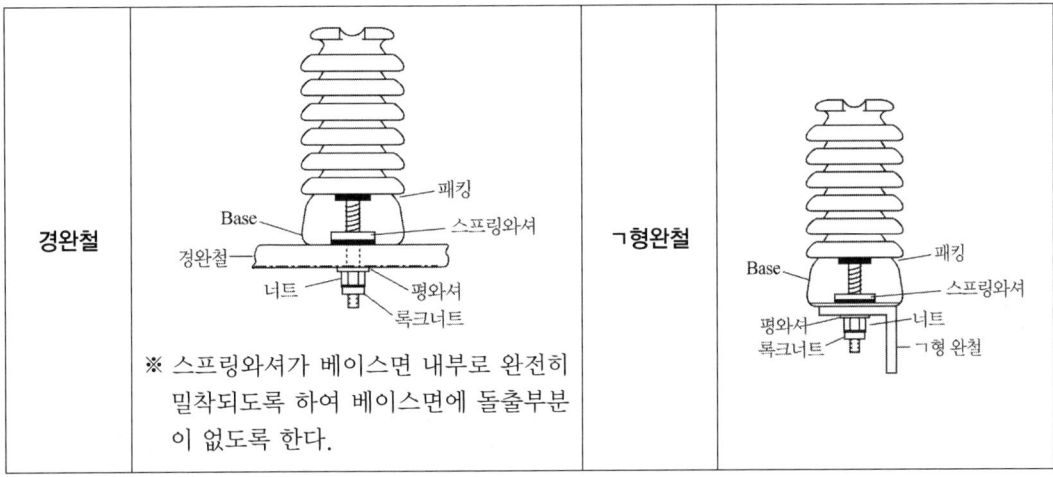

2) 현수애자

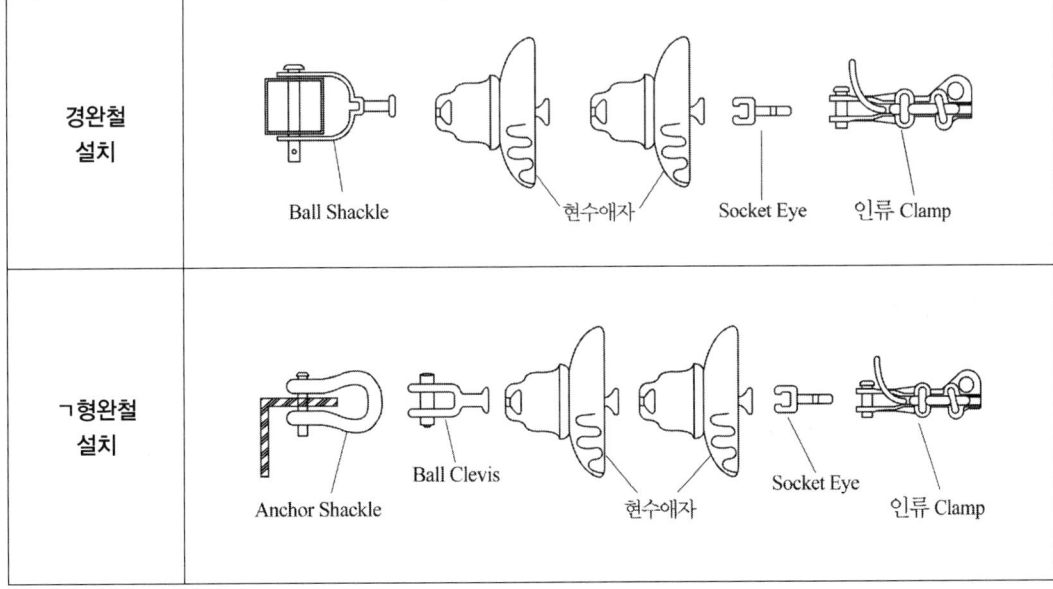

3) 폴리머(Polymer)애자

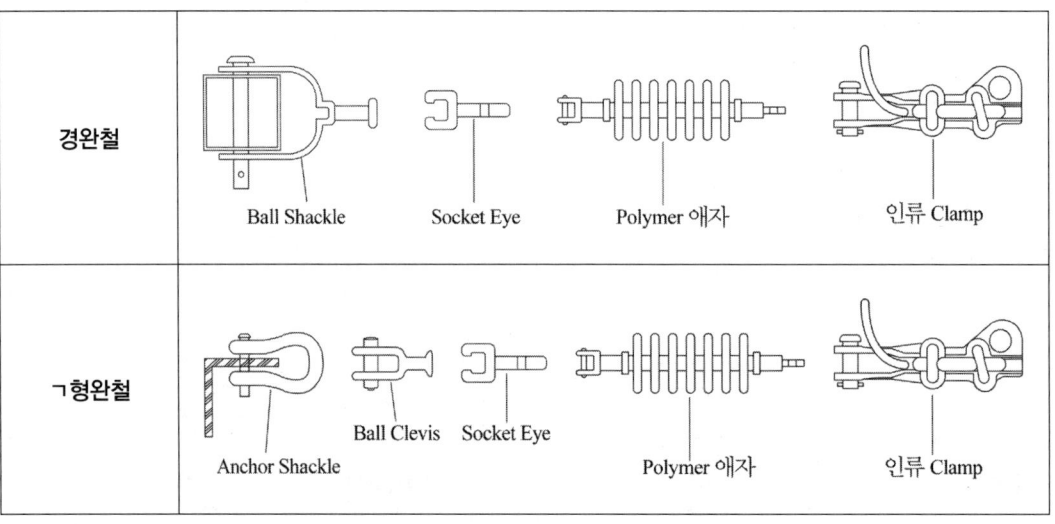

4) 장간형 현수애자

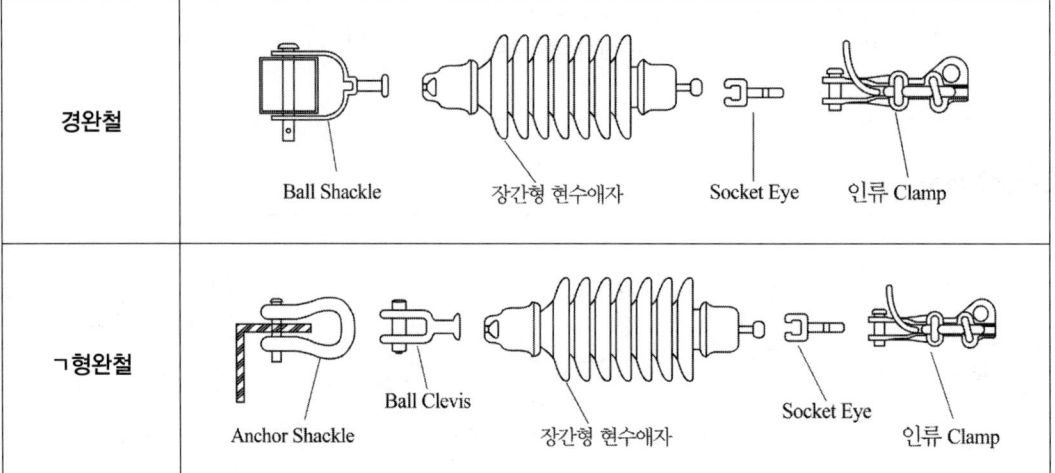

5) 장경간개소 현수애자 설치

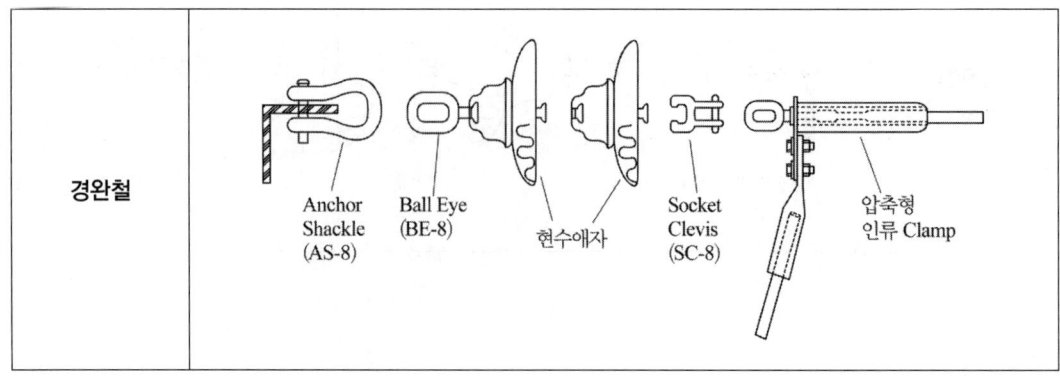

6) 조상형(수직각도 15° 이상개소) 현수애자 설치

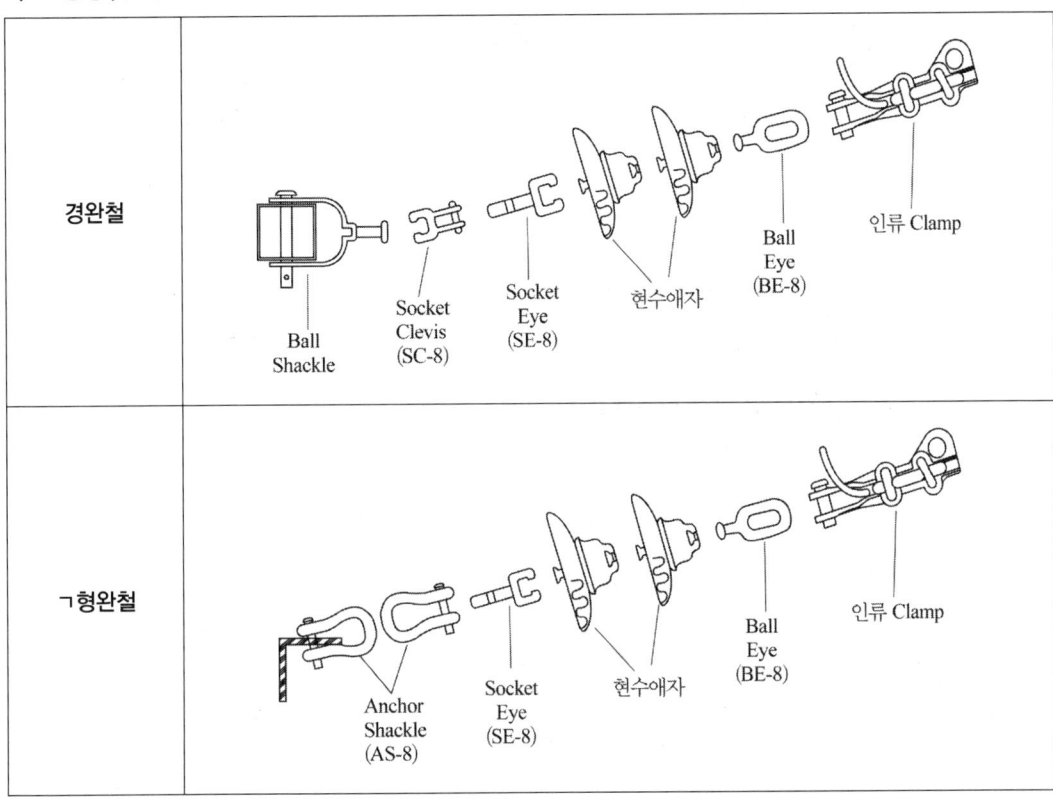

경완철	
ㄱ형완철	

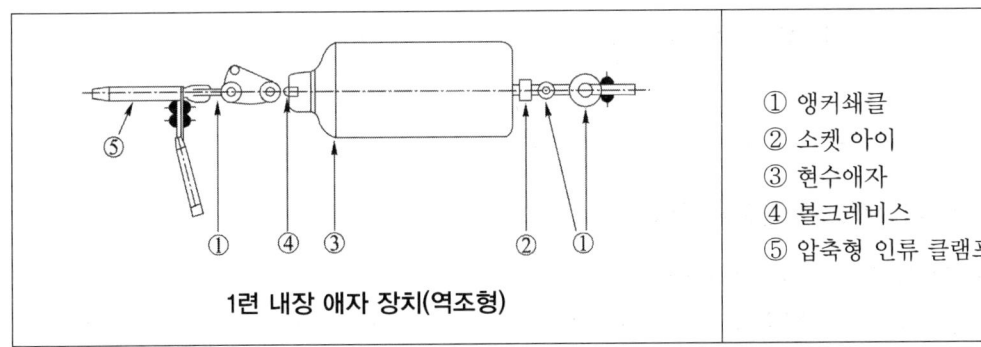

1련 내장 애자 장치(역조형)

① 앵커쇄클
② 소켓 아이
③ 현수애자
④ 볼크레비스
⑤ 압축형 인류 클램프

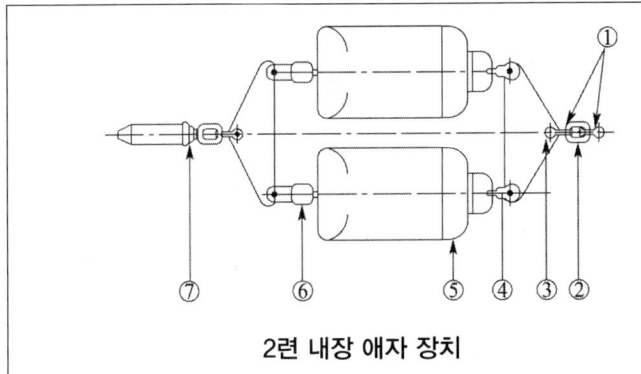

2련 내장 애자 장치

① 앵커쇄클
② 체인링크
③ 삼각요크
④ 볼크레비스
⑤ 현수애자
⑥ 소켓 크레비스
⑦ 압축형 인류 클램프

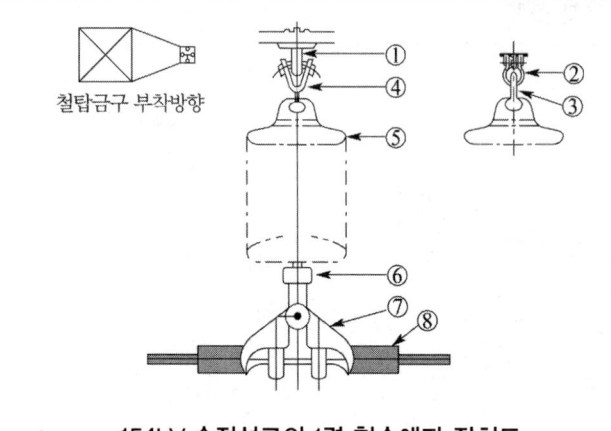

① 애자장치 U볼트
② 앵커쇄클
③ 볼아이
④ Y크레비스볼
⑤ 현수애자
⑥ 소켓아이
⑦ 현수클램프
⑧ 아마롯드

154kV 송전선로의 1련 현수애자 장치도

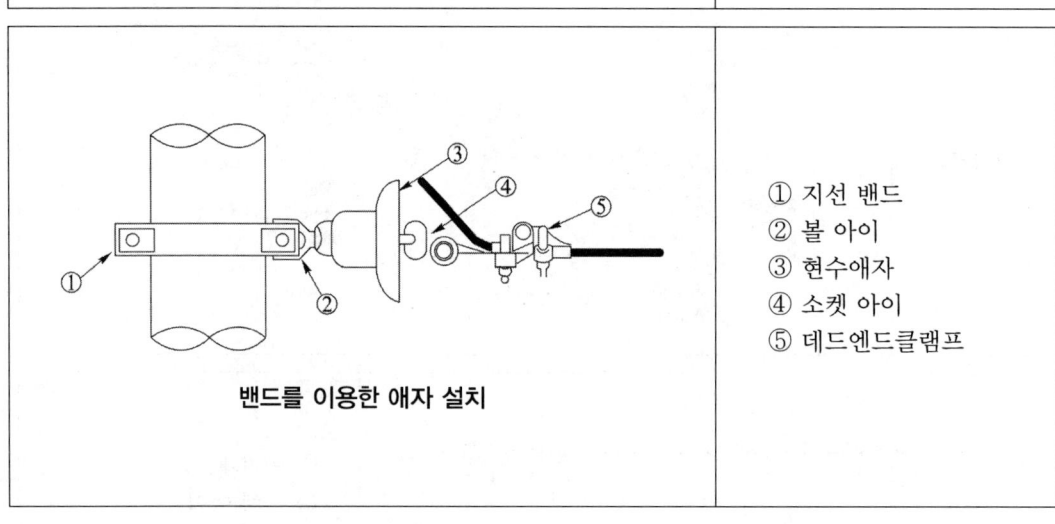

① 지선 밴드
② 볼 아이
③ 현수애자
④ 소켓 아이
⑤ 데드엔드클램프

밴드를 이용한 애자 설치

7 인류 및 내장개소 전선설치 방법

(1) 저압선로(다중접지된 중성선 포함)

동선인 경우에는 저압인류애자에 인류바인드로 전선을 지지하며, AL전선인 경우에는 데드앤드크램프를 사용하여 설치한다.

구 분	전선종류	전선설치방법	
저압선	OW전선		① 랙크밴드 ② 랙크 ③ 저압인류애자 ④ 인류바인드
저압중성선, 특고압중성선	WO전선		

구 분	전선종류	전선설치방법	
특고압중성선 (장경간)	ACSR		① 지선밴드 ② 볼아이 ③ 현수애자 ④ 소켓아이 ⑤ 데드앤드크램프 ⑥ 전선
AL저압선 (전선도난방지용)	ACSR-OC		
저압중성선, 특고압중성선 (일반경간)	ACSR		① 랙크밴드 ② 1선랙크 ③ 저압인류애자 ④ 인류스크랍 ⑤ 데드앤드크램프 ⑥ 전선

(2) 특고압(고압)선로

1) 특고압(고압)선로의 인류 및 내장개소는 내장크램프(동선), 데드앤드크램프(AL전선), ACSR용 내장크램프(AL전선 장경간), 또는 압축형 인류크램프(AL전선 장경간) 등을 사용하여 시공한다.
2) 하천 횡단등 장경간 개소에는 다음과 같이 시공한다.
   ① 장경간 개소에는 ACSR/AW 전선을 사용하고, 지지금구는 ACSR용 내장크램프 또는 압축형 인류크램프를 사용하여야 한다.
      ※ AL-OC 또는 ACSR/AW-OC 전선은 전선의 인장력이 ACSR 또는 ACSR/AW보다 크게 부족하고, 절연피복에 의한 표면적의 증가로 풍압하중이 증가하므로 전선의 인장력을 충분히 검토한 후 사용하여야 한다.

② 장경간 개소에는 일반개소보다 현수애자를 1개이상 증결 시공하여 절연강도를 높이는 것이 바람직하다.
③ 장경간 개소에는 경간도중에 접속개소를 만들어서는 안된다.
④ 2단이상 설치시는 가급적 동일규격의 전선을 사용하도록 하고 상하 전선의 이도를 동일하게 시공한다.
⑤ 선간혼촉 방지를 위하여 선간거리를 충분히 이격시켜 시공하여야 한다.

구분	전선종류	전선설치방법
특고압선 (경완철)	WO OC-W	① 경완철 ② 볼쇄클 ③ 현수애자 ④ 소켓아이 ⑤ 내장크램프 ⑥ 전선
	ACSR-OC ACSR/AW-OC	① 경완철 ② 볼쇄클 ③ 현수애자 ④ 소켓아이 ⑤ 데드앤드크램프 ⑥ 전선
특고압선 (ㄱ형완철)	WO OC-W	① ㄱ형완철 ② 앵커쇄클 ③ 볼크레비스 ④ 현수애자 ⑤ 소켓아이 ⑥ 내장크램프 ⑦ 전선

구분	전선종류	전선설치방법
특고압선 (ㄱ형완철)	ACSR/AW -OC	① ㄱ형완철 ② 앵커쇄클 ③ 볼크레비스 ④ 현수애자 ⑤ 소켓아이 ⑥ 데드앤드크램프 ⑦ 전선
특고압선 장경간 (ㄱ형완철)	ACSR ACSR/AW	① 현수애자 ② ㄱ 완금 ③ 볼아이 ④ 소켓아이

예제 5 애자는 사용전압에 따라 원칙으로 하는 색채가 있다. 주어진 답안지의 사용전압을 보고 색채를 답하시오.

애 자 종 류	색 별
특고압용 핀애자	(1) 갈색
저압용 애자(접지측 제외)	(2) 백색
접지측 애자	(3) 청색

예제 6 가공전선을 애자에 바인드하는 방법은 어떤 바인드법이 있는가? 3가지를 쓰시오.
① 인류(引留)바인드법
② 두부(頭部)바인드법
③ 측부(側部)바인드법

예제 7 인하용 절연전선의 용도에 대하여 설명하시오.
> 고압 또는 특고 가공전선로에서 주상변압기 1차측에 연결용

예제 8 가공 송전선로에 쓰이는 애자 종류 4가지를 쓰시오.
> ① 현수애자 ② 장간애자
> ③ 지지(라인포스트)애자 ④ 특고 핀애자

예제 9 가공 배전선로에 쓰이는 애자의 종류 4가지를 들고 그의 용도를 설명하시오.
> ① 핀애자 : 전로의 직선부분에 사용
> ② 현수애자 : 인류 및 내장개소에 사용
> ③ 인류애자 : 인류개소 및 배전선의 중성선
> ④ 라인포스트애자 : 점퍼선지지 할 때

예제 10 전선로에서 애자가 구비하여야 하는 조건을 아는 대로 5가지만 쓰시오.
> ① 절연내력이 클 것
> ② 기계적 강도가 클 것
> ③ 절연저항이 크고 중량이 가벼울 것
> ④ 충전용량이 작을 것
> ⑤ 가격이 저렴할 것

예제 11 22.9[kV]선로의 저압 인입장주도에서 인류 스트랩(Strap/고리)이란 자재가 있다. 어디에 쓰이는 자재인가 간단하게 쓰시오.
> ACSR 중성선을 인류 또는 내장으로 가선할 때 사용

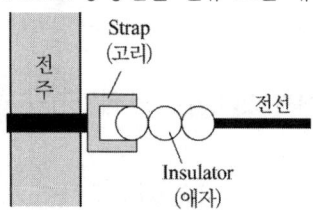

예제 12 그림은 장간형 현수애자 ㄱ형 완철 애자설치 방법이다. ①, ②, ③, ④, ⑤ 명칭을 기입하시오.

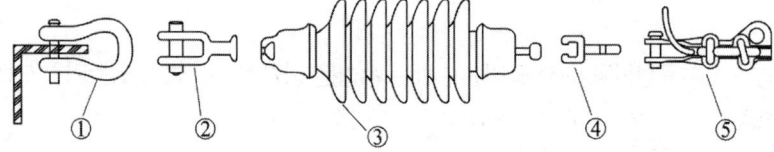

> ① 앵카쇄클 ② 볼크레비스 ③ 현수애자 ④ 소켓아이 ⑤ 데드엔드클램프

1.2 장주(애자)공사

예제 13 다음 그림에 표시된 ①, ②, ③, ④, ⑤, ⑥, ⑦ 명칭을 정확하게 답안지에 답하시오. (단, 그림은 2련 내장 애자장치이다.)

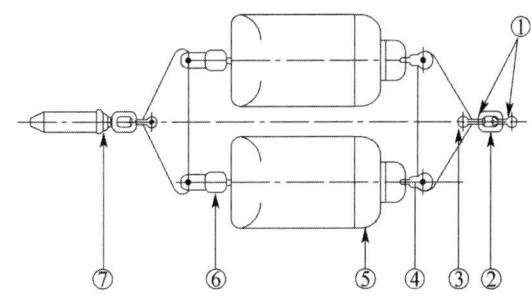

풀이
① 앵커쇄클 ② 체인링크 ③ 삼각요크 ④ 볼크레비스
⑤ 현수애자 ⑥ 소켓 크레비스 ⑦ 압축형 인류 클램프

예제 14 154[kV] 송전선로의 1련 현수애자 장치도이다. 그림에 표시된 번호를 보고 명칭을 정확히 답하시오.

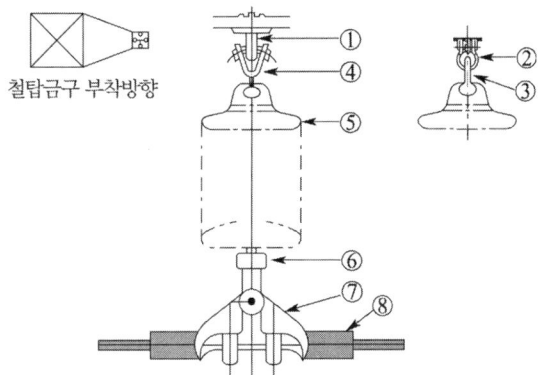

풀이
① 애자장치 U볼트 ② 앵커쇄클 ③ 볼아이 ④ Y크레비스볼
⑤ 현수애자 ⑥ 소켓아이 ⑦ 현수클램프 ⑧ 아마롯드

예제 15 지선밴드를 이용한 현수애자 설치이다. ①, ②, ③, ④, ⑤ 각 기호의 명칭을 쓰시오.

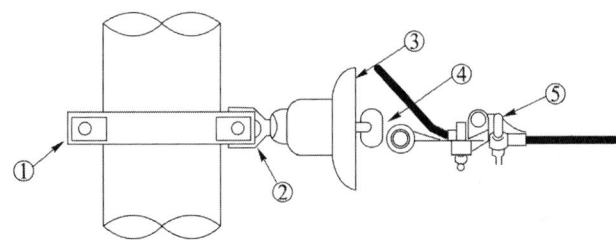

풀이
① 지선 밴드 ② 볼 아이 ③ 현수애자 ④ 소켓 아이 ⑤ 데드엔드 클램프

예제 16 폴리머 애자 설치에 관한 그림이다. 각 기호의 ①, ②, ③, ④ 명칭을 쓰시오.

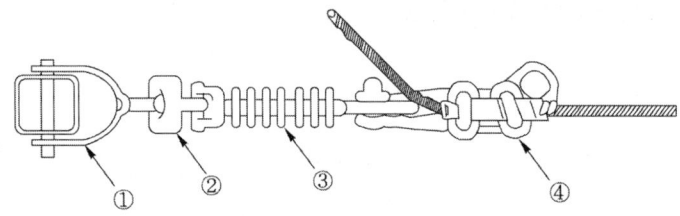

풀이 ① 볼 쇄클　② 소켓 아이　③ 폴리머 애자　④ 데드엔드 크램프

예제 17 그림을 참고하여 ①, ②, ③, ④의 명칭을 답하시오.

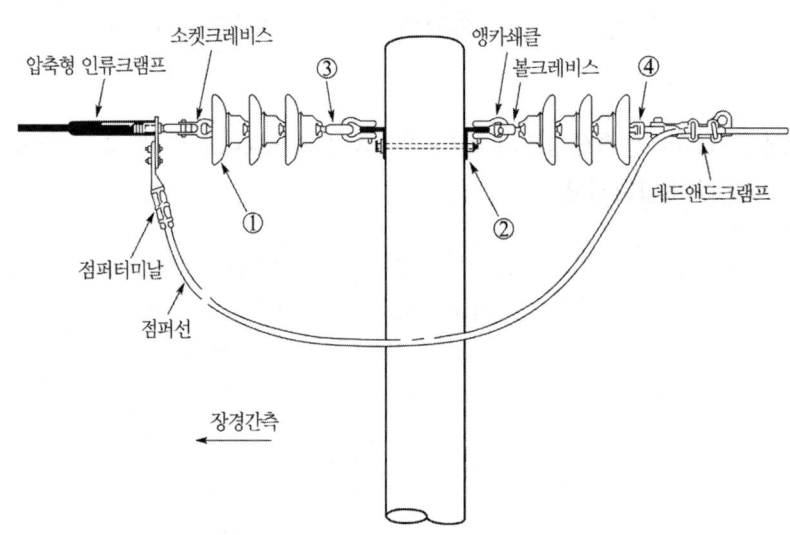

풀이 ① 현수애자　② ㄱ형 완금　③ 볼아이　④ 소켓아이

예제 18 송전선에 뇌가 가해져서 애자에 섬락이 생길 경우 애자나 전선의 손상을 막기 위해 설치하는 것을 무엇이라 하는가?

풀이 ① 소호각(arcing horn)
② 소호환(arcing ring)

예제 19 초호각의 역할은 무엇인지 3가지를 간단하게 쓰시오.

풀이 ① 이상 전압에 의한 섬락으로부터 애자련 보호
② 애자련의 전압 분포개선
③ 애자련 효율 향상

예제 20 전선로의 애자가 구비하여야하는 조건을 아는대로 5가지만 쓰시오.

풀이
① 절연저항, 절연내력이 클 것
② 기계적 강도가 클 것
③ 내구성이 뛰어날 것
④ 충분한 전기적 표면 저항을 가지고 누설전류가 적을 것
⑤ 애자 표면에 아크라든지 코로나가 일어나도 그에 의해서 파괴되거나 상처를 남기지 않을 것

예제 21 그림에서 전선을 애자 두부에 밀착시키고 바인드선을 시계방향으로 약 10[mm] 간격으로 단단히 감은 후 끝을 위로 구부리는데 이 때 감는 회수는?

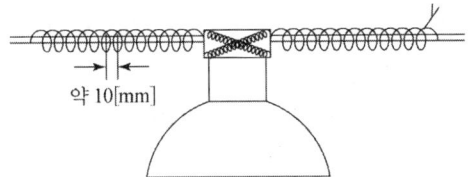

풀이 6~10회

예제 22 현수애자를 설치한 가공 AL배전선의 인류 및 내장개소에 AL전선을 현수애자에 설치하기 위해 사용하는 금구류의 자재명은?

풀이 데드앤드 클램프

예제 23 가공 송배전선로 및 변전소의 현수애자 취부개소에 사용되는 것으로 현수애자와 클램프(내장, 서스펜스, 압축용 인류클램프)사이를 연결하는 금구류의 자재명은?

풀이 소켓 아이

예제 24 가공 전선로에 주로 쓰이는 애자의 종류 4가지를 쓰이오.

풀이
① 핀애자
② 라인포스트 애자
③ 현수애자
④ 저압 인류 애자

예제 25 다음의 22.9[kV-Y] CP 장주도를 보고 각 기호에 해당하는 자재 명칭을 기입하시오.

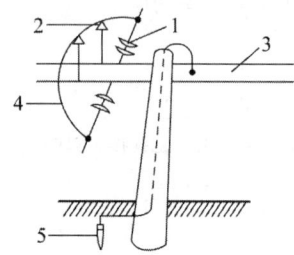

풀이 1. 특고압 현수애자 2. 특고압 핀애자 3. 완금 4. 가공전선(점퍼선) 5. 접지봉

예제 26 접지공사에 사용하는 접지선을 사람이 접촉할 우려가 있는 장소에 시설할 경우 공사방법을 4가지를 쓰시오.

풀이 ① 접지극은 지하 75[cm] 이상의 깊이에 매설하되 동결 깊이를 감안하여 매설할 것
② 접지선을 철주 기타의 금속체를 따라서 시설하는 경우에는 접지극을 철주의 밑면(底面)으로부터 30[cm]이상의 깊이에 매설하는 경우 이외에는 접지극을 지중에서 그 금속체로부터 1[m]이상 떼어 매설할 것
③ 접지선은 접지극에서 지표상 60[cm]까지의 부분에서는 절연전선 또는 케이블을 사용할 것
④ 접지선의 지하 75[cm] 로부터 지표상 2[m]까지의 부분은 합성수지관 또는 이와 동등 이상의 절연효력 및 강도를 가지는 몰드로 덮을 것

예제 27 접지공사에 있어서 자갈층 또는 산간부의 암반지대 등 토양의 고유저항이 높은 지역 등에서는 규정의 저항치를 얻기 곤란하다. 이와 같은 장소에서 있어서의 접지저항 저감법 3가지를 쓰시오.

풀이 ① 도전율이 양호한 접지 재료를 사용한다.
② 화학적 저감제(아스론, 하이드라드 석고)를 사용 접지저항을 줄인다.
③ 심타법, 메쉬 접지법, 매설지선, 접지극의 병렬 접속

예제 28 가공 지선이 있는 지지물 표준 접지 시공에 관한 그림이다. 그림을 참고로 하여 답란의 물음을 간단하게 쓰시오.

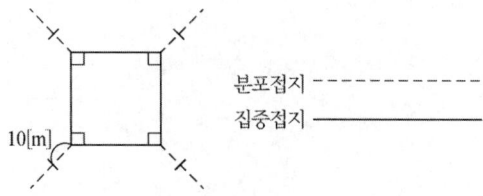

[풀이] (1) 분포 접지 : 탑각에서 방사형으로 매설 지선을 포설하는 방식
(2) 집중 접지 : 탑각에서 10[m] 떨어진 지점의 분포접지에 대해 직각방향으로 접지하는 방식

예제 29 배전용 변전소에 있어서 중요 접지개소 5개소를 쓰시오.

[풀이] ① 고압기계 기구의 외함
② 피뢰기 및 피뢰침
③ 케이블의 차폐선
④ CT와 PT의 2차측 전로의 1단자
⑤ 다선식 전로의 중성선

1.3 지선공사

1 지선의 시설 목적
(1) 지지물의 강도를 보강하고자 할 경우
(2) 전선로의 안전성을 증대하고자 할 경우
(3) 불평형 하중에 대한 평형을 이루고자 할 경우
(4) 전선로가 건조물 등과 접근할 때 보안상 필요한 경우

2 지선의 취부와 매설위치

(1) 지선의 취부위치
① 지선은 특고압 또는 크로스암의 하부에 취부하되 장력의 합성점 가까운 곳에 취부한다.
② 지선은 크로스암의 취부, 취참에 지장이 없는 곳에 취부한다.
③ 양횡지선은 부득이한 경우를 제외하고 저압선의 하부에 시설하여야 한다.
④ 수평지선을 지선주에 취부할 때는 지선주 말구로부터 25[cm](목주인 경우에는 30[cm])의 위치에 취부하고 보통 지선이 동일 지선주에 취부될 때는 취부점의 상부에 취부한다.

(2) 지선의 취부방법
콘크리트주, 철주 경우에는 전주에 지선밴드를 견고하게 설치한 다음 지선을 취부한다.

3 지선의 굵기 및 시설방법

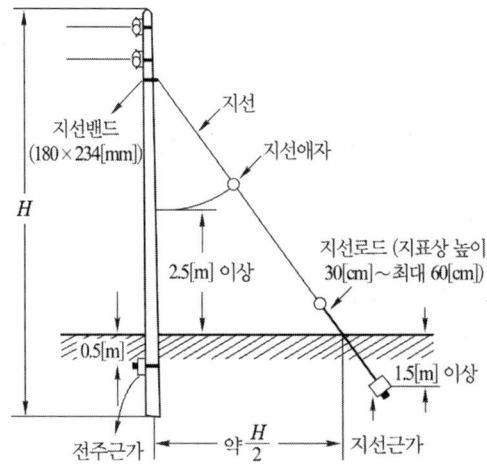

① 지선의 안전율은 2.5 이상일 것. 이 경우에 허용 인장하중의 최저는 4.31[kN]으로 한다.
② 지선에 연선을 사용할 경우에는 다음에 의할 것
- 소선 3가닥 이상의 연선일 것
- 소선의 지름이 2.6[mm] 이상의 금속선을 사용한 것일 것. 다만, 소선의 지름이 2[mm] 이상인 아연도강연선으로서 소선의 인장강도가 $0.68[kN/mm^2]$ 이상인 것을 사용하는 경우에는 그러하지 아니하다.
③ 지중부분 및 지표상 30[cm]까지의 부분에는 내식성이 있는 것 또는 아연도금을 한 철봉을 사용하고 쉽게 부식되지 아니하는 근가에 견고하게 붙일 것. 다만, 목주에 시설하는 지선에 대해서는 그러하지 아니하다.
④ 지선근가는 지선의 인장하중에 충분히 견디도록 시설할 것

(1) 보통 지선
불평형 장력이 크지 않은 일반적인 장소에 시설한다.

(2) 수평 지선
용도 : 토지의 상황이나 기타 사유로 인하여 보통 지선을 시설할 수 없는 경우

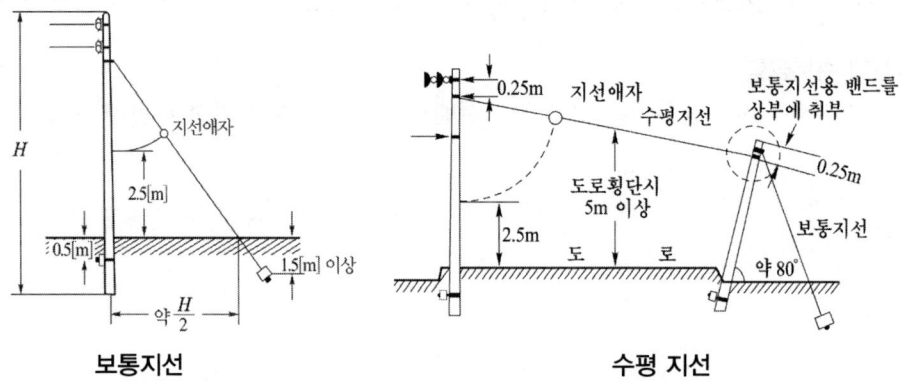

보통지선 수평 지선

(3) 공동 지선
용도 : 지지물 상호간의 거리가 비교적 접근하여 있을 경우에 시설한다.

(4) Y지선
용도 : 다단의 완금이 설치되거나 또한 장력이 큰 경우에 시설한다.

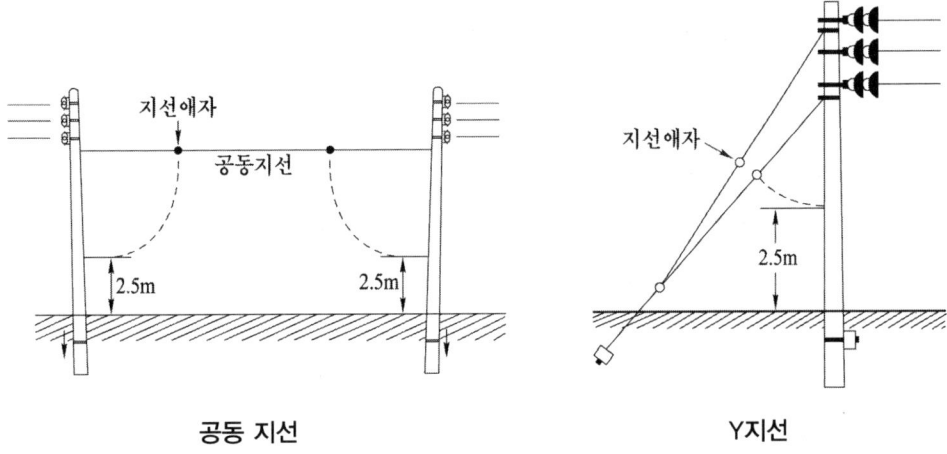

공동 지선 Y지선

(5) 궁지선
용도 : 비교적 장력이 작고 다른 종류의 지선을 시설할 수 없는 경우에 시설한다.

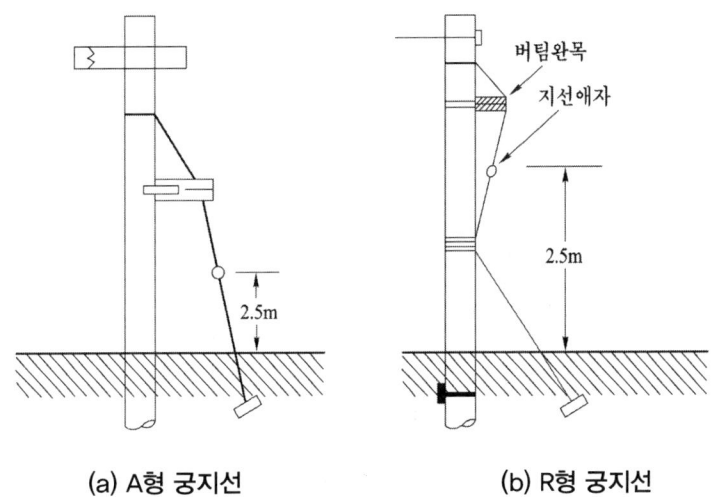

(a) A형 궁지선   (b) R형 궁지선

예제 30 다음 그림은 보통지선을 그린 것이다. 도면을 보고 물음에 답하시오.

(1) 지선 밴드의 규격은 몇 [mm]인가?
(2) 지선용 아연도 철선의 규격 2가지는?
(3) a(지선 안전율)의 높이는 최소 몇 [m] 이상을 원칙으로 하는가?
(4) b의 깊이는 몇 [m]인가?
(5) 콘크리트주 전체의 길이가 10[m]인 경우 묻히는 최소 길이는?
(6) d의 깊이는 최소 몇 [m] 이상인가?
(7) e의 명칭은?
(8) h의 간격은 몇 [m]인가?
(9) 아연도 철선의 소선은 최소 몇 선 이상인가?

풀이
(1) 180×234 [mm]
(2) ① 4.0 [mm] 아연도금 철선 3조   ② 7/2.6 [mm] 아연도금 철연선
(3) 2.5[m]
(4) 0.5[m]
(5) $10 \times \dfrac{1}{6} = 1.67 [m]$
(6) 1.5[m]
(7) 지선로드
(8) 전주의 높이 $\times \dfrac{1}{2} = 10 \times \dfrac{1}{2} = 5[m]$
(9) 3본

해설 지선의 설치 방법

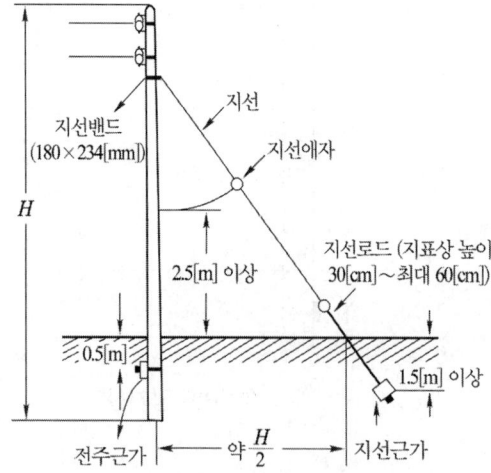

1.3 지선공사

예제 31 지표상 8[m]의 점에 400[kg]의 수평 장력을 받는 경사진 전주가 있다. 그림과 같은 지선을 시설할 경우 지선이 받는 장력 T[kg]는 얼마인가? 기타는 무시한다.

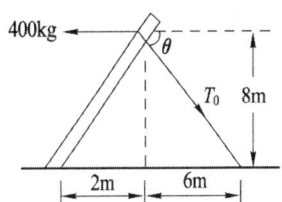

풀이 $T_0 = \dfrac{T}{\cos\theta}$ $\cos\theta = \dfrac{6+2}{10}$

계산 : 경사진 전주에서의 지선이 받는 장력

$$T_0 = \dfrac{\sqrt{b^2 + H^2}}{a+b} \times T = \dfrac{\sqrt{6^2 + 8^2}}{2+6} \times 400 = 500[\text{kg}]$$

답 : 500[kg]

예제 32 같은 방향으로 지상 10[m]의 높이에서 300[kg], 8[m]의 높이에서 200[kg]의 수평장력을 받는 전주가 있다. 이것을 수직전주에서 30°의 각도를 두고 지상 8[m]의 높이에 취부한 지선으로 지지하려고 한다. 여기에 필요한 지선의 가닥수를 산정하시오.
(단, 지선으로는 인장강도(항장력)가 30[kg/mm²]인 4[mm]의 철선을 사용하고 안전율을 2.5로 한다)

풀이 수평장력 $T = 200 + 300 \times \dfrac{10}{8} = 575[\text{kg}]$

1가닥 장력 $T' = \pi \times \left(\dfrac{4}{2}\right)^2 \times 30 = 376.99[\text{kg}]$

$\therefore n = \dfrac{575}{\cos 60°} \times \dfrac{2.5}{376.99} = 7.626 \rightarrow 8$가닥

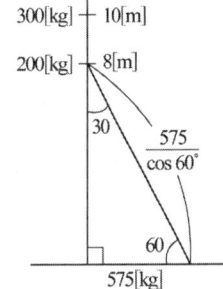

예제 33 그림과 같이 전선 1조마다 50[kg]의 장력을 받는 전선 3조의 인류지선을 시설하고자 한다. 이 경우 지선이 받는 장력[kg]을 구하시오.

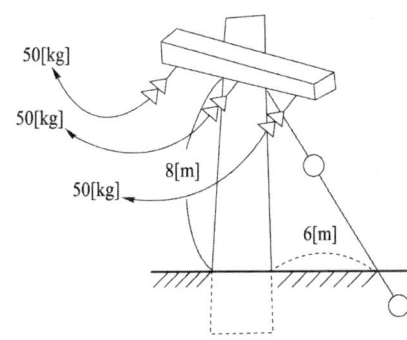

풀이 $T_0 = \dfrac{T}{\cos\theta} = \dfrac{50 \times 3}{0.6} = 250[\text{kg}]$

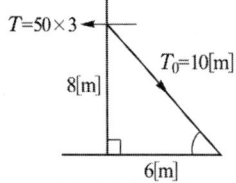

예제 34 지선의 시설목적을 아는대로 나열하시오.

풀이 ① 지지물 강도 보강
② 전선로 안전성 증대
③ 전로와 건조물 접근시 보안
④ 불평형 하중에 대한 평형

예제 35 궁지선의 용도에 대하여 간단하게 쓰시오.

풀이 장력이 비교적 적고 공사상 부득이한 곳에 시설(타종류 지선시설 불가능한 곳)

예제 36 지선에 가해지는 장력이 860[kg]이라면 3.2[mm]의 철선 몇 가닥을 사용해야 하는가? (단, 철선의 단위 면적당 인장강도는 35[kg/mm^2], 안전율은 2.5로 한다.)

풀이 1선 인장강도 $T = 35 \times \dfrac{\pi \times 3.2^2}{4} = 281.4867[\text{kg}]$

$n = \dfrac{860 \times 2.5}{281.4867} = 7.63 \rightarrow 8$가닥

4 전선의 이도 및 실제길이

(1) 이도의 전선로에 대한 영향
① 이도의 대소는 지지물의 높이를 좌우한다.
② 이도가 너무 크면 전선은 그만큼 좌우로 크게 진동하여 다른 相의 전선에 접촉하거나 수목에 접촉해서 위험을 준다.
③ 이도가 너무 작으면 이것에 반비례해서 전선의 장력이 증가하여 심할 경우에는 전선이 단선되기도 한다.

(2) 전선의 이도

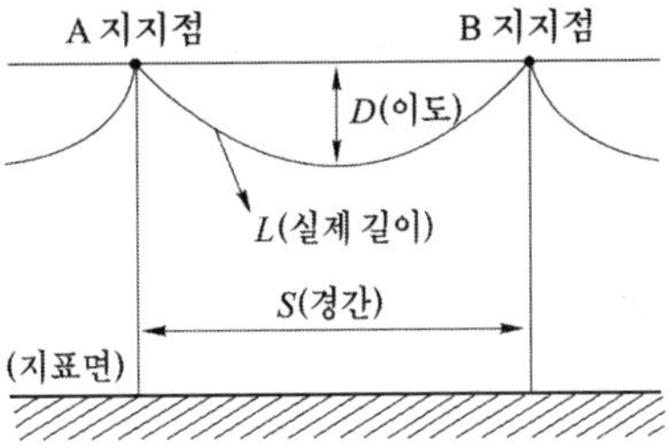

$$\text{이도 } D=\frac{WS^2}{8T}[\text{m}]$$

여기서, W : 전선의 중량[kg/m]

S : 경간(span)[m]

T : 전선의 수평장력[kg]

(3) 전선의 실제 길이

$$\text{실장 } L=S+\frac{8D^2}{3S}[\text{m}]$$

(4) 전선의 평균 높이

$$h=h'-\frac{2}{3}D$$

여기서, h' : 지지점의 높이, D : 이도

예제 37 경간 200[m]인 가공 송전선로가 있다. 전선 1[m]당 무게는 2.0[kg]이고 풍압 하중이 없다고 한다. 인장 강도 4000[kg]의 전선을 사용할 때 딥과 전선의 실제 길이를 구하시오. 단, 안전율은 2.2로 한다.

풀이 ① 딥

계산 : $D=\frac{WS^2}{8T}=\frac{2.0\times 200^2}{8\times 4000/2.2}=5.5[\text{m}]$ 답 : 5.5[m]

② 전선의 실제 길이

계산 : $L=S+\frac{8D^2}{3S}=200+\frac{8\times 5.5^2}{3\times 200}=200.4[\text{m}]$ 답 : 200.4[m]

예제 38 경간이 120[m]인 가공전선로가 있다. 전선 1[m]당 중량은 0.5[kg/m]이고, 수평장력 1200[kg]의 전선을 사용할 때 이도(Dip) 및 전선의 실장을 구하시오.

풀이 (1) 이도(D)

계산 : 이도 $\mathrm{D}=\frac{\mathrm{WS}^2}{8\mathrm{T}}=\frac{0.5\times 120^2}{8\times 200}=4.5$

답 : 4.5[m]

(2) 전선의 실제 길이(L)

계산 : 전선의 실제 길이 $\mathrm{L}=\mathrm{S}+\frac{8\mathrm{D}^2}{3\mathrm{S}}=200+\frac{8\times 4.5^2}{3\times 120}=120.45$

답 : 120.45[m]

예제 39) 그림과 같이 고저차가 없고 같은 경간에 전선이 가설되어 있다. 지금 가운데 지지점 B에서 전선이 지지점으로부터 떨어졌다고 하면 전선의 딥(dip)은 전선이 떨어지기 전의 몇 배로 되는가?

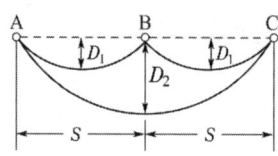

[풀이] 계산 : 전선의 전체 길이는 변함이 없으므로
$$L = \left(S + \frac{8D_1^2}{3S}\right) \times 2 = 2S + \frac{8D_2^2}{3 \times 2S}$$

답 : 2배

예제 40) 240[mm²] ACSR 전선을 200[m]의 경간에 가설하려고 하는데 이도는 계산상 8[m]였지만 가설 후의 실측결과는 6[m]이어서 2[m] 증가시키려고 한다. 이때 전선을 경간에 몇 [m]만큼 밀어넣어야 하는가?
• 계산 :
• 답 :

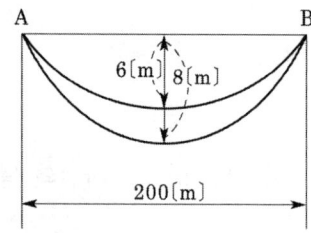

[풀이] 계산 : 이도 6[m]일 때 전선의 길이 $L_1 = 200 + \frac{8 \times 6^2}{3 \times 200} = 200.48[\text{m}]$

이도 8[m]일 때 전선의 길이 $L_2 = 200 + \frac{8 \times 8^2}{3 \times 200} = 200.85[\text{m}]$

∴ $L_2 - L_1 = 200.85 - 200.48 = 0.37[\text{m}]$

답 : 0.37[m]

[해설] $L = S + \frac{8D^2}{3S}$

여기서, L : 전선의 길이[m], D : 이도[m], S : 경간[m]

예제 41) 전선의 이도를 결정하는 하중에는 어떤 것들이 있는가?

[풀이] • 전선자중 • 빙설하중 • 풍압하중

예제 42) 가공 전선로의 이도를 크게 하였을 때 오는 결과로 장점 3가지와 단점 2가지를 쓰시오.

[풀이] [장점] • 안전율 증가
• 가선작업 용이
• 지지물, 완금, 애자, 전선 등의 강도가 적어도 됨

[단점] • 전선 진폭이 커지므로 혼촉되기 쉽다.
• 지지물 높이가 높아진다.

예제 43 경간 300[m], 전선 자체의 무게 1.11[kg/m], 인장하중 10210[kg], 안전율 2.2인 선로의 딥[Dip]은 약 얼마인가?

풀이 $D = \dfrac{WS^2}{8T/k} = \dfrac{1.11 \times 300^2}{8 \times \dfrac{10210}{2.2}} = 2.69\,[\text{m}]$

예제 44 5.0[mm]의 전선(경동선)이 200[m]의 경간에 가설될 때 갑종 풍압하중 상태에서 전선의 실장을 구하시오. (단, 안전율은 2.5, 인장하중 512.5[kg], 합성하중 0.41[kg/m] 이다.)

풀이 $D = \dfrac{WS^2}{8T/k} = \dfrac{0.41 \times 200^2}{8 \times \dfrac{512.5}{2.5}} = 10\,[\text{m}]$

$L = S + \dfrac{8D^2}{3S} = 200 + \dfrac{8 \times 10^2}{3 \times 200} = 201.33\,[\text{m}]$

예제 45 그림과 같은 전선로의 이도(D)와 전선의 실제 길이(L)는 얼마인가?
(단, 장력 T : 3500[kg]이고, 하중 W : 3[kg/m] 이다.

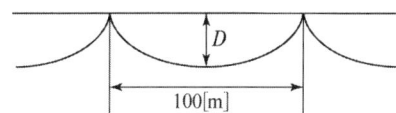

풀이 (1) 이도(D)

계산 : 이도 $D = \dfrac{WS^2}{8T} = \dfrac{3 \times 100^2}{8 \times 3500} = 1.07$

답 : 1.07[m]

(2) 전선의 실제 길이(L)

계산 : 전선의 실제 길이 $L = S + \dfrac{8D^2}{3S} = 100 + \dfrac{8 \times 1.07^2}{3 \times 100} = 100.03$

답 : 100.03[m]

예제 46 다음과 같은 조건에 전선에 걸리는 장력[kg]을 구하시오.
(단, 전선 중량 1.5[kg/m], Dip 5[m], 경간 200[m] 기타 조건은 무시한다.)

풀이 계산 : 이도 $D = \dfrac{WS^2}{8T}$ 에서

$\therefore T = \dfrac{WS^2}{8D} = \dfrac{1.5 \times 200^2}{8 \times 5} = 1500\,[\text{kg}]$

답 : 1500[kg]

1.4 피뢰기 및 피뢰침 설비공사

1 피뢰기

(1) 피뢰기의 기능

피뢰기는 이상 전압이 전기 시설물에 침입할 때에 그 파고값을 감소하도록 임펄스 전류를 대지를 통하여 방전시켜 기기의 절연 파괴를 방지하며, 방전에 의하여 생기는 속류를 고속 차단하여, 원래의 상태로 회복시키는 장치이다.

(2) 피뢰기의 제1 보호대상 : 전력용 변압기

(3) 피뢰기의 구성 요소

① 직렬갭 : 뇌전류를 대지로 방전시키고 속류를 차단한다.
② 특성 요소 : 뇌전류 방전시 피뢰기 자신의 전위 상승을 억제하여 자신의 절연 파괴를 방지한다.

(4) 피뢰기의 구비조건

① 상용 주파 방전 개시 전압이 높을 것
② 충격 방전 개시 전압이 낮을 것
③ 제한 전압이 낮을 것
④ 속류 차단 능력이 클 것

(5) 피뢰기 설치 장소

① 가능한 한 피보호 기기의 가까운 곳에 설치하는 것이 바람직하며 다음과 같은 이격거리 이내에 설치

공칭 전압[kV]	이격 거리[m]
345	85
154	65
66	45
22	20
22.9	20

② 피뢰기의 시설

㉠ 발전소, 변전소의 가공 전선 인입구 및 인출구
㉡ 가공 전선로에 접속하는 배전용 변압기의 고압측 및 특고압측
㉢ 고압 및 특고압 가공 전선로로부터 공급을 받는 수용가의 인입구
㉣ 가공 전선로와 지중 전선로가 접속되는 곳

(6) 피뢰기의 정격 전압

속류를 차단할 수 있는 최고 교류 전압으로 다음과 같다.

$$피뢰기의\ 정격\ 전압[kV] = 접지계수 \times 여유도 \times 계통의\ 최고\ 전압$$

피뢰기 정격 전압

전력 계통		피뢰기 정격 전압[kV]	
전압[kV]	중성점 접지 방식	변전소	배전 선로
765	유효접지	588	—
345	유효접지	288	—
154	유효접지	144	—
66	PC접지 또는 비접지	72	—
22	PC접지 또는 비접지	24	—
22.9	3상 4선 다중접지	21	18

(7) 피뢰기의 방전 전류

갭의 방전에 따라 피뢰기를 통해서 대지로 흐르는 충격 전류를 말한다.

설치 장소별 피뢰기의 공칭 방전 전류

공칭 방전 전류	설치 장소	적용 조건
10000[A]	변전소	1. 154[kV] 이상 계통 2. 66[kV] 및 그 이하 계통에서 뱅크 용량이 3000[kVA]를 초과하거나 특히 중요한 곳 3. 장거리 송전선 케이블(배전피더 인출용 단거리 케이블 제외) 및 콘덴서 뱅크를 개폐하는 곳
5000[A]	변전소	66[kV] 및 그 이하 계통에서 뱅크 용량이 3000[kVA] 이하인 곳
2500[A]	선 로	배전 선로
	변전소	배전선 피더 인출측

(8) 충격파 방전 개시 전압

피뢰기 단자간에 충격 전압을 인가하였을 경우 방전을 개시하는 전압

(9) 상용주파 방전 개시 전압

피뢰기 단자간에 상용 주파수의 전압을 인가하였을 경우 방전을 개시하는 전압 (실효값)

(10) 제한 전압

피뢰기 방전 중 피뢰기 단자간에 남게 되는 충격 전압(피뢰기가 처리하고 남은 전압)

(11) 속류

방전 전류에 이어서 전원으로부터 공급되는 상용 주파수의 전류가 직렬갭을 통하여 대지로 흐르는 전류

(12) 갭레스(Gapless) 피뢰기

1) 구조
비직선성이 뛰어난 ZnO를 특성 요소로 사용하여 직렬갭을 없앤 구조의 피뢰기

2) 특성
① 직렬갭이 없으므로 구조가 간단하고 소형 경량화 할 수 있다.
② 급준파 응답이 이론적으로 뛰어나다.
③ 오손에 강하다.

2 피뢰침 설비

(1) 목적
피뢰 설비는 보호하고자 하는 대상물에 접근하는 뇌격을 확실하게 흡인하여 뇌격 전류를 안전하게 대지로 방류함으로써 건축물과 내부의 사람이나 물체를 뇌해로부터 보호하기 위한 설비이다.

(2) 설치 장소

1) 설치가 의무화되어 있는 건축물과 설비(건축법 시행령, 소방법)
① 지면상 20[m]를 초과하는 건축물이나 설비
② 위험물이나 화약류 저장소

2) 설치가 바람직한 건축물 및 설비
① 낙뢰의 가능성이 많은 건축물이나 설비(평지의 독립 가옥, 높은 탑, 굴뚝 등)
② 낙뢰를 받았을 때 피해가 큰 건축물(학교, 병원, 백화점, 박물관 등)

(3) 피뢰 설비의 구성
① 돌침부 : 뇌격을 흡인하여 피보호물을 보호한다.
② 피뢰 도선 : 뇌 전류를 접지 전극으로 전달한다.
③ 접지 전극 : 뇌 전류를 대지로 방류한다.

(4) 피뢰침의 보호각과 보호 범위
돌침 및 수평 도체의 보호각
① 일반 건축물 : 60° 이하
② 위험물 관계 건축물 : 45° 이하

(5) 피뢰방식의 종류
① 돌침방식
② 용마루위 도체방식
③ 케이지 방식
④ 이온방사형 피뢰방식
⑤ 돌침방식 + 용마루위 도체방식

(6) 피뢰설비 재료의 최소 단면적(피복이 없는 동선기준)

수뢰부, 인하도선 및 접지극 : 50[mm²] 이상

3 지중전선로

1) 송전선로로서 지중전선로가 채택되는 이유
   ① 도시의 미관을 중요시하는 경우
   ② 수용밀도가 현저하게 높은 지역에 공급하는 경우
   ③ 뇌, 풍수해 등에 의한 사고에 대해서 높은 신뢰도가 요구 되는 경우
   ④ 보안상의 제한 조건 등으로 가공 전선로를 건설할 수 없는 경우

2) 전력 케이블의 시공 방식 비교

   지중전선로 시공 방법으로는 직매식, 관로식, 암거식이 있으며 그 장·단점은 다음과 같다.

시공방법	장 점	단 점
직매식	· 공사비가 적다 · 열발산이 좋아 허용전류가 크다. · 케이블의 융통성이 있다. · 공사기간이 짧다.	· 외상을 받기 쉽다. · 케이블의 재시공, 증설이 곤란하다. · 보수 점검이 불편하다.
관로식	· 케이블의 재시공, 증설이 용이하다. · 외상을 잘 안 받는다. · 고장 복구가 비교적 용이하다. · 보수 점검이 편리하다	· 공사비가 많이 든다. · 회선량이 많을수록 송전 용량이 감소한다. · 케이블의 융통성이 적다. · 공사기간이 길다. · 신축, 진동에 의한 시스의 피로가 크다.
암거식	· 열발산이 좋아 허용전류가 크다. · 많은 가닥수를 시공하는 데 편리하다.	· 공사비가 아주 많이 든다. · 공사기간이 길다 · 케이블 화재시 피해가 파급 확산이 된다.

예제 47 피뢰방식의 종류 4가지를 답하시오.

풀이 ① 돌침방식   ② 용마루위 도체방식
③ 케이지 방식   ④ 이온방사형 피뢰방식

해설 그 외, (5) 돌침방식+용마루위 도체방식

예제 48 특고압 가공 수전선로를 3상 4선식(22.9[kV-Y])으로 공급받는 건물 내 변전소의 인입구에 설치하는 피뢰기의 정격 전압은?

풀이 18[kV]

해설 피뢰기 정격 전압

전력 계통		피뢰기 정격 전압[kV]	
전압[kV]	중성점 접지 방식	변전소	배전 선로
765	유효접지	588	–
345	유효접지	288	–
154	유효접지	144	–
66	PC접지 또는 비접지	72	–
22	PC접지 또는 비접지	24	–
22.9	3상 4선 다중접지	21	18

[주] 전압 22.9[kV-Y] 이하의 배전선로에서 수전하는 설비의 피뢰기 정격전압[kV]은 배전선로용을 적용한다.

예제 49 피뢰기를 설치하여야 할 개소 중 IKL(Isokeraunic-level)이 11일 이상인 지역에서는 전선로 매 500[m]이내마다 LA를 설치하고 있다. 여기에서 IKL이란?

연간 뇌우 발생 일수

예제 50 피뢰침의 중요 구성 요소를 3가지로 나누고, 그 기능을 간단히 설명하시오.

① 돌침부 : 뇌격을 수뢰하여 피보호물 보호
② 피뢰도선 : 뇌전류를 대지에 매설된 접지극으로 전달
③ 접지전극 : 뇌전류를 대지로 방전

예제 51 피뢰침의 인하 도선을 관 안에 시설하여 기계적으로 보호해야 할 범위는?

지상 2.5[m]이상, 지하 0.3[m]이상

예제 52 피뢰 설비로 용마루 위의 도체를 시설하였다. 이 때 용마루 위의 도체로 사용할 수 있는 도체의 종류와 규격은 얼마 이상이어야 하며, 인하 접지 도선간의 간격은 몇 [m]이내 이어야 하는가?

• 종류 : 동과 알미늄의 단선, 연선, 평각선, 관
• 규격 : 도체면적 30[mm^2]이상, 알루미늄 50[mm^2]이상
• 간격 : 50[m]이하

예제 53 철골 또는 철근 콘크리트조의 건조물에서, 그 기초의 접지 저항과 접지판의 접지 저항의 합성 값이 몇 [Ω]이하일 때는 피뢰도선 2조 이상을 주 철골 또는 주철관으로 인하도선을 대치할 수 있는가?

5[Ω]

1.4 피뢰기 및 피뢰침 설비공사

예제 54 피뢰침의 인하도선은 2조 이상으로 하여야 하나, 피보호물의 수평 투영면적이 몇 [m²] 이하의 것에 대해서는 1조로 하여도 좋은가?

[풀이] 50[m²]

예제 55 항공장애등의 건조물 외면의 배선 공사방법 3가지를 쓰시오.

[풀이] ① 금속관 ② 합성수지관 ③ 케이블 공사

예제 56 항공장애등의 점멸장치는 철탑이나 기타의 철주에 시설할 경우, 어느 정도의 높이에 시설하여야 하는가?

[풀이] 3~5[m]

예제 57 클리퍼, 플라이어, 프레셔투울 중에서 전선을 솔더리스 터미널에 입력하고 접속하여 사용하는 공구는?

[풀이] 프레셔투울

예제 58 답란의 그림에서 피뢰기 시설이 의무화되어 있는 장소를 도면에 ⊗로 표시하시오.

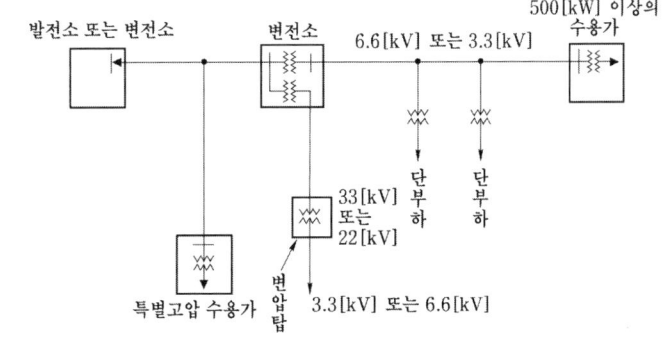

[풀이]

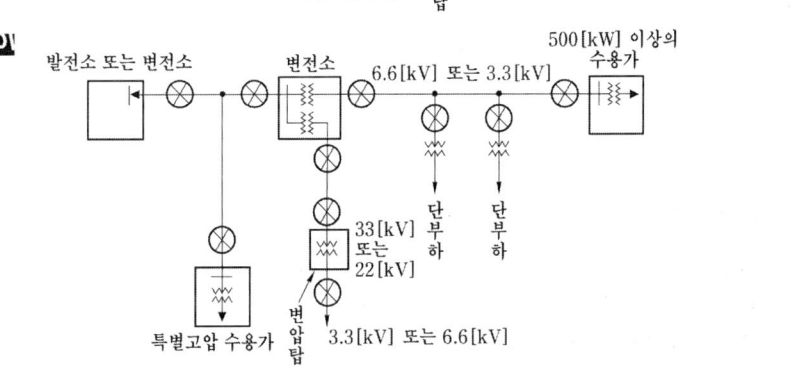

해설 피뢰기의 시설장소
① 발전소, 변전소 또는 이에 준하는 장소의 가공 전선 인입구 및 인출구
② 가공 전선로에 접속하는 배전용 변압기의 고압측 및 특고압측
③ 고압 및 특고압 가공 전선로로부터 공급을 받는 수용장소의 인입구
④ 가공 전선로와 지중 전선로가 접속되는 곳

예제 59 다음 물음에 답하시오.
(1) 배전선로에 보통 사용되는 피뢰기는?
(2) 주로 20[kV] 미만의 옥내용에 사용하는 변류기는 주로 어떤 형을 사용하는가?
(3) 한류 리액터의 사용 목적은?
(4) 차동 전류 계전기, 과전류 계전기, 비율 차동 계전기, 온도 계전기중 발전기나 주변압기 내부 고장에 대한 보호용으로 가장 적합한 것은?

풀이 (1) 밸브형 피뢰기
(2) 몰드형
(3) 단락 전류 제한
(4) 비율 차동 계전기

해설 (3) 고장전류 특히 단락전류의 값을 제한하기 위하여 변전소에 설치

예제 60 서지 흡수기(Surge Absorber)의 기능을 쓰시오.

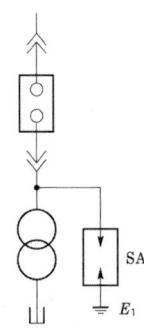

풀이 개폐서지 등 이상전압으로부터 변압기 등 기기보호

해설 서지 흡수기는 LA와 같은 구조와 특성을 지니고 있으며 선로에서 발생할 수 있는 개폐서지, 순간 과도전압 등의 이상전압이 2차 기기에 영향을 미치는 것을 방지함

예제 61 전선의 구비조건을 간단하게 5가지만 나열하시오.

풀이 ① 도전율이 클 것   ② 기계적 강도가 클 것
③ 가격이 저렴할 것   ④ 가요성이 클 것
⑤ 비중이 작고 내구성이 있을 것

해설 ⑥ 인장하중이 클 것　　⑦ 전압 강하가 적을 것
⑧ 부식성이 적고 내식성이 클 것

예제 62 송전선로에서 매설 지선의 설치 목적은?
풀이 철탑의 탑각 접지저항을 낮추어 역섬락 방지
해설 접지저항을 낮게 하여 피뢰작용을 높여준다.

예제 63 특고 지중 케이블 인입 시공은 인입 방향에 따라 시공이 용이하다. 답안지 도면과 같은 현상일 때 올바른 인입 방향 표시를 화살표로 그리시오.

(1) 고저차가 있는 인입 방향

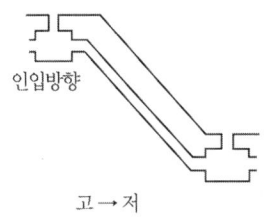

고 → 저

(2) 굴곡개소가 있는 인입 방향

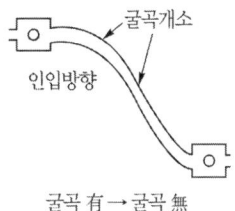

굴곡 有 → 굴곡 無

(3) 맨홀 깊이에 따른 인입 방향

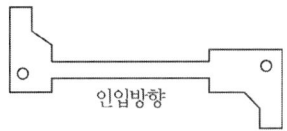

짧은 곳 → 긴 곳

풀이 (1) 고저차가 있는 인입 방향

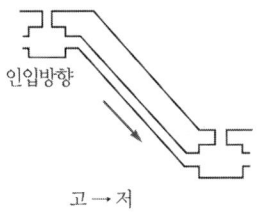

고 → 저

(2) 굴곡개소가 있는 인입 방향

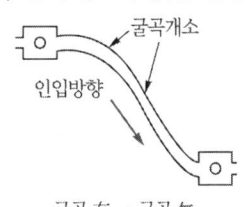

굴곡 有 → 굴곡 無

(3) 맨홀 깊이에 따른 인입 방향

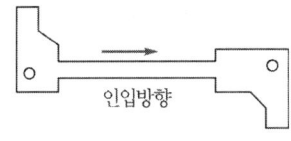

짧은 곳 → 긴 곳

예제 64 다음 그림에서 A, B, C의 명칭은?

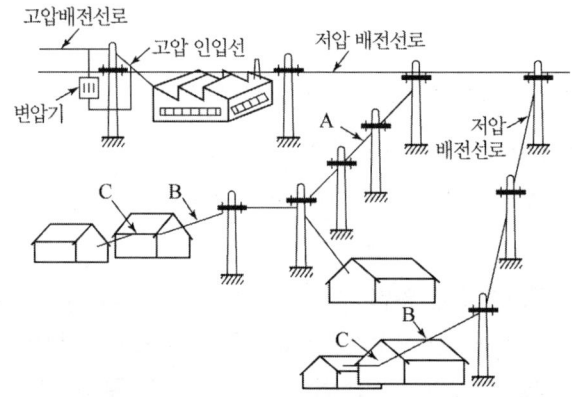

풀이 A : 인입간선, B : 가공인입선, C : 연접인입선

예제 65 전기설비기술기준 및 판단기준에 의한 피뢰기의 시설장소 4개소를 쓰시오.

풀이 (1) 발전소, 변전소 또는 이에 준하는 장소의 가공 전선 인입구 및 인출구
(2) 가공 전선로에 접속하는 배전용 변압기의 고압측 및 특고압측
(3) 고압 및 특고압 가공 전선로부터 공급을 받는 수용장소의 인입구
(4) 가공 전선로와 지중 전선로가 접속되는 곳

예제 66 강제전선관 공사 중 노출배관 공사에서 관을 직각으로 굽히는 곳에 사용한다. 3방향으로 분기할 수 있는 T형과 4방향으로 분기할 수 있는 크로스(cross)형이 있는 자재는?

풀이 유니버셜 엘보우

예제 67 무거운 기구를 박스에 취부할 때 사용하는 재료는?

풀이 픽스쳐스터드와 히키

예제 68 금속관 공사에서 수직배관의 상부에 사용되어 비의 침입을 막는 데 가장 좋은 부품의 명칭은?

풀이 엔트랜스캡

예제 69 박스의 4구석의 전선관 접속 구멍을 막는 것을 무슨 플러그라고 하는가?

풀이 인서어트 플러그

예제 70
플로어 박스의 용도를 간단하게 쓰시오.

풀이 바닥 밑에 콘센트를 접속하여 사용하는 경우

예제 71
금속관과 접지선 사이의 접속에 사용하는 금속관 부품의 재료는?

풀이 접지 클램프

예제 72
노멀 밴드(전선관용) 3종류를 쓰시오.

풀이
① 강제 전선관용 노멀밴드
② 경질비닐 전선관용 노멀밴드
③ 알루미늄제 전선관용 노멀밴드

예제 73
금속관 배관 공사에서 복스에 금속관을 고정할 때 관 상호간을 접속할 때 주로 사용되며, 6각형과 톱니형이 있다. 이것을 무엇이라 하는가?

풀이 로크너트

예제 74
CN-CV-W 케이블의 명칭과 용도에 대하여 간략하게 쓰시오.

풀이
· 명칭 : 동심중성선 수밀형 전력 케이블
· 용도 : 22.9[kV]다중접지선로

예제 75
이 케이블은 무슨 케이블인가?

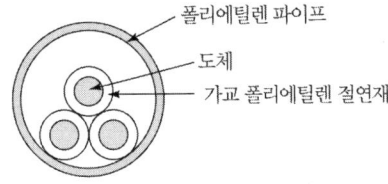

풀이 CD 케이블

예제 76
고압 케이블에서 단말 처리의 주목적은 무엇인가?

풀이 케이블 내부로의 습기 및 먼지의 침입으로 인한 절연 열화 방지

예제 77) 그림은 전력 케이블의 시공방법이다. 어떤 시공방법 설치도인가 답하시오.

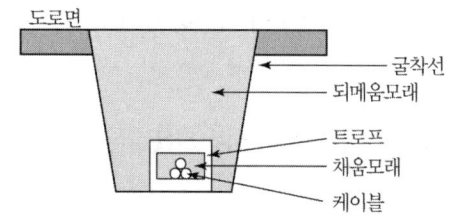

[풀이] 직접 매설식

예제 78) 그림은 전력 케이블의 시공방법이다. 어떤 시공방법 설치도인가 답하시오.

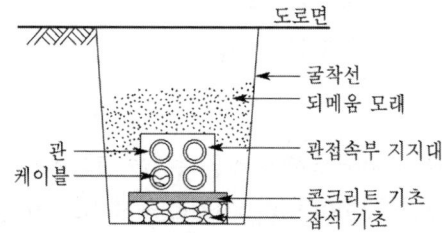

[풀이] 관로인입식

예제 79) 버스 덕트의 종류 3가지를 들고 간단히 설명하시오.

[풀이] (1) 피더 버스 덕트 : 도중에 부하를 접속하지 아니한 것
(2) 플러그 인 버스 덕트 : 도중에 부하 접속용으로 꽂음 플러그를 만든 것
(3) 익스팬션 버스 덕트 : 열 신축에 따른 변화량을 흡수하는 구조인 것

예제 80) 전선을 접속할 때 주의사항 3가지를 쓰시오.

[풀이] ① 전선의 세기를 20[%] 이상 감소시키지 않을 것
② 접속부분은 접속관 기타의 기구를 사용할 것
③ 전선의 전기적 저항을 증가시키지 아니하도록 할 것

예제 81) 연접 인입선이라 함은 어떤 용어인가 간단하게 쓰시오.

[풀이] 수용장소 인입구에서 분기하여 지지물을 거치지 아니하고 다른 수용장소의 인입구에 접속점에 이르는 부분의 전선

1.4 피뢰기 및 피뢰침 설비공사　55

예제 82　다음은 용어에 관한 설명이다. (　)안에 알맞은 용어를 쓰시오.
(1) (　　)이라 함은 가공 전선로의 지지물을 거치지 아니하고 수용장소의 인입선 접속점에 이르는 가공전선을 말한다.
(2) (　　)이라 함은 지중 전선로의 배전반 또는 가공 전선로의 지지물에서 직접 수용장소에 이르는 지중 전선로를 말한다.
(3) (　　)이라 함은 하나의 수용장소의 인입선 접속점에서 분기하여 지지물을 거치지 아니하고 다른 수용장소의 인입선 접속점에 이르는 전선을 말한다.

풀이　(1) 가공인입선　(2) 지중인입선　(3) 연접인입선

예제 83　다음 한국전기설비규정(KEC)에 의한 전선의 식별에 대한 기준이다. (　)안에 알맞은 내용을 기재하시오.

상(문자)	색상
L1	(①)
L2	흑색
L3	(②)
N	(③)
보호도체	(④)

풀이　① 갈색　② 회색　③ 청색　④ 녹색-노란색

예제 84　가공 전선로에 사용하는 지지물의 종류를 쓰시오.
풀이　① 철탑　② 철근콘크리트주　③ 철주　④ 목주

예제 85　가공 전선에 가해지는 하중의 이름 3가지를 쓰시오.
풀이　① 전선의 하중
② 풍압 하중
③ 빙설하중

예제 86　지선(stay)의 시설 목적을 아는대로 나열하시오.
풀이　① 지지물의 강도를 보강
② 전선로의 안전성을 증대
③ 불평형 하중에 대한 평형유지
④ 전선로가 건조물과 통과 접근할 경우 보안상 시설

예제 87 그림과 같이 시설하는 지선의 명칭은?

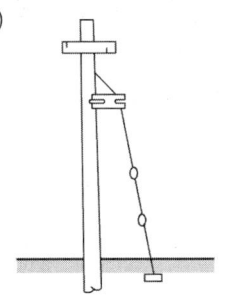
(1)

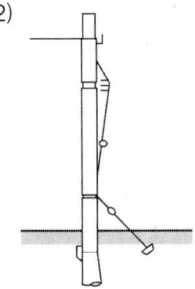
(2)

[풀이] (1) A형 궁지선   (2) R형 궁지선

예제 88 다음 그림을 보고 물음에 답하시오.

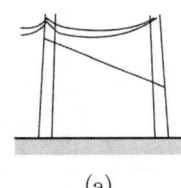

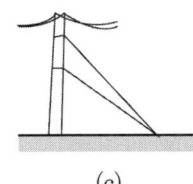

(a)   (b)   (c)

(1) ⓐ는 어떤 지선이며, 그 용도를 간단하게 쓰시오.
(2) ⓑ는 어떤 지선이며, 그 용도를 간단하게 쓰시오.
(3) ⓒ는 어떤 지선이며, 그 용도를 간단하게 쓰시오.

[풀이] (1) 공동지선 : 두 개의 지지물 상호 거리가 비교적 접근해 있을 때 두 개의 지지물에 공동으로 시설하는 지선
(2) 수평지선 : 토지의 상황이나 그 외 사유로 인하여 보통지선을 설치할 수 없을 때 설치
(3) Y지선 : 다단의 완철이 설치되고 또한 장력이 클 때 설치

예제 89 다음은 A형 지선을 이용한 10m 콘크리트주의 공사를 그린 것이다. 도면을 보고 물음에 답하시오.

(1) ①의 명칭은?
(2) ②의 깊이는 최소 몇 [m] 이상인가?
(3) 콘크리트주 전체의 길이가 10[m]인 경우 묻히는 최소 길이는?
(4) ③의 명칭은?
(5) ④의 간격은 몇 [m]인가?

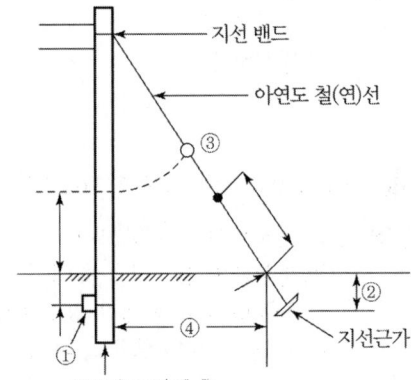

[풀이]
(1) 전주근가
(2) 1.5[m]
(3) $10 \times \dfrac{1}{6} = 1.67[m]$
(4) 지선애자
(5) 전주의 높이 $\times \dfrac{1}{2} = 10 \times \dfrac{1}{2} = 5[m]$

[해설] ※ 지선의 굵기 및 시설방법

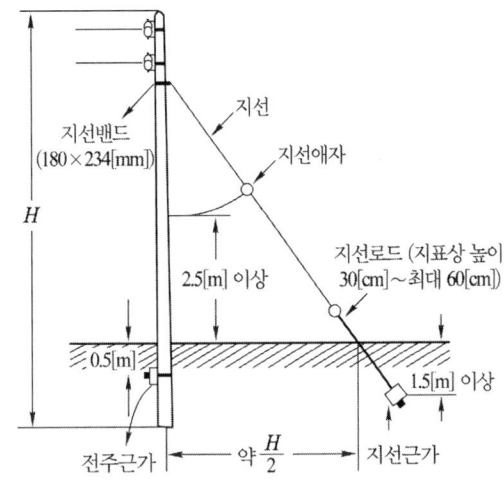

① 지선의 안전율은 2.5 이상일 것. 이 경우에 허용 인장하중의 최저는 4.31[kN]으로 한다.
② 지선에 연선을 사용할 경우에는 다음에 의할 것
 • 소선 3가닥 이상의 연선일 것
 • 소선의 지름이 2.6[mm] 이상의 금속선을 사용한 것일 것. 다만, 소선의 지름이 2[mm] 이상인 아연도강연선으로서 소선의 인장강도가 0.68[kN/mm^2] 이상인 것을 사용하는 경우에는 그러하지 아니하다.
③ 지중부분 및 지표상 30[cm]까지의 부분에는 내식성이 있는 것 또는 아연도금을 한 철봉을 사용하고 쉽게 부식되지 아니하는 근가에 견고하게 붙일 것. 다만, 목주에 시설하는 지선에 대해서는 그러하지 아니하다.
④ 지선근가는 지선의 인장하중에 충분히 견디도록 시설할 것

MEMO

마스터 전기기능장 실기

PART
02

방재설비공사

제 2 장 방재설비공사

▶ **화재경보설비의 분류**
① 자동화재 탐지설비   ② 자동화재속보설비
③ 누전경보기   ④ 비상경보설비
⑤ 비상방송설비   ⑥ 가스누설경보설비

2.1 자동화재 탐지설비

건축물 내에 발생한 화재의 초기 단계에서 발생되는 열 또는 연기를 자동적으로 감지하여 건축물 관계자에게 통보하고 건축물 내의 거주자에게 벨 또는 사이렌 등의 음향으로 화재 발생을 알리는 설비의 일체를 말한다.

1 자동화재탐지설비의 구성요소
① 감지기   ② 수신기   ③ 발신기   ④ 중계기
⑤ 음향장치   ⑥ 부속기기 (부수신기, 표시등, 표지판, 소화전 기동 릴레이)

2 자동화재 탐지설비를 설치하여야 하는 장소
① 근린생활시설(일반목욕장 제외), 위락시설, 숙박시설, 의료시설 및 복합건축물로서 연면적 600[m^2] 이상인 것
② 문화집회 및 운동시설, 지하가, 판매시설 및 영업시설, 공동주택, 업무시설, 공장 및 창고 시설로서 연면적 1,000[m^2] 이상인 것
③ 교육연구시설, 교정시설로서 연면적 2,000[m^2] 이상인 것
④ 지하구
⑤ 길이 1,000[m] 이상의 터널

3 경계구역
① 하나의 경계구역이 2개 이상의 건축물에 미치지 아니 하여야한다.
② 하나의 경계구역이 2개 이상의 층에 미치지 아니 하여야 한다. 단, 500[m^2] 이하의 범위 안에서는 2개의 층을 하나의 경계구역으로 할 수 있다.
③ 하나의 경계구역의 면적은 600[m^2] 이하로 하고 한 변의 길이는 50[m] 이하로 한다. 단, 당해 소방대상물의 주된 출입구에서 그 내부 전체가 보이는 것에 있어서는 한 변의 길이가 50[m]의 범위 내에서 1,000[m^2] 이하로 할 수 있다.
④ 지하구의 경우 하나의 경계구역의 길이는 700[m] 이하로 할 것

⑤ 계단·경사로(에스컬레이터 경사로 포함)·엘리베이터권상기실·린넨슈트·파이프피트 및 덕트 기타 이와 유사한 부분에 대하여는 별도로 경계구역을 설정하되, 하나의 경계구역의 높이 45[m]이하(계단 및 경사로에 한한다)로 하고, 지하층의 계단 및 경사로(지하층의 층수가 1일 경우는 제외한다)는 별도로 하나의 경계구역으로 하여야 한다.
⑥ 스프링클러설비·물분무등소화설비 또는 제연설비의 화재감지장치로서 화재감지기를 설치한 경우의 경계구역은 당해 소화설비의 방사구역 또는 제연구역과 동일하게 설정할 수 있다.

4 자동화재탐지설비의 배선

① 감지기회로 및 부속회로의 전로와 대지 사이 및 배선 상호간의 절연저항은 1경계구역마다 직류 250[V]의 절연저항측정기를 사용하여 측정한 절연저항이 0.1[MΩ]이상이 되도록 할 것
② 피(P)형 수신기 및 지피(G.P.)형 수신기의 감지기 회로의 배선에 있어서 하나의 공통선에 접속할 수 있는 경계구역은 7개 이하로 할 것
③ 자동화재탐지설비의 감지기회로의 전로저항은 50[Ω] 이하가 되도록 하여야 하며, 수신기의 각 회로별 종단에 설치되는 감지기에 접속되는 배선의 전압은 감지기 정격전압의 80[%] 이상이어야 할 것
④ 감지기회로의 도통시험을 위한 종단저항은 다음의 기준에 따를 것
  ㉠ 전용함을 설치하는 경우 그 설치 높이는 바닥으로부터 1.5[m] 이내로 할 것
  ㉡ 감지기 사이의 회로의 배선은 송배전식으로 할 것

5 교차회로 방식

(1) 개요
교차회로방식은 감지기와 연동하여 동작하는 설비의 오동작을 방지하기 위한 방식으로, 두 개의 회로가 교차하도록 설치하기 때문에 일명 X배선 방식이라고도 한다.

(2) 동작설명
감지기가 화재를 감지하는 것은 송·배전방식의 자동 화재탐지설비와 기능은 같으나 1개 회로의 감지기가 동작되었을 때에는 그와 연동되는 소화설비가 작동되지 아니하고 2개 회로 즉, 회로별로 감지기가 각각 1개씩 2개 이상의 감지기가 동작되어야만 수신반에서 소화설비를 작동시키는 기동출력을 발신하게 되므로 1개 회로만의 감자에 의한 방식보도 오(誤)동작의 확률을 훨씬 감소시킬 수 있는 방식이다.

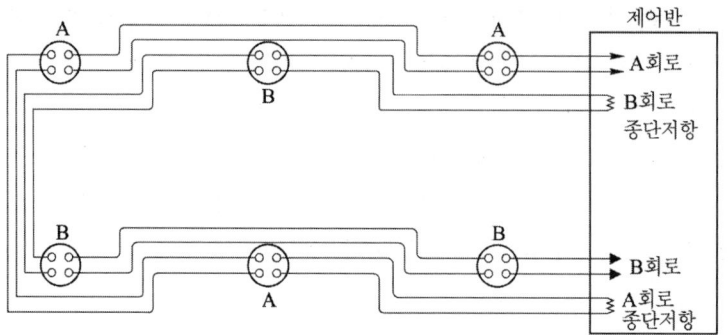

(3) 교차회로 적용설비
① 스프링클러설비 (준비작동식, 일제살수식)
② 이산화탄소소화설비
③ 할로겐화합물소화설비
④ 분말소화설비
⑤ 물분무소화설비

(4) 교차회로 적용제외 설비
① 자동화재 탐지설비
② 제연설비
③ 포소화설비
④ 준비작동식 스프링클러설비 (이온화식 연기감지기를 설치하고 폐쇄형 상향식 헤드부 착시에 국한)
⑤ 방화셔터, 자동방화문, 제연창설비

6 송배전방식

수신기 2차측 외부배선의 도통시험을 용이하게 하기 위하여 배선의 도중에서 분기하지 않도록 하는 배선방식

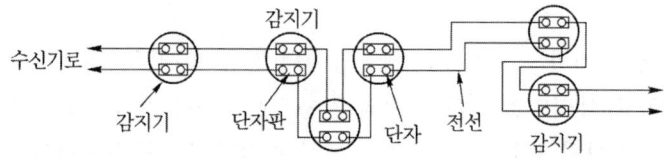

7 자동화재탐지설비의 시험

(1) 감지기의 시험 종류
① 주위온도 시험　② 감지기의 접점　③ 인장시험
④ 노화시험　　　　⑤ 방수시험　　　⑥ 살수시험
⑦ 내식시험　　　　⑧ 반복시험　　　⑨ 진동시험

⑩ 충격시험　　⑪ 분진시험　　⑫ 충격전압시험
⑬ 습도시험　　⑭ 절연저항시험　⑮ 절연내력시험

(2) 중계기의 시험
　　① 주위온도시험　② 반복시험　　③ 방수시험
　　④ 절연저항시험　⑤ 절연내력시험　⑥ 충격전압시험

(3) 감지기회로 배선의 단선여부 확인 시험의 종류
　　① 화재표시 작동시험　　② 회로도통시험
　　③ 동시작동시험　　　　④ 회로저항시험

2.2 자동화재 속보설비

소방대상물에 화재발생시 자동 또는 수동으로 화재의 발생을 소방관서에 통보하는 설비이다. 소방대상물에 화재발생시 감지기에서 감지된 화재신호를 수신기에서 수신하여 20초 이내에 오보 또는 화재인가를 판별한 후 자동화재속보설비에 접속된 상용 전화선로를 차단함과 동시에 소방관서에 자동적으로 3회이상 반복하여 신고하는 기능을 한다.

1 자동화재속보설비의 화재안전기준에 의한 시설기준

① 자동화재탐지설비와 연동으로 작동하여 자동적으로 화재발생 상황을 소방관서에 전달되는 것으로 할 것
② 스위치는 바닥으로부터 0.8[m] 이상 1.5[m] 이하의 높이에 설치하고, 그 보기 쉬운 곳에 스위치임을 표시한 표지를 할 것
③ 수신기가 설치된 장소에 상시 통화 가능한 전화가 설치되어 있고, 감시인이 상주하는 경우에는 자동화재속보설비를 설치하지 아니할 수 있다.

2 자동화재속비기의 기능

① 정격전압이 60[V]를 넘는 기구의 금속제 외함에는 접지단자를 설치하여야 한다.
② 예비전원회로에는 단락사고 등으로부터 보호하기 위한 퓨즈를 설치하여야 한다.
③ 내부에는 주 전원의 양극을 동시에 개폐할 수 있는 전원 스위치를 설치하여야 한다.
④ 송수화기 또는 녹음기 등을 사용하는 자동화재속보기의 경우 녹음테이프는 5분 이상 계속 사용할 수 있는 것이어야 한다.
⑤ 작동 시 그 작동시간과 횟수를 표시할 수 있는 장치를 하여야 한다.
⑥ 예비전원은 자동적으로 충전 할 수 있어야 한다.
⑦ 작동신호를 수신하거나 수동으로 동작시키는 경우 20초 이내에 소방관서에 자동적으로 신호를 발하여 통보하되 3회 이상 속보할 수 있어야 한다.
⑧ 속보기의 정격 1차 전압은 300[V] 이하로 하여야 한다.

3 자동화재 속보설비의 설치대상

소방대상물	기준면적
· 공장 및 창고시설 · 업무시설(사람이 근무하지 아니하는 시간에는 무인경비시스템으로 관리하는 시설에 한함)	바닥면적이 1,500[m²] 이상인 층이 있는 것
· 노유자시설 · 교육연구시설 중 청소년 시설 (숙박시설이 있는 것에 한함)	바닥면적이 500[m²] 이상인 층이 있는 것

※ 단, 수신반이 설치된 장소에 상시 통화 가능한 전화가 설치되어 있고 감시인이 상주하는 경우에는 설치하지 아니할 수 있다.
※ 종합방재센터가 설치되어 있어도 감시인이 상주하지 않으면 자동화재 속보설비를 갖추어야 한다.

2.3 감지기

"감지기"라 함은 화재시 발생하는 열, 연기, 불꽃 또는 연소생성물을 자동적으로 감지하여 수신기에 발신하는 장치를 말한다.

감지기의 그림기호

감지기의 종류	그림기호	비고
정온식 스포트형 감지기	▢	· 방수형 : ● · 내산형 : ▯ · 내알칼리형 : ▮ · 방폭형 : ▢EX
차동식 스포트형 감지기	▢	
보상식 스포트형 감지기	▢	

1 감지기 설치장소

(1) 층고에 따른 감지기의 설치기준

부착높이	감지기의 종류
4[m] 미만	· 차동식 (스포트형, 분포형)　　· 보상식 스포트형 · 정온식 (스포트형, 감지선형) · 이온화식 또는 광전식 (스포트형, 분리형, 공기흡입형) · 열복합형　　　　　　　　　· 연기복합형 · 열연기복합형　　　　　　　· 불꽃감지기

부착높이	감지기의 종류
4[m] 이상 8[m] 미만	· 차동식 (스포트형, 분포형) · 보상식 스포트형 · 정온식 (스포트형, 감지선형) 특종 또는 1종 · 이온화식 1종 또는 2종 · 광전식(스포트형, 분리형, 공기흡입형) 1종 또는 2종 · 열복합형 · 연기복합형 · 열연기복합형 · 불꽃감지기
8[m] 이상 15[m] 미만	· 차동식 분포형 · 이온화식 1종 또는 2종 · 광전식(스포트형, 분리형, 공기흡입형) 1종 또는 2종 · 연기복합형　　　　　　　　· 불꽃감지기
15[m] 이상 20[m] 미만	· 이온화식 1종 · 광전식(스포트형, 분리형, 공기흡입형) 1종 · 연기복합형 · 불꽃감지기
20[m] 이상	· 불꽃감지기 · 광전식(분리형, 공기흡입형) 중 아날로그방식

[비고]
1. 감지기별 부착높이 등에 대하여 별도로 형식승인 받은 경우에는 그 성능 인정범위 내에서 사용할 수 있다.
2. 부착높이 20[m] 이상에 설치되는 광전식중 아날로그방식의 감지기는 공칭감지농도 하한값이 감광율 5[%/m] 미만인 것으로 한다.

(2) 소방 대상물에 필요한 감지기 설치 수량

소방대상물에 따른 감지기의 종류

(단위 : [m²])

부착높이 및 소방대상물의 구분		감 지 기 의 종 류				
		차동식, 보상식 스포트형		정 온 식 스포트형		
		1종	2종	특종	1종	2종
4[m] 미만	주요구조부를 내화구조로 한 소방대상물 또는 그 부분	90	70	70	60	20
	기타 구조의 소방대상물 또는 그 부분	50	40	40	30	15
4[m] 이상 8[m] 미만	주요구조부를 내화구조로 한 소방대상물 또는 그 부분	45	35	35	30	
	기타 구조의 소방대상물 또는 그 부분	30	25	25	15	

(3) 설치 장소별 감지기 적응성

종 류	설 치 장 소
연기감지기	복도, 계단, 경사로, 승강기 통로, 엘리베이터권상실, 린넨슈트, 파이프덕트 및 피트
차동식 스포트형 감지기	주차장, 사무실
정온식 스포트형 감지기	주방, 보일러실, 발전기실

2 감지기 설치 제외 장소

① 실내의 용적이 20[m^3] 이하인 장소
② 천장 또는 반자의 높이가 20[m] 이상인 장소
③ 부식성 가스가 체류하고 있는 장소
④ 목욕실·욕조 또는 샤워시설이 있는 화장실 기타 이와 유사한 장소
⑤ 화재발생의 위험이 적은 장소로서 감지기의 유지관리가 어려운 장소
⑥ 헛간 등 외부와 기류가 통하는 장소로서 감지기에 따라 화재발생을 유효하게 감지할 수 없는 장소
⑦ 고온도 및 저온도로서 감지기의 기능이 정지되기 쉽거나 감지기의 유지관리가 어려운 장소
⑧ 파이프덕트 등 그 밖의 이와 비슷한 것으로서 2개층마다 방화구획된 것이나 수평단면적이 5[m^2] 이하인 것
⑨ 먼지·가루 또는 수증기가 다량으로 체류하는 장소 또는 주방 등 평시에 연기가 발생하는 장소(연기감지기에 한한다)

3 감지기의 분류

검출원리	기능상	이용상	용도별
열감지기	차동식	스포트형	공기팽창식
			열기전력식(반도체식)
		분포형	공기관식
			열전대식
			열반도체식
	정온식	스포트형	
		감지선형	
	보상식	스포트형	

검출원리	기능상	이용상	용도별
연기감지기	광전식	스포트형	산란광식
		분리형	감광식
		공기흡입형	산란광식
	이온화식		
복합감지기	열복합형		
	연기복합형		
	열·연기복합형		
불꽃감지기	자외선식		
	적외선식		
	자외선·적외선복합식		
Analog식 감지기			

4 공기팽창식 차동식 스포트형 감지기의 구성

(1) 공기팽창식 차동식 스포트형 감지기의 구성

① 감열실 : 열을 유효하게 받을 수 있는 것
② 다이어프램
③ leak 구멍 : 난방 등에 따른 실내온도가 완만하게 변화 할 때에는 leak 구멍의 공기압력 조절 작용에 따라 외부압력과 평형을 유지하여 화재 신호를 발하지 않도록 하여 오동작을 방지한다.
④ 전기신호 전송에 필요한 접점과 배선

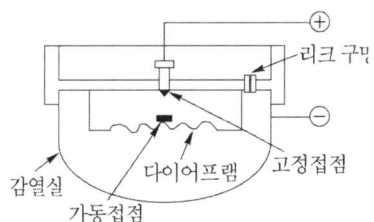

(2) 동작원리

화재가 발생하여 감지기가 급격한 온도상승을 받게 되면 감열실내의 온도가 일정한 온도상승률 이상으로 상승되어 공기가 팽창되면 다이어프램을 밀어올리게 되어 가동접점이 고정접점에 접촉하여 전기회로를 만들게 되며 이에 따라 수신기로 신호를 발신하게 된다.

5 차동식 분포형

차동식 분포형 감지기는 주위온도가 일정한 온도상승률 이상으로 되었을 때 작동하는 것으로서 광범위한 열효과의 누적에 의해서 작동하는 것으로서 감열부의 종류에 따라 분류하면 공기관식, 열전대식, 열반도체식으로 구분된다.

(1) 공기관식 차동식 분포형 감지기

① 공기관식 감지기의 구성요소
- ㉠ 다이어프램
- ㉡ 리크공(리크구멍)
- ㉢ 공기관
- ㉣ 접점
- ㉤ 시험장치

② 동작원리

경계할 구역에 화재가 발생하면 실내의 천정면에 설치한 공기관이 가열되고 이에 따라 공기관내의 공기가 급격하게 팽창되어 압력이 증가하므로 Leak 구멍으로 유출되지 못한 팽창된 공기가 다이어프램을 밀어올리면 접점이 서로 닿아 수신기에 화재신호를 발신하게 된다.

③ 동작순서

열 → 공기관내 공기팽창 → 다이어프램 팽창 → 회로접점 접속

④ 공기관식 차동식 분포형 감지기의 기능시험
- ㉠ 화재작동시험
- ㉡ 유통시험
- ㉢ 접점수고시험
- ㉣ 펌프시험

⑤ 공기관식 차동식 분포형 감지기의 가열시험시 부동작 원인
- ㉠ 공기관의 폐쇄
- ㉡ 공기관의 부식
- ㉢ 접점간격의 규정치 이상
- ㉣ 다이어프램의 부식

⑥ 공기관식 차동식 분포형 감지기의 유통시험
- ㉠ 유통시험 목적 : 공기를 유입시켜 공기관이 새거나, 깨어지거나, 줄어들음 등의 유무 및 공기관의 길이를 확인하는 시험
- ㉡ 시험에 필요한 장비 : 테스트펌프(공기주입기), 마노미터, 고무관, 초시계
- ㉢ 유통시험 회로도

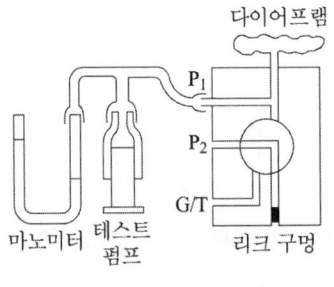
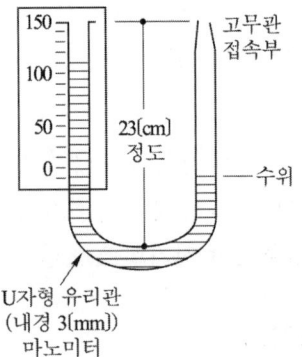

- ㉣ 시험방법
  - 테스트 펌프로 공기를 공기관에 주입하여 약 100[mm] 정도 수위를 상승시킨 후 공기의 주입을 멈추고 수위가 정지하는지의 여부를 확인한다. 이때 만약 수위가 떨어진다면 공기관 어딘가에서 누설이 되고 있는 것이다.

- 수위가 정지 후 레버핸들을 조작하여 송기구를 열고 공기를 뺀다. 이 경우 마노미터의 수위가 1/2 정도 저하하는 시간을 측정하고 이때 측정한 시간으로부터 공기관 유통곡선을 이용하여 공기관 길이를 산출하며 이 길이가 100[m] 이하이면 합격이다. 이때 만약 공기관내에 막힌 곳이 있거나 찌그러진 부분이 있으면 강하 시간이 길어져 공기관 길이가 긴 것 같이 나타남을 곧 알게 된다.

⑦ 접점수고시험 : 감지기의 접점간격이 적당한가를 확인하기 위한 시험이며 접점수고치가 낮으면 감도가 예민하게 되어 비화재보의 원인이 되며 또 접점수고가 높으면 감도가 저하하여 작동 지연의 원인이 된다.

⑧ leak 구멍 : 난방 등에 따른 실내온도가 완만하게 변화할 때에는 leak 구멍의 공기 압력조절 작용에 따라 외부압력과 평형을 유지하여 화재신호를 발하지 않도록 하는 역할을 한다. 즉, 오동작을 방지하는 역할을 한다.

⑨ 공기관식 감지기의 리크밸브 기능
  ㉠ 비화재보의 방지
  ㉡ 작동속도의 조절
  ㉢ 공기유통에 대해 저항을 가짐

(2) 열전대식 차동식 분포형

1) 구성요소
  ① 감열부 : 열반도체 소자, 수열판
  ② 검출부 : 미터릴레이(meter relay)

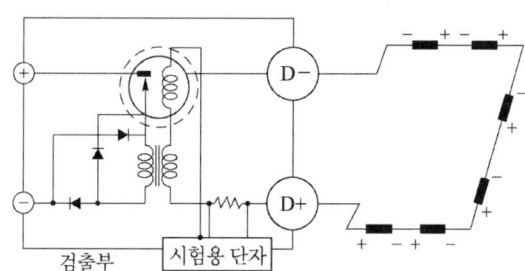

※ 열전대 접속시 열전대의 극성에 유의해야 한다.

2) 동작원리

서로 다른 2종류의 금속을 접합 시키고 그 접합점에 열을 가하면 열기전력이 발생하고 (제어백 효과) 그 열기전력을 Meter relay를 통해서 수신기로 신호를 전달하는 방식

3) 열전대식 차동식 분포형 감지기 설치기준
  ① 감지기 설치기준

주요구조부	감지기의 감지면적 [m^2]	최소 설치개수
내화구조	22	88[m^2] 이하인 경우 4개 이상 설치
기타구조	18	72[m^2] 이하인 경우 4개 이상 설치

② 하나의 검출부에 접속하면 열전대부는 4개 이상 20개 이하로 하여야 한다.

(3) 열반도체식

1) 동작원리

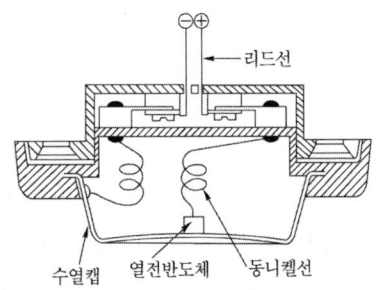

감지부가 열전류를 받게 되어 수열 캡의 온도가 상승하면 이것에 밀착한 반도체 소자에 제어백 효과에 의한 열기전력이 발생한다. 반면 동니켈선에는 반도체와 역방향의 열기전력이 발생하여 반도체 소자에서 발생하는 열기전력은 억제된다.

이러한 작용은 화재와 같이 급격한 온도 상승에 대하여는 감지기의 출력전압을 크게 하여 릴레이를 작동시키고 완만한 온도상승에는 극히 작아지므로 감지기의 오동작을 방지할 수 있다.

2) 설치기준

① 하나의 검출부에 접속하는 감지부는 2개 이상 15개 이하가 되도록 하여야 한다.

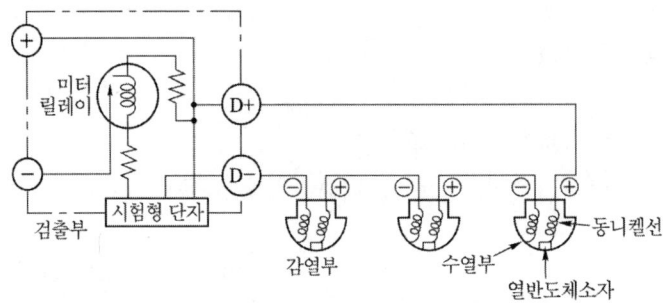

㉠ 열반도체 소자 : 열기전력을 발생시키는 소자
㉡ 동니켈선 : 열반도체 소자와 역 방향의 열기전력을 발생하는 니켈선

② 열반도체식 차동식 분포형 감지기는 다음의 기준에 따를 것

(단위 : [m^2])

부착높이 및 소방대상물의 구분		감지기의 종류	
		1종	2종
8[m] 미만	주요구조부가 내화구조로 된 소방대상물 또는 그 부분	65	36
	기타 구조의 소방대상물 또는 그 부분	40	23
8[m] 이상 15[m] 미만	주요구조부가 내화구조로 된 소방대상물 또는 그 부분	50	36
	기타 구조의 소방대상물 또는 그 부분	30	23

6 정온식

(1) 정온식 스포트형

  1) 종류

  정온식 스포트형 감지기는 일국소의 주위온도가 일정한 온도 이상이 되었을 경우에 동작하는 것으로 종류는 다음과 같다.
  ① 바이메탈을 이용한 것
  ② 금속의 팽창계수를 이용한 것
  ③ 액체의 팽창을 이용한 것
  ④ 반도체를 이용한 것
  ⑤ 가용절연물을 이용한 것
  ⑥ 감열반도체 소자를 이용한 것

  2) 정온식 감지기의 공칭작동온도 : 60[℃]∼150[℃]

(2) 정온식 감지선형 감지기

  1) 개요

  정온식 감지선형 감지기는 일국소의 주위온도가 일정한 온도 이상이 되었을 때 가용절연물이 녹아 2가닥의 전선이 서로 접촉하면 작동하여 화재신호를 수신기에 발신하는 것으로 감지기의 외관이 전선과 같이 생긴 것을 말하며 전선 전체가 감열부인 것과 전선에 부분적으로 감열부가 점재해 있는 것이 있다.

  2) 정온식 감지선형 감지기의 설치기준

  ① 보조선이나 고정금구를 사용하여 감지선이 늘어지지 않도록 설치할 것
  ② 단자부와 마감 고정금구와의 설치간격은 10[cm] 이내로 할 것
  ③ 감지기와 감지구역의 각 부분과의 수평거리는 다음과 같이 설치할 것

구 조	1종	2종
내화구조	4.5[m] 이하	3[m] 이하
기타구조	3[m] 이하	1[m] 이하

  ④ 감지선형 감지기의 굴곡반경은 5[cm] 이상으로 할 것
  ⑤ 지하구나 창고의 천장 등에 지지물이 적당하지 않는 장소에는 보조선을 설치하고 그 보조선에 설치할 것
  ⑥ 케이블 트레이어 감지기를 설치하는 경우 케이블 트레이 받침대에 마감금구를 사용하여 설치할 것
  ⑦ 분전반내부에 설치하는 경우 접착제를 이용하여 돌기를 바닥에 고정시키고 그곳에 감지기를 설치할 것

7 보상식스포트형

차동식 열 감지기가 동작하지 않는 온도상승속도에 대하여 일정한 온도가 되면 반드시 동작할 수 있는 정온특성으로 그 기능을 보상할 수 있도록 되어있는 감지기로 공기팽창과 금속팽창을 병용한 방식이다.

8 광전식

(1) 구성
발광소자와 수광소자로 구성

(2) 요구성능
① 발광소자 : 장기간 사용할 수 있어야 하고 광속변화가 적어야 한다.
② 수광소자 : 장기간 사용할 수 있어야 하고 감도저하 및 피로현상이 적어야 한다.

(3) 특징
① 화재의 조기발견 가능
② 연기의 색에 영향을 받지 않음
③ 외광에 의해서는 동작하지 않음
④ 접점과 같은 가동부분이 없어 재 조정 불필요
⑤ 무접촉 검출이 가능하다.
⑥ 고속검출이 가능하고 응답속도가 빠르다.
⑦ 파장이 짧고 직진성이 우수하다.
⑧ 색의 판별이나 농담검출이 가능하다.

9 이온화식 연기 감지기

(1) 동작원리
이온화식 감지기는 공기가 자유롭게 유통할 수 있는 외부 이온실과 외기로부터 독립된 밀폐된 내부 이온 실이 있으며 각 이온 실에는 미량의 방사선원(아메리슘 [Am^{241}])이 있고 이 방사선원에 의해 알파선이 조사되면 이온실 내부의 공기가 이온화되어 이온전류가 발생하여 화재를 감지한다.

(2) 이온화식 연기감지기의 구조
연기가 흘러들어가는 외부 이온실과 밀폐된 내부 이온실로 구성되고 양 이온실은 직렬로 연결되어 있으며 감시상태에서는 내부 이온실 +극, 외부 이온실 −극에 정전압이 인가되어 있다.

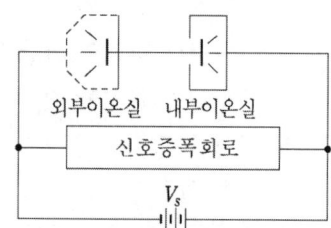

10 단독경보형감지기

(1) 개요
단독경보형 감지기란 화재발생 상황을 단독으로 감지하여 자체에 내장된 음향장치로 경보하는 감지기를 말한다.

(2) 설치기준

① 각 실마다 설치하되, 바닥면적이 150[m²]를 초과하는 경우에는 150[m²]마다 1개 이상 설치할 것
② 최상층 계단실의 천장(외기가 상통하는 계단실의 경우를 제외한다)에 설치할 것
③ 건전지를 주전원으로 사용하는 단독경보형 감지기는 정상적인 작동상태를 유지할 수 있도록 건전지를 교환할 것

11 감지기 설치기준

(1) 연기감지기 설치기준

① 감지기의 부착높이에 따라 다음 표에 따른 바닥면적마다 1개 이상으로 할 것

(단위 : [m²])

부 착 높 이	감지기의 종류	
	1종 및 2종	3종
4[m] 미만	150	50
4[m] 이상 20[m] 미만	75	

② 거리별 감지기의 설치개수

설치장소	복도 및 통로		계단 및 경사로	
	1종, 2종	3종	1종, 2종	3종
설치거리	보행거리 30[m]	보행거리 20[m]	수직거리 15[m]	수직거리 10[m]

③ 천장 또는 반자가 낮은 실내 또는 좁은 실내에 있어서는 출입구의 가까운 부분에 설치할 것
④ 천장 또는 반자부근에 배기구가 있는 경우에는 그 부근에 설치할 것
⑤ 감지기는 벽 또는 보로부터 0.6[m] 이상 떨어진 곳에 설치할 것
⑥ 엘리베이터권상기실·린넨슈트, 파이프덕트 기타 이와 유사한 장소
⑦ 천정 또는 반자의 높이가 15[m] 이상 20[m] 미만의 장소

(2) 스포트형 감지기 설치기준

① 감지기(차동식 분포형의 것을 제외)는 실내의 공기유입구로부터 1.5[m] 이상 떨어진 곳에 설치
② 보상식 스포트형 감지기는 정온점이 감지기 주위의 평상시 최고온도보다 섭씨 20[℃] 이상 높은 것을 설치하여야 한다.
③ 스포트형 감지기는 45° 이상 경사되지 아니하도록 부착할 것
④ 감지기는 천장 또는 반자의 옥내에 면하는 부분에 설치할 것
⑤ 정온식 감지기는 주방·보일러실 등으로서 다량의 화기를 취급하는 장소에 설치하되,

공칭작동온도가 최고주위온도보다 20[℃] 이상 높은 것으로 설치할 것

(3) 공기관식 차동식 분포형 감지기 설치기준
① 공기관의 노출부분은 감지구역마다 20[m] 이상이 되도록 할 것
② 공기관과 감지구역의 각 변과의 수평거리는 1.5[m] 이하가 되도록 하고, 공기관 상호간의 거리는 6[m](주요구조부를 내화구조로 한 소방대상물 또는 그 부분에 있어서는 9[m]) 이하가 되도록 할 것

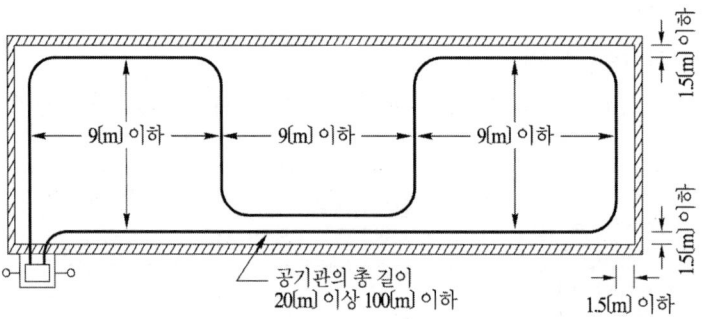

( ) : 주요구조부를 내화구조로 한 경우의 거리

[설치 예]

③ 공기관은 도중에서 분기하지 아니하도록 할 것
④ 하나의 검출부분에 접속하는 공기관의 길이는 100[m] 이하로 할 것
⑤ 검출부는 5° 이상 경사되지 아니하도록 부착할 것
⑥ 검출부는 바닥으로부터 0.8[m] 이상 1.5[m] 이하의 위치에 설치할 것
⑦ 공기관의 규격
  ㉠ 외경 : 1.9[mm] 이상
  ㉡ 두께 : 0.3[mm] 이상
⑧ 리크(leak) 저항 및 접점수고를 쉽게 시험할 수 있어야 한다.

2.4 종단저항

종단저항은 감지기회로의 도통시험을 하기 위하여 설치한 것으로 종단감지기에 설치할 경우에는 구별이 쉽도록 해당감지기의 기판 및 감지기외부에 별도표시 할 것.

(1) 감지기회로의 도통시험을 위한 종단저항은 다음의 기준에 따를 것
① 전용함을 설치하는 경우 그 설치 높이는 바닥으로부터 1.5[m] 이내로 할 것
② 감지기 사이의 회로의 배선은 송배전식으로 할 것

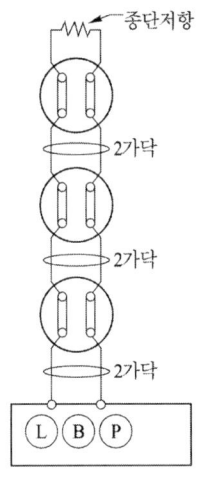
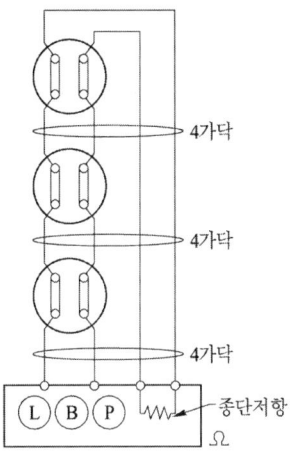

[종단저항이 말단 감지기에 설치된 경우]   [종단저항이 발신기함 내부에 설치되어 있는 경우]

2.5 발신기

"발신기"라 함은 화재발생 신호를 수신기에 수동으로 발신하는 장치를 말한다.

1 발신기의 종류

발신기는 다음과 같이 분류할 수 있다.
① 기능에 따라 : P형(P형 1급, P형 2급), T형, M형
② 설치 장소에 따라 : 옥외형, 옥내형
③ 방폭 구조에 따라 : 방폭형, 비방폭형
④ 방수성 유무에 따라 : 방수형, 비방수형

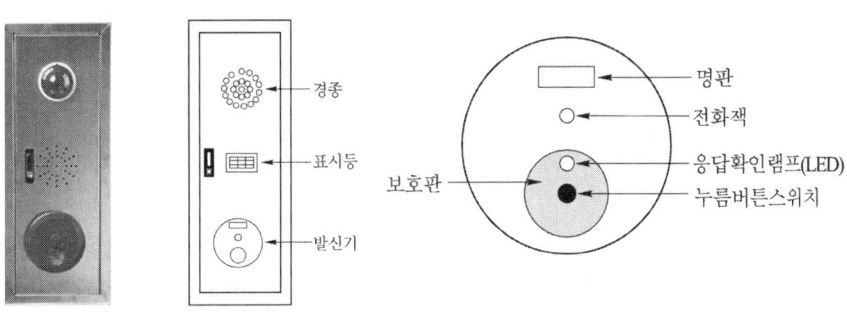

발신기함

2 발신기의 시설기준

자동화재탐지설비의 발신기는 다음 각호의 기준에 따라 설치하여야 한다. 다만, 지하구의 경우에는 발신기를 설치하지 아니할 수 있다.

① 조작이 쉬운 장소에 설치하고, 스위치는 바닥으로부터 0.8[m] 이상 1.5[m] 이하의 높이에 설치할 것
② 소방대상물의 층마다 설치하되, 당해 소방대상물의 각 부분으로부터 하나의 발신기까지의 수평 거리가 25[m] 이하가 되도록 할 것. 다만, 복도 또는 별도로 구획된 실로서 보행거리가 40[m] 이상일 경우에는 추가로 설치하여야 한다.
③ 발신기의 위치를 표시하는 표시등은 함의 상부에 설치하되, 그 불빛은 부착면으로부터 15° 이상의 범위 안에서 부착지점으로부터 10[m] 이내의 어느 곳에서도 쉽게 식별할 수 있는 적색등으로 하여야 한다.

26 수신기

"수신기"라 함은 감지기나 발신기에서 발하는 화재신호를 직접 수신하거나 중계기를 통하여 수신하여 화재의 발생을 표시 및 경보하여 주는 장치를 말한다.

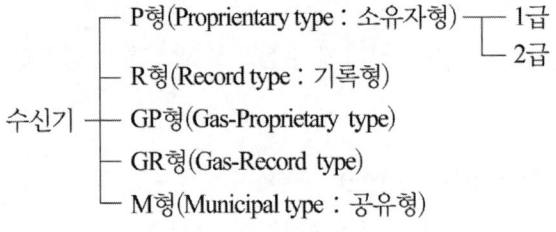

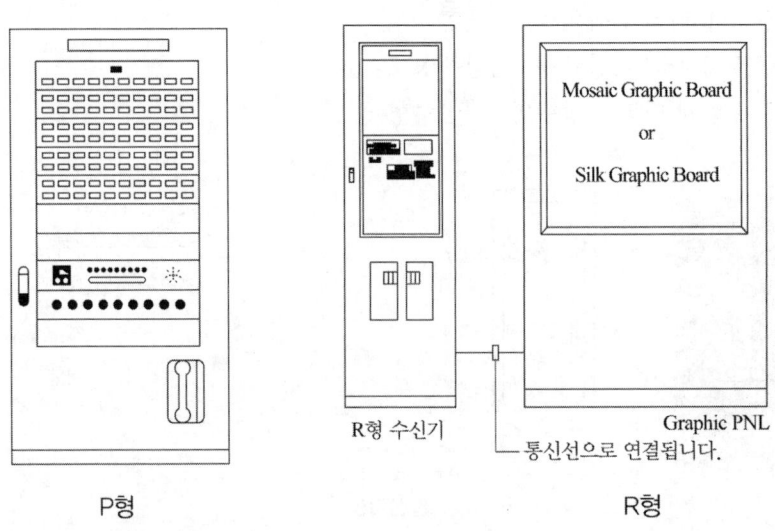

(1) P형 수신기
가장 기본이 되는 일반형의 수신기로서
① P형 1급 수신기 ② P형 2급 수신기로 분류된다.

(2) R형 수신기
감지기 또는 발신기로부터 발하여지는 신호를 직접 또는 중계기를 통하여 고유 신호로서 수신하여 화재의 발생을 당해 소방대상물의 관계자에게 경보하여 주는 것을 말한다.

(3) M형 수신기
도로에 설치된 발신기(M형)를 이용하여 소방서에 설치된 수신기에 화재 발생을 통보하는 화재속보설비를 겸한 것으로 신호 전달은 발신기별로 고유신호를 전달하는 방식이다.

(4) GP형 수신기 : P형 수신기의 기능과 가스 누설 경보기의 기능을 겸한 것을 말한다.

(5) GR형 수신기 : R형 수신기의 기능과 가스 누설 경보기의 기능을 겸한 것을 말한다.

2.7 유도등

(1) "유도등"이라 함은 화재 시에 피난을 유도하기 위한 등으로서 정상상태에서는 상용 전원에 따라 켜지고 상용전원이 정전되는 경우에는 비상전원으로 자동전환되어 켜지는 등을 말한다.

(2) "피난구유도등"이라 함은 피난구 또는 피난경로로 사용되는 출입구를 표시하여 피난을 유도하는 등을 말한다.

(3) "통로유도등"이라 함은 피난통로를 안내하기 위한 유도등으로 복도통로유도등, 거실통로유도등, 계단통로유도등을 말한다.

(4) "복도통로유도등"이라 함은 피난통로가 되는 복도에 설치하는 통로유도등으로서 피난구의 방향을 명시하는 것을 말한다.

(5) "거실통로유도등"이라 함은 거주, 집무, 작업, 집회, 오락 그밖에 이와 유사한 목적을 위하여 계속적으로 사용하는 거실, 주차장 등 개방된 통로에 설치하는 유도등으로 피난의 방향을 명시하는 것을 말한다.

(6) "계단통로유도등"이라 함은 피난통로가 되는 계단이나 경사로에 설치하는 통로유도등으로 바닥면 및 디딤 바닥면을 비추는 것을 말한다.

(7) "객석유도등"이라 함은 객석의 통로, 바닥 또는 벽에 설치하는 유도등을 말한다.

(8) "피난구유도표지"라 함은 피난구 또는 피난경로로 사용되는 출입구를 표시하여 피난을 유도하는 표지를 말한다.

(9) "통로유도표지"라 함은 피난통로가 되는 복도, 계단 등에 설치하는 것으로서 피난구의 방향을 표시하는 유도표지를 말한다.

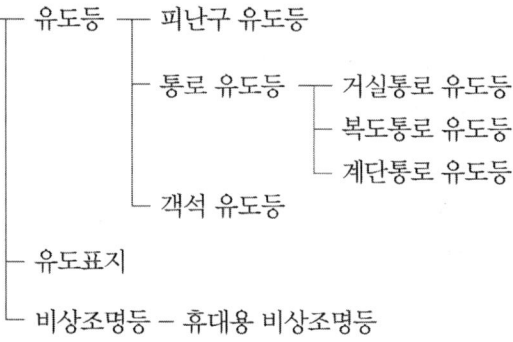

1 설치장소

설 치 장 소	유도등 및 유도표지의 종류
공연장 · 집회장 · 관람장 · 운동시설	· 대형피난구유도등 · 통로유도등 · 객석유도등
위락시설 · 판매시설 및 영업시설 · 관광숙박시설 · 의료시설 · 통신촬영시설 · 전시장 · 지하상가 · 지하철역사	· 대형피난유도등 · 통로유도등
일반숙박시설 · 오피스텔 또는 가목 및 나목외의 지하층 · 무창층 및 11층 이상의 부분	· 중형피난구유도등 · 통로유도등
근린생활시설(주택용도 제외) · 노유자시설 · 업무시설 · 종교집회장 · 교육연구시설 · 공장 · 창고시설 · 교정시설 · 기숙사 · 자동차정비공장 · 자동차운전학원 및 정비학원 · 가목 내지 다목외의 다중이용 업소	· 소형피난유도등 · 통로유도등
그 밖의 것	· 피난구유도표지 · 통로유도표지

2 종류별 시설기준

복도 통로 유도등	① 복도에 설치할 것 ② 구부러진 모퉁이 및 보행거리 20[m]마다 설치할 것 ③ 바닥으로부터 높이 1[m] 이하의 위치에 설치할 것 ④ 바닥에 설치하는 통로유도등은 하중에 따라 파괴되지 아니하는 강도의 것으로 할 것
거실 통로 유도등	① 거실의 통로에 설치할 것. 다만, 거실의 통로가 벽체 등으로 구획된 경우에는 복도통로유도등을 설치하여야 한다. ② 구부러진 모퉁이 및 보행거리 20[m]마다 설치할 것 ③ 바닥으로부터 높이 1.5[m] 이상의 위치에 설치할 것. 다만, 거실통로에 기둥이 설치된 경우에는 기둥부분의 바닥으로부터 높이 1.5[m] 이하의 위치에 설치할 수 있다.

계단 통로 유도등	① 각층의 경사로참 또는 계단참마다 설치할 것 ② 바닥으로부터 높이 1[m] 이하의 위치에 설치할 것 ③ 통행에 지장이 없도록 설치할 것 ④ 주위에 이와 유사한 등화광고물·게시물 등을 설치하지 아니할 것
조도기준	조도는 통로유도등의 바로 밑의 바닥으로부터 수평으로 0.5[m] 떨어진 지점에서 측정하여 1[lx] 이상(바닥에 매설한 것에 있어서는 통로유도등의 직상부 1[m]의 높이에서 측정하여 1([lx] 이상)이어야 한다.
피난방향	통로유도등은 백색바탕에 녹색으로 피난방향을 표시한 등으로 하여야 한다. 다만, 계단에 설치하는 것에 있어서는 피난의 방향을 표시하지 아니할 수 있다.

3 설치갯수

종 류	설치개수
객석 유도등	$N \geq \dfrac{\text{객석통로의 직선부분의 길이[m]}}{4} - 1$
유도표지	$N \geq \dfrac{\text{구부러진 곳이 없는 부분의 보행거리[m]}}{15} - 1$
복도통로유도등 거실통로 유도등	$N \geq \dfrac{\text{구부러진 곳이 없는 부분의 보행거리[m]}}{20} - 1$

2.8 비상콘센트

고층건축물이나 지하가등의 대규모 건축물에서 화재가 발생하였을 때 화재의 소화 또는 인명 구조 등의 소방활동을 원활하게 행할 수 있도록 소방대가 사용하는 소화 구조 기자재 중에서 전기를 동력원으로 하는 조명기구, 파괴기구, 휴대용 제연기, 휴대용 고발포기 등에 전원을 공급하는 설비를 말한다.

전원회로의 종류	전 압	공급용량	플러그 접속기
단상 교류	220[V]	1.5[kVA] 이상	접지형 2극

1 비상콘센트 설치기준

① 지하층 및 지하층을 포함한 층수가 11층 이상의 각 층마다 비상콘센트 설비를 시설해야 한다.
② 비상콘센트설비의 전원회로는 단상교류 220[V]인 것으로서, 그 공급용량은 1.5[kVA] 이상인 것으로 할 것

③ 전원회로는 각층에 있어서 2 이상이 되도록 설치할 것. 다만, 설치하여야 할 층의 비상콘센트가 1개인 때에는 하나의 회로로 할 수 있다.
④ 하나의 전용회로에 설치하는 비상콘센트는 10개 이하로 할 것. 이 경우 전선의 용량은 각 비상콘센트(비상콘센트가 3개 이상인 경우에는 3개)의 공급용량을 합한 용량 이상의 것으로 하여야 한다.
⑤ 비상콘센트용의 풀박스 등은 방청도장을 한 것으로서, 두께 1.6[mm] 이상의 철판으로 할 것
⑥ 비상콘센트는 바닥으로부터 높이 0.8[m] 이상 1.5[m] 이하의 위치에 설치할 것
⑦ 비상콘센트는 당해 층의 각 부분으로부터 하나의 비상콘센트까지의 수평거리는 50[m] 이내(지하 상가 또는 지하층의 바닥면적의 합계가 3,000[m^2] 이상인 것은 수평거리 25[m])가 되도록 할 것

2 배선

① 하나의 전용회로에 설치하는 비상콘센트는 10개 이하로 할 것
② 비상콘센트 설비의 전원부와 외함사이의 절연 저항은 500[V] 절연저항계로 측정할 때 그 절연저항값이 20[MΩ] 이상이 되어야 한다.
③ 전원회로는 각 층에 있어서 전압별로 2 이상이 되도록 설치할 것
④ 제3종 접지공사를 해야 한다. 접지저항 값 100[Ω] 이하, 접지선의 굵기 2.5[mm^2] 이상

3 비상콘센트보호함 시설기준

① 보호함에는 쉽게 개폐할 수 있는 문을 설치할 것
② 보호함 표면에 "비상콘센트"라고 표시한 표지를 할 것
③ 보호함 상부에 적색의 표시등을 설치할 것. 다만, 비상콘센트의 보호함을 옥내소화전함 등과 접속하여 설치하는 경우에는 옥내소화전함 등의 표시등과 겸용할 수 있다.
④ 제3종 접지공사를 해야 한다. 접지저항 값 100[Ω] 이하, 접지선의 굵기 2.5[mm^2] 이상

2.9 누전경보기

① "누전경보기"라 함은 내화구조가 아닌 건축물로서 벽, 바닥 또는 천장의 전부나 일부를 불연재료 또는 준불연재료가 아닌 재료에 철망을 넣어 만든 건물의 전기설비로부터 누설전류를 탐지하여 경보를 발하며 변류기와 수신부로 구성된 것을 말한다.
② "수신부"라 함은 변류기로부터 검출된 신호를 수신하여 누전의 발생을 당해 소방대상물의 관계인에게 경보하여 주는것(차단기구를 갖는 것을 포함한다)을 말한다.
③ "변류기"라 함은 경계전로의 누설전류를 자동적으로 검출하여 이를 누전경보기의 수신부에 송신하는 것을 말한다.

1 시설방법

① 경계전로의 정격전류가 60[A]를 초과하는 전로에 있어서는 1급누전경보기를, 60[A] 이하의 전로에 있어서는 1급 또는 2급 누전경보기를 설치할 것. 다만, 정격 전류가 60[A]를 초과하는 경계 전로가 분기되어 각 분기회로의 정격전류가 60[A]이하로 되는 경우 당해 분기회로마다 2급 누전경보기를 설치한 때에는 당해 경계전로에 1급 누전경보기를 설치한 것으로 본다.

종 류	정격전류
1급	60[A] 초과
1급 또는 2급	60[A] 이하

② 변류기는 소방대상물의 형태, 인입선의 시설방법 등에 따라 옥외 인입선의 제1지점의 부하측 또는 제2종 접지선측의 점검이 쉬운 위치에 설치할 것. 다만, 인입선의 형태 또는 소방대상물의 구조상 부득이한 경우에 있어서는 인입구에 근접한 옥내에 설치할 수 있다.

③ 변류기를 옥외의 전로에 설치하는 경우에는 옥외형의 것을 설치할 것

2 변류기 시험

① 온도특성시험
② 절연저항시험
③ 단락전류강도시험
④ 충격파 내전압시험
⑤ 진동시험
⑥ 방수시험
⑦ 노화시험
⑧ 충격시험
⑨ 전로개폐시험
⑩ 절연내력시험
⑪ 과누전시험
⑫ 전압강하방지시험

제 2 장 단원별 예상문제

문제 01 자동화재 탐지설비의 종단저항 설치목적과 설치기준 3가지를 쓰시오.

답안작성
(1) 설치목적 : 감지기회로의 도통시험을 하기 위해
(2) 설치기준
 ① 점검 및 관리가 쉬운 장소에 설치할 것
 ② 전용함을 설치하는 경우 그 설치 높이는 바닥으로부터 1.5[m] 이내로 할 것
 ③ 감지기 회로의 끝부분에 설치하며, 종단감지기에 설치할 경우에는 구별이 쉽도록 해당 감지기의 기판 등에 별도의 표시를 할 것

문제 02 자동화재 탐지설비 수신기의 설치기준에 대하여 5가지만 쓰시오. 단, 수신기의 성능별 설치기준은 제외하고, 설치장소, 음향기구, 경계구역, 종합방재반, 표시등, 조작스위치의 위치, 2 이상의 수신기 등에 관하여 5가지만 쓰도록 한다.

답안작성
(1) 수신기는 수위실 등 상시 사람이 근무하는 장소에 설치하고 수신기가 설치된 장소에는 경계구역일람도를 비치할 것
(2) 수신기의 음향기구는 그 음량 및 음색이 다른 기기의 소음 등과 명확히 구별될 수 있는 것으로 할 것
(3) 수신기는 감지기·중계기·발신기가 작동하는 경계구역을 표시할 수 있는 것으로 할 것
(4) 하나의 표시등에는 하나의 경계구역이 표시되도록 할 것
(5) 수신기의 조작 스위치는 바닥으로부터 높이가 0.8[m] 이상 1.5[m] 이하인 장소에 설치하고 하나의 소방대상물에 2 이상의 수신기를 설치하는 경우에는 수신기를 상호간 연동하여 화재 발생 상황을 각 수신기마다 확인할 수 있도록 할 것

해설
수신기의 설치기준
(1) 수위실 등 상시 사람이 근무하는 장소에 설치할 것
(2) 수신기가 설치된 장소에는 경계구역 일람도를 비치할 것
(3) 수신기의 음향기구는 그 음량 및 음색이 다른 기기의 소음 등과 명확히 구별될 수 있는 것으로 할 것
(4) 수신기는 감지기·중계기 또는 발신기가 작동하는 경계구역을 표시할 수 있는 것으로 할 것
(5) 하나의 경계구역은 하나의 표시등 또는 하나의 문자로 표시되도록 할 것
(6) 수신기의 조작 스위치는 바닥으로부터의 높이가 0.8[m] 이상 1.5[m] 이하인 장소에 설치할 것
(7) 하나의 소방대상물에 2 이상의 수신기를 설치하는 경우에는 수신기를 상호간 연동하여 화재발생 상황을 각 수신기마다 확인할 수 있도록 할 것

문제 03 자동화재 탐지설비를 유지 관리하는 데 반드시 확인되어야 할 사항을 4가지만 쓰시오.

답안작성
(1) 예비전원 및 비상전원 설비의 외관 및 기능 확인
(2) 감지기, 수신기, 발신기, 중계기 및 음향장치의 외관 및 기능 확인
(3) 수신기 부근에 조작 상 지장을 초래하는 장애물은 없는가?
(4) 비상전원이 방전되고 있지 않는지?

해설
자동화재 탐지설비를 유지 관리하는 데 확인할 사항
(1) 예비전원 및 비상전원의 외관 및 기능 확인
(2) 감지기, 수신기, 발신기, 중계기 및 음향장치의 외관 및 기능 확인
(3) 수신기가 있는 장소에 경계구역 일람도를 비치하였는지 확인
(4) 수신기 부근에 조작 상 지장을 초래하는 장애물은 없는가?
(5) 수신기의 조작부 스위치는 정상위치에 있는가?
(6) 발신기의 상단에 표시등은 점등되어 있는가?
(7) 비상전원이 방전되고 있지 않는지?

문제 04 다음은 감지기 설치 기준이다. 물음에 답하시오.
(1) 연기감지기의 설치 기준이다. (   )안에 알맞은 말은?
　　감지기는 복도 및 통로에 있어서는 보행거리 (①)[m](3종에 있어서는 20[m])마다, 계단 및 경사로에 있어서는 수직거리 (②)[m](3종에 있어서는 10[m])마다 1개 이상으로 할 것
(2) 스포트형 감지기는 몇 도 이상 경사되지 아니하도록 부착하여야 하는가?
(3) 공기관식 차동식 분포형 감지기의 공기관의 노출부분은 감지구역마다 몇 [m] 이상이 되도록 하여야 하는가?

답안작성
(1) ① 30   ② 15
(2) 45°
(3) 20[m]

해설
(1) 연기감지기 설치기준
　① 감지기의 부착높이에 따라 다음 표에 따른 바닥면적마다 1개 이상으로 할 것

부 착 높 이	감지기의 종류	
	1종 및 2종	3종
4[m] 미만	150	50
4[m] 이상 20[m] 미만	75	

② 거리별 감지기의 설치개수

설치장소	복도 및 통로		계단 및 경사로	
	1종, 2종	3종	1종, 2종	3종
설치거리	보행거리 30[m]	보행거리 20[m]	수직거리 15[m]	수직거리 10[m]

③ 천장 또는 반자가 낮은 실내 또는 좁은 실내에 있어서는 출입구의 가까운 부분에 설치할 것
④ 천장 또는 반자부근에 배기구가 있는 경우에는 그 부근에 설치할 것
⑤ 감지기는 벽 또는 보로부터 0.6[m] 이상 떨어진 곳에 설치할 것
⑥ 엘리베이터권상기실, 린넨슈트, 파이프덕트 기타 이와 유사한 장소
⑦ 천정 또는 반자의 높이가 15[m] 이상 20[m] 미만의 장소

(2) 스포트형 감지기 설치기준
① 감지기(차동식 분포형의 것을 제외)는 실내의 공기유입구로부터 1.5[m]이상 떨어진 곳에 설치
② 보상식 스포트형 감지기는 정온점이 감지기 주위의 평상시 최고온도보다 섭씨 20[℃] 이상 높은 것을 설치하여야 한다.
③ 스포트형 감지기는 45° 이상 경사되지 아니하도록 부착할 것
④ 감지기는 천장 또는 반자의 옥내에 면하는 부분에 설치할 것
⑤ 정온식감지기는 주방·보일러실 등으로서 다량의 화기를 취급하는 장소에 설치하되, 공칭작동온도가 최고주위온도보다 20[℃] 이상 높은 것으로 설치할 것

(3) 공기관식 차동식분포형 감지기 설치기준
① 공기관의 노출부분은 감지구역마다 20[m] 이상이 되도록 할 것
② 공기관과 감지구역의 각변과의 수평거리는 1.5[m] 이하가 되도록 하고, 공기관 상호간의 거리는 6[m](주요구조부를 내화구조로 한 소방대상물 또는 그 부분에 있어서는 9[m]) 이하가 되도록 할 것

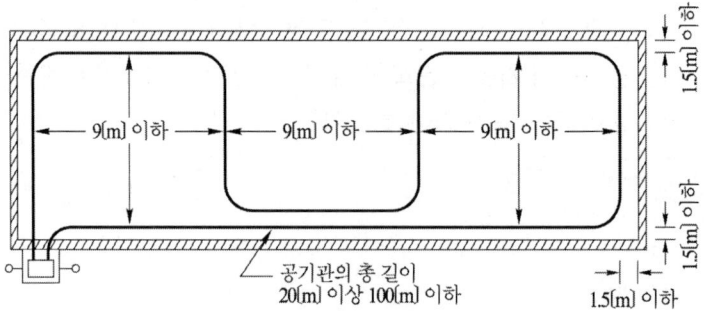

― 설치 예 : 내화구조의 경우 ―

③ 공기관은 도중에서 분기하지 아니하도록 할 것
④ 하나의 검출 부분에 접속하는 공기관의 길이는 100[m] 이하로 할 것
⑤ 검출부는 5° 이상 경사되지 아니하도록 부착할 것
⑥ 검출부는 바닥으로부터 0.8[m] 이상 1.5[m] 이하의 위치에 설치할 것
⑦ 공기관의 규격
 • 외경 : 1.9[mm] 이상
 • 두께 : 0.3[mm] 이상
⑧ 리크(leak) 저항 및 접점수고를 쉽게 시험할 수 있어야 한다.

문제 05 공기관식 차동식 분포형 감지기를 설치하고 공기관에서 공기가 새어나오는가의 여부를 시험하려고 한다. 이 시험에서 사용하는 측정기를 쓰시오.

[답안작성]

마노미터

[해설]

(1) 유통시험 목적 : 공기를 유입시켜 공기관이 새거나, 깨어지거나, 줄어들음 등의 유무 및 공기관의 길이를 확인하는 시험
(2) 유통시험 회로도

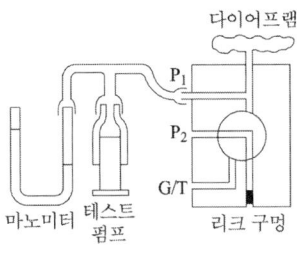 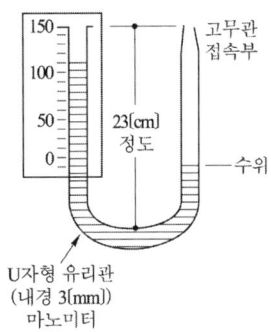

(3) 사용되는 기구 : 마노미터 (공기관 누설여부 측정기기)가 주된 시험기(측정기구)이고, 이외에도 테스트 펌프, 고무관, 초시계(stop watch)가 필요하다.
(4) 시험방법
   ① 테스트 펌프로 공기를 공기관에 주입하여 약 100[mm] 정도 수위를 상승시킨 후 공기의 주입을 멈추고 수위가 정지하는지의 여부를 확인한다. 이때 만약 수위가 떨어진다면 공기관 어딘가에서 누설이 되고 있는 것이다.
   ② 수위가 정지 후 레버핸들을 조작하여 송기구를 열고 공기를 뺀다. 이 경우 마노미터의 수위가 1/2 정도 저하하는 시간을 측정하고 이때 측정한 시간으로부터 공기관 유통곡선을 이용하여 공기관 길이를 산출하며 이 길이가 100[m] 이하이면 합격이다. 이때 만약 공기관내에 막힌 곳이 있거나 찌그러진 부분이 있으면 강하 시간이 길어져 마치 공기관 길이가 긴 것 같이 나타나게 된다.

문제 06 다음 그림을 보고 물음에 답하시오.
(1) 감지기의 명칭은 무엇인가?
(2) ①~③의 명칭은 각각 무엇인가?
(3) ②의 역할은 무엇인가?
(4) 이 감지기의 동작원리를 설명하시오.

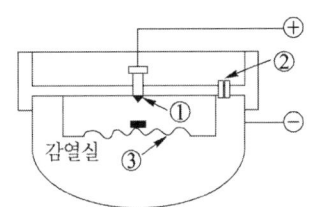

[답안작성]

(1) 차동식 스포트형 감지기(공기 팽창식)
(2) ① 접점   ② 리크구멍   ③ 다이아프램
(3) 오동작 방지
(4) 화재의 발생으로 온도가 급격히 상승하면 감열실의 공기가 팽창하여 다이아프램이 올려지므로 접점이 동작하여 수신기로 화재신호를 보낸다.

해설
공기팽창식 차동식 스포트형 감지기
(1) 공기팽창식 차동식 스포트형 감지기의 구성
① 감열실 : 열을 유효하게 받을 수 있는 것
② 다이어프램
③ leak 구멍 : 난방 등에 따른 실내온도가 완만하게 변화할 때에는 leak 구멍의 공기압력조절 작용에 따라 외부압력과 평형을 유지하여 화재신호를 발하지않도록 하여 오동작을 방지한다.
④ 전기신호 전송에 필요한 접점과 배선

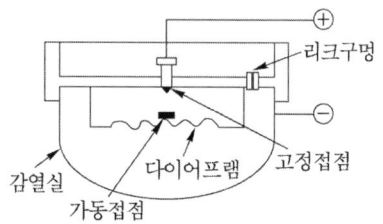

(2) 동작원리
화재가 발생하여 감지기가 급격한 온도상승을 받게 되면 감열실내의 온도가 일정한 온도상승률 이상으로 상승되어 공기가 팽창되면 다이어프램을 밀어올리게 되어 가동접점이 고정접점에 접촉하여 전기회로를 만들게 되며 이에 따라 수신기로 신호를 발신하게 된다.

문제 07
콘크리트 라멘조(concrete rahmen)로 된 어느 빌딩의 사무실 면적이 1,000[m²]이고, 천장 높이가 5[m]이다. 이 사무실에 차동식 스포트형 감지기를 설치하려고 한다. 최소 몇 개가 필요한지 주어진 표를 이용하여 구하시오.

감지기 1개당 최대 경계면적

종별 \ 구분	취부면의 높이[m]	구조물의 종류	최대경계면적 [m²]
차동식 스포트형	4[m] 미만	내화	70
		기타	40
	4~8[m] 미만	내화	35
		기타	25

• 계산 :   • 답 :

답안작성
• 계산 : 감지기 설치개수 = $\frac{\text{바닥면적}}{\text{기준면적}} = \frac{1000}{35} = 28.57$
• 답 : 29[개]

해설
• 천정높이가 5[m]이고
• 콘크리트 구조는 내화구조에 해당되므로 차동식 스포트형 감지기 1개가 담당하는 면적은 35[m²] 이므로
∴ 감지기 설치개수 = $\frac{\text{바닥면적}}{\text{기준면적}} = \frac{1000}{35} = 28.57 \Rightarrow 29$개
• 계산결과에서 소수점 이하는 절상하여 정수로 답해야 한다.

문제 08 감지기의 부착높이가 바닥으로부터 7.5[m], 바닥면적이 1200[m²]인 내화구조로 된 보일러실에 자동화재 탐지설비용으로 정온식 스포트형 1종 감지기를 설치할 때 필요한 감지기의 최소 개수는?

• 계산 •답

답안작성

• 계산 : $N = \dfrac{1200}{30} = 40$[개]   • 답 : 40[개]

해설

(1) 소방대상물에 따른 감지기 필요수량

(단위 : [m²])

부착높이 및 소방대상물의 구분		감지기의 종류				
		차동식, 보상식 스포트형			정온식 스포트형	
		1종	2종	특종	1종	2종
4[m] 미만	주요구조부를 내화구조로 한 소방대상물 또는 그 부분	90	70	70	60	20
	기타 구조의 소방대상물 또는 그 부분	50	40	40	30	15
4[m] 이상 8[m] 미만	주요구조부를 내화구조로 한 소방대상물 또는 그 부분	45	35	35	30	
	기타 구조의 소방대상물 또는 그 부분	30	25	25	15	

(2) 감지기 최소설치 개수

부착높이 7.5[m], 내화구조, 정온식 스포트형 1종 감지기는 바닥면적 30[m²]마다 1개 이상 설치하여야 하므로

∴ 감지기 최소설치 개수 = $\dfrac{바닥면적}{기준면적} = \dfrac{1200}{30} = 40$개

문제 09 정온식 스포트형 감지기(2종)와 연기감지기(광전식 1종)가 유효하게 감지할 수 있는 감지기의 최대 부착높이는 몇 [m] 미만이어야 하는가?

답안작성

(1) 정온식 스포트형 감지기(2종) : 4[m] 미만
(2) 연기감지기(광전식 1종) : 20[m] 미만

해설

층고에 따른 감지기 선정기준

부착높이	감지기의 종류
4[m] 미만	· 차동식 (스포트형, 분포형) · 보상식 스포트형 · 정온식 (스포트형, 감지선형) · 이온화식 도는 광전식 (스포트형, 분리형, 공기흡입형) · 열복합형 · 연기복합형 · 열연기복합형 · 불꽃감지기

부착높이	감지기의 종류
4[m] 이상 8[m] 미만	· 차동식 (스포트형, 분포형)　　· 보상식 스포트형 · 정온식 (스포트형, 감지선형) 특종 또는 1종 · 이온화식 1종 또는 2종 · 광전식(스포트형, 분리형, 공기흡입형) 1종 또는 2종 · 열복합형　　　　　　　　　· 연기복합형 · 열연기복합형　　　　　　　· 불꽃감지기
8[m] 이상 15[m] 미만	· 차동식 분포형　　　　　　　· 이온화식 1종 또는 2종 · 광전식(스포트형, 분리형, 공기흡입형) 1종 또는 2종 · 연기복합형　　　　　　　　· 불꽃감지기
15[m] 이상 20[m] 미만	· 이온화식 1종 · 광전식(스포트형, 분리형, 공기흡입형) 1종 · 연기복합형　　　　　　　　· 불꽃감지기
20[m] 이상	· 불꽃감지기 · 광전식(분리형, 공기흡입형) 중 아날로그방식

[비고]
1. 감지기별 부착높이 등에 대하여 별도로 형식승인 받은 경우에는 그 성능 인정범위 내에서 사용할 수 있다.
2. 부착높이 20[m] 이상에 설치되는 광전식중 아날로그방식의 감지기는 공칭감지농도 하한값이 감광율 5[%/m] 미만인 것으로 한다.

문제 10 정온식 스포트형 특종 감지기를 부착면의 높이가 7[m]인 내화구조로 된 소방대상물에 설치하고자 한다. 이 경우 소방대상물의 바닥면적이 110[m²]이라면 몇 개 이상 설치해야 하는가?

• 계산

• 답

답안작성

• 계산 : 감지기 수량 = $\dfrac{바닥면적}{기준면적} = \dfrac{110}{35} = 3.14$

• 답 : 4[개]

해설

(1) 소방대상물에 따른 감지기 필요수량

(단위 : [m²])

부착높이 및 소방대상물의 구분		감 지 기 의 종 류				
		차동식, 보상식 스포트형		정 온 식 스포트형		
		1종	2종	특종	1종	2종
4[m] 미만	주요구조부를 내화구조로 한 소방대상물 또는 그 부분	90	70	70	60	20
	기타 구조의 소방대상물 또는 그 부분	50	40	40	30	15
4[m] 이상 8[m] 미만	주요구조부를 내화구조로 한 소방대상물 또는 그 부분	45	35	35	30	
	기타 구조의 소방대상물 또는 그 부분	30	25	25	15	

- 특종감지기의 부착높이가 7[m]이고
- 내화구조이므로 정온식 스포트형 특종 감지기 1개가 담당하는 면적은 바닥면적 35[m²] 이므로
- 감지기 수량 = $\dfrac{바닥면적}{기준면적}$ = $\dfrac{110}{35}$ = 3.14 ⇒ 4[개]

문제 11 감지기의 종류가 표와 같을 때 부착높이 및 소방대상물의 구분에 따라 1개 이상 설치하여야 하는 바닥면적의 기준을 빈 칸에 써 넣으시오.

(단위 : [m²])

부착높이 및 소방대상물의 구분		감지기의 종류						
		차동식 스포트형		보상식 스포트형		정온식 스포트형		
		1종	2종	1종	2종	특종	1종	2종
4[m] 미만	주요구조부를 내화구조로 한 소방대상물 또는 그 부분	90	70				60	20
	기타 구조의 소방대상물 또는 그 부분	50	40				30	15
4[m] 이상 8[m] 미만	주요구조부를 내화구조로 한 소방대상물 또는 그 부분	45	35				30	
	기타 구조의 소방대상물 또는 그 부분	30	25				15	

답안작성

(단위 : [m²])

부착높이 및 소방대상물의 구분		감지기의 종류				
		차동식, 보상식 스포트형		정온식 스포트형		
		1종	2종	특종	1종	2종
4[m] 미만	주요구조부를 내화구조로 한 소방대상물 또는 그 부분	90	70	70	60	20
	기타 구조의 소방대상물 또는 그 부분	50	40	40	30	15
4[m] 이상 8[m] 미만	주요구조부를 내화구조로 한 소방대상물 또는 그 부분	45	35	35	30	
	기타 구조의 소방대상물 또는 그 부분	30	25	25	15	

문제 12 다음은 감지기의 설치기준에 관한 사항이다. ( )안에 알맞은 것은?

(1) 감지기(차동식 분포형의 것을 제외한다)는 실내의 공기유입구로부터 (   )[m] 이상 떨어진 위치에 설치할 것
(2) 감지기는 (   ) 또는 반자의 옥내에 면하는 부분에 설치할 것
(3) 보상식 스포트형 감지기는 정온점이 감지기 주위의 평상시 최고온도보다

( )[℃] 이상 높은 것으로 설치하여야 한다.
(4) 연기감지기는 벽 또는 보로부터 ( )[m] 이상 떨어진 곳에 설치할 것
(5) 스포트형 감지기는 ( )도 이상 경사되지 아니하도록 부착할 것

답안작성

(1) 1.5   (2) 천장   (3) 20   (4) 0.6   (5) 45

해설

(1) 감지기 설치기준
① 감지기(차동식 분포형의 것을 제외)는 실내의 공기유입구로부터 1.5[m] 이상 떨어진 곳에 설치
② 보상식 스포트형 감지기는 정온점이 감지기 주위의 평상시 최고온도보다 섭씨 20[℃] 이상 높은 것을 설치하여야 한다.
③ 스포트형 감지기는 45° 이상 경사되지 아니하도록 부착할 것
④ 차동식 분포형감지기의 검출부(공기관)는 5° 이상 경사되지 아니하도록 부착
⑤ 감지기는 천장 또는 반자의 옥내에 면하는 부분에 설치할 것
⑥ 정온식감지기는 주방·보일러실 등으로서 다량의 화기를 취급하는 장소에 설치하되, 공칭작동 온도가 최고주위온도보다 20[℃] 이상 높은 것으로 설치할 것

(2) 연기감지기 설치기준
① 천장 또는 반자가 낮은 실내 또는 좁은 실내에 있어서는 출입구의 가까운 부분에 설치할 것
② 천장 또는 반자부근에 배기구가 있는 경우에는 그 부근에 설치할 것
③ 감지기는 벽 또는 보로부터 0.6[m] 이상 떨어진 곳에 설치할 것
④ 엘리베이터권상기실·린넨슈트, 파이프덕트 기타 이와 유사한 장소
⑤ 천정 또는 반자의 높이가 15[m] 이상 20[m] 미만의 장소

문제 13 연기감지기의 설치기준에 대한 다음 각 물음에 답하시오.

(1) 감지기의 부착 높이에 따라 다음 표에 의한 바닥면적마다 1개 이상으로 하여야 한다. ①~③에 해당되는 면적은 몇 [m²]인가?

(단위 : [m²])

부 착 높 이	감지기의 종류	
	1종 및 2종	3종
4[m] 미만	①	②
4[m] 이상 20[m] 미만	③	—

(2) 감지기는 벽 또는 보로부터 몇 [m] 이상 떨어진 곳에 설치하여야 하는가?
(3) 감지기 3종은 복도 및 통로에 있어서는 보행거리 몇 [m]마다 1개 이상 설치하여야 하는가?

답안작성

(1) ① 150[m²]   ② 50[m²]   ③ 75[m²]

(2) 0.6[m] 이상
(3) 20[m]

해설

연기감지의 설치기준
(1) 감지기의 부착높이에 따라 다음 표에 따른 바닥면적마다 1개 이상으로 할 것

(단위 : [m²])

부 착 높 이	감지기의 종류	
	1종 및 2종	3종
4[m] 미만	150	50
4[m] 이상 20[m] 미만	75	

(2) 거리별 감지기의 설치개수

설치장소	복도 및 통로		계단 및 경사로	
	1종, 2종	3종	1종, 2종	3종
설치거리	보행거리 30[m]	보행거리 20[m]	수직거리 15[m]	수직거리 10[m]

(3) 천장 또는 반자가 낮은 실내 또는 좁은 실내에 있어서는 출입구의 가까운 부분에 설치할 것
(4) 천장 또는 반자부근에 배기구가 있는 경우에는 그 부근에 설치할 것
(5) 감지기는 벽 또는 보로부터 0.6[m] 이상 떨어진 곳에 설치할 것
(6) 엘리베이터권상기실·린넨슈트, 파이프덕트 기타 이와 유사한 장소
(7) 천정 또는 반자의 높이가 15[m] 이상 20[m] 미만의 장소

문제 14 P형 1급 수신기의 예비전원을 시험하는 방법과 양부판단의 기준에 대하여 설명하시오.

답안작성

예비전원시험은 상용전원 및 비상전원이 사고 등으로 정전된 경우, 자동적으로 예비전원으로 절환되고, 또 정전복구 시에 자동적으로 상용전원으로 절환되는지의 여부를 확인하기 위한 시험
(1) 시험방법
  ① 예비전원 시험 스위치를 누른다.
  ② 전압계의 지시차가 지정치의 범위 내에 있을 것
  ③ 교류전원을 개로하고 자동절환 릴레이의 작동상황을 조사한다.
(2) 양부판단의 기준
  예비전원의 전압, 용량, 절환상황 및 복구동작이 정상일 것

문제 15 P형 1급 수신기와 감지기와의 배선회로에서 감지기가 동작할 때의 전류(동작전류)는 몇 [mA]인가? 단, 감시전류는 1.15[mA], 릴레이 저항은 500[Ω], 종단저항은 20[kΩ]이다.

• 계산 :   • 답 :

답안작성

- 계산 : ① 감시전류 $I = \dfrac{E}{R} = \dfrac{\text{회로전압}}{\text{릴레이 저항} + \text{선로저항} + \text{종단저항}}$

  합성저항 $R = \dfrac{E}{I} = \dfrac{24}{1.15 \times 10^{-3}} = 20869.57 [\Omega]$

  선로저항 $r = $ 합성저항 − 릴레이저항 − 종단저항
  $= 20869.57 - 500 - 20000 = 369.57 [\Omega]$

  ② 동작전류 $I = \dfrac{\text{회로전압}}{\text{릴레이 저항} + \text{선로저항}} = \dfrac{24}{500 + 369.57} = 0.0276[A] = 27.6[mA]$

- 답 : $27.6[mA]$

해설

(1) 감지기 동작 전

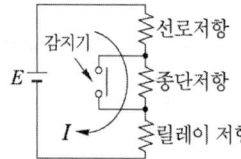

합성저항 = 선로저항 + 종단저항 + 릴레이 저항

(2) 감지기 동작 후

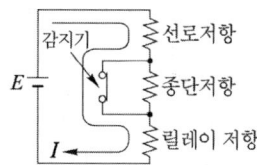

합성저항 = 선로저항 + 릴레이 저항

문제 16 회로에 상시감시전류를 흘리려면 말단에 종단저항을 설치하는데 그 이유는 무엇인가?

답안작성

감지기 회로의 도통시험을 용이하게 하기 위하여

해설

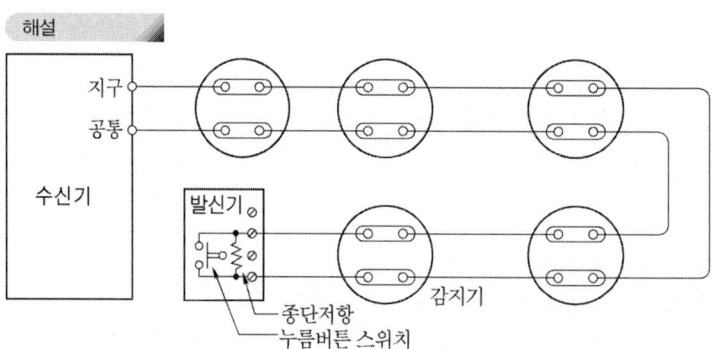

문제 17 감지기회로의 말단에 종단저항의 설치 목적과 감지기 회로를 송배전방식으로 하는 이유는 무엇인가?

답안작성

(1) 종단저항 설치 이유 : 회로 도통시험을 용이하게 하기 위하여
(2) 송배전방식으로 시공하는 이유 : 회로 도통시험을 용이하게 하기 위하여

해설
(1) 종단저항 : 감지기 회로의 말단에 설치하여 도통시험을 용이하게 하기 위하여 설치한다.
(2) 송배전방식 : 수신기 2차측 외부배선의 도통시험을 용이하게 하기 위하여 배선의 도중에서 분기하지 않도록 하는 배선방식

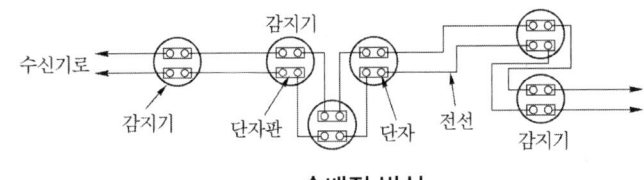

- 송배전 방식 -

문제 18 교차회로방식으로 감지기를 설치하고자 한다. 다음 물음에 답하시오.
(1) 교차회로방식으로 감지기를 설치하여야 하는 소화설비의 종류 3가지를 쓰시오.
(2) 교차회로방식을 설치하는 이유를 쓰고, 간단하게 그림을 그리고 설명하시오.

답안작성
(1) 종류
  ① 스프링클러설비(준비작동식, 일제살수식)
  ② 이산화탄소소화설비
  ③ 할로겐화합물소화설비
(2) ① 설치이유 : 감지기 오동작에 의한 소화설비의 오 작동을 방지하기 위하여
  ② 회로도

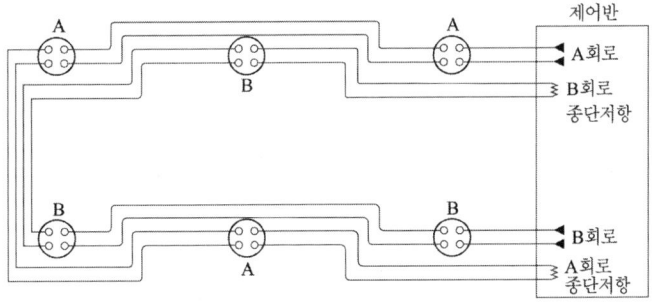

  ③ 동작설명 : 하나의 방호구역 내에 2개 이상의 화재감지기 회로를 설치하고, 1개 회로의 감지기가 동작되었을 때에는 그와 연동되는 소화설비가 작동되지 아니하고 2개 회로 즉, 감지기가 회로별로 각각 1개씩 2개 이상의 감지기가 동작되어야만 수신반에서 소화설비를 작동시키는 방법으로 1개 회로만의 감지에 의한 방식보다 오(誤)동작의 확률을 훨씬 감소시킬 수 있는 방식이다.

해설
(1) 교차회로 적용설비
  ① 스프링클러설비 (준비작동식, 일제살수식)
  ② 이산화탄소소화설비   ③ 할로겐화합물소화설비
  ④ 분말소화설비   ⑤ 물분무소화설비
(2) 교차회로 적용제외 설비
  ① 자동화재 탐지설비   ② 제연설비

③ 포소화설비
④ 준비작동식 스프링클러설비 (이온화식 연기감지기를 설치하고 폐쇄형 상향식 헤드 부착시)
⑤ 방화셔터, 자동방화문, 제연창설비
(3) 교차회로 방식
① 개념 : 교차회로방식은 감지기와 연동하여 동작하는 설비의 오동작을 방지하기 위한 방식으로, 두 개의 회로가 교차하도록 설치하기 때문에 일명 X배선 방식이라고도 한다.
② 동작설명 : 감지기가 화재를 감지하는 것은 송·배전방식의 자동 화재탐지설비와 기능은 같으나 1개 회로의 감지기가 동작되었을 때에는 그와 연동되는 소화설비가 작동되지 아니하고 2개 회로 즉, 회로별로 감지기가 각각 1개씩 2개 이상의 감지기가 동작되어야만 수신반에서 소화설비를 작동시키는 기동출력을 발신하게 되므로 1개 회로만의 감자에 의한 방식보도 오(誤)동작의 확률을 훨씬 감소시킬 수 있는 방식이다.

문제 19

다음 그림은 자동화재 탐지설비 감지기의 회로(송배전 방식)를 잘못 결선한 그림이다. 송배전 방식이 무엇인지를 설명하고 잘못 결선된 부분을 바로 잡아 옳은 결선도를 그리시오.

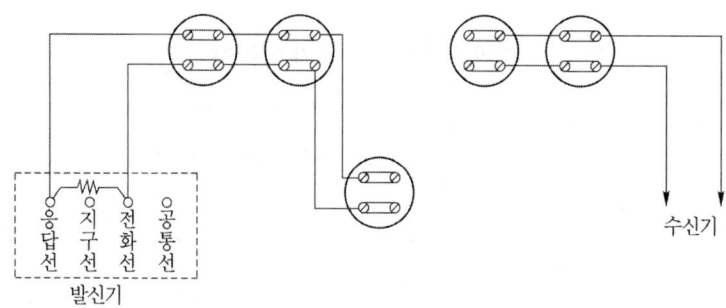

답안작성

(1) 송배전 방식 : 수신기에서 감지기 배선의 도통시험을 용이하게 하기 위하여 배선의 도중에서 분기하지 않도록 하는 배선방식이다.
(2) 결선도

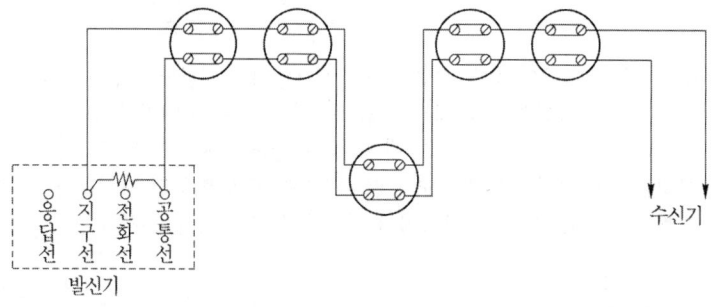

해설

(1) 감지기의 단자는 발신기의 지구선과 공통선 단자에 연결
(2) 상시개로식의 회로에서는 감지기회로의 끝부분에 일반적으로 10[kΩ] 정도의 종단저항을 설치하여야 한다.

문제 20   자동화재 탐지설비의 송배전식에 대하여 간략하게 설명하고 적응감지기 3가지를 쓰시오.

답안작성

(1) 송배전식 : 수신기에서 2차측의 외부배선의 도통시험을 용이하게 하기 위하여 배선의 도중에서 분기하지 않는 배선방식
(2) 송배전식 적응감지기
   ① 차동식 스포트형 감지기
   ② 보상식 스포트형 감지기
   ③ 정온식 스포트형 감지기

해설

(1) ① 송배전식 : 수신기에서 2차측의 외부배선의 도통시험을 용이하게 하기 위하여 배선의 도중에서 분기하지 않는 배선 방식

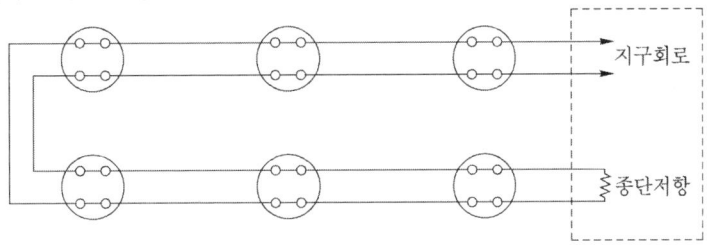

— 송배전식 —

② 적용설비
   ㉠ 제연설비
   ㉡ 포소화설비
   ㉢ 준비작동식 스프링클러설비 (이온화식 연기감지기를 설치하고 폐쇄형 상향식 헤드 부착 시)
   ㉣ 방화셔터, 자동방화문, 제연창설비

(2) ① 교차회로 방식
   ㉠ 개념 : 교차회로방식은 감지기와 연동하여 동작하는 설비의 오동작을 방지하기 위한 방식으로, 두개의 회로가 교차하도록 설치하기 때문에 일명 X배선 방식이라고도 한다.
   ㉡ 동작설명 : 감지기가 화재를 감지하는 것은 송·배전방식의 자동 화재탐지설비와 기능은 같으나 1개 회로의 감지기가 동작되었을 때에는 그와 연동되는 소화설비가 작동되지 아니하고 2개 회로 즉, 회로별로 감지기가 각각 1개씩 2개 이상의 감지기가 동작되어야만 수신반에서 소화설비를 작동시키는 기동출력을 발신하게 되므로 1개 회로만의 감자에 의한 방식보도 오(誤)동작의 확률을 훨씬 감소시킬 수 있는 방식이다.

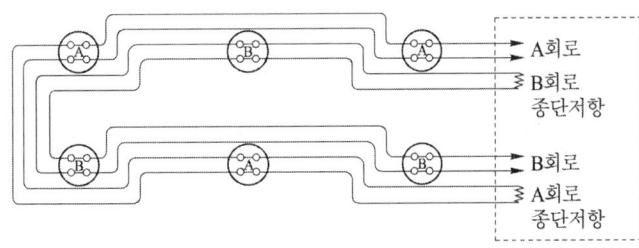

② 적용설비
  ㉠ 스프링클러설비 (준비작동식, 일제살수식)
  ㉡ 이산화탄소소화설비
  ㉢ 할로겐화합물소화설비
  ㉣ 분말소화설비
  ㉤ 물분무소화설비

문제 21 경보 · 호출 · 표시장치를 나타내는 그림기호를 보고 각각의 명칭을 쓰시오.

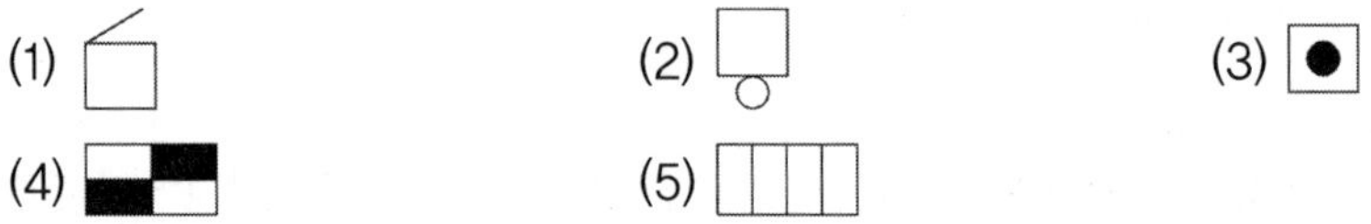

(1) ⌐⌐⌐   (2) ⌐⌐   (3) ●
(4) ▰▰   (5) ▯▯▯▯

답안작성
(1) 버저 (2) 벨 (3) 누름버튼
(4) 경보수신반 (5) 표시기(반)

문제 22 무선통신 보조 설비에서 다음 심벌의 명칭을 쓰시오.

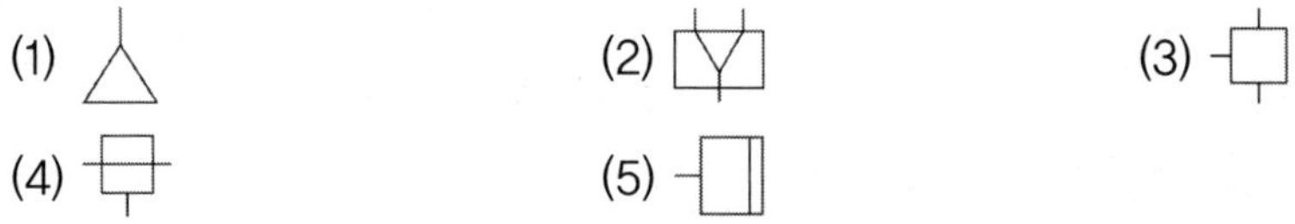

(1) △   (2) ⊻   (3) ⊣▯
(4) ⊥▯   (5) ⊣▯

답안작성
(1) 안테나 (2) 혼합기 (3) 분배기 (4) 분기기 (5) 커넥터

문제 23 다음 그림 기호는 일반 옥내 배선들의 전등 · 전력 · 통신 · 신호 · 재해방지 · 피뢰설비 등의 배선, 기기 및 부착위치, 부착방법을 표시하는 도면에 사용하는 그림 기호이다. 각 그림기호의 명칭을 쓰시오.

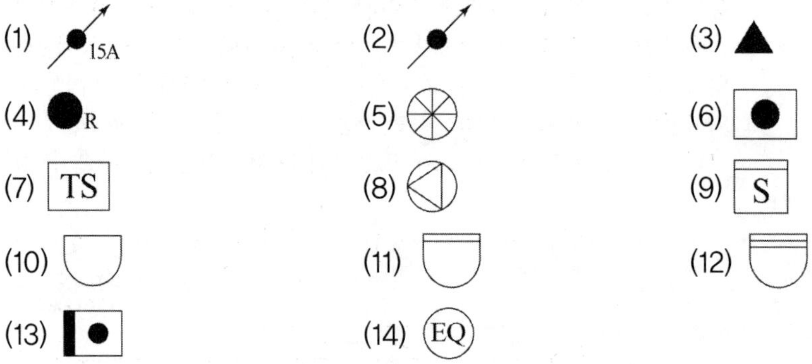

(1) ●╱ 15A (2) ●╱ (3) ▲
(4) ●R (5) ⊕ (6) ●
(7) TS (8) ◔ (9) S
(10) ⌒ (11) ⌒ (12) ⌒
(13) ▮● (14) EQ

답안작성

(1) 15[A]용 조광기 (2) 조광기
(3) 리모콘 릴레이 (4) 리모콘 스위치
(5) 셀렉터 스위치 (6) 누름버튼
(7) 타임스위치 (8) 스피커
(9) 연기감지기 (10) 정온식 스포트형 감지기
(11) 차동식 스포트형 감지기 (12) 보상식 스포트형 감지기
(13) 벽붙이 누름 버튼 (14) 지진감지기

MEMO

마스터 전기기능장 실기

PART 03

배선설비설계

제 3 장 배선설비설계

3.1 부하의 상정 및 분기회로

1 표준 부하

(1) 건축물의 종류에 따른 표준 부하

건축물의 종류	표준 부하 [VA/m²]
공장, 공회당, 사원, 교회, 극장, 영화관, 연회장 등	10
기숙사, 여관, **호텔**, **병원**, **학교**, 음식점, 다방, 대중 목욕탕	20
사무실, 은행, 상점, 이발소, 미장원	30
주택, 아파트	40

(2) 건축물 중 별도 계산할 부분의 표준 부하 (주택, 아파트는 제외)

건축물의 부분	표준 부하 [VA/m²]
복도, 계단, 세면장, 창고, 다락	5
강당, 관람석	10

(3) 표준 부하에 따라 산출한 수치에 가산하여야 할 [VA]수
  ① **주택**, 아파트(1세대 마다)에 대하여는 500~1000[VA]
  ② 상점의 진열창에 대하여는 **진열창 폭 1[m]에 대하여 300[VA]**
  ③ 옥외의 광고등, 전광사인, 네온사인등의 [VA]수

2 부하의 상정

$$부하\ 설비\ 용량 = PA + QB + C$$

여기서, P : 건축물의 바닥 면적[m²] (Q 부분 면적 제외)
  Q : 별도 계산할 부분의 바닥면적[m²], A : P부분의 표준 부하[VA/m²]
  B : Q 부분의 표준 부하[VA/m²], C : 가산해야할 부하[VA]

3 분기 회로수

$$분기\ 회로수 = \frac{표준부하밀도[VA/m^2] \times 바닥면적[m^2]}{전압[V] \times 분기회로의\ 전류[A]}$$

(1) 분기 회로수 계산

[주1] 계산결과에 소수가 발생하면 절상한다.

[주2] • 최대상정부하 = 바닥면적 × 표준부하 + 룸에어콘 + 가산부하
- 분기회로수 산정시 소수가 발생되면 무조건 절상하여 산출한다.
- 220[V]에서 3[kW](110[V]때는 1.5[kW]이상)인 냉방기기, 취사용 기기 등 대형 전기 기계기구를 사용하는 경우에는 단독분기회로를 사용하여야 한다.

(2) 연속부하가 있는 분기회로의 부하용량은 그 분기회로를 보호하는 과전류차단기의 정격 전류의 80[%]를 초과하지 않을 것

[주1] 연속부하는 상시 3시간 이상 연속하여 사용하는 것을 말한다.

[주2] 80[%]를 초과하여 사용하는 경우는 과전류차단기의 동작원리(트립 방식에 따라 주위온도의 영향을 받지 않는 것이 있다)와 전압변동범위 등을 고려하여 연속사용 상태에서 동작하지 않도록 유의할 것

예제 1 단상 2선식 100[V], 40[W]×2등용 형광등 기구 50대를 설치하려고 하는 경우 15[A]의 분기회로는 최소 몇 회로가 필요한가? 단, 형광등의 역률은 80[%], 안정기의 손실은 고려하지 않음. 1회로의 부하 전류는 분기회로 용량의 80[%]이다.

풀이 분기 회로수 = $\dfrac{\text{상정부하 설비의 합[VA]}}{\text{전압} \times \text{분기회로전류}}$

$= \dfrac{\dfrac{40}{0.8} \times 2 \times 50}{100 \times 15 \times 0.8} = 4.17$ 회로

답 : 15[A] 분기 5 회로

예제 2 건물의 종류에 대응한 표준부하 값을 주어진 답안지에 답하시오.

건물의 종류	표준부하[VA/m²]
공장, 공회당, 사원, 교회, 극장, 영화관 등	(①)
기숙사, 여관, 호텔, 병원, 학교, 음식점, 다방, 대중 목욕탕	(②)
사무실, 은행, 상점, 이발소	(③)
주택, 아파트	(④)

풀이 ① 10 ② 20 ③ 30 ④ 40

해설 • 내선규정 3315-1

예제 3 아래의 그림과 같은 평면의 건물에 대한 배선 설계를 하기 위하여 주어진 조건을 이용하여 분기 회로수를 결정하시오

사무실 66[m^2] 20[VA/m^2]	주거 80[m^2] 30[VA/m^2] 가산부하 800[VA]
현관 및 복도 26[m^2] 5[VA/m^2]	

- 분기 회로는 15[A] 분기 회로로 하고 80[%]의 정격이 되도록 한다.
- 배전 전압은 220[V]를 기준으로 한다.
- 계산 :   • 답 :

풀이 계산 : 부하설비용량 $P = 66 \times 20 + 26 \times 5 + 80 \times 30 + 800 = 4650[VA]$

분기 회로수 $N = \dfrac{4650}{220 \times 15 \times 0.8} = 1.76$ 회로

답 : 15[A] 분기 2회로

예제 4 연면적 300 [m^2]의 주택이 있다. 이 때 전등, 전열용 부하는 30 [VA/m^2]이며, 5000 [VA] 용량의 에어컨이 2대 가설되어 있으며, 사용하는 전압은 220 [V] 단상이고 예비 부하로 1500 [VA]가 필요하다면 분전반의 분기 회로수는 몇 회로인가? 단, 에어컨은 30 [A] 전용 회선으로 하고 기타는 15 [A] 분기 회로로 한다.
- 계산 :   • 답 :

풀이 ① 소형 기계 기구 및 전등, 상정 부하 = 바닥 면적 × 부하 밀도 + 가산 부하
$= 300 \times 30 + 1500 = 10500[VA]$

15[A] 분기 회로수 $= \dfrac{10500}{15 \times 220} = 3.18 \rightarrow 4$ 회로

② 에어컨 전용, 30 [A] 분기 2회로 선정
답 : 15[A] 분기 4회로, 에어컨 전용 30 [A] 분기 2회로 선정

3.2 과부하 전류 및 단락전류에 대한 보호

예제 5 3상 3선식 380[V] 회로에 그림과 부하가 연결되어 있다. 간선의 허용 전류[A]를 구하시오. (단, 전동기의 평균 역률은 80[%]이다.)

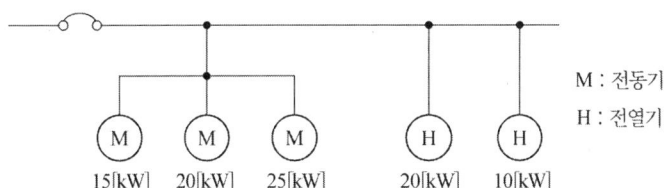

M : 전동기
H : 전열기

- 계산 : 전동기 정격 전류의 합 $\sum I_M = \dfrac{(15+20+25) \times 10^3}{\sqrt{3} \times 380 \times 0.8} = 113.95[A]$

  전동기의 유효전류 $I_r = 113.95 \times 0.8 = 91.16[A]$

  전동기의 무효전류 $I_q = 113.95 \times \sqrt{1-0.8^2} = 68.37[A]$

  전열기의 정격 전류 $\sum I_M = \dfrac{(20+10) \times 10^3}{\sqrt{3} \times 380 \times 1.0} = 45.58[A]$

  따라서, 설계전류 $I_B = \sqrt{유효분^2 + 무효분^2}$
  $= \sqrt{(91.16+45.58)^2 + 68.57^2} = 152.88[A]$

  $I_B \leq I_n \leq I_Z$에서 조건을 만족하는 간선의 허용전류 $I_Z \geq I_B$
  (여기서, $I_B = 155.88[A]$)가 되어야 한다.

- 답 : 155.88[A]

3.3 전로의 절연 및 누전 차단기

1 전로의 절연

(1) 저압 전로의 절연 저항

① 저압 전로의 전선 상호간 및 전로와 대지 사이의 절연 저항은 인입구 장치, 간선용 또는 분기용에 시설된 개폐기 또는 과전류 차단기로 구분할 수 있는 전로마다 아래의 규정치 이상이어야 한다.

전로의 사용 전압의 구분	DC시험전압[V]	절연저항값
SELV 및 PELV	250	0.5 [MΩ]
LELV, 500[V]이하	500	1 [MΩ]
500[V] 초과	1,000	1 [MΩ]

2 누전 차단기

(1) 누전 차단기의 설치
① 사람이 쉽게 접촉될 우려가 있는 장소에 시설하는 **사용 전압이 60[V]를 초과**하는 저압의 금속제 외함을 가지는 기계 기구에 전기를 공급하는 전로에 지기가 발생하였을 때 자동적으로 전로를 차단하는 누전차단기 등을 설치하여야 한다.
② 주택의 구내에 시설하는 **대지 전압 150[V] 초과 300[V] 이하의 저압 전로 인입구에는 인체 감전 보호용 누전 차단기**를 설치한다.

(2) 누전 차단기 시설 예

기계기구의 시설장소 전로의 대지전압	옥내		옥측		옥외	물기가 있는 장소
	건조한 장 소	습기가 많은 장소	우선내	우선외		
150[V] 이하	×	×	×	□	□	○
150[V] 초과 300[V] 이하	△	○	×	○	○	○

[비고] 표에 표시한 기회의 뜻은 다음과 같다.
   ○ : 누전 차단기를 시설할 곳
   △ : 주택에 기계 기구를 시설하는 경우에는 누전 차단기 시설할 것
   □ : 주택구내 또는 도로에 접한면에 룸 에어컨디셔너, 아이스박스, 진열창, 자동판매기 등 전동기를 부품으로 한 기계 기구를 시설하는 경우 누전 차단기를 시설하는 것이 바람직한 곳
   × : 누전차단기를 설치하지 않아도 되는 곳

(3) 누전 차단기의 선정
저압 전로에 시설하는 누전차단기는 전류 동작형으로 다음 각 호에 적합한 것이어야 한다.
① 누전 차단기의 종류

구 분		정격 감도 전류[mA]	동 작 시 간
고감도형	고 속 형	5, 10, 15, 30	• 정격 감도 전류에서 0.1초 이내, 인체 감전 보호용은 0.03초 이내
	시 연 형		• 정격감도전류에서 0.1초 초과 2초이내
	반한시형		• 정격 감도 전류에서 0.2초를 초과하고 1초 이내 • 정격 감도 전류 1.4배의 전류에서 0.1초를 초과하고 0.5초 이내 • 정격 감도 전류 4.4배의 전류에서 0.05초 이내
중감도형	고 속 형	50, 100, 200, 500, 1000	• 정격 감도 전류에서 0.1초 이내
	시 연 형		• 정격 감도 전류에서 0.1초를 초과하고 2초 이내
저감도형	고 속 형	3000, 5000 10,000, 20,000	• 정격 감도 전류에서 0.1초 이내
	시 연 형		• 정격 감도 전류에서 0.1초를 초과하고 2초 이내

② 인입구 장치 등에 시설하는 누전 차단기는 충격파 부동작형일 것
③ 누전차단기의 조작용 손잡이 또는 누름단추는 트립프리(Trip Free) 기구이어야 한다.
④ 감전방지를 목적으로 시설하는 누전차단기는 고감도 고속형일 것
⑤ 누전 차단기의 적색 버튼과 녹색 버튼의 차이점
- 적색 버튼 : 누전 및 과전류 차단기능
- 녹색 버튼 : 누전 차단 기능

(4) 전류 동작형 누전차단기 등의 시설
전류동작형 누전차단기 등을 시설하는 경우는 보호하는 전로의 전원측에 다음 각호에 의하여 시설하여야 한다.
① 전로에 접지전용선이 있는 경우는 변류기에 접지전용선을 관통하지 않도록 할 것
② 전로에 시설하는 변류기는 접지선을 관통하지 않도록 할 것
③ 변류기는 전기방식이 서로 다른 2회로 이상의 배선을 일괄하여 관통하지 않도록 할 것

3.4 저압 개폐기

1 저압개폐기를 필요로 하는 개소
저압개폐기는 저압전로 중 다음 각호에 명시하는 개소 또는 따로 정하는 개소에 시설하여야 한다.
(1) 부하전류를 단속할 필요가 있는 개소
(2) 인입구 기타 고장, 점검, 측정, 수리 등에서 개로할 필요가 있는 개소
(3) 퓨즈의 전원측(이 경우 개폐기는 퓨즈에 근접하여 설치할 것)

2 개폐기의 시설
저압전로 중에 개폐기를 시설하는 경우는 부하의 종별 및 용량에 적합한 크기의 것을 각 극(제어회로 등에 시설하는 조작용 개폐기는 제외한다.)에 설치하며 **전원공급계통으로부터 모든 비 접지전선을 동시에 개폐할 수 있도록 시설**하여야 한다. 다만, 중성선 등 접지된 전선의 개폐를 다음에 의하는 경우는 적용하지 않는다.
(1) 전원공급계통으로부터 **중성선 등 접지된 전선을 동시에 개폐하지 않는 경우**는 모든 접지된 전선을 압착단자, 러그(Lug) 등을 사용하여 단자판 또는 버스(Bus)에 전기적으로 완전하게 접속하고 중성선 등의 접지측 전선을 필요 시 쉽게 분리할 수 있도록 시설하는 경우[이하 이를 "**중성선 접속단자(SN. Solid neutral)**"라 한다.

1) 고압수전의 경우(중성선 개폐용 개폐기는 생략가능)

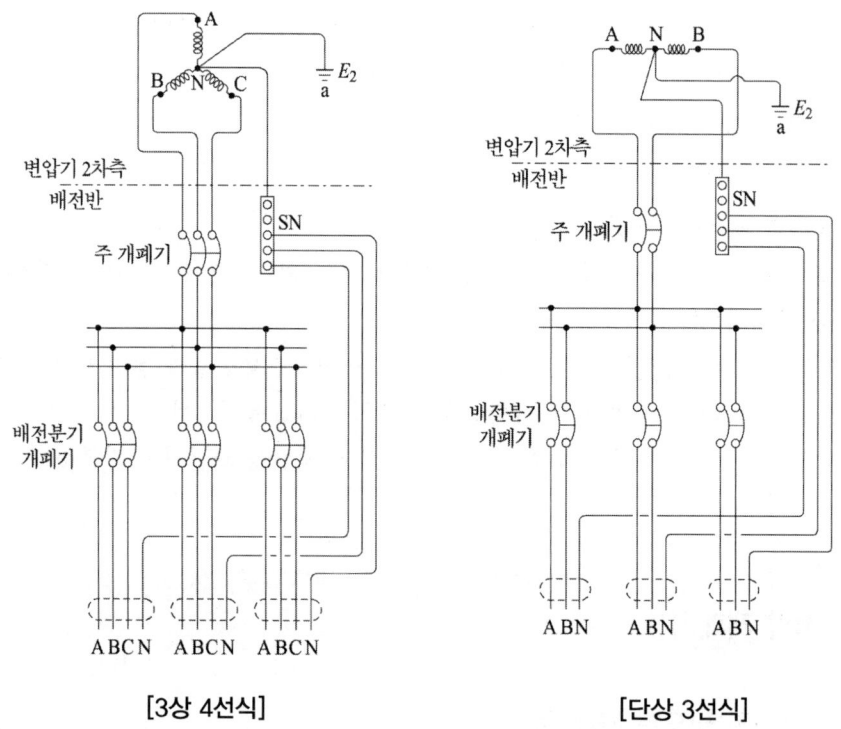

[3상 4선식]　　　　　　　　　[단상 3선식]

[주1] 배전반에서 주개폐기를 생략할 수 있으나, 배전분기 개폐기는 6개 회로 이하로 시설하여야 한다.
[주2] 주개폐기로 누전 차단기를 사용하는 경우 누전 검지장치에 중성선도 함께 관통시켜야 한다.
[주3] 중성선 접속단자(SN)에 접속하는 모든 전선은 개별로 접속하여야 하고 쉽게 분리할 수 있어야 한다.
[주4] 중성선등 접지된 전선에 개폐기를 시설하는 경우는 다른 극과 동시에 개폐가 되어야 하고 어떠한 과전류 장치도 시설하여서는 안 된다.

2) 저압수전의 경우(중성선 개폐용 개폐기 필요)

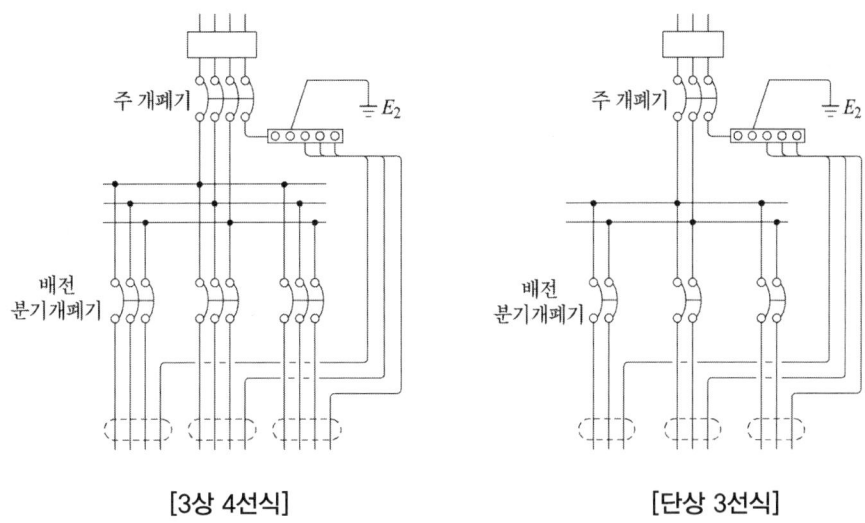

[3상 4선식]　　　　　　　　[단상 3선식]

(2) 수용장소의 인입구에서 접지공사를 시행한 저압전로 또는 변압기의 중성점이나 중성선상의 1단자에 접지공사를 시행한 저압전로(**누전차단기를 시설하지 않은 경우는 접지저항 값이 3[Ω] 이하**의 것에 한한다.)에 옥내배선의 중성선이나 접지측 전선에 접속하는 분기개폐기 시설개소에서 중성선 또는 접지측 전선을 전기적으로 완전하게 접속하거나 쉽게 분리할 수 있는 경우

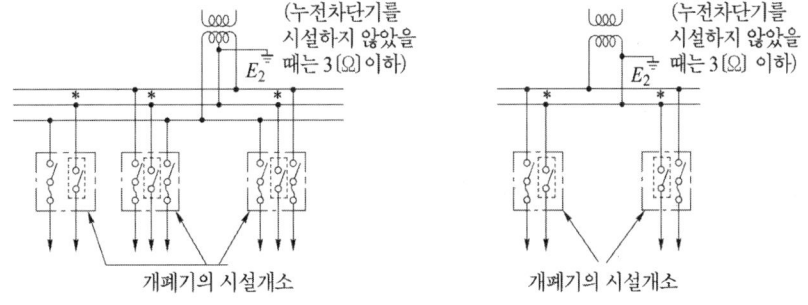

[비고1] *표시 부분을 중성선 또는 접지측 전선에서 쉽게 분리할 수 있도록 시설할 것
[비고2] ─┤◦├─ 는 생략할 수 있는 개폐기를 표시함

3.5 단상 3선식과 단상 2선식의 비교

1 회로도

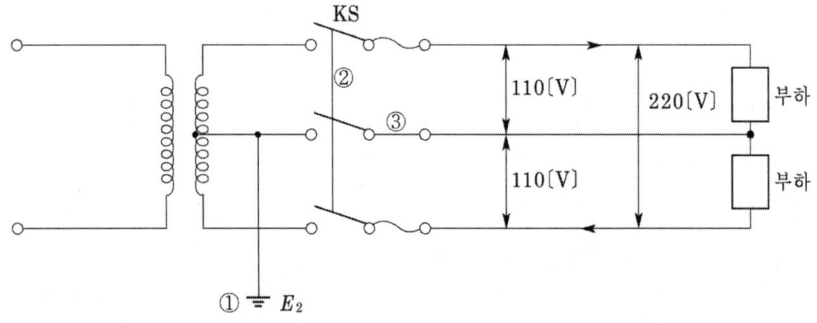

2 조건

① 변압기 2차측 1단자는 제2종 접지공사를 한다.
② 2차측 개폐기는 동시 동작형이어야 한다.
③ 중성선에는 퓨즈를 삽입할 수 없다.

3 중성선 단선시 부하측 단자 전압

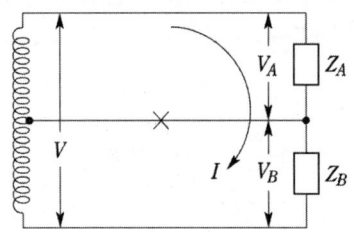

$$I = \frac{V}{Z_A + Z_B}$$

$$V_A = I Z_A = \frac{V}{Z_A + Z_B} Z_A$$

$$V_B = I Z_B = \frac{V}{Z_A + Z_B} Z_B$$

4 부하 불평형시 중성선에 흐르는 전류

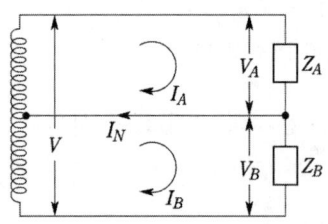

$$I_N = \dot{I}_A - \dot{I}_B$$

(1) Z_A 부하의 역률과 Z_B 부하의 역률이 같은 경우

중성선에 흐르는 전류 $I_N = I_A - I_B$

이때, I_N의 값이 −인 경우는 그림에 주어진 전류의 방향이 반대로 되어야 한다.

(2) Z_A 부하와 Z_B 부하의 역률이 서로 다른 경우

중성선에 흐르는 전류는 vector로 계산하여야 한다.
즉, 실수부와 허수부를 구분하여 계산하여야 한다.
중성선에 흐르는 전류

$$I_N = I_A(\cos\theta_A - j\sin\theta_A) - I_B(\cos\theta_B - j\sin\theta_B)$$
$$= (I_A\cos\theta_A - I_B\cos\theta_B) - j(I_A\sin\theta_A - I_B\sin\theta_B)$$

5 중성선의 굵기

중성선에 흐르는 전류 $I_N = |I_A - I_B|$로서 부하전류 I_A와 I_B의 차전류가 흐르게 된다.

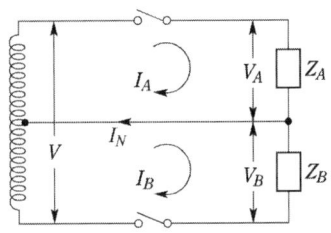

(1) 부하 $Z_A = Z_B$일 때

전류 $I_A = I_B$가 되어 중성선에는 전류가 흐르지 않게 된다.

(2) 부하 Z_A가 개방된 경우

전류 I_A는 0이 되어 중성선에는 I_B만의 전류가 흐르게 된다.

(3) 부하 Z_B가 개방된 경우

전류 I_B는 0이되고 중성선에는 I_A만의 전류가 흐르게 된다.
따라서, 중성선은 전압선에 흐르는 전류 I_A, I_B중 큰 전류값을 기준하여 선정하여야 한다.

3.6 불평형률

1 저압 수전의 단상 3선식

$$\text{설비불평형률} = \frac{\text{중성선과 각 전압측 전선간에 접속되는 부하설비용량[kVA]의 차}}{\text{총 부하설비 용량[kVA]의 } 1/2} \times 100[\%]$$

여기서, 불평형률은 40[%] 이하이어야 한다.

2 저압, 고압 및 특고압 수전의 3상 3선식 또는 3상 4선식

$$설비불평형률 = \frac{각\ 선간에\ 접속되는\ 단상부하\ 총\ 부하설비용량[kVA]의\ 최대와\ 최소의\ 차}{총\ 부하설비\ 용량[kVA](3상\ 부하도\ 포함)의\ 1/3} \times 100[\%]$$

여기서, 불평형률은 30[%] 이하이어야 한다. 다만, 다음 각 호의 경우에는 이 제한을 따르지 않을 수 있다.
① 저압 수전에서 전용 변압기 등으로 수전하는 경우
② 고압 및 특고압 수전에서는 100[kVA] 이하의 단상 부하의 경우
③ 특고압 및 고압 수전에서는 단상 부하 용량의 최대와 최소의 차가 100[kVA] 이하인 경우
④ 특고압 수전에서는 100[kVA] 이하의 단상 변압기 2대로 역 V결선하는 경우
※ 설비 불평형률의 계산식에서 부하설비용량의 단위는 반드시 [kVA]의 수치로 계산하여야 한다.
즉, $\frac{[kW]}{\cos\theta} = [kVA]$를 적용한다.

3.7 전압 강하

1 전압강하

(1) 저압배선 중의 전압강하는 간선 및 분기회로에서 각각 표준전압의 2[%] 이하로 하는 것을 원칙으로 한다. 다만, 전기사용장소 안에 시설한 변압기에 의하여 공급되는 경우에 간선의 전압강하는 3[%] 이하로 할 수 있다.
(2) 공급변압기의 2차측 단자(전기사업자로부터 전기의 공급을 받고 있는 경우는 인입선접속점)에서 최원단의 부하에 이르는 전선의 길이가 60[m]을 초과하는 경우의 전압강하는 1)항에 관계없이 부하전류로 계산하며, 표에 따를 수 있다.

표. 전선길이 60[m]를 초과하는 경우의 전압강하

공급변압기의 2차측 단자 또는 인입선 접속점에서 최원단의 부하에 이르는 사이의 전선길이 [m]	전압강하[%]	
	사용장소 안에 시설하는 전용 변압기에서 공급하는 경우	전기사업자로부터 저압으로 전기를 공급받는 경우
120이하	5 이하	4 이하
200이하	6 이하	5 이하
200초과	7 이하	6 이하

2 전압 강하 및 전선의 단면적 계산

(1) 단상 3선식, 직류 3선식, 3상 4선식의 경우 전압강하 e_1

[조건]
- 교류의 경우 역률 $\cos\theta = 1$
- 각상 부하가 평형되어 있어 중성선에는 전류가 흐르지 않는 경우
- 전선의 도전율은 97[%]

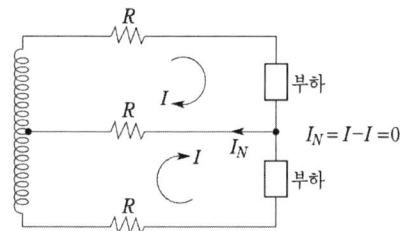

단상 3선식, 직류 3선식, 3상 4선식의 경우 전압강하는 1선의 전선에서만 발생(중성선에는 전류가 흐르지 않는 조건) 하므로

$$e_1 = IR = I \times \rho \frac{L}{A} = I \times \frac{1}{58} \times \frac{100}{C} \times \frac{L}{A} \quad \left(\because \rho = \frac{1}{58} \times \frac{100}{C}\right)$$

$$= I \times \frac{1}{58} \times \frac{100}{97} \times \frac{L}{A} = 0.0178 \times \frac{L}{A} = \frac{17.8LI}{1000A}$$

(2) 단상 2선식의 경우 전압강하 e_2

단상 2선식의 경우 전압강하는 전선 2가닥에서 발생하므로 전선 1가닥에서의 전압강하 e_1의 2배가 된다.

$$e_2 = 2IR = 2e_1$$

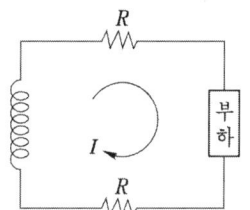

(3) 3상 3선식의 경우 전압강하 e_3

$$e_3 = \sqrt{3}\,IR = \sqrt{3}\,e_1$$

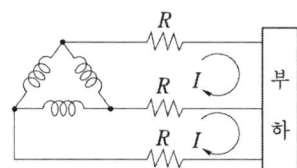

(4) 요약

전기 방식	전압 강하		전선 단면적
단상 3선식 직류 3선식 3상 4선식	$e_1 = IR$	$e_1 = \dfrac{17.8LI}{1000A}$	$A = \dfrac{17.8LI}{1000e_1}$
단상 2선식 및 직류 2선식	$e_2 = 2IR = 2e_1$	$e_2 = \dfrac{35.6LI}{1000A}$ $(2 \times 17.8 = 35.6)$	$A = \dfrac{35.6LI}{1000e_2}$

전기 방식	전압 강하		전선 단면적
3상 3선식	$e_3 = \sqrt{3}\,IR = \sqrt{3}\,e_1$	$e_3 = \dfrac{30.8LI}{1000A}$ ($\sqrt{3} \times 17.8 = 30.8$)	$A = \dfrac{30.8LI}{1000e_3}$

여기서, A : 전선의 단면적 [mm^2]

　　　　e_1 : 외측선 또는 각 상의 1선과 중성선 사이의 전압 강하 [V]

　　　$e_2,\ e_3$: 각 선간의 전압 강하 [V]

　　　　L : 전선 1본의 길이 [m]

　　　　C : 전선의 도전율(97[%])

3 표를 이용한 전선의 굵기 선정

(1) 부하가 말단에 집중되어 있는 경우

표. 3상 380[V] 배선인 경우 (전압강하 3.8[V])

전류 [A]	전선의 굵기 [mm^2]												
	2.5	4	6	10	16	25	35	50	95	150	185	240	300
	전선 최대 길이 [m]												
1	534	854	1281	2135	3416	5337	7472	10674	20281	32022	39494	51236	64045
2	267	427	640	1067	1708	2669	3736	5337	10140	16011	19747	25618	32022
3	178	285	427	712	1139	1779	2491	3558	6760	10674	13165	17079	21348
4	133	213	320	534	854	1334	1868	2669	5070	8006	9874	12809	16011
5	107	171	256	427	683	1067	1494	2135	4056	6404	7899	10247	12809
6	89	142	213	356	569	890	1245	1779	3380	5337	6582	8539	10674
7	76	122	183	305	488	762	1067	1525	2897	4575	5642	7319	9149
8	67	107	160	267	427	667	934	1334	2535	4003	4937	6404	8006
9	59	95	142	237	380	593	830	1186	2253	3558	4388	5693	7116
12	44	71	107	178	285	445	623	890	1690	2669	3291	4270	5337
14	38	61	91	152	244	381	534	762	1449	2287	2821	3660	4575
15	36	57	85	142	228	356	498	712	1352	2135	2633	3416	4270
16	33	53	80	133	213	334	467	667	1268	2001	2468	3202	4003
18	30	47	71	119	190	297	415	593	1127	1779	2194	2846	3558
25	21	34	51	85	137	213	299	427	811	1281	1580	2049	2562
35	15	24	37	61	98	152	213	305	579	915	1128	1464	1830
45	12	19	28	47	76	119	166	237	451	712	878	1139	1423

[비고1] 전압강하가 2 [%] 또는 3 [%]의 경우, 전선길이는 각각 이 표의 2배 또는 3배가 된다. 다른 경우에도 이 예에 따른다.

[비고2] 전류가 20 [A] 또는 200 [A] 경우의 전선길이는 각각 이 표 전류 2 [A] 경우의 1/10 또는 1/100이 된다. 다른 경우에도 이 예에 따른다.

[비고3] 이 표는 평형부하의 경우에 대한 것이다.

[비고4] 이 표는 역률 1로 하여 계산한 것이다.

1) 표의 의미

연선 150[mm^2] 예를 들어 설명하면

부하 전류가 1[A]이고 전압강하를 3.8[V]까지 허용하는 경우 전원으로부터 32022[m] 떨어져 있는 부하까지 전력을 공급(전선 최대 길이)할 수 있다는 의미를 갖고 있다.

2) 표의 사용방법

① 전선 최대 길이 계산방법

$$\text{전선 최대 길이} = \frac{\text{배선 설계의 길이} \times \dfrac{\text{부하의 최대 사용 전류 [A]}}{\text{표의 전류 [A]}}}{\dfrac{\text{배선 설계의 전압 강하 [V]}}{\text{표의 전압 강하 [V]}}}$$

위 식에서 구한 전선 최대 길이를 초과하는 전선 굵기를 선정하면 된다.

② 표의 전류는 부하의 최대 사용전류를 고려하여 표의 전류 중 임의의 값을 선정하면 된다. 즉, 부하의 최대 전류가 30[A]인 경우 표의 전류값을 3[A]로 선정하면 $\dfrac{30}{3} = 10$으로 계산이 용이한 반면에 7[A]를 선정하면 $\dfrac{30}{7} = 4.28571 \cdots$로 되어 계산이 복잡해진다. 또한 이때 전선의 굵기를 선정할 때는 반드시 계산에 적용된 전류값의 표를 기준해야 한다.

예를 들면

- 배선설계의 길이 : 50[m]
- 부하의 최대 사용전류 : 30[A]
- 허용전압 강하 : 3.8[V]인 경우에 있어서 전선의 굵기를 선정해보면

[case 1] 표의 전류 3[A] 기준한 경우

$$\text{전선최대길이} = \frac{50 \times \dfrac{30}{3}}{\dfrac{3.8}{3.8}} = 500[\text{m}]$$

표의 3[A]란에서 전선최대 길이가 500[m]를 초과하는 712[m]의 10[mm^2] 선정

[case 2] 표의 전류 15[A] 기준한 경우

$$\text{전선최대길이} = \frac{50 \times \dfrac{30}{15}}{\dfrac{3.8}{3.8}} = 100[\text{m}]$$

표의 15[A]란에서 전선최대 길이가 100[m]를 초과하는 142[m]의 10[mm^2] 선정

따라서, case 1, case 2 모두 동일한 결과를 얻을 수 있다.

(2) 부하가 분산되어 있는 경우

$$배선설계의 길이\ L = \frac{i_1 l_1 + i_2 l_2 + i_3 l_3 + \cdots + i_n l_n}{i_1 + i_2 + i_3 + \cdots + i_n}$$

따라서, 전원으로부터 $L[\mathrm{m}]$ 떨어진 지점에 $\sum i[\mathrm{A}]$의 부하가 집중되어 있는 경우로 보고 문제를 풀면 된다.

제 3 장 단원별 예상문제

문제 01 설비불평형률 공식과 기준을 쓰시오.(단위도 쓰시오)
(1) 단상 3선식
- 공식 :
- 기준 :

(2) 3상 4선식
- 공식 :
- 기준 :

[답안작성]

(1) 단상 3선식
- 공식 :
$$설비불평형률 = \frac{중성선과\ 각\ 전압측\ 전선간에\ 접속되는\ 부하설비용량[kVA]의\ 차}{총\ 부하설비\ 용량[kVA]의\ 1/2} \times 100[\%]$$
- 기준 : 40[%] 이하

(2) 3상 4선식
- 공식
$$설비불평형률 = \frac{각\ 선간에\ 접속되는\ 단상부하\ 총\ 부하설비용량[kVA]의\ 최대와\ 최소의\ 차}{총\ 부하설비\ 용량[kVA](3상\ 부하도\ 포함)의\ 1/3} \times 100[\%]$$
- 기준 : 30[%] 이하

문제 02 저압, 고압 및 특고압 수전의 3상 3선식 또는 3상 4선식에서 불평형 부하의 한도는 단상 접속 부하로 계산하여 설비 불평형률을 30[%] 이하로 하는 것을 원칙으로 한다. 그러나, 이 원칙에 따르지 아니할 수 있는 경우가 있는데, 다음 경우로 구분하여 30[%] 제한에 따르지 않아도 되는 경우를 설명할 때 ( ) 안에 알맞은 것은?

- 저압 수전에서 (가) 등으로 수전하는 경우이다.
- 고압 및 특고압 수전에서는 (나)[kVA] 이하의 단상 부하인 경우이다.
- 특고압 및 고압 수전에서는 단상 부하 용량의 최대와 최소의 차가 (다) [kVA] 이하인 경우이다.
- 특고압 수전에서는 (라) [kVA] 이하의 단상 변압기 2대로 (마) 결선하는 경우이다.

[답안작성]

(가) 전용 변압기　(나) 100　(다) 100　(라) 100　(마) 역V

문제 03 특고압 및 고압수전에서 대용량의 단상전기로 등의 사용으로 설비 부하평형의 제한에 따르기가 어려울 경우는 전기사업자와 협의하여 다음 각 호에 의하여 시설하는 것을 원칙으로 한다. 빈칸에 들어갈 말은?

(1) 단상 부하 1개의 경우는 (　)접속에 의할 것, 다만, 300[kVA]를 초과하지 말 것
(2) 단상 부하 2개의 경우는 (　)접속에 의할 것(다만, 1개의 용량이 200[kVA] 이하인 경우는 부득이한 경우에 한하여 보통의 변압기 2대를 사용하여 별개의 선간에 부하를 접속할 수 있다.)
(3) 단상 부하 3개 이상인 경우는 가급적 선로전류가 (　)이 되도록 각 선간에 부하를 접속할 것

답안작성

(1) 2차 역V
(2) 스코트
(3) 평형

문제 04 그림과 같은 3상 3선식 200[V] 수전인 경우의 설비불평형률을 계산하고 규정에 맞는지를 판단하시오. 단, 전용 변압기 등으로 수전하는 경우가 아님

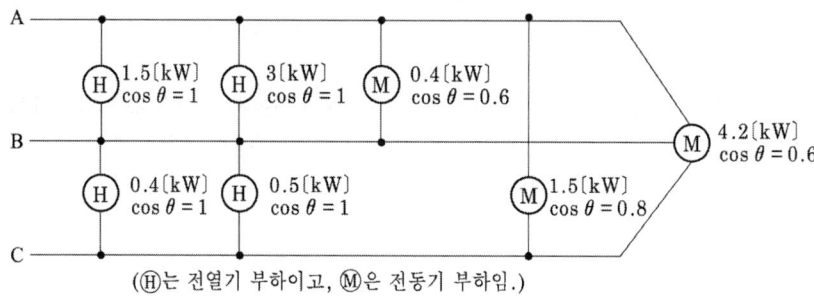

(H)는 전열기 부하이고, (M)은 전동기 부하임.

답안작성

3상 3선식의 경우

$$설비불평형률 = \frac{\left(1.5+3+\frac{0.4}{0.6}\right)-(0.4+0.5)}{\left(1.5+3+\frac{0.4}{0.6}+0.4+0.5+\frac{1.5}{0.8}+\frac{4.2}{0.6}\right)\times\frac{1}{3}} \times 100 = 85.7[\%]$$

판단 : 30[%]를 초과하였으므로 기술 기준상 불량하다.

해설

• 설비불평형률 $= \dfrac{\text{각 선간에 접속되는 단상부하의 최대와 최소의 차}}{\text{총 부하설비 용량의 1/3}} \times 100[\%]$

• A-B 사이의 부하 $= 1.5+3+\dfrac{0.4}{0.6} = 5.17$ [kVA] - 최대

• B-C 사이의 부하 $= 0.4+0.5 = 0.9$ [kVA] - 최소

• C-A 사이의 부하 $= \dfrac{1.5}{0.8} = 1.88$ [kVA]

문제 **05** 그림과 같은 3상 3선식 배전선로에서 불평형률을 구하시오.

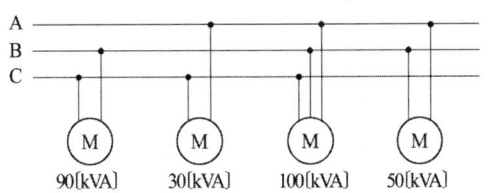

• 계산 :   • 답 :

답안작성

계산 : 설비불평형률 $= \dfrac{90-30}{(90+30+100+50) \times \dfrac{1}{3}} \times 100 = 66.67[\%]$

답 : 66.67[%]

해설

단상 3선식의 경우

설비불평형률 $= \dfrac{중성선과 각 전압측 전선간에 접속된 부하설비용량의 차}{총 부하설비용량의 1/2} \times 100[\%]$

3상 3선식의 경우

설비불평형률 $= \dfrac{각 선간에 접속되는 단상부하의 최대와 최소의 차}{총 부하설비용량의 1/3} \times 100 [\%]$

문제 **06** 다음 그림과 같이 단상 3선식 100/200 [V]로 전열기 및 전동기 부하에 전력을 공급하고자 한다. 다음 물음에 답하시오.

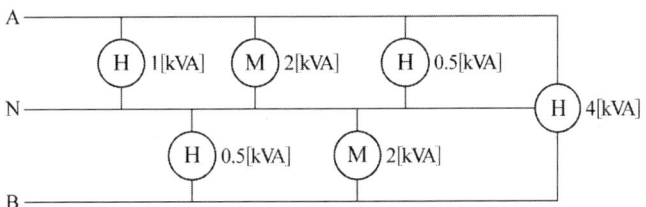

(1) 설비의 불평형률을 구하시오.
   계산 :   답 :
(2) 기준에 따른 적정, 부적정 여부를 판단하시오

답안작성

(1) 계산 : $P_{AN} = 1+2+0.5 = 3.5[\text{kVA}]$
   $P_{BN} = 0.5+2 = 2.5[\text{kVA}]$
   ∴ 불평형률 $= \dfrac{3.5-2.5}{(3.5+2.5+4) \times \dfrac{1}{2}} \times 100 = 20[\%]$

답 : 20[%]
(2) 설비불평형률이 40[%] 이하이므로 양호함

문제 07 그림과 같은 단상 3선식 100/200[V] 수전의 경우 설비 불평형률을 구하고 그림과 같은 설비가 양호하게 되었는지의 여부를 판단하시오. 단, ㊐는 전열기 부하이고, ㊊은 전동기 부하임.

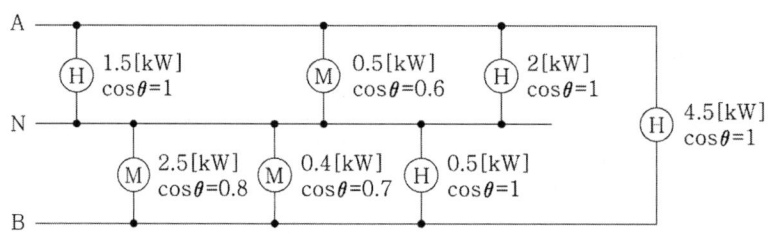

• 계산 :   • 답 :

답안작성

계산 : $P_{AN} = 1.5 + \dfrac{0.5}{0.6} + 2 = 4.33 [\text{kVA}]$

$P_{BN} = \dfrac{2.5}{0.8} + \dfrac{0.4}{0.7} + 0.5 = 4.2 [\text{kVA}]$

$P_{AB} = 4.5 [\text{kVA}]$

∴ 불평형률 $= \dfrac{4.33 - 4.2}{(4.33 + 4.2 + 4.5) \times \dfrac{1}{2}} \times 100 = 2 [\%]$

따라서, 40[%] 이하이므로 양호한 설비이다.
답 : 2[%], 양호하다.

문제 08 불평형 부하의 제한에 관련된 다음 물음에 답하시오.
(1) 저압, 고압 및 특고압 수전의 3상 3선식 또는 3상 4선식에서 불평형 부하의 한도는 단상 접속 부하로 계산하여 설비 불평형률을 몇 [%] 이하로 하는 것을 원칙으로 하는가?
(2) "(1)"항 문제의 제한 원칙에 따르지 않아도 되는 경우를 2가지만 쓰시오.
(3) 부하 설비가 그림과 같을 때 설비 불평형률은 몇 [%]인가? 단, ㊐는 전열기 부하이고, ㊊은 전동기 부하이다.

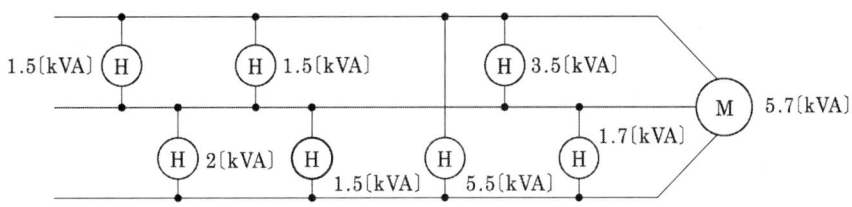

답안작성

(1) 30[%] 이하
(2) ① 저압 수전에서 전용 변압기 등으로 수전하는 경우
    ② 고압 및 특고압 수전에서 100 [kVA] 이하의 단상 부하인 경우
(3) 계산 : 불평형률 = $\dfrac{(3.5+1.5+1.5)-(2.+1.5+1.7)}{(1.5+1.5+3.5+5.7+2+1.5+5.5+1.7)\times\dfrac{1}{3}}\times 100 = 17.03[\%]$

답 : 17.03[%]

문제 09 그림과 같은 단상 3선식 선로에서 설비 불평형률은 몇 [%]인가?

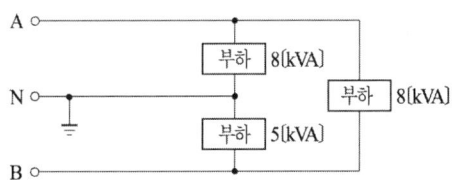

답안작성

계산 : 설비불평형률 = $\dfrac{8-5}{(8+5+8)\times\dfrac{1}{2}}\times 100 = 28.57[\%]$

답 : 28.57[%]

문제 10 그림과 같은 3상 3선식 배전선로에서 불평형률을 구하고, 양호하게 되었는지의 여부를 판단하시오.

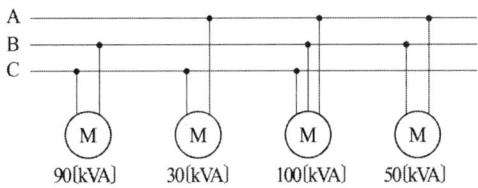

• 계산 :   • 답 :

답안작성

계산 : 설비불평형률 $= \dfrac{90-30}{(90+30+100+50) \times \dfrac{1}{3}} \times 100 = 66.67[\%]$

답 : 66.67[%], 30[%]를 초과하였으므로, 불량하다.

문제 11 설비불평형률에 대한 다음 각 물음에 답하시오.

(1) 저압, 고압 및 특고압 수전의 3상 3선식 또는 3상 4선식에서 불평형 부하의 한도는 단상 접속부하로 계산하여 설비불평형률을 몇 [%] 이하로 하는 것을 원칙으로 하는가?

(2) 아래 그림과 같은 3상 3선식 380[V] 수전인 경우의 설비불평형률을 구하시오. (단, 전열부하의 역률은 1이며, 전동기의 출력[kW]를 입력 [kVA]로 환산하면 5.2 [kVA] 이다.)

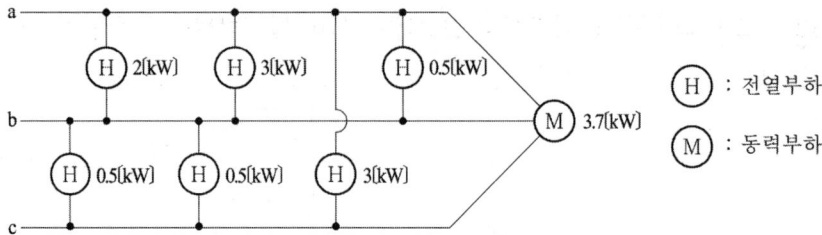

답안작성

(1) 30[%]

(2) 불평형률 $= \dfrac{(2+3+0.5)-(0.5+0.5)}{(2+3+0.5+5.2+3+0.5+0.5) \times \dfrac{1}{3}} \times 100 = 91.84[\%]$

문제 12 저압 전로중에 개폐기를 시설하는 경우에는 부하 용량에 적합한 크기의 개폐기를 각극에 설치하여야 한다. 그러나 분기 개폐기에는 생략하여도 되는 경우가 있다. 다음 도면에서 생략하여도 되는 부분은 어느 개소인지를 모두 지적(영문 표기)하시오.

(1)   (2)

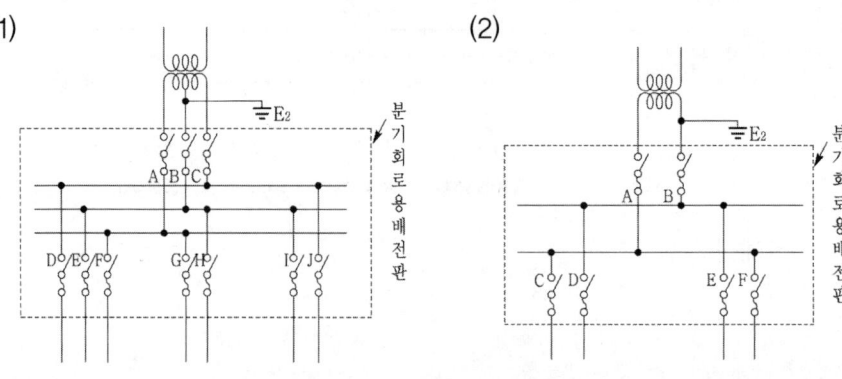

답안작성

(1) E, H, I
(2) D, E

해설

변압기의 중성선 또는 접지측 전선에 접속하는 분기 회로의 경우에는 개폐기를 생략할 수 있다.

문제 13 그림과 같은 100/200 [V] 단상 3선식 회로에 있어서 중성선 N에 흐르는 전류는 몇 [A]인가? 그리고 배선 설계에 있어서 중성선의 굵기를 결정할 때는 전류를 몇 [A]로 기준하여야 하는가?

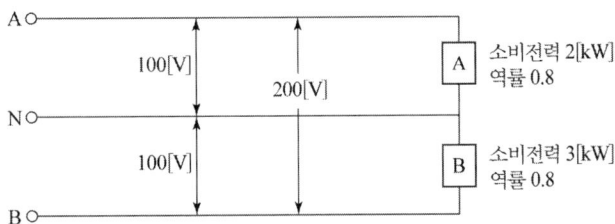

답안작성

(1) 계산 : $I_A = \dfrac{2 \times 10^3}{100 \times 0.8} = 25$ [A], $I_B = \dfrac{3 \times 10^3}{100 \times 0.8} = 37.5$ [A]

① 중성선에 흐르는 전류 : $I_N = |I_A - I_B| = 37.5 - 25 = 12.5$ [A]

② I_A와 I_B 중 큰 전류를 허용 할 수 있는 굵기로 선정

답 : • 중성선에 흐르는 전류 : 12.5[A],
• 중성선의 굵기를 결정하는 전류 : 37.5[A]

해설

중성선의 굵기를 결정하는 전류는 I_A와 I_B 중 큰 전류를 허용 할 수 있는 굵기로 선정한다. 즉, 용량이 적은 부하가 정지한 경우에는 용량이 큰 부하의 전체 전류가 중성선에 흐르기 때문이다.

문제 14 분전반에서 25[m]의 거리에 2[kW]의 교류 단상 100[V] 전열기를 설치하였다. 배선 방법을 금속관 공사로 하고 전압 강하를 2[%] 이하로 하기 위해서 전선의 굵기를 얼마로 선정하는 것이 적당한가?

• 계산 :   • 답 :

답안작성

계산 : $I = \dfrac{P}{V} = \dfrac{2 \times 10^3}{100} = 20$ [A]

$e = 100 \times 0.02 = 2$ [V]

$$A = \frac{35.6LI}{1000 \cdot e} = \frac{35.6 \times 25 \times 20}{1000 \times 2} = 8.9[\text{mm}^2]$$

답 : 10[mm²]

해설

- 전선규격 : 1.5[mm²], 2.5, 4, 6, 10, 16, 25, 35, 50, 70, 95, 120, 150, 185, 240, 300, 400, 500, 630[mm²]

문제 15

그림과 같은 3상 3선식 회로의 전선 굵기를 구하시오. 단, 배선 설계의 길이는 50[m], 부하의 최대 사용 전류는 300[A], 배선 설계의 전압 강하는 4[V]이며, 전선 도체는 구리이다.

[참고자료]

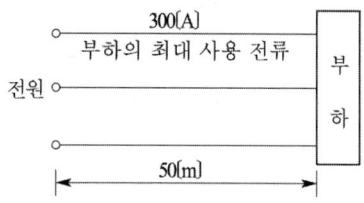

표. 전선 최대 길이 (3상 3선식 380[V]·전압 강하 3.8[V])

전류 [A]	전선의 굵기 [mm²]										
	2.5	4	6	10	16	25	35	50	95	150	185	240	300
	전선 최대 길이 [m]										
1	534	854	1281	2135	3416	5337	7472	10674	20281	32022	39494	51236	64045
2	267	427	640	1067	1708	2669	3736	5337	10140	16011	19747	25618	32022
3	178	285	427	712	1139	1779	2491	3558	6760	10674	13165	17079	21348
4	133	213	320	534	854	1334	1868	2669	5070	8006	9874	12809	16011
5	107	171	256	427	683	1067	1494	2135	4056	6404	7899	10247	12809
6	89	142	213	356	569	890	1245	1779	3380	5337	6582	8539	10674
7	76	122	183	305	488	762	1067	1525	2897	4575	5642	7319	9149
8	67	107	160	267	427	667	934	1334	2535	4003	4937	6404	8006
9	59	95	142	237	380	593	830	1186	2253	3558	4388	5693	7116
12	44	71	107	178	285	445	623	890	1690	2669	3291	4270	5337
14	38	61	91	152	244	381	534	762	1449	2287	2821	3660	4575
15	36	57	85	142	228	356	498	712	1352	2135	2633	3416	4270
16	33	53	80	133	213	334	467	667	1268	2001	2468	3202	4003
18	30	47	71	119	190	297	415	593	1127	1779	2194	2846	3558
25	21	34	51	85	137	213	299	427	811	1281	1580	2049	2562
35	15	24	37	61	98	152	213	305	579	915	1128	1464	1830
45	12	19	28	47	76	119	166	237	451	712	878	1139	1423

[비고1] 전압강하가 2[%] 또는 3[%]의 경우, 전선길이는 각각 이 표의 2배 또는 3배가 된다. 다른 경우에도 이 예에 따른다.
[비고2] 전류가 20[A] 또는 200[A] 경우의 전선길이는 각각 이 표 전류 2[A] 경우의 1/10 또는 1/100이 된다. 다른 경우에도 이 예에 따른다.
[비고3] 이 표는 평형부하의 경우에 대한 것이다.
[비고4] 이 표는 역률 1로 하여 계산한 것이다.

답안작성

$$\text{전선 최대 길이} = \frac{50 \times \frac{300}{3}}{\frac{4}{3.8}} = 4750[\text{m}]$$

따라서, 표의 3[A]란에서 전선 최대 길이가 4750[m]를 넘는 6760[m]인 전선의 굵기 95 [mm^2] 선정
답 : 95[mm^2]

해설

- 표의 전류는 부하의 최대 사용전류를 고려하여 표의 전류 중 임의의 값을 선정하면 된다. 즉, 부하의 최대 전류가 300[A]인 경우 표의 전류값 3[A]로 하면 $\frac{300}{3}=100$으로 계산이 용이한 반면에 7[A]를 선정하면 $\frac{300}{7}=42.8571\cdots$로 되어 계산이 복잡해진다.
- 표의 전류값을 1[A]로 하여 계산해 보면

전선 최대 길이 $=\dfrac{50\times\dfrac{300}{1}}{\dfrac{4}{3.8}}=14250$[m]

따라서, 표의 전류값 1[A]란에서 전선최대길이가 14250[m]를 초과하는 전선의 굵기는 95 [mm^2]가 되어 표의 전류 3[A]를 선정하여 계산한 결과와 동일하게 된다.
따라서, 표의 전류값 중 어느 것을 선정하여도 계산 결과는 동일하게 나오며, 단지 어느 값을 선정하는 것이 편리한지만 고려하면 된다.

문제 16 공급점에서 30[m]의 지점에 80[A], 35[m] 지점에 60[A], 70[m] 지점에 50[A]의 부하가 걸려 있을 때 부하 중심까지의 거리는 몇 [m]인가? 답은 소수점 둘째 자리에서 반올림하여 계산할 것

답안작성

계산 : $L=\dfrac{l_1 i_1+l_2 i_2+l_3 i_3}{i_1+i_2+i_3}=\dfrac{30\times 80+35\times 60+70\times 50}{80+60+50}=42.11$[m]

답 : 42.1[m]

문제 17 다음 그림과 같이 단상 2선식 배전선로의 공급점에서 30[m] 지점에 80[A], 45[m] 지점에 50[A], 60[m] 지점에 30[A]의 부하가 걸려 있을 때 부하 중심점의 거리를 산출하여 전압강하를 고려한 전선의 굵기를 산정하려고 한다. 부하 중심점(즉, 집중부하라고 가정한 경우)의 거리는 공급점에서 약 몇 [m]인가? (단, 소수점 첫째 자리까지만 계산할 것)

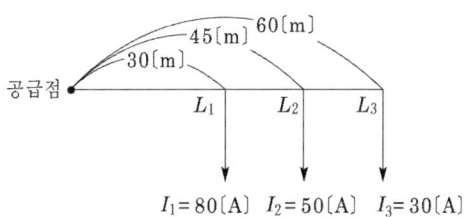

- 계산 :   • 답 :

> **답안작성**

계산 : 직선 부하에서의 부하 중심점까지의 거리

$$L = \frac{L_1 I_1 + L_2 I_2 + L_3 I_3}{I_1 + I_2 + I_3} = \frac{30 \times 80 + 45 \times 50 + 60 \times 30}{80 + 50 + 30} = 40.3[\text{m}]$$

답 : 40.3[m]

문제 18 3상 4선식 380/220[V] 구내배선 긍장이 100[m], 부하의 최대 전류는 200[A]인 배선에서 전압 강하를 7[V]로 하고자 하는 경우에 사용하는 전선의 공칭 단면적[mm²]은 얼마인가?

• 계산 :   • 답 :

> **답안작성**

계산 : $A = \dfrac{17.8 LI}{1000 e} = \dfrac{17.8 \times 100 \times 200}{1000 \times 7} = 50.86[\text{mm}^2]$

답 : 70[mm²]

> **해설**

① 전압강하 계산

전기 방식	전압 강하	전선 단면적
단상 3선식 직류 3선식 3상 4선식	$e_1 = IR$	$e_1 = \dfrac{17.8 LI}{1000 A}$	$A = \dfrac{17.8 LI}{1000 e_1}$
단상 2선식 및 직류 2선식	$e_2 = 2IR = 2e_1$	$e_2 = \dfrac{35.6 LI}{1000 A}$	$A = \dfrac{35.6 LI}{1000 e_2}$
3상 3선식	$e_3 = \sqrt{3} IR = \sqrt{3} e_1$	$e_3 = \dfrac{30.8 LI}{1000 A}$	$A = \dfrac{30.8 LI}{1000 e_3}$

② KSC IEC 전선규격

   1.5, 2.5, 4, 6, 10, 16, 25, 35, 50, 70, 95, 120, 150, 185, 240, 300, 400, 500, 630[mm²]

문제 19 최대 사용 전압 360[kV]의 가공전선이 최대 사용 전압 60[kV] 가공 전선과 교차하여 시설되는 경우 양자간의 최소 이격 거리는 몇 [m]인가?

• 계산 :   • 답 :

> **답안작성**

계산 : 단수 $= \dfrac{360 - 60}{10} = 30$

따라서, 이격거리 $= 2 + 30 \times 0.12 = 5.6[\text{m}]$

답 : 5.6[m]

문제 20 대지 전압은 접지식 전로와 비접지식 전로에서 어떤 전압(어느 개소간의 전압)인지를 설명하시오.
- 접지식 선로 :
- 비접지식 선로 :

답안작성
- 접지식 선로 : 전선과 대지 사이의 전압
- 비접지식 선로 : 전선과 그 전로 중의 임의의 다른 전선 사이의 전압

문제 21 동작 시에 아크가 생기는 것은 목재의 벽 또는 천장 기타의 가연성 물체로부터 얼마 이상 떼어놓아야 하는가?
- 고압용의 것 : (①) 이상
- 특고압용의 것 : (②) 이상

답안작성
① 1[m]　　② 2[m]

문제 22 다음 그림에서 AD는 간선이다. A, B, C, D 중에서 어느 점에 전원을 공급하면 간선의 전력손실이 최소로 될 수 있는지 계산하여 공급점을 선정하시오. (단, 각 점간의 저항은 각각 $r[\Omega]$로 한다.)

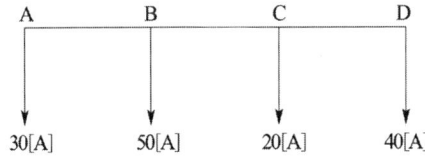

- 계산 :　　　　　　　　　　　　　　　　　　• 답 :

답안작성
- 계산 : 각 구간의 저항을 R이라 하면 전력 손실 $P_L = I^2 R[\text{W}]$에서

　　A점을 급전점으로 하였을 경우의 전력 손실은
　　　　$P_A = (50+20+40)^2 r + (20+40)^2 r + 40^2 r = 17300r[\text{W}]$
　　B점을 급전점으로 하였을 경우의 전력 손실은
　　　　$P_B = 30^2 r + (20+40)^2 r + 40^2 r = 6100r[\text{W}]$
　　C점을 급전점으로 하였을 경우의 전력 손실은
　　　　$P_C = (30+50)^2 r + 30^2 r + 40^2 r = 8900r[\text{W}]$
　　D점을 급전점으로 하였을 경우의 전력 손실은
　　　　$P_D = (30+50+20)^2 r + (30+50)^2 r + 30^2 r = 17300r[\text{W}]$
　　∴ B점에서 전력 공급시 전력 손실이 최소가 된다.

문제 23 그림에서 각 지점간의 저항을 동일하다고 가정하고 간선 AD사이에 전원을 공급하려고 한다. 전력 손실이 최대가 되는 지점과 최소가 되는 지점을 구하시오.

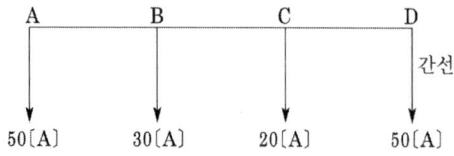

• 계산 :   • 답 :

답안작성

계산 : 각 구간의 저항을 R이라 하면 전력손실 $P_L = I^2R$[W]에서

A점을 급전점으로 하였을 경우의 전력 손실은
$$P_A = (30+20+50)^2R + (20+50)^2R + 50^2R = 17400R[\text{W}]$$

B점을 급전점으로 하였을 경우의 저력 손실은
$$P_B = 50^2R + (20+50)^2R + 50^2R = 9900R[\text{W}]$$

C점을 급전점으로 하였을 경우의 전력 손실은
$$P_C = (50+30)^2R + 50^2R + 50^2R = 11400R[\text{W}]$$

D점을 급전점으로 하였을 경우의 전력 손실은
$$P_D = (20+30+50)^2R + (30+50)^2R + 50^2R = 18900R[\text{W}]$$

답 : D점에서 전력 공급시 전력 손실이 최대가 되고, B점에서 전력 공급시 전력 손실이 최소가 된다.

문제 24 분전반에서 30[m]인 거리에 5[kW]의 단상 교류 200[V]의 전열기용 아웃트렛을 설치하여, 그 전압강하를 4[V]이하가 되도록 하려고 한다. 배선방법을 금속관공사로 한다고 할 때 여기에 필요한 전선의 굵기를 계산하고, 실제 사용되는 전선의 굵기를 정하시오.

• 계산 :   • 답 :

답안작성

계산 : $I = \dfrac{P}{E} = \dfrac{5000}{200} = 25[\text{A}]$

$A = \dfrac{35.6LI}{1000e} = \dfrac{35.6 \times 30 \times 25}{1000 \times 4} = 6.68[\text{mm}^2]$

답 : 10[mm^2]

문제 25 단상 2선식 200[V]의 옥내배선에서 소비전력 60[W], 역률 65[%]의 형광등을 100[등] 설치할 때 이 시설을 15[A]의 분기회로로 하려고 한다. 이 때 필요한 분기회로는 최소 몇 회선이 필요한가? 단, 한 회로의 부하전류는 분기회로 용량의 80[%]로 하고 수용률은 100[%]로 한다.

• 계산 :   • 답 :

답안작성

계산 : 분기회로수 $= \dfrac{\dfrac{60}{0.65} \times 100}{200 \times 15 \times 0.8} = 3.85$ 회로

답 : 15[A] 분기 4회로

문제 26 3상4선식 교류 380[V], 50[kVA] 부하가 변전실 배전반에서 270[m] 떨어져 설치되어 있다. 허용전압강하는 얼마이며 이 경우 배전용 케이블의 최소 굵기는 얼마로 하여야 하는지 계산하시오. (단, 전기사용장소 내 시설한 변압기이며, 케이블을 IEC 규격에 의한다.)

(1) 허용 전압강하를 계산하시오.
  • 계산 :   • 답 :
(2) 케이블의 굵기를 선정하시오.
  • 계산 :   • 답 :

답안작성

(1) 계산 : $e = 380 \times 0.07 = 26.6[\mathrm{V}]$ 답 : 26.6[V]

(2) 계산 : $I = \dfrac{50 \times 10^3}{\sqrt{3} \times 380} = 75.97[\mathrm{A}]$

전선의 굵기 $A = \dfrac{17.8 LI}{1000 e} = \dfrac{17.8 \times 270 \times 75.97}{1000 \times 220 \times 0.07} = 23.71[\mathrm{mm}^2]$

답 : $25[\mathrm{mm}^2]$

문제 27 아래의 그림과 같은 평면의 건물에 대한 배선 설계를 하기 위하여 주어진 조건을 이용하여 분기 회로수를 결정하시오.

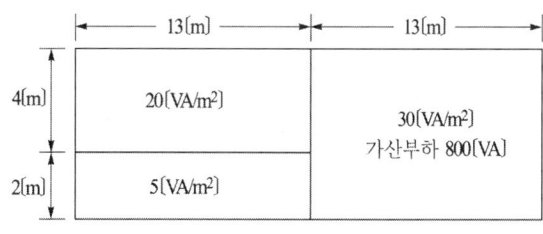

배전전압은 220[V], 15[A] 분기회로 이다.

답안작성

계산 : 부하 설비 용량
$P = (13 \times 4 \times 20) + (13 \times 2 \times 5) + (13 \times 6 \times 30) + 800 = 4310[\mathrm{VA}]$

∴ 분기 회로수 $N = \dfrac{4310}{220 \times 15} = 1.31$ 회로

답 : 15[A] 분기 2회로

문제 28 분전방에서 30[m]의 거리에 2.5[kW]의 교류 단상 220[V] 전열용 아우트렛을 설치하여 전압 강하를 2[%] 이내가 되도록 하고자 한다. 이곳의 배선 방법을 금속관공사로 한다고 할 때, 다음 각 물음에 답하시오.
(1) 전선의 굵기를 선정하고자 할 때 고려하여야 할 사항을 2가지만 쓰시오.
(2) 전선은 450/750[V] 일반용 단심 비닐절연전선을 사용한다고 할 때 본문내용에 따른 전선의 굵기를 계산하고, 규격품의 굵기로 답하시오.

답안작성
(1) 허용 전류, 전압 강하, 기계적 강도
(2) $I = \dfrac{2.5 \times 10^3}{220} = 11.36[A]$

전선의 굵기 $A = \dfrac{35.6LI}{1000e} = \dfrac{35.6 \times 30 \times 11.36}{1000 \times (220 \times 0.02)} = 2.76[mm^2]$

답 : $4[mm^2]$

문제 29 전기설비에서 사용되는 다음 용어의 정의를 쓰시오.
(1) 간선   (2) 단락전류
(3) 사용전압   (4) 분기회로

답안작성
(1) 간선 : 인입구에서 분기과전류차단기에 이르는 배선으로서 분기회로의 분기점에서 전원측의 부분을 말한다.
(2) 단락전류 : 전로의 선간이 임피던스가 적은 상태로 접촉되었을 경우에 그 부분을 통하여 흐르는 큰 전류를 말한다.
(3) 사용전압 : 보통의 사용 상태에서 그 회로에 가하여지는 선간전압을 말한다.
(4) 분기회로 : 간선에서 분기하여 분기과전류차단기를 거쳐서 부하에 이르는 사이의 배선을 말한다.

문제 30 연축전지의 정격 용량 100[A], 상시 부하 5[kW], 표준전압 100[V]인 부동 충전 방식이 있다. 이 부동 충전 방식의 충전기 2차 전류는 몇 [A]인가?
• 계산 :   • 답 :

답안작성
계산 : $I = \dfrac{100}{10} + \dfrac{5 \times 10^3}{100} = 60[A]$ 답 : $60[A]$

문제 31 옥내에 시설되는 단상전동기에 과부하 보호 장치를 하지 않아도 되는 전동기의 용량은 몇 [kW] 이하인가?

답안작성

0.2[kW] 이하

문제 32 분전반에서 20[m]의 거리에 있는 단상 2선식, 부하 전류 5[A]인 부하에 배선 설계의 전압강하를 0.5[V] 이하로 하고자 한다. 필요한 전선의 굵기를 구하시오.

• 계산 :   • 답 :

답안작성

계산 : 전선의 굵기 $A = \dfrac{35.6LI}{1000e} = \dfrac{35.6 \times 20 \times 5}{1000 \times 0.5} = 7.12[\mathrm{mm}^2]$

답 : $10[\mathrm{mm}^2]$

문제 33 3상4선식 교류 380[V], 15[kVA] 3상 부하가 변전실 배전반 전용 변압기에서 190[m] 떨어져 설치되어 있다. 이 경우 간선 케이블의 최소 굵기를 계산하고 케이블은 선정하시오. (단, 케이블 규격은 IEC에 의한다.)

표. 전선길이 60 [m]를 초과하는 경우의 전압강하

공급 변압기의 2차측 단자 또는 인입선 접속점에서 최원단 부하에 이르는 사이의 전선 길이	전압 강하 [%]	
	사용 장소 안에 시설한 전용 변압기에서 공급하는 경우	전기 사업자로부터 저압으로 전기를 공급받는 경우
120 [m] 이하	5 이하	4 이하
200 [m] 이하	6 이하	5 이하
200 [m] 초과	7 이하	6 이하

• 계산 :   • 답 :

답안작성

계산 : $I = \dfrac{P_a}{\sqrt{3}\,V} = \dfrac{15 \times 10^3}{\sqrt{3} \times 380} = 22.79[\mathrm{A}]$

전선의 굵기 $A = \dfrac{17.8LI}{1000e} = \dfrac{17.8 \times 190 \times 22.79}{1000 \times 220 \times 0.06} = 5.84[\mathrm{mm}^2]$

답 : $6[\mathrm{mm}^2]$ 선정

문제 34 전원 전압이 220[V]인 회로에서 700[W]의 전기솥 2대, 600[W]의 다리미 1대, 150[W]의 텔레비전 2대를 사용할 때 10[A]의 고리 퓨즈의 상태(용단여부)와 그 이유를 쓰시오.

• 고리퓨즈의 상태 :

• 이유 :

답안작성

부하전류 $I = \dfrac{700 \times 2 + 600 + 150 \times 2}{220} = 10.45[A]$

- 고리퓨즈의 상태 : 용단되지 않는다.
- 이유 : 저압용 고리 퓨즈는 정격 전류의 1.1 배의 전류에는 견디어야 하므로 용단되어서는 안 된다.

문제 35
전등, 콘센트만 사용하는 220[V], 총 부하산정용량 12000[VA]의 부하가 있다. 이 부하의 분기회로수를 구하시오. (단, 15[A] 분기회로로 한다.)

- 계산 :   • 답 :

답안작성

계산 : 분기회로 수 $= \dfrac{\text{상정 부하 설비의 합}[VA]}{\text{전압} \times \text{분기회로 전류}} = \dfrac{12000}{220 \times 15} = 3.64$ 회로

답 : 15[A] 분기 4회로

문제 36
금속관 배선의 교류 회로에서 1회로의 전선 전부를 동일 관내에 넣는 것을 원칙으로 하는데 그 이유는 무엇인가?

답안작성

전자적 불평형을 방지하기 위하여

문제 37
지중선에 대한 장점과 단점을 가공선과 비교하여 각각 4가지씩 쓰시오.
(1) 지중선의 장점
(2) 지중선의 단점

답안작성

(1) 지중선의 장점
 ① 다수 회선을 같은 루트에 시설할 수 있다.
 ② 지하 시설로 설비 보안 유지 용이
 ③ 비바람이나 뇌 등 기상 조건에 영향을 받지 않는다.
 ④ 유도장해 경감
(2) 지중선의 단점
 ① 같은 굵기의 도체로는 송전 용량이 작다.
 ② 건설비가 아주 비싸다
 ③ 고장점 발견이 어렵고 복구가 어렵다.
 ④ 설비 구성상 신규수용에 대한 탄력성 결여

문제 38 단상 2선식 220[V], 28[W]×2등용 형광등 기구 100대를 15[A]의 분기회로로 설치하려고 하는 경우 필요 회선 수는 최소 몇 회로인지 구하시오. (단, 형광등의 역률은 80[%]이고, 안정기의 손실은 고려하지 않으며, 1회로의 부하전류는 분기회로 용량의 80[%]이다.)

• 계산 :   • 답 :

답안작성

계산 : 분기회로수 = $\dfrac{\text{상정 부하설비의 합}[VA]}{\text{전압} \times \text{분기회로 전류}}$

$= \dfrac{\dfrac{28}{0.8} \times 2 \times 100}{220 \times 15 \times 0.8} = 2.65$ 회로 → 3회로(절상)

답 : 15[A] 분기 3회로

문제 39 분전반에서 50[m]의 거리에 380[V], 4극 3상 유도 전동기 37[kW]를 설치하였다. 전압강하를 5[V] 이하로 하기 위해서 전선의 굵기[mm²]를 얼마로 선정하는 것이 적당한가? (단, 전압강하 계수는 1.1, 전동기의 전부하 전류는 75[A], 3상 3선식 회로임)

• 계산 :   • 답 :

답안작성

계산 : $A = \dfrac{30.8 \times 50 \times 75}{1000 \times 5} \times 1.1 = 25.41 [\text{mm}^2]$

답 : 35[mm²]

문제 40 다음 ( ) 안의 알맞은 내용을 답란에 쓰시오.

> 저압옥내전선로의 경우는 수용가의 인입구에 가까운 곳에 쉽게 개폐할 수 있는 개폐기 및 과전류차단기 등의 인입구장치를 시설하여야 한다. 인입구장치를 시설하는 장소에서 개폐기의 합계가 ( )개 이하이고 또한 이들 개폐기를 집합하여 시설하는 경우는 전용의 인입 개폐기를 생략할 수 있다.

답안작성

6개

문제 41 단상 2선식 220[V]의 옥내배선에서 소비전력 40[W], 역률 85[%]의 LED 형광등 85등을 설치할 때 15[A]의 분기회로 수는 최소 몇 회로인지 구하시오. (단, 한 회선의 부하전류는 분기회로 용량의 80[%]로 하고 수용률은 100[%]로 한다.)

• 계산 :   • 답 :

답안작성

계산 : 상정 부하용량 $P_a = \dfrac{40}{0.85} \times 85 = 4000 [\text{VA}]$

분기회로 수 $N = \dfrac{\text{상정 부하}[\text{VA}]}{\text{전압}[\text{V}] \times \text{전류}[\text{A}]} = \dfrac{4000}{220 \times 15 \times 0.8} = 1.52$ 회로

답 : 15[A] 분기 2회로

마스터 전기기능장 실기

PART
04

전등 및 동력설비

제 4 장 전등 및 동력설비

4.1 조명

1 조명 계산의 기본

① 광속 : F[lm]

복사 에너지를 눈으로 보아 빛으로 느끼는 크기로서 나타낸 것으로 광원으로부터 발산되는 빛의 양이다.

② 광도 : I[cd]

광원에서 어떤 방향에 대한 단위 입체각당 발산되는 광속으로서 광원의 능력을 나타낸다.

③ 조도 : E[lx]

어떤 면의 단위 면적당의 입사 광속으로서 피조면의 밝기를 나타낸다.

④ 휘도 : B [sb] [nt]

광원의 임의의 방향에서 본 단위 투영 면적당의 광도로서 광원의 빛나는 정도를 나타낸다.

> **휘도의 단위**
> $1[\text{sb}] = 1[\text{cd/cm}^2]$, $1[\text{nt}] = 1[\text{cd/m}^2]$
> → $1[\text{sb}] = 10^4[\text{nt}]$, $1[\text{nt}] = 10^{-4}[\text{sb}]$

⑤ 광속발산도 : R[rlx]

광원의 단위 면적으로부터 발산하는 광속으로서 광원 혹은 물체의 밝기를 나타낸다.

$$R = \pi B = \rho E = \gamma E$$
           (반사면) (투과면)

⑥ 조명률

조명률이란 사용 광원의 전 광속과 작업면에 입사하는 광속의 비를 말한다.

$$U = \frac{F}{F_0} \times 100 [\%]$$

여기서, F : 작업면에 입사하는 광속[lm]
F_0 : 광원의 총 광속[lm]

⑦ 감광보상률

조명설계를 할 때 점등 중에 광속의 감소를 미리 예상하여 소요 광속의 여유를 두는 정도를 말하며 항상 1보다 큰 값이다. 그리고 감광보상률의 역수를 유지율 혹은 보수율이라고 한다.

$$보수율(M) = \frac{설비\ 조도(E)}{초기\ 조도(E_0)}$$

$$감광보상률(D) = \frac{초기\ 조도(E_0)}{설비\ 조도(E)}$$

$$M = \frac{1}{D}$$

여기서, M : 유지율(보수율), D : 감광보상률($D > 1$)

⑧ 램프의 효율

$$효율\ \eta[\text{lm/W}] = \frac{광속[\text{lm}]}{소비전력[\text{W}]}$$

2 광원의 종류

(1) HID(High Intensity Discharge Lamp)의 종류
① 고압 수은등　　　　　　　　② 고압 나트륨등
③ 메탈 할라이드등　　　　　　④ 초고압 수은등
⑤ 고압 크세논 방전등

(2) 형광등이 백열등에 비하여 우수한 점
① 효율이 높다.　　　　　　　　② 수명이 길다.
③ 열방사가 적다.　　　　　　　④ 필요로 하는 광색을 쉽게 얻을 수 있다.

(3) 열음극 형광등과 슬림라인(Slim line) 형광등의 장·단점 비교
열음극 형광등은 음극을 가열시킨 후 기동하나 슬림 라인 형광등은 고전압을 가하여 냉음극인 상태에서 기동한다. 그러나 점등을 할 때는 양자가 다같이 열음극이 되어 있다. 또한 슬림 라인의 특징은 다음과 같다.

1) 장점
　① 필라멘트를 예열할 필요가 없어 점등관등 기동장치가 불필요하다.
　② 순시 기동으로 점등에 시간이 걸리지 않는다.
　③ 점등 불량으로 인한 고장이 없다.
　④ 관이 길어 양광주가 길고 효율이 좋다.
　⑤ 전압 변동에 의한 수명의 단축이 없다.

2) 단점
　① 점등 장치가 비싸다.
　② 전압이 높아 기동시에 음극이 손상하기 쉽다.
　③ 전압이 높아 위험하다.

(4) 광원의 효율

램 프	효율[lm/W]	램 프	효율[lm/W]
나트륨 램프	80~150	수은 램프	35~55
메탈 할라이드 램프	75~105	할로겐 램프	20~22
형광 램프	48~80	백열 전구	7~22

3 조명 설계

(1) 옥내 조명 설계

1) 조명 기구의 배치 결정

① 광원의 높이

$$H = 천장의\ 높이 - 작업면의\ 높이$$

(※ 작업면의 높이가 주어지지 않으면 작업면의 높이는 0.85[m]로 한다.)

② 등기구의 간격
- 등기구~등기구 : $S \leq 1.5H$ (직접, 전반조명의 경우)
- 등기구~벽면 : $S_0 \leq \dfrac{1}{2}H$ (벽면을 사용하지 않을 경우)

2) 실지수(Room Index)의 결정

광속의 이용에 대한 방의 크기의 척도로 나타낸다.

$$실지수\ (R \cdot I) = \frac{X \cdot Y}{H(X+Y)}$$

여기서, H : 작업면으로부터 광원의 높이[m]
X : 방의 가로 길이[m]
Y : 방의 세로 길이[m]

3) 광속의 결정

광속법에 따라 다음 식에 의하여 소요되는 총 광속의 산정

$$NF = \frac{EAD}{U} = \frac{EA}{UM} [\text{lm}]$$

여기서, N : 광원의 수, F : 광속, E : 조도
D : 감광보상률, U : 조명률, M : 유지율 $\left(M = \dfrac{1}{D}\right)$

4) 조도 계산

① 거리 역제곱의 법칙

$$E = \frac{I}{r^2} [\text{lx}]$$

즉, 조도 E는 광도 I에 비례하고 거리 r의 제곱에 반비례한다.

② 입사각 여현의 법칙

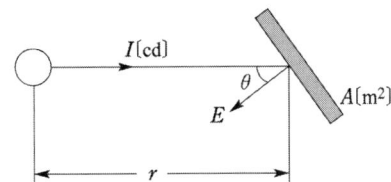 $E = \dfrac{I}{r^2}\cos\theta\,[\text{lx}]$

③ 조도의 구분

- 법선 조도 : $E_n = \dfrac{I}{r^2}$
- 수평면 조도 :
  $E_h = E_n\cos\theta = \dfrac{I}{r^2}\cos\theta = \dfrac{I}{h^2}\cos\theta^3$
- 수직면 조도 :
  $E_v = E_n\sin\theta = \dfrac{I}{r^2}\sin\theta = \dfrac{I}{d^2}\sin\theta^3$

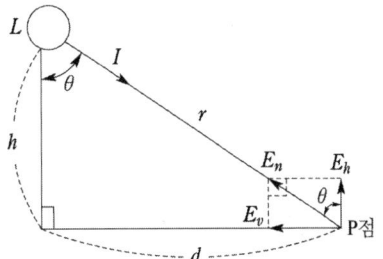

(2) 도로 조명 설계

조명 기구의 배치 방법에 의한 분류

① 도로 중앙 배열 $A = B \cdot S\,[\text{m}^2]$

② 도로 편측 배열 $A = B \cdot S\,[\text{m}^2]$

③ 도로 양측으로 대칭 배열 $A = \dfrac{1}{2}B \cdot S\,[\text{m}^2]$

④ 도로 양측으로 지그재그 배열 $A = \dfrac{1}{2}B \cdot S\,[\text{m}^2]$

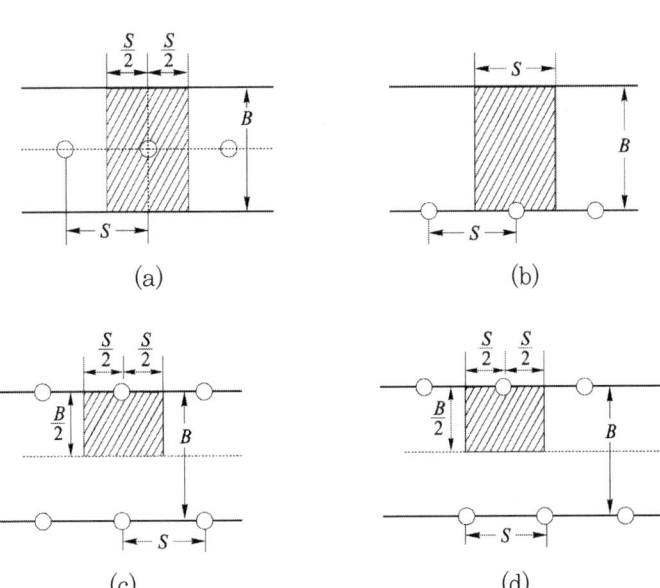

(3) 조명 설비에서 에너지 절약 방안
① 고효율 등기구 채용
② 고조도 저휘도 반사갓 채용
③ 슬림라인 형광등 및 전구식 형광등 채용
④ 창측 조명기구 개별점등
⑤ 재실감지기 및 카드키 채용
⑥ 적절한 조광제어실시
⑦ 전반조명과 국부조명의 적절한 병용(TAL조명)
⑧ 고역률 등기구 채용
⑨ 등기구의 격등제어 회로구성
⑩ 등기구의 보수 및 유지관리

(4) 플리커 현상 방지대책
1) 전원측에서의 대책
① 전용 계통으로 공급한다.
② 단락용량이 큰 계통에서 공급한다.
③ 전용 변압기로 공급한다.
④ 공급 전압을 승압한다.

2) 수용가측에서의 대책
① 전원 계통에 리액터분을 보상하는 방법
  • 직렬 콘덴서 방식
  • 3권선 보상 변압기 방식
② 전압 강하를 보상하는 방법
  • 부스터 방식
  • 상호 보상 리액터 방식
③ 부하의 무효 전력 변동분을 흡수하는 방법
  • 동기 조상기와 리액터 방식
  • 사이리스터(thyristor) 이용 콘덴서 개폐 방식
  • 사이리스터용 리액터
④ 플리커 부하 전류의 변동분을 억제하는 방법
  • 직렬 리액터 방식
  • 직렬 리액터 가포화 방식 등이 있다.

4 적절한 조명제어 시스템의 채택
1) 조명제어의 종류
① 주광 sensor에 의한 창가 조명제어

② time schedule에 의한 조명제어
③ 수동조작에 의한 조명제어

2) 조명제어 시스템의 종류
① 주광센서 + 메커니컬 타이머 + 수동조작 system
② 주광센서 + 프로그램 타이머 + 수동조작 system
③ 주광센서 + 프로그래머블 타이머 + 감광기능 + 수동조작system
④ 주광센서 + 프로그램 타이머 + 감광기능 + 수동조작system

3) 감광제어 system
① 3선 연결에 의한 형광등 조광 : 0~100[%] 연속제어
② 임피던스 변환방식 : 단계적 조광
③ 전원 2선식 : 전자식 안정기 20~100[%] 제어

4) 조광장치의 적용
① 전압가변식 ⎤ 진폭제어식
② 전류가변식 ⎦
③ 도통각 가변식 : 위상제어식

예제 1 바닥면적이 12[m²]인 방에 40[W] 형광등 2등(1등당의 전광속은 3000[lm])을 점등 하였을 때 바닥면에서의 광속의 이용도(조명률)를 60[%]라 하면 바닥면의 평균 조도는 몇 [lx]인가?

풀이 계산 : $E = \dfrac{FUN}{AD} = \dfrac{3000 \times 0.6 \times 2}{12 \times 1} = 300[\text{lx}]$

답 : 300[lx]

예제 2 각 방향에 900[cd]의 광도를 갖는 광원을 높이 3[m]에 취부한 경우, 직하의 조도는 몇 [lx]인가?

풀이 계산 : 거리 역제곱의 법칙 $E = \dfrac{I}{r^2}$ 에 의하여 $E = \dfrac{900}{3^2} = 100[\text{lx}]$

답 : 100[lx]

예제 3 건물의 비상 조명용 설비의 조도를 15[lx]로 유지하고자 한다. 등기구의 보수율이 0.75라고 할 때 초기 조도는 얼마인가?

풀이 계산 : 보수율$(M) = \dfrac{\text{설비 조도}(E)}{\text{초기 조도}(E_0)}$ 에서

∴ 초기 조도 $E_0 = \dfrac{E}{M} = \dfrac{15}{0.75} = 20[\text{lx}]$

답 : 20[lx]

예제 4 길이 20[m], 폭 10[m], 천장 높이 3.8[m], 조명률 50[%]인 사무실의 평균 조도를 200[lx]로 1일 12시간 유지하려고 한다. 전광속 5500[lm]의 300[W] 백열 전등을 사용할 경우 1일 사용 전력량[kWh]은 얼마인가? 단, 감광보상률은 1.3으로 계산하며 1일 12시간 이외에는 전등을 1등도 켜지 않는 것으로 한다.

풀이 $N = \dfrac{EAD}{FU} = \dfrac{200 \times 20 \times 10 \times 1.3}{5500 \times 0.5} = 18.9 \rightarrow 19[등]$

∴ 전력량 $W = 19 \times 300 \times 12 \times 10^{-3} = 68.4[kWh]$
답 : 68.4[kWh]

예제 5 폭 20[m], 등간격 30[m]에 200[W] 수은등을 설치할 때 도로면의 조도는 몇 [lx]가 되겠는가? 단, 등배열은 한쪽(편면)으로만 함. 조명률 : 0.5, 감광 보상률 : 1.5, 200[W] 수은등의 광속 : 8500[lm]이다.

풀이 $E = \dfrac{FUN}{AD} = \dfrac{8500 \times 0.5 \times 1}{20 \times 30 \times 1.5} = 4.72[lx]$

해설 편면(한쪽 배열) $A = B \cdot S [m^2]$

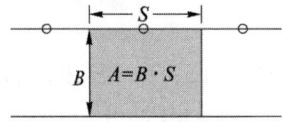

예제 6 TV나 형광등과 같은 전기제품에서의 깜빡거림 현상을 플리커 현상이라 하는데 이 플리커 현상을 경감시키기 위한 전원측과 수용가측에서의 대책을 각각 3가지씩 쓰시오.
(1) 전원측
(2) 수용가측

풀이 (1) 전원측
① 전용계통으로 공급한다.
② 공급 전압을 승압한다.
③ 단락 용량이 큰 계통에서 공급한다.
(2) 수용가측
① 직렬 콘덴서 설치
② 부스터 설치
③ 직렬 리액터 설치
④ 사이리스터용 리액터 설치

4.2 전동기 및 전열기의 용량 산정

1 펌프용 전동기

$$P = \frac{9.8Q'[\text{m}^3/\text{sec}]HK}{\eta}[\text{kW}]$$
$$= \frac{9.8Q[\text{m}^3/\text{min}]HK}{60\times\eta}[\text{kW}] = \frac{Q[\text{m}^3/\text{min}]HK}{6.12\eta}[\text{kW}]$$

여기서, P : 전동기의 용량[kW] Q : 양수량[m^3/min]
Q' : 양수량[m^3/sec] H : 양정(낙차)[m]
η : 펌프의 효율 K : 여유 계수(1.1~1.2 정도)

2 권상용 전동기

$$P = \frac{WV}{6.12\eta}[\text{kW}]$$

여기서, W : 권상하중[ton], V : 권상 속도[m/min], η : 권상기 효율

3 엘리베이터용 전동기

$$P = \frac{KVW}{6120\eta}[\text{kW}]$$

여기서, P : 전동기 용량[kW] η : 엘리베이터 효율
V : 승강 속도[m/min] K : 계수(평형률)
W : 적재하중[kg] (기체의 무게는 포함하지 않는다.)

4 에스컬레이터용 전동기

$$P = \frac{GV\sin\theta}{6120\eta}\beta$$

여기서, P : 전동기 용량[kW] G : 적재하중[kg]
V : 속도[m/min] η : 종합효율 β : 승객 유입률

예제 7 지표면상 20[m] 높이에 수조가 있다. 이 수조에 초당 0.2[m^3]의 물을 양수하려고 한다. 여기에 사용되는 펌프 모터에 3상 전력을 공급하기 위하여 단상 변압기 2대를 사용하였다. 펌프 효율이 65[%]이고, 펌프축 동력에 15[%]의 여유를 둔다면 변압기 1대의 용량은 몇 [kVA]이며, 이 때 변압기를 어떠한 방법으로 결선하여야 하는가? 단, 펌프용 3상 농형 유도 전동기의 역률은 80[%]로 가정한다.

[풀이] ① 변압기 1대의 용량
양수 펌프용 전동기
$$P = \frac{QHK}{6.12\eta} = \frac{0.2 \times 60 \times 20 \times 1.15}{6.12 \times 0.65} = 69.38[\text{kW}]$$
[kVA]로 환산하면
$$P_a = \frac{P}{\cos\theta} = \frac{69.38}{0.8} = 86.73[\text{kVA}]$$
단상 변압기 2대로 3상부하에 전력을 공급 할 수 있는 결선 방법은 V결선이고 이때의 출력 P_a는
$$P_a = \sqrt{3}\,P_1[\text{kVA}]$$
∴ 변압기 1대 정격 용량 $P_1 = \dfrac{P_a}{\sqrt{3}} = \dfrac{86.73}{\sqrt{3}} = 50.07[\text{kVA}]$

답 : 50.07[kVA]
② 결선 : V결선

예제 8 어느 철강 회사에서 천장크레인의 권상용 전동기에 의하여 권상 중량 80[ton]을 권상 속도 2[m/min]로 권상하려고 한다. 권상용 전동기의 소요 출력은 몇 [kW] 정도이어야 하는가? 단, 권상기의 기계효율은 70[%]이다.

[풀이] $P = \dfrac{W \cdot V}{6.12\eta} = \dfrac{80 \times 2}{6.12 \times 0.7} = 37.35[\text{kW}]$

예제 9 권상기용 전동기의 출력이 50[kW]이고 분당 회전속도가 950[rpm]일 때 그림을 참고하여 물음에 답하시오.
단, 기중기의 기계 효율은 100[%] 이다.
(1) 권상 속도는 몇 [m/min]인가?
(2) 권상기의 권상 중량은 몇 [kg]인가?

[풀이] (1) 권상속도 $V = \pi dN = \pi \times 0.6 \times 950 = 1790.71[\text{m/min}]$
답 : 1790.71[m/min]
(2) $P = \dfrac{WV}{6.12\eta}$ 에서
권상중량 $W = \dfrac{6.12 P \eta}{V} = \dfrac{6.12 \times 50 \times 1}{1790.71} \times 1000 = 170.88[\text{kg}]$
답 : 170.88[kg]

예제 10 지표면상 20[m] 높이의 수조가 있다. 이 수조에 18[m³/min] 물을 양수하는데 필요한 펌프용 전동기의 소요 동력은 몇 [kW]인가? (단, 펌프의 효율은 70[%]로 하고, 여유계수는 1.1로 한다.)

• 계산 :   • 답 :

계산 : $P = \dfrac{KQH}{6.12\eta} = \dfrac{1.1 \times 18 \times 20}{6.12 \times 0.7} = 92.44[\text{kW}]$

답 : 92.44[kW]

예제 11 전동기의 진동이 발생되는 원인을 5가지만 쓰시오

진동발생 원인 : 기계적 언밸런스, 베어링의 불량, 전동기의 설치불량, 부하기계와의 직결 불량, 부하기계로부터의 오는 영향

예제 12 전동기 소음을 크게 3가지로 분류하고 각각에 대하여 설명하시오

기계적 소음 : 진동, 브러쉬의 습동, 베어링 등에 기인하는 소음
전자적 소음 : 철심의 여러 부분이 주기적인 자력, 전자력에 의해 진동되는 소음
통풍 소음 : 팬, 회전자의 에어덕트 등 팬작용으로 발생되는 소음

제 4 장 단원별 예상문제

문제 01 다음의 조명 효율에 대해 설명하시오.
(1) 전등효율
(2) 발광효율

답안작성
(1) 전등효율 : 전력소비 P에 대한 전발산광속 F의 비율을 전등효율 η라 한다.
$$\eta = \frac{F}{P}[\text{lm/W}]$$
(2) 발광효율 : 방사속 ϕ에 대한 광속 F의 비율을 그 광원의 발광효율 ε이라 한다.
$$\varepsilon = \frac{F}{\phi}[\text{lm/W}]$$

문제 02 공장 조명 설계 시 에너지 절약대책을 4가지만 쓰시오.

답안작성
① 고효율 등기구 채택
② 고조도 저휘도 반사갓 채택
③ 등기구의 격등 제어 및 적정한 회로 구성
④ 전반조명과 국부조명(TAL 조명)을 적절히 병용하여 이용

문제 03 T-5 램프의 특징 5가지를 쓰시오.

답안작성
① 수명 기간 내 거의 일정한 빛을 제공하는 높은 광 출력
② 전용의 전자 안정기와 조합하여 동작(높은 주파수 작동)
③ 발광 효율이 높다
④ 관경이 16[mm]로 다양한 등기구에 적용이 가능하고 슬림한 형상으로 디자인적으로 유리함
⑤ 평균 수명이 약 16,000시간

문제 04 조명설비의 광원으로 활용되는 할로겐램프의 장점(3가지)과 용도(2가지)를 각각 쓰시오.

답안작성
(1) 장점
① 초소형, 경량의 전구
② 단위 광속이 크다.

③ 흑화가 거의 발생하지 않는다.
(2) 용도
① 옥외의 투광 조명
② 고천장 조명

문제 05 조명 용어 중 감광보상율이란 무엇을 의미하는가?

답안작성

조명설계를 할 때 점등 중 광속의 감소를 고려하여 소요광속에 여유를 두어야 하며, 그 정도를 감광보상률이라 한다.

문제 06 다음 조명에 대한 각 물음에 답하시오.
(1) 어느 광원의 광색이 어느 온도의 흑체의 광색과 같을 때 그 흑체의 온도를 이 광원의 무엇이라 하는지 쓰시오.
(2) 빛의 분광 특성이 색의 보임에 미치는 효과를 말하며, 동일한 색을 가진 것이라도 조명하는 빛에 따라 다르게 보이는 특성을 무엇이라 하는지 쓰시오.

답안작성

(1) 색온도
(2) 연색성

문제 07 길이 24[m], 폭 12[m], 천장높이 5.5[m], 조명률 50[%]의 어떤 사무실에서 전광속 6000[lm]의 32[W] × 2등용 형광등을 사용하여 평균조도가 300[lx] 되려면, 이 사무실에 필요한 형광등 수량을 구하시오. (단, 유지율은 80[%]로 계산한다.)

• 계산 :   • 답 :

답안작성

계산 : $N = \dfrac{EAD}{FU} = \dfrac{300 \times 24 \times 12 \times \dfrac{1}{0.8}}{6000 \times 0.5} = 36\,[\text{등}]$

답 : 36[등]

문제 08 5500[lm]의 광속을 발산하는 전등 20개를 가로 10[m] × 세로 20[m]의 방에 설치하였다. 이 방의 평균조도를 구하시오. (단, 조명률은 0.5, 감광보상률 1.3 이다.)

• 계산 :   • 답 :

답안작성

계산 : $E = \dfrac{FUN}{AD} = \dfrac{5500 \times 0.5 \times 20}{10 \times 20 \times 1.3} = 211.54\,[\text{lx}]$

답 : 211.54[lx]

문제 **09** 가로 20[m], 세로 50[m]인 사무실에서 평균조도 300[lx]를 얻고자 형광등 40[W] 2등용을 시설할 경우 다음 각 물음에 답하시오. (단, 40[W] 2등용 형광등 기구의 전체광속은 4600[lm], 조명률은 0.5, 감광보상률은 1.3, 전기방식은 단상 2선식 200[V]이며, 40[W] 2등용 형광등의 전체 입력전류는 0.87[A]이고, 1회로의 최대전류는 15[A]로 한다.

(1) 형광등 기구 수를 구하시오.
　　• 계산 :　　　　　　　　　　　　　　　• 답 :
(2) 최소분기회로 수를 구하시오.
　　• 계산 :　　　　　　　　　　　　　　　• 답 :

답안작성

(1) 계산 : $N = \dfrac{EAD}{FU} = \dfrac{300 \times 20 \times 50 \times 1.3}{4600 \times 0.5} = 169.57$ 　　답 : 170[등]

(2) 계산 : $n = \dfrac{170 \times 0.87}{15} = 9.86$ 　　답 : 15[A] 분기 10회로

문제 **10** 가로가 20[m], 세로가 30[m], 천장 높이가 4.85[m]인 사무실이 있다. 평균 조도를 300[lx]로 하려고 할 때 다음 각 물음에 답하시오.
[조건]
• 사용되는 형광등 30[W] 1개의 광속은 2890[lm]이며, 조명률은 50[%], 보수율은 70[%]라고 한다.
• 바닥에서 작업 면까지의 높이는 0.85[m] 이다.

(1) 실지수는 얼마인가?
　　• 계산 :　　　　　　　　　　　　　　　• 답 :
(2) 형광등 기구(30[W] 2등용)의 수를 계산하시오.
　　• 계산 :　　　　　　　　　　　　　　　• 답 :

답안작성

(1) 계산 : 실지수$(RI) = \dfrac{XY}{H(X+Y)} = \dfrac{30 \times 20}{(4.85-0.85)(30+20)} = 3$
　답 : 3

(2) 계산 : $N = \dfrac{EAD}{FU} = \dfrac{300 \times 30 \times 20 \times \dfrac{1}{0.7}}{2890 \times 2 \times 0.5} = 88.98[등]$
　답 : 89[등]

문제 **11** 방의 넓이가 12[m²]이고, 이 방의 천장 높이는 3[m]이다. 조명률 50[%], 감광보상률 1.3, 작업면의 평균 조도를 150[lx]로 할 때 소요 광속은 몇 [lm]이면 되는가?
　　• 계산 :　　　　　　　　　　　　　　　• 답 :

답안작성

계산 : $F = \dfrac{AED}{UN} = \dfrac{12 \times 150 \times 1.3}{0.5 \times 1} = 4680\,[\text{lm}]$

답 : 4680[lm]

문제 12 조명 설비에 대한 다음 각 물음에 답하시오.

(1) 배선 도면에 ○$_{N400}$으로 표현되어 있다. 이것의 의미를 쓰시오.

(2) 평면이 15×10[m]인 사무실에 전광속 3100[lm]인 형광등을 사용하여 평균 조도를 300[lx]로 유지하도록 설계하고자 한다. 이 사무실에 필요한 형광등 수를 산정하시오. 단, 조명률은 0.6이고, 감광보상률은 1.3이다.

• 계산 :   • 답 :

답안작성

(1) 나트륨등 400[W]

(2) 계산 : $N = \dfrac{EAD}{FU} = \dfrac{300 \times (15 \times 10) \times 1.3}{3100 \times 0.6} = 31.45\,[\text{등}]$ 답 : 32[등]

문제 13 폭 24[m]의 도로 양쪽에 20[m] 간격으로 지그재그 식으로 가로등을 배치하여 노면의 평균조도를 5[lx]로 한다면 각 등주 상에 몇 [lm]의 전구가 필요한가? (단, 도로면에서의 광속이용률은 25[%], 감광보상율은 1이다.)

• 계산 :   • 답 :

답안작성

계산 : $F = \dfrac{EAD}{UN} = \dfrac{5 \times \dfrac{1}{2} \times 24 \times 20 \times 1}{0.25 \times 1} = 4800\,[\text{lm}]$

답 : 4800[lm]

문제 14 기존 광원에 비하여 LED 램프의 특성 5가지만 쓰시오.

답안작성

① Lamp에서의 발열이 매우 적다.
② 수명이 길다.
③ 전력소모가 적다.
④ 높은 내구성으로 외부 충격에 강하다.
⑤ 친환경적이다.(무수은, CO_2 저감)

문제 15 각 방향에 900[cd]의 광도를 갖는 광원을 높이 3[m]에 취부한 경우 직하로부터 30° 방향의 수평면 조도[lx]를 구하시오.

• 계산 :   • 답 :

> 계산 : 수평면 조도 $E_h = \dfrac{I}{r^2}\cos\theta = \dfrac{I}{h^2}\cos^3\theta = \dfrac{900}{3^2}\cos^3 30° = 64.95[\text{lx}]$
> 답 : 64.95[lx]

문제 16 평균조도 500[lx] 전반 조명을 시설한 40[m²]의 방이 있다. 이 방에 조명기구 1대당 광속 500[lm], 조명률 50[%], 유지율 80[%]인 등기구를 설치하려고 한다. 이 때 조명기구 1대의 소비 전력을 70[W]라면 이 방에서 24시간 연속 점등한 경우 하루의 소비전력량은 몇 [kWh]인가?

• 계산 :   • 답 :

> 계산 : 전등수 $N = \dfrac{EAD}{FU} = \dfrac{500 \times 40 \times \dfrac{1}{0.8}}{500 \times 0.5} = 100[\text{등}]$
> 소비전력량 $W = Pt = 70 \times 100 \times 24 \times 10^{-3} = 168[\text{kWh}]$
> 답 : 168[kWh]

문제 17 1000[lm]을 복사하는 전등 10개를 100[m²]의 사무실에 설치하고 있다. 그 조명률을 0.5라고 하고, 감광보상률을 1.5라 하면 그 사무실의 평균 조도는 몇 [lx]인가?

• 계산 :   • 답 :

> 계산 : $E = \dfrac{FUN}{AD} = \dfrac{1000 \times 0.5 \times 10}{100 \times 1.5} = 33.33[\text{lx}]$
> 답 : 33.33[lx]

문제 18 방의 크기가 가로 12[m], 세로 24[m], 높이 4[m]이며, 6[m]마다 기둥이 있고, 기둥 사이에 보가 있으며, 이중천장으로 실내마감되어 있다. 이 방의 평균조도를 500[lx]가 되도록 매입개방형 형광등 조명을 하고자 할 때 다음 조건을 이용하여 이 방의 조명에 필요한 등수를 구하시오.

[조건]
- 천장반사율 : 75[%]
- 바닥반사율 : 30[%]
- 벽반사율 : 50[%]
- 창반사율 : 50[%]
- 조명률 : 70[%]
- 감광보상률 : 1.6
- 등의 보수상태 : 중간정도
- 안정기손실 : 개당 20[W]
- 등의 광속 : 2200[lm]

답안작성

계산 : $N = \dfrac{EAD}{FU} = \dfrac{500 \times 12 \times 24 \times 1.6}{2200 \times 0.7} = 149.61$ [등]

답 : 150[등]

문제 19 폭 24[m]의 도로 양쪽에 30[m]의 간격으로 지그재그식으로 가로등을 배열하여 도로의 평균조도를 5[lx]로 하고자 한다. 각 가로등의 광속[lm]을 구하시오.
(단, 가로면에서의 광속이용률은 35[%], 감광보상율은 1.3 이다.)

• 계산 :   • 답 :

답안작성

계산 : $F = \dfrac{EAD}{UN} = \dfrac{5 \times \frac{1}{2} \times 24 \times 30 \times 1.3}{0.35 \times 1} = 6685.71$ [lm]

답 : 6685.71 [lm]

문제 20 폭 8[m]의 2차선 도로에 가로등을 도로 한 쪽 배열로 50[m] 간격으로 설치하고자 한다. 도로 면의 평균조도를 5[lx]로 설계할 경우 가로등 1등당 필요한 광속을 구하시오.(단, 감광보상율은 1.5, 조명률은 0.43으로 한다.)

• 계산 :   • 답 :

답안작성

계산 : $F = \dfrac{AED}{UN} = \dfrac{8 \times 50 \times 5 \times 1.5}{0.43 \times 1} = 6976.74$ [lm]

답 : 6976.74[lm]

문제 21 평균조도 600[lx] 전반 조명을 시설한 50[m^2]의 방이 있다. 이 방에 조명기구 1대당 광속 6000[lm], 조명률 80[%], 유지율 62.5[%]인 등기구를 설치하려고 한다. 이때 조명기구 1대의 소비 전력을 80[W]라면 이 방에서 24시간 연속점등한 경우 하루의 소비전력량은 몇 [kW]인가?

• 계산 :   • 답 :

답안작성

계산 : 전등수 $N = \dfrac{EAD}{FU} = \dfrac{600 \times 50 \times \frac{1}{0.625}}{6000 \times 0.8} = 10$ [등]

소비전력량 $W = Pt = 80 \times 10 \times 24 \times 10^{-3} = 19.2$ [kWh]

답 : 19.2[kWh]

문제 22
조명설비에 대한 다음 각 물음에 답하시오.

(1) 배선 도면에 ○H250으로 표현되어 있다. 이것의 의미를 쓰시오.

그림기호	그림기호의 의미
○H250	

(2) 평면이 30×15[m]인 사무실에 32[W], 전광속 3000[lm]인 형광등을 사용하여 평균 조도를 450[lx]로 유지하도록 설계하고자 한다. 이 사무실에 필요한 형광등 수를 산정하시오. (단, 조명률은 0.6이고, 감광보상률은 1.3이다.)
• 계산 :   • 답 :

답안작성
(1) 250[W] 수은등
(2) 계산 : $N = \dfrac{EAD}{FU} = \dfrac{450 \times 30 \times 15 \times 1.3}{3000 \times 0.6} = 146.25$[등]
답 : 147[등]

문제 23
길이 20[m], 폭 10[m], 천장 높이 5[m], 유지율은 80[%], 조명률은 50[%]이다. 작업면의 평균 조도를 120[lx]로 할 때 소요 광속은 얼마인가?
• 계산 :   • 답 :

답안작성
계산 : $F = \dfrac{AED}{UN} = \dfrac{20 \times 10 \times 120 \times \dfrac{1}{0.8}}{0.5 \times 1} = 60000$[lm]
답 : 60000[lm]

문제 24
평면이 12×24[m]인 사무실에 40[W], 전광속 2400[lm]인 형광등을 사용하여 평균 조도를 120[lx]로 유지하도록 설계하고자 한다. 이 사무실에 필요한 형광등 수를 산정하시오. 단, 유지율은 0.8, 조명률은 50[%] 이다.
• 계산 :   • 답 :

답안작성
계산 : $N = \dfrac{AED}{FU} = \dfrac{12 \times 24 \times 120 \times \dfrac{1}{0.8}}{2400 \times 0.5} = 36$[등]
답 : 36[등]

문제 25
간접조명 방식에서 천장 밑의 휘도를 균일하게 하기 위하여 등기구 사이의 간격과 천장과 등기구와의 거리는 얼마로 하는게 적합한가?
(단, 작업면에서 천장까지의 거리는 2.0[m] 이다.)

(1) 등기구 사이의 간격
  • 계산 :   • 답 :
(2) 천장과 등기구 와의 거리
  • 계산 :   • 답 :

답안작성

(1) 계산 : 등간격 $S \leq 1.5H$ 이어야 하므로 $S = 1.5 \times 2 = 3[m]$ 답 : 3[m] 이하

(2) 계산 : 천장과 등기구 와의 거리 $H_1 = S \times \dfrac{1}{5} = 3 \times \dfrac{1}{5} = 0.6[m]$ 답 : 0.6[m]

문제 26 폭 15[m]인 도로의 양쪽에 간격 20[m]를 두고 대칭 배열로 가로등이 점등되어 있다. 한 등의 전광속은 3500[lm], 조명률은 45[%]일 때, 도로의 평균 조도를 계산하시오.
  • 계산 :   • 답 :

답안작성

계산 : 평균 조도 $E = \dfrac{FUN}{AD} = \dfrac{3500 \times 0.45 \times 1}{\dfrac{1}{2} \times 15 \times 20} = 10.5[lx]$

답 : 10.5[lx]

문제 27 눈부심이 있는 경우 작업능률의 저하, 재해발생, 시력의 감퇴 등이 발생하므로 조명 설계의 경우 이 눈부심을 적극 피할 수 있도록 고려해야 한다. 눈부심을 일으키는 원인 5가지만 쓰시오.

답안작성

① 순응이 잘 안될 때
② 눈에 입사하는 광속이 너무 많을 때
③ 눈부심을 주는 광원을 오래 바라볼 때
④ 광원의 휘도가 과대할 때
⑤ 광원과 배경 사이의 휘도 대비가 클 때

문제 28 농형 유도 전동기의 기동법을 쓰시오.
  •   •
  •   •

답안작성

전전압 기동법, Y-△기동법, 리액터 기동법, 기동 보상기법

문제 29
전동기에 개별로 콘덴서를 설치할 경우 발생할 수 있는 자기여자현상의 발생 이유와 현상을 설명하시오.
- 이유
- 현상

답안작성
- 이유 : 콘덴서 전류가 전동기의 무부하 전류보다 큰 경우 발생
- 현상 : 전동기 단자전압이 일시적으로 정격 전압을 초과하는 현상

문제 30
어느 철강 회사에서 천장크레인의 권상용 전동기에 의하여 권상 중량 100[ton]을 권상 속도 3[m/min]로 권상하려고 한다. 권상용 전동기의 소요 출력은 몇 [kW] 정도이어야 하는가? 단, 권상기의 기계효율은 80[%]이다.

답안작성

$$P = \frac{W \cdot V}{6.12\eta} = \frac{100 \times 3}{6.12 \times 0.8} = 61.27[\text{kW}]$$

- V 결선시 용량 $P_V = \sqrt{3}\,P_1$ 에서

  단상변압기 1대의 용량 $P_1 = \frac{P_V}{\sqrt{3}} = \frac{65.05}{\sqrt{3}} = 37.56[\text{kVA}]$

답 : 37.56[kVA]

문제 31
지표면상 15[m] 높이의 수조가 있다. 이 수조에 시간 당 5000[m³] 물을 양수하는데 필요한 펌프용 전동기의 소요 동력은 몇 [kW]인가? (단, 펌프의 효율은 55[%]로 하고, 여유계수는 1.1로 한다.)
- 계산 :
- 답 :

답안작성

계산 : $P = \frac{KQH}{6.12\eta} = \frac{1.1 \times \frac{5000}{60} \times 15}{6.12 \times 0.55} = 408.5[\text{kW}]$

답 : 408.5[kW]

문제 32
권상하중이 2000[kg], 권상속도가 40[m/min]인 권상기용 전동기 용량 [kW]을 구하시오. (단, 여유율은 30[%], 효율은 80[%]로 한다.)
- 계산 :
- 답 :

답안작성

계산 : $P = \frac{KWV}{6.12\eta} = \frac{1.3 \times 2 \times 40}{6.12 \times 0.8} = 21.24[\text{kW}]$

답 : 21.24[kW]

문제 33 동력부하 설비로 많이 사용되는 전동기를 합리적으로 선정하기 위하여 고려 할 사항 4가지를 쓰시오.

답안작성
① 부하의 토크-속도특성에 적합한가
② 용도에 알맞은 기계적 형식의 것인가
③ 운전 형식에 적당한 정격 및 냉각방식인가
④ 사용 장소의 상황에 알맞은 보호방식의 것인가

문제 34 양수량 50[m³/min], 총양정 15[m]의 양수 펌프용 전동기의 소요 출력[kW]은 얼마인지 계산하시오. (단, 펌프의 효율은 70[%]이며, 여유계수는 1.1로 한다.)

답안작성
계산 : $P = \dfrac{KQH}{6.12\eta} = \dfrac{1.1 \times 50 \times 15}{6.12 \times 0.7} = 192.58 [\text{kW}]$
답 : 192.58[kW]

문제 35 어떤 건물옥상의 수조에 분당 1500[l]씩 물을 올리려 한다. 지하수조에서 옥상 수조까지의 양정이 50[m]일 경우 전동기 용량은 몇 [kW] 이상으로 하여야 하는지 계산하시오. (단, 배관의 손실은 양정의 30[%]로 하며, 펌프 및 전동기 종합효율은 80[%], 여유계수는 1.1로 한다.)

• 계산 :   • 답 :

답안작성
계산 : 1000[l] = 1[m³]이므로,
$P = \dfrac{KQH}{6.12\eta} = \dfrac{1.1 \times 1.5 \times 50 \times 1.3}{6.12 \times 0.8} = 21.91 [\text{kW}]$
답 : 21.91[kW]

문제 36 매 분 18[m³]의 물을 높이 15[m]인 탱크에 양수하는데 필요한 전력을 V결선한 변압기로 공급 한다면, 여기에 필요한 단상 변압기 1대의 용량은 몇 [kVA]인가? 단, 펌프와 전동기의 합성 효율은 65[%]이고, 전동기의 전부하 역률은 95[%]이며, 펌프의 축동력은 15[%]의 여유를 본다고 한다.

• 계산 :   • 답 :

답안작성
계산 : • $P = \dfrac{HQK}{6.12\eta} = \dfrac{15 \times 18 \times 1.15}{6.12 \times 0.65} = 78.05 [\text{kW}]$
• [kVA]로 환산하면
부하 용량 $= \dfrac{78.05}{0.95} = 82.16 [\text{kVA}]$

- V 결선 시 용량 $P_v = \sqrt{3}\,P_1$에서

  단상변압기 1대의 용량 $P_1 = \dfrac{P_V}{\sqrt{3}} = \dfrac{82.16}{\sqrt{3}} = 47.44[\text{kVA}]$

답 : 47.44[kVA]

문제 37 3상 농형 유도전동기의 제동방법인 역상제동에 대하여 설명하시오.

> 답안작성

회전중인 전동기의 1차 권선 3단자 중 임의의 2단자의 접속을 바꾸면 역방향의 토크가 발생되어 제동하는 방법으로 이 방법은 급속하게 정지시키고자 하는 경우에 사용된다.

문제 38 어느 공장에서 기중기의 권상하중 50[t], 12[m] 높이를 4[분]에 권상하려고 한다. 이 것에 필요한 권상 전동기의 출력을 구하시오. (단, 권상기구의 효율은 75[%]이다.)
- 계산 :
- 답 :

> 답안작성

계산 : $P = \dfrac{W \cdot V}{6.12\eta} = \dfrac{50 \times 12/4}{6.12 \times 0.75} = 32.68[\text{kW}]$ 답 : 32.68[kW]

문제 39 유효낙차 100[m], 최대사용 수량 10[m³/sec]의 수력발전소에 발전기 1대를 설치하려고 한다. 적당한 발전기의 용량 [kVA]은 얼마인지 계산하시오.
(단, 수차와 발전기의 종합효율 및 부하역률은 각각 85[%]로 한다.)
- 계산 :
- 답 :

> 답안작성

계산 : $P_g = \dfrac{9.8QH\eta_t\eta_g}{\cos\theta} = \dfrac{9.8 \times 10 \times 100 \times 0.85}{0.85} = 9800[\text{kVA}]$

답 : 9800[kVA]

문제 40 농형 유도전동기의 일반적인 속도제어 방법 3가지를 쓰시오.

> 답안작성

극수 변환법, 주파수 변환법, 전원 전압 제어법

문제 41 권선하중이 2.5톤이며, 매분 25[m]의 속도로 끌어 올리는 권상용 전동기의 용량[kW]을 구하시오. (단, 전동기를 포함한 권상기의 효율은 80[%], 여유계수는 L_1 이다.)

> 답안작성

계산 : $P = \dfrac{kWV}{6.12\eta} = \dfrac{1.1 \times 2.5 \times 25}{6.12 \times 0.8} = 14.04[\text{kW}]$ 답 : 14.04[kW]

문제 42 지표면상 15[m] 높이에 수조가 있다. 이 수조에 초당 0.2[m³]의 물을 양수하려고 한다. 여기에 사용되는 펌프용 전동기에 3상 전력을 공급하기 위하여 단상 변압기 2대를 사용하였다. 펌프 효율이 55[%]이면, 변압기 1대의 용량은 몇 [kVA]이며, 이때의 변압기 결선방법을 쓰시오. (단, 펌프용 3상 농형 유도전동기의 역률은 90[%]이며, 여유계수는 1.1 로 한다.)

(1) 변압기 1대의 용량
  • 계산 :   • 답 :
(2) 변압기 결선방법

답안작성

(1) 계산 : • 펌프용 전동기 용량 $P = \dfrac{9.8_q HK}{\eta \cos\theta} = \dfrac{9.8 \times 0.2 \times 15 \times 1.1}{0.55 \times 0.9} = 65.33 [\text{kVA}]$

• 단상 변압기 2대를 V결선 했을 경우의 출력 $P_V = \sqrt{3}\, P_1 [\text{kVA}]$이므로

∴ 변압기 1대의 정격 용량 $P_1 = \dfrac{65.33}{\sqrt{3}} = 37.72 [\text{kVA}]$

답 : 37.72[kVA]
(2) V결선

문제 43 단상 유도 전동기에서 기동기 사용 이유와 종류 4가지를 쓰시오.

답안작성

① 기동기 사용이유 : 단상 유도 전동기는 회전자계가 생기지 않아 자기 기동을 하지 못하므로, 보조권선의 수단에 의해 회전자계를 발생시켜 기동하게 하기 위함이다.
② 종류 : 분상기동형, 반발기동형, 콘덴서기동형, 분상기동형

문제 44 10[kW] 전동기를 사용하여 지상 5[m], 용량 500[m³]의 저수조에 물을 가득 채우려면 시간은 몇 분이 소요되는지 구하시오.
(단, 펌프의 효율은 70[%] 여유계수 $K = 1.2$ 이다.)

답안작성

계산 : $t = \dfrac{KHV}{P \times 6.12 \eta} = \dfrac{1.2 \times 5 \times 500}{10 \times 6.12 \times 0.7} = 70.03 [\text{분}]$
답 : 70.03[분]

해설

$$P = \dfrac{KHQ}{6.12\eta} = \dfrac{KH \dfrac{V}{t}}{6.12\eta}$$

P : 전동기 용량[kW], H : 전 양정[m], Q : 양수량[m³/min]
η : 효율, V : 저수조 용량[m³], t : 시간[min]

문제 45

지표면상 5[m] 높이에 수조가 있다. 이 수조에 초당 $1[m^3]$의 물을 양수하는데 펌프 효율이 70[%]이고, 펌프 축동력에 20[%]의 여유를 줄 경우 펌프용 전동기의 용량 [kW]을 구하시오. (단, 펌프용 3상 농형 유도전동기의 역률을 100[%]로 한다.)

• 계산 : • 답 :

답안작성

계산 : $P = \dfrac{9.8 QHK}{\eta} = \dfrac{9.8 \times 1 \times 5 \times 1.2}{0.7} = 8.4[kW]$

답 : 84[kW]

문제 46

지표면상 10[m]높이에 수조가 있다. 이 수조에 초당 1[m³]의 물을 양수하는데 사용되는 펌프용 전동기에 3상 전력을 공급하기 위하여 단상 변압기 2대를 V결선하였다. 펌프 효율이 70[%]이고, 펌프축 동력에 20[%]의 여유를 두는 경우 다음 각 물음에 답하시오. (단, 펌프용 3상 농형 유도 전동기의 역률을 100[%]로 가정한다.)

(1) 펌프용 전동기의 소요 동력은 몇 [kW]인가?
• 계산 : • 답 :
(2) 변압기 1대의 용량은 몇 [kVA]인가?
• 계산 : • 답 :

답안작성

(1) 펌프용 전동기의 소요 동력
계산 : $P = \dfrac{9.8 HQK}{\eta} = \dfrac{9.8 \times 10 \times 1 \times 1.2}{0.7} = 168[kW]$
답 : 168[kW]

(2) 변압기 1대의 용량
계산 : 단상 변압기 2대를 V결선 했을 경우의 출력
$P_V = \sqrt{3}\, P_1 [kVA]$
유도 전동기의 역률을 100[%]으로 가정하였으므로
$P_V = \sqrt{3}\, P_1 = \dfrac{168[kW]}{1} = 168[kVA]$

∴ 변압기 1대의 정격 용량 : $P_1 = \dfrac{168}{\sqrt{3}} = 96.99[kVA]$

답 : 96.99[kVA]

문제 47 3상 유도 전동기는 농형과 권선형으로 구분되는데 각 형식별 기동법을 다음 빈칸에 쓰시오.

전동기 형식	기동법	기동법의 특징
농 형	①	전동기에 직접 전원을 접속하여 기동하는 방식으로 5[kW] 이하의 소용량에 사용
	②	1차 권선을 Y접속으로 하여 전동기를 기동시 상전압을 감압하여 기동하고 속도가 상승되어 운전속도에 가깝게 도달하였을 때 △ 접속으로 바꿔 큰 기동전류를 흘리지 않고 기동하는 방식으로 보통 5.5~37[kW] 정도의 용량에 사용
	③	기동전압을 떨어뜨려서 기동전류를 제한하는 기동방식으로 고전압 농형 유도 전동기를 기동할 때 사용
권선형	④	유도전동기의 비례추이 특성을 이용하여 기동하는 방법으로 회전자 회로에 슬립링을 통하여 가변저항을 접속하고 그의 저항을 속도의 상승과 더불어 순차적으로 바꾸어서 적게 하면서 기동하는 방법
	⑤	회전자 회로에 고정저항과 리액터를 병렬 접속한 것을 삽입하여 기동하는 방법

답안작성
① 직입기동 ② Y-△ 기동
③ 기동보상기법 ④ 2차 저항 기동법
⑤ 2차 임피던스 기동법

문제 48 단상 유도 전동기에 대한 다음 각 물음에 답하시오.
(1) 기동 방식을 4가지만 쓰시오.
(2) 분상 기동형 단상 유도 전동기의 회전 방향을 바꾸려면 어떻게 하면 되는가?
(3) 단상 유도 전동기의 절연을 E종 절연물로 하였을 경우 허용 최고 온도는 몇 [℃]인가?

답안작성
(1) ① 반발 기동형 ② 세이딩 코일형 ③ 콘덴서 기동형 ④ 분상 기동형
(2) 기동권선의 접속을 반대로 바꾸어 준다.
(3) 120[℃]

문제 49 4극 60[Hz] 볼류트 펌프 전동기를 회전계로 측정한 결과 1710[rpm]이었다. 이 전동기의 슬립은 몇 [%]인지 구하시오.

• 계산 : • 답 :

답안작성

계산 : $N_s = \dfrac{120f}{p} = \dfrac{120 \times 60}{4} = 1800 [\text{rpm}]$

$\therefore s = \dfrac{N_s - N}{N_s} = \dfrac{1800 - 1710}{1800} = 0.05 = 5[\%]$

답 : 5[%]

문제 50 지표상 18[m] 높이의 수조가 있다. 이 수조에 25[m³/min]물을 양수하는데 필요한 펌프용 전동기의 소요 동력은 몇 [kW]인가? (단, 펌프의 효율은 82[%]로 하고, 여유계수는 1.1로 한다.)

• 계산 :   • 답 :

답안작성

계산 : $P = \dfrac{KQH}{6.12\eta} = \dfrac{1.1 \times 25 \times 18}{6.12 \times 0.82} = 98.64 [\text{kW}]$ 답 : 98.64[kW]

| 과년도 출제유형 |

문제 51 지표상 15[m]높이의 수조가 있다. 이 수조에 10[m³/min]물을 양수하는데 필요한 펌프용 전동기의 소요 동력은 몇 [kW]인가? (단, 펌프의 효율은 65[%]로 하고, 15[%]의 여유율을 둔다.)

• 계산 :   • 답 :

답안작성

계산 : $P = \dfrac{KQH}{6.12\eta} = \dfrac{1.15 \times 10 \times 15}{6.12 \times 0.65} = 43.36 [\text{kW}]$ 답 : 43.36[kW]

| 과년도 출제유형 |

문제 52 3상 유도전동기의 기동장치에 대한 설명이다. 다음 빈칸에 들어갈 말을 쓰시오.

(1) 정격출력이 수전용 변압기 용량[kVA]의 (①)을 초과하는 3상유도전동기(2대 이상을 동시에 기동하는 것은 그 합계 출력)는 기동장치를 사용하여 기동전류를 억제하여야 한다. 다만, 기동장치의 설치가 기술적으로 곤란한 경우로 다른 것에 지장을 초래하지 않도록 하는 경우는 적용하지 않는다.

(2) 유도전동기의 기동장치 중 Y-△기동기를 사용하는 경우 기동기와 전동기간의 배선은 해당 전동기 분기회로 배선의 (②)이상의 허용전류를 가지는 전선을 사용하여야 한다.

답안작성

(1) $\dfrac{1}{10}$ (2) 60[%]

마스터 전기기능장 실기

PART 05

송배전 특성

제 5 장 송배전 특성

5.1 송배전 선로의 전기적 특성

1 표준전압·표준주파수 및 허용오차

(1) 표준전압 및 허용오차

표준전압	허용오차
110[V]	110± 6[V] 이내
220[V]	220±13[V] 이내
380[V]	380±38[V] 이내

(2) 표준주파수 및 허용오차

주파수	허용오차
60[Hz]	60±0.2[Hz]

2 전압강하 계산 및 전선의 굵기 선정

(1) 단상 2선식

전압강하는 왕복선로에서 발생하게 된다.

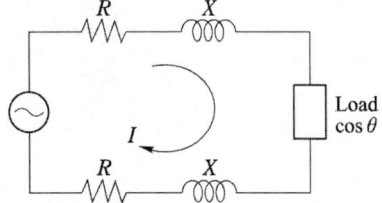

$$e = 2I(R\cos\theta + X\sin\theta)[\text{V}]$$

(2) 단상 3선식, 3상 4선식

부하의 크기 및 역률이 동일한 경우 중성선에는 전류가 흐르지 않으므로 중성선에서의 전압강하는 발생하지 않는다.

$$e = I(R\cos\theta + X\sin\theta)[\text{V}]$$

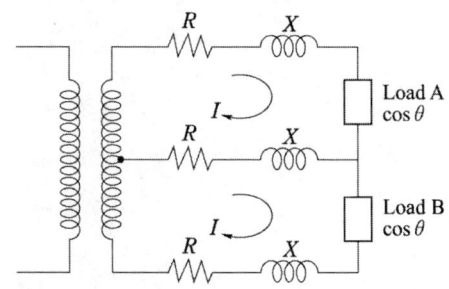

(3) 3상 3선식

$$e = \sqrt{3}I(R\cos\theta + X\sin\theta)$$
$$= \frac{\sqrt{3}\,VI}{V}(R\cos\theta + X\sin\theta)$$
$$= \frac{(R\times\sqrt{3}\,VI\cos\theta + X\times\sqrt{3}\,VI\sin\theta)}{V}$$
$$= \frac{RP + XQ}{V}$$
$$(\because P = \sqrt{3}\,VI\cos\theta,\ Q = \sqrt{3}\,VI\sin\theta)$$
$$= \frac{P}{V}(R + X\frac{Q}{P}) = \frac{P}{V}(R + X\tan\theta)\quad(\because \tan\theta = \frac{Q}{P})$$

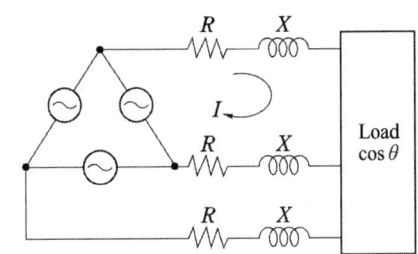

여기서, e : 전압 강하[V] X : 전선 1선의 리액턴스[Ω]
        I : 전류[A] R : 전선 1선의 저항[Ω]
        P : 전력[W] V : 전압[V]

(4) 3상 선로에 부하가 분포된 경우

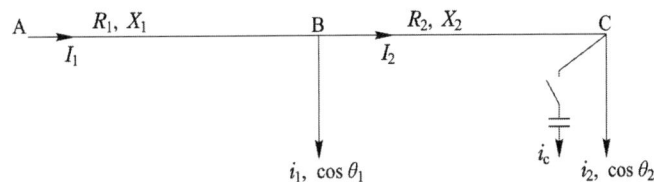

$$\begin{cases} I_1\cos\theta\,(\text{유효분}) = i_1\cos\theta_1 + i_2\cos\theta_2 \\ I_1\sin\theta\,(\text{무효분}) = i_1\sin\theta_1 + i_2\sin\theta_2 - i_c \end{cases}$$

$$\begin{cases} I_2\cos\theta\,(\text{유효분}) = i_2\cos\theta_2 \\ I_2\sin\theta\,(\text{무효분}) = i_2\sin\theta_2 - i_c \end{cases}$$

$$V_B = V_A - \sqrt{3}\,I_1(R_1\cos\theta + X_1\sin\theta)$$
$$= V_A - \sqrt{3}\,(R_1\times I_1\cos\theta + X_1\times I_1\sin\theta)$$
$$V_C = V_B - \sqrt{3}\,I_2(R_2\cos\theta + X_2\sin\theta)$$
$$= V_B - \sqrt{3}\,(R_2\times I_2\cos\theta + X_2\times I_2\sin\theta)$$

(5) 저항 R

$$R = \rho\frac{l}{A}$$

여기서, $\rho = \frac{1}{58}\times\frac{100}{C}$ ρ : 고유저항, C : 도전율(경동선의 도전율 95~97[%])
                           l : 전선의 길이, A : 전선의 단면적

(6) 온도의 변화에 따른 저항값의 변화

$$R_t = R_0\{1 + \alpha_0(t_2 - t_1)\}$$

여기서, R_t : $t[℃]$에서의 저항, R_0 : $0[℃]$에서의 저항

α_0 : $0[℃]$에서의 연동선의 온도계수 ($\alpha_0 = \dfrac{1}{234.5}$), t_1 : $0[℃]$

(7) KS C IEC 전선규격

전선의 공칭 단면적 [mm²]		
1.5	2.5	4
6	10	16
25	35	50
70	95	120
150	185	240
300	400	500
630		

3 전압강하율

전압강하 $e = V_s - V_r = \dfrac{P}{V_r}(R + X\tan\theta)$ 에서

전압 강하율 $\epsilon = \dfrac{V_s - V_r}{V_r} \times 100[\%]$

$\epsilon = \dfrac{e}{V_r} \times 100 = \dfrac{P}{V_r^2}(R + X\tan\theta) \times 100[\%]$

4 전압변동률

$$\delta = \dfrac{V_{rO} - V_r}{V_r} \times 100[\%]$$

여기서, V_{rO} : 무부하시 수전단 전압 [V]
　　　　V_r : 전부하시 수전단 전압 [V]

5 단상 2선식의 환상 배전선로에서의 전압강하

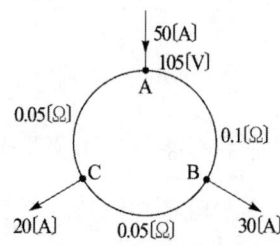

그림과 같은 단상 2선식 환상 배전선로에서 각 인출점에서의 전압 V_B, V_C는 다음과 같다.

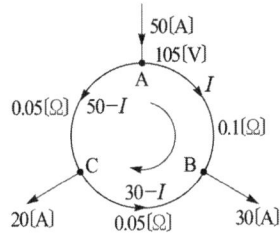

전류 분포를 그림과 같이 가정하면 폐회로에서의 전압강하의 합은 0이 되므로

$$0.1I - (30-I)0.05 - (50-I)0.05 = 0$$
$$0.1I - 1.5 + 0.05I - 2.5 + 0.05I = 0$$
$$\therefore I = 20[A]$$
$$V_B = V_A - IR = 105 - 20 \times 0.1 = 103[V]$$
$$V_C = V_A - (50-I)R = 105 - (50-20) \times 0.05 = 103.5[V]$$

6 전력손실

전력손실 = 전선 가닥수 × 전류의 자승 × 전선 1가닥의 저항

(1) 단상 2선식에서 전체 전력손실

$$P_l = 2I^2R = 2\left(\frac{P}{V\cos\theta}\right)^2 R = \frac{2P^2R}{V^2\cos^2\theta}$$

(2) 3상에서의 전체 전력손실

$$P_l = 3I^2R = 3\left(\frac{P}{\sqrt{3}\,V\cos\theta}\right)^2 R = \frac{P^2R}{V^2\cos^2\theta}$$

7 선로의 충전전류 및 충전용량

(1) 작용정전용량 C_w

① 단상 2선식 $C_w = C_s + 2C_m$
② 3상 3선식 $C_w = C_s + 3C_m$
　　여기서, C_s : 대지 정전 용량
　　　　　　C_m : 선간 정전 용량

(2) 충전전류

$$I_c = 2\pi f C_w \times \frac{V}{\sqrt{3}}[A]\ (3상)$$

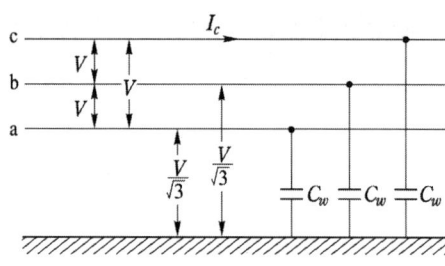

(3) 충전용량

$$Q_c = \sqrt{3}\,VI_c = \sqrt{3}\,V \times 2\pi f C_w \times \frac{V}{\sqrt{3}} = 2\pi f C_w V^2 [\text{VA}]$$

여기서, I_c : 충전 전류[A], Q_c : 충전 용량[VA]
        V : 선간 전압[V], C_w : 작용 정전 용량[F]

예제 1   송전단 전압 3300[V]의 고압 단상 배전선에서 수전단 전압을 3150[V]로 유지하고자 한다. 부하 전력 1000[kW], 역률 0.8, 배전선의 길이 3[km]이며, 선로의 리액턴스를 무시한다면 이에 적당한 경동선의 굵기는 몇 [mm²]인가? 단, 배선의 굵기는 전선의 공칭 단면적으로 표시하시오.

풀이   전압강하 $e = V_s - V_r = 2I(R\cos\theta + X\sin\theta)$ 에서
전압강하 $e = 3300 - 3150 = 150[\text{V}]$
단상에서 전류 $I = \dfrac{P}{V_r \cos\theta} = \dfrac{1000 \times 10^3}{3150 \times 0.8} = 396.83[\text{A}]$
문제에서 선로의 리액턴스 X는 무시한다고 하였으므로 $X = 0$
∴ $150 = 2 \times 396.83 \times R \times 0.8$
    $R = 0.23625[\Omega]$
$R = \rho\dfrac{l}{A}$ 에서
    $A = \rho\dfrac{l}{R} = \dfrac{1}{58} \times \dfrac{100}{C} \times \dfrac{l}{R} = \dfrac{1}{58} \times \dfrac{100}{97} \times \dfrac{3000}{0.23625} = 225.71[\text{mm}^2]$
답 : 240[mm²]

예제 2   수전단 전압이 3300[V]이고, 전압 강하율이 5[%]인 송전선의 송전단 전압은 몇 [V]인가?

풀이   전압 강하율 $\epsilon = \dfrac{V_s - V_r}{V_r} \times 100 = \dfrac{e}{V_r} \times 100[\%]$ 에서
송전단 전압 $V_s = V_r + e = V_r + \dfrac{\epsilon}{100} \cdot V_r$
        $V_s = 3300 + \dfrac{5}{100} \times 3300 = 3465[\text{V}]$

예제 3 송전단 전압 66[kV], 수전단 전압 61[kV]인 송전 선로에서 수전단의 부하를 끊은 경우의 수전단 전압이 63[kV]라 할 때 전압 강하율을 구하시오.

풀이 전압 강하율 $\epsilon = \dfrac{V_s - V_r}{V_r} \times 100 = \dfrac{66-61}{61} \times 100 = 8.2[\%]$

답 : 8.2[%]

예제 4 송전단 전압 66[kV], 수전단 전압 61[kV]인 송전 선로에서 수전단의 부하를 끊은 경우의 수전단 전압이 63[kV]라 할 때 전압 변동률을 구하시오.

풀이 전압 변동률 $\epsilon = \dfrac{V_{r0} - V_r}{V_r} \times 100 = \dfrac{63-61}{61} \times 100 = 3.28[\%]$

답 : 3.28[%]

5.2 지락전류

1 지락전류의 크기

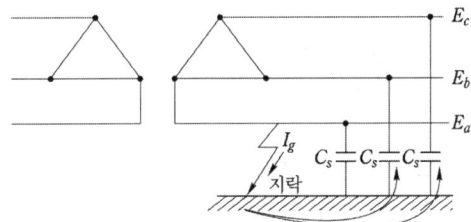

지락전류 $I_g = 3 \times 2\pi f C_s \times \dfrac{V}{\sqrt{3}}$

$$I_g = jwC_s(E_a - E_b) + jwC_s(E_a - E_c)$$

a상을 기준하여 $E_a = E$ 라고 하면

$$E_b = E\left(-\dfrac{1}{2} - j\dfrac{\sqrt{3}}{2}\right)$$

$$E_c = E\left(-\dfrac{1}{2} + j\dfrac{\sqrt{3}}{2}\right)$$

$$\therefore I_g = jwC_s\left[E - E\left(-\dfrac{1}{2} - j\dfrac{\sqrt{3}}{2}\right) + E - E\left(-\dfrac{1}{2} + j\dfrac{\sqrt{3}}{2}\right)\right]$$

$$= j3wC_sE = j3 \times 2\pi f C_s \times \dfrac{V}{\sqrt{3}}$$

즉, 비접지계통에서의 지락전류는 전압보다 $\dfrac{\pi}{2}$ 앞선전류가 흐르게 된다.

5.3 배전 전압 승압의 필요성 및 효과

1 승압의 필요성

(1) 전력 사업자측
  ① 저압 설비의 투자비 절감
  ② 전력 손실 감소
  ③ 전력 판매 원가 절감
  ④ 전압 강하 및 전압변동률을 감소시켜 양질의 전기 공급

(2) 수용가측
  ① 옥내 배선의 증설없이 대용량 기기 사용 가능
  ② 양질의 전기를 풍족하게 사용가능

2 승압의 효과

(1) 공급 능력 증대($P_a \propto V$) [전력손실률이 동일하다 라는 조건이 없음]

공급능력 $P_a = VI$에서 공급능력 P_a는 전압 V에 비례한다.

예를들어, 허용전류 100[A]인 전선에 전압을 높인다고 하여도 전선에 흐를 수 있는 전류가 100[A]를 초과하여 흐를 수 없으므로 공급능력 P_a는 전압에만 비례하게 된다.

(2) 공급 전력 증대(전력 손실률이 동일한 경우 ($P \propto V^2$)

전력손실 $P_l = 3I^2R = 3\left(\dfrac{P}{\sqrt{3}\,V\cos\theta}\right)^2 R = \dfrac{P^2 R}{V^2 \cos\theta^2}$ 이므로

전력 손실률 $h = \dfrac{P_l}{P} = \dfrac{PR}{V^2 \cos^2\theta}$

$$\therefore P = \dfrac{hV^2\cos^2\theta}{R}\,[\text{W}]$$

여기서, P : 공급 전력 P_l : 전력손실 R : 저항
       h : 전력손실률 V : 전압 $\cos\theta$: 부하역률

따라서 전력손실률 h가 일정한 경우 공급전력 P는 전압 V에 자승에 비례한다. 주의할 점은 전력손실 P_l이 일정한 경우가 아니라 전력손실률 h가 일정한 경우이다.

(3) 전력 손실의 감소 $\left(P_l \propto \dfrac{1}{V^2}\right)$

3상의 경우 전력 손실 P_l은

$$P_l = 3I^2R = 3\left(\frac{P}{\sqrt{3}\,V\cos\theta}\right)R = \frac{P^2R}{V^2\cos^2\theta}$$

따라서 전력손실 P_l은 전압 V의 자승에 반비례하게 된다.

(4) 전압 강하율의 감소 $\left(\epsilon \propto \dfrac{1}{V^2}\right)$

전압강하율 $\epsilon = \dfrac{e}{V} = \dfrac{\sqrt{3}\,IZ}{V} = \sqrt{3}\left(\dfrac{\frac{P}{\sqrt{3}\,V\cos\theta}}{V}\right)Z = \dfrac{P}{V^2\cos\theta}Z$

따라서 전압강하율 ϵ은 전압 V의 자승에 반비례한다.

(5) 고압 배전선 연장의 감소

(6) 대용량 전자기기 사용이 용이

예제 5 가정용 100[V] 전압을 220[V]로 승압할 경우 저압간선에 나타나는 효과로서 다음 각 물음에 답하시오.

(1) 공급능력 증대는 몇 배인가?

(2) 전력손실의 감소는 몇 [%]인가?

(3) 전압강하율의 감소는 몇 [%]인가?

풀이 (1) 단상에서 공급능력 $P_a = VI$
  따라서, 전압 V를 높이면 그에 비례하여 공급능력은 증대되므로
  $P_a' : P_a = 2.2V : V$ $\therefore P_a' = 2.2 P_a$

(2) $P_l \propto \dfrac{1}{V^2}$ 이므로
  $P_l' : P_l = \dfrac{1}{(2.2V)^2} : \dfrac{1}{V^2}$ $\therefore P_l' = \dfrac{1}{2.2^2}P_l = 0.2066 P_l$
  따라서 전력손실 감소는 $1 - 0.2066 = 0.7934$
  답 : 79.34[%]

(3) $\epsilon \propto \dfrac{1}{V^2}$ 이므로
  $\epsilon' : \epsilon = \dfrac{1}{(2.2V)^2} : \dfrac{1}{V^2}$ $\therefore \epsilon' = \dfrac{1}{2.2^2}\epsilon = 0.2066\epsilon$
  따라서 전압강하율 감소는 $1 - 0.2066 = 0.7934$
  답 : 79.34[%]

5.4 절연협조

계통 내의 각 기기, 기구 및 애자 등의 상호간에 적정한 절연 강도를 지니게끔 함으로써 계통의 설계를 합리적, 경제적으로 할 수 있게 한 것을 절연협조(insulation coordination)라 한다.

[예]

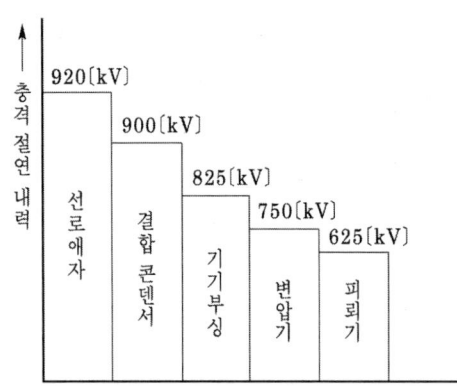

154 [kV] 송전계통 절연협조

예제 6 송전 계통에는 변압기, 차단기, 계기용 변압 변류기, 애자 등 많은 기기와 기구 등이 사용되고 있는데, 이들의 절연 강도는 서로 균형을 이루어야 한다. 만약, 대충 정해져 있다면 그다지 중요하지 않는 개소의 절연을 강화하였기 때문에, 중요한 기기의 절연이 파괴될 수도 있게 된다. 그러므로, 절연 설계에 있어 계통에서 발생하는 이상 전압, 기기 등의 절연 강도, 피뢰 장치로 저감된 전압쪽 보호 레벨(level)의 3자 사이의 관련을 합리적으로 해야 하는데, 이것을 절연 협조(insulation coordination)라 한다. 그림은 이와 같이 하여 정한 절연 협조의 보기를 든 것이다. 각 개소에 해당되는 것을 다음 보기에서 골라 쓰시오.

[보기] 변압기, 피뢰기, 결합 콘덴서, 선로 애자

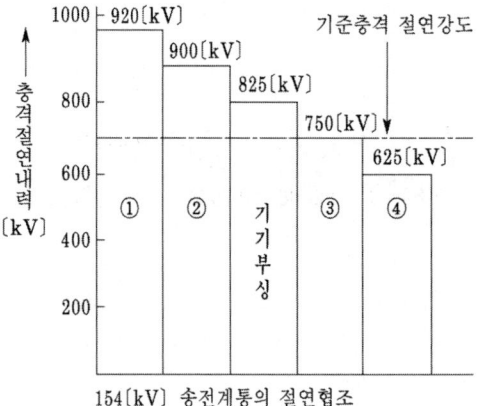

154[kV] 송전계통의 절연협조

풀이 ① 선로 애자　② 결합 콘덴서　③ 변압기　④ 피뢰기

5.5 유도 장해 및 대책

1 유도 장해

전력선이 통신선에 근접해 있을 때 통신선에 전압 및 전류를 유도해서 다음과 같은 장해를 주게 된다.

(1) **정전유도** : 전력선과 통신선과의 상호 정전 용량에 의해 발생

정전유도 전압 : $I_a = jwC_a(E_a - E_s)$
$$I_b = jwC_b(E_b - E_s)$$
$$I_c = jwC_c(E_c - E_s)$$

$I_{cs} = jwC_sE_s$ 이므로

$I_a + I_b + I_c = I_{cs}$ 에 대입하여 정리하면

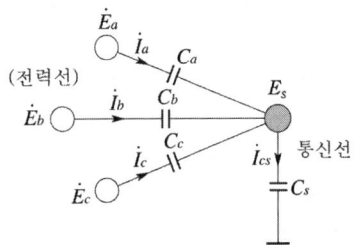

$$|E_s| = \frac{\sqrt{C_a(C_a - C_b) + C_b(C_b - C_c) + C_c(C_c - C_a)}}{C_a + C_b + C_c + C_s} \times \frac{V}{\sqrt{3}}$$

(2) **전자유도** : 전력선과 통신선과의 상호 인덕턴스에 의해 발생

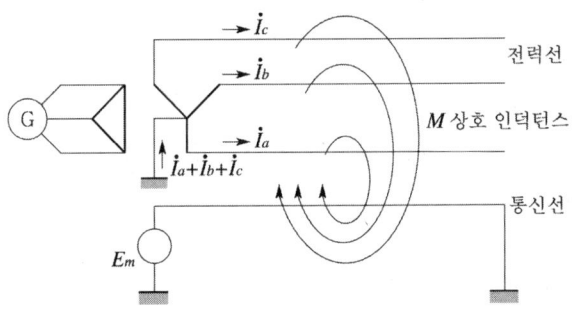

전자유도 전압 $E_m = -jwMl(\dot{I_a} + \dot{I_b} + \dot{I_c})$
$$E_m = -jwMl(3I_o)$$

(3) **고조파 유도** : 고조파의 유도에 의한 잡음 장해

2 유도 장해 대책

(1) **근본 대책** : 전자유도 전압의 감소

$$E_m = -jwMl3I_0$$

여기서, E_m : 전자 유도 전압, M : 상호 인덕턴스, l : 양선의 병행길이

$3I_0 = 3 \times$ 영상 전류 = 지락 전류 = 기유도 전류

① 기 유도전류의 감소 (I_0의 저감)
② 통신선과 전력선간의 상호 인덕턴스 감소 (M의 저감)
③ 선로 병행 길이 감소 (l의 저감)

(2) 전력선측 대책
① 송전선로를 가능한 한 통신선로로부터 멀리 떨어져 건설한다.
② 중성점을 저항 접지할 경우에는 저항값을 가능한한 큰 값으로 한다.
③ 고장회선을 고속도 차단한다.
④ 차폐선을 설치한다.
⑤ 연가를 충분히 한다.

(3) 통신선측 대책
① 통신선 중간에 중계 코일을 설치하여 구간을 분할한다.
② 연피 케이블을 사용한다.
③ 통신선에 성능이 우수한 피뢰기를 설치한다.
④ 배류 코일을 설치한다.
⑤ 전력선과 교차시 수직교차 한다.

3 고조파 전류 발생원인 및 대책

(1) 고조파 전류의 발생원인
① 전기로, 아크로 등
② Converter, Inverter, Chopper 등의 전력 변환 장치
③ 전기용접기 등
④ 송전 선로의 코로나
⑤ 변압기, 전동기 등의 여자 전류
⑥ 전력용 콘덴서 등

(2) 대책
① 전력변환 장치의 Pulse수를 크게 한다.
② 고조파 필터를 사용하여 제거한다.
③ 고조파를 발생하는 기기들을 따로 모아 결선해서 별도의 상위 전원으로부터 전력을 공급하고 여타 기기들로부터 분리시킨다.
④ 전력용 콘덴서에는 직렬 리액터를 설치한다.
⑤ 선로의 코로나 방지를 위하여 복도체, 다도체를 사용한다.
⑥ 변압기 결선에서 △결선을 채용하여 고조파 순환회로를 구성하여 외부에 고조파가 나타나지 않도록 한다.

예제 7 중성점 직접 접지계통에 인접한 통신선의 전자유도장해 경감에 관한 대책을 경제성이 높은 것부터 설명하시오.

풀이 (1) 근본대책
- 전력선, 통신선의 지중화
- 지락전류의 제한(유도장해 방지)

(2) 전력선측 대책(5가지)
- 충분한 연가
- 차폐선 설치
- 이격거리 증대
- 중성점 저항접지일 경우 저항값은 가급적 크게
- 고장회선 고속도 차단

(3) 통신선측 대책(5가지)
- 연피케이블 사용
- 통신선용 피뢰기 설치
- 배류코일 설치
- 중계코일설치하여 구간 분할
- 수직교차

예제 8 전원에 고조파 성분이 포함되어 있는 경우 부하설비의 과열 및 이상현상이 발생하는 경우가 있다. 이러한 고조파 전류가 발생하는 주원인과 그 대책을 각각 3가지씩 쓰시오.
(1) 고조파 전류의 발생원인
(2) 대책

풀이 (1) 고조파 전류의 발생원인
① 변압기, 전동기 등의 여자 전류
② Converter, Inverter, Chopper 등의 전력 변환 장치
③ 전기로, 아크로 등

(2) 대책
① 전력 변환 장치의 pulse 수를 크게 한다.
② 고조파 필터를 사용하여 제거한다.
③ 변압기 결선에서 △결선을 채용하여 고조파 순환회로를 구성하여 외부에 고조파가 나타나지 않도록 한다.

해설 (1) 고조파 전류의 발생원인
① 전기로, 아크로 등
② Converter, Inverter, Chopper 등의 전력 변환 장치
③ 전기용접기 등
④ 송전 선로의 코로나
⑤ 변압기, 전동기 등의 여자 전류
⑥ 전력용 콘덴서 등

(2) 대책
① 전력변환 장치의 Pulse수를 크게 한다.
② 고조파 필터를 사용하여 제거한다.
③ 고조파를 발생하는 기기들을 따로 모아 결선해서 별도의 상위 전원으로부터 전력을 공급하고 여타 기기들로부터 분리시킨다.
④ 전력용 콘덴서에는 직렬 리액터를 설치한다.

⑤ 선로의 코로나 방지를 위하여 복도체, 다도체를 사용한다.
⑥ 변압기 결선에서 △결선을 채용하여 고조파 순환회로를 구성하여 외부에 고조파가 나타나지 않도록 한다.

5.6 코로나

1 코로나 현상
전선로나 애자 부근에 임계 전압 이상의 전압이 가해지면 공기의 절연이 부분적으로 파괴되어 낮은 소리나 엷은 빛을 내면서 방전되는 현상

2 코로나 임계현상

$$E_0 = 24.3 m_0 m_1 \ \delta \ d \ \log_{10} \frac{D}{r} [\text{kv}]$$

m_0 : 전선의 표면 상태에 따라 정해지는 계수 m_1 : 날씨에 관계되는 계수
d : 전선의 지름[cm] δ : 상대 공기 밀도 $\left(\delta = \frac{0.386 b}{273 + t}\right)$
D : 등가 선간 거리[cm] r : 전선의 반지름[cm]
b : 기압[mmHg] t : 온도[℃]

3 코로나 현상에 대한 영향
(1) 코로나 손실 발생 및 송전 효율의 저하
(2) 코로나 잡음
(3) 통신선 유도장해
(4) 소호 리액터의 소호 능력 저하
(5) 전선의 부식 촉진

4 코로나 발생 방지대책
기본대책 : 코로나 임계전압을 상규 전압 이상으로 높여 준다.
(1) 굵은 전선을 사용한다.
(2) 전선의 바깥 지름을 크게 한다. (복도체 방식 채용)
(3) 가선금구를 개량한다.

예제 9 다음은 가공 송전선로의 코로나 임계전압을 나타낸 식이다. 이 식을 보고 다음 각 물음에 답하시오.

$$E_0 = 24.3 m_0 m_1 \delta d \log_{10} \frac{D}{r} \text{ [kV]}$$

(1) 기온 t[℃]에서의 기압을 b[mmHg]라고 할 때 $\delta = \frac{0.386b}{273+t}$로 나타내는데 이 δ는 무엇을 의미하는지 쓰시오.
(2) m_1이 날씨에 의한 계수라면, m_0는 무엇에 의한 계수인지 쓰시오.
(3) 코로나에 의한 장해의 종류 2가지만 쓰시오.

풀이 ① 상대공기밀도
② 전선의 표면의 상태계수
③ 코로나손실, 통신선의 유도장해

예제 10 코로나 발생을 방지하기 위한 주요 대책을 2가지만 쓰시오.

풀이 ① 굵은전선을 사용한다.
② 복도체를 사용한다.

예제 11 전선로 부근이나 애자 부근(애자와 전선의 접속 부근)에 임계 전압 이상이 가해지면 전선로나 애자 부근에 공기의 절연이 부분적으로 파괴되는 현상이 발생하는데 이것을 무슨 현상이라고 하는가? 그리고 이러한 현상이 미치는 영향과 방지대책 3가지를 쓰시오.

풀이 현상 : 코로나 현상
영향 : ① 코로나 손실이 발생하여 송전효율 저하
② 전선이 부식된다
③ 통신선 유도 장해 및 전파 장해, 코로나 잡음
④ 1선 지락시 반송 계전기 선택동작에 방해
방지책 : ① 굵은 전선을 사용한다.
② 복도체를 사용한다.
③ 가선금구를 개량한다.

해설 코로나 임계전압 $E_0 = 24.3 m_0 m_1 \delta d \log_{10} \frac{D}{r}$[kV]

예제 12 송전선로에 코로나가 발생할 경우 나쁜 영향들을 4가지만 설명하고 또한 코로나 발생 방지 대책과 방지 대책에 대한 그 이유를 설명하시오.

풀이 ① 코로나 손실이 발생하여 송전효율 저하
② 전선이 부식된다
③ 통신선 유도 장해 및 전파 장해, 코로나 잡음
④ 소호리액터의 소호 능력을 저하시킨다.
방지책 : 굵은 전선을 사용한다, 복도체 사용
이유 : 전선주위에 전위 경도를 낮추므로써 코로나 임계전압을 상승시켜 코로나 발생을 방지 한다.

예제 13 송전선로의 거리가 길어지면서 송전선로의 전압이 대단히 높아지고 있다. 이에 따라 단도체 대신 복도체 또는 다도체 방식이 채용되고 있는데 복도체 (또는 다도체) 방식을 단도체 방식과 비교할 때 그 장점과 단점을 쓰시오.
(1) 장점(4가지)
(2) 단점(2가지)

풀이 (1) 장점(4가지)
① 송전용량의 증대
② 코로나 손실 감소
③ 선로의 인덕턴스 감소 및 정정용량 증가
④ 안정도 증대
(2) 단점(2가지)
① 페란티 효과에 의한 수전단 전압 상승
② 단락시 대전류등이 흐를 때 소도체 사이에 흡인력 발생

제 5 장 단원별 예상문제

문제 01 3상 4선식 송전선에서 한 선의 저항이 10[Ω], 리액턴스가 20[Ω]이고, 송전단 전압이 6600[V], 수전단 전압이 6100[V] 이었다. 수전단의 부하를 끊은 경우 수전단 전압이 6300[V], 부하 역률이 0.8일 때 다음 각 물음에 답하시오.

(1) 전압 강하율을 구하시오.
 • 계산 :   • 답 :
(2) 전압 변동률을 구하시오.
 • 계산 :   • 답 :
(3) 이 송전선로의 수전 가능한 전력[kW]를 구하시오.
 • 계산 :   • 답 :

답안작성

(1) 계산 : 전압 강하율 $\varepsilon = \dfrac{V_s - V_r}{V_r} \times 100 = \dfrac{66-61}{61} \times 100 = 8.2[\%]$
 답 : 8.2[%]

(2) 계산 : 전압 변동률 $\varepsilon = \dfrac{V_{r0} - V_r}{V_r} \times 100 = \dfrac{63-61}{61} \times 100 = 3.28[\%]$
 답 : 3.28[%]

(3) 계산 : 전압 강하 $e = V_s - V_r = 6000 - 6199 = 500[V]$
$e = \dfrac{P(R + X\tan\theta)}{V_r}$ 에서
$P = \dfrac{eV_r}{R + X\tan\theta} = \dfrac{500 \times 6100}{10 + 20 \times \dfrac{0.6}{0.8}} \times 10^{-3} = 122[kW]$
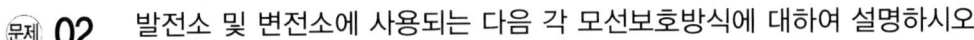
 답 : 122[kW]

문제 02 발전소 및 변전소에 사용되는 다음 각 모선보호방식에 대하여 설명하시오.
 • 전류 차동 계전 방식 :
 • 전압 차동 계전 방식 :
 • 위상 비교 계전 방식 :
 • 방향 비교 계전 방식 :

답안작성

• 전류 차동 방식 : 각 모선에 설치된 CT의 2차 회로를 차동 접속하고 거기에 과전류 계전기를 설치한 것으로서, 모선내 고장에서는 모선에 유입하는 전류의 총계와 유출하는 전류의 총계가 서로 다르다는 것을 이용해서 고장 검출을 하는 방식이다.

- 전압 차동 방식 : 각 모선에 설치된 CT의 2차 희로를 차동 접속하고 거기에 임피던스가 큰 전압계전기를 설치한 것으로서, 모선내 고장에서는 계전기에 큰 전압이 인가되어서 동작하는 방식이다.
- 위상 비교 방식 : 모선에 접속된 각 회선의 전류 위상을 비교함으로써 모선 내 고장인지 외부 고장인지 를 판별하는 방식
- 방향 비교 방식 : 모선에 접속된 각 회선에 전력방향계전기 또는 거리방향 계전기를 설치하여 모선으로 부터 유출하는 고장 전류가 없는데 어느 회선으로부터 모선 방향으로 고장 전류의 유입이 있는지 파악하여 모선 내 고장인지 외부 고장인지를 판별하는 방식

문제 03 3상 4선식에서 역률 100[%]의 부하가 각 상과 중성선 간에 연결되어 있다. a상, b상, c상에 전류가 각각 110[A], 86[A], 95[A] 이다. 중성선에 흐르는 전류의 크기 $|I_N|$을 구하시오.

- 계산 :   • 답 :

답안작성

계산 : $|I_N|$ = $110 + 86(1\underline{/-120°}) + 95(1\underline{/120°})$

$= 110 + 86\left(-\dfrac{1}{2} - j\dfrac{\sqrt{3}}{2}\right) + 95\left(-\dfrac{1}{2} + j\dfrac{\sqrt{3}}{2}\right)$

$= 110 - 43 - j74.48 - 47.5 + j82.27 = 19.5 + j7.79$

$= \sqrt{19.5^2 + 7.79^2} = 21[A]$

답 : 21[A]

문제 04 가공전선로의 이도가 너무 크거나 너무 작을시 전선로에 미치는 영향 4가지만 쓰시오.

답안작성

① 이도의 대소는 지지물의 높이를 좌우한다.
② 이도가 너무 크면 전선은 그만큼 좌우로 크게 진동해서 다른 상의 전선에 접촉하거나 수목에 접촉해서 위험을 준다.
③ 이도가 너무 크면 도로, 철도, 통신선 등의 횡단 장소에서는 이들과 접촉될 위험이 있다.
④ 이도가 너무 작으면 그와 반비례해서 전선의 장력이 증가하여 심할 경우에는 전선이 단선되기도 한다.

문제 05 송전단 전압 66[kV], 수전단 전압 61[kV]인 송전 선로에서 수전단의 부하를 끊은 경우의 수전단 전압이 63[kV]라 할 때 다음 각 물음에 답하시오.

(1) 전압 강하율을 구하시오.
- 계산 :   • 답 :

(2) 전압 변동률을 구하시오.
- 계산 :   • 답 :

(1) 계산 : 전압강하율 $\varepsilon = \dfrac{Vs - Vr}{Vr} \times 100 = \dfrac{66-61}{61} \times 100 = 8.2[\%]$

답 : 8.2[%]

(2) 계산 : 전압변동률 $\varepsilon = \dfrac{V_{ro} - V_r}{V_r} \times 100 = \dfrac{63-61}{61} \times 100 = 3.28[\%]$

답 : 3.28[%]

문제 06 배전 선로에 있어서 전압을 3[kV]에서 6[kV]로 상승시켰을 경우, 승압 전과 승압 후의 장점과 단점을 비교하여 설명하시오. 단, 수치 비교가 가능한 부분은 수치를 적용시켜 비교 설명하시오.

(1) 장점
  ① 전력 손실이 75[%] 경감된다.
  ② 전압 강하율 및 전압 변동률이 75[%] 경감된다.
  ③ 공급 전력이 4배 증대된다.
(2) 단점
  ① 변압기, 차단기 등의 절연 레벨이 높아지므로 기기가 비싸진다.
  ② 전선로, 애자 등의 절연 레벨이 높아지므로 건설비가 많이 든다.

문제 07 주파수 60[Hz], 특성 임피던스 Z_0가 600[Ω], 선로길이 L인 무손실 장거리 송전선로에서 수전단에 부하 Z_0를 접속할 때 인덕턴스[H/km]와 커패스터[F/km]를 각각 구하시오

계산 : 특성임피던스 $Z_0 = 138\log\dfrac{D}{r} = 600$, $\log\dfrac{D}{r} = \dfrac{600}{138}$

인덕턴스 $L = 0.4605\log\dfrac{D}{r} = 0.4605 \times \dfrac{600}{138} = 2[\text{mH/km}] = 2\times 10^{-3}[\text{H/km}]$

(내부 쇄교자속수 0.05는 무시)

정전용량 $C = \dfrac{0.02413}{\log\dfrac{D}{r}} = \dfrac{0.02413}{\dfrac{600}{138}} = 5.55\times 10^{-3}[\mu\text{F/km}] = 5.55\times 10^{-9}[\text{F/km}]$

답 : $L = 2\times 10^{-3}[\text{H/km}]$, $C = 5.55\times 10^{-9}[\text{F/km}]$

문제 08 장거리 송전선로에 주파수 60[Hz]의 전파의 파장[m]를 구하시오.
(단, 전파속도는 3×10^5[km/s] 이다.)

파장 $\lambda = \dfrac{v}{f} = \dfrac{3\times 10^5}{60} = 5\times 10^3[\text{m}]$ 답 : $5\times 10^3[\text{m}]$

문제 09

단자전압 3000[V]인 선로에 전압비가 3300/220[V]인 승압기를 접속하여 60[kW], 역률 0.85의 부하에 공급할 때 몇 [kVA]의 승압기를 사용하여야 하는가?
• 계산 :   • 답 :

답안작성

계산 : 2차 전압 $V_2 = V_1\left(1 + \dfrac{1}{a}\right) = 3000\left(1 + \dfrac{220}{3300}\right) = 3200[V]$

부하전류 $I_2 = \dfrac{P}{V_2 \cos\theta} = \dfrac{60 \times 10^3}{3200 \times 0.85} = 22.06[A]$

승압기 용량 $P_a = eI_2 = 220 \times 22.06 \times 10^{-3} = 4.85[kVA]$

답 : 5[kVA] 승압기 선정

문제 10

중심점 직접 접지 계통에 인접한 통신성의 전자 유도 장해 경감에 관한 대책을 경제성이 높은 것부터 설명하시오.
(1) 근본 대책
(2) 전력선측 대책(5가지)
(3) 통신선측 대책(5가지)

답안작성

(1) 근본 대책 : 전자 유도 전압의 억제
(2) 전력선측 대책(5가지)
　① 송전선로를 될 수 있는 대로 통신 선로로부터 멀리 떨어져 건설한다.
　② 중심점을 접지할 경우 저항값을 가능한 큰 값으로 한다.
　③ 고속도 지락 보호 계전 방식을 채용한다.
　④ 차폐선을 설치한다.
　⑤ 지중전선로 방식을 채용한다.
(3) 통신선측 대책(5가지)
　① 절연 변압기를 설치하여 구간을 분리한다.
　② 연피케이블을 사용한다.
　③ 통신선에 우수한 피뢰기를 사용한다.
　④ 배류 코일을 설치한다.
　⑤ 전력선과 교차시 수직교차한다.

문제 11

송전 계통의 중성점 접지방식에서 어떻게 접지하는 것을 유효접지(effective grounding)라 하는 지를 설명하고, 유효접지의 가장 대표적인 접지 방식 한 가지만 쓰시오.
• 설명
• 접지방식

답안작성

- 설명 : 1선지락 사고시 건전상의 전압상승이 상규 대지전압의 1.3배를 넘지 않도록 접지 임피던스를 조절해서 접지하는 것.
- 접지방식 : 직접접지방식

문제 12 그림과 같이 3상 4선식 배전선로에 역률 100[%]인 부하 $a-n$, $b-n$, $c-n$이 각 상과 중성선간에 연결되어 있다. a, b, c상에 흐르는 전류가 200[A], 172[A], 190[A]일 때 중성선에 흐르는 전류를 계산하시오.

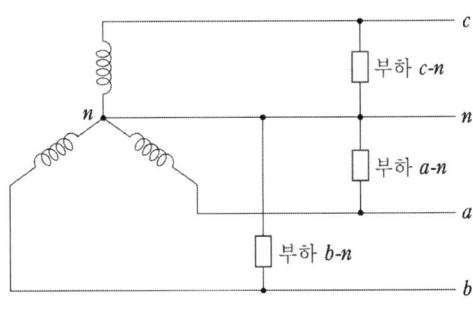

- 계산 :   • 답 :

답안작성

계산 : $I_n = I_a + I_b + I_c = 220 + 172\left(-\dfrac{1}{2} - j\dfrac{\sqrt{3}}{2}\right) + 190\left(-\dfrac{1}{2} - j\dfrac{\sqrt{3}}{2}\right)$
$= 220 - 86 - j148.96 - 95 + j164.54 = 39 + j15.58 = \sqrt{39^2 + 15.58^2} = 42[\text{A}]$

답 : 42[A]

문제 13 그림과 같은 배전선로가 있다. 이 선로의 전력손실은 몇 [kW]인지 계산하시오.

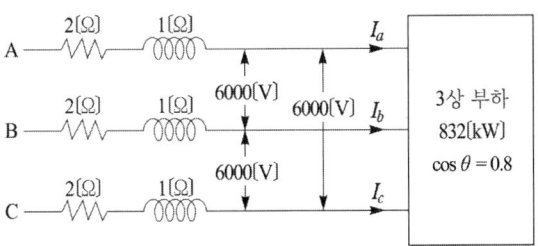

- 계산 :   • 답 :

답안작성

계산 : $P_l = 3I^2R = 3 \times \left(\dfrac{832 \times 10^3}{\sqrt{3} \times 6000 \times 0.8}\right)^2 \times 2 \times 10^{-3} = 60.09[\text{kW}]$

답 : 60.09[kW]

문제 14 전력계통의 발전기, 변압기 등의 증설이나 송전선의 신·증설로 인하여 단락·지락전류가 증가하여 송변전 기기에의 손상이 증대되고, 부근에 있는 통신선의 유도장해가 증가하는 등의 문제점이 예상되므로, 단락용량의 경감대책을 세워야 한다. 이 대책을 3가지만 쓰시오.

답안작성
① 고 임피던스 기기를 채택한다.
② 모선계통을 분리 운용한다.
③ 한류 리액터를 설치한다.

문제 15 공급전압을 220[V]에서 380[V]로 승압할 경우 저압간선에 나타나는 효과로서 다음 각 물음에 답하시오.
(1) 공급능력 증대는 몇 배인가?
  • 계산 :   • 답 :
(2) 전력손실의 감소는 몇 [%]인가?
  • 계산 :   • 답 :
(3) 전압강하율의 감소는 몇 [%]인가?
  • 계산 :   • 답 :

답안작성
(1) 계산 : $P \propto V$ 이므로 $P' = \dfrac{380}{220} \times P = 1.73P$
  답 : 1.73배
(2) 계산 : $P_L \propto \dfrac{1}{V^2}$ 이므로 $P_L' = \left(\dfrac{220}{380}\right)^2 P_L = 0.3352 P_L$
  ∴ 감소는 $1 - 0.3352 = 0.6648$
  답 : 66.48[%]
(3) 계산 : $\epsilon \propto \dfrac{1}{V^2}$ 이므로 $\epsilon' \propto \left(\dfrac{220}{380}\right)^2 \epsilon = 0.3352\epsilon$
  ∴ 감소는 $1 - 0.3352 = 0.6648$
  답 : 66.48[%]

문제 16 가정용 100[V] 전압을 200[V]로 승압할 경우 손실전력의 감소는 몇 [%]가 되는가?
  • 계산 :   • 답 :

답안작성
계산 : $P_L \propto \dfrac{1}{V^2}$ 이므로 $P_L' = \left(\dfrac{100}{200}\right)^2 P_L = 0.25 P_L$
  ∴ 감소는 $1 - 0.25 = 0.75$
답 : 75[%]

문제 17 송전선로의 거리가 길어지면서 송전선로의 전압이 대단히 커지고 있다. 이에 따라 단도체 대신 복도체 또는 다도체 방식이 채용되고 있는 데 복도체(또는 다도체) 방식을 단도체 방식과 비교할 때 그 장점과 단점을 쓰시오.
(1) 장점(4가지)
(2) 단점(2가지)

답안작성

장점 : ① 선로의 인덕턴스 감소
② 선로의 장전용량 증가(송전용량 증대)
③ 코로나 임계전압 상승(코로나 손실 감소)
④ 안정도 증대
단점 : ① 페란티 효과에 의한 수전단 전압 상승
② 단락사고 시 각 소도체에 같은 방향의 대전류가 흘러 소도체 사이에 흡인력 발생

문제 18 3상 3선식 배전 선로에 역률 0.8, 출력 180[kW]인 3상 평형 유도 부하가 접속되어 있다. 부하단의 수전 전압이 6000[V], 배전선 1조의 저항이 6[Ω], 리액턴스가 4[Ω]라고 하면 송전단 전압은 몇 [V]인가?

• 계산 :   • 답 :

답안작성

계산 : $P = \sqrt{3}\,VI\cos\theta$ 에서

$$I = \frac{P}{\sqrt{3}\times 3000 \times 0.8} = \frac{180\times 10^3}{\sqrt{3}\times 6000 \times 0.8} = 21.65[\text{A}]$$

송전단 전압 $V_s = V_r + \sqrt{3}\,I(R\cos\theta + X\sin\theta)$
$= 6000 + \sqrt{3}\times 21.65 \times (6\times 0.8 + 4\times 0.6) = 6269.99[\text{V}]$

답 : 6269.99[V]

문제 19 다음 물음에 답하시오.
(1) 그림과 같은 송전 철탑에서 등가 선간 거리[m]는?

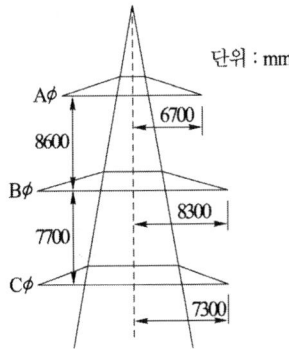

• 계산 :   • 답 :

(2) 간격 400[mm]인 정4각형 배치의 4도체에서 소선 상호간의 기하학적 평균 거리 [m]는?

답안작성

(1) 계산 : $D_{AB} = \sqrt{8.6^2 + (8.3-6.7)^2} = 8.76[\text{m}]$

$D_{BC} = \sqrt{7.7^2 + (8.3-7.3)^2} = 7.76[\text{m}]$

$D_{CA} = \sqrt{(8.6+7.7)^2 + (7.3-6.7)^2} = 16.31[\text{m}]$

등가선간 거리 $D_e = \sqrt[3]{D_{AB} \cdot D_{BC} \cdot D_{CA}} = \sqrt[3]{8.76 \times 7.76 \times 16.31} = 10.35[\text{m}]$

답 : 10.35[m]

(2) 계산 : $D = \sqrt[6]{2}\,S = \sqrt[6]{2} \times 0.4 = 0.45[\text{m}]$

답 : 0.45[m]

문제 20

수전단 상전압 22,000[V], 전류 400[A], 선로의 저항 $R = 3[\Omega]$, 리액턴스 $X = 5[\Omega]$일 때, 전압 강하율은 몇 [%]인가? (단, 수전단 역률은 0.8이라 한다.)

• 계산 :   • 답 :

답안작성

계산 : 전압 강하율 $e = \dfrac{E_s - E_r}{E_r} \times 100 = \dfrac{400 \times (3 \times 0.8 + 5 \times 0.6)}{22000} \times 100 = 9.82[\%]$

답 : 9.82[%]

문제 21

3상 3선식 배전선로의 1선당 저항이 7.78[Ω], 리액턴스가 11.63[Ω]이고 수전단 전압이 60[kV], 부하전류가 200[A], 역률 0.8(지상)의 3상 평형 부하가 접속되어 있을 경우에

(1) 송전단 전압을 구하시오.

 • 계산 :   • 답 :

(2) 전압 강하율을 구하시오.

 • 계산 :   • 답 :

답안작성

(1) 계산 : $V_s = V_r + \sqrt{3}\,I(R\cos\theta + X\sin\theta)$

$= 60000 + \sqrt{3} \times 200 \times (7.78 \times 0.8 + 11.63 \times 0.6)$

$= 64573.31[\text{V}]$

답 : 64573.31[V]

(2) 계산 : $\epsilon = \dfrac{V_s - V_r}{V_r} \times 100 = \dfrac{64573.31 - 60000}{60000} \times 100 = 7.62[\%]$

답 : 7.62[%]

문제 22 스폿네트워크(Spot Network) 수전방식에 대하여 설명하고 특징을 4가지만 쓰시오.
(1) Spot Network 방식이란?
(2) 특징

> **답안작성**
>
> (1) Spot Network 방식
>   배전용 변전소로부터 2회선 이상의 배전선으로 수전하는 방식으로 배전선 1회선에 사고가 발생한 경우 일지라도 다른 건전한 회선으로부터 자동적으로 수전 할 수 있는 무정전 방식으로 신뢰도가 매우 높은 방식이다.
> (2) 특징
>   ① 무정전 전력공급이 가능하다.
>   ② 공급신뢰도가 높다.
>   ③ 전압 변동률이 낮다.
>   ④ 부하증가에 대한 적응성이 좋다.

문제 23 THD(Total harmonics distortion)의 정의와 계산식을 쓰시오. (단, 배전선의 기본파 전압 실효값은 V_1[V], 고조파 전압의 실효값은 V_3[V], V_5[V], V_n[V] 이다.)

> **답안작성**
>
> 정의 : 기본파 주파수 성분의 실효값에 대한 모든 고조파 성분에 대한 실효값 총합의 비율
>
> 계산식 : $V_{THD} = \dfrac{\sqrt{V_3^2 + V_5^2 + V_n^2}}{V_1} \times 100[\%]$

문제 24 정삼각형 배열의 3상 가공선로에서 전선의 굵기, 선간거리, 표고, 기온에 의한 코로나 파괴 임계전압이 받는 영향을 쓰시오.

> **답안작성**
>
> | 구 분 | 임계전압이 받는 영향 |
> |---|---|
> | 전선의 굵기 | 전선이 굵을수록 임계전압이 상승한다. |
> | 선간거리 | 선간거리가 클수록 임계전압이 상승한다. |
> | 표고[m] | 표고가 높으면 기압이 낮아져, 임계 전압은 낮아진다. |
> | 기온[℃] | 기온이 높을수록 임계전압은 낮아진다. |

문제 25 전압 22900[V], 주파수 60[Hz], 1회선의 3상 지중 송전선로의 3상 무부하 충전전류 및 충전용량을 구하시오. (단, 송전선의 선로길이는 7[km], 케이블 1선당 작용 정전용량은 0.4[μF/km] 라고 한다.)
(1) 충전전류
 • 계산 :   • 답 :

(2) 충전용량
  • 계산 :   • 답 :

답안작성

(1) 계산 : $I_c = 2\pi fC \times \dfrac{V}{\sqrt{3}} = 2\pi \times 60 \times 0.4 \times 10^{-6} \times 7 \times \dfrac{22900}{\sqrt{3}} = 13.96[\text{A}]$

답 : 13.96[A]

(2) 계산 : $Q_c = 2\pi fCV^2 \times 10^{-3} = 2\pi \times 60 \times 0.4 \times 10^{-6} \times 7 \times 22900^2 \times 10^{-3} = 553.55[\text{kVA}]$

답 : 553.55[kVA]

문제 26

초고압 송전전압이 345[kV], 선로거리가 200[km]인 경우 1회선 당 가능 송전전력 [kW]을 still 식을 이용하여 구하시오.
  • 계산 :   • 답 :

답안작성

계산 : $V_s = 5.5\sqrt{0.6l + \dfrac{P}{100}}$ 이므로

송전전력 $P = \left[\left(\dfrac{V_s}{5.5}\right)^2 - 0.6l\right] \times 100 = \left[\left(\dfrac{345}{5.5}\right)^2 - 0.6 \times 200\right] \times 100 = 38147.07[\text{kW}]$

답 : 381471.07[kW]

문제 27

3경간 200[m]인 가공 송전선로가 있다. 전선 1[m]당 무게는 2.0[kg]이고 풍압하중은 없다고 한다. 인장강도 4000[kg]의 전선을 사용할 때 이도(dip)와 전선의 실제 길이를 구하시오. (단, 전선의 안전율은 2.2로 한다.)

(1) 이도 (dip)
  • 계산 :   • 답 :

(2) 전선의 실제 길이
  • 계산 :   • 답 :

답안작성

(1) 계산 : 이도 $D = \dfrac{WS^2}{8T} = \dfrac{2 \times 200^2}{8 \times \dfrac{4000}{2.2}} = 5.5[\text{m}]$

답 : 5.5[m]

(2) 계산 : 전선의 실제 길이 $L = S + \dfrac{8D^2}{3S} = 200 + \dfrac{8 \times 5.5^2}{3 \times 200} = 200.40[\text{m}]$

답 : 200.40[m]

문제 28 그림과 같은 저압 배선방식의 명칭과 특징을 4가지만 쓰시오.

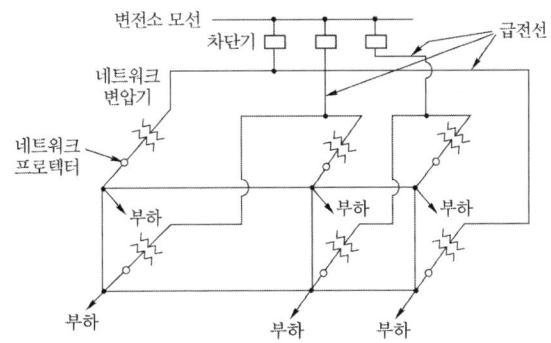

(1) 명칭
(2) 특징 (4가지)

답안작성

(1) 저압 네트워크 방식
(2) ① 무정전 공급이 가능해서 공급 신뢰도가 높다.
　　② 플리커, 전압 변동률이 적다.
　　③ 전력 손실이 감소된다.
　　④ 기기의 이용률이 향상된다.

| 과년도 출제유형 |

문제 29 고조파 장해 방지대책을 5가지 쓰시오.

답안작성

① 전력변환 장치의 Pulse수를 크게 한다.
② 고조파 필터를 사용하여 제거한다.
③ 고조파를 발생하는 기기들을 따로 모아 결선해서 별도의 상위 전원으로부터 전력을 공급하고 여타 기기들로부터 분리시킨다.
④ 전력용 콘덴서에는 직렬 리액터를 설치한다.
⑤ 선로의 코로나 방지를 위하여 복도체, 다도체를 사용한다.
⑥ 변압기 결선에서 △결선을 채용하여 고조파 순환회로를 구성하여 외부에 고조파가 나타나지 않도록 한다.
⑦ PWM제어방식 채택

| 과년도 출제유형 |

문제 30 3상 4선식 선로의 선로전류가 39[A]이고, 제 3고조파 성분이 40[%]일 경우 중성선 전류 및 전선의 굵기를 선택하시오.

전선 굵기 [mm²]	전류[A]
6	41
10	57
16	76

답안작성

계산 : 각 상의 제 3고조파 성분의 전류크기 $I_{A3} = I_{B3} = I_{C3} = 39 \times 0.4 = 15.6[A]$
　　　　중성선에 흐르는 제 3고조파 전류 $I_N = 15.6 \times 3 = 46.8[A]$
답 : 46.8[A], 10[mm²]

해설

중성선에 흐르는 전류는 기본파 전류와 제 3고조파 전류의 합이므로
기본파 전류 합
　$I_{N1} = I_{A1} + I_{B1} + I_{C1} = I_1\sin\omega t + I_1\sin(\omega t - 120°) + I_1\sin(\omega t - 240°) = 0[A]$
제 3고조파 전류 합
　$I_{N3} = I_{A3} + I_{B3} + I_{C3} = I_3\sin 3\omega t + I_3\sin 3(\omega t - 120°) + I_3\sin 3(\omega t - 240°) = 3I_3\sin 3\omega t[A]$

| 과년도 출제유형 |

문제 31

3상3선식 선로에서 전압 380[V], 부하전류 250[A], 부하 역률이 0.8인 부하가 있다. 선로의 길이가 200[m]인 CV케이블의 20[℃] 대한 직류도체 저항이 0.193[Ω/km], 20[℃]를 기준으로 한 저항의 온도계수가 1.2751이고 표피효과계수 1.005, 근접효과계수 1.004 일 때 부하 측 전압강하를 구하시오.(단, 리액턴스는 무시한다.)

답안작성

계산 : $r = 0.193 \times 0.2 \times 1.2751 \times (1 + 1.005 + 1.004) = 0.1481[\Omega]$
　　　전압강하 $e = \sqrt{3} \times 250 \times 0.1481 \times 0.8 = 51.3033[V]$
답 : 51.3[V]

해설

교류도체의 저항 $r = r_0 \times k_1 \times k_2$
여기서 r_0 : 20[℃]에서의 직류 최대도체저항
　　　　k_1 : 도체저항의 온도계수
　　　　k_2 : 교류-직류도체의 저항 비(1 + 표피효과계수 + 근접효과계수)

마스터 전기기능장 실기

PART 06

수변전 설비

제 6 장 수변전 설비

6.1 수변전 설비에 대한 계획

1 수변전설비의 기본설계에 있어서 검토해야 할 주요사항
(1) 건물의 용도 (부하의 종류) (2) 부하조사
(3) 수변전설비 용량과 계약전력 (4) 수전전압과 수전방식
(5) 단선결선도 작성 (6) 비상용 발전설비의 용량과 절환방식
(7) 배전 전압과 주회로의 결선방식 (8) 보호협조와 보호방식
(9) 수변전설비의 형식과 기기의 시방, 정격 (10) 감시제어방식
(11) 전기인입과 인입방식 (12) 전기실의 위치와 크기 및 배치

2 변전실의 위치 선정시 고려하여야 할 사항
(1) 부하 중심에 가까울 것(전압강하, 전력손실, 배선비 절감)
(2) 인입선의 인입이 쉽고 보수유지 및 점검이 용이한 곳
(3) 간선처리 및 증설이 용이한 곳
(4) 기기 반출입에 지장이 없을 것
(5) 침수, 기타 재해발생의 우려가 적은 곳
(6) 화재, 폭발 위험성이 적을 것
(7) 습기, 먼지가 적은 곳
(8) 열해, 유독가스의 발생이 적을 것
(9) 발전기, 축전지 실이 가급적 인접한 곳
(10) 장래 부하 증설에 대비한 면적 확보가 용이한 곳

3 발전기 실의 위치 선정시 고려하여야 할 사항
(1) 엔진기초는 건물기초와 관계없는 장소로 할 것
(2) 발전기의 보수 점검 등이 용이하도록 충분한 면적 및 층고를 확보할 것
   ① 발전기 실의 높이는 발전기 높이의 약 2배 정도를 확보하여야 한다.
   ② 발전기실의 면적
     • 기준 : $S \geq 1.7\sqrt{P}$ • 추천 : $S \geq 3\sqrt{P}$
   여기서, S : 발전기실의 필요면적[m^2], P : 발전기의 출력[Ps]
(3) 급·배기가 잘되는 장소일 것
(4) 엔진 및 배기관의 소음, 진동이 주위에 영향을 미치지 않는 장소일 것

4 변압기, 배전반 등 수전설비 주요부분이 유지하여야 할 거리의 기준

[주] 보수점검에 필요한 공간 및 방화상 유효한 공간을 유지하기 위함임.

수전설비의 배전반 등의 최소유지거리

위치별 기기별	앞면 또는 조작·계측면	뒷면 또는 점검면	열상호간 (점검하는 면) [주]	기타의 면
특고압 배전반	1.7	0.8	1.4	–
고압 배전반	1.5	0.6	1.2	–
저압 배전반	1.5	0.6	1.2	–
변압기 등	0.6	0.6	1.2	0.3

[비고1] 앞면 또는 조작계측면은 배전반 앞에서 계측기를 판독할 수 있거나 필요조작을 할 수 있는 최소거리임.
[비고2] 뒷면 또는 점검 면은 사람이 통행할 수 있는 최소거리임. 무리없이 편안히 통행하기 위하여 0.9[m] 이상으로 함이 좋다.
[비고3] 열상호간(점검하는 면)은 기기류를 2열 이상 설치하는 경우를 말하며 배전반류의 내부에 기기가 설치되는 경우는 이의 인출을 대비하여 내장기기의 최대 폭에 적절한 안전거리(통상 0.3[m] 이상)를 가산한 거리를 확보하는 것이 좋다.
[비고4] 기타 면은 변압기 등을 벽 등에 연하여 설치하는 경우 최소 확보거리이다. 이 경우도 사람의 통행이 필요할 경우는 0.6[m] 이상으로 함이 바람직하다.

5 고압 또는 특고압 수전설비가 큐비클인 경우에 금속함 주위와 이격거리 또는 다른 조영물이나 다른 시설물과의 이격거리

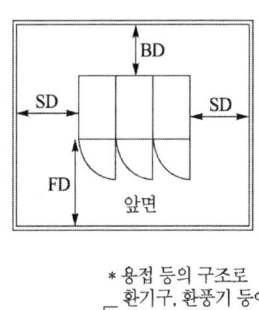
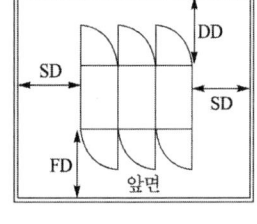
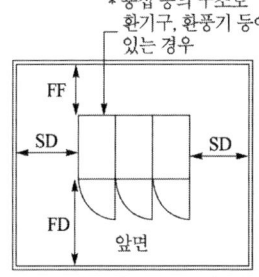
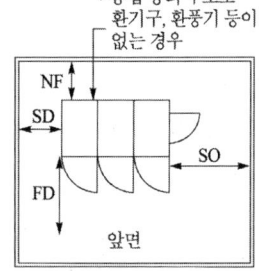

* 용접 등의 구조는 큐비클의 마감 면을 용접하였거나 나사 등으로 견고히 고정시켜 쉽게 떼어낼 수 없게 만들어진 구조의 것을 말한다.

큐비클의 이격거리 등

[주1] FD는 저, 고압용의 경우 1.5[m] 이상, 특고압용의 경우 1.7[m] 이상으로 함이 바람직하다.
[주2] SD는 큐비클의 마감 면을 떼어낼 수 없는 경우의 벽마감 면과 큐비클의 마감 면 사이의 거리로 최소 0.6[m] 이상이어야 하며 0.8[m] 이상으로 하는 것이 통행에 편리하다.
[주3] BD는 큐비클의 뒷마감 면이 나사 등으로 고정되어 있어 필요 시는 나사 등을 열고 작업을 하여야 하는 경우로 큐비클 마감 면부터 벽마감 면까지 최소 0.6[m] 이상이어야 하며 보수작업이나 통행을 위하여 0.8[m] 이상으로 하는 것이 바람직하다.
[주4] DD는 큐비클 뒷면에 개폐문이 있는 경우에 큐비클중 문의 폭이 제일 큰 것의 문 폭에 최소 0.3[m] 이상(문을 열어놓은 상태에서 통행을 쉽게 하기 위해서는 0.6[m] 이상)을 가산한 값 이상으로 하여야 하며 어떠한 경우라도 1.2[m] 이상으로 하여야 한다.
[주5] FF는 큐비클 뒷마감 면이 용접되어 있거나 나사 등으로 견고히 고정되어 있어 열어볼 확률이 거의 없거나 뒷면에 환풍기 등이나 환기구가 설치되어 있는 경우로 소방상 필요한 최소 공간 또는 점검상 최소공간의 확보측면에서 저고압큐비클은 최소 0.3[m]이상, 특고압 큐비클은 0.6[m] 이상 확보하는 것이 바람직하다.
[주6] SO는 큐비클의 옆면에 문이 있는 경우로 DD의 경우와 같다. 다만, 문에 계측기 등이 설치되는 경우는 FD에 준한다.
[주7] NF는 큐비클 뒷마감 면이 FF의 경우와 같고 뒷면의 환풍기나 환기구가 없는 경우로(완전밀폐구조) 이격거리에 제한을 받지는 않으나 건물의 벽체가 인화물인 경우는 소방상 필요에 의해 큐비클 뒷면의 도장을 위해 0.3[m] 이상 확보하는 것이 바람직하다.

6.2 부하 관계 용어 및 변압기 용량 산정

1 변압기 용량 P [kVA]

변압기 용량[kVA] ≥ 합성 최대 수용 전력

$$= \frac{개별\ 부하의\ 최대\ 수용전력의\ 합계}{부등률}$$

$$= \frac{설비용량[kVA] \times 수용률}{부등률}$$

변압기 용량[kVA] $= \frac{설비용량[kVA] \times 수용률}{부등률} = \frac{설비용량[kW] \times 수용률}{부등률 \times 역률}$

2 부하 관계 용어

(1) 수용률(Demand Factor)

수용 설비가 동시에 사용되는 정도를 나타내며 주상 변압기 등의 적정공급 설비 용량을 파악하기 위하여 사용한다.

$$수용률 = \frac{최대\ 수용\ 전력[kW]}{총\ 부하\ 설비용량[kW]} \times 100[\%]$$

(2) 부등률(Diversity Factor)

각 수용가에서의 최대 수용 전력의 발생 시각은 시간적으로 차이가 있으며 이 경우에 배전 변압기 또는 간선에서의 합병 최대 수용 전력은 각 수용가에서의 최대 수용 전력의 합보다 적게 되는데 이 비를 부등률이라 하며 이 값은 항상 1보다 크고 수용률과 더불어 배전 변압기 또는 배전 간선 등의 공급 설비 계획 자료로 사용된다.

$$부등률 = \frac{수용설비\ 각각의\ 최대수용전력의\ 합[kW]}{합성\ 최대\ 수용\ 전력[kW]}$$

① 수전 설비 용량 산정에 사용
② 부등률은 항상 1보다 크다.
③ 부등률이 클수록 설비의 이용률이 크므로 유리

즉, 변압기 용량[kVA] ≥ 합성 최대 수용 전력 = $\dfrac{설비용량[kVA] \times 수용률}{부등률}$

이므로 부등률이 클수록 적은 변압기 용량으로 큰 부하를 담당할 수 있다.

(3) 부하율

공급 설비가 어느 정도 유효하게 사용되는가를 나타내며 부하율이 클수록 공급 설비가 유효하게 사용된다.

$$부하율 = \frac{평균\ 수용\ 전력[kW]}{합성\ 최대\ 수용\ 전력[kW]} \times 100[\%]$$

여기서, 평균전력[kW] = $\dfrac{총\ 사용전력량[kWh]}{사용시간[h]}$

예제 1 그림과 같은 부하를 갖는 변압기의 최대 수용 전력은 몇 [kVA]인가?
단, ① 부하간 부등률은 1.2이다.
② 부하의 역률은 모두 85[%]이다.
③ 부하에 대한 수용률은 다음 표와 같다.

부 하	수용률
10[kW] 이상 ~ 50[kW] 미만	70[%]
50[kW] 이상 ~ 100[kW] 미만	65[%]
100[kW] 이상 ~ 150[kW] 미만	60[%]
150[kW] 이상	55[%]

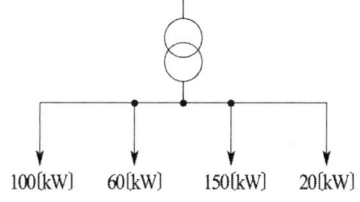

풀이 변압기 최대 수용전력[kVA] = $\dfrac{설비용량[kW] \times 수용률}{부등률 \times 역률}$ 이므로

$$\therefore T_r = \frac{100 \times 0.6 + 60 \times 0.65 + 150 \times 0.55 + 20 \times 0.7}{1.2 \times 0.85} = 191.67[kVA]$$

답 : 191.67[kVA]

예제 2 전등만의 수용가를 두 군으로 나누어 각 군에 변압기 1대씩을 설치하여 각 군의 수용가의 총 설비용량을 각각 30[kW], 40[kW]라 한다. 각 수용가의 수용률을 0.6, 수용가 간의 부등률을 1.2, 변압기군의 부등률을 1.4라 하면 고압 간선에 대한 최대 부하 [kW]는?

• 계산 :   • 답 :

풀이 계산 : 부등률 $= \dfrac{\text{개별 최대수용전력의 합}}{\text{합성 최대수용전력}} = \dfrac{\sum(\text{설비용량} \times \text{수용률})}{\text{합성최대수용전력}}$ 에서

고압간선에서의 최대 수요 전력 $= \dfrac{\dfrac{30 \times 0.6}{1.2} + \dfrac{40 \times 0.6}{1.2}}{1.4} = 25[\text{kW}]$

답 : 25[kW]

해설 부등률 $= \dfrac{\text{개별 최대수용전력의 합}}{\text{합성 최대수용전력}} = \dfrac{\sum(\text{설비용량} \times \text{수용률})}{\text{합성최대수용전력}}$ 에서

• 각각의 변압기에서의 합성최대수용전력 $= \dfrac{\text{설비용량} \times \text{수용률}}{\text{부등률}}$

• 고압간선에서의 최대부하전력 $= \dfrac{\text{각 변압기의 최대수용전력의 합}}{\text{변압기군의 부등률}}$

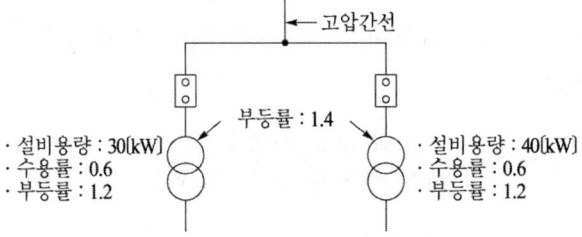

- 설비용량 : 30[kW]
- 수용률 : 0.6
- 부등률 : 1.2

부등률 : 1.4

- 설비용량 : 40[kW]
- 수용률 : 0.6
- 부등률 : 1.2

예제 3 10[kW]의 440[V] 3상 부하가 있다. 그 부하 곡선이 아래 그림과 같은 경우 일부하율 및 수용률을 구하시오.

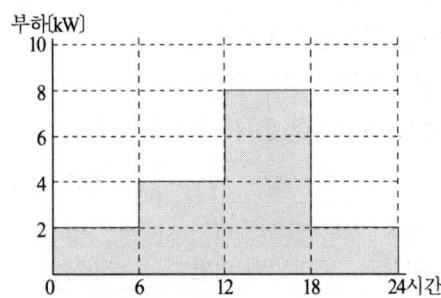

풀이 (1) 수용률

계산 : 수용률 $= \dfrac{\text{최대 수용 전력}}{\text{설비 용량}} \times 100[\%]$

에서 최대수용전력은 12시~18시 사이에서 발생되며 그 크기는 8[kW] 이므로

수용률 $= \dfrac{8}{10} \times 100 = 80[\%]$

답 : 80[%]

(2) 부하율

계산 : 평균전력 = $\dfrac{\text{총 사용전력량}}{\text{사용시간}}$ 에서

$$\text{평균전력} = \dfrac{2\times 6 + 4\times 6 + 8\times 6 + 2\times 6}{24} = 4[\text{kW}]$$

$$\text{부하율} = \dfrac{\text{평균 전력}}{\text{최대 수용 전력}} \times 100 = \dfrac{4}{8} \times 100 = 50[\%]$$

답 : 50[%]

6.3 변압기

1 권수비 a

$$a = \dfrac{n_1}{n_2} = \dfrac{E_1}{E_2} = \dfrac{I_2}{I_1}$$

여기서, n_1, n_2 : 1차, 2차의 권선수

E_1, E_2 : 1차, 2차 권선의 유기기전력 (상전압)

I_1, I_2 : 1차, 2차 권선의 전류 (상전류)

따라서 권수비 a는 1차 상전압과 2차 상전압의 비, 1차 상전류와 2차 상전류와의 비를 의미하지 1차 선간 전압과 2차 선간 전압, 1차 선전류와 2차 선전류와의 비를 의미하지 않는다는 것에 유의하여야 한다.

2 변압기의 극성

(1) 변압기의 극성

변압기의 극성(polarity)이란 어느 순간에 1차와 2차 양단자에 나타나는 유기기전력의 방향을 나타내는 말이다.

변압기를 단독 운전시키는 경우는 이것이 그다지 문제가 되지 않지만 3상 결선이나 병렬 운전을 할 경우에는 극성을 맞추어야 한다.

(2) 극성의 결정법

그림과 같이 외함의 같은 쪽에 있는 고저압 단자인 A와 a를 접속하고 다른 단자 B와 b 사이에 전압계 V를 연결하고 고압측인 AB간에 적당한 전압 V_1을 가했을 때의 저압측 ab간의 전압을 V_2 그리고 V의 지시를 V_0라고 하면

- 감극성 $V_0 = V_1 - V_2$
- 가극성 $V_0 = V_1 + V_2$

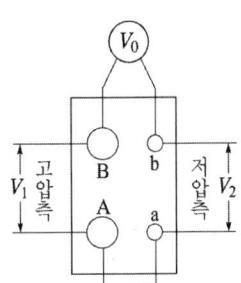

극성시험 결선도

현재 우리나라는 감극성을 표준으로 하고 있다.

(3) 극성의 기호

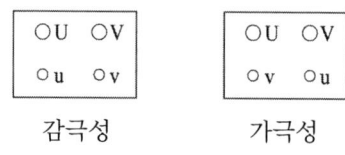

극성의 기호

3 변압기의 냉각방식

변압기 냉각방식
- 건식
  - 공냉식(AA : air cooled type) : 특별한 냉각 방식을 취하지 않고 전력 손실에 의한 발생열을 공기의 대류 작용에 의해 냉각시키는 방식
  - 풍냉식(AFA : air blast type) : 송풍기에 의해 강제 통풍을 시켜 냉각시키는 방식으로 공냉식에 비해 냉각 효과가 양호하다.
- 유입식
  - 유입자냉식(OA : oil immersed self cooled type) : 변압기의 본체를 절연유로 채워진 외함내에 넣어 대류 작용에 의해 발생된 열을 외기 중으로 방산시키는 방식
  - 유입수냉식(OW : oil immersed water cooled type) : 외함 내의 상부 기름중에 냉각관을 두어 이것에 냉각수를 순환시켜 냉각하는 방식
  - 유입송유식(oil immersed forced oil circulating type) : 외함내에 있는 가열된 기름을 순환 펌프에 의해 외부의 냉각기에 의해 냉각시켜 다시 외함 내로 유입시키는 방식
    - FOA : 풍냉식 냉각기에 의해 냉각시키는 방식
    - FOW : 수냉식 냉각기에 의해 냉각시키는 방식
  - 유입풍냉식(FA : oil immersed air blast type) : 유입변압기에 방열기를 부착시키고 송풍기에 의해 강제 통풍시켜 냉각 효과를 증대시킨 방식

4 변압기의 재료

(1) 절연의 종류

종 류	최고사용온도[℃]	종 류	최고사용온도[℃]
Y 종	90	F 종	155
A 종	105	H 종	180
E 종	120	C 종	180 이상
B 종	130		

(2) 변압기의 기름

1) 변압기의 기름으로서 갖추어야 할 조건
① 절연 저항 및 절연내력이 클 것 (30[kV]/2.5[mm] 이상)
② 절연 재료 및 금속에 화학 작용을 일으키지 않을 것
③ 인화점이 높고(130[℃] 이상), 응고점이 낮을 것(-30[℃] 이하)
④ 점도가 낮고(유동성이 풍부), 비열이 커서 냉각 효과가 클 것
⑤ 고온에서도 석출물이 생기거나 산화하지 않을 것
⑥ 열전도율이 클 것
⑦ 열 팽창계수가 작고 증발로 인한 감소량이 적을 것

2) 절연유의 열화
① 열화 원인 : 변압기의 호흡작용에 의해 고온의 절연유가 외부 공기와의 접촉에 의해 열화 발생
② 열화영향
 • 절연내력의 저하 • 냉각효과 감소 • 침식작용
③ 열화 방지설비
 • 브리더 • 질소봉입 • 콘서베이터

3) 절연유 검사 방법 및 판정

검사 항목	검사 방법	판정법	조치
절연유 파괴 전압측정	2.5[mm] 갭에 의한 측정	·30[kV] 이상 : 양호 ·30[kV] 미만~20[kV] : 보통 ·20[kV] 미만 : 불량	절연유 교체 혹은 여과
산가측정	절연유 1[g] 중의 산성 물질을 중화하는 데 필요한 KOH의 [mg] 수	0.5 정도의 Sludge 석출	
절연유 가스분석	성분 분석	가연가스 총량치 혹은 기설 분석 자료와 성분 패턴의 급격한 변화	

4) 절연유 열화방지를 위한 oil seal tank 설치용 변압기

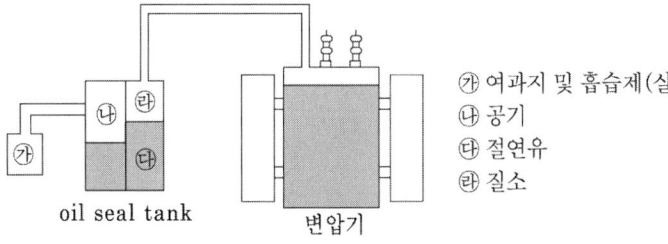

㉮ 여과지 및 흡습제(실리카 젤)
㉯ 공기
㉰ 절연유
㉱ 질소

5 몰드(Mold) 변압기의 특성

(1) 몰드변압기의 특징
① 자기 소화성이 우수하므로 화재의 염려가 없다.
② 코로나 특성 및 임펄스 강도가 높다.
③ 소형 경량화 할 수 있다.
④ 습기, 가스, 염분 및 소손 등에 대해 안전하다.
⑤ 보수 및 점검이 용이
⑥ 저진동 및 저소음 기기
⑦ 단시간 과부하 내량이 크다.
⑧ 전력손실이 감소

(2) 몰드 절연 방식의 분류

방식	방법	내용
금형 방식	주형법	충진제를 배합한 수지를 금형내에 진공 주입하는 것
	함침법	코일과 금형간에 유리 섬유를 충진하고 저점도 수지와 진공함침 하는 것
	함침주형법	함침과 주형을 조합시킨 것
	FRP 주형법	FRP층을 절연층으로 설계하고 고압 및 저압권선을 일체로 하여 몰드하는 주형법
무금형 방식	프리프레그 절연법	당초부터 수지를 함침해서 반경화시킨 유리섬유 테이프를 코일에 감아 경화시키는 것
	디핑법	코일 주변을 유리테이프로 덮은 후 수지를 함침하고 수지가 누출되지 않도록 경화시키는 것
	필라멘트 와인딩법	에폭시수지와 순도 높은 동을 유리섬유로 특수 조합시켜 제조하는 것
	부유경화법	코일주변을 유리섬유로 덮은 후 수지 함침해서 반용융액속에 침적해서 경화시키는 것
	기타	코일주변에 고정형 절연물로 싸서 그것을 금형으로 대신 이용하는 여러 가지 방법의 것

6 변압기 결선

(1) △-△ 결선

1) 결선도

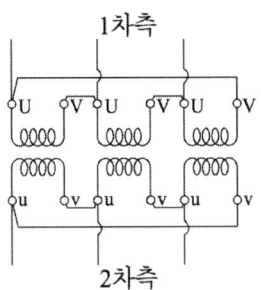

2) 전압, 전류

① 선간 전압(V_l), 상전압(V_p)

선간 전압과 상전압의 크기가 같고 동상이 된다.

$$V_l = V_p \underline{/0°}$$

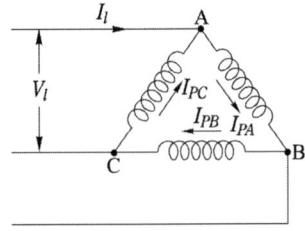

② 선전류(I_l), 상전류(I_p)

$$I_l = I_{PA} - I_{PC} = I_{PA} + (-I_{PC})$$
$$= 2I_{PC}\cos 30° = 2 \times I_{PC} \times \frac{\sqrt{3}}{2}$$
$$= \sqrt{3} I_{PC}$$

선전류는 상전류에 비해 크기가 $\sqrt{3}$ 배이고 위상은 30° 뒤진다.

$$I_l = \sqrt{3} I_p \underline{/-30°}$$

3) 장·단점

① 장점
- 제3고조파 전류가 △결선 내를 순환하므로 정현파 교류 전압을 유기하여 기전력의 파형이 왜곡되지 않는다.
- 1상분이 고장이 나면 나머지 2대로써 V결선 운전이 가능하다.
- 각 변압기의 상전류가 선전류의 $1/\sqrt{3}$ 이 되어 대전류에 적당하다.

② 단점
- 중성점을 접지할 수 없으므로 지락 사고의 검출이 곤란하다.
- 권수비가 다른 변압기를 결선 하면 순환 전류가 흐른다.
- 각 상의 임피던스가 다를 경우 3상 부하가 평형이 되어도 변압기의 부하 전류는 불평형이 된다.

4) △-△ 결선된 3상 변압기에 인가할 수 있는 단상 부하 용량

단상 부하 용량 $P_L = VI$

변압기 내부에 흐르는 전류 I_1은 전류 분배법칙에 의해

$$I_1 = \frac{2Z}{2Z+Z} \times I = \frac{2}{3}I$$

$$I_2 = \frac{Z}{2Z+Z} \times I = \frac{1}{3}I$$

$$\therefore I = \frac{3}{2}I_1, \ I = 3I_2$$

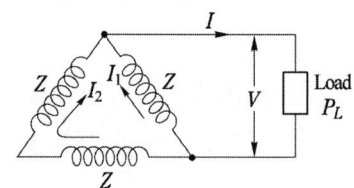

여기서, $I = 3I_2$를 적용하면 I_1은 $2I_2$가 되어 변압기 정격전류의 2배가 흐르게 되므로 $I = \frac{3}{2}I_1$를 적용하여야 하며 이 식의 양변에 전압 V를 곱하면 $VI = \frac{3}{2}VI_1$

$$P_L = \frac{3}{2}P_1 \ (\text{변압기 1대의 용량 } P_1 = VI_1)$$

따라서, 3상 변압기에 단상 부하를 걸 경우에는 단상변압기 1대 용량의 $\frac{3}{2}$배의 단상부하를 인가할 수 있다.

(2) Y-Y 결선
1) 결선도

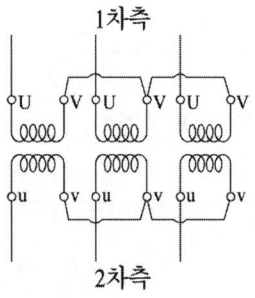

2) 전압, 전류

① 선간 전압(V_l), 상전압(V_p)

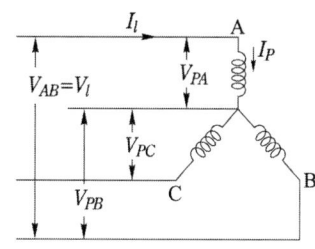 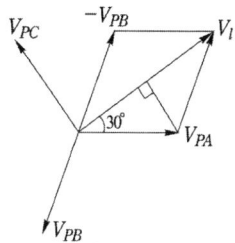

$$V_{AB} = V_{PA} - V_{PB}$$
$$= V_{PA} + (-V_{PB})$$
$$= 2V_{PA}\cos 30° = \sqrt{3}\,V_{PA} = \sqrt{3}\,V_P$$

여기서, $V_{PA} = V_{PB} = V_{PC} = V_P$

선간 전압은 상전압에 비해 크기가 $\sqrt{3}$ 배이고 위상은 30° 앞선다.

$$V_l = \sqrt{3}\,V_p\,\underline{/30°}$$

② 선전류(I_l), 상전류(I_p)

선전류는 상전류와 크기가 같고 위상이 동상이 된다.

$$I_l = I_p\,\underline{/0°}$$

3) 장·단점

① 장점
- 1차 전압, 2차 전압 사이에 위상차가 없다.
- 1차, 2차 모두 중성점을 접지할 수 있으며 고압의 경우 이상 전압을 감소시킬 수 있다.
- 상전압이 선간 전압의 $1/\sqrt{3}$ 배이므로 절연이 용이하여 고전압에 유리하다.

② 단점
- 제3고조파 전류의 통로가 없으므로 기전력의 파형이 제3고조파를 포함한 왜형파가 된다.
- 중성점을 접지하면 제3고조파 전류가 흘러 통신선에 유도 장해를 일으킨다.
- 부하의 불평형에 의하여 중성점 전위가 변동하여 3상 전압이 불평형을 일으키므로 송·배전 계통에 거의 사용하지 않는다.

4) Y결선 변압기 한 상의 중성점과 다른 단자간의 전압

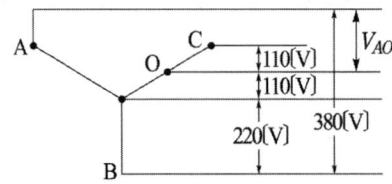

[방법 I]

$$V_{AO} = \sqrt{(220\cos60° + 110)^2 + (220\sin60°)^2}$$
$$= \sqrt{220^2 + (110\sqrt{3})^2} = 291.03[V]$$

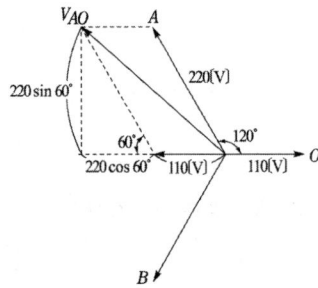

[방법 II]

$$V_{AO} = 110\underline{/120°} - 220\underline{/0°}$$
$$= 110(\cos120° + j\sin120°) - 220(\cos0° + j\sin0°)$$
$$= 110\left(-\frac{1}{2} + j\frac{\sqrt{3}}{2}\right) - 220 = -275 + j55\sqrt{3}$$
$$= \sqrt{275^2 + (55\sqrt{3})^2} = 291.03[V]$$

5) Y-Y-△의 3권선 변압기에서 3권선의 용도는
   ① 제3고조파 제거
   ② 조상 설비 설치
   ③ 소내 전력 공급용으로 쓰인다.

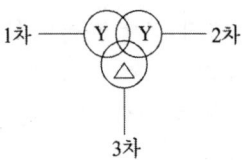

(3) Y-△, △-Y 결선

1) 결선도 (△-Y)

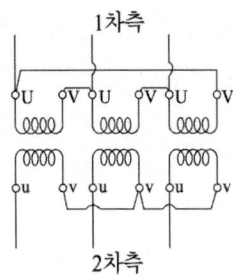

2) 장·단점
  ① 장점
    - 한 쪽 Y결선의 중성점을 접지할 수 있다.
    - Y결선의 상전압은 선간 전압의 $1\sqrt{3}$이므로 절연이 용이하다.
    - 1, 2차 중에 △결선이 있어 제3고조파의 장해가 적고, 기전력의 파형이 왜곡되지 않는다.
    - Y-△ 결선은 강압용으로, △-Y 결선은 승압용으로 사용할 수 있어서 송전 계통에 융통성 있게 사용된다.
  ② 단점
    - 1, 2차 선간전압 사이에 30°의 위상차가 있다.
    - 1상에 고장이 생기면 전원 공급이 불가능해진다.
    - 중성점 접지로 인한 유도 장해를 초래한다.

(4) V-V 결선
1) 결선도

출력 $P_V = \sqrt{3}\,P_1$

여기서, P_V : V결선시의 출력
P_1 : 단상 변압기 1대의 용량

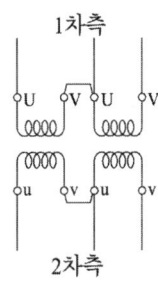

2) 장·단점
  ① 장점
    - △-△ 결선에서 1대의 변압기 고장시 2대만으로도 3상 부하에 전력을 공급할 수 있다.
    - 설치 방법이 간단하고, 소용량이면 가격이 저렴하므로 3상 부하에 널리 이용된다.
  ② 단점
    - 설비의 이용률이 86.6[%]로 저하된다.
    - △결선에 비해 출력이 57.7[%]로 저하된다.
    - 부하의 상태에 따라서, 2차 단자 전압이 불평형이 될 수 있다.

3) V-V 결선의 이용률 및 출력비

① 이용률 $= \dfrac{3상\ 출력}{설비용량} = \dfrac{\sqrt{3}\,P_1}{2P_1} \times 100 = 86.6[\%]$

② 출력비 $= \dfrac{V결선\ 출력}{\triangle결선\ 출력} \times 100 = \dfrac{\sqrt{3}\,P_1}{3P_1} \times 100 = 57.7[\%]$

4) V-V 결선에서 중간탭 사용시 전류

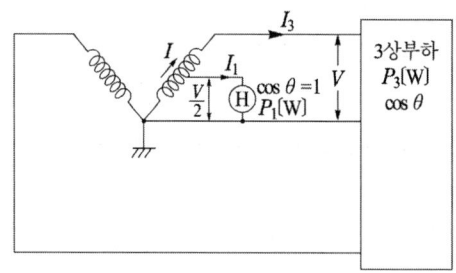

① 3상 부하 전류
- 3상 부하에 흐르는 전류 $I_3 = \dfrac{P_3}{\sqrt{3}\,V\cos\theta}$
- 선전류 I_3의 위상 ϕ는 선간전압 V보다 $(30°+\theta)$만큼 늦다.
$$\boldsymbol{I_3} = I_3\,\underline{/-(30°+\theta)}$$

② 단상부하 전류
- 단상부하($\cos\theta=1$)에 흐르는 전류 $I_1 = \dfrac{P_1}{\dfrac{V}{2}} = \dfrac{2P_1}{V}$
- I_1의 역률이 1이므로 I_1과 V는 동상이다.
$$\boldsymbol{I_1} = I_1\,\underline{/0°}$$

③ 변압기에 흐르는 전류 I
$$\boldsymbol{I} = \boldsymbol{I_1} + \boldsymbol{I_3} = I_1\,\underline{/0°} - (30°+\theta)$$

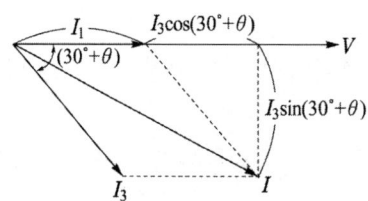

$$\therefore I = \sqrt{[(I_1+I_3\cos(30°+\theta)]^2+[I_3\sin(30°+\theta)]^2}$$

5) V결선 변압기 한 상의 중성점과 다른 단자간의 전압

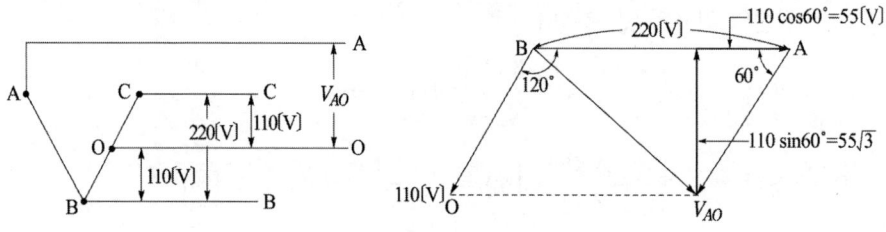

$$V_{AO} = 220\,\underline{/\,0°} + 110\,\underline{/-120°}$$
$$= 220[\cos 0° + j\sin 0°] + 110\left[\cos\left(-\frac{2}{3}\pi\right) + j\sin\left(-\frac{2}{3}\pi\right)\right]$$
$$= 220 + (-55 - j55\sqrt{3}) = 165 - j55\sqrt{3}$$
$$= \sqrt{165^2 + (55\sqrt{3})^2} = 190.53[\text{V}]$$

7 변압기의 전압조정

전원전압의 변동이나 부하의 변동에 따른 변압기 2차측 전압의 변동을 보상하고 일정 전압으로 유지시키기 위하여 변압기의 권수비를 바꾸어야 하며 그 방법은 다음과 같다.

(1) 무전압 탭 절환기(NLTC : no load tap changer)

고압측 권선의 중앙위치에 몇 개의 탭 단자를 두고 그 접속을 바꾸어 변압기의 권수비를 조정하여 전압을 조정하는 방식으로 무전압 상태에서 탭을 변경하여야 한다.

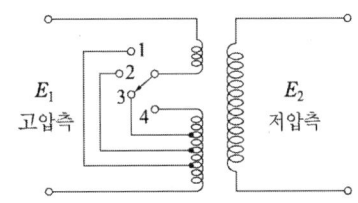

$$a = \frac{n_1}{n_2} = \frac{E_1}{E_2}$$

(2) 부하시 탭 절환장치(ULTC : under load tap changer 또는 OLTC : on load tap changer)

부하가 인가되어 있는 상태에서 변압기의 tap을 변경시켜 전압을 조정하는 방법으로 부하 전류개폐기, 탭선택기 및 탭확장기로 구성되며 다음과 같은 방식이 있다.

1) 병렬 구분식

2) 단일 회로식

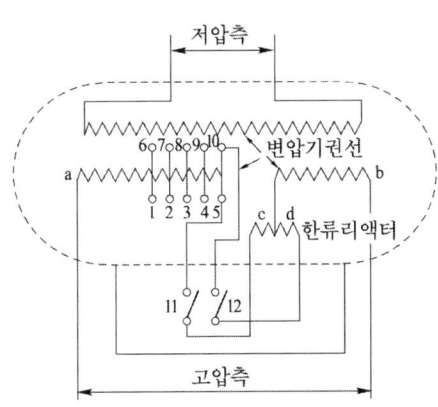
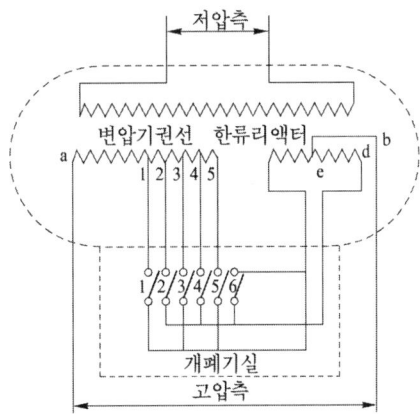

8 변압기 병렬 운전

(1) 단상 변압기 병렬 운전 조건

병렬운전 조건	조건이 맞지 않는 경우
① 극성이 일치할 것	큰 순환 전류가 흘러 권선이 소손
② 정격 전압(권수비)이 같은 것	순환 전류가 흘러 권선이 가열
③ %임피던스 강하(임피던스 전압)가 같을 것	부하의 분담이 용량이 비가 되지 않아 부하의 분담이 균형을 이룰 수 없다.
④ 내부 저항과 누설 리액턴스의 비 (즉 $r_a/x_a = r_b/x_b$)가 같을 것	각 변압기의 전류간에 위상차가 생겨 동손이 증가

1) 각 변압기의 극성이 같을 것

극성이 같지 않을 경우 큰 순환 전류가 흘러 권선을 소손시킨다.

$$I_c = \frac{E_a + E_b}{Z_a + Z_b}$$

$E_a = E_b = E$, $Z_a = Z_b = Z$ 라고 하면

$$I_c = \frac{2E}{2Z} = \frac{E}{Z}$$

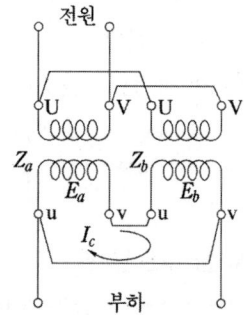

여기서, 변압기 내부 임피던스 Z는 매우 적으므로 순환전류 I_c는 큰 값이 된다.

2) 각 변압기의 권수비 및 1차, 2차 정격 전압이 같을 것

2차 기전력의 크기가 다르면 순환 전류 I_c가 흘러 권선을 과열시킨다.

$$I_c = \frac{E_a - E_b}{Z_a + Z_b}$$

$Z_a = Z_b = Z$ 라고 하면

$$I_c = \frac{E_a - E_b}{2Z}$$

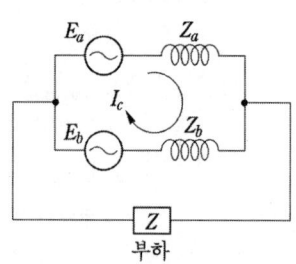

3) 각 변압기의 %임피던스 강하가 같을 것

%임피던스 강하가 다르면 부하 분담이 각 변압기의 용량의 비가 되지 않아 부하 분담의 균형을 이룰 수 없다. 즉,

$$\frac{P_a}{P_b} = \frac{\%Z_B}{\%Z_A} \cdot \frac{P_A}{P_B}$$

여기서, P_a, P_b : A, B 변압기의 분담 부하
$\%Z_A$, $\%Z_B$: A, B 변압기의 %임피던스
P_A, P_B : A, B 변압기의 용량

4) 각 변압기의 저항과 누설 리액턴스 비가 같을 것

변압기간의 저항과 누설 리액턴스 비가 다르면 각 변압기의 전류간에 위상차가 생기기 때문에 동손이 증가한다.

기전력의 크기는 같고 위상이 다르게 되므로

$$E_a = E_b = E$$
$$E_C = 2E\sin\frac{\theta}{2}$$
$$I_c = \frac{E_c}{Z_a + Z_b}$$

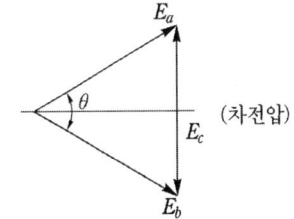
(차전압)

$Z_a = Z_b = Z$ 라고 하면

$$I_c = \frac{1}{2Z} 2E\sin\frac{\theta}{2} = \frac{E}{Z}\sin\frac{\theta}{2}$$

에 의해 동손이 증가한다.

(2) 3상 변압기 병렬 운전 조건

3상 변압기의 병렬 운전 조건은 단상 변압기의 병렬 운전 조건 이외의 다음 조건을 만족해야 한다.
① 상회전 방향이 같을 것
② 위상 변위가 같을 것

(3) 3상 변압기 병렬 운전의 결선 조합

병렬 운전 가능	병렬 운전 불가능
△-△ 와 △-△ Y-△ 와 Y-△ Y-Y 와 Y-Y △-Y 와 △-Y △-△ 와 Y-Y △-Y 와 Y-△	△-△ 와 △-Y △-Y 와 Y-Y

9 변압기 효율 및 시험

(1) 변압기의 효율

$$\eta = \frac{출력}{출력 + 손실} \times 100 = \frac{출력}{출력 + 철손 + 동손} \times 100[\%]$$

$$\eta = \frac{VI\cos\theta}{VI\cos\theta + P_i + I^2 r} \times 100[\%]$$

(2) 변압기 최대 효율 조건

즉, 변압기의 최대 효율은 "철손=동손"일 때 발생한다.

$$\eta = \frac{VI\cos\theta}{VI\cos\theta + P_i + I^2 r} \text{에서}$$

$$\eta = \frac{V\cos\theta}{V\cos\theta + \dfrac{P_i}{I} + Ir}$$

효율이 최대가 되기 위해서는 분모가 최소가 되어야 하므로 분모를 y로 하면

$$y = V\cos\theta + \frac{P_i}{I} + Ir$$

y가 최소가 되기 위해서는 $\dfrac{dy}{dI} = 0$일 때 이므로

$$\frac{dy}{dI} = -\frac{P_i}{I^2} + r = 0$$

$$\therefore P_i = I^2 r$$

1) 전부하시 최대 효율 조건 : $P_i = P_c$
2) 부하율 m으로 운전시 최대 효율 조건 : $P_i = m^2 P_c$

10 변압기 효율이 저하하는 경우

(1) 부하 역률이 저하되는 경우

$$\eta = \frac{m\,VI\cos\theta}{m\,VI\cos\theta + P_i + m^2 I^2 r} \times 100[\%]$$

에서 역률이 저하되면 분자는 역률의 저하만큼 저하 하지만 분모의 P_i, $i^2 r$은 변하지 않으므로 효율 η는 감소하게 된다.

(2) 경부하 운전하는 경우

$$\eta = \frac{m\,VI\cos\theta}{m\,VI\cos\theta + P_i + m^2 I^2 r} \times 100$$

경부하로 운전하는 경우 분자는 부하율의 감소만큼 감소하지만 분모의 P_i는 변하지 않으므로 효율 η는 감소하게 된다.

(3) 부하 변동이 심한 경우

효율은 $m^2 P_c = P_i$ 일 때 최대효율이 된다.

따라서 부하 변동이 심하게 되면 $m^2 P_c = P_i$의 조건이 만족하지 못하는 경우가 많게 되어 결과적으로 효율이 저하하게 된다.

11 변압기의 보호 장치

(1) 기계적 보호 장치
① 충격가스압 계전기
② 부흐홀츠 계전기
③ 충격 압력 계전기
④ 가스 검출 계전기

(2) 전기적 보호 장치
① 비율 차동 계전 방식
② 거리 계전 방식
③ 과전류 계전 방식
④ 과전압 계전 방식

예제 4 주상 변압기 고압측의 사용탭이 6600[V]인 때에 저압측의 전압이 95[V]였다. 저압측의 전압을 약 100[V]로 유지하기 위해서는 고압측의 사용탭은 얼마로 하여야 하는가? 단, 변압기의 정격 전압은 6600/105[V] 이다.

풀이 고압측의 탭전압 $E_1 = \dfrac{V_1}{V_2} \times E_2 = \dfrac{6600}{100} \times 95 = 6270[V]$

∴ 탭전압의 표준값인 6300[V] 탭으로 선정한다.
답 : 6300[V]

해설 ① Tap 전압

- 변경 전 권수비 $a_1 = \dfrac{6600}{105}$
- 저압측 전압이 95[V]일 때 1차 공급전압

$$E_1 = a_1 E_2 = \dfrac{6600}{105} \times 95 = 5971.43[V]$$

즉, 변압기 1차측에 5971.43[V]가 공급되고 있을 때 변압기 2차측 전압은 95[V]가 된다.

- 변압기 1차측에 5971.43[V]가 공급되고 있을 때 변압기 2차측 전압을 95[V]에서 100[V]로 상승시키기 위한 새로운 권수비 a_2는

$$a_2 = \dfrac{E_1}{E_2'} = \dfrac{5971.43}{100} = 59.71$$

• 새로운 고압측 Tap 전압 $= a_2 \times 105 = 59.71 \times 105 = 6269.55[V]$
② 주상 변압기의 표준 Tap
6600[V]급 : 5700[V], 6600[V], 6300[V]

예제 5 변압기에 사용되는 절연유의 필요한 성질을 4가지만 쓰시오.

풀이
① 인화점이 높고, 응고점이 낮을 것
② 점도가 낮고 비열이 커서 냉각 효과가 클 것
③ 고온에서 불용성 침전물이 생기지 말 것
④ 절연물과 화학작용이 없을 것

예제 6 변압기의 1일 부하 곡선이 그림과 같은 분포일 때 다음 물음에 답하시오.
(단, 변압기의 전부하 동손은 130[W], 철손은 100[W]이다.)

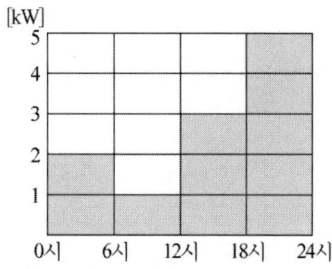

(1) 1일 중의 사용 전력량은 몇 [kWh]인가?
(2) 1일 중의 전손실 전력량은 몇 [kWh]인가?
(3) 1일 중 전일효율은 몇 [%]인가?

풀이 (1) 1일 사용 전력량
사용 전력량 = 전력 × 사용시간 이므로
$W = 2 \times 6 + 1 \times 6 + 3 \times 6 + 5 \times 6 = 66[kWh]$
(2) 1일 전손실
동손=부하율의 자승×전부하동손×사용시간 이므로
동손 $P_c = \left[\left(\dfrac{2}{5}\right)^2 \times 0.13 + \left(\dfrac{1}{5}\right)^2 \times 0.13 + \left(\dfrac{3}{5}\right)^2 \times 0.13 + \left(\dfrac{5}{5}\right)^2 \times 0.13\right] \times 6$
$= 1.22[kWh]$
철손은 부하에 관계없이 전원만 인가되면 발생하는 손실이므로
철손 $P_i = 0.1 \times 24 = 2.4[kWh]$
∴ $P_L = P_i + P_c = 2.4 + 1.22 = 3.62[kWh]$
(3) 효율 $\eta = \dfrac{출력}{출력+손실} \times 100[\%] = \dfrac{66}{66+3.62} \times 100 = 94.8[\%]$

6.4 단권 변압기

1 회로도

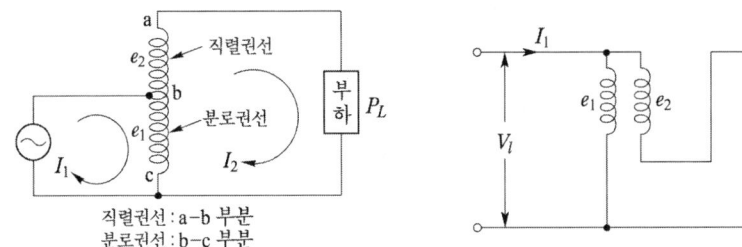

분로권선: a-b 부분
분로권선: b-c 부분

분로권선에는 $I_1 - I_2$의 차전류만 흐른다.

2 단권 변압기 용도

(1) 배전 선로의 승압 및 강압용 변압기
(2) 동기 전동기와 유도 전동기의 기동 보상기용 변압기
(3) 실험실용 소용량의 슬라이닥스

3 승압 후 전압

$$V_h = V_l + V_l \times \frac{e_2}{e_1} = V_l + V_l \frac{1}{a} = V_1\left(1 + \frac{1}{a}\right)$$

여기서, $a = \dfrac{e_1}{e_2}$

4 단권 변압기 용량

(1) 공급 전압(V_l)과 단권 변압기의 1차 전압(e_1)이 동일한 경우

$$\frac{\text{자기 용량}}{\text{부하 용량}} = \frac{(V_h - V_l)I_2}{V_h I_2} = 1 - \frac{V_l}{V_h} = 1 - \frac{\text{저압}}{\text{고압}}$$

$$\text{자기 용량}(P) = \text{부하 용량}(P_L) \times \frac{\text{고압}(V_h) - \text{저압}(V_l)}{\text{고압}(V_h)}$$

또, 부하 용량 $P_L = P \times \dfrac{V_h}{V_h - V_l}$

(2) 공급 전압(V_l)과 단권 변압기의 1차 전압(e_1)이 다른 경우의 단권 변압기 용량

고압측 전압 $V_h = V_l + V_l \dfrac{1}{a} = V_l\left(1 + \dfrac{e_2}{e_1}\right)$ 이므로 (여기서, $a = \dfrac{e_1}{e_2}$)

부하전류 $I_2 = \dfrac{P_L}{V_h}$ 이다.

∴ 단권변압기의 자기용량 $P = e_2 I_2$

5 장 · 단점

(1) 장점
① 자기 회로가 단축되므로 사용 재료가 적게 든다(동량이 절약 된다).
② 전압비가 1에 가까울수록 동손이 감소되어 효율이 좋다.
③ %임피던스 강하가 작고 전압변동률이 작다.
④ 부하 용량이 자기 정격 용량보다 크므로 경제적이다.

(2) 단점
① 누설 리액턴스가 작아 단락 전류가 크다.
② 1, 2차 절연이 불가능하므로 1차측에 이상 전압이 발생하였을 경우 2차측에도 고전압이 걸려 위험하다.

예제 7 단상 회로에서 3300/220[V]의 변압기를 그림과 같이 접속하여 50[kW], 역률 0.8인 부하에 공급할 때 몇 [kVA]의 변압기를 사용해야 하는가? 단, 1차 전압은 3000[V]이다.

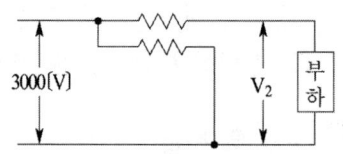

- 계산 :
- 답 :

풀이 계산 : 승압기 2차 전압 $V_2 = V_1\left(1 + \dfrac{1}{a}\right) = 3000\left(1 + \dfrac{220}{3300}\right) = 3200[V]$

부하 전류 $I = \dfrac{P}{V_2 \cos\theta} = \dfrac{50,000}{3200 \times 0.8} = 19.53[A]$

승압기 용량 $= e\, I_2 = 220 \times 19.53 \times 10^{-3} = 4.3[kVA]$

답 : 4.3[kVA]

해설 공급전압(3000[V])과 단권변압기 1차측 전압(3300[V])이 서로 다른 경우 이므로

자기 용량(P) = 부하 용량$(P_L) \times \dfrac{\text{고압}(V_h) - \text{저압}(V_l)}{\text{고압}(V_h)}$

의 공식을 이용할 수 없으며 고압측 전압과 부하 전류를 구해서
승압기 용량 $= e\, I_2$[VA]를 이용해서 구해야 한다.

6.5 표준전압

송배전 계통의 전압을 표준화해서 정한 것이 표준 전압이며 표준 전압에는 공칭 전압과 최고 전압이 있다.

(1) 공칭 전압
전선로를 대표하는 선간전압을 말하며 그 계통의 송전 전압을 나타낸다.

(2) 최고 전압
그 전선로에 통상 발생하는 최고의 선간 전압으로서 염해 대책, 1선 지락 고장시 등 내부 이상 전압, 코로나 장해, 정전 유도 등을 고려할 때의 표준이 되는 전압이다.

$$\text{최고 전압} = \text{공칭 전압} \times \frac{1.15}{1.1}$$

(3) 우리 나라의 표준 전압

공칭 전압[kV]	최고 전압[kV]
3.3/5.7 Y	3.4/5.9 Y
6.6/11.4 Y	6.9/11.9 Y
13.2/22.9 Y	13.7/23.8 Y
22/38 Y	23/40 Y
66	69
154	170
345	362
765	800

6.6 차단기

1 정격

(1) 정격전압
차단기에 부과할 수 있는 사용 회로 전압의 상한을 말하며 그 크기는 선간 전압의 실효값으로 나타낸다.

$$\text{차단기의 정격전압} = 1.2 \times \frac{\text{공칭전압}}{1.1}$$

(2) 정격 전류
정격 전압, 정격 주파수 하에서 정해진 일정한 온도 상승 한도를 초과하지 않고 그 차단기에 흘릴 수 있는 전류를 말한다.

(3) 정격 차단 전류
규정된 회로 조건하에서 규정값의 표준 동작 책무 및 동작 상태를 수행 할 수 있는 차단 전류의 한도를 말하며 교류 전류 실효값을 나타낸다.

(4) 정격 투입 전류
모든 정격 및 규정의 회로 조건하에서 규정의 표준 동작 책무 및 동작 상태에 따라 투입할 수 있는 투입 전류의 한도를 말하며, 투입 전류의 최초 주파수에서 순시 최대값으로 나타내며 정격 차단전류(실효값)의 2.5배를 표준으로 한다.

(5) 정격 단시간 전류
규정된 회로 조건하에서 1초 동안 차단기에 흘렸을 때 이상이 발생하지 않는 최대 한도의 전류로 차단기의 정격 차단 전류와 같은 실효값으로 하며 최대 파고값은 정격값의 2.5배로 한다.

(6) 정격 차단 시간
정격 차단 전류를 모든 정격 및 규정의 회로 조건하에서 규정의 표준 동작 책무 및 동작 상태에 따라 차단할 때의 차단 시간 한도를 말하며 정격 개극 시간+아크 시간을 말한다.

(7) 표준 동작 책무
차단기가 계통에 사용될 때 "차단-투입-차단"의 동작을 반복하게 되는데 그 시간 간격을 나타낸 일련의 동작을 규정한 것으로 다음과 같이 표기한다.
　① 일반용 : O-(3분)-CO-(3분)-CO
　　　　　　또는 CO-(15초)-CO
　② 고속도 재투입용 : O-(0.3초)-CO-(3분)-CO
　　　여기서, O(open) : 차단
　　　　　　　C(close) : 투입
　　　　　　　CO(close and open) : 투입직후 차단

(8) BIL (basic insulation level : 기준충격 절연강도)
BIL은 절연계급 20호 이상의 비유효접지계에서 다음과 같이 계산된다.

- $BIL = 5E + 50 [kV]$　　$E = \dfrac{공칭전압}{1.1}$

여기서, E : 절연계급
- 공칭전압 $= E \times 1.1$

2 차단기 및 단로기의 적용 기준

(1) 차단기(CB)
평상시에는 부하 전류, 선로의 충전 전류, 변압기의 여자 전류 등을 개폐하고, 고장시에는 보호 계전기의 동작에서 발생하는 신호를 받아 단락 전류, 지락 전류, 고장 전류 등을 차단한다.

(2) 단로기(DS)

1) 용도

    기기와 선로 또는 모선 등의 점검 및 수리시, 특히 충전 가압을 막을 수 있고 단로 구간을 확실하게 하여 정전 개소를 확보하며, 전력 계통을 분리, 송전 및 수전 계통을 변경 하는데 사용한다.

2) 전류의 개폐

    단로기는 부하 전류의 개폐를 하지 않는 것을 원칙을 하나 다음과 같은 전류의 개폐는 가능하다.
    ① 무부하 선로의 충전전류
    ② 변압기의 무부하 여자전류

3) 접속방법

    F-F : 표면접속(front front)
    B-B : 이면접속(back back)

3 소호 원리에 따른 차단기의 종류

종류		소 호 원 리
명칭	약어	
유입 차단기	OCB	소호실에서 아크에 의한 절연유 분해 가스의 열전도 및 압력에 의한 blast을 이용해서 차단
기중 차단기	ACB	대기 중에서 아크를 길게 해서 소호실에서 냉각 차단
자기 차단기	MBB	대기중에서 전자력을 이용하여 아크를 소호실 내로 유도해서 냉각 차단
공기 차단기	ABB	압축된 공기를 아크에 불어 넣어서 차단
진공 차단기	VCB	고진공 중에서 전자의 고속도 확산에 의해 차단
가스 차단기	GCB	고성능 절연 특성을 가진 특수 가스(SF_6)를 이용해서 차단

4 차단기의 트립 방식

(1) 직류 전압 트립 방식
별도로 설치된 축전지 등의 제어용 직류 전원의 에너지에 의하여 트립되는 방식

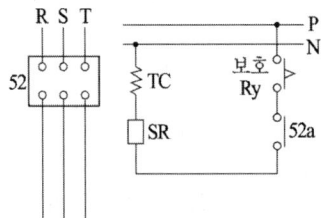

(2) 과전류 트립 방식
차단기의 주회로에 접속된 변류기의 2차 전류에 의하여 차단기가 트립되는 방식으로 현재는 거의 사용하지 않고 있다.

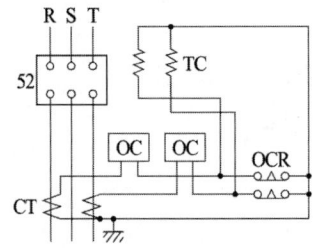

(3) 콘덴서 트립(CTD) 방식
충전된 콘덴서의 에너지에 의하여 트립되는 방식

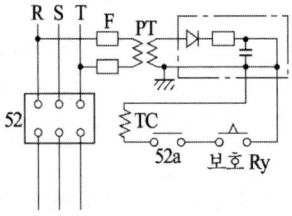

(4) 부족 전압 트립 방식
부족 전압 트립 장치에 인가되어 있는 전압의 저하에 의하여 차단기가 트립되는 방식

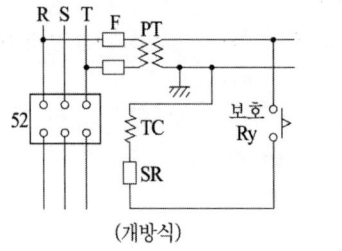
(개방식)

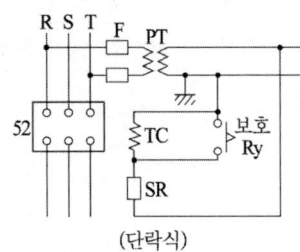
(단락식)

5 차단기의 보조 접점

(1) aa 접점
차단기가 개방된 상태에서 개방되어 있는 것은 a접점과 같으나 닫힐 때는 a접점보다 시간적으로 늦게 닫히고 열릴 때는 빨리 열리는 접점이다.

(2) bb 접점
차단기가 개방된 상태에서 폐로되어 있는 것은 b접점과 같으나 닫힐 때는 b접점보다 시간적으로 빨리 닫히고 열릴 때는 늦게 열리는 접점이다.

6 SF_6 가스의 특징

(1) 물리적, 화학적 성질
① 열 전달성이 뛰어나다.(공기의 약 1.6배)
② 화학적으로 불활성이므로 매우 안정된 gas이다.
③ 무색, 무취, 무해, 불연성의 gas이다.
④ 열적 안정성이 뛰어나다. (용매가 없는 상태에서는 약 500[℃]까지 분해되지 않는다.)

(2) 전기적 성질
① 절연 내력이 높다(평등 전계 중에서는 1기압에서 공기의 2.5배~3.5배, 3기압에서는 기름과 같은 level의 절연 내력을 갖고 있음).
② 소호 성능이 뛰어나다.
③ arc가 안정되어 있다.
④ 절연 회복이 빠르다.

7 차단기와 단로기의 조작순서

(1) 2중모선

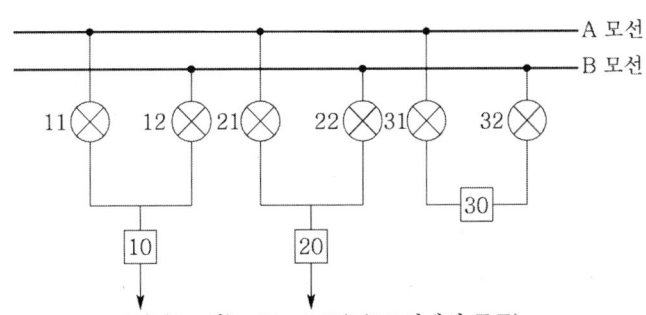

1) 장점 : 무정전으로 모선 점검이 가능
2) 조건
   ① 현 상태
      - 단로기 11, 22 ON 상태
      - 단로기 12, 21 OFF 상태
      - 단로기 31, 32 ON 또는 OFF 상태
      - 차단기 10, 20 ON 상태
      - 차단기 30 OFF 상태
   ② 단로기는 부하전류의 개·폐가 불가능하나 그 반면에 차단기는 부하전류 뿐만 아니라 고장전류까지도 차단 가능
   ③ 현재 A모선 부하와 B모선 부하의 크기가 다르므로 A, B 모선의 전압이 동일 하지 않다. 따라서 OFF 상태의 단로기 12 또는 21을 ON하게 되면 A, B 두 모선의 전압차로 인하여 단로기 투입시 단로기에 대 전류가 흐르게 되어 위험하게 된다.

3) B모선 점검 방법

현재 B모선에서 전력을 공급받고 있는 NO.2 T/L의 부하를 무정전으로 A모선으로 이동시킨 후 B모선을 점검하여야 하므로 조작 순서는 다음과 같다.

- step 1 : A, B 모선의 균압 : 31(ON)-32(ON)-30(ON)

    단로기 21을 투입하기 전에 먼저 모선연락용 차단기(30)를 투입하여 A, B 모선의 전압을 동일하게 하면, 단로기 21 투입시에도 단로기에는 전류가 흐르지 않게 된다.

- step 2 : 부하이동(B모선에서 A모선으로) : 21(ON)-22(OFF)

    모선연락용 차단기(30)가 ON됨에 따라 A, B모선이 병렬 접속되어 A, B모선의 전압이 동일하게 된다. 이 경우에 단로기 21을 투입하고 단로기 22를 개방하는 경우에도 단로기에는 전류가 흐르지 않게 된다.

- step 3 : 모선분리 : 30(OFF)-31(OFF)-32(OFF)

    B모선의 부하를 A모선으로 이동시킨 후 병렬운전중인 A, B모선을 분리시켜야 한다. 이 경우, A, B모선의 전압차로 인하여 모선 분리시에는 큰 전류가 흐르게 된다. 따라서 부하 전류의 차단이 가능한 차단기(30)로 부하 전류를 차단시킨 후 단로기 31, 32를 개방하여야 한다.

   ① B 모선을 점검하기 위한 절체 순서

   31(ON) − 32(ON) − 30(ON) − 21(ON) − 22(OFF) − 30(OFF) − 31(OFF) − 32(OFF)
   └─ A·B모선의 균압 ─┘   └ 부하이동 ┘   └──── 모선분리 ────┘

② B 모선을 점검 후 원상 복구 순서

31(ON) - 32(ON) - 30(ON) - 22(ON) - 21(OFF) - 30(OFF) - 31(OFF) - 32(OFF)
└── A·B모선의 균압 ──┘   └ 부하이동 ┘   └────── 모선분리 ──────┘

(2) DS 및 CB로 구성

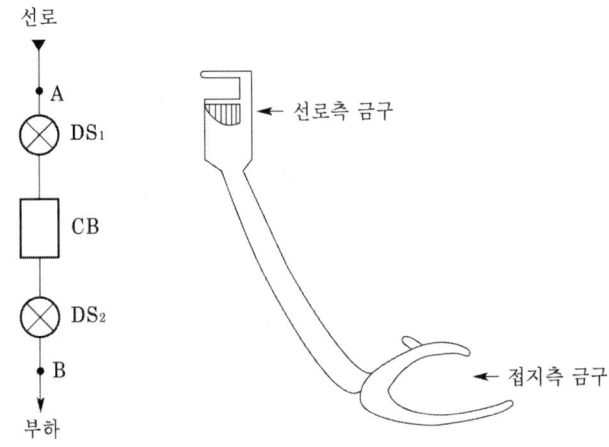

① 접지 순서 : 대지에 먼저 연결 후 선로에 연결
② 접지 개소 : 선로측 A와 부하측 B
③ 개로시 조작 순서 : CB(OFF) → DS_2(OFF) → DS_1(OFF)
④ 폐로시 조작 순서 : DS_2(ON) → DS_1(ON) → CB(ON)

8 차단기의 차단 용량

$$정격 차단 용량 = \sqrt{3} \times 정격 전압 \times 정격 차단 전류$$

- 정격전압 = 공칭전압 × $\dfrac{1.2}{1.1}$
- 22.9[kV] 계통에서의 정격전압 = $22.9 \times \dfrac{1.2}{1.1} = 24.98$[V] 이나 25.8[kV]로 결정

9 단락 용량 계산 방법

(1) 단위법(P.U법 : Per Unit method)

어떤 양을 나타내는데 있어서 그 절대량이 아니고 기준량에 대한 비로서 나타내는 방법

(2) 옴법(Ohm's methode)

$$I_s = \frac{E}{Z} = \frac{E}{Z_g + Z_t + Z_l} [A]$$

여기서, I_s : 단락 전류[A]

E : 고장점에서의 고장 직전의 상전압[V]

Z_g : 전압 E를 기준으로 한 발전기 임피던스[Ω]

Z_t : 전압 E를 기준으로 한 변압기 임피던스[Ω]

Z_l : 전압 E를 기준으로 한 선로 임피던스[Ω]

(3) %법(Percent methode)

1) $\%Z = \dfrac{ZP_n}{10V^2}[\%]$

$$\%Z = \dfrac{I_n Z}{E_n} \times 100 = \dfrac{VI_n Z}{V\dfrac{V}{\sqrt{3}}} \times 100 = \dfrac{\sqrt{3}\,VI_n Z}{V^2} \times 100$$

$$= \dfrac{P_n[\text{VA}]Z}{V^2[\text{V}]} \times 100 = \dfrac{P_n[\text{kVA}] \times 10^3 \times Z}{V^2[\text{kV}] \times 10^6} \times 100 = \dfrac{ZP_n[\text{kVA}]}{10V^2[\text{kV}]}$$

$\begin{cases} \because P_n = \sqrt{3}\,VI_n \\ V = \sqrt{3}\,E_n \end{cases}$

2) $\%I_s = \dfrac{100}{\%Z} I_n$ [A]

$\%Z = \dfrac{I_n Z}{E_n} \times 100$에서 $Z = \dfrac{E_n \times \%Z}{100 I_n}$ 이므로

$I_s = \dfrac{E_n}{Z} = \dfrac{100 I_n E_n}{\%Z E_n} = \dfrac{100 I_n}{\%Z}$

3) $\%P_s = \dfrac{100}{\%Z} P_n$ [kVA]

여기서, $\%Z$: 퍼센트 임피던스 [%] I_s : 단락 전류[A]

I_n : 정격 전류[A] V : 선간 전압[kV]

P_s : 단락 용량[kVA] P_n : 기준 용량[kVA]

(4) 계산순서

첫째 : 기준 용량 P_n을 선정(임의로 선정가능 하나 계산을 간단하게 하기 위하여 계통에 있는 공통적인 값을 선정하는 것이 바람직하다.)

둘째 : 기준용량에 대한 %Z 환산

$$\text{기준 용량에 대한 }\%Z = \dfrac{\text{기준용량}}{\text{자기용량}} \times \text{자기 용량에 대한 }\%Z$$

셋째 : 고장점까지의 %Z 합산

넷째 : I_s, P_s 계산

예제 8 그림과 같이 A 변전소에서 B 변전소로 1회선 송전을 하고 있다. 이 경우 B 변전소의 (e) 차단기의 차단 용량을 구하시오. 단, 계통의 %임피던스는 10[MVA]를 기준으로 그림에 표시한 것으로 한다.

차단기의 정격 용량

차단 용량 [MVA]	50	100	200	300	500

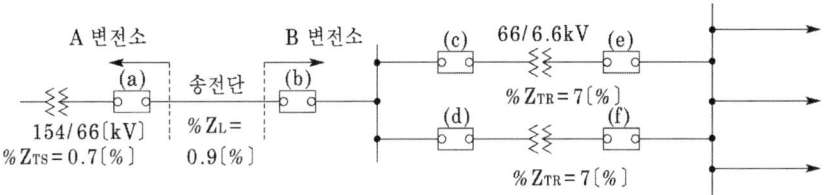

풀이 계산 : ① (e) 차단기(고장점)까지의 %임피던스
$$\%Z = \%Z_{TS} + \%Z_L + \%Z_{TR} = 0.7 + 0.9 + 7 = 8.6[\%]$$
② 단락 용량
$$P_s = \frac{100}{\%Z}P_n = \frac{100}{8.6} \times 10 = 116.28[MVA]$$

답 : 차단기의 차단 용량은 단락 용량보다 커야 하므로 표에서 200[MVA] 선정

해설 2회선 선로에서 단락사고시 차단기의 차단용량 계산

① (e) 차단기 1차측에서 단락사고시 (e) 차단기를 흐르는 전류는 I_{s2}
(이때 I_{s1}은 (e) 차단기를 흐르지 않는다.)
② (e) 차단기 2차측에서 단락사고시 (e) 차단기를 흐르는 전류는 I_{s1}
(이때 I_{s2}는 (e) 차단기를 흐르지 않는다.)
따라서, 차단기의 차단전류는 I_{s1}과 I_{s2}중에서 큰 값을 기준하여 선정하면 된다.

예제 9 수전 전압 6600[V], 계약 전력 300[kW], 3상 단락 전류가 8000[A]인 수용가의 수전용 차단기의 적정 차단 용량은 몇 [MVA]인가?

차단기 용량 [MVA]

10, 20, 30, 40, 50, 60, 70, 80, 100

• 계산 :   • 답 :

풀이 계산 : 차단 용량 = $\sqrt{3} \times$ 정격 전압 $\times$ 정격 차단 전류
$$= \sqrt{3} \times 6600 \times \frac{1.2}{1.1} \times 8000 \times 10^{-6} = 99.77[MVA]$$

답 : 100[MVA] 선정

해설 차단기의 정격 차단 전류는 단락 전류보다 커야 한다.

6.7 전력 퓨즈(PF : Power Fuse)

1 기능
전력 회로에 사용되는 퓨즈로서 주로 고전압 회로 및 기기의 단락 보호용으로 차단기와 같은 과전류 보호장치로서 그 기능은 다음과 같다.
   (1) 부하 전류는 안전하게 통전
   (2) 단락 전류는 차단

2 소호 방식에 따른 분류

(1) 한류형 퓨즈
밀폐된 절연통 안에 퓨즈 엘리먼트와 규소 등의 소호제를 충전 밀폐한 구조로서 퓨즈 동작시 높은 아크 전압을 발생하여 사고 전류를 강제적으로 한류 억제시켜 차단하는 퓨즈. 즉 단락사고 발생시 단락 전류가 최대값에 도달하기전 차단함으로써 계통에 흐르는 단락전류의 크기를 억제할 수 있다.

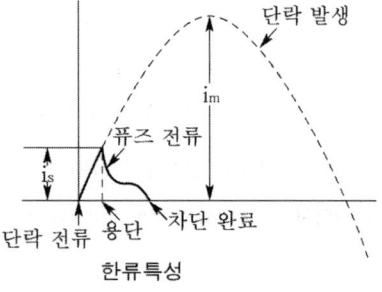

(2) 비한류형 퓨즈
전류 0점에서 극간의 절연내력을 재기전압 이상으로 높여서 차단하는 퓨즈

3 전력용 퓨즈의 특징
전력용 퓨즈는 차단기에 비하여 다음과 같은 장·단점을 가진다.

장 점	단 점
· 소형 경량이다.	· 재투입을 할 수 없다.(가장 큰 단점)
· 가격이 싸다.	· 과전류에서 용단될 수 있다.
· 릴레이와 변성기가 필요없다.	· 동작시간-전류 특성을 계전기처럼 마음대로 조정 불가능
· 차단시 무방출 무음(한류형퓨즈)	
· 고속도 차단한다.	· 최소차단전류 영역이 있다.
· 보수가 용이하다.	· 비보호 영역이 있어 사용 중에 열화동작에 의해 결상 우려가 있다.
· 한류효과가 우수하다.	
· 소형이기 때문에 장치전체가 소형	· 차단시 과전압을 발생(한류형)
· 후비보호가 완벽하다.	· 고임피던스 접지계통의 지락보호는 불가

4 퓨즈 선정시 고려사항

① 과부하 전류에 동작하지 말 것
② 변압기 여자 돌입 전류에 동작하지 말 것
③ 충전기 및 전동기 기동 전류에 동작하지 말 것
④ 보호기기와 협조를 가질 것

5 고압 퓨즈의 규격

(1) 과전류차단기로 시설하는 퓨즈 중 고압전로에 사용하는 포장퓨즈의 구비 조건

1) 정격전류의 1.3배의 전류에 견디고 또한 2배의 전류에서 120분 이내에 용단되는 것
2) 고압한류 퓨즈와 종류와 용단 특성
   ① 변압기용 (퓨즈에 「T」로 표시)
      여자돌입 전류를 고려하여 0.1초에서 용단전류를 규정하고 있다.
   ② 전동기용 (퓨즈에 「M」으로 표시)
      전동기의 기동전류를 고려하여 10초에서 용단전류를 규정하고 있다.
   ③ 변압기 및 전동기용 (퓨즈에 「T/M」으로 표시)
      변압기의 여자전류와 전동기의 기동전류를 고려하여 0.1초와 10초에서 용단 전류를 규정하고 있다.
   ④ 특별히 용도를 정하지 않은 것 (퓨즈에 「G」로 표시)
      종전부터 사용되던 것을 규정하고 있다.

(2) 과전류차단기로 시설하는 퓨즈 중 고압전로에 사용하는 비포장퓨즈의 구비 조건

정격전류의 1.25배의 전류에 견디고 또한 2배의 전류에서 2분 이내에 용단되는 것이어야 한다.

6 저압 퓨즈의 가격

(1) A종 : 정격 전류의 110[%] 전류에 용단되지 않을 것
(2) B종 : 정격 전류의 130[%] 전류에 용단되지 않을 것

7 퓨즈의 특성

(1) 용단 특성
(2) 단시간 허용 특성
(3) 전차단 특성

8 퓨즈와 각종 개폐기 및 차단기와의 기능 비교

기능 \ 능력	회로 분리		사고 차단	
	무부하	부하	과부하	단락
퓨 즈	○			○
차단기	○	○	○	○
개폐기	○	○	○	
단로기	○			
전자 접촉기	○	○	○	

※ 퓨즈와 단로기는 Arc 소호장치가 없으므로 부하전류 및 과부하 전류의 개폐가 곤란하다.

9 전력 퓨즈의 정격

개통 전압[kV]	퓨즈 정격	
	퓨즈 정격전압[kV]	최대 설계전압[kV]
6.6	6.9 또는 7.5	– 8.25
6.6/11.4Y	11.5 또는 15	– 15.5
13.2	15	15.5
22 또는 22.9	23	25.8
66	69	72.5
154	161	169

예제 10 전원 전압이 100[V]인 회로에서 600[W]의 전기솥 1대, 350[W]의 다리미 1대, 150[W]의 텔레비전 1대를 사용할 때 10[A]의 고리 퓨즈는 어떻게 되겠는지 그 상태와 그 이유를 설명하시오.

• 상태 :

• 이유 :

풀이 부하 전류 $I = \dfrac{600+350+150}{100} = 11[A]$

• 상태 : 용단되지 않는다.
• 이유 : 저압용 고리 퓨즈는 정격 전류의 1.1배의 전류에는 견디어야 하므로 용단되어서는 안된다.

예제 11 전력 퓨즈 및 각종 개폐기들의 능력을 비교할 때, 그 능력이 가능한 곳에 ○표를 하시오.

능력 기능	회로 분리		사고 차단	
	무부하	부하	과부하	단락
퓨 즈				
차단기				
개폐기				
단로기				
전자 접촉기				

풀이

능력 기능	회로 분리		사고 차단	
	무부하	부하	과부하	단락
퓨 즈	○			○
차단기	○	○	○	○
개폐기	○	○	○	
단로기	○			
전자 접촉기	○	○	○	

6.8 이상전압 방지대책

▶ 송전계통의 이상전압 방지대책
(1) 피뢰기 : 뇌해로부터 전기기기 보호
(2) 가공지선 : 뇌해로부터 가공전선로 보호
(3) 매설지선 : 철탑의 역섬락 방지
(4) 서지 흡수기 : 개폐서지, 순간 과도전압으로부터 기기 보호
(5) 피뢰침 설비 : 뇌해로부터 건축물과 내부의 사람이나 물체를 보호

1 피뢰기

(1) 피뢰기의 기능

피뢰기(LA)는 뇌나 계통의 개폐에 의하여 발생하는 이상전압을 대지로 방전시켜 전력설비의 절연을 보호하고 속류를 차단하여 계통을 원래 상태로 회복시켜주는 보안장치이다.

(2) 피뢰기의 제1보호 대상

전력용 변압기

(3) 피보호 기기인 변압기의 절연강도

변압기의 절연강도 > 피뢰기의 제한전압 + 피뢰기 접지저항에 의한 전압강하

(4) 피뢰기의 구성 요소

① 직렬갭 : 뇌전류를 대지로 방전시키고 속류를 차단한다.
② 특성 요소 : 뇌전류 방전시 피뢰기 자신의 전위 상승을 억제하여 자신의 절연 파괴를 방지한다.

(5) 피뢰기의 구비조건

1) 상용주파 방전개시전압이 높을 것
  - 이유 : 상용주파의 전압이란 이상전압의 침입이 없는 정상상태를 의미한다. 따라서 정상상태에서 피뢰기가 동작하면 안되므로 상용 주파에서 방전을 개시하는 전압이 높을수록 좋다.

2) 충격 방전 개시 전압이 낮을 것
  - 이유 : 직격뢰의 파두장은 $1 \sim 10 [\mu S]$, 파미장은 $10 \sim 100 [\mu S]$ 정도인 충격파다. 따라서 뇌써지가 침입하면 피뢰기는 즉시 동작하여 이상전압을 대지로 방전시켜야 하므로 피뢰기의 충격 방전 개시 전압은 낮을수록 좋다.

3) 제한 전압이 낮을 것
  - 이유 : 제한전압은 피뢰기 동작시 피뢰기 양단자에 남게되는 전압으로 이 제한전압이 변압기에 가해진다. 따라서 피뢰기 동작시 피뢰기의 제한전압이 낮을수록 변압기에 가해지는 전압이 낮아지게 되므로 제한 전압이 낮아야 좋다.

4) 속류 차단 능력이 클 것
  - 이유 : 뇌써지 침입 후 피뢰기가 동작하여 이상전압을 대지로 방전시킨 후 정상상태에 도달하게 되면 피뢰기는 즉시 동작을 멈추어 상용주파수의 전류가 대지로 흐르게 되는 것을 막아야 한다. 따라서 피뢰기는 속류차단 능력이 클수록 좋다.

5) 뇌전류 방전과 속류차단의 반복동작에 대하여 장기간 사용할 수 있을 것

(6) 피뢰기 설치 장소

1) 뇌써지 침입 후 피뢰기가 동작한 경우에도 피뢰기와 변압기가 떨어져 있으면 진행파의 반사작용에 의해 변압기의 단자전압은 대단히 높아져 절연을 파괴하게 된다. 따라서 피뢰기는 가능한 한 피보호 기기의 가까운 곳에 설치하는 것이 바람직하며 다음과 같은 이격 거리 이내에 설치하여야 한다.

공칭 전압[kV]	이격 거리[m]
345	85
154	65
66	45
22	20
22.9	20

2) 피뢰기의 시설
   ① 발전소, 변전소의 가공 전선 인입구 및 인출구
   ② 가공 전선로에 접속하는 배전용 변압기의 고압측 및 특고압측
   ③ 고압 및 특고압 가공 전선로로부터 공급을 받는 수용가의 인입구
   ④ 가공 전선로와 지중 전선로가 접속되는 곳

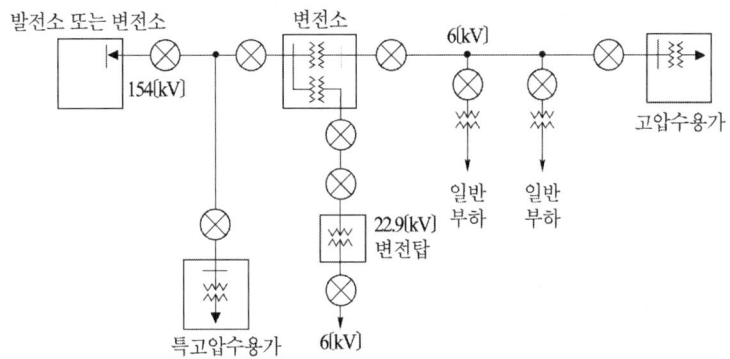

(7) 피뢰기의 정격 전압

속류를 차단할 수 있는 최고 교류 전압으로 다음과 같다.

전력 계통		피뢰기의 정격전압[kV]	
전압[kV]	중성점 접지방식	변전소	배전 선로
345	유효접지	288	
154	유효접지	144	
66	PC 접지 또는 비접지	72	
22	PC 접지 또는 비접지	24	
22.9	3상 4선 다중접지	21	18

[주] 전압 22.9[kV-Y] 이하의 배전선로에서 수전하는 설비의 피뢰기 정격전압 [kV]은 배전선로용을 적용한다.

(8) 피뢰기의 정격 전압 계산방법

1) 방법 1
   ① 직접 접지방식 $E_R = 0.8 \sim 1.0\, V$
   ② 저항 또는 소호 리액터 접지방식 $E_R = 1.4 \sim 1.6\, V$

   여기서, E_R : 피뢰기의 정격전압, $V = \dfrac{공칭전압}{1.1}$

2) 방법 2

   $$E_R = \alpha \beta V_m$$

   여기서, E_R : 피뢰기의 정격전압

α : 접지계수(유효접지 계통 : 0.64~0.75 범위, 비유효 접지계통 : 1)

　　일반적으로 · 765[kV] : 0.64
　　　　　　　 · 345[kV] : 0.69
　　　　　　　 · 154[kV] : 0.75 을 적용

β : 여유도(유효접지 계통 : 1.15)

V_m : 선간의 최고 전압 (V_m = 공칭전압 $\times \frac{1.15}{1.1}$)

3) 계산 예

① 765[kV] 계통(유효접지 계통)

$E_R = 0.64 \times 1.15 \times 800 ≒ 588[kV]$

② 345[kV] 계통(유효접지 계통)

$E_R = 0.69 \times 1.15 \times 362 ≒ 288[kV]$

③ 154[kV] 계통(유효접지 계통)

$E_R = 0.75 \times 1.15 \times 170 ≒ 144[kV]$

(9) 피뢰기의 방전 전류

갭의 방전에 따라 피뢰기를 통해서 대지로 흐르는 충격 전류를 말한다.

설치 장소별 피뢰기의 공칭 방전 전류

공칭 방전 전류	설치장소	적용 조건
10000[A]	변전소	1. 154[kV] 이상 계통 2. 66[kV] 및 그 이하 계통에서 뱅크 용량이 3000[kVA]를 초과하거나 특히 중요한 곳 3. 장거리 송전선 케이블(배전피더 인출용 단거리 케이블 제외) 및 콘덴서 뱅크를 개폐하는 곳
5000[A]	변전소	66[kV] 및 그 이하 계통에서 뱅크 용량이 3000[kVA] 이하인 곳
2500[A]	선 로	배전 선로

[주] 전압 22.9[kV-Y]이하 (22[kV] 비접지 제외)의 배전선로에서 수전하는 설비의 피뢰기 공칭 방전 전류는 일반적으로 2500[A]의 것을 적용한다.

(10) 충격파 방전 개시 전압

피뢰기 단자간에 충격 전압을 인가하였을 경우 방전을 개시하는 전압

(11) 상용주파 방전 개시 전압

피뢰기 단자간에 상용 주파수의 전압을 인가하였을 경우 방전을 개시하는 전압(실효값)

(12) 제한 전압

피뢰기 방전 중 피뢰기 단자간에 남게 되는 충격 전압(피뢰기가 처리하고 남은 전압)

(13) 속류

방전 전류에 이어서 전원으로부터 공급되는 상용 주파수의 전류가 직렬갭을 통하여 대지로 흐르는 전류

(14) 갭레스(Gapless) 피뢰기

1) 구조

갭형 피뢰기의 특성요소는 탄화규소(SiC)로 되어 있으나 갭레스(Gapless) 피뢰기는 비직선성이 뛰어난 ZnO를 특성 요소로 사용하여 직렬갭을 없앤 구조의 피뢰기

2) SiC와 ZnO 특성요소의 전압-전류 특성

그림에서 알 수 있듯이 산화아연(ZnO) 특성요소는 일정전압 V_0 이하에서는 특성요소에 거의 전류가 흐르지 않으므로 직렬갭이 필요 없게 된다.

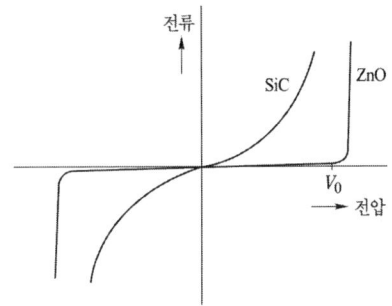

SiC와 ZnO 특성요소의 전압-전류 특성

3) 갭레스 피뢰기의 특성

① 직렬갭이 없으므로 구조가 간단하고 소형 경량화 할 수 있다.
② 급준파 응답이 이론적으로 뛰어나다.
③ 오손에 강하다.

2 서지흡수기

(1) 서지흡수기의 시설

구내선로에서 발생할 수 있는 개폐서지, 순간과도전압 등으로 이상전압이 2차 기기에 악영향을 주는 것을 막기 위해 서지흡수기를 시설하는 것이 바람직하다.

(2) 설치위치

서지흡수기는 보호하고자 하는 기기전단으로, 개폐서지를 발생하는 차단기후단과 부하측 사이에 설치 운용한다.

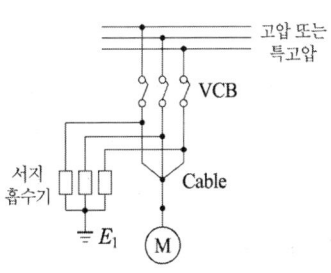

(3) 서지흡수기의 적용

차단기의 종류 전압등급 2차 보호기기		VCB				
		3[kV]	6[kV]	10[kV]	20[kV]	30[kV]
전동기		적 용	적 용	적 용	–	–
변압기	유입식	불필요	불필요	불필요	불필요	불필요
	몰드식	적 용	적 용	적 용	적 용	적 용
	건 식	적 용	적 용	적 용	적 용	적 용
콘덴서		불필요	불필요	불필요	불필요	불필요
변압기와 유도기기와의 혼용 사용시		적 용	적 용	–	–	–

[주] 상기 표에서와 같이 VCB를 사용시 반드시 서지흡수기를 설치하여야 하나 VCB와 유입변압기를 사용시는 설치하지 않아도 된다.

3 피뢰침 설비

(1) 목적
피뢰 설비는 보호하고자 하는 대상물에 접근하는 뇌격을 확실하게 흡인하여 뇌격 전류를 안전하게 대지로 방류함으로써 건축물과 내부의 사람이나 물체를 뇌해로부터 보호하기 위한 설비이다.

(2) 피뢰방식
① 돌침방식
② 용마루 위 도체방식
③ 돌침방식 + 용마루 위 도체방식
④ 케이지 방식
⑤ 이온방사형 피뢰방식

(3) 설치 장소
1) 설치가 의무화되어 있는 건축물과 설비(건축법 시행령, 소방법)
   ① 지면상 20[m]를 초과하는 건축물이나 설비
   ② 위험물이나 화약류 저장소
2) 설치가 바람직한 건축물 및 설비
   ① 낙뢰의 가능성이 많은 건축물이나 설비 (평지의 독립 가옥, 높은 탑, 굴뚝 등)
   ② 낙뢰를 받았을 때 피해가 큰 건축물(학교, 병원, 백화점, 박물관 등)

(4) 피뢰 설비의 구성
① 돌침부 : 뇌격을 흡인하여 피보호물을 보호한다.

② 피뢰 도선 : 뇌 전류를 접지 전극으로 전달한다.
③ 접지 전극 : 뇌 전류를 대지로 방류한다.

(5) 피뢰침의 보호각과 보호 범위
돌침 및 수평 도체의 보호각
① 일반 건축물 : 60° 이하
② 위험물 관계 건축물 : 45° 이하

예제 12 154[kV] 중성점 직접 접지 계통의 피뢰기 등에 대한 다음 각 물음에 답하시오.
(1) 피뢰기의 정격 전압은 어떤 것을 선택해야 하는가?
(단, 접지 계수는 0.75이고, 유도는 1.1이다.)

피뢰기의 정격 전압 (표준값 [kV])

| 126 | 144 | 154 | 168 | 182 | 196 |

(2) 피뢰기의 구성 요소 2가지를 쓰시오.
(3) 피뢰기 방전 후 피뢰기의 단자간에 잔류하는 전압을 무슨 전압이라 하는가?
(4) 피뢰기에서 상용주파 허용 단자 전압은 보통 공칭 전압의 몇 배 이상을 표준으로 하는가?
(5) 지락 사고를 검출하기 위해 사용되는 것은?

풀이 (1) 계산 : 피뢰기 정격전압 $E_R = \alpha \beta V_m$ 에서
$E_R = 0.75 \times 1.1 \times 170 = 140.25 [\text{kV}]$
답 : 144[kV]
(2) ① 직렬 갭   ② 특성 요소
(3) 제한 전압
(4) 0.8~1.0배
(5) 지락 과전류 계전기

해설 (1) 피뢰기의 정격전압

전력 계통		피뢰기의 정격전압[kV]	
전압[kV]	중성점 접지방식	변전소	배전 선로
345	유효접지	288	
154	유효접지	144	
66	PC 접지 또는 비접지	72	
22	PC 접지 또는 비접지	24	
22.9	3상 4선 다중접지	21	18

[주] 전압 22.9[kV-Y] 이하의 배전선로에서 수전하는 설비의 피뢰기 정격전압 [kV]은 배전선로용을 적용한다.

예제 13 동일 개소에 2종류 이상의 접지 공사를 할 때 접지저항이 적은 것을 공용으로 할 수 있다. 다만, 피뢰기, 피뢰침 접지는 타 접지와 공용이 안된다. 그 이유를 설명하시오.

답이 낙뢰에 의한 이상 전압 침입시 타접지와 공용으로 사용시 피뢰기의 접지선을 통해 다른 기기 및 기구에 침입하여 계통의 사고가 확대 된다 이를 방지하기위해 독립접지 시공한다.

6.9 역률 개선

1 역률

① 역률 : 피상 전력에 대한 유효 전력의 비 $\left(\cos\theta = \dfrac{P[\text{kW}]}{P_a[\text{kVA}]}\right)$

② 역률개선 : 역률을 개선 한다는 것은 유효전력 P는 변함이 없고 콘덴서로 진상의 무효전력 Q_C를 공급하여 부하의 지상 무효전력 Q_L을 감소시키는 것을 말한다.

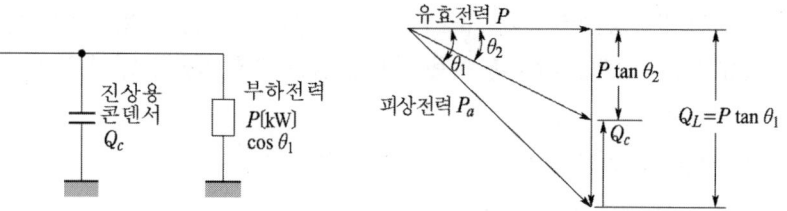

그림에서 역률각 θ_1을 θ_2로 개선하기 위해서는 부하의 무효전력 $Q_L(P\tan\theta_1)$을 콘덴서 Q_c로 보상하여 부하의 무효전력을 $P\tan\theta_2$로 감소시켜야 한다.

이때 필요한 콘덴서 용량 Q_c는

$$Q_c = P\tan\theta_1 - P\tan\theta_2 = P(\tan\theta_1 - \tan\theta_2)$$
$$= P\left(\dfrac{\sin\theta_1}{\cos\theta_1} - \dfrac{\sin\theta_2}{\cos\theta_2}\right)$$
$$= P\left(\dfrac{\sqrt{1-\cos\theta_1^2}}{\cos\theta_1} - \dfrac{\sqrt{1-\cos\theta_2^2}}{\cos\theta_2}\right)$$

여기서, $\cos\theta_1$: 개선 전 역률, $\cos\theta_2$: 개선 후 역률

2 역률 개선의 효과

(1) 변압기와 배전선의 전력 손실 경감

$$\text{전력손실 } P_l = 3I^2R = 3\left(\dfrac{P}{\sqrt{3}\,V\cos\theta}\right)^2 R = \dfrac{P^2R}{V^2\cos^2\theta}$$

따라서, 전력 손실은 역률의 자승에 반비례하므로 역률을 개선하면 전력손실은 감소한다.

(2) 전압 강하의 감소

$$\begin{aligned} 전압강하 \quad e &= \sqrt{3}\,I(R\cos\theta + X\sin\theta) \\ &= \sqrt{3}\left(\frac{P}{\sqrt{3}\,V\cos\theta}\right)(R\cos\theta + X\sin\theta) \\ &= \frac{P}{V}\left(R + X\frac{\sin\theta}{\cos\theta}\right) = \frac{P}{V}(R + X\tan\theta) \end{aligned}$$

따라서, 역률을 개선하면 분모인 $\cos\theta$는 증가하고 분자인 $\sin\theta$는 감소하게 되어 전압 강하는 감소하게 된다.

(3) 설비 용량의 여유 증가

$$부하의\ 피상전력 = \sqrt{(부하의유효전력)^2 + (부하의\ 무효전력 - 콘덴서 용량)^2}$$

이므로 콘덴서를 설치하면 부하의 피상전력이 감소하게 되어 동일한 전기공급 설비로서 더 많은 부하에 전기를 공급할 수 있게 된다.

(4) 전기 요금의 감소

수용가의 역률을 90[%]를 기준으로 하여 90[%]보다 낮은 매 1[%]마다 기본요금이 0.2[%]씩 할증되고, 90[%]보다 높은 매 1[%]마다 (95[%]까지 적용) 기본 요금을 0.2[%]씩 감해주는 제도가 있다. 따라서, 역률을 개선하면 전기 요금이 감소하게 된다.

3 방전장치

(1) 저압진상용 콘덴서 회로에는 방전코일, 방전저항, 기타 개로후의 잔류전하를 방전시키는 장치를 하는 것을 원칙으로 한다. 다만, 다음 각호의 경우는 적용하지 않는다.
   ① 콘덴서가 현장조작 개폐기보다도 부하측에 직접 접속되고 또한 부하기기의 내부에 개폐기류를 갖추지 않는 경우(콘덴서에 전용의 개폐기, 과전류차단기 또는 차단기를 설치해서는 안된다.)
   ② 콘덴서가 변압기의 2차측에 개폐기 또는 과전류차단기를 경유하지 않고 직접 접속되어 있는 경우
(2) 제1항의 방전장치는 콘덴서회로에 직접 접속하여 두거나 또는 콘덴서회로를 개방하였을 경우, 자동적으로 접속할 수 있도록 장치하고 개로 후 3분 이내에 콘덴서의 잔류전하를 75[V] 이하로 저하시킬 수 있는 능력을 갖는 것이어야 한다.

4 저압진상용 콘덴서를 개개의 부하에 설치하는 경우의 시설

(1) 콘덴서의 용량은 부하의 무효분보다 크지 않을 것
(2) 콘덴서는 현장조작개폐기 또는 이에 상당하는 개폐기보다 부하측에 설치할 것
   [주] 전류계가 있는 경우는 전류계의 전원측에서 분기하는 것을 원칙으로 한다.

(3) 본선에서 분기하여 콘덴서에 이르는 전로에는 개폐기 등의 장치를 하여서는 안된다.
(4) 방전 저항기부 콘덴서를 시설하는 것이 바람직하다.

5 개개의 부하에 고압 및 특고압 진상용 콘덴서를 시설하는 경우

(1) 콘덴서의 용량은 부하의 무효분보다 크게 하지 말 것
(2) 콘덴서는 본선에 직접 접속하고 특히 전용의 개폐기, 퓨즈, 유입차단기 등을 설치하지 말 것.
이 경우 콘덴서에 이르는 분기선은 본선의 최소 굵기보다는 적게하지 말 것. 다만, 방전 장치가 있는 콘덴서에는 개폐기(차단기 포함)를 설치할 수 있으나 평상시 개폐는 하지 않음을 원칙으로 하며 C.O.S를 설치할 경우는 다음에 의하여야 한다.
① 고압 : C.O.S에 퓨즈를 삽입하지 않고 단면적 6[mm^2] 이상의 나동선으로 직결한다.
② 특고압 : C.O.S에는 퓨즈를 삽입하며, 콘덴서 용량별 퓨즈정격은 정격전류의 200[%] 이내의 것을 사용

6 각 부하에 공용의 고압 및 특고압 진상용 콘덴서를 시설하는 경우

(1) 콘덴서는 그의 총용량이 300[kVA] 초과, 600[kVA] 이하의 경우는 2군 이상, 600[kVA]를 초과할 때에는 3군 이상으로 분할하고 또한 부하의 변동에 따라서 접속콘덴서의 용량을 변화시킬 수 있도록 시설할 것.
(2) 콘덴서의 회로에는 전용의 과전류 트립 코일이 있는 차단기를 설치할 것. 다만, 콘덴서의 용량이 100[kVA] 이하인 경우는 유입개폐기 또는 이와 유사한 것(인터럽트 스위치 등), 50[kVA] 미만인 경우는 컷아웃스위치(직결로 한다)를 사용할 수 있다.

7 콘덴서 회로의 부속 기기

(1) 방전 코일 (DC : Discharge Coil)
① 콘덴서에 축적된 잔류 전하를 방전하여 감전 사고 방지
② 선로에 재투입시 콘덴서에 걸리는 과전압 방지

(2) 직렬 리액터 (SR : Series Reactor)
제5고조파로부터 전력용 콘덴서 보호 및 파형 개선의 목적으로 사용된다. 직렬 리액터의 용량은 다음과 같다.
① 이론적 : 콘덴서 용량 × 4[%]
$$5wL = \frac{1}{5wC}$$
$$\therefore wL = \frac{1}{25} \times \frac{1}{wC} = 0.04 \times \frac{1}{wC}$$
② 실제 : 콘덴서 용량 × 6[%]

8 콘덴서 설비의 주요 사고 원인

(1) 콘덴서 설비의 모선 단락 및 지락
(2) 콘덴서 소체 파괴 및 층간 절연 파괴
(3) 콘덴서 설비내의 배선 단락

9 역률 과보상시 발생하는 현상

역률을 과보상하여 진상이 되는 경우 다음과 같은 문제점이 발생한다.

- 역률의 저하
- 손실의 증가
- 단자 전압 상승
- 계전기 오동작

(1) 역률의 저하

역률을 과보상하여 진상이 된 경우는 지상일때와 마찬가지로 역률이 저하하며 손실이 증가한다.

1) 지상 부하의 경우   (2) 진상부하의 경우

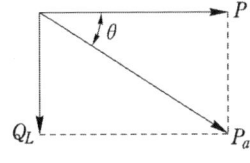   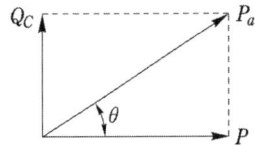

$\cos\theta = \dfrac{P}{P_a} = \dfrac{P}{\sqrt{P^2 + Q_L^2}}$ $\cos\theta = \dfrac{P}{P_a} = \dfrac{P}{\sqrt{P^2 + Q_C^2}}$

그러므로 진상이든 지상이든 무효전력의 크기가 증가하면 역률은 감소한다.

(2) 손실의 증가

$P_l = 3I^2 R = 3\left(\dfrac{P}{\sqrt{3}\,V\cos\theta}\right)^2 R = \dfrac{P^2 R}{V^2 \cos\theta^2}$ 이므로

역률 $\cos\theta$가 저하하면 전력손실은 역률의 자승에 반비례하여 증가하게 된다.

(3) 단자 전압 상승

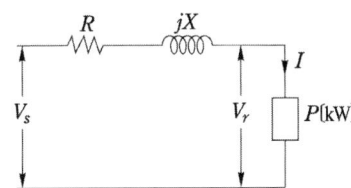

① 지상부하의 경우 송전단 전압 V_s는 수전단 전압 V_r보다 높다.

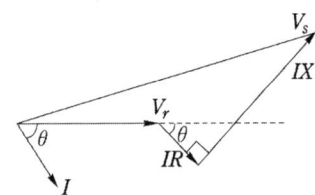

② 진상 부하의 경우 수전단 전압 V_r이 송전단 전압 V_s보다 높게 된다.

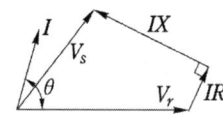

10 콘덴서 투입시 돌입전류

$$I = I_C \left(1 + \sqrt{\frac{X_C}{X_L}}\right)$$

여기서, I : 콘덴서 투입시 돌입전류[A] I_C : 콘덴서 정격전류[A]
X_L : 직렬 리액터 용량 X_C : 콘덴서 용량

예제 14 50[Hz]로 사용하던 역률 개선용 콘덴서를 같은 전압의 60[Hz]로 사용하면 여기에 흐르는 전류는 어떻게 되는가?

• 계산 :   • 답 :

풀이 계산 : $I_c = 2\pi f C V$에서 전류는 주파수에 비례한다.

$$I_c' = \frac{60}{50} \times I_c = 1.2 I_c$$

답 : 20[%] 증가한다.

예제 15 다음 계통도의 가, 나, 다 의 명칭과 역할을 간단히 설명하시오.

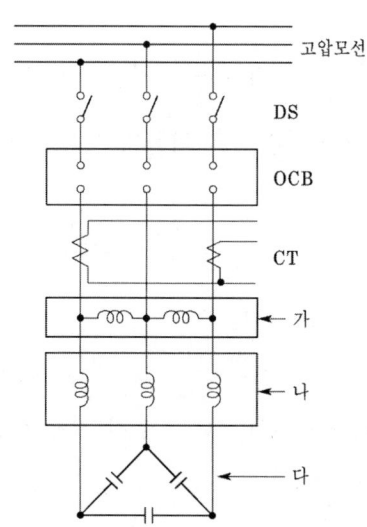

번호	명칭	역할
가	방전코일	콘덴서에 축적된 잔류 전하를 방전
나	직렬 리액터	제5고조파를 제거하여 파형을 개선한다.
다	전력용 콘덴서	역률을 개선한다.

예제 16 제5고조파로부터 역률 개선용 콘덴서를 보호하기 위하여 직렬 리액터를 설치하고자 한다. 콘덴서의 용량이 200[kVA]라고 할 때 이론상 필요한 직렬 리액터의 용량을 계산하고, 실제로는 몇 [kVA]의 직렬 리액터를 설치하여야 하는지를 명시하시오.

이론상 : $200 \times 0.04 = 8[\text{kVA}]$
실제상 : $200 \times 0.06 = 12[\text{kVA}]$

[이론상] 리액터 용량=콘덴서 용량 × 4[%]
[실제상] 리액터 용량=콘덴서 용량 × 6[%]

예제 17 부하설비의 역률이 90[%] 이하로 저하하는 경우(지상 역률) 수용가가 볼 수 있는 손해는 무엇인지 4가지를 예로 들어 답하시오.

① 전력 손실이 커진다.
② 전압 강하가 커진다.
③ 전기 설비 용량이 증가한다.
④ 전기 요금이 증가한다.

6.10 계기용 변성기

1 계기용 변압기 (PT : Potential Transformer)

(1) 목적
고전압을 저전압으로 변성하여 계기나 계전기에 공급하기 위한 목적으로 사용

(2) 용도
배전반의 전압계, 전력계, 주파수계, 역률계, 보호 계전기, 부족 전압계전기 및 표시등의 전원으로 사용

(3) 정격 부담
변성기의 2차측 단자간에 접속되는 부하의 한도를 말하며 [VA]로 표시한다.

(4) 계기용 변압기의 2차 정격전압 : AC 110[V]

(5) 퓨즈 설치 : 계기용 변압기 1차측과 2차측에는 반드시 퓨즈를 부착하여, 계기용 변압기 및 부하측에 고장 발생시 이를 고압 회로로부터 분리하여 사고의 확대를 방지하도록 하여야 한다.

2 계기용 변류기 (CT : Current Transformer)

(1) 목적
회로의 대전류를 소전류로 변성하여 계기나 계전기에 공급하기 위한 목적으로 사용

(2) 용도
배전반의 전류계, 전력계, 역률계, 보호 계전기 및 차단기 트립 코일의 전원으로 사용

(3) 정격 부담
변류기 2차측 단자간에 접속되는 부하의 한도를 말하며 [VA]로 표시한다.

(4) 2차측 개방불가
변류기 2차측을 개방하면 1차 전류가 모두 여자전류가 되어 2차측에 과전압을 유기하여 절연이 파괴되어 소손될 우려가 있으므로 CT 2차측 기기를 교체하고자 하는 경우는 반드시 CT 2차측을 단락시켜야 한다.

5) 변류비 선정

1) 변압기 회로

$$변류비 = \frac{CT\ 1차측\ 전류 \times (1.25 \sim 1.5)}{CT\ 2차측\ 전류}$$

$$= \frac{최대\ 부하\ 전류 \times (1.25 \sim 1.5)[A]}{5[A]}$$

2) 전동기 회로

$$변류비 = \frac{CT\ 1차측\ 전류 \times (1.5 \sim 2.0)}{CT\ 2차측\ 전류}$$

$$= \frac{최대\ 부하\ 전류 \times (1.5 \sim 2.0)[A]}{5[A]}$$

3) 전력 수급용 계기용 변성기(MOF)의 변류비

$$변류비 = \frac{CT\ 1차측\ 정격\ 전류}{CT\ 2차측\ 전류}$$

즉, MOF용 변류기의 변류비 선정시에는 여유를 고려하지 않는다.

(6) 변류비 및 부담
① 1차 전류 : 5, 10, 15, 20, 30, 40, 50, 75, 100, 150, 200, 300, 400, 500[A]
② 2차 전류 : 5[A]
③ 정격 부담 : 5, 10, 15, 25, 40, 100[VA]

(7) BCT(Bushing CT)의 오차계급

1) 종류

계전기용	
오차계급	부담
C100	B-1(25[VA])
C200	B-2(50[VA])
C400	B-4(100[VA])
C800	B-8(200[VA])

2) 의미

① 오차계급 C100은 2차 단자에 100[A]의 전류가 흘렀을 때 단자전압이 100[V]가 된다는 것을 의미한다.

따라서 $E = IZ$에서 임피던스 $Z = \dfrac{E}{I} = \dfrac{100}{100} = 1[\Omega]$

또한 오차계급 C800의 경우 임피던스 $Z = \dfrac{800}{100} = 8[\Omega]$이 된다.

② B-1은 부담을 나타낸다.

즉 부담 $VA = I^2 Z$에서 변류기의 2차 정격전류는 5[A]이므로
$VA = 5^2 Z = 25Z$가 되고 임피던스를 알면 변류기의 부담을 알 수 있다.

따라서 B-1의 1은 변류기의 임피던스를 나타낸다.

[예] B-8의 경우 임피던스가 8[Ω]이므로 부담 $VA = 25 \times 8 = 200[VA]$가 됨을 알 수 있다.

(8) 변류기 결선

1) 가동 접속 (정상 접속)

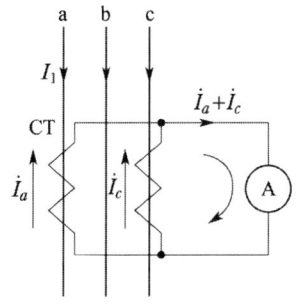 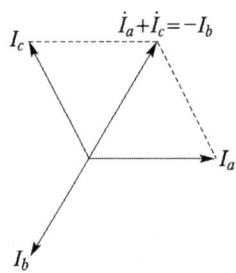

여기서, I_1 : 부하전류

$\dot{I}_a,\ \dot{I}_b,\ \dot{I}_c$: CT 2차 전류

$\dot{I}_a + \dot{I}_c$: 전류계 Ⓐ의 지시값, 즉 Ⓐ의 지시는 CT 2차 전류와 같은 크기의 전류값 지시(I_b상)

∴ I_1 = 전류계 Ⓐ 지시값 × CT비

2) 차동 접속 (교차 접속)

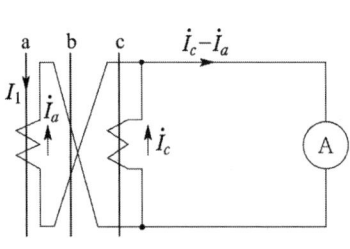 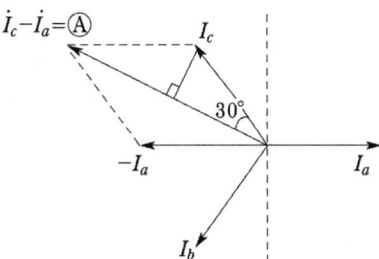

여기서, $\dot{I}_c - \dot{I}_a$: 전류계 Ⓐ 지시값

Ⓐ $= 2 \times I_c \cos 30° = \sqrt{3} I_c = \sqrt{3} I_a$

즉, Ⓐ의 지시는 CT 2차 전류의 $\sqrt{3}$ 배를 지시하므로

$I_a = \dfrac{Ⓐ}{\sqrt{3}}$, $I_c = \dfrac{Ⓐ}{\sqrt{3}}$ 가 되므로

∴ $I_1 = \dfrac{전류계 \; Ⓐ \; 지시값}{\sqrt{3}} \times$ CT비

3 전력 수급용 계기용 변성기 (MOF : Metering Out Fit)

계기용 변압기와 변류기를 조합한 것으로 전력 수급용 전력량을 측정하며, 또한 옥내 수전실 또는 옥내 큐비클 등 밀폐된 공간에 설치하는 전력 수급계기용 계기용 변성기는 난연성(에폭시몰드 및 가스 절연 또는 실리콘 절연 등) 제품을 사용하는 것이 바람직하다.

4 접지형 계기용 변압기 (GPT : Ground Potential Trnasformer)

(1) 목적

비접지 계통에서 지락 사고시의 영상 전압 검출

(2) 회로

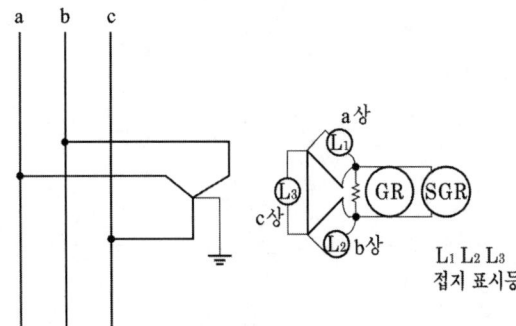

(3) GPT 2차측 전압 및 접지 표시등

1) 정상 상태

정상 상태에서는 GPT 2차측 각상의 전압은 $110/\sqrt{3}$ [V]이며 이때 접지 표시등 L_1, L_2, L_3의 밝기가 동일하다.

2) a상 완전 지락 사고시

a상에서 지락 사고시 GPT 2차측 a상의 전압은 0[V], b상 및 c상의 전압은 $110/\sqrt{3}$ [V]에서 110[V]로 상승하게 되며, 이 때 접지 표시등 L_1은 소등, L_2, L_3의 밝기는 정상 상태보다 밝아진다.

(4) a상 완전지락 사고시 각 상전압의 변화

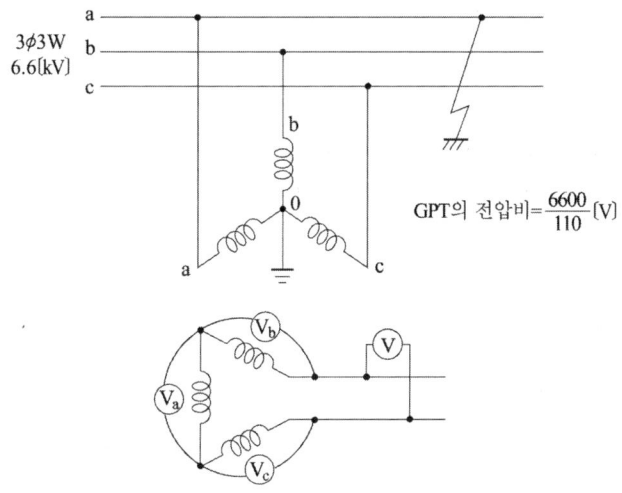

1) 정상 상태

① a-0에 인가되는 전압(1차측 권선에 인가되는 상전압) = $\dfrac{6600}{\sqrt{3}}$ [V]

② 2차측 전압($V_a = V_b = V_c$) = $\dfrac{6600}{\sqrt{3}} \times \dfrac{110}{6600} = \dfrac{110}{\sqrt{3}}$ [V]

2) a상 완전지락시

① a-0에 인가되는 전압은 0[V]가 인가된다.

② b-0 및 c-0에는 선간전압 6600[V]가 인가된다.

③ 2차측 전압

- $V_a = 0 \times \dfrac{110}{6600} = 0[V]$

- $V_b = V_c = 6600 \times \dfrac{110}{6600} = 110[V]$

④ 전압계 Ⓥ

Ⓥ $= \sqrt{3} \times $ Ⓥ$_b$ $= \sqrt{3} \times 110 = 190[V]$

5 영상 변류기 (ZCT : Zerophase Current Transformer)

지락 사고시 지락 전류(영상 전류)를 검출하는 것으로 지락 계전기와 조합하여 차단기를 차단시킨다.

예제 18 CT 2대를 V결선하여 OCR 3대를 그림과 같이 연결하여 사용할 경우 다음 각 물음에 답하시오.

(1) 일반적으로 우리 나라에서 사용하는 CT의 극성은 무엇인가?
(2) 변류기 2차측에 접속하는 외부 부하 임피던스를 무엇이라고 하는가?
(3) ③번 OCR에 흐르는 전류는 어떤 상의 전류인가?
(4) OCR은 어떤 고장(사고)이 발생하였을 때 동작하는가?
(5) 이 선로는 어떤 배전 방식(전기 방식)인가?

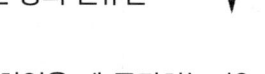

[풀이]
(1) 감극성
(2) 부담
(3) b상 전류
(4) 단락 사고
(5) 3상 3선식 비접지 방식

[해설] (1) CT의 극성에는 감극성과 가극성이 있으나 우리나라에서는 감극성을 표준으로 한다.
(3)

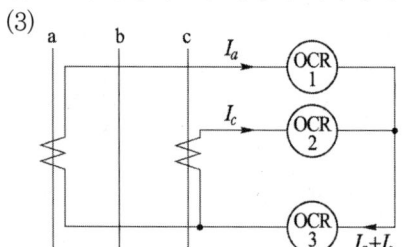 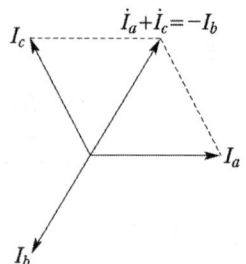

예제 19 그림과 같은 3상 3선식 고압 수전 설비의 변류기에 결선되어 있는 A_3 전류계에 흐르는 전류는 몇 [A]인가?

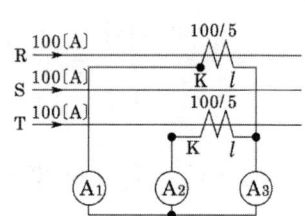

[풀이] $A_3 = 100 \times \dfrac{5}{100} = 5[A]$

[해설] 전류계 A_3의 지시는 A_1과 A_2의 vector 합이므로 3상이 평형되었다면 $A_1 = A_2 = A_3$가 된다.

예제 20 변류비 50/5인 CT 2개를 그림과 같이 접속할 때 전류계에 2[A]가 흐른다면 CT 1차측에 흐르는 전류는 몇 [A]인가?

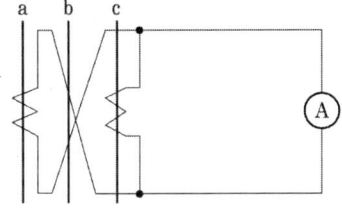

풀이 CT 1차측 전류 = 전류계 지시치 $\times \dfrac{1}{\sqrt{3}} \times$ 변류비

$$= 2 \times \dfrac{1}{\sqrt{3}} \times \dfrac{50}{5} = 11.55[A]$$

∴ 11.55[A]

해설 CT가 교차 접속되어 있으므로 CT 2차측 전류는 전류계 지시치의 $\dfrac{1}{\sqrt{3}}$ 이 된다.

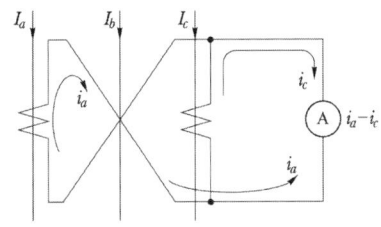 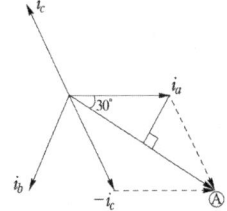

$Ⓐ = 2 \times i_a \cos 30° = 2 \times i_c \cos 30° = \sqrt{3} i_a = \sqrt{3} i_c$

∴ $i_a = i_c = \dfrac{Ⓐ}{\sqrt{3}}$

예제 21 3상 4선식 22.9[kV] 수전 설비의 부하 전류가 30[A]이다. 60/5[A]의 변류기를 통하여 과부하 계전기를 시설하였다. 120[%]의 과부하에서 차단기를 동작시키려면 과부하 트립 전류값은 몇 [A]로 설정해야 하는가?

풀이 과전류 계전기의 전류 탭(I_t) = 부하전류(I) $\times \dfrac{1}{\text{변류비}} \times$ 설정값

∴ $I_t = 30 \times \dfrac{5}{60} \times 1.2 = 3[A]$

답 : 3[A] 설정

해설 ※ OCR(과전류 계전기)의 탭 전류
2[A], 3[A], 4[A], 5[A], 6[A], 7[A], 8[A], 10[A], 12[A]

예제 22 그림과 같은 회로에서 최대 눈금 15[A]의 직류 전류계 2개를 접속하고 전류 20[A]를 흘리면 각 전류계의 지시는 몇 [A]인가? 단, 전류계 최대 눈금의 전압강하는 A_1이 75[mV], A_2가 50[mV]임.

• 계산 : • 답 :

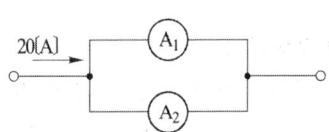

풀이 계산 : 전류계 내부 저항

$$R_1 = \dfrac{e_1}{I_1} = \dfrac{75 \times 10^{-3}}{15} = 5 \times 10^{-3}[\Omega]$$

$$R_2 = \frac{e_2}{I_2} = \frac{50 \times 10^{-3}}{15} = 3.33 \times 10^{-3}[\Omega]$$

전류 분배 법칙에 의해 각 전류계에 흐르는 전류 A_1, A_2는

$$A_1 = \frac{R_2}{R_1+R_2} \times I = \frac{3.33 \times 10^{-3}}{5 \times 10^{-3}+3.33 \times 10^{-3}} \times 20 = 8[A]$$

$$A_2 = I - A_1 = 20 - 8 = 12[A]$$

답 : $A_1 = 8[A]$, $A_2 = 12[A]$

6.11 보호 계전기

1 보호 계전기 동작 요소

요 소	종 류	계전기 명
단일 전류요소	전 류 계 전 기	OCR, UCR, OCGR
단일 전압요소	전 압 계 전 기	OVR, UVR, OVGR
전압, 전류요소	방향지락계전기	DOCGR, SGR
	방향단락계전기	DOCR, OCR with voltage res
	전 력 계 전 기	조류계전기
2전류 요소	기 기 보 호 용	비율차동계전기 (% Diff)
기타 요소	한 시 계 전 기	A.C Timer
	보 조 계 전 기	A.C Aux relay

2 주보호 및 후비보호

(1) 주보호

사고 발생시 신속하게 고장구간을 최소 범위로 한정해서 제거한다는 것을 책무로 하는 것으로 고장점 직상의 보호계전기 시스템을 의미한다.

(2) 후비보호

주보호가 실패했을 경우 또는 보호할 수 없을 경우에 일정한 시간을 두고 동작하는 백업(back up) 계전 방식이다.

3 사고 종류에 대한 보호장치 및 보호조치

항 목	사고 종류	보호장치 및 보호조치
고압 배전선로	접지사고	접지 계전기
	과부하, 단락	과전류 계전기
	뇌해	피뢰기, 가공지선
주상 변압기	과부하, 단락	고압 퓨즈
저압 배전선로	고저압 혼촉	제2종 접지공사
	과부하, 단락	저압 퓨즈

4 단락 보호용 계전기

(1) 과전류 계전기 (Over Current Relay : OCR)
  일정값 이상의 전류가 흘렀을 때 동작하며 일명 과부하 계전기라 불려진다.
(2) 과전압 계전기 (Over Voltage Realay : OVR)
  일정값 이상의 전압이 걸렸을 때 동작한다.
(3) 부족 전압 계전기 (Under Voltage Relay : UVR)
  전압이 일정값 이하로 떨어졌을 경우, 예를 들면 대형 유도 전동기 등에서 갑자기 공급 전압이 내려갔을 때 지나친 과전류가 흐르지 않게끔 동작하는 것이다.
(4) 단락 방향 계전기 (Directional Short Circuit Relay : DOCR, DSR)
  어느 일정한 방향으로 일정값 이상의 단락 전류가 흘렀을 경우 동작하는 것
(5) 선택 단락 계전기 (Selective Short Circuit Relay : SSR)
  병행 2회선 송전 선로에서 한쪽의 1회선에 단락 사고가 발생하였을 때 2중 방향 동작 계전기를 사용해서 고장 회선을 선택 차단할 수 있는 것
(6) 거리 계전기 (Distance Relay : ZR)
  계전기가 설치된 위치로부터 고장점 까지의 전기적 거리에 비례하여 한시 동작하는 것으로 복잡한 계통의 단락 보호에 과전류 계전기의 대용으로 쓰인다.

$$Z_{RY} = \frac{V_2}{I_2} = \frac{V_1 \times \frac{1}{PT비}}{I_1 \times \frac{1}{CT비}} = \frac{V_1}{I_1} \times \frac{CT비}{PT비} = Z_1 \times \frac{CT비}{PT비}$$

  여기서, Z_{RY} : 계전기측 임피던스[Ω]
     Z_1 : 계전기 설치점에서 고장점까지의 임피던스[Ω]
(7) 방향 거리 계전기(Directive Distance Relay : DZR)
  거리 계전기에 방향성을 가지게 한 것으로서 복잡한 계통에서 방향 단락 계전기의 대용으로 쓰인다.

5 지락 보호 계전기

(1) 과전류 지락 계전기 (Over Current Ground Relay : OCGR)
　　과전류 계전기의 동작 전류를 특별히 작게 한 것으로 지락 고장 보호용으로 사용한다.
(2) 방향 지락 계전기 (Directional Ground Relay : DGR)
　　과전류 지락 계전기에 방향성을 준 것
(3) 선택 지락 계전기 (Selective Ground Relay : SGR)
　　병행 2회선 송전 선로에서 한쪽의 1회선에 지락 사고가 일어났을 경우 이것을 검출하여 고장 회선만을 선택 차단할 수 있게끔 선택 단락 계전기의 동작 전류를 특별히 작게한 것

6 전류차동 계전기 (비율 차동 계전기[Percentage Differential Relay])

(1) 결선도

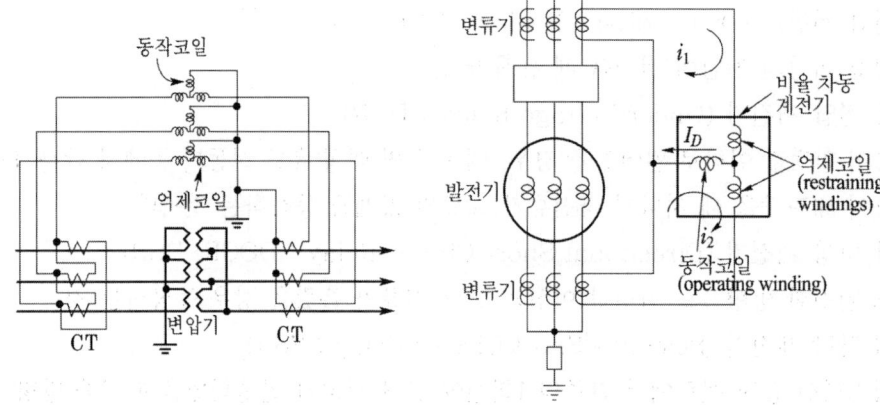

(2) 용도
　　발전기나 변압기의 내부 고장에 대한 보호용으로 사용

(3) 동작원리
　　정상 상태에서는 기기의 1,2차측 변류기 2차 전류 i_1, i_2의 크기가 같아서 동작 코일에는 전류가 흐르지 않는다.($I_D = i - i_2 = 0$). 그러나 발전기 또는 변압기 내부 고장이 발생하면 기기의 1, 2차측 변류기 1차 전류의 크기가 변화하고 그에 따라 변류기 2차측 전류 i_1, i_2의 크기가 변하게 되어 동작 코일에는 $i_1 - i_2$의 차 전류가 흐르게 되어 보호 계전기가 동작하게 된다.

(4) 비율 차동 계전기 결선
　　변압기의 결선이 Y-△ 또는 △-Y인 경우 변압기 1,2차측 변류기의 2차 전류 i_1, i_2의 크기 및 위상을 동일하게 하기 위해 비율 차동 계전기의 변류기의 결선은 변압기 결선과 반대로 한다.

변압기 결선	변류기 결선
Y-△	△-Y
△-Y	Y-△

예를들어

- 변압기 권수비 : $a = 1$
- 변압기 결선 : Y-△
- 정격 1차전류 $I_1 = 5[A]$
- C.T비 : 5/5

1) 변압기 결선 Y-△ (CT 결선 : △-Y)

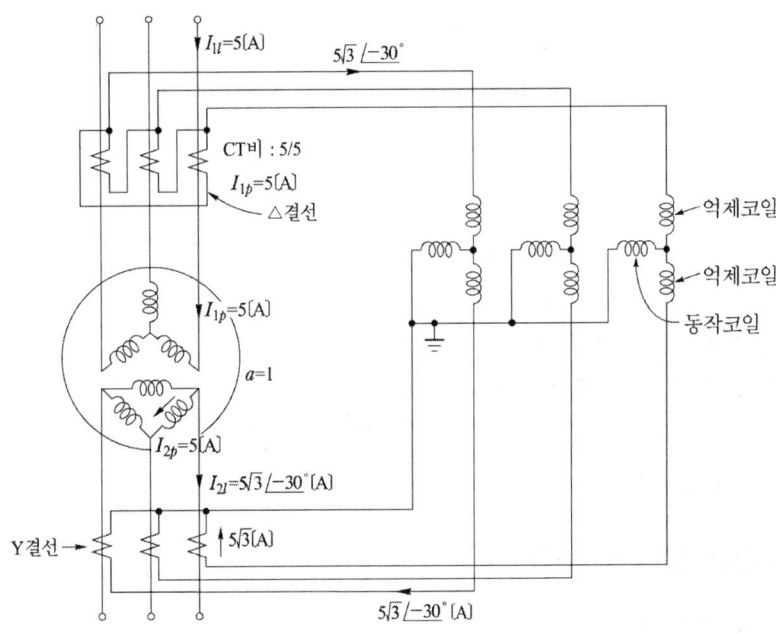

$$I_{1l} = I_{1p} \underline{/0°} = 5 \underline{/0°}$$

$$I_{2p} = aI_{1p} = 1 \times 5 = 5[A]$$

그런데 변압기 2차측이 △결선 되어 있으므로

$$I_{2l} = \sqrt{3}\, I_{2p} \underline{/-30°} = 5\sqrt{3} \underline{/-30°}$$

따라서, 변압기 1차측 CT를 △결선하고, 변압기 2차측 CT를 Y결선 하면 비율차동계전기에 흐르는 전류는 크기도 동일하고 위상도 같게 된다.

2) 변압기 결선 △-Y (CT 결선 : Y-△)

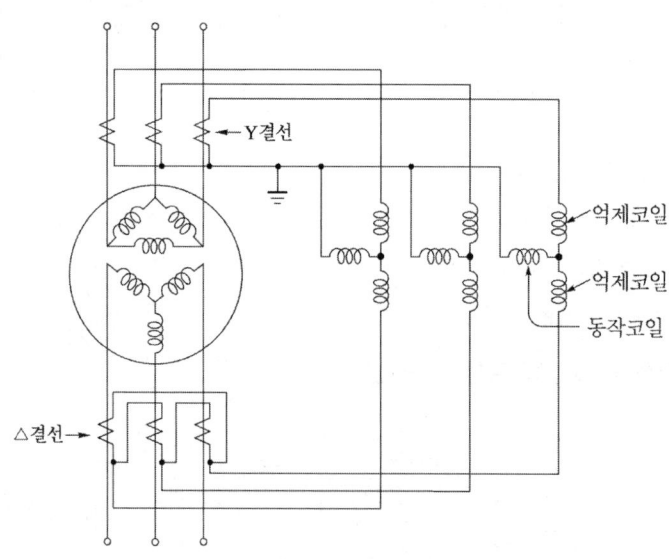

(5) 계전기 고유번호
① 87 : 전류차동계전기(비율차동계전기)
② 87B : 모선보호 차동계전기
③ 87G : 발전기용 차동계전기
④ 87T : 주변압기 차동계전기

참고로 계전기 87의 명칭은 현장에서는 비율차동계전기로 불리고 있으나 공식적인 명칭은 전류차동계전기로 되어 있다.

7 저압전로에서의 단락 보호

(1) 단락보호전용차단기의 구비조건
① 정격전류 1배의 전류에서 자동적으로 동작하지 않을 것
② 정정전류의 최대값은 정격전류의 13배 이하일 것
③ 정정전류 값의 1.2배 전류를 통하였을 경우에 0.2초 이내에 자동적으로 동작할 것
④ 단락보호전용차단기의 정정전류 값은 조합한 과부하보호장치의 정정전류값의 13배를 초과하지 않을 것

(2) 단락보호전용퓨즈의 구비조건
① 정격전류의 1.3배에 전류에 견딜 것
② 정격전류의 10배의 전류를 통하였을 경우에 20초 이내에 용단되는 것

8 보호계전방식의 적용

(1) 송전선로의 보호계전방식

	동작 속도	다상 재폐로의 가능성	검출 감도	자동 감시의 가능성	다단자에의 적용 가능성	전송로 여건
전류 차동 보호 계전 방식 (파일럿 와이어 전송)	빠르다	가 능	높다	가 능	가 능	파일럿 와이어 회선이 필요 (단, 30[km]미만)
전류 차동 보호 계전 방식 (PCM 전송)	빠르다	가 능	높다	가 능	가 능	마이크로파 회선이 필요
전류 위상 비교 보호 계전 방식	빠르다	가 능	높다	가 능	요주의	마이크로파 회선이 필요
방향 비교 보호 계전 방식	빠르다	어렵다	낮다	어렵다	요주의	전력선 반송 회선이 필요
거리 보호 계전 방식	느리다	어렵다	낮다	어렵다	가 능	불가
전류 균형 보호 계전 방식	느리다	어렵다	낮다	어렵다	가 능	불가
과전류 방식	느리다	어렵다	낮다	어렵다	가 능	불가

(2) 방사상 선로의 단락보호방식

① 전원이 1단에만 있을 경우 : 과전류계전기

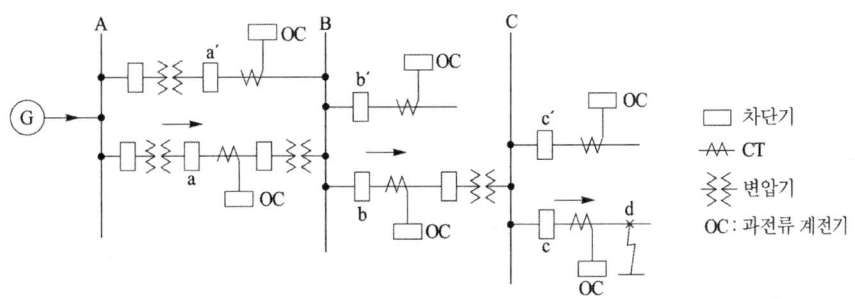

방사상 송전선의 보호방식

② 전원이 양단에 있을 경우 : 방향단락계전기(DS) + 과전류계전기(OC)

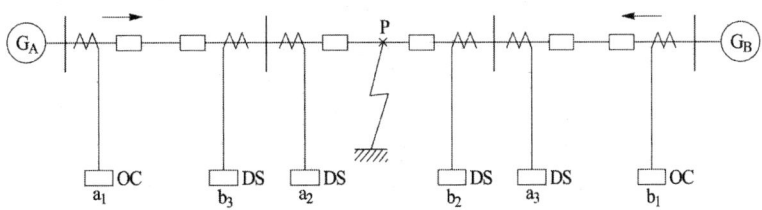

양단 전원 단일 선로의 보호 방식

(3) 환상 선로의 단락 보호 방식

① 전원이 1단에만 있는 경우 : 방향단락계전기(DS)

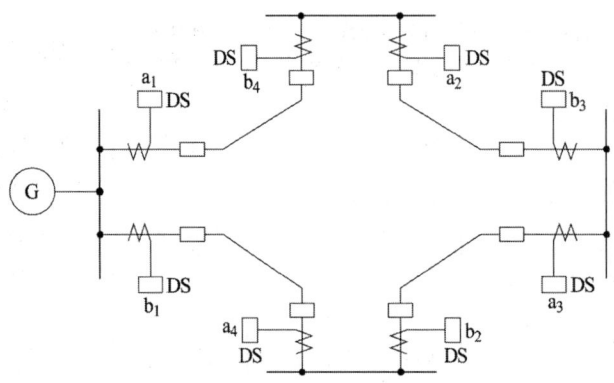

② 전원이 두 군데 이상 있는 경우 : 방향거리계전기(DZ)

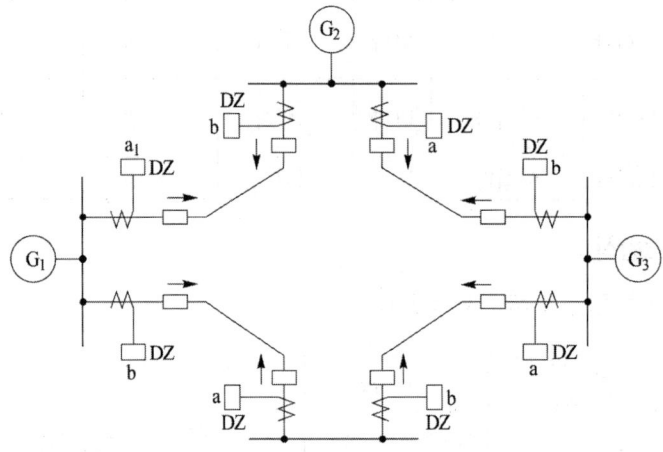

(4) 모선 보호 방식

① 전류 차동 방식

각 모선에 설치된 CT의 2차 회로를 차동 접속하고 거기에 과전류 계전기를 설치한 것으로서, 모선내 고장에서는 모선에 유입하는 전류의 총계와 유출하는 전류의 총계가 서로 다르다는 것을 이용해서 고장 검출을 하는 방식이다.

② 전압 차동 방식

각 모선에 설치된 CT의 2차 회로를 차동 접속하고 거기에 임피던스가 큰 전압계전기를 설치한 것으로서, 모선내 고장에서는 계전기에 큰 전압이 인가되어서 동작하는 방식이다.

③ 위상 비교 방식

모선에 접속된 각 회선의 전류 위상을 비교함으로써 모선 내 고장인지 외부 고장인지를 판별하는 방식

④ 방향 비교 방식

모선에 접속된 각 회선에 전력방향계전기 또는 거리방향 계전기를 설치하여 모선으로부터 유출하는 고장 전류가 없는데 어느 회선으로부터 모선 방향으로 고장 전류의 유입이 있는지 파악하여 모선 내 고장인지 외부 고장인지를 판별하는 방식

9 과전류 계전기 동작 시험

(1) 실제 배선도

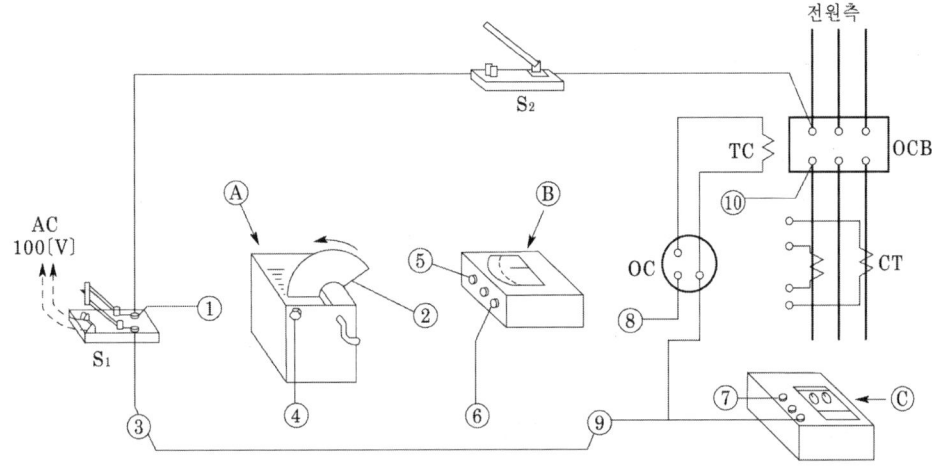

1) 기기 명칭

Ⓐ : 수저항기

Ⓑ : 전류계

Ⓒ : 사이클 카운터 (계전기 시험 장치)

2) 결선 방법

①-④, ②-⑤, ⑥-⑧, ⑩-⑦

(2) 측정 방법

① S_2 투입 : 계전기 한시 동작 특성 시험

② S_2 개방 : 계전기 최소 동작 전류 시험

예제 23 그림은 발전기의 상간 단락 보호 계전 방식을 도면화한 것이다. 이 도면을 보고 다음 각 물음에 답하시오.

(1) 점선안의 계전기 명칭은?

(2) 동작 코일은 A, B, C 코일 중 어느 것인가?

(3) 발전기에 상간 단락이 생길 때 코일 C의 전류 i_d 는 어떻게 표현되는가?

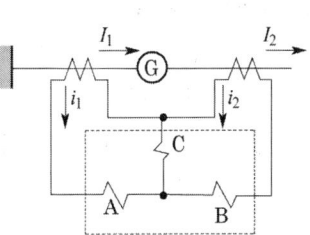

정답 (1) 비율 차동 계전기
(2) C 코일
(3) $i_d = |i_1 - i_2|$

해설 (2) C코일 : 동작 코일(차동 전류), A, B 코일 : 억제 코일(부하 전류)
(3) C코일(동작 코일)에 흐르는 전류는 A, B 코일(억제 코일)에 흐르는 전류의 차전류가 흐른다.

6.12 수전설비 표준 결선도

1 표준 결선도 작성 요령

① 작성기준 1 : MOF(전력 수급용 계기용 변성기)는 전력사용량을 계측하기 위한 설비로서 전력 소비기기(변압기, 계기용 변압기, …)의 전단에 설치되어야 한다.
② 작성기준 2 : MOF(전력 수급용 계기용 변성기)내부의 전압코일에서 단락이 생긴 경우 MOF를 전로로부터 분리할 수 있는 보호장치(파워퓨즈, 차단기)는 MOF 전단에 설치되어야 한다.
③ 작성기준 3 : 차단기 또는 파워퓨즈의 정비를 안전하게 하기 위하여 DS 또는 LS를 차단기 또는 퓨즈 전단에 설치하여야 한다.
④ 작성기준 4 : LA(피뢰기)를 수전단의 DS 또는 LS 뒤에 설치함으로서 LA를 안전하게 점검, 보수할 수 있도록 하여야 한다.
⑤ 작성기준 5 : 전원 측 보호계전기용 CT는 차단기의 1차측 또는 2차측에 설치 할 수 있으며 특징은 다음과 같다.

(1) 차단기 1차측
① 장점 : 보호 범위가 넓어진다. 즉, 차단기 2차측 단자에서 사고 발생시에도 사고를 검출 할 수 있다.
② 단점 : CT를 점검 보수하기 위해서는 차단기 전단의 개폐기를 개방하여야 하며, 이 경우 작업의 번거로움이 발생할 수 있으며 정전 범위가 확대될 수 있다.

(2) 차단기 2차측
① 장점 : CT의 보수 점검이 용이하다. 즉, CT를 보수 점검하기 위해서는 차단기만 개방하면 된다.
② 단점 : 보호범위가 좁아진다. 즉, 차단기 2차측 단자에서 사고 발생시 사고를 검출할 수 없다.

표준 결선도 작성 예

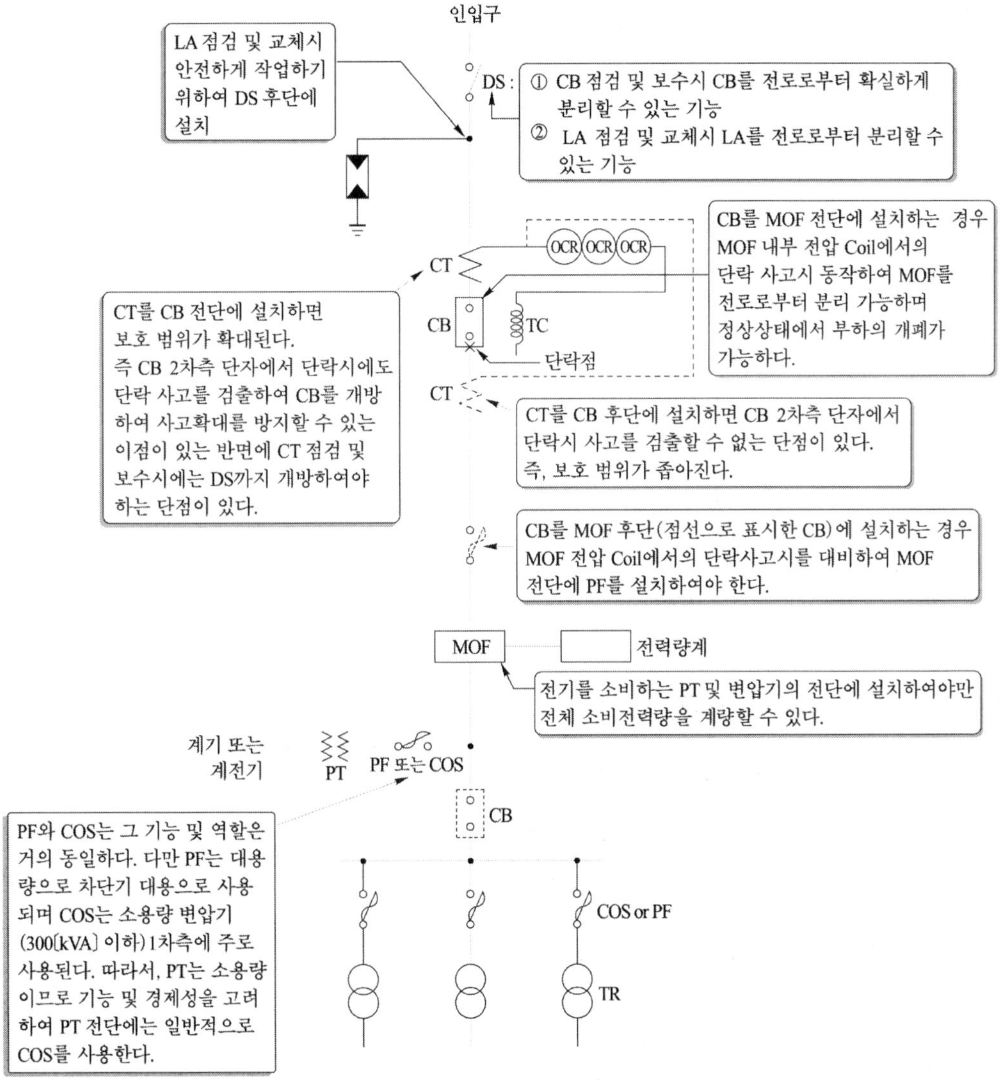
인입구
LA 점검 및 교체시 안전하게 작업하기 위하여 DS 후단에 설치
DS : ① CB 점검 및 보수시 CB를 전로로부터 확실하게 분리할 수 있는 기능
② LA 점검 및 교체시 LA를 전로로부터 분리할 수 있는 기능
OCR OCR OCR
CB를 MOF 전단에 설치하는 경우 MOF 내부 전압 Coil에서의 단락 사고시 동작하여 MOF를 전로로부터 분리 가능하며 정상상태에서 부하의 개폐가 가능하다.
CT
CB
TC
단락점
CT를 CB 전단에 설치하면 보호 범위가 확대된다. 즉 CB 2차측 단자에서 단락시에도 단락 사고를 검출하여 CB를 개방하여 사고확대를 방지할 수 있는 이점이 있는 반면에 CT 점검 및 보수시에는 DS까지 개방하여야 하는 단점이 있다.
CT
CT를 CB 후단에 설치하면 CB 2차측 단자에서 단락시 사고를 검출할 수 없는 단점이 있다. 즉, 보호 범위가 좁아진다.
CB를 MOF 후단(점선으로 표시한 CB)에 설치하는 경우 MOF 전압 Coil에서의 단락사고시를 대비하여 MOF 전단에 PF를 설치하여야 한다.
MOF
전력량계
전기를 소비하는 PT 및 변압기의 전단에 설치하여야만 전체 소비전력량을 계량할 수 있다.
계기 또는 계전기
PT
PF 또는 COS
CB
PF와 COS는 그 기능 및 역할은 거의 동일하다. 다만 PF는 대용량으로 차단기 대용으로 사용되며 COS는 소용량 변압기 (300[kVA] 이하) 1차측에 주로 사용된다. 따라서, PT는 소용량이므로 기능 및 경제성을 고려하여 PT 전단에는 일반적으로 COS를 사용한다.
COS or PF
TR

2 특고압 수전 설비 표준 결선도-1

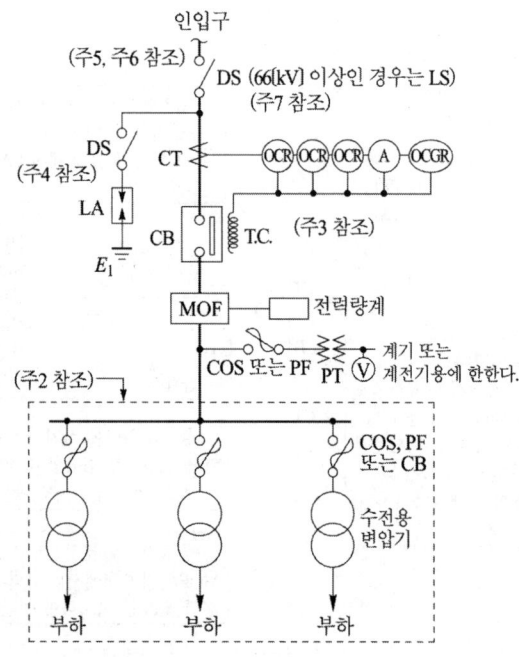

3 특고압 수전 설비 표준 결선도-2

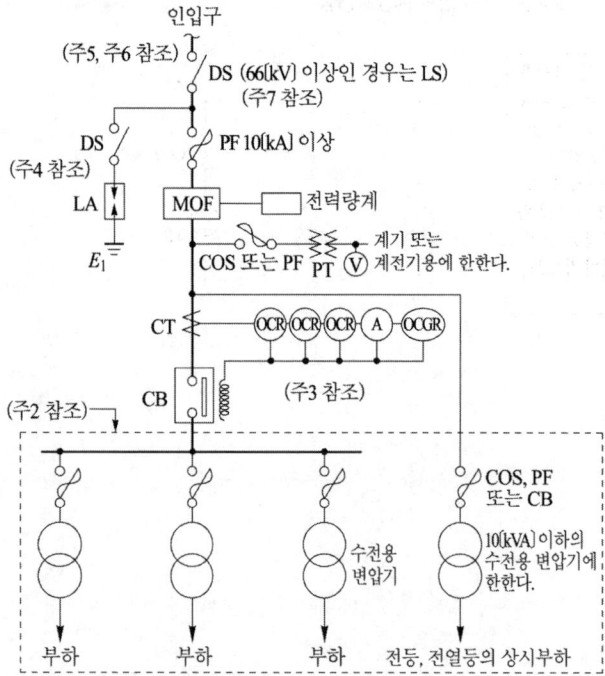

4 특고압 수전 설비 표준 결선도-3

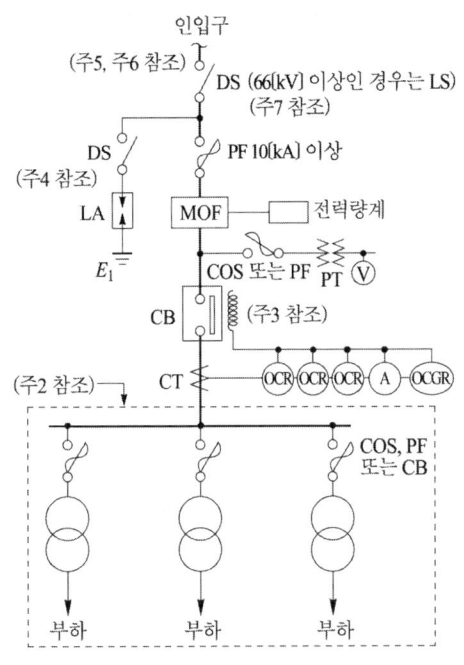

약 호	명 칭
DS	단로기
LA	피뢰기
CT	변류기
CB	차단기
TC	트립 코일
OCR	과전류 계전기
GR	지락 계전기
MOF	전력 수급용 계기용 변성기
COS	컷아웃 스위치
PF	전력 퓨즈
PT	계기용 변압기

[주1] 22.9[kV-Y] 1000[kVA] 이하인 경우에는 간이 수전 설비 결선도에 의할 수 있다.

[주2] 결선도 중 점선내의 부분은 참고용 예시이다.

[주3] 차단기의 트립 전원은 직류(DC) 또는 콘덴서 방식(CTD)이 바람직하며 66[kV] 이상의 수전 설비에는 직류(DC)이어야 한다.

[주4] LA용 DS는 생략할 수 있으며 22.9[kV-Y]용의 LA는 Disconnector(또는 Isolator) 붙임형을 사용하여야 한다.

[주5] 인입선을 지중선으로 시설하는 경우로서 공동 주택 등 사고시 정전 피해가 큰 수전 설비 인입선은 예비선을 포함하여 2회선으로 시설하는 것이 바람직하다.

[주6] 지중인입선의 경우에 22.9[kV-Y] 계통은 CNCV-W 케이블(수밀형) 또는 TR CNCV-W 케이블(트리억제형)을 사용하여야 한다. 다만, 전력구·공동구·덕트·건물구내 등 화재의 우려가 있는 장소에서는 FR CNCO-W 케이블(난연)을 사용하는 것이 바람직하다.

[주7] DS 대신 자동고장구분 개폐기(7000[kVA] 초과시에는 Sectionalizer)를 사용할 수 있으며 66[kV] 이상의 경우는 LS를 사용하여야 한다.

5 간이 수전 설비 표준 결선도

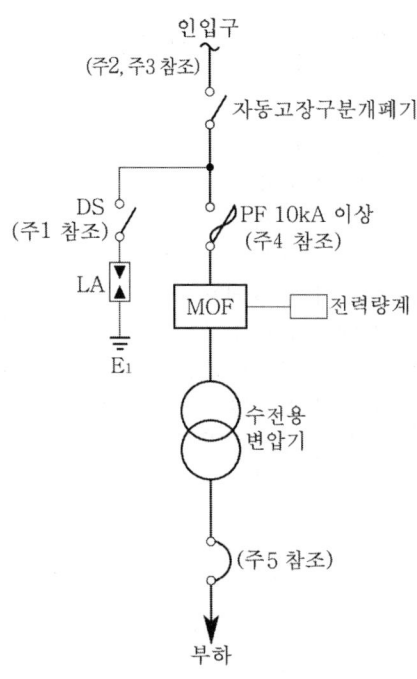

약 호	명 칭
DS	단로기
ASS	자동고장 구분 개폐기
LA	피뢰기
MOF	전력 수급용 계기용 변성기
COS	컷아웃 스위치
PF	전력 퓨즈

[주1] LA용 DS는 생략할 수 있으며 22.9[kV-Y]용의 LA는 Disconnector(또는 Isolator) 붙임형을 사용하여야 한다.

[주2] 인입선을 지중선으로 시설하는 경우로서 공동 주택 등 사고시 정전 피해가 큰 수전 설비 인입선은 예비선을 포함하여 2회선으로 시설하는 것이 바람직하다.

[주3] 지중인입선의 경우에 22.9[kV-Y] 계통은 CNCV-W 케이블(수밀형) 또는 TR CNCV-W 케이블(트리억제형)을 사용하여야 한다. 다만, 전력구·공동구·덕트·건물구내 등 화재의 우려가 있는 장소에서는 FR CNCO-W 케이블(난연)을 사용하는 것이 바람직하다.

[주4] 300[kVA] 이하인 경우 PF대신 COS(비대칭 차단 전류 10[kA] 이상의 것)을 사용할 수 있다.

[주5] 간이 수전 설비는 PF의 용단 등에 의한 결상 사고에 대한 대책이 없으므로 변압기 2차측에 설치되는 주차단기에는 결상 계전기 등을 설치하여 결상 사고에 대한 보호 능력이 있도록 함이 바람직하다.

6 각 표준 결선도의 특징

결선도 번호	특 징	장·단점
표준결선도 -1	· MOF 전단에 CB 설치 · CB 전단에 CT 설치	[장점] • 타 결선에 비해 PF가 생략되어 경제적 • CT가 CB 전단에 설치되어 있어 CB 2차측 단자에서 단락 사고시 단락전류의 차단이 가능하여 보호 범위가 넓어진다. [단점] • PT가 CB 후단에 설치되어 있어 CB 개방시에는 PT 전단에 전원공급이 차단되므로 한전에서의 전원 공급유무를 알 수 없다.
표준결선도 -2	· 상시부하용 TR(10[kVA] 이하)을 별도 설치 · 일반 부하용 TR은 CB로 투입/개방할 수 있음 · PT는 CB 전단에 설치 · CB 전단에 CT 설치	[장점] • 무부하시 일반 부하용 TR 전원을 차단하여(단, 조명, 전열 등의 상시부하용 TR은 ON) 변압기의 무부하 손실 감소 • PT가 CB 전단에 설치되어 있으므로 CB 개방시에도 한전으로 부터의 전원 공급유무를 파악 할 수 있다. • CT가 CB 전단에 설치되어 있어 CB 2차측 단자에서 단락 사고시 단락전류의 차단이 가능하여 보호 범위가 넓어진다. [단점] • 표준 결선도-1에 비해 PF가 추가되어 시설비가 상승
표준결선도 -3	· CB 전단(MOF 후단)에 PT 설치 · CB 후단에 CT 설치	[장점] • PT가 CB 전단에 설치되어 있으므로 CB 개방시에도 한전으로 부터의 전원 공급유무를 파악할 수 있다. [단점] • 표준 결선도-1에 비해 PF가 추가되어 시설비가 상승 • CB 2차측 단자에서 단락사고시 단락전류의 검출이 곤란하며 보호 범위가 좁아진다.
표준결선도 -4 (간이 수전설비)	· 간이 수전설비 (1000[kVA] 이하인 경우) · CB 및 관련설비(CT 및 보호계전기) 생략	[장점] • CB 및 관련설비(CT 및 보호계전기)가 생략되어 시설비가 감소 [단점] • CB가 없으므로 정전 후 복전시 자동으로 부하에 전원이 공급되어 안전사고의 위험이 있으므로 변압기 2차측에 UVR 계전기를 설치하여야 한다.

예제 24   3φ4W 22.9[kV] 수변전실 단선 결선도이다. 그림에서 표시된 ①~⑩번까지 명칭을 쓰시오.

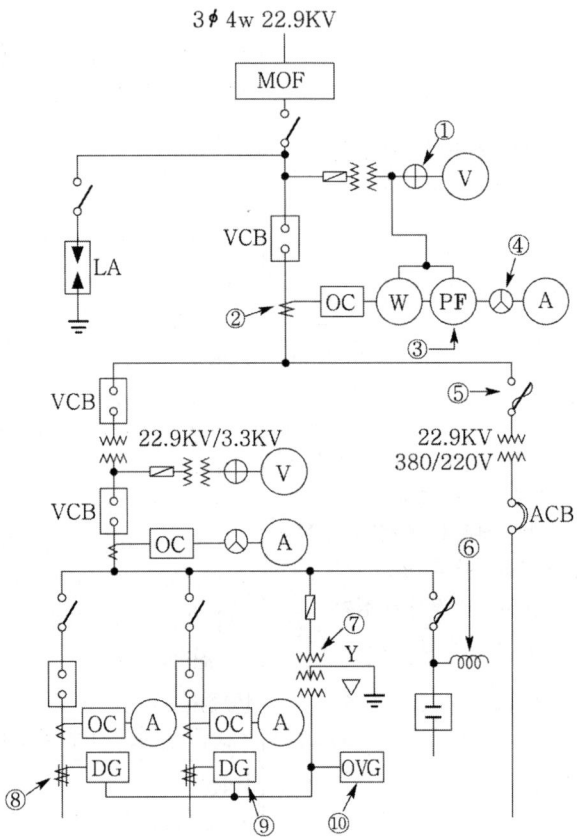

풀이   ① 전압계용 전환 개폐기
② 변류기
③ 역률계
④ 전류계용 전환 개폐기
⑤ 전력 퓨즈
⑥ 방전 코일
⑦ 접지형 계기용 변압기
⑧ 영상 변류기
⑨ 지락 방향 계전기
⑩ 지락 과전압 계전기

제 6 장 단원별 예상문제

문제 01 다음은 수용률, 부등률 및 부하율을 나타낸 것이다. ( ) 안의 알맞은 내용을 답란에 쓰시오.

(1) 수용률 $= \dfrac{\text{최대수용전력}}{(\quad)} \times 100[\%]$

(2) 부등률 $= \dfrac{(\quad)}{\text{합성최대수용전력}}$

(3) 부하율 $= \dfrac{\text{부하의 평균수용전력}}{(\quad)} \times 100[\%]$

답안작성
(1) 총 부하설비용량
(2) 개별 최대수용전력의 합
(3) 부하의 합성최대수용전력

문제 02 역률 80[%], 500[kVA]의 부하를 가지는 변압설비에 150[kVA]의 콘덴서를 설치해서 역률을 개선하는 경우 변압기에 걸리는 부하는 몇 [kVA]인지 계산하시오.

답안작성
계산 : • 역률 개선 전의 유효전력 $P = 500 \times 0.8 = 400[\text{kW}]$
 • 역률 개선 전의 무효전력 $Q_1 = 500 \times \sqrt{1 - 0.8^2} = 300[\text{kVar}]$
 • 역률 개선 후의 무효전력 $Q_2 = 300 - 150 = 150[\text{kVar}]$
따라서, 역률을 개선하는 경우 변압기에 걸리는 부하는
$W = \sqrt{P^2 + Q_2^2} = \sqrt{400^2 + 150^2} = 427.2[\text{kVA}]$
답 : 427.2[kVA]

문제 03 수전전압 22.9[kV-Y]에 진공차단기와 몰드변압기를 사용하는 경우 개폐시 이상전압으로부터 변압기 등 기기보호 목적으로 사용되는 것으로 LA와 같은 구조와 특성을 가진 것을 쓰시오.

답안작성
서지흡수기(SA)

문제 04 사용 중의 변류기 2차측을 개로하면 변류기에는 어떤 현상이 발생하는지 원인과 결과를 쓰시오.

문제 05

"부하율"에 대하여 설명하고 부하율이 적다는 것은 무엇을 의미하는지 2가지를 쓰시오.

답안작성

(1) 부하율 : 어떤 기간 중의 평균 수용 전력과 최대 수용 전력과의 비를 나타낸다.

즉, 부하율 = $\dfrac{평균전력}{최대전력} \times 100[\%]$

(2) 부하율이 적다의 의미
① 공급 설비를 유용하게 사용하지 못한다.
② 평균 수요 전력과 최대 수요 전력과의 차가 커지게 되므로 부하 설비의 가동률이 저하된다.

문제 06

주상 변압기의 고압측의 사용탭이 6600[V]인 때에 저압측의 전압이 95[V]였다. 저압측의 전압을 약 100[V]로 유지하기 위해서는 고압측의 사용탭은 얼마로 하여야 하는가? (단, 변압기의 정격 전압은 6600/105[V]이다.)

• 계산 :   • 답 :

답안작성

계산 : 고압측의 탭전압

$$E_1 = \dfrac{V_1}{V_2} \times E_2 = \dfrac{6600}{100} \times 95 = 6270[V]$$

∴ 탭전압의 표준값인 6300[V] 탭으로 선정한다.

답 : 6300[V]

문제 07

유입 변압기와 비교한 몰드 변압기의 장점 5가지를 쓰시오.

답안작성

① 자기 소화성이 우수하므로 화재의 염려가 없다.
② 코로나 특성 및 임펄스 강도가 높다.
③ 소형 경량화 할 수 있다.
④ 습기, 가스, 염분 및 소손 등에 대해 안정하다.
⑤ 보수 및 점검이 용이하다.
⑥ 저진동 및 저소음
⑦ 단시간 과부하 내량 크다.
⑧ 전력 손실이 감소

문제 08 피뢰기에 흐르는 정격방전전류는 변전소의 차폐유무와 그 지방의 연간 뇌우 발생 일수와 관계되나 모든 요소를 고려한 경우 일반적인 시설장소별 적용할 피뢰기의 공칭방전전류를 쓰시오.

공칭방전전류	설치장소	적용조건
①	변전소	• 154[kV]이상의 계통 • 66[kV] 및 그 이하의 계통에서 Bank 용량이 3000[kVA]를 초과하거나 특히 중요한 곳 • 장거리 송전 케이블(배전선로 인출용 단거리 케이블은 제외) 및 정전축전기 Bank를 개폐하는 곳 • 배전선로 인출측(배전 간선 인출용 장거리 케이블은 제외)
②	변전소	• 66[kV] 및 그 이하의 계통에서 Bank 용량이 3000[kVA] 이하인 곳
③	선 로	• 배전선로

답안작성

① 10,000[A]　② 5,000[A]　③ 2,500[A]

문제 9 대용량의 변압기 내부고장을 보호할 수 잇는 보호장치 5가지만 쓰시오.

답안작성

① 비율차동 계전기　② 과전류 계전기
③ 방압 안전장치　④ 브흐홀츠 계전기
⑤ 충격압력 계전기

문제 10 부하전력이 4000[kW], 역률 80[%]인 부하에 전력용 콘덴서 1800[kVA]를 설치하였다. 이 때 다음 각 물음에 답하시오.
(1) 역률은 몇 [%]로 개선되었는가?
　• 계산 :　　　　　　　　　　　　• 답 :
(2) 부하설비의 역률이 90[%]이하일 경우(즉, 낮은 경우) 수용가 측면에서 어떤 손해가 있는지 3가지만 쓰시오.
(3) 전력용 콘덴서와 함께 설치되는 방전코일과 직렬 리액터의 용도를 간단히 설명하시오.

답안작성

(1) 계산 : 무효전력 $Q = \dfrac{4000}{0.8} \times 0.6 = 3000[kVar]$

$$\cos\theta = \dfrac{4000}{\sqrt{4000^2 + (3000-1800)^2}} \times 100 = 95.78[\%]$$

답 : 95.78[%]

(2) ① 전력 손실이 커진다.
② 전압 강하가 커진다.
③ 전기 요금이 증가한다.
(3) 방전코일: 콘덴서에 축적된 잔류 전하 방전
   직렬 리액터 : 제 5고조파 제거

문제 11 어느 수용가의 총설비 부하 용량은 전등 600[kW], 동력 1000[kW]라고 한다. 각 수용가의 수용률은 50[%]이고, 각 수용가 간의 부등률은 전등1.2, 동력 1.5, 전등과 동력 상호간은 1.4라고 하면 여기에 공급되는 변전시설용량은 몇 [kVA]인가? 단, 부하 전력 손실은 5[%]로 하며, 역률은 1로 계산한다.

• 계산 :   • 답 :

답안작성

계산 : Tr 용량 $= \dfrac{\text{설비용량}\times\text{수용률}}{\text{부등률}\times\text{역률}} = \dfrac{\dfrac{600\times 0.5}{1.2}+\dfrac{1000\times 0.5}{1.5}}{1.4}\times(1+0.05)$
$= 437.5[\text{kVA}]$

답 : 437.5[kVA]

문제 12 차단기 명판에 BIL 150[kV] 정격차단전류 20[kA], 공칭전압 22[kV]일 때 이 차단기의 정격 용량 [MVA]을 구하시오.

• 계산 :   • 답 :

답안작성

계산 : $P_s = \sqrt{3}\ V_n I_s = \sqrt{3}\times 24\times 20 = 831.38[\text{MVA}]$
답 : 831.38[MVA]

문제 13 변류비 60/5 CT 2개를 그림과 같이 접속할 때 전류계에 3[A]가 흐른다면 CT 1차측에 흐르는 전류는 몇 [A]인가?

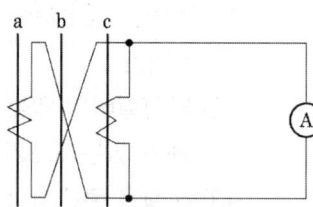

• 계산 :
• 답 :

답안작성

계산 : CT 1차측 전류 = 전류계 지시치 $\times \dfrac{1}{\sqrt{3}} \times$ 변류비 $= 3\times\dfrac{1}{\sqrt{3}}\times\dfrac{60}{5} = 20.78[\text{A}]$
답 : 20.78[A]

문제 14 변류비 30/5인 CT 2개를 그림과 같이 접속할 때 전류계에 2[A]가 흐른다면 CT 1차측에 흐르는 전류는 몇 [A]인가?
- 계산 :
- 답 :

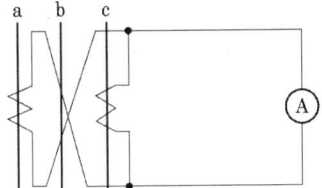

답안작성

계산 : CT 1차측 전류 = 전류계 지시치 $\times \dfrac{1}{\sqrt{3}} \times$ 변류비

$$= 2 \times \dfrac{1}{\sqrt{3}} \times \dfrac{30}{5} = 6.93[A]$$

답 : 6.93[A]

문제 15 부하전력이 480[kW], 역률 80[%]인 부하에 전력용 콘덴서 220[kVA]를 설치하면 역률은 몇 [%]가 되는가?
- 계산 :   • 답 :

답안작성

계산 : 무효전력 $Q = \dfrac{480}{0.8} \times 0.6 = 360[\text{kVar}]$

콘덴서 설치후 역률 $= \cos\theta = \dfrac{480}{\sqrt{480^2 + (360-220)^2}} \times 100 = 96[\%]$

답 : 96[%]

문제 16 가스절연 개폐장치(GIS)의 구성품 4가지를 쓰시오.

답안작성

차단기, 단로기, 계기용 변압기, 변류기

문제 17 전력용 콘덴서 설치장소(2가지)와 전력용 콘덴서 및 직렬 리액터의 역할을 간단히 설명하시오.
(1) 전력용 콘덴서의 역할
(2) 직렬 리액터의 역할

답안작성

(1) 전력용 콘덴서 설치 장소
　① 부하측에 설치
　② 수전측 모선에 집중하여 설치
(2) ① 콘덴서의 역할 : 역률 개선
　② 직렬 리액터의 역할 : 제5고조파 제거

문제 18

역률은 개선하면 전기 요금의 저감과 배전선의 손실 경감, 전압 강하 감소, 설비 여력의 증가 등을 기할 수 있으나, 너무 과보상하면 역효과가 나타난다. 즉, 경부하시에 콘덴서가 과대삽입되는 경우의 결점을 4가지 쓰시오.

답안작성

① 앞선 역률에 의한 전력 손실이 생긴다.
② 모선 전압의 과상승
③ 설비 용량이 감소하여 과부하가 될 수 있다.
④ 고조파 왜곡의 증대

문제 19

역률을 높게 유지하기 위하여 개개의 부하에 고압 및 특고압 진상용 콘덴서를 설치하는 현장 조작 개폐기보다도 부하측에 접속하여야 한다. 콘덴서의 용량, 접속 방법 등은 시설하는 것을 원칙으로 하는 지와 고조파 전류의 증대 등에 대한 다음 각 물음에 답하시오.

(1) 콘덴서의 용량은 부하의 (   )보다 크게 하지 말 것
(2) 콘덴서는 본선에 직접 접속하고 특히 전용의 (   ), (   ), (   ) 등을 설치하지 말 것
(3) 고압 및 특고압 진상용 콘덴서의 설치로 공급회로의 고조파전류가 현저하게 증대할 경우는 콘덴서회로에 유효한 (   )를 설치하여야 한다.
(4) 가연성유봉입(可燃性油封入)의 고압진상용 콘덴서를 설치하는 경우는 가연성의 벽, 천장 등과 (   )[m] 이상 이격하는 것이 바람직하다.

답안작성

(1) 무효분
(2) 개폐기, 퓨즈, 유입차단기
(3) 직렬 리액터
(4) 1

문제 20

단권 변압기 3대를 사용한 3상 △ 결선 승압기에 의해 45[kVA]인 3상 평형 부하의 전압을 3000[V]에서 3300[V]로 승압하는데 필요한 변압기의 총용량은 얼마인지 계산하시오.

• 계산 :   • 답 :

답안작성

계산 : $\dfrac{\text{자기 용량}}{\text{부하 용량}} = \dfrac{V_h^2 - V_l^2}{\sqrt{3}\, V_h V_l}$ 이므로,

∴ 자기 용량 $= \dfrac{V_h^2 - V_l^2}{\sqrt{3}\, V_h V_l} \times$ 부하용량 $= \dfrac{3300^2 - 3000^2}{\sqrt{3} \times 3300 \times 3000} \times 45 = 4.96\,[\text{kVA}]$

답 : 5[kVA]

문제 21 공급전압을 6600[V]로 수전하고자 한다. 수전점에서 계산한 3상 단락용량은 70[MVA] 이다. 이 수용 장소에 시설하는 수전용 차단기의 정격차단전류 I_s[kA]를 계산하시오.

• 계산 : • 답 :

답안작성

계산 : 단락용량 $= \sqrt{3} \times$ 공칭전압 $\times$ 단락전류 이므로

따라서, 단락 전류 $I_s = \dfrac{P_s}{\sqrt{3}\, V_n} = \dfrac{70 \times 10^6}{\sqrt{3} \times 7200} \times 10^{-3} = 5.61[\text{kA}]$

답 : 5.61[kA]

문제 22 간이 수변전설비에서는 1차측 개폐기로 ASS(Auto Selection Switch)나 인터럽터 스위치를 사용하고 있다. 이 두 스위치의 차이점을 비교 설명하시오.

(1) ASS(Auto Selection Switch)
(2) 인터럽터 스위치(Interrupter switch)

답안작성

(1) ASS(Auto Selection Switch) : 무전압시 개방이 가능하고, 과부하시 자동으로 개폐할 수 있는 고장 구분 개폐기로써 돌입 전류 억제 기능을 가지고 있다.
(2) 인터럽터 스위치(Interrupter switch) : 수동 조작만 가능하고, 과부하시 자동으로 개폐할 수 없고, 돌입 전류 억제 기능을 가지고 있지 않으며, 용량 300[kVA] 이하에서 ASS 대신에 주로 사용하고 있다.

문제 23 전력용 진상콘덴서의 정기점검(육안검사) 항목 3가지를 쓰시오.

답안작성

① 단자의 이완 및 과열유무 점검
② 용기의 발청 유무점검
③ 유 누설유무 점검

문제 24 전력용 콘덴서에 설치하는 직렬 리액터의 용량산정에 대하여 설명하시오.

답안작성

대용량의 콘덴서를 서치하면 고주파 전류가 흘러 파형이 일그러지는 원인이 되며, 파형을 개선(제5고조파의 제거)하기 위해서 전력용 콘덴서와 직렬로 리액터를 설치한다.

$5wL > \dfrac{1}{5wC}$

$wL > \dfrac{1}{5^2 wC} = \dfrac{1}{wC} \times 0.04$

따라서, 직렬 리액터의 용량은 콘덴서 용량의 4[%] 이상이 되면 되는데 주파수 변동 등의 여유를 봐서 실제로는 약 5~6[%]인 것이 사용된다.

문제 25   전력 계통에 설치되는 분로리액터는 무엇을 위하여 설치하는가?

답안작성

페란티 현상의 방지

문제 26   MOF에 대하여 간략히 설명하시오.

답안작성

전력량계로서 고전압 전기회로의 전기 사용량을 적산하기 위하여 고압의 전압과 전류를 저압의 전압과 전류로 변성하는 장치이다(CT와 PT를 한 탱크 내에 수용한 것이다).

문제 27   서지 흡수기(Surge Absorbor)의 기능을 쓰시오.

답안작성

개폐서지 등 이상전압으로부터 변압기 등 기기보호

문제 28   수전 전압 6600[V], 수전 전력 450[kW](역률 0.8)인 고압 수용가의 수전용 차단기에 사용하는 과전류 계전기의 사용탭은 몇 [A]인가? 단, CT의 변류비는 75/5로 하고 탭 설정값은 부하 전류의 150[%]로 한다.
• 계산 :   • 답 :

답안작성

계산 : 정격 1차 전류 $I_1 = \dfrac{450 \times 10^3}{\sqrt{3} \times 6600 \times 0.8} = 49.21[A]$

탭 설정값은 부하 전류의 150[%]이므로

$49.21 \times 1.5 \times \dfrac{5}{75} = 4.92[A]$

답 : 5[A]

문제 29   수전전압 22.9[kV] 변압기 용량 3000[kVA]의 수전설비를 계획할 때 외부와 내부의 이상전압으로부터 계통의 기기를 보호하기 위해 설치해야 할 기기의 명칭과 그 설치위치를 설명하시오. 단, 변압기는 몰드형으로서 변압기 1차의 주차단기는 진공차단기를 사용하고자 한다.
(1) 낙뢰 등 외부 이상전압
(2) 개폐 이상전압 등 내부 이상전압

답안작성

(1) • 기기명 : 피뢰기
   • 설치위치 : 진공 차단기 1차측
(2) • 기기명 : 서지 흡수기
   • 설치위치 : 진공 차단기 2차측과 몰드형 변압기 1차측 사이

문제 30 차단기에 비하여 전력용 퓨즈의 장점 4가지를 쓰시오.

답안작성
① 가격이 싸다.
② 소형 경량이다.
③ 릴레이나 변성기가 필요 없다.
④ 고속도 차단한다.

문제 31 정격 용량 100[kVA]인 변압기에서 지상 역률 60[%]의 부하에 100[kVA]를 공급하고 있다. 역률 90[%]로 개선하여 변압기의 전용량까지 부하에 공급하고자 한다. 다음 각 물음에 답하시오.
(1) 소요되는 전력용 콘덴서의 용량은 몇 [kVA]인지 계산하시오.
• 계산 :   • 답 :
(2) 역률 개선에 따른 유효전력의 증가분은 몇 [kW]인지 계산하시오.
• 계산 :   • 답 :

답안작성
(1) 계산 : • 역률 개선 전 무효전력 $Q_1 = P_a \sin\theta_1 = 100 \times 0.8 = 80[\text{kVar}]$
• 역률 개선 후 무효전력 $Q_2 = P_a \sin\theta_2 = 100 \times \sqrt{1-0.9^2} = 43.59[\text{kVar}]$
따라서, 필요한 콘덴서의 용량
$Q = Q_1 - Q_2 = 80 - 43.59 = 36.41[\text{kVA}]$
답 : 36.41[kVA]
(2) 계산 : 역률개선에 따른 유효전력 증가분
$\triangle P = P_a(\cos\theta_2 - \cos\theta_1)[\text{kW}] = 100(0.9 - 0.6) = 30[\text{kW}]$
답 : 30[kW]

문제 32 옥외용 변전소내의 변압기 사고라고 생각할 수 있는 사고의 종류 5가지만 쓰시오.

답안작성
① 권선의 상간단락 및 층간단락
② 권선과 철심간의 절연파괴에 의한 지락사고
③ 고저압 권선의 혼촉
④ 권선의 단선
⑤ Bushing Lead선의 절연파괴

문제 33 전력용 콘덴서의 부속설비인 방전코일과 직렬리액터의 사용 목적은 무엇인가?

답안작성
(1) 방전코일 : 콘덴서의 축적된 잔류전하를 방전
(2) 직렬리액터 : 제5고조파를 제거하여 파형을 개선

문제 34

어느 수용가의 부하설비용량이 950[kW], 수용률 65[%], 부하 역률 76[%]일 때 변압기 용량은 몇 [kVA]인가?

• 계산 :   • 답 :

답안작성

계산 : $P_1 = \dfrac{950 \times 0.65}{0.76} = 812.5 [\text{kVA}]$ 답 : 1000[kVA]

문제 35

다음 개폐기의 종류를 나열한 것이다. 기기의 특징에 알맞은 명칭을 빈칸에 쓰시오.

구분	명칭	특 징
①		• 전로의 접속을 바꾸거나 끊는 목적으로 사용 • 전류의 차단능력은 없음 • 무전류 상태에서 전로 개폐 • 변압기, 차단기 등의 보수점검을 위한 회로 분리용 및 전력계통 변환을 위한 회로분리용으로 사용
②		• 평상시 부하전류의 개폐는 가능하나 이상 시 (과부하, 단락) 보호 기능은 없음 • 개폐 빈도가 적은 부하의 개폐용 스위치로 사용 • 전력 Fuse와 사용시 결상방지 목적으로 사용
③		• 평상시 부하전류 혹은 과부하 전류까지 안전하게 개폐 • 부하의 개폐 · 제어가 주목적이고, 개폐 빈도가 많음 • 부하의 조작, 제어용 스위치로 이용 • 전력 Fuse와의 조합에 의해 Combination Switch로 널리 사용
④		• 평상시 전류 및 사고 시 대전류를 지장 없이 개폐 • 회로보호가 주목적이며 기구, 제어회로가 Tripping 우선으로 되어 있음 • 주회로 보호용 사용
⑤		• 일정치 이상의 과부하전류에서 단락전류까지 대전류 차단 • 전로의 개폐능력은 없다. • 고압개폐기와 조합하여 사용

답안작성

① 단로기   ② 부하개폐기   ③ 전자접촉기   ④ 차단기   ⑤ 전력퓨즈

문제 36

3상 4선식에서 역률 100[%]의 부하가 각 상과 중성선간에 연결되어 있다. a상, b상, c상에 흐르는 전류가 각각 220[A], 180[A], 180[A]이다. 중성선에 흐르는 전류의 크기의 절대값은 몇 [A]인가?

• 계산 :   • 답 :

답안작성

계산 : $I_n = 220 + 180(1\underline{/-120°}) + 180(1\underline{/120°})$

$= 220 + 180\left(-\dfrac{1}{2} - j\dfrac{\sqrt{3}}{2}\right) + 180\left(-\dfrac{1}{2} + j\dfrac{\sqrt{3}}{2}\right)$

$= 220 - 90 - 90 = 40[A]$

답 : 40[A]

문제 37 부하설비가 각각 A-10[kW], B-20[kW], C-20[kW], D-30[kW]되는 수용가가 있다. 이 수용장소의 수용률이 A와 B는 각각 80[%], C와 D는 각각 60[%]이고 이 수용장소의 부등률은 1.3이다. 이 수용장소의 종합최대전력은 몇 [kW]인가?

• 계산 :   • 답 :

답안작성

계산 : 종합최대전력 $= \dfrac{\text{설비용량} \times \text{수용률}}{\text{부등률}}$

$= \dfrac{(10+20) \times 0.8 + (20+30) \times 0.6}{1.3} = 41.54$

답 : 41.54[kW]

문제 38 단상 변압기의 병렬 운전 조건 4가지를 쓰고, 이들 각각에 대하여 조건이 맞지 않을 경우에 어떤 현상이 나타나는지 쓰시오.

① • 조건 :   • 현상 :
② • 조건 :   • 현상 :
③ • 조건 :   • 현상 :
④ • 조건 :   • 현상 :

답안작성

① • 조건 : 극성이 일치할 것
  • 현상 : 큰 순환 전류가 흘러 권선이 소손
② • 조건 : 정격 전압(권수비)이 같은 것
  • 현상 : 순환 전류가 흘러 권선이 가열
③ • 조건 : %임피던스 강하(임피던스 전압)가 같을 것
  • 현상 : 부하의 분담이 용량의 비가 되지 않아 부하의 분담이 균형을 이룰 수 없다.
④ • 조건 : 내부 저항과 누설 리액턴스의 비(즉 $r_a/x_a = r_b/x_b$)가 같을 것
  • 현상 : 각 변압기의 전류간에 위상차가 생겨 동손이 증가

문제 39 변압기 보호를 위하여 과전류계전기의 탭(Tap)과 레버(Lever)를 정정하였다고 한다. 과전류 계전기에서 탭(Tap)과 레버(Lever)는 각각 무엇을 정정하는지를 쓰시오.

답안작성
탭 : 과전류계전기의 최소동작전류
레버 : 과전류계전기의 동작시간

문제 40 △-△ 결선으로 운전하던 중 한 상의 변압기에 고장이 생겨 이것을 분리하고 나머지 2대로 3상 전력을 공급하고자 한다. 다음 각 물음에 답하시오.
(1) 결선의 명칭을 쓰시오.
(2) 이용률은 몇 [%]인가?
(3) 변압기 2대의 3상 출력은 △-△결선시의 변압기 3대의 출력과 비교할 때 몇[%] 정도인가?

답안작성
(1) V-V 결선
(2) 이용률 = $\dfrac{3상\ 출력}{설비용량} = \dfrac{\sqrt{3}\,VI}{3\,VI} = \dfrac{\sqrt{3}}{2} = 0.866 = 86.6[\%]$
(3) 출력의 비 = $\dfrac{V결선\ 출력}{3상\ 출력} = \dfrac{\sqrt{3}\,VI}{3\,VI} = \dfrac{1}{\sqrt{3}} \fallingdotseq 0.5774 = 57.74[\%]$

문제 41 다음 물음에 답하시오.
(1) 전력퓨즈는 과전류 중 주로 어떤 전류의 차단을 목적으로 하는가?
(2) 전력퓨즈의 단점을 보완하기 위한 대책을 3가지만 쓰시오.

답안작성
(1) 단락 전류
(2) ① 결상 계전기 사용
② 사용목적에 적합한 전용의 전력퓨즈 사용
③ 계통의 절연강도를 전력퓨즈의 과전압 값 보다 높게 한다. (절연강도의 협조)

문제 42 다중 접지계통에서 수전변압기를 단상 2부싱 변압기로 Y-△ 결선하는 경우에 1차측 중성점은 접지하지 않고 부동(Floating)시켜야 한다. 그 이유를 설명하시오.

답안작성
지락 또는 단락 등에 의해서 결상이 발생하는 경우 건전상의 전위상승이 평상시보다 $\sqrt{3}$ 배가 증대하여 기기가 소손 될 가능성이 있기 때문에 1차측 중성점은 접지하지 않고 부동시켜야 한다.

문제 43 피뢰기 설치 시 점검사항 3가지를 쓰시오.

답안작성
① 피뢰기 애자 부분 손상여부 점검
② 피뢰기 1, 2차측 단자 및 단자볼트 이상유무 점검
③ 피뢰기 절연저항 측정

문제 44 전부하에서 동손 100[W], 철손 50[W]인 변압기에서 최대 효율을 나타내는 부하는 몇 [%]인가?
• 계산 :   • 답 :

답안작성
계산 : $m = \sqrt{\dfrac{P_i}{P_c}} \times 100 = \sqrt{\dfrac{50}{100}} \times 100 = 70.71[\%]$
답 : 70.71[%]

문제 45 주변압기의 용량이 1300[kVA], 전압 22900/3300[V] 3상 3선식 전로의 2차측에 설치하는 단로기의 단락 강도는 몇 [kA] 이상이어야 하는가? 단, 주변압기의 %임피던스는 3[%] 이다.
• 계산 :   • 답 :

답안작성
계산 : 2차 정격전류 $I_{2n} = \dfrac{P_n}{\sqrt{3} \cdot V_{2n}} = \dfrac{1300 \times 10^3}{\sqrt{3} \times 3300} = 227.44[\text{A}]$

∴ 단락강도 $I_s = \dfrac{100}{\%Z} I_n = \dfrac{100}{3} \times 227.44 \times 10^{-3} = 7.58[\text{kA}]$

답 : 7.58[kA]

문제 46 전압비가 3300/220[V]인 단권 변압기 2대를 V결선으로 해서 부하에 전력을 공급하고자 한다. 공급할 수 있는 최대용량은 자기용량의 몇 배인가?
• 계산 :   • 답 :

답안작성
계산 : $\dfrac{\text{자기용량}}{\text{부하용량}} = \dfrac{2}{\sqrt{3}} \times \dfrac{V_h - V_l}{V_h} = \dfrac{1}{0.866}\left(1 - \dfrac{V_l}{V_h}\right)$

∴ 부하용량 $= \text{자기용량} \times \dfrac{\sqrt{3}}{2} \times \dfrac{V_h}{V_h - V_l}$

$= \text{자기용량} \times \dfrac{\sqrt{3}}{2} \times \dfrac{3520}{3520 - 3300}$

$= \text{자기용량} \times 13.86\text{배}$

답 : 13.86배

문제 47

1000[kVA] 단상 변압기 3대를 △-△ 결선의 1뱅크로 하여 사용하고 있는 변전소가 있다. 지금 부하의 증가로 동일한 용량의 단상 변압기 1대를 추가하여 운전하려고 할 때, 다음 물음에 답하시오.

(1) 3상의 최대 부하에 대응할 수 있는 결선법은 무엇인가?
(2) 최대 몇 [kVA]의 3상 부하에 대응할 수 있겠는가?
　　• 계산 :　　　　　　　　　　　　　　• 답 :

답안작성

(1) V-V결선 2뱅크
(2) 계산 : $P = 2P_V = 2 \times \sqrt{3} P_1 = 2 \times \sqrt{3} \times 1000 = 3464.1 [\text{kVA}]$
　　답 : 3464.1[kVA]

문제 48

차단기의 정격 전압이 7.2[kV]이고 3상 정격 차단 전류가 20[kA]인 수용가의 수전용 차단기의 차단 용량은 몇 [MVA]인가? 단, 여유율은 고려하지 않는다.
　　• 계산 :　　　　　　　　　　　　　　• 답 :

답안작성

계산 : 차단용량 $= \sqrt{3} \times$ 정격전압 $\times$ 정격차단전류 $= \sqrt{3} \times 7.2 \times 20 = 249.42 [\text{MVA}]$
답 : 249.42[MVA]

문제 49

"부하율"에 대하여 설명하고 부하율이 적다는 것은 무엇을 의미하는지 2가지만 쓰시오.

답안작성

(1) 부하율 : 어떤 기간 중의 평균 수용 전력과 최대 수용 전력과의 비를 나타낸다.
　　즉, 부하율 $= \dfrac{\text{평균 전력}}{\text{최대 전력}} \times 100 [\%]$
(2) 부하율이 적다의 의미
　　① 공급 설비를 유용하게 사용하지 못한다.
　　② 평균 수요 전력과 최대 수요 전력과의 차가 커지게 되므로 부하 설비의 가동률이 저하된다.

문제 50

3상 4선식 22.9[kV] 수전 설비의 부하 전류가 30[A]이다. 60/5[A]의 변류기를 통하여 과부하 계전기를 시설하였다. 120[%]의 과부하에서 차단기를 동작시키려면 과부하 트립 전류값은 몇 [A]로 설정해야 하는가?
　　• 계산 :　　　　　　　　　　　　　　• 답 :

답안작성

계산 : 과전류 계전기의 전류 탭(I_t) = 부하전류(I) $\times \dfrac{1}{\text{변류비}} \times$ 설정값

$$\therefore I_t = 30 \times \frac{5}{60} \times 1.2 = 3[A]$$

답 : 3[A] 설정

문제 51 수전 전압 6600[V], 가공 전선로의 %임피던스가 60.5[%]일 때, 수전점의 3상 단락 전류가 7000[A]인 경우 기준 용량을 구하고, 수전용 차단기의 차단 용량을 선정하시오.

차단기의 정격 용량 [MVA]

10	20	30	50	75	100	150	250	300	400	500

(1) 기준 용량을 계산하시오.
- 계산 :   • 답 :
(2) 차단 용량을 계산하시오.
- 계산 :   • 답 :

답안작성

(1) 기준 용량

계산 : 단락 전류 $I_s = \frac{100}{\%Z} I_n$

정격 전류 $I_n = \frac{\%Z}{100} I_s = \frac{60.5}{100} \times 7000 = 4235[A]$

$\therefore$ 기준용량 $P_n = \sqrt{3}\, V_n I_n = \sqrt{3} \times 6600 \times 4235 \times 10^{-6} = 48.41[MVA]$

답 : 48.41[MVA]

(2) 차단 용량

계산 : $P = \sqrt{3}\, V_n I_s = \sqrt{3} \times 6600 \times \frac{1.2}{1.1} \times 7000 \times 10^{-6} = 87.3[MVA]$

답 : 100[MVA]

문제 52 전압 220[V], 1시간 사용 전력량 40[kWh], 역률 80[%]인 3상 부하가 있다. 이 부하의 역률을 개선하기 위하여 용량 30[kWA]의 진상 콘덴서를 설치하는 경우, 개선후의 무효전력과 전류는 몇 [A]감소하였는지 계산하시오.

(1) 개선 후의 무효전력
- 계산 :   • 답 :
(2) 감소된 전류
- 계산 :   • 답 :

답안작성

(1) 계산 : 개선후의 무효전력 = 개선전의 무효전력 − 진상 콘덴서 용량

$$= \frac{40}{0.8} \times \sqrt{1 - 0.8^2} - 30 = 0[kVar]$$

답 : 0[kVar]

(2) 계산 : 전류의 감소 = 개선 전의 전류 − 개선 후의 전류
$$= \frac{40 \times 10^3}{\sqrt{3} \times 220 \times 0.8} - \frac{40 \times 10^3}{\sqrt{3} \times 220 \times 1} = 26.24[A]$$
답 : 26.24[A]

문제 53 용량 10[kVA], 철손 120[W], 전부하 동손 200[W]인 단상 변압기 2대를 V결선하여 부하를 걸었을 때, 전부하 효율은 약 몇 [%]인가?(단, 부하의 역률은 $\frac{\sqrt{3}}{2}$이라 한다.)

• 계산 : • 답 :

답안작성

계산 : $\eta = \dfrac{\sqrt{3}\,V_2 I_2 \cos\theta_2}{\sqrt{3}\,V_2 I_2 \cos\theta_2 + 2P_i + 2P_c} \times 100$

$= \dfrac{\sqrt{3} \times 10 \times \dfrac{\sqrt{3}}{2}}{\sqrt{3} \times 10 \times \dfrac{\sqrt{3}}{2} + 2 \times 0.12 + 2 \times 0.2} \times 100$

$= \dfrac{15}{15 + 0.24 + 0.4} \times 100 = 95.9[\%]$

답 : 95.9[%]

문제 54 다음 표에 나타낸 어느 수용가들 사이의 부등률을 1.1로 한다면 이들의 합성 최대전력은 몇 [kW]인가?

수용가	설비용량 [kW]	수용률 [%]
A	100	85
B	200	75
C	300	65

• 계산 : • 답 :

답안작성

계산 : 합성 최대 전력 = $\dfrac{개별 최대 수용 전력의 합}{부등률} = \dfrac{설비 용량 \times 수용률}{부등률}$

$= \dfrac{100 \times 0.85 + 200 \times 0.75 + 300 \times 0.65}{1.1} = 390.91[kW]$

답 : 390.91[kW]

문제 55 전력용 콘덴서의 설치 목적 4가지를 쓰시오.

답안작성

① 변압기와 배전선의 전력 손실 경감 ② 전압 강하의 감소
③ 설비 용량의 여유 증가 ④ 전기 요금의 감소

문제 56
다음 물음에 답하시오.
(1) 단순부하인 경우 부하 입력이 600[kW], 역률 0.8, 효율 0.85일 때 비상용일 경우 발전기 출력은?
　　• 계산 :　　　　　　　　　　　　　　　　• 답 :
(2) 발전기실의 위치선정할 때 고려해야 할 사항을 3가지만 쓰시오.
(3) 발전기 병렬 운전 조건을 4가지만 쓰시오.

답안작성

(1) 계산 : $P = \dfrac{\sum W_L \times L}{\cos\theta} = \dfrac{600 \times 1.0}{0.8 \times 0.85} = 882.35[\text{kVA}]$　　답 : 882.35[kVA]
(2) ① 엔진기초는 건물기초와 관계없는 장소로 할 것.
　　② 발전기의 보수 점검 등이 용이 하도록 충분한 면적 및 충고를 확보할 것
　　③ 급·배기가 잘되는 장소 일 것
(3) ① 기전력의 크기가 같을 것
　　② 기전력의 주파수가 같을 것
　　③ 기전력의 위상이 같을 것
　　④ 기전력의 파형이 같을 것

문제 57
다음과 같은 상태에서 영상변류기(ZCT)의 영상전류 검출에 대해 설명하시오.
(1) 정상상태(평형 부하)
(2) 지락상태

답안작성

(1) 영상 전류가 검출되지 않는다.
(2) 영상전류가 검출된다.

문제 58
피뢰기에 대한 다음 각 물음에 답하시오.
(1) 피뢰기의 기능상 필요한 구비조건을 4가지만 쓰시오.
(2) 피뢰기의 설치 장소 4개소를 쓰시오.

답안작성

(1) ① 상용 주파 방전 개시 전압이 높을 것
　　② 충격 방전 개시 전압이 낮을 것
　　③ 제한 전압이 낮을 것
　　④ 속류 차단 능력이 클 것
(2) ① 발전소, 변전소 또는 이에 준하는 장소의 가공 전선 인입구 및 인출구
　　② 가공 전선로에 접속하는 배전용 변압기의 고압측 및 특고압측
　　③ 고압 및 특고압 가공 전선로로부터 공급을 받는 수용장소의 인입구
　　④ 가공 전선로와 지중 전선로가 접속되는 곳

문제 59
CIRCUIT BREAKER(차단기)와 DISCONNECTING SWITCH(단로기)의 차이점을 설명하시오.

답안작성
- 차단기 : 정상적인 부하 전류를 개폐하거나 또는 기기나 계통에서 발생한 고장 전류를 차단하여 고장 개소를 제거할 목적으로 사용된다.
- 단로기 : 전선로나 전기기기의 수리, 점검을 하는 경우 차단기로 차단된 무부하 상태의 전로를 확실하게 열기 위하여 사용되는 개폐기로서 부하 전류 및 고장 전류를 차단하는 기능은 없다.

문제 60
직렬 콘덴서를 사용하는 목적에 대하여 쓰시오.

답안작성
유도성 리액턴스를 보상함으로써 선로의 전압 강하를 감소키고, 계통의 안정도를 증대시킨다.

문제 61
수전실 등의 시설과 관련하여 변압기, 배전반 등 수전설비는 보수 점검에 필요한 공간 및 방화상 유효한 공간을 유지하기 위하여 주요부분이 유지하여야 할 거리를 정하고 있다. 다음 표에 기기별 최소유지거리를 쓰시오.

기기별 \ 위치별	앞면 또는 조작·계측면	뒷면 또는 점검면	열상호간(점검하는 면)
특별고압 배전반	[m]	[m]	[m]
저압 배전반	[m]	[m]	[m]

답안작성

기기별 \ 위치별	앞면 또는 조작·계측면	뒷면 또는 점검면	열상호간(점검하는 면)
특별고압 배전반	1.7[m]	0.8[m]	1.4[m]
저압 배전반	1.5[m]	0.6[m]	1.2[m]

문제 62
부하설비가 각각 A-30[kW], B-25[kW], C-50[kW], D-40[kW]되는 수용가가 있다. 이 수용 장소의 수용률이 A와 B는 각각 80[%], C와 D는 각각 60[%]이고 이 수용장소의 부등률은 1.3이다. 이 수용장소의 종합최대전력은 몇 [kW]인가?
- 계산 :
- 답 :

답안작성
계산 : 종합최대전력 $= \dfrac{\text{설비용량} \times \text{수용률}}{\text{부등률}}$

$= \dfrac{(30+25) \times 0.8 + (50+40) \times 0.6}{1.3} = 75.38[\text{kW}]$

답 : 75.38[kW]

문제 63 500[kVA]의 변압기에 역률 60[%]의 부하 500[kVA]가 접속되어 있다. 이 부하와 병렬로 콘덴서를 접속해서 합성 역률을 90[%]로 개선하면 부하는 몇 [kW] 증가시킬 수 있는가?

• 계산 : • 답 :

답안작성

계산 : 500[kVA] 역률 60[%]의 유효 전력 $P_1 = 500 \times 0.6 = 300[\text{kW}]$
500[kVA] 역률 90[%]의 유효 전력 $P_2 = 500 \times 0.9 = 450[\text{kW}]$
따라서, 증가시킬 수 있는 유효 전력 $P = P_2 - P_1 = 450 - 300 = 150[\text{kW}]$

답 : 150[kW]

문제 64 역률 80[%], 10000[kVA]의 부하를 가진 변전소에 2000[kVA]의 콘덴서를 설치하여 역률을 개선하면 변압기에 걸리는 부하는 몇 [kVA]인가?

• 계산 : • 답 :

답안작성

계산 : 역률 개선전의 유효 전력 $P = 10000 \times 0.8 = 8000[\text{kW}]$
무효 전력 $Q_1 = 10000 \times \sqrt{1 - 0.8^2} = 6000[\text{kVar}]$
따라서, 역률 개선 후의 무효 전력 $Q_2 = 6000 - 2000 = 4000[\text{kVar}]$
∴ $W = \sqrt{8000^2 + 4000^2} = 8944.27[\text{kVA}]$

답 : 8944.27[kVA]

문제 65 어떤 공장의 전기설비로 역률 0.8, 용량 200[kVA]인 3상 평형 유도부하가 사용되고 있다. 이 부하에 병렬로 전력용 콘덴서를 설치하여 합성 역률을 0.95로 개선할 경우 다음 각 물음에 답하시오.

(1) 전력용 콘덴서의 용량은 몇 [kVA]가 필요한가?
  • 계산 : • 답 :
(2) 전력용 콘덴서의 직렬리액터를 함께 설치할 때 설치하는 이유와 용량은 몇 [kVA]를 설치하여야 하는지를 쓰시오.
  ① 이유
  ② 용량
    • 계산 : • 답 :

답안작성

(1) 계산 : 콘덴서 용량
$$Q = P(\tan\theta_1 - \tan\theta_2) = 200 \times 0.8 \left(\frac{0.6}{0.8} - \frac{\sqrt{1-0.95^2}}{0.95} \right) = 67.41[\text{kVA}]$$

답 : 67.41[kVA]

(2) ① 이유 : 제5고조파의 제거
② 용량
계산 : • 이론상 콘덴서 용량의 4[%]이므로 $67.41 \times 0.04 = 2.7$[kVA]
• 실제 콘덴서 용량의 6[%]이므로 $67.41 \times 0.06 = 4.04$[kVA]
답 : 이론상 2.7[kVA], 실제 4.04[kVA]

문제 66 3상 3선식 6.6[kV]로 수전하는 수용가의 수전점에서 100/5[A], CT 2대와 6600/110[V], PT 2대를 사용하여 CT 및 PT의 2차측에서 측정한 전력이 300[W] 이었다면 수전 전력은 몇 [kW]인지 계산하시오.
• 계산 : • 답 :

답안작성
계산 : 수전 전력=측정 전력(전력계의 지시값) × CT비 × PT비
∴ $P = 300 \times \dfrac{100}{5} \times \dfrac{6600}{110} \times 10^{-3} = 360$[kW]
답 : 360[kW]

문제 67 단상 500[kVA] 변압기 3대를 △-Y 결선으로 하였을 경우, 저압측에 설치하는 차단기의 차단용량을 구하시오. (단, 변압기의 임피던스는 5.0[%] 이다.)
• 계산 : • 답 :

답안작성
계산 : $P_s = \dfrac{100}{\%Z} P_n = \dfrac{100}{5} \times 500 \times 3 \times 10^{-3} = 30$[MVA]
답 : 30[MVA]

문제 68 철손과 동손이 같을 때 변압기 효율은 최고로 된다. 단상 220[V], 50[kVA]의 변압기의 정격전압에서 철손은 10[W], 전부하에서 동손은 160[W]이면 효율이 가장 크게 되는 것은 몇 [%]인가?
• 계산 : • 답 :

답안작성
계산 : $m = \sqrt{\dfrac{P_i}{P_c}} \times 100 = \sqrt{\dfrac{10}{160}} \times 100 = 25$[%]   답 : 25[%]

문제 69 변전소의 주요기능 4가지를 쓰시오.

답안작성
① 전압의 변성과 조정   ② 전력의 집중과 배분
③ 전력 조류의 제어   ④ 송배전선로 및 변전소의 보호

문제 70. 수용률(Demand Factor)을 식으로 나타내고 설명하시오.

답안작성

식 : 수용률 = $\dfrac{\text{최대수용전력}}{\text{부하설비합계}} \times 100[\%]$

설명 : 어느 기간 중에서의 수용가의 최대 수요 전력[kW]과 그 수용가에 설치되어 있는 설비 용량의 합계 [kW]와의 비를 말한다.

문제 71. 피뢰기의 속류와 제한전압에 대하여 설명하시오.

답안작성

① 속류 : 방전 전류에 이어서 전원으로부터 공급되는 상용 주파수의 전류가 직렬갭을 통하여 대지로 흐르는 전류
② 제한전압 : 피뢰기 방전 중 피뢰기 단자에 남게 되는 충격전압

문제 72. 200[kVA]의 단상변압기가 있다. 철손은 1.6[kW]이고 전부하에서 동손은 2.4 [kW]이다. 역률 80[%]에서의 최대효율을 계산하시오.

• 계산 :   • 답 :

답안작성

계산 : 최대 효율 시 부하 $m = \sqrt{\dfrac{P_i}{P_c}} = \sqrt{\dfrac{1.6}{2.4}} = 0.8165$

따라서 최대 효율 $\eta_m = \dfrac{200 \times 0.8 \times 0.8165}{200 \times 0.8 \times 0.8165 + 1.6 \times 2} \times 100 = 97.61[\%]$

답 : 97.61[%]

문제 73. 변류기(CT)에 관한 다음 각 물음에 답하시오.

(1) Y-△로 결선한 주변압기의 보호로 비율차동계전기를 사용한다면 CT의 결선은 어떻게 하여야 하는지를 설명하시오.
(2) 통전 중에 있는 변류기의 2차측 기기를 교체하고자 할 때 가장 먼저 취하여야 할 사항을 설명하시오.
(3) 수전전압이 22.9[kV], 수전 설비의 부하 전류가 65[A] 이다. 100/5[A]의 변류기를 통하여 과부하 계전기를 시설하였다. 120[%]의 과부하에서 차단기를 차단시킨다면 과부하 계전기의 전류값은 몇 [A]로 설정해야 하는가?

• 계산 :   • 답 :

답안작성

(1) 주 변압기 1차측에 사용되는 변류기는 △결선, 2차측에 사용되는 변류기는 Y결선을 한다.
    (변압기 결선과 반대로 결선한다.)
(2) 2차측을 단락시킨다.

(3) 계산 : 과전류 계전기의 전류 탭(I_t) = 부하전류(I) × $\frac{1}{\text{변류비}}$ × 설정값

$$\therefore I_t = 65 \times \frac{5}{100} \times 1.2 = 3.9[\text{A}]$$

답 : 4[A] 설정

문제 74 역률 과보상시 발생하는 현상에 대하여 3가지만 쓰시오.

답안작성
① 역률의 저하 및 손실의 증가
② 단자전압 상승
③ 계전기 오동작

문제 75 철손이 1.2[kW], 전부하시의 동손이 2.4[kW]인 변압기가 하루 중 7시간 무부하 운전, 11시간 1/2운전, 그리고 나머지 전부하 운전할 때 하루의 총 손실은 얼마인가?

• 계산 : • 답 :

답안작성

계산 : 손실 = 철손 + 동손 = $24P_i + \Sigma(m^2 P_c)$

$$= 24 \times 1.2 + 11 \times \left(\frac{1}{2}\right)^2 \times 2.4 + 6 \times 2.4 = 49.8[\text{kW}]$$

답 : 49.8[kW]

문제 76 ACB가 설치되어있는 배전반 전면에 전압계, 전류계, 전력계, CTT, PTT가 설치되어 있고, 수변전단선도가 없어 CT비를 알 수 없는 상태이다. 전류계의 지시는 R, S, T상 모두 240[A]이고, CTT측 단자의 전류를 측정한 결과 2[A]였을 때 CT비(I_1/I_2)를 계산하시오. (단, CT 2차측 전류는 5[A]로 한다.)

• 계산 : • 답 :

답안작성

계산 : 권수비(전류비) $a = \frac{I_2}{I_1} = \frac{2}{240} = \frac{1}{120}$

CT비의 2차측은 5[A]이므로

$$\text{CT비} = \frac{I_1}{I_2} = \frac{120}{1} = \frac{600}{5}$$

답 : 600/5

문제 77 배전용 변압기의 고압측(1차측)에 여러 개의 탭을 설치하는 이유는 무엇인가?

답안작성
변압기 저압측(2차측) 전압을 조정하기 위함이다.

문제 78
변압기의 고장(소손(燒損))원인 중 5가지만 쓰시오.

답안작성
① 권선의 상간단락
② 층간단락
③ 고·저압 혼촉
④ 지락 및 단락사고에 의한 과전류
⑤ 절연물 및 절연유의 열화에 의한 절연내력 저하

문제 79
정격출력 37[kW], 역률 0.8, 효율 0.82인 3상 유도 전동기가 있다. 변압기를 V결선하여 전원을 공급하고자 한다면 변압기 1대의 최소용량은 몇 [kVA] 이어야 하는가?
• 계산 :   • 답 :

답안작성
계산 : 변압기 1대 용량
$$P_1 = \frac{P_v[\text{kVA}]}{\sqrt{3}} = \frac{P[\text{kW}]}{\sqrt{3} \times \cos\theta \times \eta} = \frac{37}{\sqrt{3} \times 0.8 \times 0.82} = 32.56[\text{kVA}]$$
답 : 32.56[kVA]

문제 80
변압기의 임피던스 전압에 대하여 설명하시오.

답안작성
정격 전류가 흐를 때 변압기 내의 전압강하이다.

문제 81
역률 개선에 대한 효과를 4가지만 쓰시오.

답안작성
① 변압기와 배전선의 전력 손실 경감
② 전압 강하의 감소
③ 설비 용량의 여유 증가
④ 전기 요금의 감소

문제 82
실부하 6000[kW] 역률 85[%]로 운전하는 공장에서 역률을 95[%]로 개선하는데 필요한 콘덴서 용량을 구하시오.
• 계산 :   • 답 :

답안작성
계산 : $Q = 6000 \times \left(\frac{\sqrt{1-0.85^2}}{0.85} - \frac{\sqrt{1-0.95^2}}{0.95} \right) = 1746.36[\text{kVA}]$
답 : 174.36[kVA]

문제 83 LS, DS, CB가 그림과 같이 설치되었을 때의 조작 순서를 차례로 쓰시오.

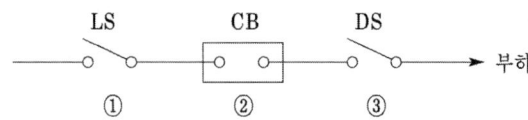

(1) 전원투입(ON)시의 조작 순서
(2) 전원차단(OFF)시의 조작 순서

답안작성
(1) ③ – ① – ②
(2) ② – ③ – ①

문제 84 조명용 변압기의 주요 사양은 다음과 같다. 전원측 %임피던스를 무시할 경우 변압기 2차측 단락전류는 몇 [kA]인가?

- 상수 : 단상
- 전압 : 3.3[kV] / 220[V]
- 계산 :

- 용량 : 50[kVA]
- %임피던스 : 3[%]
- 답 :

답안작성

계산 : $I_s = \dfrac{100}{3} \times \dfrac{50 \times 10^3}{220} \times 10^{-3} = 7.58 [\text{kA}]$

답 : 7.58[kA]

문제 85 어떤 변전소의 공급구역내의 총 부하용량은 전등 600[kW], 동력 800[kW] 이다. 각 수용가의 수용률은 전등 60[%], 동력 80[%], 각 수용가간의 부등률은 전등 1.2, 동력 1.6이며, 또한 변전소에서 전등부하와 동력부하간의 부등률을 1.4라 하고, 배전선(주상변압기포함)의 전력 손실을 전등부하, 동력부하 각각 10[%]라 할 때 다음 각 물음에 답하시오.

(1) 전등의 종합 최대 수용전력은 몇 [kW]인가?
  - 계산 :
  - 답 :
(2) 동력의 종합 최대수용전력은 몇 [kW]인가?
  - 계산 :
  - 답 :
(3) 변전소에 공급하는 최대전력은 몇 [kW]인가?
  - 계산 :
  - 답 :

답안작성

(1) 계산 : $P_N = \dfrac{600 \times 0.6}{1.2} = 300[\text{kW}]$ 　　　답 : 300[kW]

(2) 계산 : $P_M = \dfrac{800 \times 0.8}{1.6} = 400[\text{kW}]$ 답 : 400[kW]

(3) 계산 : $P = \dfrac{300+400}{1.4} \times (1+0.1) = 550[\text{kW}]$ 답 : 550[kW]

문제 86 10[kVar]의 전력용 콘덴서를 설치하고자 할 때 필요한 콘덴서의 정전용량[μF]을 각각 구하시오. (단, 사용전압은 380[V]이고, 주파수는 60[Hz] 이다.)

(1) 단상 콘덴서 3대를 Y결선할 때 콘덴서의 정전용량[μF]
 • 계산 :   • 답 :

(2) 단상 콘덴서 3대를 △결선할 때 콘덴서의 정전용량[μF]
 • 계산 :   • 답 :

(3) 콘덴서는 어떤 결선으로 하는 것이 유리한지 설명하시오.

답안작성

(1) 계산 : $C_s = \dfrac{Q}{2\pi f V^2} = \dfrac{10 \times 10^3}{2\pi \times 60 \times 380^2} \times 10^6 = 183.70[\mu\text{F}]$ 답 : 183.70[μF]

(2) 계산 : $C_d = \dfrac{Q}{6\pi f V^2} = \dfrac{10 \times 10^3}{6\pi \times 60 \times 380^2} \times 10^6 = 61.23[\mu\text{F}]$ 답 : 61.23[μF]

(3) △결선시 필요로 하는 콘덴서의 정전용량은 Y결선시의 1/3로도 충분하므로 △결선으로 하는 것이 유리 하다.

문제 87 부하 용량이 900[kW] 이고, 전압이 3상 380[V]인 수용가 전기설비의 계기용 변류기를 결정하고자 한다. 다음 조건에 알맞은 변류기를 주어진 표에서 찾아 선정하시오.

[조건]
• 수용가의 인입 회로에 설치하는 것으로 한다.
• 부하역률은 0.9로 계산한다.
• 실제 사용하는 정도의 1차 전류용량으로 하며 여유율은 1.25배로 한다.

[표] 변류기의 정격

1차 정격전류[A]	400	500	600	750	1000	1500	2000	2500
2차 정격전류[A]	5							

• 계산 :   • 답 :

답안작성

계산 : $I_n = \dfrac{P}{\sqrt{3}\,V\cos\theta} = \dfrac{900 \times 10^3}{\sqrt{3} \times 380 \times 0.9} = 1519.34[\text{A}]$

$I_1 = I_n \times 1.25 = 1519.34 \times 1.25 = 1899.18[\text{A}]$

∴ 변류비 2000/5[A] 선정

답 : 2000/5[A]

문제 88

변압기 특성과 관련된 다음 각 물음에 답하시오.
(1) 변압기의 호흡작용이란 무엇인지 쓰시오.
(2) 호흡작용으로 인하여 발생되는 현상 및 방지대책에 대하여 쓰시오.
- 발생현상 :
- 방지대책 :

답안작성

(1) 변압기외부 온도와 내부에서 발생하는 열에 의해 변압기 내부에 있는 절연유의 부피가 수축 팽창하게 되고 이로 인하여 외부의 공기가 변압기 내부로 출입하게 되는데 이를 변압기 호흡작용이라 한다.
(2) • 발생현상 : 호흡작용으로 인하여 변압기 내부에 수분 및 불순물이 혼입되어 절연유의 절연내력을 저하시키고 침전물을 발생시킬 수 있다.
  • 방지대책 : 호흡기(흡습 호흡기)를 설치한다.

문제 89

단권변압기는 1차, 2차 양 회로에 공통된 권선부분을 가진 변압기이다. 이러한 단권변압기의 장점, 단점, 사용용도를 쓰시오.
(1) 장점 (3가지)
(2) 단점 (2가지)
(3) 사용용도(2가지)

답안작성

(1) 장점
  ① 1권선 변압기이므로 동량을 줄일 수 있어 경제적이다.
  ② 동손이 감소하여 효율이 좋아진다.
  ③ 부하용량이 등가용량에 비하여 커져 경제적이다.
(2) 단점
  ① 누설 임피던스가 적어 단락 전류가 크다.
  ② 1차측에 이상전압이 발생시 2차측에도 고전압이 걸려 위험하다.
(3) 용도
  ① 승압 및 강압용 단권 변압기
  ② 초고압 전력용 변압기

문제 90

지중전선로의 지중함 설치 시 지중함의 시설기준을 3가지만 쓰시오.

답안작성

① 지중함은 견고하고 차량 기타 중량물의 압력에 견디는 구조일 것
② 지중함은 그 안의 고인 물을 제거할 수 있는 구조로 되어 있을 것
③ 지중함의 뚜껑은 시설자 이외의 자가 쉽게 열 수 없도록 시설할 것

문제 91 피뢰기에 대한 다음 각 물음에 답하시오.
(1) 현재 사용되고 있는 교류용 피뢰기의 주요 구조는 무엇과 무엇으로 구성되어 있는가?
(2) 피뢰기의 정격전압이라고 하는 것은 어떤 전압을 말하는가?
(3) 피뢰기의 제한전압은 어떤 전압을 말하는가?
(4) 피뢰기의 기능상 필요한 구비조건을 4가지만 쓰시오.

답안작성
(1) 직렬갭, 특성요소
(2) 속류를 차단할 수 있는 교류 최고전압
(3) 피뢰기 방전중 피뢰기 단자에 남게되는 충격전압
(4) ① 충격방전 개시 전압이 낮을 것
② 상용주파 방전개시 전압이 높을 것
③ 방전내량이 크면서 제한 전압이 낮을 것
④ 속류차단 능력이 충분할 것

문제 92 전력계통에 일반적으로 사용되는 리액터에는 병렬리액터, 한류리액터, 직렬리액터 및 소호리액터 등이 있다. 이들 리액터의 설치목적을 쓰시오.
(1) 분로(병렬) 리액터   (2) 직렬 리액터
(3) 소호 리액터   (4) 한류 리액터

답안작성
(1) 페란티 현상의 방지   (2) 제5고조파의 제거
(3) 지락 전류의 제한   (4) 단락 전류의 제한

문제 93 변류기의 1차측에 전류가 흐르는 상태에서 2차측을 개방하면 어떤 문제점이 있는지 2가지를 쓰시오.

답안작성
① 2차측에 과전압 유기
② 절연파괴

문제 94 총설비 부하가 250[kW], 수용률 65[%], 부하역률 85[%]인 수용가에 전력을 공급하기 위한 변압기 용량[kVA]을 계산하고 규격용량으로 답하시오.
• 계산 :   • 답 :

답안작성
계산 : $P_a = \dfrac{250 \times 0.65}{0.85} = 191.18 [\text{kVA}]$
답 : 200[kVA]

문제 95
부하개폐기(LBS : Load Breaker Switch)의 기능을 설명하시오.

답안작성

변압기 등의 운전·정지 또는 전력계통의 운전·정지 등 부하전류가 흐르고 있는 회로의 개폐를 목적으로 사용한다.

문제 96
폐쇄형 수배전반(Metal Clad Switchgear)의 특징과 장점을 3가지만 쓰시오.
- 특징
- 개방형 수배전반과 비교할 때 폐쇄형 수배전반의 장점(3가지)

답안작성

- 특징
  수전설비를 구성하는 기기를 단위폐쇄 배전반이라 불리는 금속제 외함(函)에 넣어서 제작하는 것으로 단위회로마다 구획되어 있으므로 만일의 사고가 발생될 경우 사고의 확대가 방지되며, 단위회로로 제 작소에서 표준화할 수 있으므로 증설이나 보수에 편리하다.
- 장점
  ① 충전부는 접지된 금속제함 내에 넣어져 있으므로 안정성이 높다.
  ② 제작소에서 완전히 조립, 시험을 거쳐 수송할 수 있으므로 신뢰도가 높으며, 공사기간의 단축을 기 할 수 있어 공사비도 저렴해진다.
  ③ 개방형에 비하여 약 30~40[%]의 전용면적을 줄일 수 있다.

문제 97
3상 전원에 접속된 △결선의 콘덴서를 성형(Y)결선으로 바꾸면 진상 용량은 어떻게 되는지 관계식을 나타내어 설명하시오.

답안작성

△결선의 진상용량 $Q_\triangle = 3 \times 2\pi f C V^2$

Y결선의 진상용량 $Q_Y = 3 \times 2\pi f C \left(\dfrac{V}{\sqrt{3}}\right)^2 = 2\pi f C V^2$

$\therefore Q_Y = \dfrac{1}{3} Q_\triangle$

문제 98
22.9[kV-Y] 수전설비의 부하전류가 40[A]이다. 변류기(CT) 60/5[A]의 2차측에 과전류 계전기를 시설하여 120[%]의 과부하에서 부하를 차단시키고자 한다. 과전류 계전기의 전류 탭 설정값을 구하시오.
- 계산 :   • 답 :

답안작성

계산 : 탭 설정값은 부하 전류의 120[%]이므로 $40 \times \dfrac{5}{60} \times 1.2 = 4[A]$

답 : 4[A]

문제 99 변압기 2차측 단락전류 억제 대책을 고압회로와 저압회로로 나누어서 간략하게 쓰시오.
(1) 고압회로의 억제 대책(2가지)
(2) 저압회로의 억제 대책(3가지)

> **답안작성**
> (1) 계통분할방식, 계통전압의 격상
> (2) 고임피던스 기기의 채용, 한류리액터의 채용, 계통연계기 채용

문제 100 그림과 같이 부하가 A, B, C에 시설될 경우, 이것에 공급할 변압기 Tr의 용량을 계산하여 표준 용량을 선정하시오.(단, 부등률은 1.1, 부하 역률은 80[%]로 한다.)

변압기 표준 용량 [kVA]

| 50 | 100 | 150 | 200 | 250 | 300 | 350 |

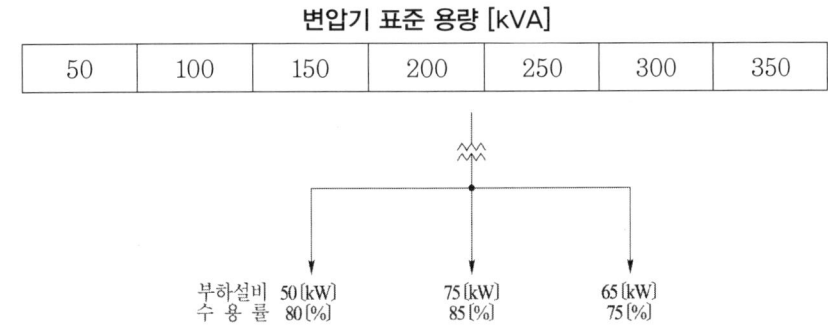

| 부하설비 | 50[kW] | 75[kW] | 65[kW] |
| 수 용 률 | 80[%] | 85[%] | 75[%] |

> **답안작성**
> 계산 : 변압기 용량 = $\dfrac{\text{설비용량[kW]} \times \text{수용률}}{\text{부등률} \times \text{역률}}$
> $= \dfrac{50 \times 0.8 + 75 \times 0.85 + 65 \times 0.75}{1.1 \times 0.8} = 173.3[\text{kVA}]$
> 답 : 표준용량 200[kVA] 선정

문제 101 다음 그림은 전력계통의 일부를 나타낸 것이다. 다음 물음에 답하시오.
(1) ①, ②, ③의 회로를 완성하시오.
(2) ①, ②, ③의 명칭을 한글로 쓰시오.
　① (　　　)
　② (　　　)
　③ (　　　)
(3) ①, ②, ③의 설치사유를 쓰시오.
　①
　②
　③

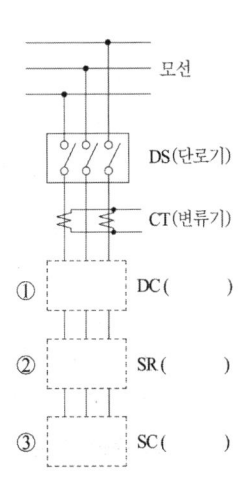

> 답안작성

(1) ① 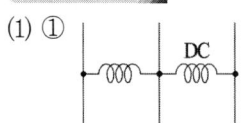 ② 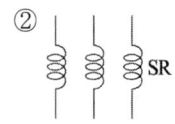 ③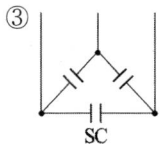

(2) ① 방전코일, ② 직렬 리액터, ③ 전력용 콘덴서
(3) ① 콘덴서에 축적된 잔류전하 방전
　　② 제5고조파 제거
　　③ 역률 개선

문제 102 선택지락계전기(SGR) 사용목적을 설명하시오.

> 답안작성

선택지락계전기 SGR(Selective Ground Relay) 병행 2회선 송전선로에서 한쪽의 1회선에 지락 사고가 일어났을 경우 이것을 검출하여 고장 회선만을 선택 차단할 수 있게끔 선택단락계전기의 동작전류를 특별히 작게 한 것으로 비접지 계통의 지락 사고 검출에 사용

문제 103 그림과 같은 부하 곡선을 보고 다음 각 물음에 답하시오.

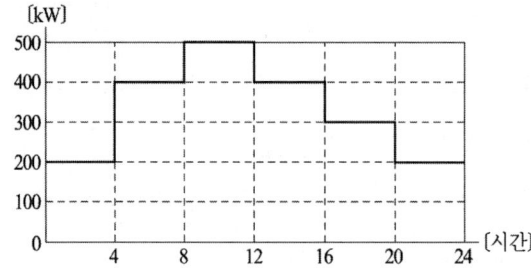

(1) 첨두 부하는 몇 [kW]인가?
(2) 첨두 부하가 지속되는 시간 몇 시부터 몇 시 까지 인가?
(3) 일공급 전력량은 몇 [kWh]인가?
　　• 계산 :　　　　　　　　　　　　　　• 답 :
(4) 일부하율은 몇 [%]인가?
　　• 계산 :　　　　　　　　　　　　　　• 답 :

> 답안작성

(1) 500[kW]
(2) 8시에서 12시
(3) 계산 : $W = (200+400+500+400+300+200) \times 4 = 8000 [\text{kWh}]$　　답 : 8000[kWh]
(4) 계산 : 일부하율 $= \dfrac{8000}{24 \times 500} \times 100 = 66.67[\%]$　　답 : 66.67[%]

문제 104 어느 수용가의 총설비 부하 용량은 전등 800[kW], 동력 1200[kW]라고 한다. 각 수용가의 수용률은 60[%]이고, 각 수용가 간의 부등률은 전등 1.2, 동력 1.5, 전등과 동력 상호간은 1.4라고 하면 여기에 공급되는 변전시설용량은 몇 [kVA]인가? 단, 부하 전력 손실은 5[%]로 하며, 역률은 1로 계산한다.

• 계산 : • 답 :

답안작성

계산 : $\text{Tr 용량} = \dfrac{\text{설비용량} \times \text{수용률}}{\text{부등률} \times \text{역률}}$

$= \dfrac{\dfrac{800 \times 0.6}{1.2} + \dfrac{1200 \times 0.6}{1.5}}{1.4} \times (1+0.05) = 660[\text{kVA}]$

답 : 660[kVA]

문제 105 그림은 어느 공장의 하루의 전력부하곡선이다. 이 그림을 보고 다음 각 물음에 답하시오 (단, 이 공장의 부하설비용량은 80[kW]라고 한다.)

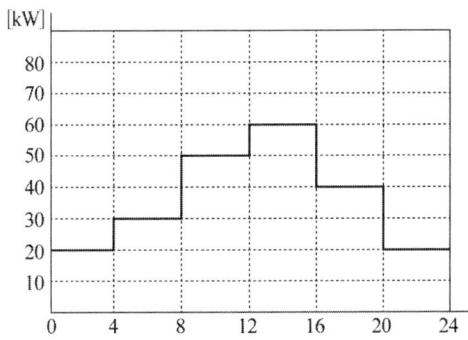

(1) 이 공장의 부하 평균전력은 몇 [kW]인가?
  • 계산 : • 답 :
(2) 이 공장의 일 부하율은 얼마인가?
  • 계산 : • 답 :
(3) 이 공장의 수용률은 얼마인가?
  • 계산 : • 답 :

답안작성

(1) 계산 : $P = \dfrac{20 \times 4 + 30 \times 4 + 50 \times 4 + 60 \times 4 + 40 \times 4 + 20 \times 4}{24} = 36.67[\text{kW}]$

답 : 36.67[kW]

(2) 계산 : 일 부하율 $= \dfrac{36.67}{60} \times 100 = 61.12[\%]$ 답 : 61.12[%]

(3) 계산 : 수용률 $= \dfrac{60}{80} \times 100 = 75[\%]$ 답 : 75[%]

문제 106

다음표와 같은 부하설비가 있다. 여기에 공급할 변압기 용량을 구하시오.
(단, 부등률은 1.2, 부하의 종합역률은 80[%]이다.)

• 계산 :   • 답 :

수용가	설비용량	수용률[%]
A	60	60
B	40	50
C	20	70
D	30	65

답안작성

변압기 용량 $= \dfrac{\text{개별 최대수용전력의 합}}{\text{부등률} \times \text{역률}} = \dfrac{\text{설비용량} \times \text{수용률}}{\text{부등률} \times \text{역률}}$

$= \dfrac{60 \times 0.6 + 40 \times 0.5 + 20 \times 0.7 + 30 \times 0.65}{1.2 \times 0.8} = 93.23[\text{kVA}]$

답 : 100[kVA]

문제 107

그림과 같은 계통에서 측로 단로기 DS_3을 통하여 부하를 공급하고, 차단기 CB를 점검하고자 할 때 다음 각 물음에 답하시오.(단, 평상시에 DS_3은 열려있는 상태이다.)

(1) CB를 점검하기 위한 기기의 조작방법을 순서대로 설명하시오.
(2) CB를 점검 완료한 후 원상복구 시킬 때의 조작방법을 순서대로 설명하시오.
(3) 도면과 같은 설비에서 차단기 CB의 점검 작업 중 발생될 수 있는 문제점을 지적하여 설명하고 이러한 문제점을 해소하기 위한 방안을 설명하시오.
 • 발생될 수 있는 문제점 :
 • 해소 방안 :

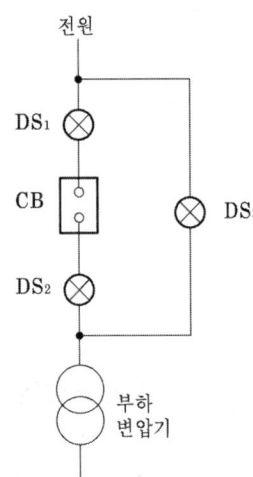

답안작성

(1) DS_3(ON) → CB(OFF) → DS_2(OFF) → DS_1(OFF)
(2) DS_2(ON) → DS_1(ON) → CB(ON) → DS_3(OFF)
(3) • 발생될 수 있는 문제점 : 차단기(CB)가 투입(ON)된 상태에서 단로기(DS_1, DS_2)를 투입(ON)하거나 개방(OFF)하면 위험(감전 및 전기화상)하다.
   • 해소 방안 : 단로기(DS)와 차단기(CB)간에 인터록 장치를 한다.
   (부하 전류가 통전 중에는 회로의 개폐가 되지 않도록 시설한다.)

문제 108 다음 그림은 콘덴서 설비의 단선도이다. 주어진 그림의 ①, ②번과 각 기기의 우리말 이름을 쓰고, 역할을 쓰시오.

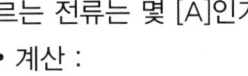

답안작성

① 방전 코일 : 콘덴서에 축적된 잔류 전하 방전
② 직렬 리액터 : 제5고조파 제거
③ 과전압 계전기 : 정정(整定)값 이상의 전압이 걸렸을 때 동작하여 경보를 발하거나 차단기를 동작
④ 부족전압 계전기 : 상시전원 정전 시 또는 부족전압 시 동작하여 경보를 발하거나 차단기를 동작
⑤ 과전류 계전기 : 정정(整定)값 이상의 전류가 흘렀을 때 동작하여 경보를 발하거나 차단기를 동작

문제 109 다음 그림과 같이 200/5[A] 1차측에 150[A]의 3상 평형 전류가 흐를 때 전류계 A_3에 흐르는 전류는 몇 [A]인가?

• 계산 :

• 답 :

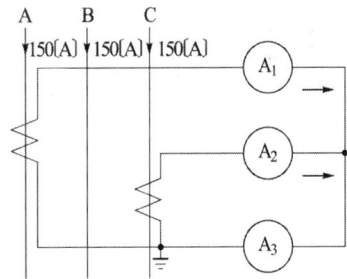

답안작성

계산 : CT 권수비가 $\dfrac{200}{5}=40$이므로 1차측에 150[A]가 흐르면

2차측에는 $\dfrac{150}{40}=3.75$[A]가 흐른다.

$$\therefore A_3 = |A_1 + A_2| = \sqrt{A_1^2 + A_2^2 + 2A_1A_2\cos\theta}$$
$$= \sqrt{3.75^2 + 3.75^2 + 2\times 3.75^2 \cos 120} = 3.75[A]$$

답 : 3.75[A]

문제 110
특고압 대용량 유입변압기의 내부고장이 생겼을 경우 보호하는 장치를 설치하여야 한다. 특고압 유입변압기의 기계적인 보호장치 3가지를 쓰시오.

답안작성
충격가스압계전기, 충격압력계전기, 브흐홀쯔 계전기

문제 111
다음의 자가용 고압 수변전 설비에 대한 그림을 보고 아래 물음에 답하시오.

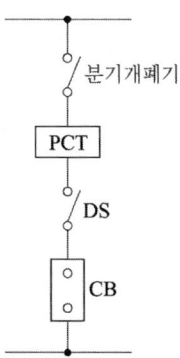

정기점검을 행할 경우의 작업순서는 (①), (②)의 순서로 개방한 후 전력회사에 요구하여 (③)를 개방시키고, 정전에 의해 송전이 정지되었을 경우 접지용구를 설치한다.

답안작성
① CB ② DS ③ 분기개폐기

문제 112
이상전압이 2차 기기에 악영향을 주는 것을 막기위해 선로에 보호장치를 설치하는 회로이다. 그림 중 ①의 명칭을 쓰시오.

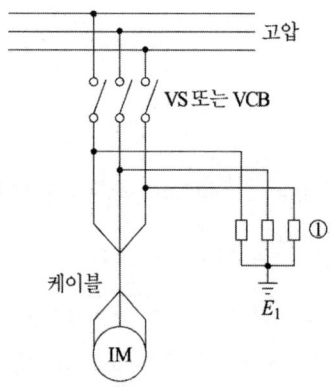

답안작성
서지흡수기

6장 단원별 예상문제 **291**

문제 113 그림과 같은 단상변압기 3대가 있다. 이 변압기에 대하여 다음 각 물음에 답하시오.

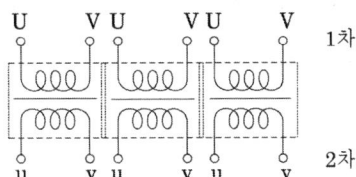

(1) 이 변압기를 중진 그림에 △-△ 결선을 하시오.
(2) △-△ 결선으로 운전하던 중 S상 변압기에 고장이 생겨 이것을 분리하고 나머지 2대로 3상 전력을 공급하고자 한다. 이때의 결선도를 그리고, 이 결선의 명칭을 쓰시오.
   ① 결선도   ② 명칭
(3) "(2)" 문항에서 변압기 1대의 이용률은 몇 [%]인가?
   • 계산 :   • 답 :
(4) "(2)"문항에서와 같이 결선한 변압기 2대의 3상 출력은 △-△결선시의 변압기 3대의 3상 출력과 비교할 때 몇 [%]정도 되는가?
   • 계산 :   • 답 :
(5) △-△ 결선시의 장점을 2가지만 쓰시오.

답안작성

(1)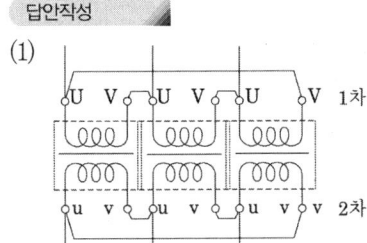

(2) ① 결선도   ② 명칭 : V-V 결선

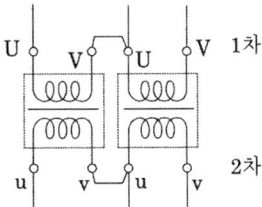

(3) 계산 : 이용률 $= \dfrac{\sqrt{3}\,P_1}{2P_1} \times 100 = 86.6[\%]$ 답 : $86.6[\%]$

(4) 계산 : 출력비 $= \dfrac{\sqrt{3}\,P_1}{3P_1} \times 100 = 57.74[\%]$ 답 : $57.74[\%]$

(5) ① 제3고조파 전류가 △결선 내를 순환하므로 정현파 교류 전압을 유기하여 기전력의 파형이 왜곡되지 않는다.
   ② 1대 고장시 V-V 결선으로 운전할 수 있다.

문제 114

어떤 공장의 전기설비로 역률 0.8, 용량 200[kVA]인 3상 유도부하가 사용되고 있다. 이 부하에 병렬로 전력용 콘덴서를 설치하여 합성 역률을 0.95로 개선할 경우 다음 각 물음에 답하시오.

(1) 전력용 콘덴서의 용량은 몇 [kVA]가 필요한가?
　• 계산 :　　　　　　　　　　　　　　　　• 답 :

(2) 전력용 콘덴서에 직렬리액터를 함께 설치할 때 설치하는 이유와 용량은 몇 [kVA]를 설치하여야 하는지를 쓰시오.
　• 이유 :　　　　　　　　　　　　　　　　• 용량 :

답안작성

(1) 계산 : 콘덴서 용량
$$Q_c = P(\tan\theta_1 - \tan\theta_2) = 200 \times 0.8 \left(\frac{0.6}{0.8} - \frac{\sqrt{1-0.95^2}}{0.95} \right) = 67.41 [\text{kVA}]$$
답 : 67.41[kVA]

(2) • 이유 : 제5고조파의 제거
　• 용량 : 이론상은 콘덴서 용량의 4[%]이므로 $67.41 \times 0.04 = 2.7[\text{kVA}]$
　　　　　실제상은 콘덴서 용량의 6[%]이므로 $67.41 \times 0.06 = 4.04[\text{kVA}]$

문제 115

다음의 그림은 변압기 절연유의 열화 방지를 위한 습기제거 장치로서 흡습제와 절연유가 주입되는 2개의 용기로 이루어져 있다. 하부에 부착된 용기는 외부공기와 직접적인 접촉을 막아주기 위한 용기로, 표시된 눈금(용기의 2/3정도)까지 절연유를 채워 관리되어져야 한다. 이 변압기 부착물의 명칭을 쓰시오.

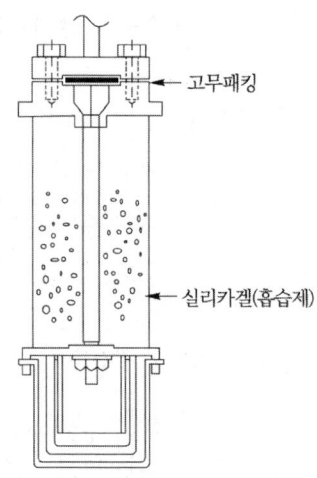

답안작성

흡습호흡기

문제 116

다음 그림에서 Ⓥ가 지시하는 것은 무엇인가?

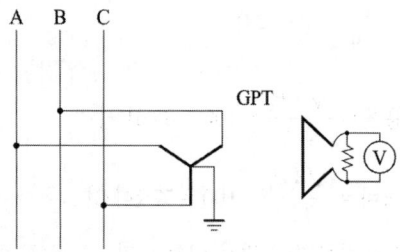

답안작성

영상전압

문제 117 도면은 154[kV]를 수전하는 어느 공장의 수전설비에 대한 단선도이다. 이 단선도를 보고 다음 각 물음에 답하시오.

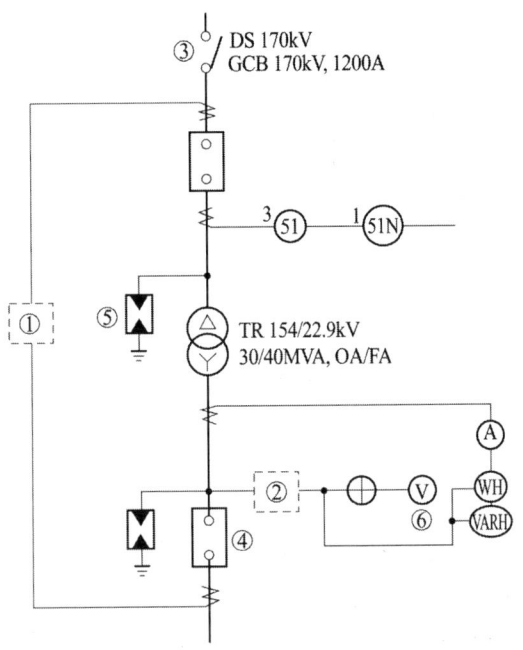

(1) ①에 설치되어야 할 기기의 심벌을 그리고, 그 명칭을 쓰시오.
(2) ②에 설치되어야 할 기기의 심벌을 그리고, 그 명칭을 쓰시오.
(3) 51, 51N의 기구번호의 명칭은?
(4) GCB, VARH의 용어는?
(5) ③~⑥에 해당하는 명칭을 쓰시오.

답안작성

(1) 심벌 : (87T)
    명칭 : 주변압기 차동 계전기
(2) 심벌 : ⧛
    명칭 : 계기용 변압기
(3) 51 : 교류 과전류계전기
    51N : 중성점 과전류계전기
(4) GCB : 가스차단기
    VARH : 무효전력량계
(5) ③ 단로기   ④ 차단기   ⑤ 피뢰기   ⑥ 전압계

문제 118 부하 설비 및 수용률이 그림과 같은 경우 이곳에 공급할 변압기 Tr의 용량을 계산하여 표준 용량으로 결정하시오. 단, 부등률은 1.1, 종합 역률은 80[%] 이하로 한다.

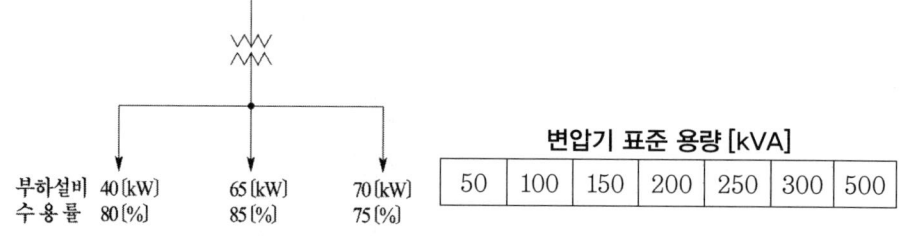

변압기 표준 용량 [kVA]						
50	100	150	200	250	300	500

• 계산 :   • 답 :

답안작성

계산 : 변압기 용량 = $\dfrac{40 \times 0.8 + 65 \times 0.85 + 70 \times 0.75}{1.1 \times 0.8}$ = 158.81[kVA]

답 : 표준 용량 200[kVA] 선정

문제 119 3상 전원에 단상 전열기 2대를 연결하여 사용할 경우 3상 평형전류가 흐르는 변압기의 결선방법이 있다. 3상을 2상으로 변환하는 이 결선방법의 명칭과 결선도를 그리시오. (단, 단상변압기 2대를 사용한다.)

• 명 칭
• 결선도

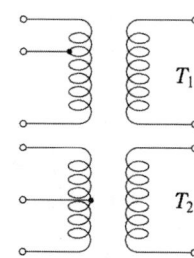

답안작성

• 명 칭 : 스코트 결선
• 결선도 :

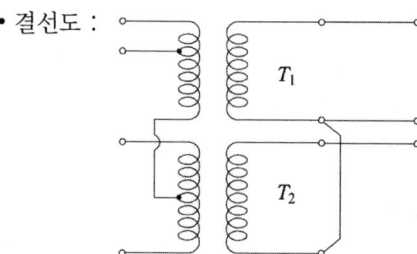

문제 120 그림과 같은 부하를 갖는 변압기의 최대수용전력은 몇 [kVA]인지 계산하시오.

• 계산 :   • 답 :

단, ① 부하간 부등률은 1.20이다.
② 부하의 역률은 모두 85[%] 이다.
③ 부하에 대한 수용률은 다음 표와 같다.

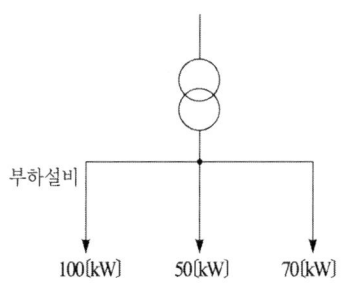

부 하	수용률
10[kW] 이상 ~ 50[kW] 미만	70[%]
50[kW] 이상 ~ 100[kW] 미만	60[%]
100[kW] 이상 ~ 150[kW] 미만	50[%]
150[kW] 이상	45[%]

답안작성

계산 : 변압기 최대수용전력 $= \dfrac{설비용량 \times 수용률}{부등률 \times 역률}$

$$Tr = \dfrac{100 \times 0.5 + 50 \times 0.6 + 70 \times 0.6}{1.2 \times 0.85} = 119.61 [kVA]$$

답 : 119.61[kVA]

문제 121 아몰퍼스변압기의 장점 3가지와 단점 3가지를 쓰시오.

답안작성

장점 : ① 무부하손실이 규소강판을 사용시보다 약 80% 감소
　　　② 손실감소로 전력절감효과, 수명연장, 운전유지보수료 절감
　　　③ 고주파대역에서 우수한 자기적특성에 의한 고효율 및 컴팩트화
단점 : ① 메탈소재의 높은경도와 나쁜 취성으로 인해 제작의 어려움
　　　② 낮은 자속밀도 및 점적률에의한 원가상승
　　　③ 압축응력이 가해지면 특성이 저하

해설

변압기운전중에 발생하는 손실(무부하손)의 경감을 위하여 규소강판을 아몰퍼스합금(Fe+Si+B+C)을 이용한 자성재료로 대치한 변압기로서 혼합물을 용융후 급속냉각시켜 만들어지는 비정질자성재료로 되며 원자의 배열에 규칙성이 없는 랜덤구조이므로 히스테리시스손이 적고 고유저항(규소강판의 3배)이 크고 두께(규소강판의 10%)가 얇아 와류손도 감소한다.

문제 122 (1) 역률을 개선하기 위한 전력용 콘덴서 용량은 최대 무슨 전력 이하로 설정하여야 하는지 쓰시오.
(2) 고조파를 제거하기 위해 콘덴서에 무엇을 설치해야 하는지 쓰시오.
(3) 역률 개선시 나타나는 효과 3가지를 쓰시오.

답안작성

(1) 부하의 지상 무효 전력
(2) 직렬리액터
(3) ① 전력손실 경감　② 전압 강하의 감소　③ 설비 용량의 여유 증가

문제 123

그림과 같이 80[kW], 70[kW], 50[kW] 부하 설비에 수용률이 각각 60[%], 70[%], 80[%]로 할 경우 변압기 용량은 몇 [kVA]가 필요한지 선정하시오. 단, 부등률은 1.1, 종합부하 역률은 90[%] 이다.

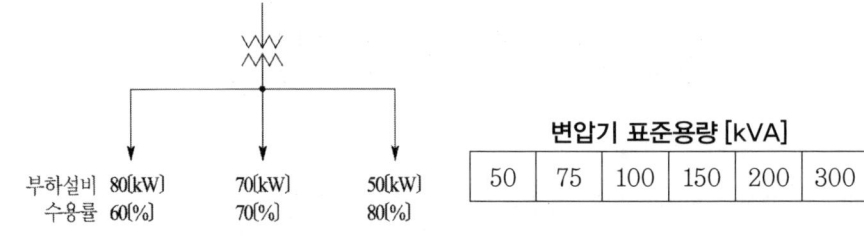

변압기 표준용량 [kVA]					
50	75	100	150	200	300

부하설비 80[kW] 70[kW] 50[kW]
수용률 60[%]   70[%]   80[%]

• 계산 :   • 답 :

답안작성

계산 : 변압기 용량 ≥ 합성최대전력 = $\dfrac{설비용량 \times 수용률}{부등률 \times 역률}$ [kVA]

∴ 변압기 용량 = $\dfrac{80 \times 0.6 + 70 \times 0.7 + 50 \times 0.8}{1.1 \times 0.9}$ = 138.38[kVA]

답 : 표에서 150[kVA] 선정

문제 124

다음 그림은 배전반에서 계측을 하기위한 계기용 변성기이다. 아래 그림을 보고 명칭, 약호, 심벌, 역할에 알맞은 내용을 쓰시오.

구 분		
명 칭		
약 호		
심 벌		
역 할		

답안작성

구 분		
명 칭	계기용 변류기	계기용 변압기
약 호	CT	PT
심 벌	⟋	⋛
역 할	대전류를 소전류로 변성하여 계기 및 계전기에 공급한다.	고전압을 저전압으로 변성시켜 계기 및 계전기 등의 전원으로 사용한다.

문제 125

최대사용전력이 625[kW]인 공장의 시설용량은 800[kW]이 공장의 수용률을 계산하시오.

- 계산 :
- 답 :

답안작성

계산 : 수용률 = $\dfrac{\text{최대 수용 전력}}{\text{설비 용량}} \times 100 = \dfrac{625}{800} \times 100 = 78.13[\%]$

답 : 78.13[%]

문제 126

그림은 22.9[kV-Y] 1000[kVA] 이하에 적용 가능한 특고압 간이 수전 설비 표준 결선도이다. 그림에서 표시된 ①~③까지의 명칭을 쓰시오.

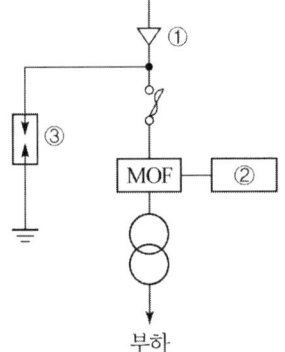

답안작성

① 케이블헤드
② 전력량계
③ 피뢰기

문제 127

수변전 설비에 설치하고자 하는 파워 퓨즈(전력용 퓨즈)는 사용 장소, 정격 전압, 정격 전류 등을 고려하여 구입하여야 하는데, 이 외에 고려하여야 할 주요 특성 3가지만 쓰시오.

답안작성

① 정격 차단용량
② 최소 차단전류
③ 전류-시간 특성

298 제6장 수변전 설비

문제 128 다음 미완성 도면의 Y-Y 변압기 결선도와 △-△ 변압기 결선도를 완성하시오. 단, 필요한 곳에는 접지를 포함하여 완성시키도록 한다.

(1) Y-Y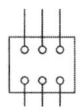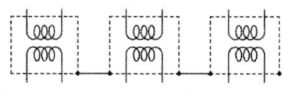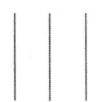

(2) △-△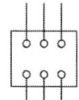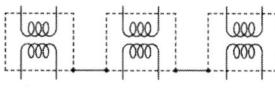

답안작성

(1) Y-Y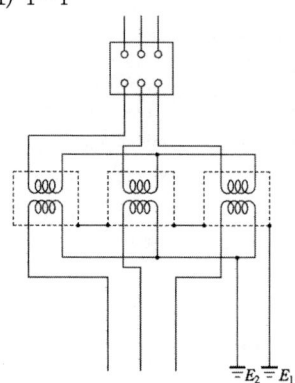

(2) △-△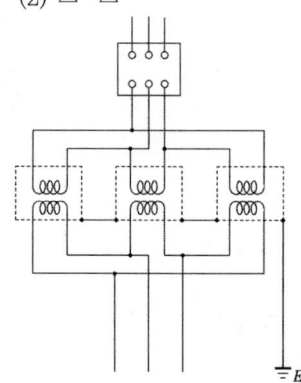

문제 129 단상변압기 3대를 △-△ 결선하고 이 결선방식의 장점과 단점을 3가지씩 설명하시오.

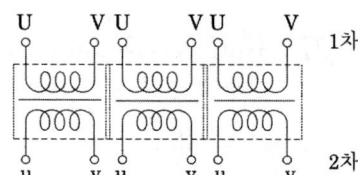

답안작성

• △-△ 결선방식

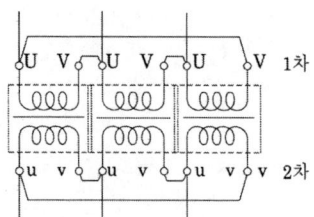

• 장점
① 제3고조파 전류가 △ 결선 내를 순환하므로 정현파 교류 전압을 유기하여 기전력의 파형이 왜곡되지 않는다.
② 1대가 고장이 나면 나머지 2대로 V결선하여 사용할 수 있다.
③ 각 변압기의 상전류가 선전류의 $\frac{1}{\sqrt{3}}$ 이 되어 대전류에 적합하다.

문제 130 부하의 역률을 개선하는 원리를 간단히 쓰시오.

> 답안작성
>
> 유도성 부하를 사용하게 되면 역률이 저하한다. 이것을 개선하기 위하여 부하에 병렬로 콘덴서(용량성)을 설치하여 진상 전류를 흘려줌으로서 무효전력을 감소시켜 역률을 개선한다.

문제 131 그림과 같은 계통에서 측로 단로기 T1을 통하여 부하에 공급하고 차단기 CB를 점검을 하기 위한 조작 순서를 쓰시오. (단, 평상시에 T1은 열려 있는 상태임.)

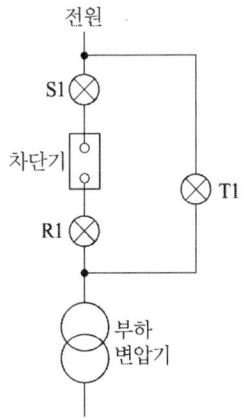

> 답안작성
>
> T1(ON) → 차단기(OFF) → R1(OFF) → S1(OFF)

문제 132 22.9[kV]인 3상 4선식의 다중 접지 방식에서 다음 각 장소에 시설되는 피뢰기의 정격전압은 몇 [kV]이어야 하는가?

(1) 배전선로 (2) 변전소

> 답안작성
>
> (1) 18[kV] (2) 21[kV]

문제 133 어떤 콘덴서 3개를 선간 전압 3300[V], 주파수 60[Hz]의 선로에 △로 접속하여 60[kVA]가 되도록 하려면 콘덴서 1개의 정전용량 [μF]은 약 얼마로 하여야 하는가?

• 계산 :   • 답 :

답안작성

계산 : $Q = 3EI_c = 3 \times 2\pi fCE^2$ 이므로

따라서, 1개의 정전 용량 $C = \dfrac{Q}{6\pi fE^2} = \dfrac{60 \times 10^3}{6\pi \times 60 \times 3300^2} \times 10^6 = 4.87[\mu F]$

답 : $4.87[\mu F]$

문제 134 6000[V], 3상 전기설비에 변압비 30인 계기용 변압기(PT)를 그림과 같이 잘못 접속하였다. 각 전압계 V_1, V_2, V_3에 나타나는 단자 전압은 몇 [V]인가?

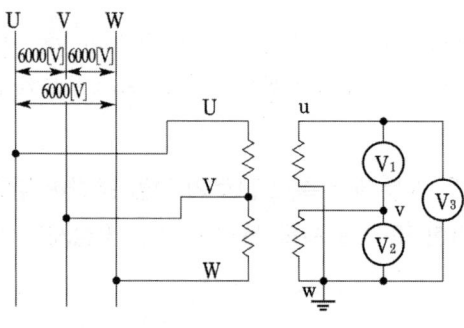

• 계산 :   • 답 :

답안작성

① 계산 : $V_1 = \sqrt{3} \times \dfrac{6000}{30} = 346.41[V]$ 답 : 346.41[V]

② 계산 : $V_2 = \dfrac{6000}{30} = 200[V]$ 답 : 200[V]

③ 계산 : $V_3 = \dfrac{6000}{30} = 200[V]$ 답 : 200[V]

문제 135 그림은 22.9[kV-Y] 1000[kVA] 이하를 시설하는 경우의 특고압 간이수전설비 결선도이다.

[주1]~[주5]의 (①~⑤)에 알맞은 내용을 쓰시오.

[주1] LA용 DS는 생략할 수 있으며 22.9[kV-Y] 용의 LA는 Disconnector(또는 Isolator) 붙임형을 사용하여야 한다.

[주2] 인입선을 지중선으로 시설하는 경우로 공동주택 등 고장 시 정전피해가 큰 경우는 예비 지중선을 포함하여 (①)으로 시설하는 것이 바람직하다.

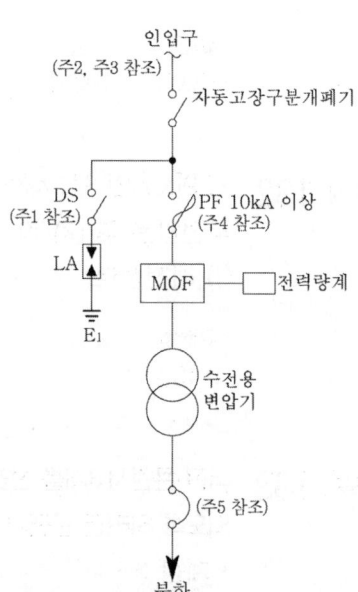

[주3] 지중 인입선의 경우에 22.9[kV-Y] 계통은 CNCV-W 케이블(수밀형) 또는 (②)을 사용하여야 한다. 다만, 전력구·공동구·덕트·건물구내 등 화재의 우려가 있는 장소 에서는 (③)을 사용하는 것이 바람직하다.

[주4] 300[kVA] 이하인 경우는 PF 대신 (④)을 사용할 수 있다.

[주5] 특고압 간이수전설비는 PF의 용단 등의 결상사고에 대한 대책이 없으므로 변압기 2차측 에 설치되는 주차단기에는 (⑤) 등을 설치하여 결상사고에 대한 보호능력이 있도록 함이 바람직하다.

답안작성

① 2회선　　　　　　　② TR CNCV-W (트리억제형)
③ FR CNCO-W (난연)　　④ COS(비대칭 차단 전류 10[kA] 이상의 것)
⑤ 결상 계전기

문제 136
다음 내용에서 ①~③에 알맞은 내용을 답란에 쓰시오.

> "회로의 전압은 주로 변압기의 자기포화에 의하여 변형이 일어나는데 (①)을(를) 접속함으로 서 이 변형이 확대되는 경우가 있어 전동기, 변압기 등의 소음증대, 계전기의 오동작 또는 기기의 손실이 증대되는 등의 장해를 일으키는 경우가 있다. 그러기 때문에 이러한 장해의 발생 원인이 되는 전압파형의 찌그러짐을 개선할 목적으로 (①)와(과) (②)로(으로) (③)을(를) 설치한다."

답안작성

① 진상 콘덴서　　② 직렬　　③ 리액터

문제 137
변류기(CT) 2대를 V결선하여 OCR 3대를 그림과 같이 연결하여 사용할 경우 다음 각 물음에 답하시오.

(1) 우리나라에서 사용하는 변류기(CT)의 극성은 일반적으로 어떤 극성을 사용하는가?
(2) 변류기(CT) 2차측에 접속하는 외부 부하 임피던스를 무엇이라고 하는가?
(3) ③번 OCR에 흐르는 전류는 어떤 상의 전류인가?
(4) OCR은 주로 어떤 사고가 발생하였을 때 동작하는가?
(5) 이 선로는 어떤 배전 방식을 취하고 있는가? 단, 배전방식 및 접지식, 비접지식 등을 구분하여 구체적으로 쓰도록 한다.

(6) 그림에서 CT의 변류비가 30/5이고, 변류기 2차측 전류를 측정하였더니 3[A]이었다면 수전전력은 약 몇 [kW]인가? 단, 수전전압은 22900[V]이고, 역률은 90[%]이다.

 • 계산 : • 답 :

답안작성

(1) 감극성 (2) 부담 (3) b상 전류
(4) 단락 사고 (5) 3상 3선식 비접지 방식
(6) 계산 : $P = \sqrt{3}\,VI\cos\theta = \sqrt{3} \times 22900 \times 3 \times \dfrac{30}{5} \times 0.9 \times 10^{-3} = 642.56[\text{kW}]$

답 : 642.56[kW]

문제 138 고압차단기의 종류 3가지와 각각의 소호매체를 답란에 쓰시오.

고압차단기	소호매체

답안작성

고압차단기	소호매체
유입차단기	절연유
가스차단기	SF_6 가스
진공차단기	고진공

문제 139 그림과 같은 탭(tab) 전압 1차측이 3150[V], 2차측이 210[V]인 단상 변압기에서 전압을 V_1을 V_2로 승압하고자 한다. 이 때 다음 각 물음에 답하시오.

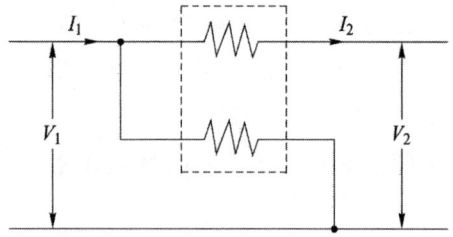

(1) V_1이 3000[V]인 경우, V_2는 몇 [V]가 되는가?
 • 계산 : • 답 :
(2) I_1이 25[A]인 경우 I_2는 몇 [A]가 되는가? 단, 변압기의 임피던스, 여자전류 및 손실은 무시한다.

• 계산 :   • 답 :

(1) 계산 : $V_2 = V_1\left(1 + \dfrac{e_2}{e_1}\right) = 3000\left(1 + \dfrac{210}{3150}\right) = 3200[\text{V}]$ 답 : 3200[V]

(2) 계산 : 입력 $P_1 = V_1 I_1 = 3000 \times 25 = 75{,}000[\text{VA}]$

　　　　　손실을 무시하면 입력=출력이므로

　　　　　출력 $P_2 = V_2 I_2$에서 $I_2 = \dfrac{P_2}{V_2} = \dfrac{75{,}000}{3{,}200} = 23.44[\text{A}]$

답 : 23.44[A]

문제 140 변압기와 모선 또는 이를 지지하는 애자는 어떤 전류에 의하여 생기는 기계적 충격에 견디는 강도를 가져야 하는지 쓰시오.

답안작성

단락전류

문제 141 다음 회로에서 소비하는 전력은 몇 [W]인지 구하시오.

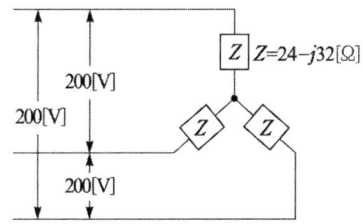

• 계산 :   • 답 :

답안작성

계산 : $P = \dfrac{3V_p^2 R}{R^2 + X^2} = \dfrac{3 \times \left(\dfrac{200}{\sqrt{3}}\right)^2 \times 24}{24^2 + 32^2} = 600[\text{W}]$

답 : 600[W]

문제 142 변압기 손실과 효율에 대하여 다음 각 물음에 답하시오.
(1) 변압기의 손실에 대하여 설명하시오.
　• 무부하손 :
　• 부하손 :
(2) 변압기의 효율을 구하는 공식을 쓰시오.
(3) 최고 효율 조건을 쓰시오.

답안작성

(1) 무부하손 : 부하의 유무에 관계없이 발생하는 손실로서 히스테리시스손과 와류손 등이 있다.
　　부하손 : 부하 전류에 의한 저항손을 말하며 동손과 표유부하손 등으로 구분한다.
(2) 변압기 효율 $\eta = \dfrac{출력}{출력+손실} \times 100 [\%]$
(3) 최고 효율 조건은 철손과 동손이 같을 때이다.

문제 143

전력용 퓨즈에서 퓨즈에 대한 역할과 기능에 대해서 다음 각 물음에 답하시오.
(1) 퓨즈의 역할을 크게 2가지로 대별하여 간단하게 설명하시오.
(2) 표와 같은 각종 기구의 능력 비교표에서 관계(동작)되는 해당란에 ○표로 표시하시오.

기능＼능력	회로 분리		사고 차단	
	무부하시	부하시	과부하시	단락시
퓨 즈				
차단기				
개폐기				
단로기				
전자 접촉기				

(3) 퓨즈의 성능(특성) 3가지를 쓰시오.

답안작성

(1) • 부하 전류는 안전하게 통전한다.
　　• 어떤 일정값 이상의 과전류는 차단하여 전로나 기기를 보호한다.

(2)

기능＼능력	회로 분리		사고 차단	
	무부하시	부하시	과부하시	단락시
퓨 즈	○			○
차단기	○	○	○	○
개폐기	○	○	○	
단로기	○			
전자 접촉기	○	○	○	

(3) ① 용단 특성　② 단시간 허용 특성　③ 전 차단 특성

문제 144

콘덴서 회로에 고조파의 유입으로 인한 사고를 방지하기 위하여 콘덴서 용량의 13[%]인 직렬 리액터를 설치하고자 한다. 이 경우 투입시의 전류는 콘덴서 정격전류(정상시 전류)의 몇 배의 전류가 흐르게 되는지 구하시오.
• 계산 :　　　　　　　　　　　　　　　　　　　　• 답 :

답안작성

계산 : 콘덴서 투입시 돌입전류

$$I = I_n\left(1 + \sqrt{\frac{X_c}{X_L}}\right) = I_n\left(1 + \sqrt{\frac{X_c}{0.13X_c}}\right) = 3.77 I_n$$

답 : 3.77배

문제 **145** 다음 그림에서 피뢰기 시설이 의무화되어 있는 장소에 ⊗로 표시하고, 피뢰기 설치 장소 4개소를 쓰시오.

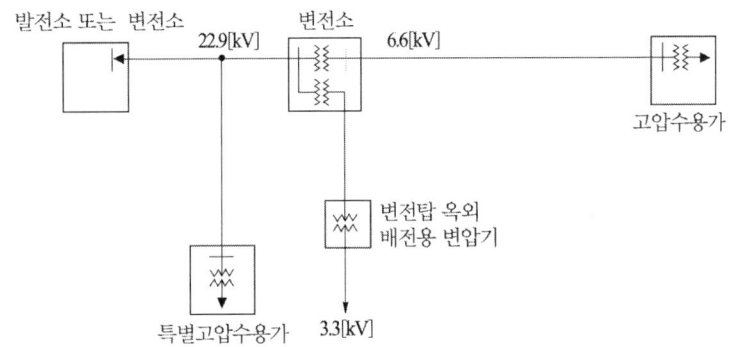

답안작성

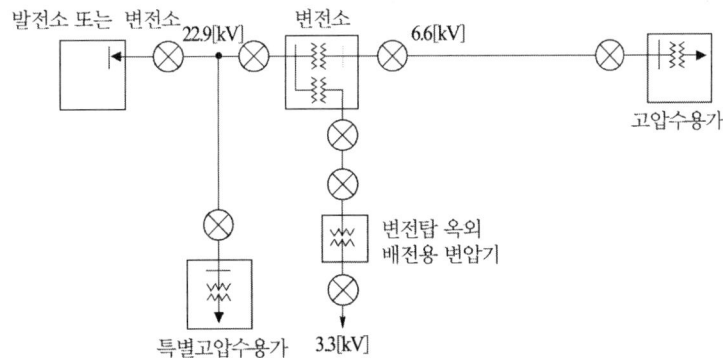

▶ 피뢰기 설치장소
㉠ 발전소, 변전소 또는 이에 준하는 장소의 가공 전선 인입구 및 인출구
㉡ 가공 전선로에 접속하는 배전용 변압기의 고압측 및 특고압측
㉢ 고압 및 특고압 가공 전선로부터 공급을 받는 수용장소의 인입구
㉣ 가공 전선로와 지중 전선로가 접속되는 곳

문제 **146** 어떤 부하설비의 최대수용전력이 각각 200[W], 300[W], 800[W], 1200[W], 2500[W]이고, 각 부하간의 부등률이 1.14, 종합 부하 역률은 90[%]일 경우의 변압기 용량을 결정하시오.

변압기 표준 용량[kVA]

| 1, 2, 3, 5, 7.5, 10, 15, 20, 30, 50, 100, 150, 200 |

• 계산 :   • 답 :

▶ 답안작성

계산 : $\text{Tr} = \dfrac{200+300+800+1200+2500}{1.14 \times 0.9} \times 10^{-3} = 4.87[\text{kVA}]$

답 : 5[kVA]

문제 147 그림과 같은 수전설비에서 변압기나 부하설비에서 사고가 발생하였을 때 가장 먼저 개로하여야 하는 기기의 명칭을 쓰시오.

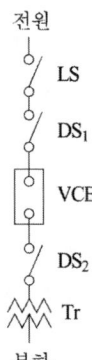

▶ 답안작성

VCB(진공차단기)

문제 148 단상변압기 3대를 △-△ 결선으로 완성하고, 단상변압기 1대 고장으로 2대를 V결선하여 사용시 장점과 단점을 각각 2가지만 쓰시오.

(1) △-△ 결선도

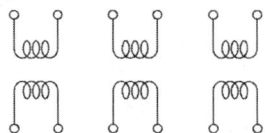

(2) 장점 (2가지)

(3) 단점 (2가지)

▶ 답안작성

장점 : ① 단상 변압기 2대로 3상 부하에 전력을 공급할 수 있다.
　　　② 설치 방법이 간단하고, 소용량이면 가격이 저렴
단점 : ① △결선에 비해 출력이 57.74[%]로 저하된다.
　　　② 설비의 이용률이 86.6[%]로 저하된다.

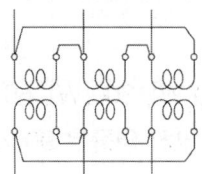

문제 149
수용률의 정의와 수용률의 의미를 간단히 설명하시오.
(1) 정의
(2) 의미

답안작성

(1) 정의 : 수용률 = $\dfrac{\text{최대수요전력[kW]}}{\text{부하설비합계[kW]}} \times 100[\%]$

(2) 의미 : 수용 설비가 동시에 사용되는 정도를 나타내며 주상 변압기 등의 적정공급 설비 용량을 파악하기 위하여 사용한다.

문제 150
표와 같은 수용가 A, B, C에 공급하는 배전 선로의 최대 전력이 800[kW]라고 할 때 다음 각 물음에 답하시오.
(1) 수용가의 부등률은 얼마인가?
(2) 부등률이 크다는 것은 어떤 것을 의미하는가?

수용가	설비용량 [kW]	수용률 [%]
A	250	60
B	300	70
C	350	80
D	400	80

답안작성

(1) 부등률 = $\dfrac{250 \times 0.6 + 300 \times 0.7 + 350 \times 0.8 + 400 \times 0.8}{800} = 1.2$

(2) 최대 전력을 소비하는 기기의 사용 시간대가 서로 다르다.

문제 151
| 과년도 출제유형 |

수용가 인입구의 전압이 22.9[kV], 주차단기의 차단 용량이 250[MVA]이다. 10[MVA], 22.9/3.3[kV] 변압기의 임피던스가 5.5[%]일 때 변압기 2차측에 필요한 차단기 용량을 다음 표에서 선정하시오.

차단기 정격용량 [MVA]

10, 20, 30, 50, 75, 100, 150, 250, 300, 400, 500, 750, 1000

• 계산 :   • 답 :

답안작성

계산 : ① 기준 Base를 10[MVA]로 할 때 전원측 임피던스

$\%Z_s = \dfrac{100}{250} \times 10 = 4[\%]$

② 차단기 용량

단락 용량 $P_s = \dfrac{100}{\%Z} \times P_n = \dfrac{100}{4+5.5} \times 10 = 105.26[\text{MVA}]$

∴ 차단 용량은 단락 용량보다 커야하므로 표에서 150[MVA] 선정

답 : 150[MVA]

| 과년도 출제유형 |

문제 152 그림은 22.9[kV-Y] 1000[KVA]이하를 시설하는 경우의 간이수전설비 결선도이다. 다음의 각 물음에 답하시오.

(1) 인입선으로 지중선으로 하는 경우로 공동주택 등 고장 시 정전피해가 큰 경우는 예비 지중선을 포함하여 몇 회선으로 시설하는 것이 바람직한가?

(2) 전력구·공동구·덕트·건물구내 등 화재의 우려가 있는 장소에서는 어떤 케이블을 사용하여 시설하는 것이 바람직한가?

(3) LA용 DS는 생략할 수 있으며 22.9[kV-Y]용의 LA는 어떤 타입을 사용하여야 하는가?

(4) ASS의 명칭을 쓰시오.

(5) PF의 역할은 무엇인가?

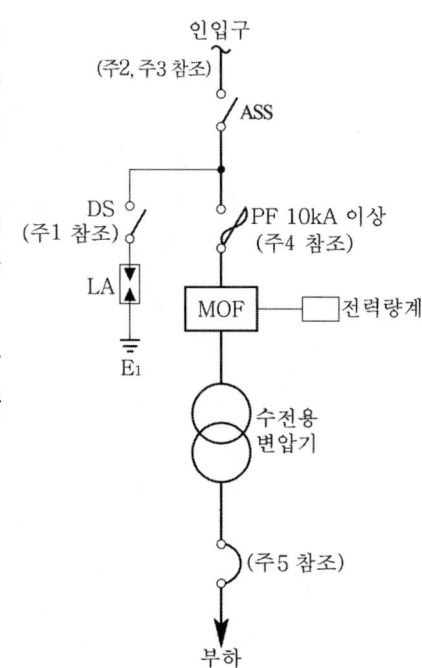

답안작성

(1) 2회선
(2) FR CNCO-W 케이블(난연)
(3) Disconnector(또는 Isolator) 붙임형
(4) 자동고장 구분 개폐기
(5) 회로 및 기기의 단락보호용

| 과년도 출제유형 |

문제 153 부하 설비 및 수용률이 그림과 같은 경우 이곳에 공급할 변압기 Tr의 용량을 계산하여 표준 용량으로 결정하시오. 단, 부등률은 1.1, 종합 역률은 80[%] 이하로 한다.

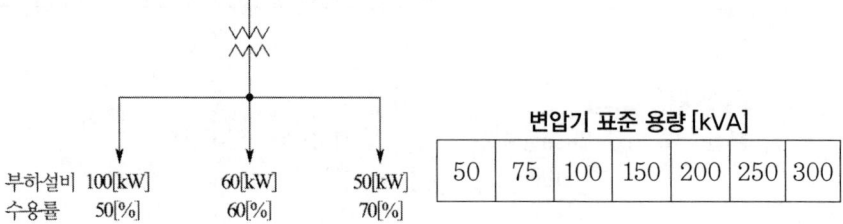

변압기 표준 용량 [kVA]						
50	75	100	150	200	250	300

부하설비 100[kW], 60[kW], 50[kW]
수용률 50[%], 60[%], 70[%]

• 계산 :   • 답 :

답안작성

계산 : 변압기 용량 = $\dfrac{100\times 0.5 + 60\times 0.6 + 50\times 0.7}{1.2\times 0.8}$ = 126.04[kVA]

답 : 표준 용량 150[kVA] 선정

| 과년도 출제유형 |

문제 154 특고압에서 차단기와 비교하여 PF의 기능적인 면에 대한 장점 3가지를 쓰시오.

답안작성

· 릴레이와 변성기가 필요없다.
· 고속도 차단한다.
· 한류효과가 우수하다.
· 후비보호가 완벽하다.
· 한류형은 차단시 무방출 무소음
· 보수가 용이하다.
· 소형이기 때문에 장치전체가 소형

해설

장 점	단 점
· 소형 경량이다.	· 재투입을 할 수 없다.(가장 큰 단점)
· 가격이 싸다.	· 과전류에서 용단될 수 있다.
· 릴레이와 변성기가 필요없다.	· 동작시간-전류 특성을 계전기처럼 마음대로 조정 불가능
· 한류형은 차단시 무방출 무소음	
· 고속도 차단한다.	· 최소차단전류 영역이 있다.
· 보수가 용이하다.	· 비보호 영역이 있어 사용 중에 열화동작에 의해 결상 우려가 있다.
· 한류효과가 우수하다.	
· 소형이기 때문에 장치전체가 소형	· 차단시 과전압을 발생(한류형)
· 후비보호가 완벽하다.	· 고임피던스 접지계통의 지락보호는 불가

| 과년도 출제유형 |

문제 155 전력계통에 일반적으로 사용되는 리액터에는 병렬리액터, 한류리액터, 직렬리액터 및 소호리액터 등이 있다. 이들 리액터의 설치목적을 쓰시오.

(1) 분로(병렬) 리액터 (2) 직렬 리액터
(3) 소호 리액터 (4) 한류 리액터

답안작성

(1) 페란티 현상의 방지 (2) 제5고조파의 제거
(3) 지락 전류의 제한 (4) 단락 전류의 제한

| 과년도 출제유형 |

문제 156 22.9[kV-Y], 용량 500[KVA]의 변압기 2차측 모선에 연결되어 있는 배선용차단기 (MCCB)의 차단전류를 구하시오.(단 변압기의 %Z=5[%], 2차 전압은 380[V], 선로의 임피던스는 무시하며 차단전류는 2.5[kA], 5[kA], 10[kA], 20[kA], 30 [kA] 중에서 고르시오.)

> 답안작성

계산 : $I_s = \dfrac{100}{\%Z} \times I_n = \dfrac{100}{5} \times \dfrac{500 \times 10^3}{\sqrt{3} \times 380} \times 10^{-3} = 15.19 [\text{kA}]$

답 : 20[kA]

| 과년도 출제유형 |

문제 157 수전용량 1500[kW] 22.9[kV] 수전설비의 보호방식이다. 다음 물음에 답하시오. (단, CT비 50/5[A]의 변류기를 통하여 과부하 계전기를 시설하였고 150[%]의 과부하에서 차단기를 동작하며, 유도형 OCR(과전류 계전기)의 탭 전류는 3[A], 4[A], 5[A], 6[A], 8[A] 이다.)

(1) 영상전류 검출방법 중 무슨 방식인가?
(2) A_1 계전기의 종류는?
(3) A_0 계전기의 설치 목적은 무엇인가?
(4) A_1 계전기의 전류 탭 값을 구하시오.
 • 계산 :
 • 답 :

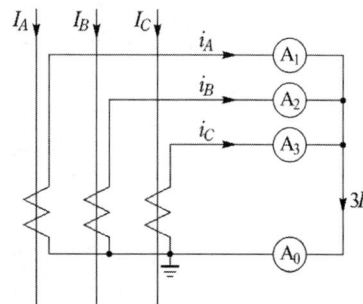

> 답안작성

(1) Y 잔류회로(Y결선 CT 잔류회로) 이용법
(2) OCR(과전류 계전기)
(3) 지락전류 검출
(4) 계산 : 과전류 계전기의 전류 탭(I_t) = 부하전류(I) × $\dfrac{1}{\text{변류비}}$ × 설정값

$\therefore I_t = \dfrac{1500 \times 10^3}{\sqrt{3} \times 22900} \times \dfrac{5}{50} \times 1.5 = 5.67 [\text{A}]$

답 : 6[A] 설정

> 해설

[영상전류 검출 방법]

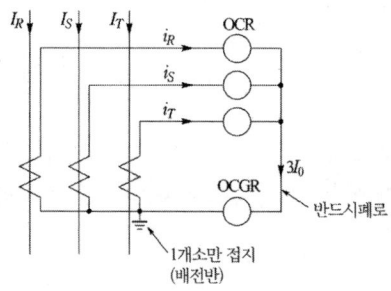

• Y결선의 CT 잔류회로 이용법
 − 3상 회로의 변류기와 부하측을 각각 Y접속하고 중성점을 연결한 잔류회로 이용법
 − 지락사고 발생 시 잔류회로에는 각 상전류의 벡터합이 흐르게 되어
  $i_R + i_S + i_T = 3\dot{I}_0 + (1 + a^2 + a)\dot{I}_1 + (1 + a^2 + a)\dot{I}_2 = 3\dot{I}_0$
 인 3배의 영상전류가 지락계전기에 흐르게 된다.

| 과년도 출제유형 |

문제 158 13200/22900, 3상 4선식으로 수전하며 수전 용량이 1000[kW], 역률이 90[%]라 할 때 이 인입구에 MOF를 시설하는 경우 MOF의 적당한 변류비와 변성비를 산출하여 표준 규격으로 선정하시오.

(1) 변성(PT)비
- 계산 :
- 답 :

(2) 변류(CT)비
- 계산 :
- 답 :

답안작성

(1) PT비

계산 : $\dfrac{22900}{\sqrt{3}} / \dfrac{190}{\sqrt{3}} = 13200/110$

답 : 따라서, 변성비 13200/110 선정

(2) CT비

계산 : $I_1 = \dfrac{1000 \times 10^3}{\sqrt{3} \times 22.9 \times 10^3 \times 0.9} = 28.01[\mathrm{A}]$

답 : 따라서, 변류비 30/5 선정

| 과년도 출제유형 |

문제 159 역률을 개선하면 전기요금의 저감과 배전선의 손실 경감, 전압강하 감소 설비 여력의 증가 등을 기할 수 있으나 너무 과보상하면 역효과가 나타난다. 이에 각 물음에 답하시오.

(1) 경부하시에 콘덴서가 과대삽입되는 경우의 결점을 3가지 쓰시오.
   ①
   ②
   ③

(2) 진상역률과 지상역률에 대하여 설명하시오. (단, 전압과 전류의 위상을 사용하여 설명할 것.)
   ① 진상역률
   ② 지상역률

답안작성

(1) ① 앞선 역률에 의한 전력손실이 생긴다.
    ② 모선 전압의 과상승
    ③ 설비용량이 감소하여 과부하가 될 수 있다.
(2) ① 진상역률이란 용량성 리액턴스에서 전류가 전압보다 앞서게 될 때 이 전류의 위상각이 전압의 위상각보다 크다는 것을 의미한다.
    ② 지상역률이란 유도성 리액턴스에서 전류가 전압보다 위상이 뒤지게 될 때 전류의 위상각이 전압의 위상각보다 작다는 것을 의미한다.

| 과년도 출제유형 |

문제 160 3상 4선식에서 역률 100[%]의 부하가 각 상과 중성선간에 연결되어 있다. a상, b상, c상에 흐르는 전류가 각각 200[A], 160[A], 180[A]이다. 중성선에 흐르는 전류의 크기의 절대값은 몇 [A]인가?

- 계산 :
- 답 :

> 답안작성

계산 : $I_n = 200 + 160(1\underline{/-120°}) + 180(1\underline{/120°})$

$\quad = 200 + 160\left(-\dfrac{1}{2} - j\dfrac{\sqrt{3}}{2}\right) + 180\left(-\dfrac{1}{2} + j\dfrac{\sqrt{3}}{2}\right)$

$\quad = 30 + j10\sqrt{3} = 34.64[A]$

답 : 34.64[A]

| 과년도 출제유형 |

문제 161 다음은 CLR에 대한 내용이다. 물음에 답하시오.
(1) CLR의 역할 2가지를 쓰시오.
(2) 다음 그림에서 □□□ 의 명칭과 사용목적을 쓰시오.

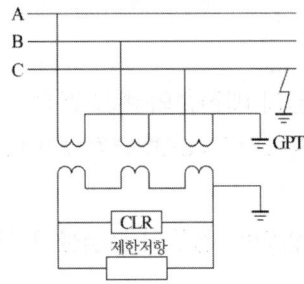

> 답안작성

(1) ① 지락전류 제한
　　② 계전기 동작에 필요한 유효전류 공급
　　③ 제 3고조파 억제
(2) 명칭 : SGR(방향선택 지락계전기)
　　사용목적 : 영상(지락)전류를 검출하여 기기 보호

| 과년도 출제유형 |

문제 162 수전설비의 고장전류 계산 목적 3가지를 쓰시오.
(1)
(2)
(3)

답안작성

(1) 차단기의 차단용량 결정　(2) 전력기기의 기계적 강도 결정
(3) 보호계전기의 정정　　　(4) 통신 유도장해 검토
(5) 유효접지 검토　　　　　(6) 효율적인 계통 구성

| 과년도 출제유형 |

문제 163 다음 100/5[A]의 CT를 사용하여 2차측을 측정한 결과 4.9[A]였다. 이 때 변류기의 비오차를 구하시오.

• 계산 :　　　　　　　　　　　　　　• 답 :

답안작성

계산 : $\epsilon = \dfrac{\dfrac{100}{5} - \dfrac{100}{4.9}}{\dfrac{100}{4.9}} \times 100 = -2[\%]$

답 : $-2[\%]$

※ 비오차(Error ratio)
비오차란 공칭 변성비(K_n)와 실제 변성비(K)의 차를 실제 변성비(K)로 나눈 백분율이다.
$\epsilon = \dfrac{공칭 변류비 - 실제 변류비}{실제 변류비} \times 100$ (단, 여기서 공칭변류비는 $\dfrac{정격 1차 전류}{정격 2차 전류}$)

| 과년도 출제유형 |

문제 164 한류저항기(CLR : Current Limit Resistor)에 대한 내용이다. 다음 물음에 답하시오.
(1) 한류저항기(CLR)의 설치위치를 쓰시오.
(2) 한류저항기(CLR)의 설치목적 3가지를 쓰시오.

답안작성

(1) GPT 3차 권선에 보호계전기(SGR)와 병렬로 접속
(2) 한류저항기(CLR)의 설치목적 3가지
　① 지락전류의 제한
　② 계전기에 유효 전류 공급
　③ 제 3고조파 억제 및 계통의 안정화계전기
　④ 철공진 등에 의한 중성점 불안정 현상 방지

MEMO

마스터 전기기능장 실기

PART 07

예비전원설비

제 7 장 예비전원설비

7.1 자가 발전 설비

1 자가 발전 설비의 출력 결정

아래와 같은 (1), (2), (3)의 방법으로 구한 발전기 용량 중 최대 값을 기준하여 선정한다.

(1) 단순 부하의 경우 (전부하 정상 운전시의 소요 입력에 의한 용량)

$$발전기의\ 출력\ P = \frac{\sum W_L \times L}{\cos\theta}[\text{kVA}]$$

여기서, $\sum W_L$: 부하 입력 총계
  L : 부하 수용률(비상용일 경우 1.0)
  $\cos\theta$: 발전기의 역률(통상 0.8)

(2) 기동용량이 큰 부하가 있을 경우(전동기 시동에 대처하는 용량)

자가 발전 설비에서 전동기를 기동할 때에는 큰 부하가 발전기에 갑자기 걸리게 되므로 발전기의 단자 전압이 순간적으로 저하하여 개폐기의 개방 또는 엔진의 정지 등 이와같은 문제점이 야기되는 수가 있다. 이런 경우를 방지하기 위한 발전기의 정격 출력 P[kVA]은

$$P[\text{kVA}] > \left(\frac{1}{허용\ 전압\ 강하} - 1\right) \times X_d \times 기동[\text{kVA}]$$

여기서, X_d : 발전기의 과도 리액턴스(보통 25~30[%])
  허용 전압 강하 : 20~30[%]

따라서 허용 전압 강하가 크면 클수록 필요한 발전기 용량은 감소하게 된다.

(3) 단순 부하와 기동 용량이 큰 부하가 있을 경우(순시 최대 부하에 대한 용량)

$$P > \frac{\sum W_o + \{Q_{Lmax} \times \cos\theta_{GL}\}}{K\cos\theta_G}[\text{kVA}]$$

여기서, $\sum W_o$: 기운전중인 부하의 합계[kW]
  Q_{Lmax} : 시동 돌입 부하[kVA]
  $\cos\theta_{GL}$: 최대 시동 돌입 부하 시동시 역률
  K : 원동기 기관의 과부하 내량
  $\cos\theta_G$: 발전기 역률

2 발전기와 부하 사이에 설치하는 기기

(1) 과전류 차단기 및 개폐기 : 각 극에 설치
(2) 전압계 : 각상의 전압을 읽을 수 있도록 설치
(3) 전류계 : 각선의 전류(중성선 제외)를 읽을 수 있도록 설치

3 발전기 병렬 운전 조건

병렬운전 조건	조건이 맞지 않는 경우
① 기전력의 크기가 같을 것	무효 순환전류가 흐르게 된다.
② 기전력의 주파수가 같을 것	동기화 전류가 흐르게 된다.
③ 기전력의 위상이 같을 것	동기화 전류가 흐르게 된다.
④ 기전력의 파형이 같을 것	고조파 무효순환 전류가 흐르게 된다.

4 단락비

(1) 단락비 $K_s = \dfrac{I_f'}{I_f''}$

여기서, I_f' : 무부하에서 정격 전압을 유기하는데 요하는 여자 전류
I_f'' : 3상 영구 단락 전류를 통하는 데 요하는 여자 전류

(2) $\%Z_s = \dfrac{Z_s I_n}{E_n} \times 100 = \dfrac{Z_s I_n}{\dfrac{V_n}{\sqrt{3}}} \times 100 = \dfrac{I_f''}{I_f'} \times 100 = \dfrac{1}{K_s} \times 100 [\%]$

$\therefore Z[\text{PU}] = \dfrac{1}{K_S}$

(3) 단락비의 값
① 터빈 발전기 : 0.6~1.0
② 수차 발전기 : 0.9~1.2

(4) 단락비 산출시 필요한 시험
① 무부하 시험
② 3상 단락 시험

5 철기계와 동기계

(1) 철기계의 특징
① 단락비가 크다.
② 동기 임피던스가 적다.
 ($K_s = \dfrac{1}{Z_s}$ 에서 동기 임피던스가 적어진다.)

③ 반작용 리액턴스 x_a가 적다.
($Z_s = r_a + j(x_a + x_l)$에서 Z_s가 적다는 것은 반작용 리액턴스 x_a가 적다는 것을 의미한다.)

④ 계자 기자력이 크다.
(전기자 기자력에 비해 상대적으로 계자 기자력이 크므로 전기자 반작용에 의한 영향이 적게 되고, 전압 변동률이 양호해진다.)

⑤ 기계의 중량이 크다.
(계자 기자력이 크다는 것은 계자 권회수가 많고 계자철심 즉, 회전자의 직경이 크게 되므로 기계의 중량이 큰 철기계를 의미한다.)

⑥ 과부하 내량이 증대되고, 송전선의 충전 용량이 큰 여유가 있는 기계이나 반면에 기계의 가격이 상승한다.

(2) 동기계의 특징

① 단락비가 적다. ② 동기 임피던스가 크다.
③ 전기자 반작용이 크다. ④ 공극이 적다.
⑤ 중량이 가볍고 재료가 적게 들어 가격이 싸다.

6 자기 여자

(1) 자기 여자란?

동기 발전기에 콘덴서와 같은 용량성 부하를 접속 시키면 진상 전류가 전기자 권선에 흐르게 되며, 이때 전기자 전류에 의한 전기자 반작용은 자화작용이 되므로 발전기에 직류 여자를 가하지 않아도 전기자 권선에 기전력이 유기된다.

이와 같이 앞선 전류에 의해 전압이 점차 상승되어 정상 전압까지 확립되어 가는 현상을 동기 발전기의 자기 여자 작용(self excitation)이라 한다.

(2) 자기 여자 방지법

① 발전기 2대 또는 3대를 병렬로 모선에 접속한다.
② 수전단에 동기 조상기를 접속하고 이것을 부족 여자로 하여 송전선에서 지상 전류를 취하게 하면 충전 전류를 그만큼 감소시키는 것이 된다.
③ 송전 선로의 수전단에 변압기를 접속한다.
④ 수전단에 리액턴스를 병렬로 접속한다.
⑤ 발전기의 단락비를 크게 한다.

(3) 단락비와 충전 용량

발전기가 송전선로를 충전하는 경우 자기여자 현상을 보상하기 위하여 단락비를 크게 하여야 하며 선로를 안전하게 충전할 수 있는 단락비의 값은 다음 식을 만족해야 한다.

$$단락비 > \frac{Q'}{Q}\left(\frac{V}{V'}\right)^2(1+\sigma)$$

여기서, Q' : 소요 충전 전압 V'에서의 선로의 충전 용량[kVA]
Q : 발전기의 정격 출력[kVA]
V : 발전기의 정격 전압[V]
σ : 발전기의 정격 전압에서의 포화율

예제 1 정격 전압 6000[V], 정격 출력 5000[kVA]인 3상 교류 발전기의 여자 전류가 300[A]일 때 무부하 단자 전압이 6000[V]이고, 또, 그 여자 전류에 있어서의 3상 단락 전류가 700[A]라고 한다. 다음 물음에 답하시오.
(1) 단락비를 구하시오.
(2) 수차 발전기와 터빈 발전기 중 단락비가 큰 것은 어느 것인가?
(3) 다음 보기를 보고 ☐ 안에 기입하시오.
　[보기] 높다(고), 낮다(고), 크다(고), 작다(고)
　단락비가 큰 기계는 기기의 치수가 ① , 가격은 ② , 철손 및 기계손이 ③ , 안정도가 ④ , 전압 변동률은 ⑤ , 효율은 ⑥ 이다.

풀이 (1) $I_n = \frac{P_n}{\sqrt{3}\,V_n} = \frac{5000 \times 10^3}{\sqrt{3} \times 6000} = 481.13[A]$

　∴ 단락비(K_s) $= \frac{I_s}{I_n} = \frac{700}{481.13} = 1.45$

(2) 수차 발전기
(3) ① 크고　② 높고　③ 크고　④ 높고　⑤ 작고　⑥ 낮다

해설 (2) 단락비 - 수차 발전기 : 0.9~1.2 정도
　　　　　　　터빈 발전기 : 0.6~1.0 정도

예제 2 자가용 전기 설비에 대한 다음 각 물음에 답하시오.
(1) 자가용 전기 설비의 중요 검사(시험) 사항을 3가지만 쓰시오.
(2) 예비용 자가 발전 설비를 시설코자 한다. 다음 조건에서 발전기의 정격 용량은 최소 몇 [kVA]를 초과하여야 하는가?
　[조건] • 부하 : 유도 전동기 부하로서 기동 용량은 1500[kVA]
　　　　• 기동시의 전압 강하 : 25[%]
　　　　• 발전기의 과도 리액턴스 : 30[%]

풀이 (1) 절연 저항 시험, 접지 저항 시험, 계전기 동작 시험
(2) 발전기 용량[kVA] $\geq \left(\frac{1}{허용\ 전압\ 강하} - 1\right) \times$ 기동 용량[kVA] $\times$ 과도 리액턴스

$$P \geq \left(\frac{1}{0.25} - 1\right) \times 1500 \times 0.3 = 1350[\text{kVA}]$$

답 : 1350[kVA]

해설 (1) ① 절연 저항 시험 ② 접지 저항 시험
③ 절연 내력 시험 ④ 계전기 동작 시험
⑤ 외관검사 ⑥ 계측 장치 설치 상태 검사
⑦ 절연유 내압 시험 및 산가 측정

(2) 농형유도전동기 기동시에는 기동인입전류가 정격전류에 비해 매우 크며 이 기동전류의 크기를 나타내는 방법으로 기동계급이라는 것이 있다.

기동용량[kVA]=기동 계급에 따른 배수 × 부하용량[kW] 으로 표현된다.

기동용량의 크기는 부하용량에 비해 수배~수십배에 이르며, 기동시에만 존재하는 것으로서 기동이 완료되면 정상적인 부하용량으로 전환된다. 따라서, 발전기 출력은 기동용량보다 반드시 커야되는 것이 아니라 허용 전압 강하에 따라 기동용량 보다 적을 수도 있다.

7.2 무정전 전원 장치(UPS : Uninterruptible Power Supply)

1 개 요

UPS는 축전지, 정류 장치(Converter)와 역변환 장치(Inverter)로 구성되어 있으며 선로의 정전이나 입력 전원에 이상 상태가 발생하였을 경우에도 정상적으로 전력을 부하측에 공급하는 설비를 UPS라 한다.

2 UPS의 구성도

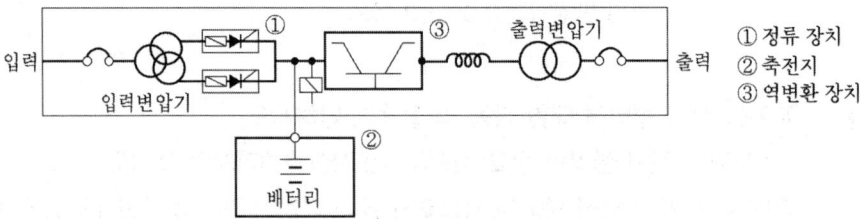

3 구성 요소 및 기능

(1) 정류 장치(Converter) : 교류를 직류로 변환
(2) 축전지 : 정류 장치에 의해 변환된 직류 전력을 저장
(3) 역변환 장치(Inverter) : 직류를 사용 주파수의 교류 전압으로 변환

4 비상 전원으로 사용되는 UPS의 블록 다이어그램

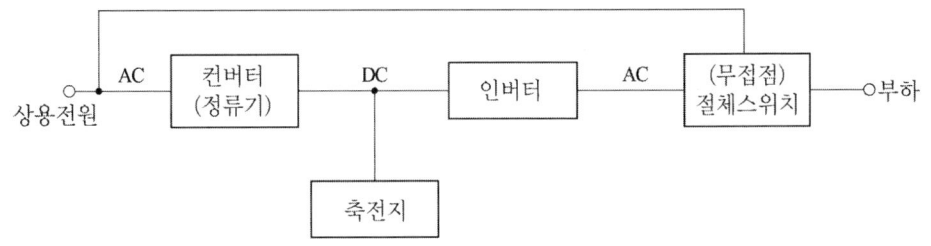

7.3 축전지 설비

1 축전지 설비

(1) 축전지 설비의 구성요소
　① 축전지　② 충전 장치　③ 보안 장치　④ 제어 장치

(2) 축전지의 종류

　1) 연축전지

　　① 화학 반응식

$$PbO_2 + 2H_2SO_4 + Pb \underset{\text{충전}}{\overset{\text{방전}}{\longleftrightarrow}} PbSO_4 + 2H_2O + PbSO_4$$
$$\text{양극 \quad 전해액 \quad 음극 \qquad\qquad 양극 \quad 전해액 \quad 음극}$$

　　② 특성
　　　• 공칭 전압 : 2.0[V/cell]
　　　• 공칭 용량 : 10시간율[Ah]
　　　• 부동 충전 전압
　　　　CS형(클래드식 : 완 방전형) → 2.15[V]
　　　　HS형(페이스트식 : 급 방전형) → 2.18[V]
　　　• 방전 종료 전압 : 1.8[V]

　2) 알칼리 축전지

　　① 화학 반응식

$$2Ni(OH)_2 + Cd(OH)_2 \underset{\text{충전}}{\overset{\text{방전}}{\longleftrightarrow}} 2NiOOH + 2H_2O + Cd$$
$$\text{양극 \qquad 음극 \qquad\qquad 양극 \qquad\qquad 음극}$$

　　② 특성
　　　• 공칭 전압 : 1.2[V/cell]
　　　• 공칭 용량 : 5시간율[Ah]

(3) 알칼리 축전지의 특성

1) 장점
   ① 수명이 길다(납 축전지의 3~4배)
   ② 진동과 충격에 강하다.
   ③ 충·방전 특성이 양호하다.
   ④ 방전시 전압 변동이 작다.
   ⑤ 사용 온도 범위가 넓다.

2) 단점
   ① 납축전지보다 공칭 전압이 낮다.
   ② 가격이 비싸다.

(4) 축전지의 극판 형식과 구조

종 별		연축전지		알칼리 축전지	
형식명		클래드식	패이스트식	포켓식	소결식
극판구조	양극판	납합금으로 만든 심금 속에 유리섬유 등의 미세한 구멍이 많은 투브를 삽입해서 그 속에 양극 작용물질을 채운 것	납합금인 격자에 양극 작용물질을 채운 것	구멍을 뚫은 니켈 도금 강판의 포켓 속에 양극 작용물질을 채운 것	니켈을 주성분으로 한 금속 분말을 소결해서 만든 다공성 기판의 가는 구멍 속에 양극작용 물질을 채운 것
	음극판	납합금으로 된 격자에 음극작용 물질을 채운 것		위에서 설명한 포켓 속에 음극작용 물질을 채운 것	위에서 설명한 기판 속에 음극작용 물질을 채운 것
형식기호		CS	HS(급방전형)	AL(완만한 방전형) AS(표준형) AMH(급방전형) AH(초급방전형)	AH(표준형) AHH(급방전형)

2 충전 방식 및 직류 전원의 접지 유무판별법

(1) 충전 방식

축전지의 충전에는 충전 목적, 시기 등에 따라 사용하기 시작할 때의 초기 충전과 사용중의 충전으로 나눌 수 있다.

1) 초기 충전

축전지에 전해액을 넣지 아니한 미충전 상태의 전지에 전해액을 주입하여 처음으로 행하는 충전이다.

2) 사용 중의 충전

① 보통 충전 : 필요할 때마다 표준 시간율로 소정의 충전을 하는 방식이다.

② 급속 충전 : 비교적 단시간에 보통 전류의 2~3배의 전류로 충전하는 방식이다.

③ 부동 충전 : 축전지의 자기 방전을 보충함과 동시에 상용 부하에 대한 전력 공급은 충전기가 부담하도록 하되 충전기가 부담하기 어려운 일시적인 대전류 부하는 축전지로 하여금 부담하게 하는 방식이다.

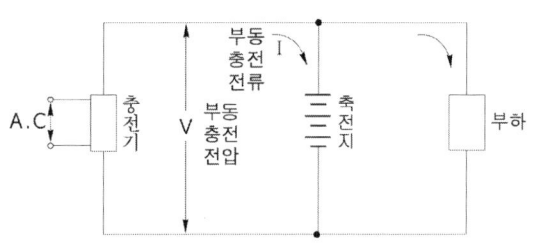

$$\text{충전기 2차 충전 전류 [A]} = \frac{\text{축전지 용량 [Ah]}}{\text{정격 방전율 [h]}} + \frac{\text{상시 부하 용량 [VA]}}{\text{표준 전압 [V]}}$$

④ 세류 충전 : 자기 방전량만을 항시 충전하는 부동 충전 방식의 일종이다.

⑤ 균등 충전 : 부동 충전 방식에 의하여 사용할 때 각 전해조에서 일어나는 전위차를 보정하기 위하여 1~3개월 마다 1회씩 정전압으로 10~12시간 충전하여 각 전해조의 용량을 균일화하기 위한 방식이다.

(2) 축전지의 허용 최저 전압

$$V = \frac{V_a + V_e}{n} \text{[V/cell]}$$

여기서, V_a : 부하의 허용 최저 전압, V_e : 축전지와 부하간의 전압 강하

n : 직렬로 접속된 셀 수

(3) 직류전원의 접지 유무 판별법

1) 회로도

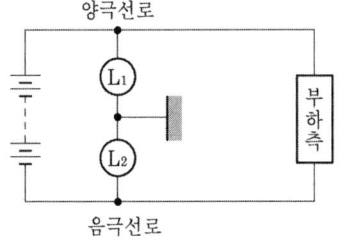

2) 접지 판별법

① 양극측 선로 접지

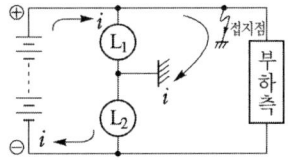

전류 i는 접지점을 통해 흐르므로 L_1소등 L_2는 밝아진다. (L_2에 전전압 인가)

② 음극측 선로 접지

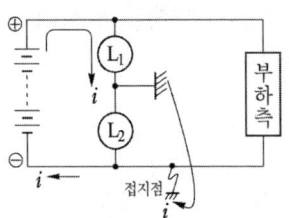

전류 i는 ⓛ을 통해 접지점에 흐르므로 ⓛ은 밝아지고 (ⓛ에 전전압 인가) ⓛ는 소등된다.

③ 양극측과 음극측 모두 접지

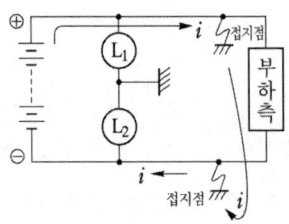

전류 i는 ⓛ, ⓛ을 통하지 않고 접지점을 통해 흐르게 되므로 ⓛ, ⓛ 모두 소등

3 축전지 용량 산출

(1) 시간의 경과와 함께 방전 전류가 증가하는 부하

① 계산 방법 : 전구간 일괄 계산
② 축전지 용량

$$C = \frac{1}{L}\left[K_1 I_1 + K_2(I_2 - I_1) + K_3(I_3 - I_2)\right][\text{Ah}]$$

여기서, C : 축전지 용량[Ah]
　　　　L : 보수율(축전지 용량 변화의 보정값)
　　　　K : 용량 환산 시간
　　　　I : 방전 전류[A]

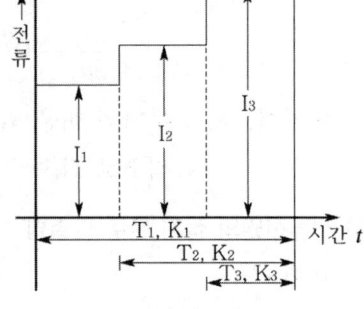

(2) 시간의 경과와 함께 방전 전류가 감소하는 부하

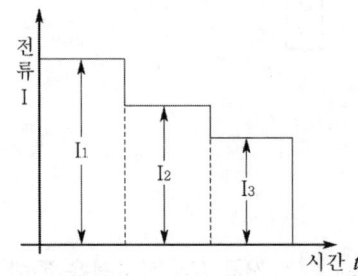

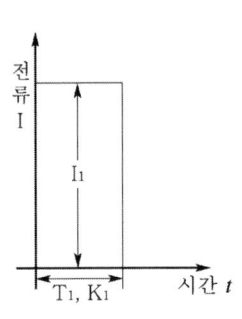 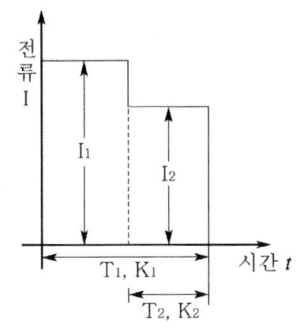

① $C_A = \dfrac{1}{L} K_1 I_1$ ② $C_B = \dfrac{1}{L}[K_1 I_1 + K_2(I_2 - I_1)]$

③ $C_C = \dfrac{1}{L}[K_1 I_1 + K_2(I_2 - I_1) + K_3(I_3 - I_2)]$

① 계산 방법 : 각 구간별로 구분 계산 후 그중 최대의 값을 선정
② 축전지 용량은 각 구간별로 구분 계산한 값 C_A, C_B, C_C 중에서 제일 큰 값 선정 (이때, C_A, C_B, C_C를 구할 때 각각의 K_1, K_2 값은 서로 다른값임)
③ 그러나 현재까지 기 출제된 문제중 K값을 각 구간별로 주어진 경우는 없었다.
따라서, 각 구간별로 계산하여 C_A, C_B, C_C를 구할 수가 없어서 부득이

$$C_C = \dfrac{1}{L}[K_1 I_1 + K_2(I_2 - I_1) + K_3(I_3 - I_2)]$$

식을 적용하여 문제를 풀어야 한다.

(3) 요약

축전지 용량은 축전지 방전 곡선의 면적을 구하는 것과 같다.
① 방전전류가 증가하는 부하

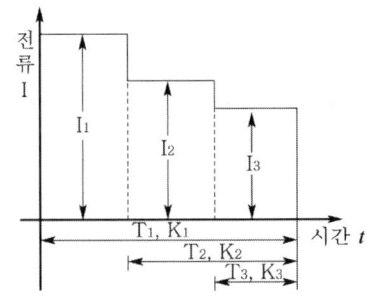

즉, $C = \dfrac{1}{L}[K_1 I_1 + K_2(I_2 - I_1) + K_3(I_3 - I_2)]$

② 방전전류가 감소하는 부하

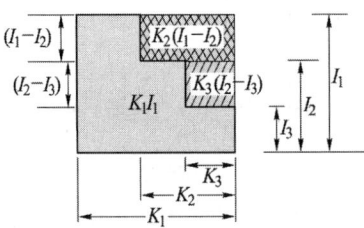

면적은 전체 면적 $K_1 I_1$에서 $K_2(I_1 - I_2)$와 $K_3(I_2 - I_3)$를 빼면 되므로

$C = \dfrac{1}{L}[K_1 I_1 - K_2(I_1 - I_2) - K_3(I_2 - I_3)]$

$C = \dfrac{1}{L}[K_1 I_1 + K_2(I_2 - I_1) + K_3(I_3 - I_2)]$ 가 된다.

③ K 값이 각 구간별로 주어진 경우

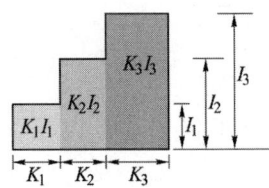

즉, $C = \dfrac{1}{L}[K_1 I_1 + K_2 I_2 + K_3 I_3]$ 가 된다.

4 축전지 고장의 원인과 현상

(1) 설페이션(Sulfation) 현상

납 축전지를 방전 상태에서 오랫동안 방치하여 두면 극판의 황산납이 회백색으로 변하고 (황산화 현상) 내부 저항이 대단히 증가하여 충전시 전해액의 온도 상승이 크고 황산의 비중 상승이 낮으며 가스 발생이 심하게 되며 전지의 용량이 감퇴하고 수명이 단축되는 이러한 현상을 설페이션 현상이라 한다.

1) 원인
   ① 방전 상태에서 장시간 방치하는 경우
   ② 방전 전류가 대단히 큰 경우
   ③ 불충분한 충전을 반복하는 경우

2) 현상
   ① 극판이 회백색으로 변하고 극판이 휘어진다.
   ② 충전시 전해액의 온도 상승이 크고 비중 상승이 낮으며 가스의 발생이 심하다.

(2) 축전지 고장의 원인과 현상

	현 상	추정 원인
초기 고장	· 전체 셀 전압의 불균형이 크고 비중이 낮다. · 단전지 전압의 비중 저하, 전압계의 역전	· 사용 개시시의 충전 보충 부족 · 역접속
사용중 고장	· 전체 셀 전압의 불균형이 크고 비중이 낮다.	· 부동충전전압이 낮다. · 균등 충전의 부족 · 방전후의 회복충전 부족
	· 어떤 셀만의 전압, 비중이 극히 낮다.	· 국부단락
	· 전체 셀의 비중이 높다. · 전압은 정상	· 액면 저하 · 보수시 묽은 황산의 혼입
	· 충전 중 비중이 낮고 전압은 높다. · 방전 중 전압은 낮고 용량이 감퇴한다.	· 방전 상태에서 장기간 방치 · 충전 부족의 상태에서 장기간 사용 · 극판 노출 · 불순물 혼입
	· 전해액의 변색, 충전하지 않고 방치 중에도 다량으로 가스가 발생한다.	· 불순물 혼입
	· 전해액의 감소가 빠르다.	· 충전 전압이 높다. · 실온이 높다.
	· 축전지의 현저한 온도 상승, 또는 소손	· 충전장치의 고장 · 과충전 · 액면 저하로 인한 극판의 노출 · 교류 전류의 유입이 크다.

(3) 축전지의 용량과 수명

① 축전지의 용량

완전히 충전된 축전지를 일정한 전류로 연속 방전시켜 방전중의 단자전압이 방전 종료 전압에 도달할 때까지 축전지에서 나오는 총 전기량을 말한다.

$$축전지의 용량[Ah] = 방전 전류[A] \times 방전 시간[h]$$

② 축전지의 수명

축전지의 용량이 규정 용량의 80~90[%]로 저하될 때까지의 총 방전횟수로 표시한다.

예제 3 컴퓨터나 마이크로프로세서에 사용하기 위하여 전원장치로 UPS를 구성하려고 한다. 주어진 그림을 보고 다음 각 물음에 답하시오.

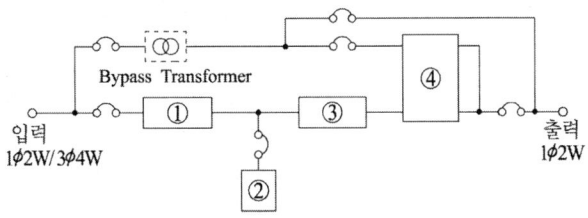

(1) 그림의 ①~④에 들어갈 기기 또는 명칭을 쓰고 그 역할에 대하여 간단히 설명하시오.
(2) Bypass Transformer를 설치하여 회로를 구성하는 이유를 설명하시오.
(3) 전원장치인 UPS, CVCF, VVVF 장치에 대한 비교표를 다음과 같이 구성할 때 빈칸을 채우시오. 단, 출력전원에 대하여서는 가능은 ○, 불가능은 ×로 표시하시오.

구분	장치	UPS	CVCF	VVVF
우리말 명칭				
주회로 방식				
스위칭 방식	컨버터			
	인버터			
주회로 디바이스	컨버터			
	인버터			
출력 전압	무정전			
	정전압 정주파수			
	가변전압 가변주파수			

풀이 (1)

번호	명칭	역할
①	컨버터	교류를 직류로 변환
②	축전지	충전 장치에 의해 변환된 직류 전력을 저장
③	인버터	직류를 사용 주파수의 교류 전압으로 변환
④	절체스위치	상용전원 정전시 인버터 회로로 절체되어 부하에 무정전으로 전력을 공급하기 위한 장치

(2) ① 회로의 절연
② UPS 및 축전지의 점검보수 및 고장시에도 부하에 연속적으로 전력을 공급하기 위함

(3)

구분	장치	UPS	CVCF	VVVF
우리말 명칭		무정전 전원공급 장치	정전압 정주파수 장치	가변전압 가변주파수장치
주회로 방식		전압형인버터	전압형인버터	전류형 인버터
스위칭 방식	컨버터	PWM제어 또는 위상제어	PWM제어	PWM제어 또는 위상제어
	인버터	PWM제어	PWM제어	PWM제어
주회로 디바이스	컨버터	IGBT	IGBT	IGBT
	인버터	IGBT	IGBT	IGBT

구분	장치	UPS	CVCF	VVVF
출력전압	무정전	○	×	×
	정전압 정주파수	○	○	×
	가변전압 가변주파수	×	×	○

해설 (3) ① 주회로 디바이스 : 중소용량이면 모두 IGBT 또는 MOSFET이 가능하다.

예제 4 연 축전지의 정격용량 100[Ah], 상시부하 8[kW], 표준전압 100[V]인 부동 충전 방식 충전기의 2차 전류(충전 전류)값은 얼마인가? 단, 상시 부하의 역률은 1로 간주한다.

풀이 계산 : 충전기 2차 충전 전류[A] = $\dfrac{\text{축전지 용량[Ah]}}{\text{정격 방전율[h]}} + \dfrac{\text{상시 부하 용량[VA]}}{\text{표준 전압[V]}}$

에서 납(연) 축전지의 정격방전율은 10[Ah]이므로

$$I = \frac{100}{10} + \frac{8 \times 10^3}{100} = 90[A]$$

답 : 90[A]

예제 5 그림과 같은 부하 특성을 갖는 축전지를 사용할 때 보수율이 0.8, 최저 축전지 온도 5[℃], 허용 최저 전압 90[V]일 때 몇 [Ah] 이상인 축전지를 선정하여야 하는가?
단, $K_1 = 1.15$, $K_2 = 0.91$이고 셀당 전압은 1.06[V/cell]이다.

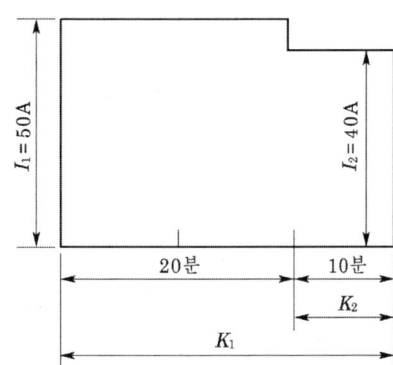

풀이 계산 : $C = \dfrac{1}{L}[K_1 I_1 + K_2 (I_2 - I_1)] = \dfrac{1}{0.8}[1.15 \times 50 + 0.91(40-50)] = 60.5[Ah]$

답 : 60.5[Ah]

해설 방전 특성 곡선의 면적

$K_1 I_1 - K_2 (I_1 - I_2) = K_1 I_1 + K_2 (I_2 - I_1)$

즉, 축전지 용량은 방전 특성 곡선의 면적과 같게 된다.

$C = \dfrac{1}{L}[K_1 I_1 + K_2 (I_2 - I_1)]$

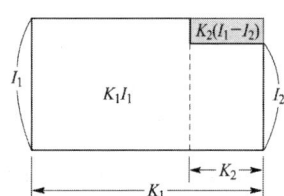

7.4 태양광발전시스템의 전기공사

1 태양광발전시스템의 전기공사

태양광발전시스템의 전기공사는 태양광 모듈의 설치와 동시에 진행하고 태양광모듈간의 배선을 비롯한 분전반, 인버터 등의 기기설치는 순차적으로 연결한다.

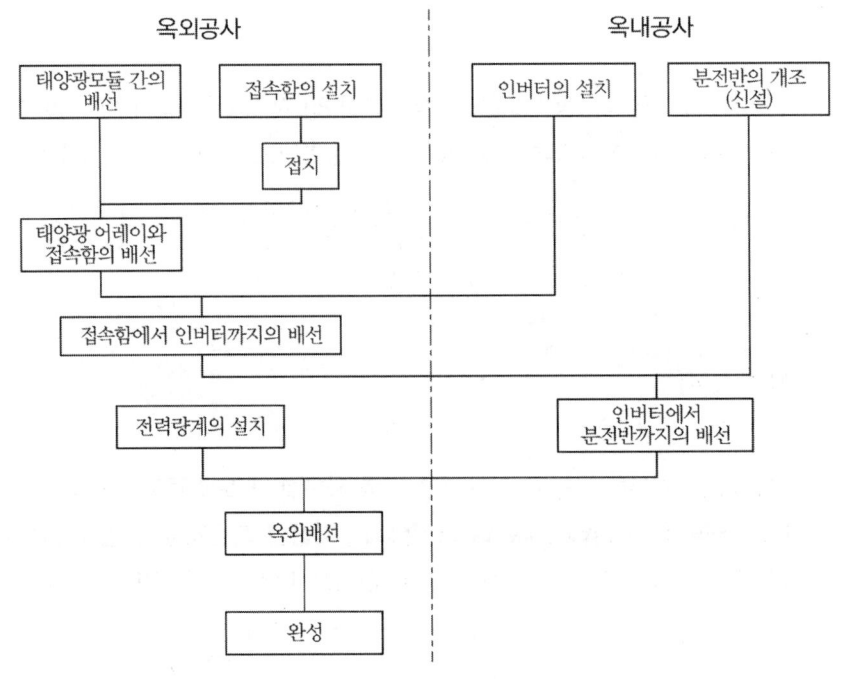

전기공사의 절차

(1) 안전대책

1) 복장 및 추락방지
   ① 안전모 착용 : 머리보호를 위해 착용한다.
   ② 안전대 착용 : 추락방지를 위해 필히 착용한다.
   ③ 안전화 : 미끄럼방지 및 발보호의 효과가 있는 신발
   ④ 안전허리띠 착용 : 공구, 공사 부재의 낙하방지를 위해 착용한다.

2) 작업 중 감전 방지대책
   ① 작업 전 태양광모듈 표면에 차광막을 씌워 태양광을 차폐한다.
   ② 저압 절연장갑을 착용한다.
   ③ 절연처리된 공구를 사용한다.
   ④ 강우 시에는 감전사고, 미끄러짐, 추락사고의 우려가 있으므로 작업을 금지한다.

(2) 태양광모듈 및 어레이 설치 후 확인 점검사항

1) 전압극성의 확인
공사가 완료된 태양전지모듈은 설계도서에 맞게 전압이 측정되는지 양극(+), 음극(-)의 극성이 올바르게 연결되었는지 직류전압계로 확인한다.

2) 단락전류의 측정
태양광모듈의 데이터시트에 표시된 단락전류가 측정되는지 직류전류계로 확인한다. 다른 모듈과 비교하여 측정치의 차이가 크면 배선을 다시 점검한다.

3) 비접지의 확인
태양광발전시스템에 사용하는 인버터는 절연변압기를 사용하지 않기 때문에 직류측 회로를 비접지로 하고 있다. 직류측의 비접지를 확인하는 방법은 아래 그림과 같다.

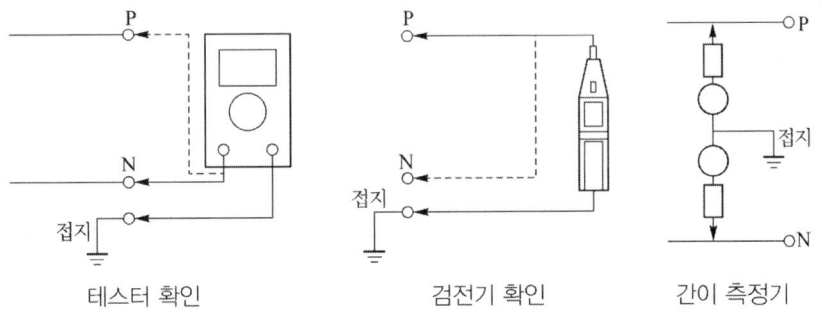

테스터 확인   검전기 확인   간이 측정기

(3) 태양광설비 시공기준

1) 태양전지
① 신재생에너지센터의 인증된 제품으로 설계용량의 110[%]를 초과하지 않아야한다.

2) 전기배선 및 접속함
① 태양전지 옥내의 배선은 모듈전용선, TFR-CV선을 사용
② 1대의 인버터에 연결된 태양전지 직렬군이 2병렬 이상일 경우 각 직렬군에 역전류다이오드를 별도의 접속함(열방출이 가능토록 환기구 및 방열판 설치)에 설치
③ 역전류방지다이오드 용량은 모듈단락전류의 2배이상

3) 전압강하
태양전지판에서 인버터 입력단자간 및 인버터 출력단과 계통연계점간의 전압강하는 각 3[%]를 초과해서는 안된다.(60[m] 이하일 경우)
전선의 길이가 60[m] 초과일 경우의 전압강하 허용치는 다음과 같다.

전선길이	전압강하[%]
120[m] 이하	5[%]
200[m] 이하	6[%]
120[m] 초과	7[%]

4) 인버터
① 인버터에 연결된 모듈의 설치용량은 인버터의 설치용량 105[%] 이내
② 표시사항(입력(모듈출력), 전압, 전류, 전력과 인버터출력 전압, 전류, 전력, 역률, 주파수, 누적발전량, 최대출력량(peak)

2 분산형전원 전력계통 연계기준

분산형전원의 계통 연계 또는 가압된 구내계통의 가압된 한전계통에 대한 연계에 대하여 병렬연계장치의 투입순간의 모든 동기화 변수들이 제시된 제한범위 이내에 있어야 하며, 만일 어느 하나의 변수라도 제시된 범위를 벗어날 경우에는 병렬연계장치가 투입되지 않아야 한다.

(1) 계통 연계를 위한 동기화 변수 제한 범위

분산형 전원 정격용량 합계 [kVA]	주파수차 ($\triangle f$, Hz)	전압차 ($\triangle V$, %)	위상각 차 ($\triangle \phi$, °)
0~500	0.3	10	20
500~1500	0.2	5	15
1,500~20,000	0.1	3	10

예제 6 태양광발전설비의 전기공사 중 모듈 설치 및 시공 시 작업자가 지켜야 할 기본적인 안전사항 중 복장 및 추락방지 대책과 작업 중 감전방지 대책을 쓰시오.

1) 복장 및 추락 방지 대책
· 안전모 착용
· 안전대 착용
· 안전화 착용
2) 작업 중 감전방지 대책
· 작업 전 태양광모듈 표면에 차광막을 씌워 태양광을 차폐한다.
· 저압 절연장갑을 착용한다.
· 절연처리된 공구를 사용한다.
· 강우 시에는 감전사고, 미끄러짐, 추락사고의 우려가 있으므로 작업을 금지한다.

예제 7 태양전지모듈로부터 PCS까지 거리별 전압강하율은 몇 [%] 이내이어야 하는가?

60[m]이하	120[m]이하	200[m]이하	200[m]초과

60[m]이하	120[m]이하	200[m]이하	200[m]초과
3[%]	5[%]	6[%]	7[%]

예제 8 태양광발전시스템에서 생산된 전력을 상용 전력망(Grid)과 병렬운전하기 위해 인버터가 계통과 일치시켜야 하는 조건 3가지를 쓰시오.

풀이 1) 전압　　2) 위상각　　3) 주파수

※ 계통 연계를 위한 동기화 변수 제한 범위

분산형 전원 정격용량 합계 [kVA]	주파수차 ($\triangle f$, Hz)	전압차 ($\triangle V$,%)	위상각 차 ($\triangle \phi$, °)
0~500	0.3	10	20
500~1500	0.2	5	15
1,500~20,000	0.1	3	10

제 7 장 단원별 예상문제

문제 01 출력 100[kW]의 디젤 발전기를 발열량 10000[kcal/kg]의 연료 215[kg]를 사용하여 8시간 운전할 때 발전기의 종합효율은 몇 [%]인가?

• 계산 : • 답 :

답안작성

계산 : $P = \dfrac{BH\eta}{860\,T} = \dfrac{215 \times 10000 \times \eta}{860 \times 8} = 100[\text{kW}]$

$\therefore \eta = \dfrac{100 \times 860 \times 8}{215 \times 10000} = 0.32 \rightarrow 32[\%]$

답 : 32[%]

문제 02 발전기를 병렬 운전하려고 한다. 병렬 운전이 가능한 조건 4가지를 쓰시오.

답안작성
① 기전력의 크기가 같을 것
② 기전력의 위상이 같을 것
③ 기전력의 파형이 같을 것
④ 기전력의 주파수가 같을 것

문제 03 동기발전기를 병렬로 접속하여 운전할 때 발생하는 횡류의 종류 3가지를 쓰고, 각각의 작용에 대하여 설명하시오.

답안작성
① 무효 횡류 : 양 발전기의 역률을 변화시킨다.
② 유효 횡류 : 양 발전기의 유효전력의 분담을 변화시킨다.
③ 고조파 무효 횡류 : 전기자 권선의 저항손을 증가시킨다.

문제 04 태양광 발전의 장단점은?

답안작성
[장점] ① 규모에 관계없이 발전 효율이 일정하다.
② 태양이 쪼이는 곳이라면 어디에서나 설치 할 수 있고 보수가 용이하다.
③ 자원이 반영구적이다.
④ 확산광(산란광)도 이용할 수 있다.
[단점] ① 태양광의 에너지 밀도가 낮다.
② 비가 오거나 흐린 날씨에는 발전능력이 저하한다.

문제 05

부하가 유도전동기이며, 기동 용량이 1000[kVA]이고, 기동시 전압강하는 20[%]이며, 발전기의 과도리액턴스가 25[%]이다. 이 전동기를 운전할 수 있는 자가발전기의 최소용량은 몇 [kVA]인지 계산하시오.

• 계산 :   • 답 :

답안작성

계산 : $\left(\dfrac{1}{e}-1\right) \times x_d \times$ 기동용량 $= \left(\dfrac{1}{0.2}-1\right) \times 0.25 \times 1000 = 1000 \text{[kVA]}$

답 : 1000[kVA]

문제 06

다음 물음에 답하시오.
(1) 정류기가 축전지의 충전에만 사용되지 않고 평상시 다른 직류부하의 전원으로 병행하여 사용되는 충전방식의 명칭을 쓰시오.
(2) 축전지의 각 전해조에 일어나는 전위차를 보정하기 위해 1~3개월마다 1회 정전압으로 10~12시간 충전하는 충전방식의 명칭을 쓰시오.

답안작성

(1) 부동충전방식
(2) 균등충전방식

문제 07

사용중인 UPS의 2차 측에 단락사고 등이 발생 했을 경우 UPS와 고장 회로를 분리하는 방식 3가지를 쓰시오.

답안작성

① 배선용차단기에 의한 방식
② 속단퓨즈에 의한 방식
③ 반도체차단기에 의한 방식

해설

구 분		MCCB	반도체용 한류형 퓨즈	반도체 차단기
회로구성				(게이트제어회로)
동작 시간	정격 4배에서	3[s]~30[s]	20[ms]~600[ms]	100[μs]~150[μs]
	정격 10배에서	10[ms]~4[s]	2[ms]~4[ms]	
적용한계		단시간 영역에서는 협조가 안 됨(10~20[ms] 이하의 영역)	수[ms] 이하의 영역에서 협조가 안됨	과부하 내량을 예상하고 협조가 쉽다.
전류특성		반한시	반한시	일정
콘덴서 부하대책		–	돌입전류대책필요	돌입전류대책필요

구 분	MCCB	반도체용 한류형 퓨즈	반도체 차단기
바이패스 회로	불필요	불필요(예비품 준비)	필요
수 명	트립횟수에 제한	자연열화 (5년마다 교환)	정기적 동작확인 필요 콘덴서는 10년정도마다 교환
크 기	소	중	대
경제성	저가	중가	고가
한류효과	없음	있음	없음

문제 08 UPS 장치 시스템의 중심부분을 구성하는 CVCF의 기본 회로를 보고 다음 각 물음에 답하시오.

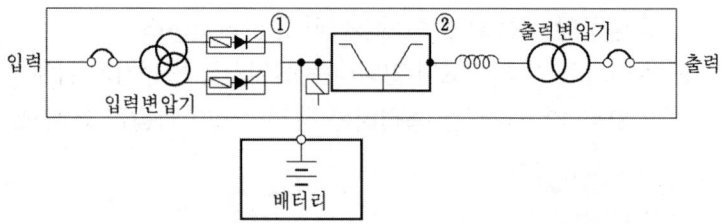

(1) UPS 장치는 어떤 장치인가?
(2) CVCF는 무엇을 뜻하는가?
(3) 도면의 ①, ②에 해당되는 것은 무엇인가?

▶ 답안작성
(1) 무정전 전원 공급장치
(2) 정전압 정주파수 장치
(3) ① 정류기(컨버터)   ② 인버터

문제 09 다음은 컴퓨터 등의 중요한 부하에 대한 무정전 전원공급을 위한 그림이다.
"(가)~(바)"에 적당한 시설물의 명칭을 쓰시오.

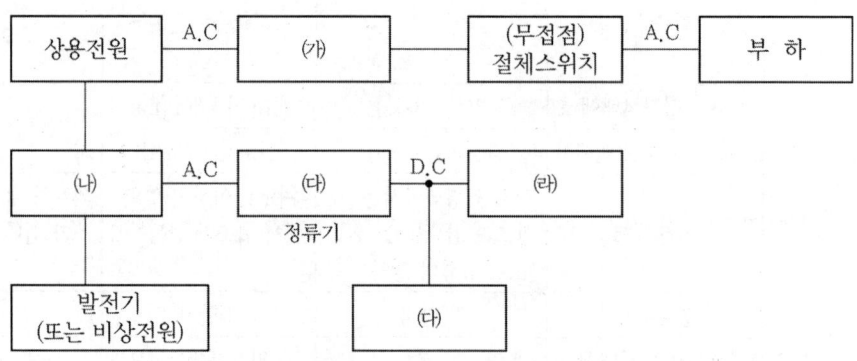

답안작성

(가) 자동전압조정기(AVR) (나) 절체용 개폐기
(다) 정류기(컨버터) (라) 인버터
(마) 축전지

문제 10 비상용 조명 부하 110[V]용 100[W] 58등, 60[W] 50등이 있다. 방전 시간 30분, 축전지 HS형 54[cell], 허용 최저 전압 100[V], 최저 축전지 온도 5[℃]일 때 축전지 용량은 몇 [Ah]인가? 단, 경년 용량 저하율 0.8, 용량 환산 시간 $K=1.2$이다.

• 계산 :   • 답 :

답안작성

계산 : 부하전류 $I = \dfrac{P}{V} = \dfrac{100 \times 58 + 60 \times 50}{110} = 80[A]$

∴ 축전지 용량 $C = \dfrac{1}{L}KI = \dfrac{1}{0.8} \times 1.2 \times 80 = 120[Ah]$

답 : 120[Ah]

문제 11 어떤 발전소의 발전기가 13.2[kV], 용량 93,000[kVA], %임피던스 95[%]일 때, 임피던스는 몇 [Ω]인가?

• 계산 :   • 답 :

답안작성

계산 : $\%Z = \dfrac{PZ}{10V^2}$ 이므로

∴ $Z = \dfrac{\%Z \cdot 10V^2}{P} = \dfrac{95 \times 10 \times 13.2^2}{93000} = 1.78[\Omega]$

답 : 1.78[Ω]

문제 12 예비전원으로 사용되는 축전지 설비에 대한 다음 각 물음에 답하시오.

(1) 연축전지설비의 초기에 단전지 전압의 비중이 저하되고, 전압계가 역전하였다. 어떤 원인으로 추정할 수 있는가?

(2) 충전 장치 고장, 과충전, 액면 저하로 인한 극판 노출, 교류분 전류의 유입 과대 등의 원인에 의하여 발생될 수 있는 현상은?

(3) 축전지와 부하를 충전기에 병렬로 접속하여 사용하는 충전 방식은?

(4) 축전지 용량은 $C = \dfrac{1}{L}KI$ 로 계산한다. 공식에서 L, K, I는 무엇을 의미하는가?

답안작성

(1) 축전지의 역접속

(2) 축전지의 현저한 온도 상승 또는 소손
(3) 부동 충전 방식
(4) L : 보수율, K : 용량 환산 시간, I : 방전 전류

문제 13

정지형 무효전력 보상장치(SVC)에 대하여 간단히 설명하시오.

답안작성

사이리스터를 이용하여 병렬 콘덴서와 분로 리액터에 흐르는 무효전력을 신속하게 제어하는 장치이다.

문제 14

정격이 5[kW], 50[V]인 타여자 직류 발전기가 있다. 무부하로 하였을 경우 단자전압이 55[V]가 된다면, 발전기의 전기자 회로의 등가저항은 얼마인가?

• 계산 :   • 답 :

답안작성

계산 : 타여자 발전기의 유기기전력 $E = V + R_a I_a$[V]이고, 부하 전류(I)와 전기자전류(I_a)는 같으므로

$$I = I_a = \frac{P}{V} = \frac{5000}{50} = 100[\text{A}]$$

$$\therefore R_a = \frac{E-V}{I_a} = \frac{55-50}{100} = 0.05[\Omega]$$

답 : 0.05[Ω]

문제 15

축전지에 대한 다음 각 물음에 답하시오.
(1) 연축전지의 고장으로 전 셀의 전압이 불균형이 크고 비중이 낮았을 때 추정할 수 있는 원인은?
(2) 연축전지와 알칼리 축전지의 1셀당 기전력은 약 몇 [V]인가?
(3) 알칼리 축전지에 불순물이 혼입되었다면 어떤 현상이 나타나는가?

답안작성

(1) 방전 상태로 방치, 충전 부족으로 장기간 사용, 불순물의 혼입
(2) 연축전지 2.05~2.08[V/cell], 알칼리 축전지 : 1.32[V/cell]
(3) 전해액의 착색 및 용량의 감소

문제 16

150[kVA], 22.9[kV]/380-220[V], %저항 3[%], %리액턴스 4[%]일 때 정격전압에서 단락 전류는 정격전류의 몇 배인가? (단, 전원측의 임피던스는 무시한다.)

• 계산 :   • 답 :

답안작성

계산 : $I_s = \frac{100}{\%Z} I_n = \frac{100}{\sqrt{3^2+4^2}} I_n = 20 I_n[\text{A}]$ 답 : 20배

문제 17 그림은 축전지 충전회로이다. 다음 물음에 답하시오.

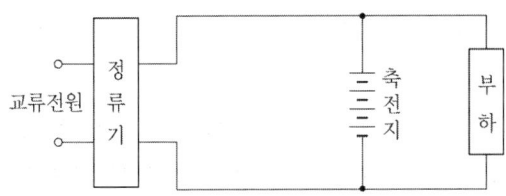

(1) 충전 방식은?
(2) 이 방식의 역할(특징)을 쓰시오.

답안작성
(1) 부동충전방식
(2) 축전지의 자기 방전을 보충함과 동시에 상용 부하에 대한 전력공급은 충전기가 부담하도록 하되 충전기가 부담하기 어려운 일시적인 대전류의 부하는 축전지가 부담하도록 하는 방식.

문제 18 예비 전원으로 이용되는 축전지에 대한 다음 각 물음에 답하시오.
(1) 그림과 같은 부하 특성을 갖는 축전지를 사용할 때 보수율은 0.8, 최저 축전지 온도 5[℃], 허용 최저 전압 90[V]일 때 몇 [Ah] 이상인 축전지를 선정하여야 하는가? (단, $I_1 = 50[A]$, $I_2 = 40[A]$, $K_1 = 1.15$, $K_2 = 0.91$ 이고 셀(cell)당 전압은 1.06[V/cell]이다.)
　•계산 :　　　　　　　　　　　　　　•답 :
(2) 축전지의 과방전 및 방치 상태, 가벼운 설페이션(Sulfation)현상 등이 생겼을 때 기능회복을 위하여 실시하는 충전 방식은 무엇인가?
(3) 연 축전지와 알칼리 축전지의 공칭 전압은 각각 몇 [V]인가?
(4) 축전지 설비를 하려고 한다. 그 구성을 크게 4가지로 구분하시오.

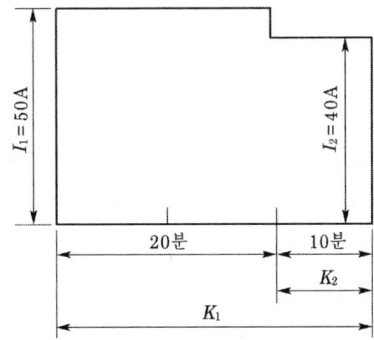

답안작성
(1) 계산 : $C = C = \dfrac{1}{L}[K_1 I_1 + K_2(I_2 - I_1)] = \dfrac{1}{0.8}[1.15 \times 50 + 0.91(40 - 50)] = 60.5[Ah]$
　　답 : 60.5[Ah]

(2) 회복충전
(3) 연축전지 : 2[V]   알칼리 축전지 : 1.2[V]
(4) ① 축전지 ② 충전장치 ③ 보안장치 ④ 제어장치

문제 19

예비 전원으로 이용되는 축전지에 대한 다음 각 물음에 답하시오.

(1) 그림과 같은 부하 특성을 갖는 축전지를 사용할 때 보수율이 0.8, 최저 축전지 온도 5[℃], 허용 최저 전압 90[V]일 때 몇 [Ah] 이상인 축전지를 선정하여야 하는가? (단, I_1 =60[A], I_2 =50[A], K_1 =1.15, K_2 =0.91, 셀(cell)당 전압 1.06[V/cell] 이다.)

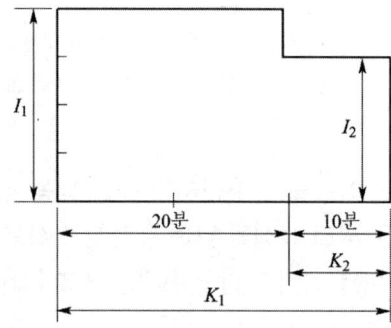

(2) 연 축전지와 알칼리 축전지의 공칭 전압은 각각 몇 [V]인가?
- 연 축전지
- 알칼리 축전지

답안작성

(1) $C = \dfrac{1}{L}[K_1 I_1 + K_2(I_2 - I_1)] = \dfrac{1}{0.8}[1.15 \times 60 + 0.91(50 - 60)] = 74.88[Ah]$

∴ 74.88[Ah]

(2) • 연 축전지 : 2[V]
   • 알칼리 축전지 : 1.2[V]

문제 20

그림과 같은 부하 특성을 갖는 축전지를 사용할 때 보수율이 0.8, 최저 축전지 온도 5[℃], 허용 최저 전압 90[V]일 때 몇 [Ah] 이상인 축전지를 선정하여야 하는가? 단, K_1 =1.15, K_2 =0.95이고 셀당 전압은 1.06[V/cell] 이다.

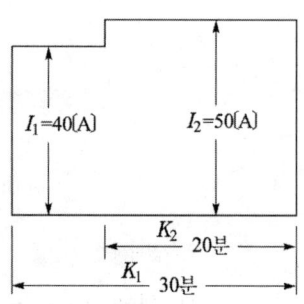

답안작성

$C = \dfrac{1}{L}[K_1 I_1 + K_2(I_2 - I_1)] = \dfrac{1}{0.8} \times [1.15 \times 40 + 0.95 \times (50 - 40)] = 69.38[Ah]$

∴ 69.38[Ah]

문제 **21** 축전지 설비의 부하 특성 곡선이 그림과 같을 때 주어진 조건을 이용하여 필요한 축전이 용량을 산정하시오. (단, $K_1=1.45$, $K_2=0.69$, $K_3=0.25$이고 보수율은 0.80이다.)

- 계산 :
- 답 :

답안작성

계산 : $C = \dfrac{1}{L}[K_1 I_1 + K_2(I_2-I_1) + K_3(I_3-I_2)]$

$= \dfrac{1}{0.8}[1.45\times 10 + 0.69(20-10) + 0.25(100-20)] = 51.75[Ah]$

답 : 51.75[Ah]

문제 **22** 다음과 같은 부하 특성의 소결식 알칼리 축전지의 용량 저하율 L은 0.85이고, 최저축전지 온도는 5[℃], 허용 최저 전압은 1.06 [V/cell]일 때 축전지 용량은 몇[Ah]인가? (단, 여기서 용량 환산 시간 $K_1=1.22$, $K_2=0.98$, $K_3=0.52$ 이다.)

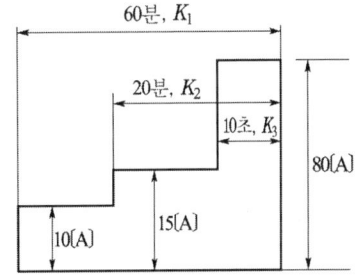

- 계산 :
- 답 :

답안작성

계산 : $C = \dfrac{1}{L}\{K_1 I_1 + K_2(I_2-I_1) + K_3(I_3-I_2)\}$

$= \dfrac{1}{0.85}\{1.22\times 10 +]0.98(15-10) + 0.52(80-15)\} = 59.88[Ah]$

답 : 59.88[Ah]

문제 **23** 다음과 같은 특성의 축전지 용량 C를 구하시오. (단, 축전지 사용 시의 보수율은 0.8, 축전지 온도 5[℃], 허용 최저전압은 90[V], 셀당 전압 1.06[V/cell], $K_1=1.15$, $K_2=0.92$ 이다.)

- 계산 :
- 답 :

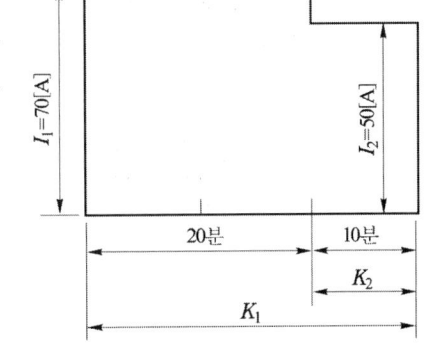

> **답안작성**

계산 : $C = \dfrac{1}{L} \cdot [K_1 I_1 + K_2(I_2 - I_1)] = \dfrac{1}{0.8}[1.15 \times 70 + 0.92(50-70)] = 77.63[\text{Ah}]$

답 : 77.63[Ah]

문제 24 그림과 같은 방전특성을 갖는 부하에 필요한 축전지 용량은 몇 [Ah]인지 구하시오.
단, 방전전류 : $I_1 = 200[\text{A}]$, $I_2 = 300[\text{A}]$, $I_3 = 150[\text{A}]$, $I_4 = 100[\text{A}]$
방전시간 : $T_1 = 130[분]$, $T_2 = 120[분]$, $T_3 = 40[분]$, $T_4 = 5[분]$
용량환산시간 : $K_1 = 2.45$, $K_2 = 2.45$, $K_3 = 1.46$, $K_4 = 0.45$
보수율은 0.7로 적용한다.

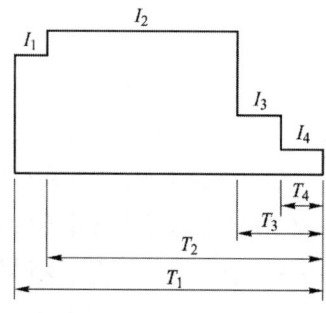

• 계산 : • 답 :

> **답안작성**

계산 : $C = \dfrac{1}{L}\{K_1 I_1 + K_2(I_2 - I_1) + K_3(I_3 - I_2) + K_4(I_4 - I_3)\}$

$= \dfrac{1}{0.7}\{2.45 \times 200 + 2.45 \times (300-200) + 1.46 \times (150-300) + 0.45 \times (100-150)\}$

$= 705[\text{Ah}]$

답 : 705[Ah]

문제 25 디젤 발전기를 5시간 전부하 운전할 때 연료 소비량이 300[kg]이었다. 이 발전기의 정격 출력은 몇 [kVA]인가? 단, 중유의 열량은 1000[kcal/kg], 기관 효율 40[%], 발전기 효율 85[%], 전부하시 발전기 역률 80[%]이다.

• 계산 : • 답 :

> **답안작성**

계산 : $P = \dfrac{BH\eta_g \eta_t}{860 T \cos\theta} = \dfrac{300 \times 10000 \times 0.4 \times 0.85}{860 \times 5 \times 0.8} = 296.51[\text{kVA}]$

답 : 296.51[kVA]

문제 26 정격전압 6000[V], 용량 6000[kVA]인 3상 교류 발전기에서 여자전류가 300 [A], 무부하단자전압은 6000[V], 단락전류 800[A]라고 한다. 이 발전기의 단락비는 얼마인가?

• 계산 : • 답 :

답안작성

계산 : $I_n = \dfrac{P_n}{\sqrt{3}\,V_n} = \dfrac{6000 \times 10^3}{\sqrt{3} \times 6000} = 577.35[A]$

∴ 단락비$(K_s) = \dfrac{I_s}{I_n} = \dfrac{800}{577.35} = 1.39$

답 : 1.39

문제 29 부하가 유도 전동기이며 기동용량이 1826[kVA]이고, 기동시 전압강하는 21[%]이며, 발전기의 과도 리액턴스가 26[%]이다. 자가 발전기의 정격용량은 몇 [kVA] 이상이어야 하는지 계산하시오.

• 계산 : • 답 :

답안작성

계산 : $\left(\dfrac{1}{e} - 1\right) \times x_d \times 기동용량 = \left(\dfrac{1}{0.21} - 1\right) \times 0.26 \times 1826 = 1786[kVA]$

답 : 1786[kVA]

문제 30 알칼리 축전지의 정격용량은 100[Ah], 상시부하 6[kW], 표준전압 100[V]인 부동충전 방식의 충전기 2차 전류는 몇 [A]인지 계산하시오. (단, 알칼리 축전지의 방전율은 5시간율로 한다.)

• 계산 : • 답 :

답안작성

계산 : 충전기 2차 전류 $= \dfrac{100}{5} + \dfrac{6000}{100} = 80[A]$ 답 : 80[A]

문제 31 다음 상용전원과 예비전원 운전시 유의하여야 할 사항이다. ( )안에 알맞은 내용을 쓰시오.

> 상용전원과 예비전원 사이에는 병렬운전을 하지 않는 것이 원칙이므로 수전용 차단기와 발전용차단기 사이에는 전기적 또는 기계적 (①)을 시설해야 하며 (②)를 사용해야 한다.

답안작성

① 인터록   ② 전환개폐기

문제 32 디젤발전기를 5시간 전부하로 운전할 때 중유의 소비량이 287[kg]이었다. 이 발전기의 정격 출력을 계산하시오. (단, 중유의 열량은 10^4[kcal/kg], 기관효율 35.5[%], 발전기 효율 85.7[%], 전부하시 발전기 역률 85[%] 이다.)

• 계산 :   • 답 :

답안작성

계산 : $P = \dfrac{BH\eta_g \eta_t}{860 T \cos\theta} = \dfrac{287 \times 10^4 \times 0.353 \times 0.857}{860 \times 5 \times 0.85} = 237.55$[kVA]

답 : 237.55[kVA]

문제 33 교류 발전기에 대한 다음 각 물음에 답하시오.

(1) 정격 전압 60[V], 정격출력 5000[kVA]인 3상 교류발전기에서 계자전류가 300[A], 무부하 단자 전압이 6000[V]이고, 이 계자전류에 있어서의 3상 단락전류가 700[A]라고 한다. 이 발전기의 단락비를 구하시오.

• 계산 :   • 답 :

(2) 다음 ①~⑥에 알맞은 ( )안의 내용을 크다(고), 적다(고), 높다(고), 낮다(고) 등으로 답란에 쓰시오.

단락비가 큰 교류 발전기는 일반적으로 기계의 치수가 (①), 가격이 (②), 풍손, 마찰손, 철손이 (③), 효율은 (④), 전압 변동률은 (⑤), 안정도는 (⑥).

①	②	③	④	⑤	⑥

답안작성

(1) 계산 : 정격전류 $I_n = \dfrac{P_n}{\sqrt{3} \, V_n} = \dfrac{5000 \times 10^3}{\sqrt{3} \times 6000} = 481.13$[A]

∴ 단락비(K_5) = $\dfrac{I_s}{I_n} = \dfrac{700}{481.13} = 1.45$

답 : 1.45

(2) ① 크고 ② 높고 ③ 크고 ④ 낮고 ⑤ 작고 ⑥ 높다

문제 34 비상용 조명 부하 110[V]용 100[W] 18등, 60[W] 25등이 있다. 방전 시간 30분, 축전지 HS형 54[cell], 허용 최저 전압 100[V], 최저 축전지 온도 5[℃]일 때 축전지 용량은 몇 [Ah]인가? 단, 경년 용량 저하율 0.8, 용량 환산 시간 : $K = 1.2$ 이다.

• 계산 :   • 답 :

> **답안작성**
>
> 계산 : 부하 전류 $I = \dfrac{P}{V} = \dfrac{100 \times 18 + 60 \times 25}{110} = 30[\text{A}]$
>
> $\therefore$ 축전지 용량 $C = \dfrac{1}{L}KI = \dfrac{1}{0.8} \times 1.2 \times 30 = 45[\text{Ah}]$
>
> 답 : 45[Ah]

문제 35 일정 기간 사용한 연축전지를 점검하였더니 전 셀의 전압이 불균일하게 나타났다면, 어느 방식으로 충전하여야 하는지 충전방식의 명칭과 그 충전방식에 대하여 설명하시오.

> **답안작성**
>
> - 충전방식의 명칭 : 균등 충전
> - 충전방식 설명 : 각 전해조에서 일어나는 전위차를 보정하기 위하여 1~3개월 마다 1회씩 정전압으로 10~12시간 충전하여 각 전해조의 용량을 균일화하기 위한 방식이다.

문제 36 비상용 조명부하 110[V]용 100[W] 77등, 60[W] 55등이 있다. 방전시간 30분, 축전지 HS형 54[cell], 허용 최저전압 100[V], 최저 축전지온도 5[℃]일 때 축전지 용량은 몇 [Ah]인지 계산하시오. (단, 경년용량 저하율 0.8, 용량환산시간 $K=1.2$ 이다.)
- 계산 :　　　　　　　　　　　　　　　• 답 :

> **답안작성**
>
> 계산 : 부하 전류 $I = \dfrac{P}{V} = \dfrac{100 \times 77 + 60 \times 55}{110} = 100[\text{A}]$
>
> $\therefore$ 축전지 용량 $C = \dfrac{1}{L}KI = \dfrac{1}{0.8} \times 1.2 \times 100 = 150[\text{Ah}]$
>
> 답 : 150[Ah]

문제 37 정격출력 500[kW]의 디젤엔진 발전기를 발열량 10000[kcal/L]인 중유 250[L]을 사용하여 $\dfrac{1}{2}$ 부하에서 운전하는 경우 몇 시간동안 운전이 가능한지 구하시오.
(단, 발전기의 열효율을 34.4[%]로 한다.)
- 계산 :　　　　　　　　　　　　　　　• 답 :

> **답안작성**
>
> 계산 : $t = \dfrac{BH\eta}{860P} = \dfrac{250 \times 10000 \times 0.344}{860 \times 500 \times \dfrac{1}{2}} = 4[\text{h}]$
>
> 답 : 4[h]

문제 38 부하가 유도전동기이고, 기동용량이 500[kVA] 이다, 기동 시 전압강하는 20[%]이며, 발전기의 과도리액턴스가 25[%] 이다. 이 전동기를 운전할 수 있는 자가발전기의 최소용량은 몇 [kVA]인지 구하시오.

• 계산 :   • 답 :

답안작성

계산 : $\left(\dfrac{1}{e}-1\right) \times x_d \times$ 기동용량 $= \left(\dfrac{1}{0.2}-1\right) \times 0.25 \times 500 = 500[\text{kVA}]$

답 : 500[kVA]

문제 39 비상용 자가발전기를 구입하고자 한다. 부하는 단일부하로서 유도전동기이며, 기동용량이 1,800[kVA]이고, 기동시의 전압강하는 20[%]까지 허용하며, 발전기의 과도리액턴스는 26[%]로 본다면 자가발전기의 용량은 이론(계산)상 몇 [kVA] 이상의 것을 구입하여야 하는지 구하시오.

• 계산 :   • 답 :

답안작성

계산 : 발전기 용량 [kVA] $\geq \left(\dfrac{1}{0.2}-1\right) \times 0.26 \times 1800 = 1872[\text{kVA}]$

답 : 1872[kVA]

문제 40 발전기실의 위치선정 시 고려하여야 하는 사항을 4가지만 쓰시오.

답안작성

① 엔진기초는 건물기초와 관계없는 장소로 할 것
② 발전기의 보수 점검 등이 용이 하도록 충분한 면적 및 층고를 확보할 것
③ 급·배기가 잘되는 장소 일 것
④ 엔진 및 배기관의 소음, 진동이 주위에 영향을 미치지 않는 장소일 것

문제 41 부하의 허용 최저전압이 DC 115[V]이고, 축전지와 부하간의 전선에 의한 전압 강하가 5[V] 이다. 직렬로 접속한 축전지가 55셀일 때 축전지 셀당 허용 최저전압을 구하시오.

• 계산 :   • 답 :

답안작성

계산 : $V = \dfrac{V_a + V_e}{n} = \dfrac{115+5}{55} = 2.18[\text{V/cell}]$

답 : 2.18[V/cell]

문제 42
축전지를 사용 중 충전하는 방식을 4가지만 쓰시오.

답안작성

급속충전, 부동충전, 세류충전, 균등충전

문제 43
그림의 단상 전파 정류 회로에서 교류측 공급 전압 $628\sin 314t$[V] 직류측 부하 저항 20[Ω]이다. 물음에 답하시오.

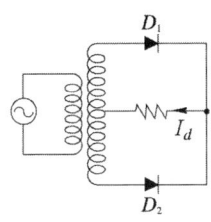

(1) 직류 부하전압의 평균값은?
(2) 직류 부하전류의 평균값은?
(3) 교류 전류의 실효값은?

답안작성

(1) 계산 : $E_d = 0.9E = 0.9 \times \dfrac{628}{\sqrt{2}} = 399.66$[V]   답 : 399.66[V]

(2) 계산 : $I_d = \dfrac{E_d}{R} = \dfrac{399.66}{20} = 19.98$[A]   답 : 19.98[A]

(3) 계산 : $I = \dfrac{E}{R} = \dfrac{628/\sqrt{2}}{20} = 22.2$[A]   답 : 22.2[A]

| 과년도 출제유형 |

문제 44
동기 발전기 병렬운전조건 3가지를 쓰시오.

답안작성

① 기전력의 크기가 같을 것
② 기전력의 위상이 같을 것
③ 기전력의 파형이 같을 것
④ 기전력의 주파수가 같을 것

| 과년도 출제유형 |

문제 45
태양광발전시설에 대한 감전방지대책 3가지를 쓰시오.

답안작성

(1) 작업 전에 태양전지모듈 표면에 차광막을 씌어 태양광을 차폐한다.
(2) 저압 절연장갑을 착용한다.
(3) 절연처리가 된 공구를 사용한다.
(4) 강우 시에는 작업을 하지 않는다.

| 과년도 출제유형 |

문제 46 다음은 분산형 전원의 배전계통 연계기술기준이다. 아래의 동기화 제한범위에 대하여 빈칸을 채우시오.

분산형 전원 정격용량 합계 [kVA]	주파수차 (△f, Hz)	전압차 (△V,%)	위상각 차 (△φ,°)
0~500	0.3		
500 초과~1500		5	
1,500 초과~20,000 미만			

답안작성

분산형 전원 정격용량 합계 [kVA]	주파수차 (△f, Hz)	전압차 (△V,%)	위상각 차 (△φ,°)
0~500	0.3	10	20
500 초과~1500	0.2	5	15
1,500초과~20,000 미만	0.1	3	10

| 과년도 출제유형 |

문제 47 축전기실 등의 시설에 관한 설명이다. 다음 물음에 답하시오.
(1) (①)를 초과하는 축전지는 비접지측 도체에 쉽게 차단할 수 있는 곳에 (②)를 설치하여야 한다.
(2) 옥내전로에 연계되는 축전지는 비접지측 도체에 (③)를 시설하여야 한다.
(3) 축전지실 등은 폭발성의 가스가 축적되지 않도록 (④)등을 시설하여야 한다.

답안작성
(1) ① 30[V] ② 개폐기
(2) ③ 과전류보호장치
(3) ④ 환기장치

마스터 전기기능장 실기

PART 08

피뢰 및 접지공사와 안전

제 8 장 피뢰 및 접지공사와 안전

8.1 접지공사

1 중성점 접지의 목적
(1) 지락 고장시 건전상의 대지 전위 상승을 억제하여 전선로 및 기기의 절연 레벨을 경감시킨다.
(2) 뇌, 아크 지락, 기타에 의한 이상 전압의 경감 및 발생을 방지한다.
(3) 지락 고장시 접지 계전기의 동작을 확실하게 한다.
(4) 소호 리액터 접지 방식에서는 1선 지락시의 아크 지락을 재빨리 소멸시켜 그대로 송전을 계속할 수 있게 한다.

2 배전용 변전소의 각 종 전기시설물에 대한 접지
(1) 접지목적
  ① 감전방지
  ② 기기의 손상 방지
  ③ 보호 계전기의 확실한 동작

(2) 접지개소
  ① 전자기기의 금속제 프레임 또는 외함
  ② 금속제의 전선관, 덕트 등
  ③ 케이블의 금속피복
  ④ 전로의 중성점 또는 1단자
  ⑤ 피뢰기의 접지 단자
  ⑥ 변성기의 2차측 접지단자
  ⑦ 기타 접지의 목적물

3 접지극
(1) 매설 또는 타입식 접지극은 동판, 동봉, 철관, 철봉, 동복강판, 탄소피복, 강봉, 탄소접지모듈 등을 사용하고 이들을 가급적 물기가 있는 장소와 가스, 산 등으로 인하여 부식될 우려가 없는 장소를 선정하여 지중에 매설하거나 타입하여야 한다.
(2) 접지극의 종류
  ① 동판을 사용하는 경우는 두께 0.7[mm] 이상, 면적 900[cm^2] 편면 이상의 것

② 동봉, 동피복강봉을 사용하는 경우는 지름 8[mm] 이상, 길이 0.9[m] 이상의 것
③ 철관을 사용하는 경우는 외경 25[mm] 이상, 길이 0.9[m] 이상의 아연도금가스철관 또는 후강전선관일 것
④ 철봉을 사용하는 경우는 지름 12[mm] 이상, 길이 0.9[m] 이상의 아연도금을 한 것
⑤ 동복강판을 사용하는 경우는 두께 1.6[mm] 이상, 길이 0.9[m] 이상, 면적 250[cm^2](편면) 이상의 것
⑥ 탄소피복강봉을 사용하는 경우는 지름 8[mm] 이상의 강심이고, 길이 0.9[m] 이상의 것

(3) 접지선과 접지극은 은납땜 기타 확실한 방법에 의하여 접속하여야 한다.

4 접지시공 방법

(1) 접지극은 지하 75[cm] 이상의 깊이에 매설하되 동결 깊이를 감안하여 매설할 것
(2) 접지선을 철주 기타 금속체를 따라서 시설하는 경우에는 접지극을 철주의 밑면으로부터 30[cm] 이상 깊이에 매설하는 경우 이외에는 접지극을 지중에서 그 금속체로부터 1[m] 이상 떼어 매설할 것
(3) 접지선에는 절연 전선 또는 케이블을 사용할 것
(4) 접지선의 지하 75[cm]부터 지표상 2[m]까지의 부분은 합성수지관 등으로 덮을 것(단, 두께 2[mm] 미만의 합성수지제 전선관 및 콤바인 덕트관 제외)
(5) 접지선을 시설한 지지물에 피뢰침용 접지선을 시설하지 않을 것

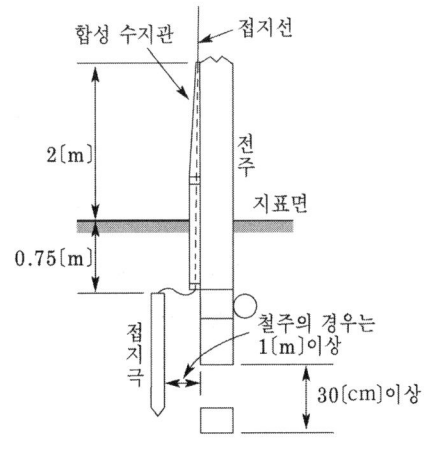

5 접지방식에 따른 분류

접지의 형식으로는 독립접지와 공용접지가 있으며 공용접지도 공통접지와 통합접지로 나눌 수 있다.

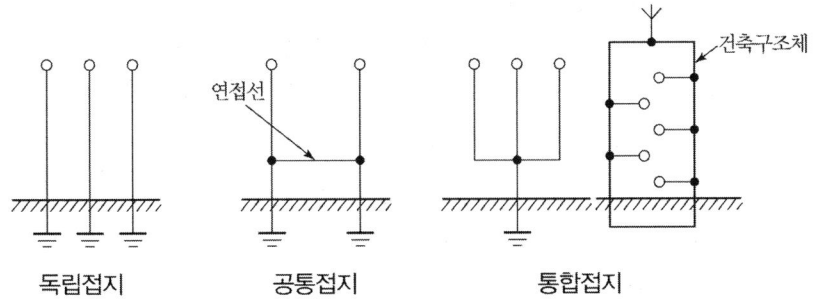

(1) 독립접지(Isolation earthing system)

접지공사를 개별적으로 하는 방식

1) 이상적인 독립접지는 한쪽 전극에 접지전류가 아무리 흘러도 다른 쪽 접지극에 전혀 전위상승을 일으키지 않는 경우
2) 이상적으로는 2개의 접지극이 무한대의 거리만큼 떨어지도록 하지 않으면 완전한 독립이라 할 수 없다.

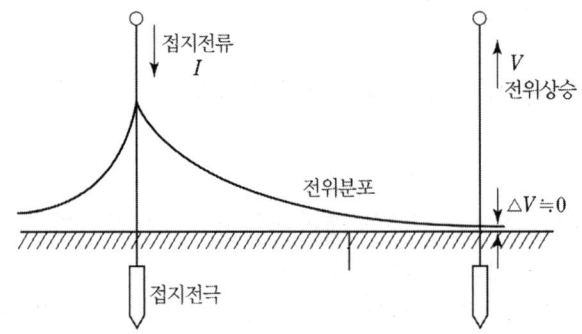

2개의 접지전극 간의 상호 간섭

〈표〉 독립접지의 이격거리 – 대지저항률 $\rho=100[\Omega \cdot m]$

임의의 접지전류	전위상승 허용값		
	2.5V	25V	50V
10A	63m	6m	3m
20A	318m	32m	16m
100A	637m	64m	32m

3) 독립접지의 장·단점

   [장점] ① 안전성이 높다.
         ② 유도뢰를 타고 들어갈 염려가 없다.
         ③ 전위상승 파급의 위험요소가 없다.
         ④ 타 설비에 영향을 미치지 않는다.
         ⑤ 전위상승, 유도뢰 등이 없으므로 시스템이 안정적이다.
           ⇒ 위 장점들은 충분한 이격거리가 유지될 때 나타난다.
         ⑥ 접지극을 통한 노이즈 침입은 감소된다.

   [단점] ① 접지선이 길고 시스템 접지계통이 복잡
             → 설비 시공시 공사비 과다.
             → 보수 점검이 공용접지보다 어렵다.

② 이격거리 유지가 어렵다.
    → 접지면적이 넓어야하며 좁은 공간에서는 시공이 어렵다.
③ 접지불능이 되면 타극으로 보완할 수 없다.
    → 접지의 신뢰도 하락

(2) 공통접지(Common earthing system)

1) 여러 개소에 시공한 공통의 접지극에 여러개의 설비기기를 모아서 접속하여 접지
    - 고압 및 특고압과 저압 전기설비의 접지극이 서로 근접하여 시설되어 있는 변전소 또는 이와 유사한 곳에 시설하는 접지
    - 저압 접지극이 고압 및 특고압 접지극의 접지저항 형성영역에 완전히 포함되어 있다면 위험전압이 발생하지 않도록 이들 접지극을 상호 접속
    - 고압 및 특고압계통의 지락사고로 인해 저압계통에 가해지는 상용주파 과전압은 표에서 정한 값을 초과해서는 안 된다.

고압계통에서 지락고장시간 (초)	저압설비의 허용 상용주파 과전압 (V)
> 5	$U_o + 250$
≤ 5	$U_o + 1,200$
중성선 도체가 없는 계통에서 U_o는 선간전압을 말한다.	

[비고 1] 이 표의 1행은 중성점 비접지나 소호리액터 접지된 고압계통과 같이 긴 차단시간을 갖는 고압계통에 관한 것이다. 2행은 저저항 접지된 고압계통과 같이 짧은 차단시간을 갖는 고압계통에 관한 것이다. 두 행 모두 순시 상용주파 과전압에 대한 저압기기의 절연 설계기준과 관련된다.
[비고 2] 중성선이 변전소 변압기의 접지계에 접속된 계통에서 외함이 접지되어 있지 않은 건물 외부에 위치한 기기의 절연에도 일시적 상용주파 과전압이 나타날 수 있다.

2) 공통접지의 장·단점
    [장점] ① 병렬로 연결하므로 낮은 접지 저항값을 유지
          ② 접지전극 중 하나가 불능이 되어도 타 접지극으로 보완가능
              → 접지의 신뢰도 향상
          ③ 각 종별 접지공사 시공 후 연결
              → 시공 용의
    [단점] ① 전위상승파급의 위험도가 높다.
          ② 사고 발생시 타 계통으로 파급우려가 있다
          ③ 접지선을 따라 노이즈 등이 침입 할 우려가 있다

(3) 통합접지(global earthing system)

전기설비의 접지계통과 건축물의 피뢰설비 및 통신설비 등의 접지극을 공용하는 접지
1) 국부접지계통의 상호접속으로 구성되는 그 국부접지계통의 근접구역에서는 위험한 접촉전압이 발생하지 않도록 하는 등가 접지계통

2) 통합접지의 장·단점

[장점] ① 접지전극의 수가 적어지고 단순
　　　　→ 시공시 공사비 경제적
　　　② 접지선이 짧아져 접지계통이 단순
　　　　→ 보수점검 용이
　　　④ 합성저항이 낮아지고 건축구조체를 이용
　　　　→ 접지저항이 더욱 감소
　　　⑤ 접지면적이 독립접지에 비교하여 작게 소요
[단점] ① 접지선을 따라 노이즈 등이 침입 할 우려가 있다
　　　② 전위상승파급의 위험도가 높다.
　　　③ 사고 발생시 타 계통으로 파급우려가 있다

6 케이블 차폐 접지

(1) ZCT를 전원측에 설치시 전원측 케이블 차폐의 접지는 ZCT를 관통시켜 접지한다.

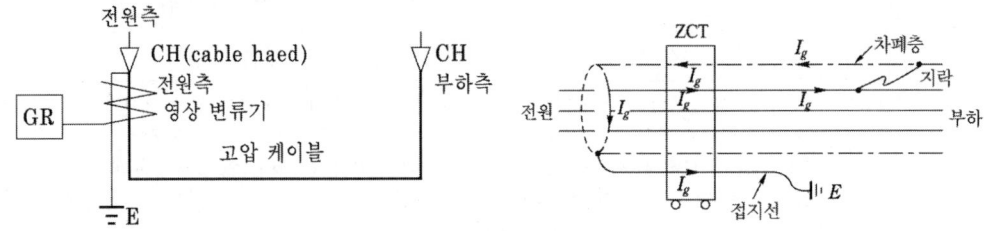

접지선을 ZCT 내로 관통시켜야만 ZCT는 지락전류 I_g를 검출할 수 있다.

$$I_g - I_g + I_g = I_g$$

(2) ZCT를 부하측에 설치시 케이블 차폐의 접지는 ZCT를 관통시키지 않고 접지한다.

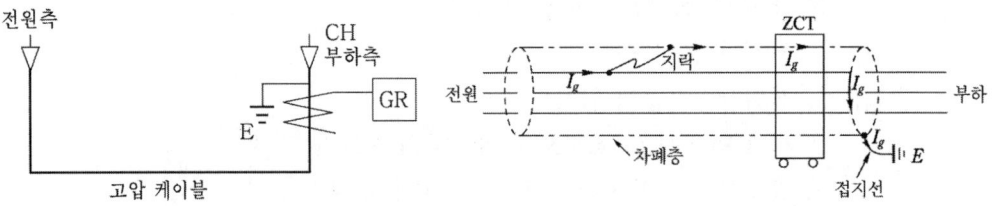

접지선을 ZCT 내로 관통시키지 않아야 지락전류 I_g를 검출할 수 있다.

만약 아래 그림과 같이 접지선을 ZCT 내로 관통시키면 $I_g - I_g = 0$으로 지락전류를 검출할 수 없게 된다.

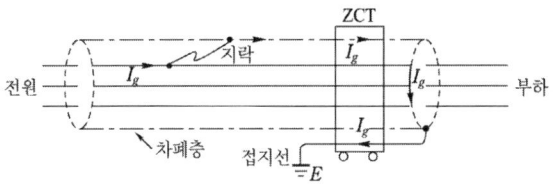

7 중성점 비접지식 고압 전로의 지락 전류 계산

제2종 접지 공사의 1선 지락 전류는 실측치 또는 다음 각 호의 계산식으로 계산한 값으로 한다.

(1) 전선에 케이블 이외의 것을 사용하는 전로

$$I_1 = 1 + \frac{\frac{V}{3} \times L - 100}{150}$$

여기서, 우변 2항의 값은 소수점 이하는 절상한다. I_1이 2미만인 경우는 2로 한다.

(2) 전선에 케이블을 사용하는 전로

$$I_1 = 1 + \frac{\frac{V}{3} \times L' - 1}{2}$$

여기서, 우변 2항의 값은 소수점 이하는 절상한다. I_1이 2미만이 되는 경우는 2로 한다.

(3) 전선에 케이블 이외의 것을 사용하는 전로와 전선에 케이블을 사용하는 전로

$$I_1 = 1 + \frac{\frac{V}{3} \times L - 100}{150} + \frac{\frac{V}{3} \times L' - 1}{2}$$

여기서, 우변 2항 및 3항의 값은 각각의 값이 (−)로 되는 경우에는 0으로 한다. I_1의 값은 소수점이하는 절상한다. I_1이 2미만이 되는 경우에는 2로 한다.

여기서, I_1 : 1선 지락 전류([A]를 단위로 한다.)

V : 전로의 공칭 전압을 1.1로 나눈 전압([kV]를 단위로 한다.)

L : 동일 모선에 접속되는 고압 전로(전선에 케이블을 사용하는 것은 제외)의 전선 연장([km]를 단위로 한다.)

L' : 동일 모선에 접속되는 고압 전로(전선에 케이블을 사용하는 것에 한한다.)의 선로 연장 ([km]를 단위로 한다.)

8 접지선의 굵기

(1) 접지선의 굵기를 결정하는 3대 요소
   ① 전류 용량

② 기계적 강도
③ 내식성

(2) 접지선의 온도 상승

동선에 단시간 전류가 흘렀을 경우의 온도 상승은 다음 식으로 주어진다.

$$\theta = 0.008 \left(\frac{I}{A}\right)^2 \cdot t [℃]$$

여기서, θ : 동선의 온도 상승[℃] I : 전류[A]
A : 동선의 단면적[mm^2] t : 통전 시간[sec]

(3) 접지선의 굵기

[계산 조건]
- 접지선에 흐르는 고장 전류의 값은 전원측 과전류 차단기 정격 전류의 20배로 한다.
- 과전류 차단기는 정격 전류의 20배의 전류에서는 0.1초 이하에서 끊어지는 것으로 한다.
- 고장 전류가 흐르기 전의 접지선의 온도는 30[℃]로 한다.
- 고장 전류가 흘렀을 때의 접지선의 온도는 160[℃]로 한다.

계산 조건을 온도 상승 식에 대입하면

$$\theta = 160 - 30 = 130[℃]$$
$$I = 20I_n, \quad t = 0.1[sec]$$
$$130 = 0.008\left(\frac{20I_n}{A}\right)^2 \times 0.1$$
$$\therefore A = 0.0496 \times I_n [mm^2]$$

여기서, I_n : 과전류 차단기의 정격 전류

9 접지저항 저감방법

(1) 물리적 저감방법

1) 접지극 길이를 길게 한다.
   ① 직렬 접지시공
   ② 매설지선 시설
   ③ 평판 접지극 시설
2) 접지극의 병렬접속

$$R = k\frac{R_1 R_2}{R_1 + R_2}$$

여기서, k : 결합계수로 보통 1.2를 적용한다

3) 접지극의 매설깊이를 깊게(지표면하 75[cm] 이하에 시설)
4) 접지극과 대지와의 접촉저항을 향상시키기 위하여 심타공법으로 시공

(2) 화학적 저감방법
① 접지극 주변의 토양 개량 (염, 유산, 암모니아, 탄산소다, 카본분말, 밴드나이트 등 화공약품을 사용하는데 따른 환경오염 문제로 사용이 제한되고 있다)
② 접지저항 저감제 사용 (주로 아스롱을 사용)

10 저압배전선로의 접지계통

계통접지와 기기접지의 조합에 따라 접지방식은 TN방식(TN-S, TN-C-S, TN-C), TT방식, IT방식으로 나뉜다.

(1) 표시방식

접지방식을 분류함에 있어 다음에 나타내는 문자를 사용하여 표현한다.
① 제1문자 : 전력계통과 대지와의 관계
  - T[Terra] : 한 점을 대지에 직접 접속한다.
  - I[Insulation] : 모든 충전부를 대지(접지)로부터 절연시키거나 임피던스를 삽입하여 한 점을 대지에 직접접속 한다.
② 제2문자 : 설비의 노출도전성 부분과 대지와의 관계
  - T[Terra] : 전력계통의 접지와는 무관하며 노출도전성 부분을 대지로 직접 접속한다.
  - N[Neutral] : 노출도전성 부분을 전력계통의 접지점(교류계통에서 통상적으로 중성점 또는 중성점이 없는 경우는 단상)에 직접접속 한다.
③ 제3문자 : 중성선과 및 보호도체 포설관계
  - S[Saparated]: 보호선의 기능을 중성선 또는 접지측 전선(또는 교류계통에서 접지측 상)과 분리된 전선으로 실시한다.
  - C[Combined] : 중성선 및 보호선의 기능을 한 개의 전선으로 겸용한다.(PEN선)

기호 설명	
─/•─	중성선(N)
─/─	보호선(PE)
─/•─	보호선과 중성선의 결합(PEN)

(2) TN계통(Terra Neutral System)

TN 전력계통은 1점을 직접 접지하고 설비의 노출 전도성 부분을 보호도체(PE)에 의해 그 점으로 접속한다. TN 계통은 중성선 및 보호도체 조치에 따라 다음과 같은 3종류가 있다.

① TN-S 계통 : 모든 계통에 걸쳐 보호도체를 분리한다.

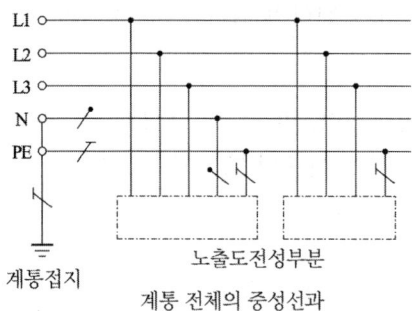
계통 전체의 중성선과
보호선을 접속하여 사용한다.

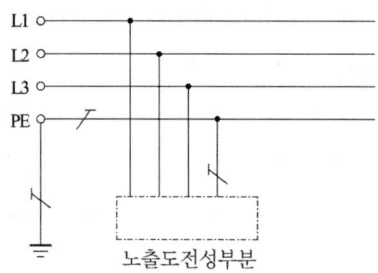
계통 전체의 접지된 상전선과
보호선을 접속하여 사용한다.

② TN-C-S 계통 : 계통 일부분에서 중성선과 보호도체의 기능을 동일한 도체로 겸용한다.
③ TN-C 계통 : 모든 계통에 걸쳐 중성선과 보호도체의 기능을 동일한 도체로 겸용한다.

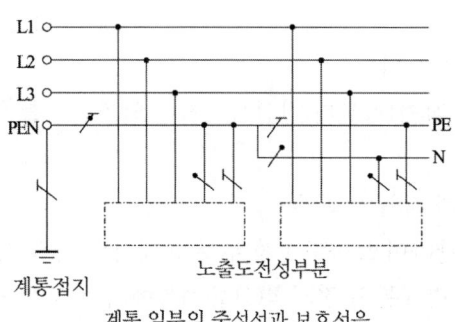

계통 일부의 중성선과 보호선을
동일전선으로 사용한다.

TN-C-S 계통

계통 전체의 중성선과 보호선을
동일전선으로 사용한다.

TN-C 계통

(3) TT계통(Terra Terra System)

TT 전력계통은 1점을 직접 접지하고 설비의 노출 도전성 부분을 전력계통의 접지극과 전기적으로 독립된 접지극에 접속한다.

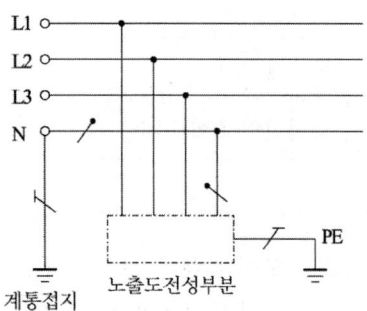
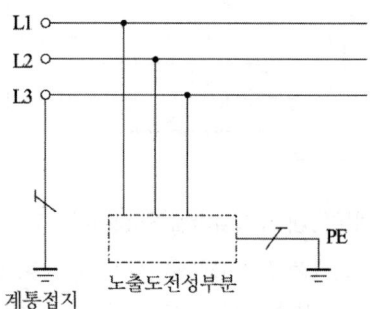

(4) IT계통(Insulation Terra System)

IT 전력계통은 모든 충전부를 대지에서 절연한다. 또는 임피던스를 통해 1점을 대지로 접속해 전기설비의 노출도전성 부분을 단독 또는 일괄해서 접지하거나 계통접지에 접속한다.

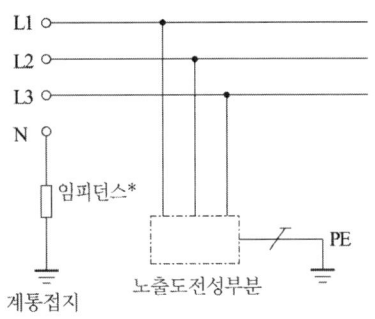
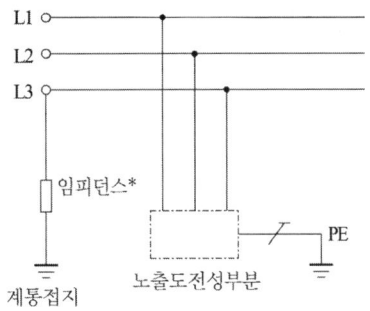

* 이계통은 접지에서 분리될 수 있다. 중성선은 분리되거나 그렇지 않을 수 있다.

8.2 접촉 전압의 계산

1 대지전압

대지전압이란
(1) 접지식 전로 : 전선과 대지 사이의 전압
(2) 비접지식 전로 : 전선과 그 전로 중의 임의의 다른 전선 사이의 전압

2 지락 사고시 지락 전류 및 접촉 전압

그림과 같이 전동기에서 완전지락 된 경우 지락 전류와 접촉 전압은 다음과 같다.

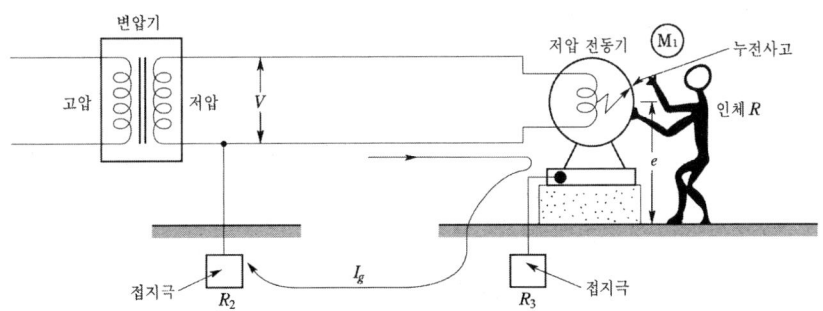

(1) 인체 비 접촉시

① 지락 전류 $I_g = \dfrac{V}{R_2 + R_3}$

② 대지 전압 $E_t = I_g R_3 = \dfrac{V}{R_2 + R_3} R_3$

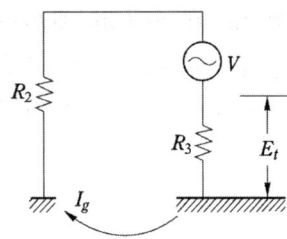

(2) 인체 접촉시

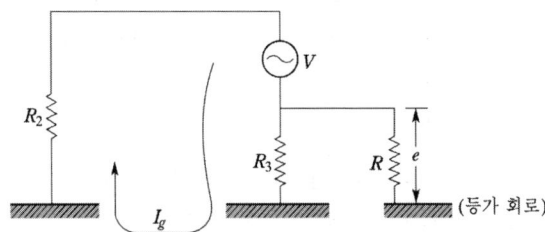

(등가 회로)

1) 인체에 흐르는 전류

$$I = \dfrac{V}{R_2 + \dfrac{RR_3}{R+R_3}} \times \dfrac{R_3}{R+R_3} = \dfrac{R_3}{R_2(R+R_3) + RR_3} \times V$$

2) 접촉 전압

$$E_t = IR = \dfrac{RR_3}{R_2(R+R_3) + RR_3} \times V$$

8.3 감전

1 감전 피해의 위험도를 결정하는 요인

(1) 1차적 감전요소(위험도 결정조건)

① 통전 전류의 크기 : 인체에 흐르는 전류의 양에 따라 위험성이 결정된다.
② 통전경로 : 같은 전류값이라 하여도 통전 경로에 따라 위험성이 다르다.
  즉, 사람의 심장은 왼쪽에 있으므로 왼손을 통하여 감전되는 경우가 오른손을 통하여 감전되는 경우보다 더욱 위험하게 된다.
③ 통전시간 : 심실세동전류는 통전시간에 관계되며, 시간이 길수록 위험하다.

$$\text{심실세동전류 } I = \dfrac{165}{\sqrt{T}} [\text{mA}] \ (T : \text{통전시간 [sec]})$$

④ 전원의 종류 : 전압이 동일하여도 교류가 직류보다 더 위험하다.

(2) 2차적 감전 요소

① 인체의 조건 : 땀에 젖어있거나 물에 젖어있는 경우 인체의 저항이 감소하므로 위험성이 높아진다.
② 전압 : 인체의 저항이 동일한 경우 전압이 높으면 전류도 증가한다.
③ 계절 : 여름에는 땀을 많이 흘리는 계절이므로 인체 저항값이 감소하여 감전의 위험성이 높아진다.

2 인체에 흐르는 전류에 의한 감전된 정도

(1) 감지 전류

인체에 흐르는 전류가 수[mA]를 넘으면 자극으로서 느낄 수 있게 되는데 사람에 따라서는 1[mA] 이하에서 느끼는 경우도 있다.

(2) 경련 전류

도체를 잡은 상태로 인체에 흐르는 전류를 증가시켜 가면 5~20[mA] 정도의 범위에서 근육이 수축 경련을 일으켜 사람 스스로 도체에서 손을 뗄 수 없는 상태로 된다.

(3) 심실세동 전류

인체 통과 전류가 수십 [mA]에 이르면 심장 근육이 경련을 일으켜 신체내의 혈액공급이 정지되며 사망에 이르게 될 우려가 있으며, 단시간 내에 통전을 정지시키면 죽음을 면할 수 있다.

8.4 방폭 구조

(1) 내압 방폭 구조(기호 : d)

전폐 구조로 용기 내부에서 폭발이 생겨도 용기가 압력에 견디고 외부의 폭발성 가스에 인화될 우려가 없는 구조

(2) 압력 방폭 구조(기호 : p)

용기내부에 보호가스(신선한 공기 또는 불연성가스)를 압입하여 내부압력을 유지하므로써 폭발성 가스 또는 증기가 용기 내부로 유입하지 않도록 된 구조를 말한다.

(3) 유입 방폭 구조(기호 : o)

전기불꽃, 아크 또는 고온이 발생하는 부분을 기름 속에 넣고, 기름면 위에 존재하는 폭발성가스 또는 증기에 인화되지 않도록 한 구조를 말한다.

(4) 안전증 방폭 구조(기호 : e)

정상운전 중에 폭발성 가스 또는 증기에 점화원이 될 전기불꽃, 아크 또는 고온 부분 등의

발생을 방지하기 위하여 기계적, 전기적 구조상 또는 온도상승에 대해서 특히 안전도를 증가시킨 구조를 말한다.

(5) 본질안전 방폭 구조(기호 : i)

정상시 및 사고시(단선, 단락, 지락 등)에 발생하는 전기불꽃, 아크 또는 고온에 의하여 폭발성 가스 또는 증기에 점화되지 않는 것이 점화시험, 기타에 의하여 확인된 구조를 말한다.

예제 1 단상 2선식 200[V] 옥내 배선에서 접지 저항이 90[Ω]인 금속관 안의 임의의 개소에서 전선이 절연파괴 되어 도체가 직접 금속관 내면에 접촉되었다면 대지 전압은 몇 [V]가 되겠는가? 단, 이 전로에 공급하는 변압기 한 단자에 접지 저항은 30[Ω]이라고 한다.

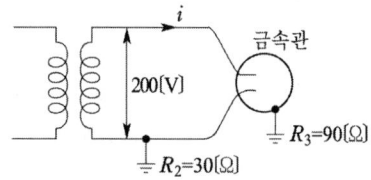

• 계산 :   • 답 :

풀이 계산 : 대지전압 $e = \dfrac{V}{R_2 + R_3} \times R_3 = \dfrac{200}{30 + 90} \times 90 = 150[V]$

답 : 150[V]

해설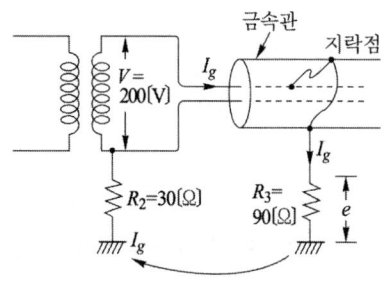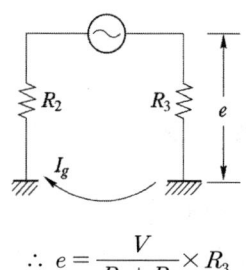

$$\therefore e = \dfrac{V}{R_2 + R_3} \times R_3$$

예제 2 옥내 배선의 시설에 있어서 인입구 부근에 전기 저항치가 3[Ω] 이하의 값을 유지하는 수도관 또는 철골이 있는 경우에는 이것을 접지극으로 사용하여 이를 제2종 접지 공사한 저압 전로의 중성선 또는 접지측 전선에 추가 접지 할 수 있다. 이 추가 접지의 목적은 저압 전로에 침입하는 뇌격이나 고저압 혼촉으로 인한 이상 전압에 의한 옥내 배선의 전위 상승을 억제하는 역할을 한다. 또 지락 사고시에 단락 전류를 증가시킴으로서 과전류 차단기의 동작을 확실하게 하는 것이다. 그림에 있어서 (나)점에서 지락이 발생한 경우 추가 접지가 없는 경우의 지락 전류와 추가 접지가 있는 경우의 지락전류값을 구하고 두 값의 적합성을 비교 설명하시오.

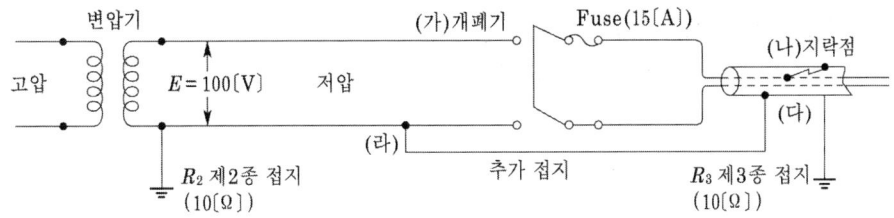

풀이 (1) 지락 전류 계산
① 추가 접지가 없는 경우
$$I_g = \frac{E}{R_2+R_3} = \frac{100}{10+10} = 5[\text{A}]$$

과전류 차단기(FUSE)의 정격이 15[A]이므로, 지락 사고시 과전류 차단기는 동작하지 않는다.

② 추가 접지가 있는 경우
$$I_g = \frac{100}{\dfrac{3 \times (10+10)}{3+(10+10)}} = 38.33[\text{A}]$$

과전류 차단기(FUSE)의 정격이 15[A]이므로, 지락 사고시 과전류 차단기는 동작한다.

(2) 적합성 비교
지락시 과전류 차단기(FUSE)를 동작시키기 위해서는 추가 접지를 하는 것이 바람직하다.

해설 (1) ① 추가 접지가 없는 경우   ② 추가 접지가 있는 경우

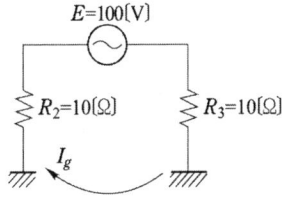 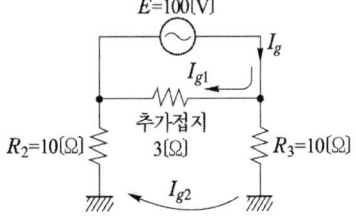

8.5 피뢰설비공사

1 피뢰시스템

(1) 피뢰설비 설치기준

KS C IEC 62305와 건축물의 설비기준 등에 관한 규칙 20조(피뢰설비)에 의한 영 제87조 제2항의 규정에 의하여 낙뢰의 우려가 있는 건축물 또는 높이 20[m] 이상의 건축물에는 기준에 적합하게 피뢰설비를 설치해야 한다.

(2) 피뢰레벨(보호레벨, 보호등급)의 선정

① I~IV 까지 중요도 및 낙뢰발생의 가능성 등을 고려하여 발주자와 설계자간 협의하여 선정
② 피뢰레벨에 따라 회전구체 반경, 수뢰부의 높이, 보호각, 인하도선의 굵기 메시의 간격 등을 달리 적용

피뢰시스템의 레벨별 회전구체 반경, 메시치수와 보호각의 최대값

피뢰시스템의 레벨	보호법		
	회전구체 반경 r[m]	메시치수 W[m]	보호각 α[°]
I	20	5×5	다음 그림 참조
II	30	10×10	
III	45	15×15	
IV	60	20×20	

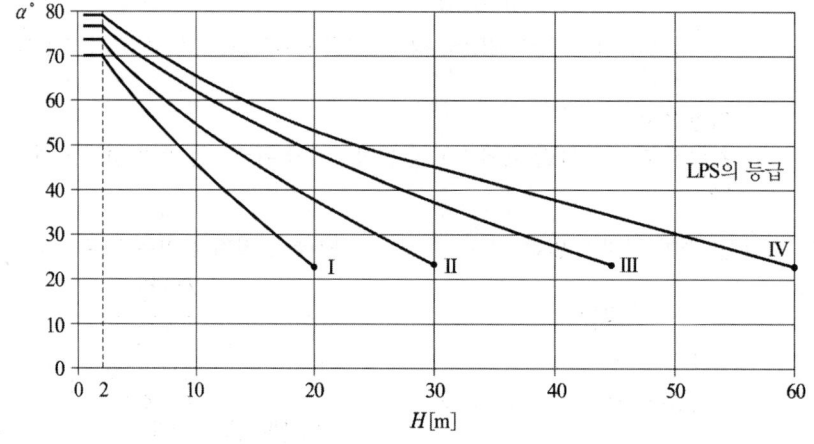

피뢰시스템의 레벨에 따른 건축물 높이에 대한 보호각

[주1] • 표를 넘는 범위에는 적용할 수 없으며, 단지 회전구체법과 메시법만 적용할 수 있다.
[주2] H는 보호대상 지역 기준평면으로부터의 높이이다.
[주3] 높이 H가 2[m] 이하인 경우 보호각은 불변이다.

(3) 피뢰시스템의 역할

1) 외부 피뢰시스템

① 수뢰부시스템 : 구조물의 뇌격을 받아들임
② 인하도선시스템 : 뇌격전류를 안전하게 대지로 보냄
③ 접지시스템 : 뇌격전류를 대지로 방류시킴

2) 내부 시스템의 고장 보호(차폐, 본딩(bonding) 및 접지, SPD)

① 저항이나 유도결합을 일으키는 구조물로의 뇌격으로 인한 과전압

② 유도결합을 일으키는 구조물 근처의 뇌격으로 인한 과전압
③ 전선에 대한 뇌격이나 주변의 뇌격에 의해 구조물과 연결된 전선에 의해 전달된 과전압
④ 내부시스템과 직접 결합하는 자기장

3) 외부 피뢰시스템의 구성 예

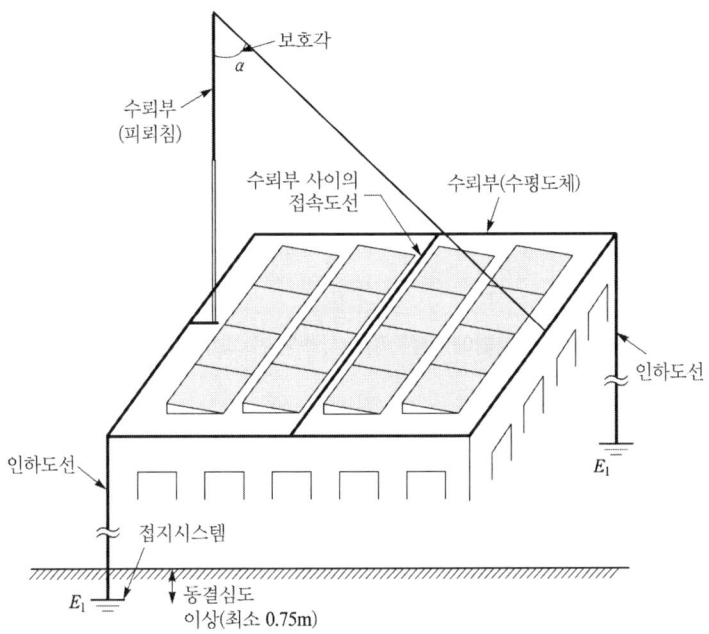

외부 피뢰시스템의 구성

(4) 보호각법을 이용한 수뢰부시스템의 배치
① 피보호 구조물 전체가 수뢰부시스템에 의한 보호범위 내에 놓이면 수뢰부시스템의 배치가 적절한 것으로 간주
② 피보호 범위의 결정에는 단지 금속제 수뢰부시스템의 실제 물리적 치수만 고려
③ 수뢰 도체상의 점을 기준 평면에 모든 방향의 수직에 대해 각도 α로 투사함으로써 생기는 에워싸인 표면 내에 보호하고자 하는 구조물의 모든 부분이 들어가도록 수뢰도체, 돌침, 마스트, 수평도체를 배치

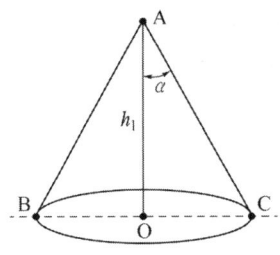

A : 수직피뢰침
B : 기준면
OC : 보호영역의 반경
h_1 : 보호를 위한 영역 기준면의 상부 수직피뢰침의 높이
α : 보호각

수직피뢰침에 의한 보호범위

(5) 회전구체법을 이용한 수뢰부시스템의 배치
회전구체의 반경 값은 피뢰등급(레벨)에 따른다.

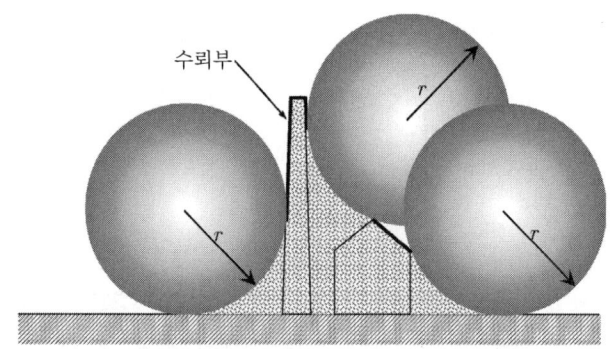

회전구체법에 따른 피뢰시스템 수뢰부의 설계

(6) 인하도선시스템
① 여러 개의 병렬 전류통로를 형성할 것
② 전류통로의 길이는 최소로 유지할 것
③ 구조물의 도전성 부분에 등전위 본딩을 실시할 것
④ 측면에서 인하도선을 서로 접속
⑤ 가능한 여러 개의 인하도선을 환상도체를 이용하여 등간격으로 서로 접속

피뢰시스템의 등급별 대표적인 인하도선 사이의 최적 간격

피뢰시스템의 등급	간격[m]
I	10
II	10
III	15
IV	20

(7) 서지보호장치(SPD:Surge Protective Device)
과도(transient) 과전압을 제한하고 서지전류를 우회(divert; 다른 경로를 통해 흐르게 함)시키기 위한 장치. 최소한 한 개의 비선형 소자를 포함한다.

1) SPD의 분류

구 분		동작원리
소자의 특성에 따른 분류	전압스위치형	일정 전압을 초과하면 단번에 낮은 전압으로 스위칭 동작 (에어갭, 가스방전관, 사이리스터형SPD)
	전압 제한형	서지 전류와 전압이 상승하면 임피던스가 연속적으로 작아지는 SPD, 전압을 특정 level까지만 제한 (배리스터(MOV 등), 억제형 다이오드)
	복 합 형	위에 언급한 2종류의 소자를 조합해 사용 (가스방전관과 배리스터를 조합한 SPD 등)
시험에 의한 분류	Ⅰ등급 시험	(10/350[μs])의 전류 파형으로 시험하고 직격뢰를 가정
	Ⅱ등급 시험	(8/20[μs])의 전류 파형으로 시험하고 유도뢰를 가정
	Ⅲ등급 시험	콤비네이션 파형 발생기에서 전압 파형(1.2/50[μs])과 전류 파형(8/20[μs])으로 시험하고 반복 서지에 대응

※ 시험파형(8/20[μs]) 해설
- 8[μs] : 규약영점에서 시험파형의 피크값 도달 시 까지 소요시간
- 20[μs] : 규약영점에서 피크값의 반치 도달 시 까지 소요시간

2) SPD의 용어

① 최대 방전전류 I_{max} : SPD가 1회 견딜 수 있는 8/20[μs]인 전류의 파고치
$$(I_{max} > I_n, \text{ SPD에 통전할 수 있는 최대 전류})$$

② 공칭 방전전류 I_n : SPD에 반복 통전할 수 있는 8/20[μs]인 전류의 파고치
$$(I_n < I_{max})$$
Ⅱ등급 SPD 분류 및 Ⅰ등급 및 Ⅱ등급 시험 SPD의 사전 조절을 위해 사용

③ 최대 연속사용전류(I_c) : 최대 연속사용전압(U_c)을 SPD에 인가했을 때 흐르는 전류
$$(<1[mA], U_c 일 때)$$

④ 공칭 교류전압(U_o) : 저압계통의 상과 중성선 사이 전압의 실효치(rms)

⑤ 최대 연속사용전압(U_c) : SPD에 연속해서 인가할 수 있는 최대 전압의 실효치
$$(\text{서지 전압이 } U_c 를 초과하면 방전개시)$$
(U_{cs}) : 교류 1000[V] 이하에서 정상적으로 변동되는 최대 전압의 실효치 ($U_{cs} = 1.05 \sim 1.1\, U_o$, $U_o < U_{cs} < U_c$)

⑥ 전압보호레벨(U_p) : SPD에 공칭 방전전류(In)를 흘릴 때 SPD 양단에 나타나는 전압의 최고치($U_p \geq U_m$, 측정된 제한전압의 가장 높은 값과 같거나 더 크다.)

⑦ 잔류전압(U_{res}) : 방전전류의 통과로 SPD 단자 간에 발생하는 전압의 파고치 (기기 임펄스 내전압보다 높을 때 저압 기기를 보호하지 못할 수 있으므로 I_{max}에서도 제한전압을 고려)

⑧ 속류(I_f) : SPD가 방전 후에 SPD 단자에 공급되는 전압에 의해 대지로 흐르는 전류
⑨ 열 폭주 : SPD에서 지속적으로 방산되는 전력이 외함과 연결 리드의 열방산 용량을 초과하여 내부 소자의 온도가 상승해서 결국 SPD가 손상되는 동작 조건

3) SPD의 사양
① SPD 사양은 각각의 타입(클래스)별로 아래 표와 같이 임펄스전류, 공칭방전전류, 개회로전압, 최대연속사용전압 및 전압보호수준의 규격 값을 규정하고 있다.
② 일반적으로 클래스타입 I은 뇌임펄스 전류가 부분적으로 전파되는 고피뢰장소(예를 들어 피뢰설비에 의해 보호되고 있는 건축물에 대한 공급선 인입구)에 설치할 수 있다.
③ 타입 II, 타입 III는 일반적으로 저피뢰장소에 설치할 수 있다.

SPD의 사양

SPD 형식	임펄스전류 I_{imp} I_{peak}[kA]	공칭방전전류 8/20 I_n[kA]	개회로전압 콤비네이션 U_{oc}[kV]	최대연속사용전압 50/60[Hz] U_c[V]	전압보호수준 1.2/50[μs] U_p[kV]
타입 I	5, 10, 20	5, 10, 20	–	110, 130, 230, 240, 420, 440	4, 2.5
타입 II	–	1, 2, 5, 10, 20	–		2.5, 1.5
타입 III	–	–	2, 4, 10, 20		1.5

4) SPD의 선정
주 배전반(저압반)내에 설치하는 피뢰소자는 방전내량이 큰 것(타입 I)을 선정하고, PCS내에 설치하는 피뢰소자는 타입 II, 어레이 접속함 내에 설치하는 피뢰소자는 타입 II나 타입 III을 선정

사용전압에 따른 SPD 필요 임펄스 내전압

설비의 공칭전압*[V]		필요한 임펄스 내전압[kV]			
3상 계통	단상3선	설비 인입구의 기기 (뇌임펄스 카테고리Ⅳ)	간선 및 분기회로의 기기 (뇌임펄스 카테고리Ⅲ)	부하 기기(뇌임펄스 카테고리Ⅱ)	특별히 보호된 기기 (뇌임펄스 카테고리Ⅰ)
–	120–240	4	2.5	1.5	0.8
(220/380) 230/400** 277/480**	–	6	4	2.5	1.5
400/690	–	8	6	4	2.5
1,000	–	시스템 기술자가 지정한 값			

[주] * IEC 60038(표준전압)에서 인용
  ** 캐나다와 미국에서 대지 전압이 300 V를 초과하는 경우에 동일 카테고리 단의 높은 전압에 해당하는 임펄스 내전압을 적용한다.
  ( )안은 현재 국내에서 사용하는 전압으로 장래에 IEC 60038 표의 전압을 사용하기를 권장한다.

카테고리Ⅰ은 특별한 기기의 설계와 관련이 있다.
카테고리Ⅱ는 주 전원에 접속하는 기기의 제품 위원회와 관련이 있다.
카테고리Ⅲ는 설비 재료의 제품 위원회 및 특별 제품 위원회와 관련이 있다.
카테고리Ⅳ는 전기 사업자와 시스템 기술자와 관련이 있다.

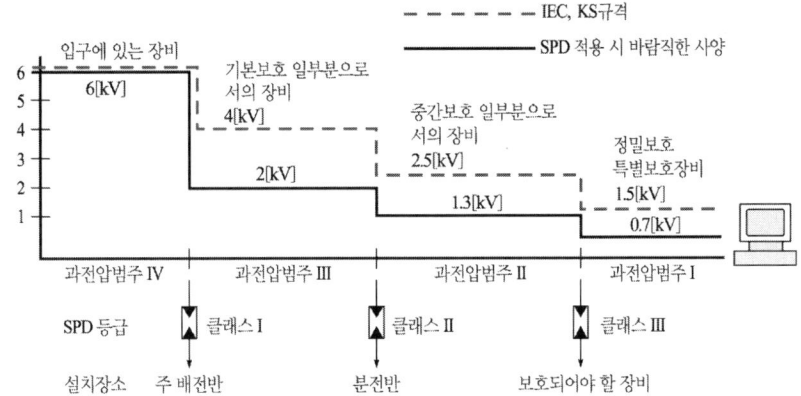

뇌임펄스 카테고리의 분류

예제 1 외부 피뢰시스템의 구성요소 3가지(시스템)를 쓰시오.

풀이 수뢰부시스템, 인하도선시스템, 접지시스템

예제 2 피뢰시스템 회전구체 반경과 메쉬사이즈 표에서 빈칸을 채우시오.

피뢰시스템 레벨	구체 반경	메시 치수
Ⅰ	20	
Ⅱ		10×10
Ⅲ	45	
Ⅳ		

풀이

피뢰시스템 레벨	구체 반경	메시 치수
Ⅰ	20	5×5
Ⅱ	30	10×10
Ⅲ	45	15×15
Ⅳ	60	20×20

제 8 장 단원별 예상문제

문제 01 그림과 같은 회로에서 단상전압 105[V]전동기의 전압측 리드선과 전동기 외함 사이가 완전히 지락되었다. 변압기의 저압측은 제 2종 접지로 저항이 20[Ω], 전동기의 저항은 30[Ω]이라 할 때, 변압기 및 선로의 임피던스를 무시한 경우, 접촉한 사람에게 위험을 줄 대지 전압은 몇[V]인지 계산하시오.

• 계산 :   • 답 :

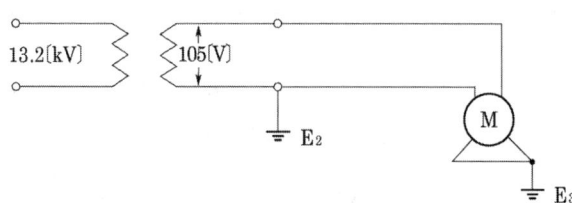

답안작성

계산 : $e = \dfrac{V}{R_2 + R_3} \times R_3 = \dfrac{105}{20+30} \times 30 = 63[V]$

답 : 63[V]

문제 02 1개의 건축물에는 그 건축물 대지 전위의 기준이 되는 접지극, 접지선 및 주 접지단자를 그림과 같이 구성한다. 건축 내 전기기기의 노출 도전성부분 및 계통외 도전성 부분(건축구조물의 금속제부분 및 가스, 물, 난방 등의 금속배관설비) 모두를 주 접지단자에 접속한다. 이것에 의해 하나의 건축물 내 모든 금속제 부분에 주 등전위 접속이 시설된 것이 된다. 다음 그림에서 ①~⑤까지 명칭을 쓰시오.

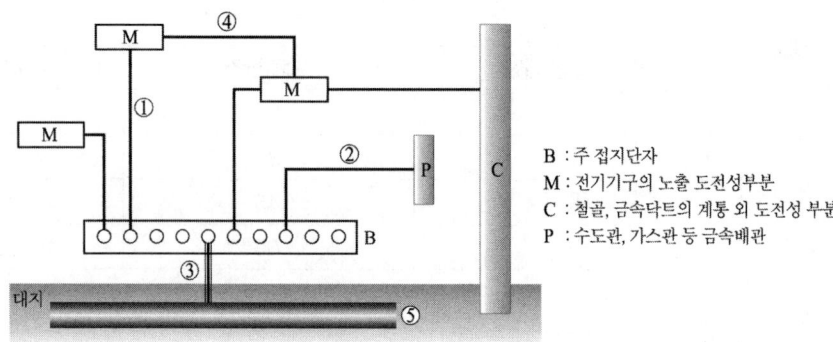

B : 주 접지단자
M : 전기기구의 노출 도전성부분
C : 철골, 금속닥트의 계통 외 도전성 부분
P : 수도관, 가스관 등 금속배관

답안작성

① 보호선(PE) ② 주 등전위 접속용 선 ③ 접지선
④ 보조 등전위 접속용 선 ⑤ 접지극

문제 03 울타리의 높이와 울타리로부터 충전 부분까지의 거리의 합계는 35[kV]이하는 (①)[m], 35[kV] 초과 160[kV]이하는 (②)[m], 160[kV]초과 시 6[m]에 160[kV]를 초과하는 (③)[kV] 또는 그 단수마다 (④)[cm]를 더한 값 이상으로 한다.

답안작성
① 5 ② 6 ③ 10 ④ 12

문제 04 대지저항률을 낮추기 위한 접지저감재의 구비조건 5가지를 쓰시오.

답안작성
① 안전할 것
② 전기적으로 양도체일 것
③ 지속성이 있을 것
④ 전극을 부식시키지 않을 것
⑤ 작업성이 좋을 것

문제 05 154[kV] 변압기가 설치된 옥외변전소에서 울타리를 시설하는 경우에 울타리로부터 충전부까지의 거리는 얼마 이상이 되어야 하는가?(단, 울타리의 높이는 2[m]이다.)

답안작성
4[m]

문제 06 전등전력용, 소세력회로용 및 출퇴표시등 회로용의 접지극 또는 접지선은 피뢰침용의 접지극 및 접지선에서 몇[m]이상 이격하여 시설하여야 하는가?(단, 건축물의 철골 등을 각각의 접지극 및 접지선에 사용하는 경우는 적용하지 않는다.)

답안작성
2[m]

문제 07 철주에 절연전선을 사용하여 접지공사를 하는 경우, 접지극은 지하 75[cm] 이상의 깊이에 매설하고 지표상 2[m]까지의 부분에는 합성수지관 등으로 덮어야 한다. 그 이유는 무엇인가?

답안작성
접지선이 사람이 접촉할 우려가 있는 경우 사고를 미연에 방지하기 위해 시설한다.

문제 08
지중전선에 화재가 발생한 경우 화재의 확대방지를 위하여 케이블이 밀집 시설되는 개소의 케이블은 난연성케이블을 사용하여 시설하는 것이 원칙이다. 부득이 전력구에 일반케이블로 시설하고자 할 경우, 케이블에 방지대책을 하여야하는데 케이블과 접속재에 사용하는 방재용 자재 2가지를 쓰시오.

답안작성
난연테이프, 난연도료

문제 09
감전 사고는 작업자 또는 일반인의 과실 등과 기계기구류 내의 전로의 절연불량 등에 의하여 발생되는 경우가 많이 있다. 저압에 사용되는 기계기구류 내의 전로의 절연불량 등으로 발생되는 감전사고를 방지하기 위한 기술적인 대책을 4가지만 써라.

답안작성
① 충분히 낮은 접지 저항을 얻을 수 있도록 접지 시설을 완벽하게 한다.
② 고감도 누전 차단기 설치
③ 기계 기구의 외함 접지
④ 2중 절연 구조의 전기기기 선정

문제 10
고압회로의 지락보호를 위하여 검출기로 관통형 영상변류기를 사용할 경우 케이블의 실드접지의 접지점은 원칙적으로 케이블 1회선에 대하여 1개소로 한다. 그러나 케이블의 길이가 길게되어 케이블 양단에 실드 접지를 하게 되는 경우 양끝의 접지는 다른 접지선과 접속하면 안 되는데, 그 이유는 무엇인가?

답안작성
케이블 양단에 실드 접지를 하는 경우 양끝의 접지가 다른 접지선과 접속하게 되면, 지락사고 시 지락전류의 일부분이 다른 접지선의 접지점을 통하여 흐르게 된다.
그 결과 지락계전기에의 입력이 감소하여 감출감도가 저하되므로 지락계전기가 동작하지 않을 수도 있기 때문이다.

문제 11
접지공사에서 접지저항을 저감시키는 방법을 5가지만 쓰시오.

답안작성
① 접지극의 길이를 길게 한다.
② 접지극을 병렬 접속한다.
③ 접지봉의 매설깊이를 깊게 한다.
④ 접지저항 저감재를 사용한다.
⑤ 심타공법으로 시공한다.

문제 12 단상 2선식 220[V]로 공급되는 전동기가 절연열화로 인하여 외함에 전압이 인가 될 때 사람이 접촉하였다. 이때의 접촉전압은 몇 [V]인가? 단, 변압기 2차측 접지저항은 9[Ω], 전로의 저항은 1[Ω], 전동기 외함의 접지저항은 100[Ω]이다.
• 계산 : • 답 :

답안작성

계산 : $I_g = \dfrac{220}{9+1+100} = 2[\text{A}]$

$V_g = I_g \cdot R = 2 \times 100 = 200[\text{V}]$

답 : 200[V]

문제 13 아래의 그림에 계통접지와 기기접지의 접지선을 연결하고 그 기능을 설명하시오. (접자극과 연결된 부위를 선으로 연결하시오.)

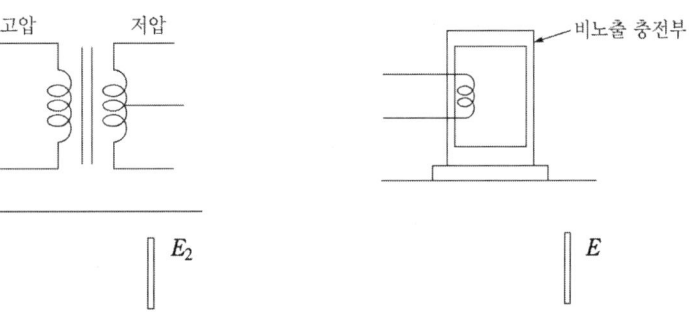

답안작성

(1) 계통접지
  ① 결선

(2) 기기접지
  ① 결선

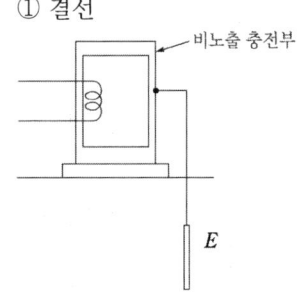

  ② 기능 : 고저압 혼촉 시 저압 측 전위상승 억제

  ② 기능 : 감전예방 및 화재예방

문제 14 Wenner의 4전극법에 대한 공식을 쓰고, 원리도를 그려 설명하시오.

답안작성

대지저항률 $\rho = 2\pi a R$
(단, a : 전극 간격[m], R : 접지저항[Ω])

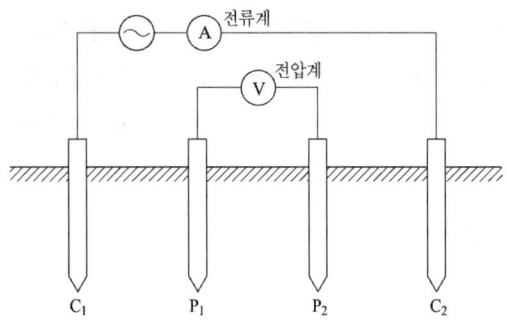

4개의 측정 전극(C_1, P_1, P_2, C_2)을 지표면에 일직선 상, 일정한 간격으로 매설하고, 측정 장비 내에서 저주파 전류를 C_1, C_2 전극을 통해 대지에 흘려보낸 후 P_1, P_2 사이의 전압을 측정하여 대지저항률을 구하는 방법이다.

문제 15 접지저항의 저감법 중 물리적 방법 4가지와 대지저항률을 낮추기 위한 저감재의 구비조건 4가지를 쓰시오.

> **답안작성**
>
> (1) 물리적인 저감법
>   ① 접지극의 길이를 길게 한다.
>   ② 접지극의 병렬 접속
>   ③ 접지봉의 매설깊이를 깊게 한다.
>   ④ 접지극과 대지와의 접촉저항을 향상시키기 위하여 심타공법으로 시공한다.
> (2) 저감재의 구비조건
>   ① 환경에 무해하며, 안전할 것
>   ② 전기적으로 양도체이고, 전극을 부식시키지 않을 것
>   ③ 지속성이 있을 것
>   ④ 작업성이 좋을 것

문제 16 허용 가능한 독립접지의 이격거리를 결정하게 되는 세 가지 요인은 무엇인가?

> **답안작성**
>
> ① 발생하는 접지전류의 최대값
> ② 전위상승의 허용값
> ③ 그 지점의 대지 저항률

문제 17 목적에 따른 접지의 분류에서 계통접지와 기기접지에 대한 접지목적을 쓰시오.
(1) 계통접지
(2) 기기접지

> **답안작성**
>
> (1) 계통접지 : 고압전로와 저압전로가 혼촉 되었을 때 감전이나 화재방지
> (2) 기기접지 : 누전되고 있는 기기에 접촉시 감전방지

문제 18 전기설비를 방폭화한 방폭기기의 구조에 따른 종류 4가지만 쓰시오.

답안작성
① 내압 방폭구조　　② 유입 방폭구조
③ 압력 방폭구조　　④ 안전증 방폭구조

문제 19 그림은 전위 강하법에 의한 접지저항 측정방법이다. E, P, C가 일직선상에 있을 때, 다음 물음에 답하시오. 단, E는 반지름 r인 반구모양 전극(측정대상 전극)이다.

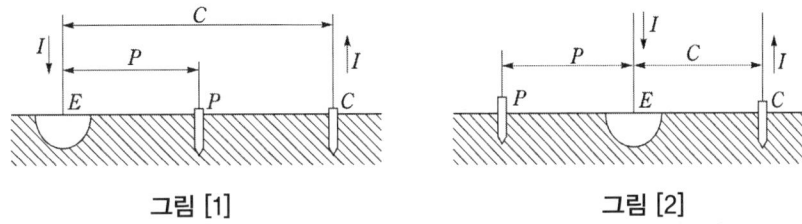

그림 [1]　　　　　　　　　그림 [2]

(1) 그림 [1]과 그림 [2]의 측정방법 중 접지저항 값이 참값에 가까운 측정방법은?
(2) 반구모양 접지 전극의 접지저항을 측정할 때 E – C간 거리의 몇 [%]인 곳에 전위 전극을 설치하면 정확한 접지저항 값을 얻을 수 있는지 설명하시오.

답안작성
(1) 그림[1]
(2) 61.8[%]

문제 20 TV나 형광등과 같은 전기제품에서의 깜빡거림 현상을 플리커 현상이라 하는데 이 플리커 현상을 경감시키기 위한 전원측과 수용가측에서의 대책을 각각 3가지씩 쓰시오.
(1) 전원측
(2) 수용가측

답안작성
(1) 전원측
　　① 전용계통으로 공급한다.
　　② 공급 전압을 승압한다.
　　③ 단락 용량이 큰 계통에서 공급한다.
(2) 수용가측
　　① 직렬 콘덴서 설치
　　② 부스터 설치
　　③ 직렬 리액터 설치

문제 21
선로나 간선에 고조파 전류를 발생시키는 발생기기가 있을 경우 그 대책을 적절히 세워야 한다. 이 고조파 억제 대책을 5가지만 쓰시오.

답안작성
① 전력 변환 장치의 pulse 수를 크게 한다.
② 전력 변환 장치의 전원측에 교류 리액터를 설치한다.
③ 부하측 부근에 고조파 필터를 설치한다.
④ 기기의 접지를 고조파 발생기기의 접지와 분리
⑤ 고조파 발생기기와 충분한 이격거리 확보 및 차폐 케이블 사용

문제 22
방폭구조에 관한 다음 물음에 답하시오.
(1) 방폭형 전동기에 대하여 설명하시오.
(2) 전기설비의 방폭구조 종류 중 3가지만 쓰시오.

답안작성
(1) 지정된 폭발성 가스 중에서의 사용에 적합하도록 구조 기타에 관하여 특별히 고려된 전동기
(2) 내압 방폭구조, 유입 방폭구조, 압력 방폭구조

문제 23
그림과 같은 계통의 기기의 A점에서 완전 지락이 발생하였다. 그림을 이용하여 다음 각 물음에 답하시오.
(1) 이 기기의 외함에 인체가 접촉하고 있지 않을 경우 이 외함의 대지 전압은 몇 [V]인가?
• 계산 :   • 답 :

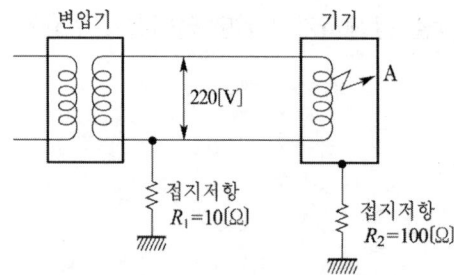

(2) 이 기기의 외함에 인체가 접촉하였을 경우 인체를 통해서 흐르는 전류는 몇 [mA]인가? (단, 인체의 저항은 3000[Ω]으로 한다.)
• 계산 :   • 답 :

답안작성
(1) 대지 전압 $e = \dfrac{R_2}{R_1+R_2} \times V = \dfrac{100}{10+100} \times 220 = 200[V]$
답 : 200[V]

(2) 인체에 흐르는 전류

$$I = \frac{V}{R_1 + \dfrac{R_2 \cdot R}{R_2 + R}} \times \frac{R_2}{R_2 + R} = \frac{220}{10 + \dfrac{100 \times 3000}{100 + 3000}} \times \frac{100}{100 + 3000}$$

$= 0.06647[\mathrm{A}] = 66.47[\mathrm{mA}]$

답 : 66.47[mA]

문제 24 배전용 변전소에 접지 공사를 하고자 한다. 접지 목적을 3가지만 쓰시오.

답안작성

① 지락 및 단락 전류 등 고장 전류로부터 기기 보호
② 배전 변전소 운전원의 감전사고 및 설비의 화재사고를 방지
③ 보호 계전기의 확실한 동작 확보 및 전위 상승 억제

문제 25 전기설비의 보수점검작업의 점검 후에 실시하여야 하는 유의사항을 3가지만 쓰시오.

답안작성

① 접지선의 제거
② 최종확인, 최종작업
③ 점검의 기록

문제 26 가공전선로의 이도가 너무 크거나 너무 작을 시 전선로에 미치는 영향 4가지만 쓰시오.

답안작성

① 이도의 대소는 지지물의 높이를 좌우한다.
② 이도가 너무 크면 전선은 그만큼 좌우로 크게 진동해서 다른 상의 전선에 접촉하거나 수목에 접촉해서 위험을 준다.
③ 이도가 너무 크면 도로, 철도, 통신선 등의 횡단 장소에서는 이들과 접촉될 위험이 있다.
④ 이도가 너무 작으면 그와 반비례해서 전선의 장력이 증가하여 심할 경우에는 전선이 단선되기도 한다.

문제 27 접지공사의 목적을 3가지만 쓰시오.

답안작성

① 기기 보호
② 감전사고 방지
③ 보호 계전기의 확실한 동작 확보

문제 28 전기 방폭설비의 의미를 설명하시오.

> **답안작성**
> 위험한 가스 혹은 분진 등으로 인한 폭발이 발생할 우려가 있는 곳에 설치하는 전기설비

문제 29 공통 접지는 협소한 면적의 대형 건축물 내에 설치된 여러 설비의 접지를 공통으로 묶어서 사용하는 접지방법이다. 공통 접지의 장점 5가지를 쓰시오.

> **답안작성**
> ① 접지극의 연접으로 합성저항의 저감효과
> ② 접지극의 연접으로 접지극의 신뢰도 향상
> ③ 접지극의 수량 감소
> ④ 계통접지의 단순화
> ⑤ 철근, 구조물 등을 연접하면 거대한 접지전극의 효과를 얻을 수 있다.

문제 30 3개의 접지판 상호간의 저항을 측정한 값이 그림과 같다면 G_3의 접지 저항값은 몇 [Ω]이 되겠는가?

- 계산 :
- 답 :

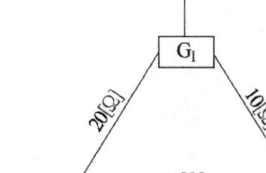

> **답안작성**
> 계산 : 접지 저항값 $R_{G3} = \dfrac{1}{2}(30+20-10) = 20[\Omega]$
> 답 : 20[Ω]

문제 31 보조접지극 A, B와 접지극 E 상호간에 접지저항을 측정한 결과 그림과 같은 저항값을 얻었다. E의 접지저항은 몇 [Ω]인가?

- 계산 :
- 답 :

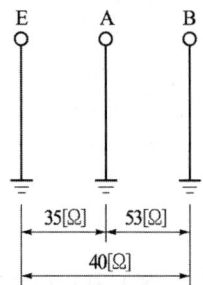

> **답안작성**
> 계산 : 접지 저항값 $R_E = \dfrac{1}{2}(40+35-53) = 11[\Omega]$
> 답 : 11[Ω]

문제 32 욕실 등 인체가 물에 젖어있는 상태에서 물을 사용하는 장소에 콘센트를 시설하는 경우에 설치해야 하는 인체감전보호용 누전차단기의 정격감도전류와 동작시간은 얼마 이하를 사용하여야 하는가?

- 정격감도전류
- 동작시간

답안작성
- 정격감도전류 : 15[mA] 이하
- 동작시간 : 0.03[sec] 이하

문제 33 배전용 변전소에 접지공사를 하고자 한다. 접지목적을 3가지로 요약하여 설명하고, 중요한 접지개소를 4가지만 쓰시오.
(1) 접지목적(3가지)
(2) 접지개소(4가지)

답안작성
(1) 접지목적
 ① 감전 방지
 ② 기기의 손상 방지
 ③ 보호 계전기의 확실한 동작
(2) 접지개소
 ① 일반기기 및 제어반 외함 접지
 ② 피뢰기 접지
 ③ 피뢰침 접지
 ④ 옥외 철구 및 경계책 접지

문제 34 부하의 특성에 기인하는 전압의 동요에 의하여 조명등이 깜박거리거나 텔레비전 영상이 일그러지는 등의 현상을 플리커 라고 한다. 배전계통에서 플리커 발생 부하가 증설될 경우에 이를 미리 예측하고 경감을 위하여 수용가측에서 행하는 방법 중 전원계통에 리액터분을 보상하는 방법 2가지를 쓰시오.

답안작성
- 직렬 콘덴서 방식
- 3권선 보상 변압기 방식

문제 35 피뢰기 접지공사를 실시한 후, 접지저항을 보조 접지극 2개(a와 b)를 시설하여 측정하였더니 본 접지와 보조 접지극 a 사이의 저항은 86[Ω], 보조 접지극 a와 보조 접지극 b사이의 저항은 156[Ω], 보조 접지극 b와 본 접지 사이의 저항은 80[Ω]이었다. 이 때 다음 각 물음에 답하시오.
(1) 피뢰기의 접지저항값을 구하시오.
 • 계산 :   • 답 :

(2) 접지공사의 적합여부를 판단하고, 그 이유를 설명하시오.
- 적합여부 :
- 이유 :

답안작성

(1) 계산 : 접지 저항값 $R_E = \frac{1}{2}(86+80-156) = 5[\Omega]$ 답 : $5[\Omega]$

(2) 적합여부 : 적합
 이유 : 피뢰기 접지공사인 1종 접지공사의 접지저항값은 $10[\Omega]$ 이하이어야 한다.

문제 36 전기설비 기술기준에 의하여 욕실 등 인체가 물에 젖어있는 상태에서 물을 사용하는 장소에 콘센트를 시설하는 경우에 설치해야 하는 저압차단기의 정확한 명칭을 쓰시오.

답안작성

인체 감전보호용 누전차단기(전류동작형)

문제 37 전기설비로 유입되는 뇌서지를 피보호물의 절연내력 이하로 제한함으로써 기기를 안전하게 보호하기 위해서 전기기기 전단에 설치되며, 과도적인 과전압을 제한하고 서지전류를 분류하는 것을 목적으로 설치하는 장치를 쓰시오.

답안작성

서지보호장치

문제 38 접지공사에서 접지저항을 저감시키는 방법을 5가지 쓰시오.

답안작성

① 접지극의 길이를 길게 한다.
② 접지극을 병렬접속 한다.
③ 접지봉의 매설깊이를 깊게 한다.
④ 접지저항 저감재를 사용한다.
⑤ 심타공법으로 시공한다.

문제 39 서지 흡수기(Surge Absorber)의 주요기능에 대하여 설명하시오.

답안작성

개폐서지 등 이상전압으로부터 변압기 등 기기보호

문제 40 송전계통의 중성점을 접지하는 목적을 3가지만 쓰시오.

> **답안작성**
> ① 지락 고장시 건전상의 대지 전위 상승을 억제하여 전선로 및 기기의 절연 레벨을 경감시킨다.
> ② 뇌, 아크 지락, 기타에 의한 이상 전압의 경감 및 발생을 방지한다.
> ③ 지락 고장시 접지 계전기의 동작을 확실하게 한다.

문제 41 다음 그림은 TN계통의 TN-C방식 저압배전선로 접지계통이다. 중성선(N), 보호선(PE) 등의 범례 기호를 활용하여 노출 도전성 부분의 접지계통 결선도를 완성하시오.

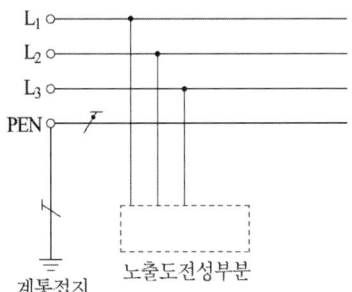

> **답안작성**
>
>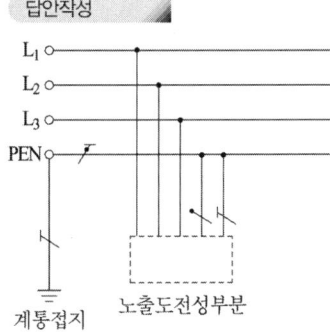

문제 42 3상 교류 전동기는 고장이 발생하면 여러 문제가 발생하므로, 전동기를 보호하기 위해 과부하 보호 이외에 여러 가지 보호장치를 하여야 한다. 3상 교류 전동기 보호를 위한 종류를 5가지만 쓰시오. (단, 과부하 보호는 제외한다.)

> **답안작성**
> ① 단락보호
> ② 지락보호
> ③ 불평형 보호
> ④ 저전압 보호
> ⑤ 회전자 구속 보호

| 과년도 출제유형 |

문제 43 아래 그림을 보고 접지계통 이름을 표기하시오.

(1)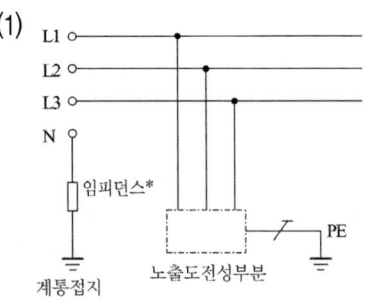

(2)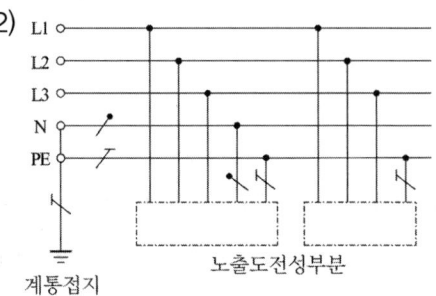

(3)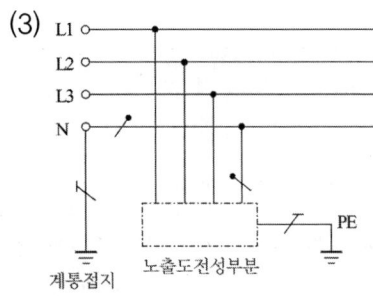

답안작성

(1) IT 계통
(2) TN-S 계통
(3) TT 계통

| 과년도 출제유형 |

문제 44 피뢰시스템 회전구체 반경과 메쉬사이즈 표에서 빈칸을 채우시오.

피뢰시스템 레벨	구체 반경	메시 치수
I	20	
II		10×10
III	45	
IV		

답안작성

피뢰시스템 레벨	구체 반경	메시 치수
I	20	5×5
II	30	10×10
III	45	15×15
IV	60	20×20

| 과년도 출제유형 |

문제 45 접지공사에서 접지저항을 저감시키는 방법을 3가지만 쓰시오.
(1)
(2)
(3)

답안작성
① 접지극의 길이를 길게 한다.
② 접지극을 병렬 접속한다.
③ 접지봉의 매설깊이를 깊게 한다.
④ 접지저항 저감재를 사용한다.
⑤ 심타공법으로 시공한다.

| 과년도 출제유형 |

문제 46 접지에 관한 각 물음에 답하시오.
(1) 중선점(N)과 보호접지(PE)가 변압기나 발전기 근처에만 서로 연결되어 있고 전 구간에서 분리되어 있는 방식을 무엇이라고 하는가?
(2) (   )공사를 한 경우에는 과전압으로부터 전기설비들을 보호하기 위하여 서비 보호장치를 설치하여야 한다. (   )안의 접지 방식을 쓰시오.
(3) 서지보호장치의 영문 약호는 무엇인가?

답안작성
(1) TN-S
(2) 통합접지
(3) 서지보호기(SPD)

| 과년도 출제유형 |

문제 47 상용주파 스트레스 전압에 대한 내용이다. 물음에 답하시오.
(1) 상용주파에서 스트레스전압의 정의는 무엇인가?
(2) 저압설비의 허용 스트레스전압 범위의 빈칸을 채우시오.

고압계통에서 지락고장시간[초]	저압설비의 허용 상용주파 과전압[V]
> 5	$U_0 +$ [①]
≤ 5	$U_0 +$ [②]
중성선 도체가 없는 계통에서는 U_0는 선간전압을 말한다.	

답안작성
(1) 고압계통의 지락사고로 인하여 수용가 설비의 저압기기에 가해지는 전압
(2) ① 250 ② 1,200

| 과년도 출제유형 |

문제 48 전기설비의 접지계통과 건축물의 피뢰설비 및 통신설비 등의 접지극을 공용하는 접지방식은?

답안작성
통합접지(global earthing system)

문제 49 감전 사고는 작업자 또는 일반인이 과실 등과 기계기구류내의 전로의 절연불량 등에 의하여 발생되는 경우가 많이 있다. 저압에 사용되는 기계기구류내의 전로의 절연불량 등으로 발생되는 감전사고를 방지하기 위한 기술적인 대책을 4가지만 쓰시오.

답안작성
① 충분히 낮은 접지저항을 얻을수 있도록 접지시설을 한다.
② 고감도 누전차단기를 설치한다.
③ 기계 기구의 외함 접지를한다.
④ 2중 절연 구조의 전기기기 선정

문제 50 최근 전력기기가 대용량화 됨에 따라 기기의 부분방전 여부가 기기의 수명에 크게 영향을 미치고 있다. 부분방전에 대하여 설명하시오.

답안작성
부분방전에는 절연물 표면에서 고전계에 의한 부분적인 표면 방전 또는 절연물 내부에 존재하는 공극이나 기포에 발생하는 내부 방전 등의 부분 방전등이 있다.

문제 51 감전사고를 방지하기 위한 기술적인 대책을 4가지

답안작성
① 충분히 낮은 접지저항을 얻을 수 있도록 접지시설을 한다.
② 고감도 누전차단기를 설치한다.
③ 기계 기구의 외함 접지를한다.
④ 2중 절연 구조의 전기기기 선정

문제 52 과도적인 과전압을 제한하고 서지(Surge)전류를 분류하는 목적으로 사용되는 서지보호장치(SPD: Surge Protective Device) 에 대한 기능에 따라 3가지로 분류하여 쓰시오

답안작성
① 전압스위치형 SPD
② 전압제한형 SPD
③ 복합형 SPD

문제 53 과도적인 과전압을 제한하고 서지(Surge)전류를 분류하는 목적으로 사용되는 서지보호장치(SPD: Surge Protective Device) 에 대한 구조에 따라 2가지로 분류하여 쓰시오

답안작성
① 1포트 SPD   ② 2포트 SPD

문제 54 감전 사고는 작업자 또는 일반인이 과실 등과 기계기구류내의 전로의 절연불량 등에 의하여 발생되는 경우가 많이 있다. 저압에 사용되는 기계기구류내의 전로의 절연불량 등으로 발생되는 감전사고를 방지하기 위한 기술적인 대책을 4가지만 쓰시오.

답안작성
① 충분히 낮은 접지저항을 얻을수 있도록 접지시설을 한다.
② 고감도 누전차단기를 설치한다.
③ 기계 기구의 외함 접지를 한다.
④ 2중 절연 구조의 전기기기 선정

문제 55 최근 전력기기가 대용량화 됨에 따라 기기의 부분방전 여부가 기기의 수명에 크게 영향을 미치고 있다. 부분방전에 대하여 설명하시오.

답안작성
부분방전에는 절연물 표면에서 고전계에 의한 부분적인 표면 방전 또는 절연물 내부에 존재하는 공극이나 기포에 발생하는 내부 방전 등의 부분 방전등이 있다.

MEMO

마스터 전기기능장 실기

PART 09

시험 및 측정

제 9 장 시험 및 측정

9.1 전기계기

1 계기의 계급 및 용도

계 급	확 도	용 도	허용오차
0.2급	부표준기급	실험실용	±0.2[%]
0.5급	정 밀 급	휴대용	±0.5[%]
1.0급	준 정 밀 급	소형 휴대용	±1.0[%]
1.5급	보 통 급	배전반용	±1.5[%]
2.5급	준 보 통 급	소형 panel	±2.5[%]

2 전기계기의 오차

(1) 계기의 구조 등으로 인한 오차
① 가동 부분의 마찰
② 0점의 틀림
③ 눈금의 부정확
④ 가동 부분의 불평형
⑤ 주파수 및 파형의 영향
⑥ 열기전력
⑦ 자기가열

(2) 외부의 영향으로 인한 오차
① 외기 온도의 영향
② 외부 자계의 영향
③ 정전계의 영향

9.2 전력의 측정

1 3전압계법

$$P = \frac{1}{2R}(V_3^2 - V_2^2 - V_1^2)[\text{W}]$$

즉, 전력 $P = \dfrac{V^2}{R}$ 의 형태로서 제일 높은 전압(V_3)에

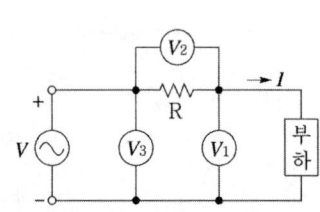

서 낮은 전압(V_2, V_1)을 빼는 형태임

2 3전류계법

$$P = \frac{R}{2}(A_3^2 - A_2^2 - A_1^2)[\text{W}]$$

즉, 전력 $P = I^2 R$의 형태로서 제일 큰 전류(A_3)에서 낮은 전류(A_2, A_1)을 빼는 형태임.

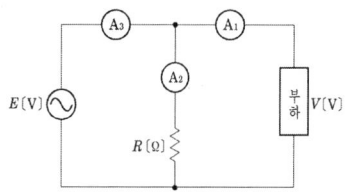

3 2전력계법

(1) 유효 전력 : $P = W_1 + W_2 \,[\text{W}]$

(2) 무효 전력 : $P_r = \sqrt{3}\,(W_1 - W_2)[\text{VAR}]$

(3) 피상 전력 : $P_a = 2\sqrt{W_1^2 + W_2^2 - W_1 W_2}\,[\text{VA}]$

$\qquad\qquad\quad P_a = \sqrt{3}\,VI\,[\text{VA}]$

(4) 역률 : $\cos\theta = \dfrac{W_1 + W_2}{2\sqrt{W_1^2 + W_2^2 - W_1 W_2}} = \dfrac{W_1 + W_2}{\sqrt{3}\,VI}$

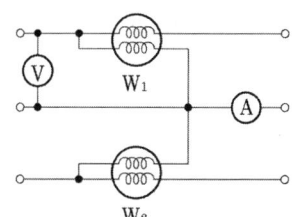

9.3 적산전력계

1 적산전력계의 측정값

$$P = \frac{3600 \cdot n}{t \cdot k} \times \text{CT비} \times \text{PT비}\,[\text{kW}]$$

여기서, n : 회전수[회]

$\qquad\;\; t$: 시간[sec]

$\qquad\;\; k$: 계기정수[rev/kWh]

2 오차 및 보정

(1) 오차 = 측정값(M) − 참값(T)

(2) 오차율 = $\dfrac{\text{오차}}{\text{참값}(T)} = \dfrac{M-T}{T}$

(3) 보정값 = 참값(T) − 측정값(M)

(4) 보정률 = $\dfrac{\text{보정값}}{\text{측정값}(M)} = \dfrac{T-M}{M}$

여기서, M : 측정값, T : 참값

3 적산전력계의 구비 조건

(1) 내부 손실이 적을 것
(2) 온도나 주파수 변화에 보상이 되도록 할 것
(3) 기계적 강도가 클 것
(4) 부하 특성이 좋을 것
(5) 과부하 내량이 클 것

4 적산전력계의 잠동

(1) 잠동 현상
무부하 상태에서 정격 주파수 및 정격 전압의 110[%]를 인가하여 계기의 원판이 1회전 이상 회전하는 현상

(2) 방지 대책
① 원판에 작은 구멍을 뚫는다.
② 원판에 소철편을 붙인다.

5 적산전력계의 결선(단독계기)

(1) 단상 2선식

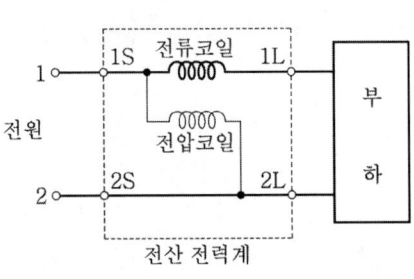
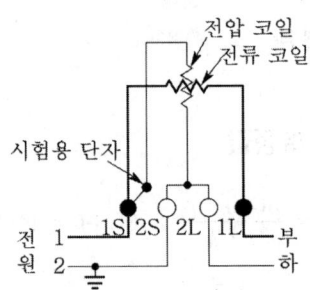

(2) 3상 3선식(1, 2, 3은 상순 표시), 단상 3선식(2는 중성선 표시)

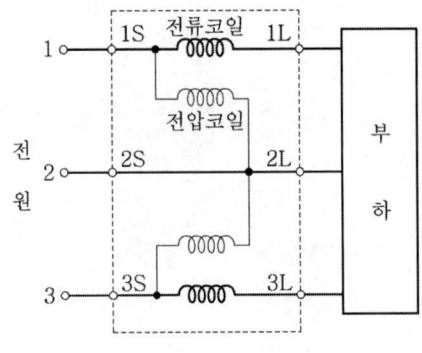
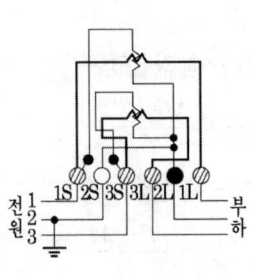

(3) 3상 4선식(1, 2, 3은 상순, 0은 중성선)

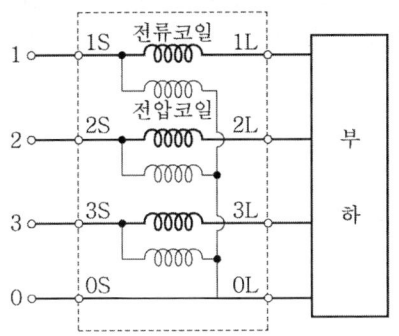

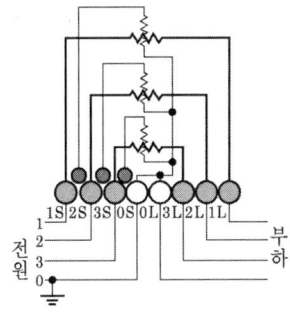

6 적산전력계 결선(변성기 사용)

상 선	변류기 부속	계기용 변압기 및 변류기 부속
단 상 2선식		
3상 3선식 단 상 3선식		
3상 4선식		

예제 1 3상 3선식 6.6[kV], 고압 자가용 수용가에 있는 전력량계의 계기 정수가 1000 [Rev/kWh]이다. 이 계기의 원판이 5회전하는 데 40초가 걸렸다. 이 때 부하의 평균 전력은 몇 [kW]인가? 단, 계기용 변압기의 정격은 6600/110[V], 변류기의 정격은 20/5[A]이다.

• 계산 :   • 답 :

계산 : $P_M = \dfrac{3600 \cdot n}{t \cdot k} \times CT비 \times PT비 = \dfrac{3600 \times 5}{40 \times 1000} \times \dfrac{20}{5} \times \dfrac{6600}{110} = 108[kW]$

답 : 108[kW]

예제 2 %오차가 −3[%]인 전압계로 측정한 값이 100[V]라면 그 참값은 몇 [V]인가?

• 계산 :   • 답 :

계산 : 오차 $\epsilon = \dfrac{측정값 - 참값}{참값} \times 100[\%] = \dfrac{M-T}{T} \times 100[\%]$에서

$-0.03 = \dfrac{100-T}{T}$

$T = \dfrac{100}{0.97} = 103.09[V]$

답 : 103.09[V]

예제 3 어떤 부하에 그림과 같이 접속된 전압계, 전류계 및 전력계의 지시가 각각 $V=200[V]$, $I=30[A]$, $W_1 = 5.96[kW]$, $W_2 = 2.36[kW]$이다. 이 부하에 대하여 다음 각 물음에 답하시오.
(1) 소비 전력은 몇 [kW]인가?
(2) 피상 전력은 몇 [kVA]인가?
(3) 부하 역률은 몇 [%]인가?

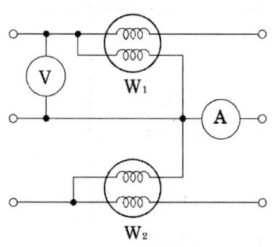

(1) 소비 전력
  $P = W_1 + W_2 = 5.96 + 2.36 = 8.32[kW]$
(2) 피상 전력
  $P_a = \sqrt{3} \times VI = \sqrt{3} \times 200 \times 30 \times 10^{-3} = 10.39[kVA]$
(3) 역률
  $\cos\theta = \dfrac{P}{P_a} = \dfrac{8.32}{10.39} \times 100 = 80.08[\%]$

해설 (2) 2전력계법의 피상전력
  $P_a = 2\sqrt{W_1^2 + W_2^2 - W_1 W_2}$
    $= 2\sqrt{5.96^2 + 2.36^2 - 5.96 \times 2.36} = 10.4[kVA]$로
  $P_a = \sqrt{3}\,VI$로 계산한 결과와 동일하다.

예제 4 그림과 같은 평형 3상 회로로 운전하는 유도전동기가 있다. 이 회로에 그림과 같이 2개의 전력계 W_1, W_2, 전압계 Ⓥ, 전류계 Ⓐ를 접속한 후 지시값은 $W_1 = 6.4$[kW], $W_2 = 2.5$[kW], $V = 200$[V], $I = 30$[A] 이었다.

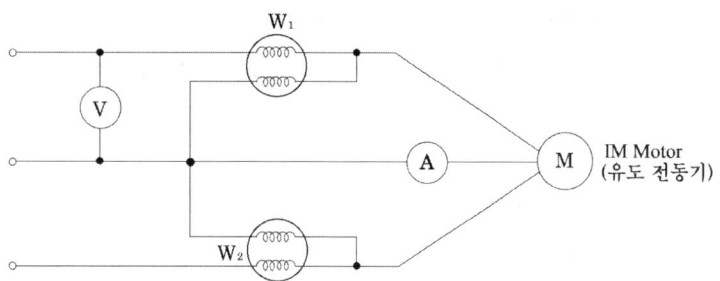

(1) 이 유도전동기의 역률은 몇 [%]인가?
　• 계산 :　　　　　　　　　　　　　　　• 답 :

(2) 역률은 90[%]로 개선시키려면 몇 [kVA] 용량의 콘덴서가 필요한가?
　• 계산 :　　　　　　　　　　　　　　　• 답 :

(3) 이 전동기로 만일 매분 20[m]의 속도로 물체를 권상한다면 몇 [ton]까지 가능한가? 단, 종합효율은 80[%]로 한다.

풀이 (1) 계산 : 전력 $P = W_1 + W_2 = 6.4 + 2.5 = 8.9$[kW]

　　　　피상전력 $P_a = \sqrt{3}\,VI = \sqrt{3} \times 200 \times 30 \times 10^{-3} = 10.39$[kVA]

　　　　역률 $\cos\theta = \dfrac{8.9}{10.39} \times 100 = 85.66$[%]

　답 : 85.66[%]

(2) 계산 : $Q_c = P(\tan\theta_1 - \tan\theta_2) = (6.4 + 2.5) \times \left(\dfrac{\sqrt{1-0.8566^2}}{0.8566} - \dfrac{\sqrt{1-0.9^2}}{0.9} \right)$
　　　　　$= 1.05$[kVA]

　답 : 1.05[kVA]

(3) 계산 : 권상용 전동기의 용량 $P = \dfrac{W \cdot V}{6.12\eta}$[kW]

　　　∴ 물체의 중량 $W = \dfrac{6.12 \times 0.8 \times (6.4+2.5)}{20} = 2.18$[ton]

　답 : 2.18[ton]

해설 (1) $\cos\theta = \dfrac{W_1 + W_2}{2\sqrt{W_1^2 + W_2^2 - W_1 W_2}}$ ……………①

　　　　$\cos\theta = \dfrac{\text{유효 전력}}{\text{피상 전력}} = \dfrac{W_1 + W_2}{\sqrt{3}\,VI}$ ……………②

실제는 ①의 방법과 ②의 방법에 의해 계산한 값이 서로 같아야 한다. 그러나 문제에서 전류값을 임의의 값으로 주었기 때문에 그 결과가 서로 다르다. 그러므로 문제를 풀 때에는 ①, ②의 방법 모두가 맞는 방법이나 문제에서 2전력계법이란 문구가 없으므로 ②의 방법으로 계산하였음.

(2) $P = \dfrac{W \cdot V}{6.12\eta}$ [kW]

　　W : 중량 [ton], V : 권상속도 [m/min], η : 효율

예제 5 답란의 미완성 도면에서 3상 적산 전력계의 결선도를 완성하시오. 단, 접지가 필요한 곳에는 접지를 표현하도록 한다.

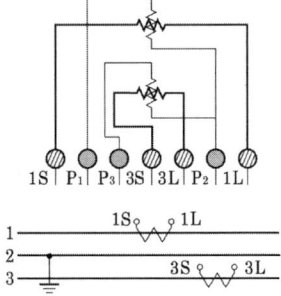

풀이

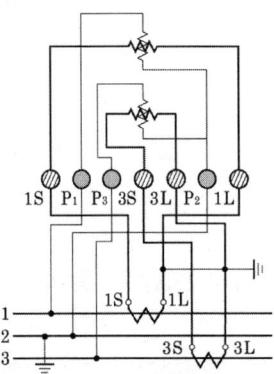

9.4 저항 및 접지저항 측정법

1 저항측정

(1) 저 저항 측정(1[Ω] 이하)
켈빈더블 브리지법 : $10^{-5} \sim 1[\Omega]$ 정도의 저 저항 정밀 측정에 사용된다.

(2) 중 저항 측정(1[Ω]~10[kΩ] 정도)
① 전압 강하법의 전압 전류계법 : 백열 전구의 필라멘트 저항 측정 등에 사용된다.
② 휘이스톤 브리지법

(3) 특수 저항 측정
① 검류계의 내부 저항 : 휘이스톤 브리지법
② 전해액의 저항 : 콜라우시 브리지법
③ 접지 저항 : 콜라우스 브리지법
④ 절연저항, 절연재료의 고유저항 : 절연저항계(Megger)

2 콜라우시 브리지법에 의한 접지 저항 측정

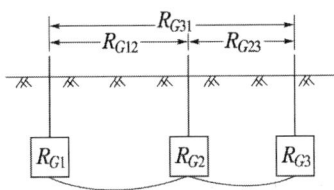

$$R_{G1} + R_{G2} = R_{G12} \cdots\cdots\cdots ①$$
$$R_{G2} + R_{G3} = R_{G23} \cdots\cdots\cdots ②$$
$$R_{G3} + R_{G1} = R_{G31} \cdots\cdots\cdots ③$$

즉, (① + ② + ③)을 하면

$$2(R_{G1} + R_{G2} + R_{G3}) = (R_{G12} + R_{G23} + R_{G31}) \cdots\cdots ④$$
$$R_{G1} + R_{G2} + R_{G3} = \frac{1}{2}(R_{G12} + R_{G23} + R_{G31}) \cdots\cdots ⑤$$

∴ ⑤ - ② 하면 $R_{G1} = \frac{1}{2}(R_{G12} + R_{G31} - R_{G23})$

⑤ - ③ 하면 $R_{G2} = \frac{1}{2}(R_{G12} + R_{G23} - R_{G31})$

⑤ - ① 하면 $R_{G3} = \frac{1}{2}(R_{G23} + R_{G31} - R_{G12})$ 가 된다.

또한 쉽게 암기 할 수 있는 방법으로

R_{G1}을 구할 때는 1이 포함된 항은 +, 1이 포함되지 않은 항은 -로

R_{G2}을 구할 때는 2가 포함된 항은 +, 2가 포함되지 않은 항은 -로

R_{G3}을 구할 때는 3이 포함된 항은 +, 3이 포함되지 않은 항은 -로 하면 된다.

예제 6 3개의 접지판 상호간의 저항을 측정한 값이 그림과 같다면 G_3의 접지 저항값은 몇 [Ω]이 되겠는가?

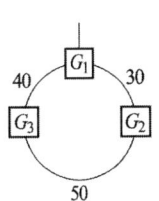

• 계산 :
• 답 :

풀이 계산 : 접지 저항값

$$R_{G3} = \frac{1}{2}(R_{G23} + R_{G31} - R_{G12}) = \frac{1}{2}(50 + 40 - 30) = 30[\Omega]$$

답 : 30[Ω]

9.5 고장점 탐지법

1 지중케이블 고장점 탐지법

(1) 머레이루프(Murray loop) 법

휘이스톤브리지의 평형상태를 이용하여 고장점까지의 도체저항으로부터 거리를 측정하는 방법으로 1선 지락 사고 및 선간 단락 사고시 측정에 이용

(2) 펄스 측정법(Pulse radar)

케이블 한쪽에서 펄스를 입사시키면 고장점에서는 케이블의 서지 임피던스가 급변하기 때문에 입사파의 일부는 고장점에서 반사되어 돌아온다. 그 시간을 측정하면 펄스의 케이블 내의 전파속도에 의해서 고장점 까지의 거리를 구할 수 있으며 3선 단락 및 지락 사고시 측정에 이용

(3) 정전 브리지법(Capacity bridge)

정전용량은 길이에 비례하므로 선로전체의 정전용량을 알고 있으면 고장점까지의 정전용량을 측정하여 그 값으로부터 길이의 비를 알 수 있으며 단선 사고시 측정에 이용

(4) 수색 코일법

케이블의 한쪽에 600[Hz] 전후의 단속전류를 흘리고 지상에서 수색코일에 증폭기와 수화기를 가지고 케이블을 따라서 고장점을 수색하는 방법으로 전원 측으로부터 고장점 사이에서는 단속전류에 의해서 수색코일에 전압이 유도되므로 소리가 들리지만 고장점을 넘어서면 소리가 작아지므로 고장점이 판명된다.

(5) 음향에 의한 방법

고장 케이블에 고전압의 펄스를 보내어 고장점에서의 방전음을 듣고 고장점을 찾는 방법

2 머레이루프(Murray loop)법

전기적 사고점 탐지법의 하나로서 휘이스톤 브리지의 원리를 이용하여 선로상의 고장점(1선 지락 사고)을 검출하는 방법으로 이 방법은 건전한 보조 귀선 1선이 필요하다.

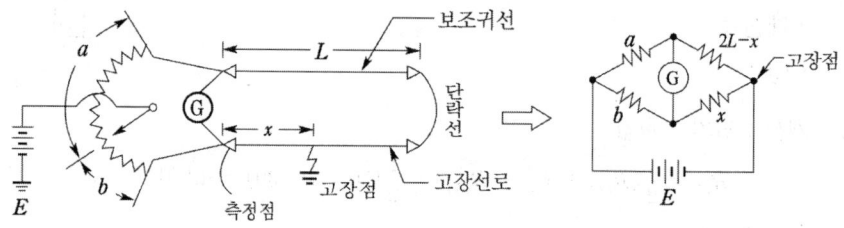

검류계에 전류가 흐르지 않으면 평형 상태이므로

$$a \cdot x = b \cdot (2L - x)$$

$$\therefore x = \frac{b}{a+b} \times 2L [\text{m}]$$

여기서, L : 선로의 전체 길이[m]
  x : 측정점에서 고장점까지의 거리[m]

3 정전용량법

건전상의 정전 용량과 사고상의 정전 용량을 비교하여 사고점 산출

$$L = \text{선로 긍장} \times \frac{C_x}{C_o}$$

여기서, C_x : 사고상의 사고점까지의 정전 용량 측정치
  C_o : 건전상의 정전 용량 측정치

예제 7 75[mm²], 길이 3.45[km]의 3심 케이블의 1선이 접지되었을 때 그림과 같이 접속하고 측정한 결과 $P=10[\Omega]$, $Q=1000[\Omega]$, $R=92[\Omega]$에서 검류계 G가 평형되었다. 지락 사고점까지의 거리 d를 구하시오. 단, 시험시 20[℃]에서 케이블의 전체 왕복 저항 $R=1.65[\Omega]$이다.

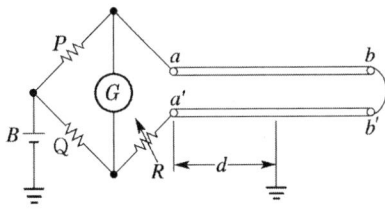

풀이 계산 : $10 \times (92 + R_x) = 1000 \times (1.65 - R_x)$
  여기서, $R_x = 0.732[\Omega]$
  ∴ 측정점에서 고장점까지의 거리
  $$x = \frac{0.723}{1.65} \times (3.45 \times 2) = 3.02 [\text{km}]$$

답 : 3.02[km]

9.6 변압기 시험

1 변압기 절연 내력 시험

(1) 회로도

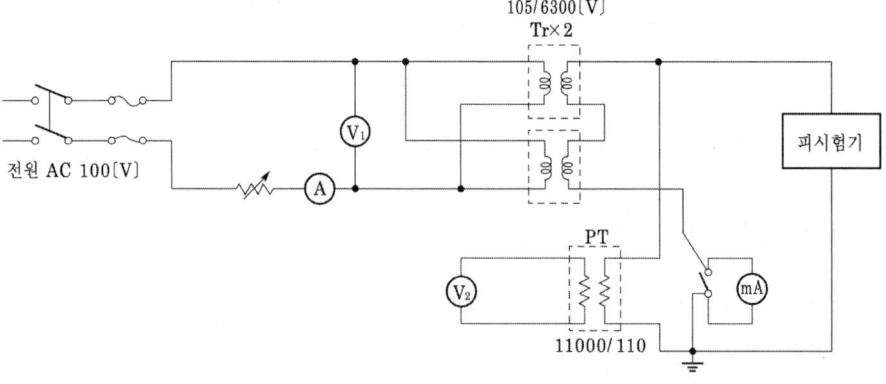

(2) 절연내력

최대 사용 전압(최대 사용전압 = 공칭 전압 $\times \dfrac{1.15}{1.1}$)의 1.5배(중성점 접지식 결선에서는 최대 사용 전압의 0.92배)의 전압에 연속 10분간 견디어야 한다.

$$시험\ 전압 = (공칭\ 전압 \times \dfrac{1.15}{1.1}) \times 1.5 (중성점\ 접지식에서는\ 0.92)$$

(3) 결선

시험용 변압기의 결선을 1차측은 병렬로, 2차측은 직렬로 접속하여 1차측 전압을 0[V]에서 105[V]로 조정하면 2차측 전압은 0[V]에서 12,600[V]로 조정된다.

(4) 각 기기의 용도

① V_1에 인가되는 전압 : $V_1 = \dfrac{1}{2} \times$ 시험 전압 $\times \dfrac{n_1}{n_2}$

② V_2에 인가되는 전압 : $V_2 =$ 시험 전압 $\times \dfrac{1}{PT비}$

③ mA 전류계 : 절연 내력 시험시 피시험 기기의 누설 전류를 측정하여 절연 강도를 판정

④ PT의 설치 목적 : 피시험 기기에 인가되는 절연 내력 시험 전압 측정

2 변압기 단락 시험과 개방 시험

(1) 단락 시험

1) 단락 시험 회로

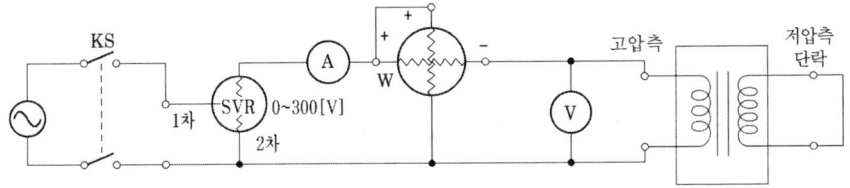

2) 측정 항목

① 임피던스 전압

변압기 2차측(저압측)을 단락시키고 1차측(고압측)에 전압을 가하여 1차(고압측) 단락 전류가 1차(고압측) 정격 전류와 같게 되었을 때, 이때 고압측에 인가하는 전압으로 교류 전압계의 지시값 V[V]로 표시된다.

② % 임피던스

$$\%임피던스(\%Z) = \frac{1차\ 정격전류 \times 임피던스}{1차\ 정격전압} \times 100[\%]$$

$$= \frac{I_n Z}{V_{1n}} \times 100 = \frac{V_s}{V_{1n}} \times 100[\%]$$

③ 동손 : 교류 전력계 지시값 W[W]로 표시된다.

(2) 개방 시험

1) 개방 시험 회로

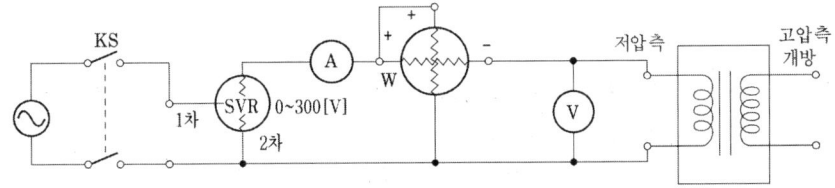

2) 측정 항목

① 철손 : 슬라이닥스를 조정하여 시험용 변압기 1차측(저압측) 전압이 정격 전압과 동일하 될 때의 교류 전력계 지시값 W[W]로 표시

제 9 장 단원별 예상문제

문제 01 변압기의 절연내력 시험전압에 대한 ①~⑦의 알맞은 내용을 빈칸에 쓰시오.

구분	종류(최대사용전압을 기준으로)	시험 전압
①	최대사용전압 7 [kV] 이하인 권선 (단, 시험전압이 500 [V] 미만으로 되는 경우에는 500 [V])	최대사용전압 × ( )배
②	7 [kV]를 넘고 25 [kV] 이하의 권선으로서 중성선 다중접지식에 접속되는 것	최대사용전압 × ( )배
③	7 [kV]를 넘고 60 [kV] 이하의 권선(중성선 다중접지 제외) (단, 시험전압이 10,500 [V] 미만으로 되는 경우에는 10,500 [V])	최대사용전압 × ( )배
④	60 [kV]를 넘는 권선으로서 중성점 비접지식 전로에 접속되는 것	최대사용전압 × ( )배
⑤	60 [kV]를 넘는 권선으로서 중성점 접지식 전로에 접속하고 또한 성형결선의 권선의 경우에는 그 중성점에 T좌 권선과 주좌 권선의 접속점에 피뢰기를 시설하는 것 (단, 시험전압이 75 [kV]미만으로 되는 경우에는 75 [kV])	최대사용전압 × ( )배
⑥	60 [kV]를 넘는 권선으로서 중성점 직접 접지식 전로에 접속하는 것, 다만 170 [kV]를 초과하는 권선에는 그 중성점에 피뢰기를 시설하는 것	최대사용전압 × ( )배
⑦	170 [kV]를 넘는 권선으로서 중성점 직접접지식 전로에 접속하고 또는 그 중성점을 직접 접지하는 것	최대사용전압 × ( )배
(예시)	기타의 권선	최대사용전압 × ( )배

답안작성

구분	종류(최대사용전압을 기준으로)	시험 전압
①	최대사용전압 7 [kV] 이하인 권선 (단, 시험전압이 500 [V] 미만으로 되는 경우에는 500 [V])	최대사용전압 × (1.5)배
②	7 [kV]를 넘고 25 [kV] 이하의 권선으로서 중성선 다중접지식에 접속되는 것	최대사용전압 × (0.92)배
③	7 [kV]를 넘고 60 [kV] 이하의 권선(중성선 다중접지 제외) (단, 시험전압이 10,500 [V] 미만으로 되는 경우에는 10,500 [V])	최대사용전압 × (1.25)배
④	60 [kV]를 넘는 권선으로서 중성점 비접지식 전로에 접속되는 것	최대사용전압 × (1.25)배
⑤	60 [kV]를 넘는 권선으로서 중성점 접지식 전로에 접속하고 또한 성형결선의 권선의 경우에는 그 중성점에 T좌 권선과 주좌 권선의 접속점에 피뢰기를 시설하는 것 (단, 시험전압이 75 [kV]미만으로 되는 경우에는 75 [kV])	최대사용전압 × (1.1)배

구분	종류(최대사용전압을 기준으로)	시험 전압
⑥	60 [kV]를 넘는 권선으로서 중성점 직접 접지식 전로에 접속하는 것, 다만 170 [kV]를 초과하는 권선에는 그 중성점에 피뢰기를 시설하는 것	최대사용전압 × (0.72)배
⑦	170 [kV]를 넘는 권선으로서 중성점 직접접지식 전로에 접속하고 또는 그 중성점을 직접 접지하는 것	최대사용전압 × (0.64)배
(예시)	기타의 권선	최대사용전압 × (1.1)배

문제 02 다음 그림은 전자식 접지 저항계를 사용하여 접지극의 접지 저항을 측정하기 위한 배치도이다. 물음에 답하시오.

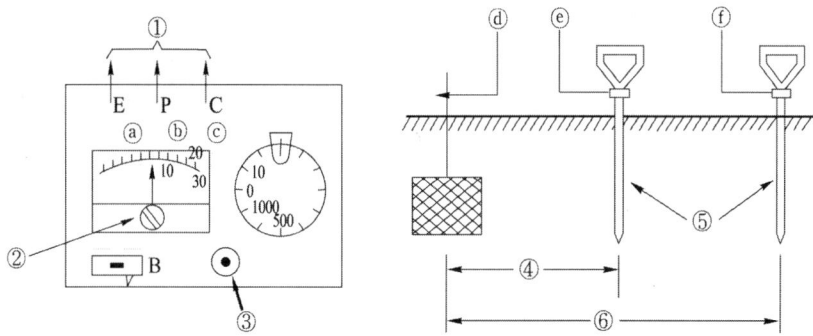

(1) 보조 접지극을 설치하는 이유는 무엇인가?
(2) ⑤와 ⑥의 설치간격은 얼마인가?
(3) 그림에서 ①의 측정단자 접속은?
(4) 접지극의 매설 깊이는?

> 답안작성
>
> (1) 전압과 전류를 공급하여 접지저항을 측정하기 위함
> (2) ⑤ 10[m]   ⑥ 20[m]
> (3) ⓐ → ⓓ, ⓑ → ⓔ, ⓒ → ⓕ
> (4) 0.75[m] 이상

문제 03 최대 사용전압이 154,000[V]인 중성점 직접 접지식 전로의 절연내력 시험전압은 몇 [V]인가?

• 계산 :   • 답 :

> 답안작성
>
> 계산 : 시험전압 = 154000 × 0.72 = 110880[V]
> 답 : 110880[V]

문제 04 그림은 구내에 설치할 3300[V], 220[V], 10[kVA]인 주상변압기의 무부하 시험방법이다. 이 도면을 보고 다음 각 물음에 답하시오.

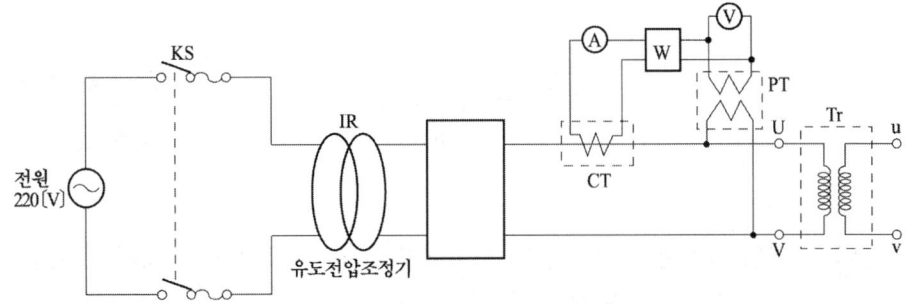

(1) 유도전압조정기의 오른쪽 네모 속에는 무엇이 설치되어야 하는가?
(2) 시험할 주상변압기의 2차측은 어떤 상태에서 시험을 하여야 하는가?
(3) 시험할 변압기를 사용할 수 있는 상태로 두고 유도전압조정기의 핸들을 서서히 돌려 전압계의 지시값이 1차 정격전압이 되었을 때 전력계가 지시하는 값은 어떤 값을 지시하는가?

답안작성
(1) 승압용 변압기
(2) 개방
(3) 철손

문제 05 계기용 변압기(2개)와 변류기(2개)를 부속하는 3상 3선식 전력량계를 결선하시오. (단, 1, 2, 3은 상순을 표시하고 P1, P2, P3은 계기용 변압기에 1S, 1L, 3S, 3L은 변류기에 접속하는 단자이다.)

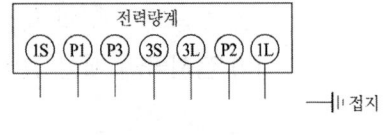

답안작성

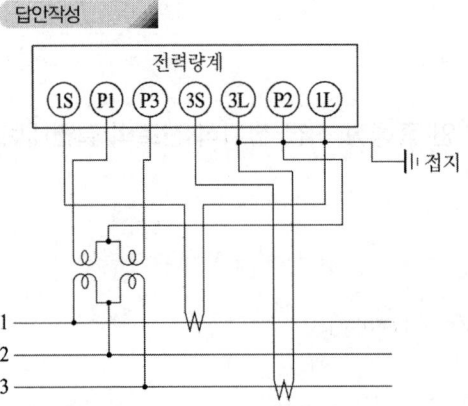

문제 06 보호 계전기에 필요한 특성 4가지를 쓰시오.

답안작성

① 선택성 ② 신뢰성 ③ 감도 ④ 속도

문제 07 평형 3상 회로에 그림과 같은 유도 전동기가 있다. 이 회로에 2개의 전력계와 전압계 및 전류계를 접속하였더니 그 지시값은 $W_1 = 6.24$[kW], $W_2 = 3.77$[kW], 전압계의 지시는 200[V], 전류계의 지시는 34[A]이었다. 이 때 다음 각 물음에 답하시오.

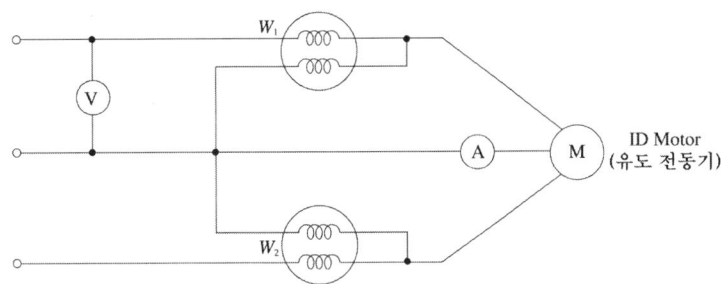

(1) 부하에 소비되는 전력을 구하시오.
  • 계산 :   • 답 :
(2) 부하의 피상전력을 구하시오.
  • 계산 :   • 답 :
(3) 이 유도 전동기의 역률은 몇 [%]인가?
  • 계산 :   • 답 :

답안작성

(1) 계산 : $P = W_1 + W_2 = 6.24 + 3.77 = 10.01$ [kW]   답 : 10.01[kW]

(2) 계산 : $P_a = \sqrt{3}\,VI = \sqrt{3} \times 200 \times 34 \times 10^{-3} = 11.78$ [kVA]   답 : 11.78[kVA]

(3) 계산 : $\cos\theta = \dfrac{W_1 + W_2}{\sqrt{3}\,VI} = \dfrac{10.01}{11.78} \times 100 = 84.97\,[\%]$ 답 : 84.97[%]

문제 08 대지 고유 저항률 400[Ω/m], 직경 19[mm], 길이 2400[mm]인 접지봉을 전부 매입했다고 한다. 접지저항(대지저항)값은 얼마인가?
  • 계산 :   • 답 :

답안작성

계산 : $R = \dfrac{\rho}{2\pi l}\ln\dfrac{2l}{r}$ [Ω]에서 $R = \dfrac{400}{2\pi \times 2.4} \times \ln\dfrac{2 \times 2.4}{0.019/2} = 165.13$ [Ω]

답 : 165.13[Ω]

해설

전극계의 접지저항 산정식

전극형상(a, b, c의 대소관계)		접지저항 산정식
반 구 $a=b=c$		$R = \dfrac{\rho}{2\pi r}$ (반지름$(a) = r$)
원 판 $a=b \gg c$		$R = \dfrac{\rho}{4r}$ (반지름$(a) = r$)
막대모양 $a=b \ll c$		$R = \dfrac{\rho}{2\pi l} \ln \dfrac{2l}{r}$ (반지름$(a) = r$, 길이$(c) = l$)

문제 09 기자재가 그림과 같이 주어졌다.

(1) 전압 전류계법으로 저항값을 측정하기 위한 회로를 완성하시오.

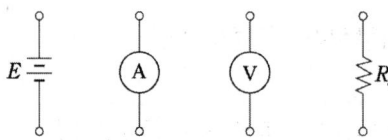

(2) 저항 R_s에 대한 식을 쓰시오.

답안작성

(1)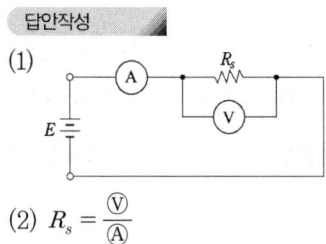

(2) $R_s = \dfrac{\text{Ⓥ}}{\text{Ⓐ}}$

문제 10 계기 정수가 1200[Rev/kWh], 승률 1인 전력량계의 원판이 12회전하는데 50초가 걸렸다. 이 때 부하의 평균 전력은 몇 [kW]인가?

• 계산 :   • 답 :

답안작성

계산 : $P_M = \dfrac{3600}{t \cdot k} \times \text{CT비} \times \text{PT비} = \dfrac{3600 \times 12}{50 \times 1200} \times 1 = 0.72[\text{kW}]$

답 : 0.72[kW]

문제 12 다음 회로에서 전원전압이 공급될 때 최대 전류계의 측정 범위가 500[A]인 전류계로 전 전류값이 1500[A]인 전류를 측정하려고 한다. 전류계와 병렬로 몇 [Ω]의 저항을 연결하면 측정이 가능한지 계산하시오. (단, 전류계의 내부저항은 100[Ω] 이다.)

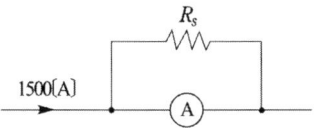

답안작성

전류계의 배율 $n = \dfrac{I_o}{I} = \dfrac{1500}{500} = 3$ ∴ $R_s = \dfrac{r}{n-1} = \dfrac{100}{3-1} = 50[\Omega]$

문제 13 대지 전압이란 무엇과 무엇 사이의 전압을 말하는지 접지식 전로와 비접지식 전로를 구분하여 설명하시오.

답안작성

① 접지식 전로 : 전선과 대지 사이의 전압
② 비접지식 전로 : 전선과 그 전로 중 임의의 다른 전선 사이의 전압

문제 14 최대눈금 250[V]인 전압계 F_1, F_2를 직렬로 접속하여 측정하면 몇 [V]까지 측정할 수 있는가? (단, 전압계 F_1의 내부 저항은 15[kΩ], F_2는 18[kΩ]으로 한다.)

• 계산 : • 답 :

답안작성

계산 : 전압 분배법칙에 의해

$$250 = \dfrac{18 \times 10^3}{15 \times 10^3 + 18 \times 10^3} \times V$$ 이므로

∴ $V = \dfrac{15 \times 10^3 + 18 \times 10^3}{18 \times 10^3} \times 250 = 458.33[V]$

답 : 458.33[V]

문제 15 측정범위 1[mA], 내부저항 20[kΩ]의 전류계로 5[mA]까지 측정하고자 한다. 몇 [Ω]의 분류기를 사용하여야 하는가?

• 계산 : • 답 :

답안작성

계산 : 배율 $m = \dfrac{I_o}{I} = \left(\dfrac{r}{R_s} + 1\right)$에서, $R_s = \dfrac{r}{(m-1)} = \dfrac{20 \times 10^3}{\left(\dfrac{5}{1} - 1\right)} = 5000[\Omega]$

답 : 5000[Ω]

문제 16

머어리 루우프(Murray loop)법으로 선로의 고장지점을 찾고자 한다. 길이가 4[km] (0.2[Ω/km])인 선로가 그림과 같이 접지고장이 생겼을 때 고장점까지의 거리 X는 몇 [km]인지 구하시오. (단, G는 검류계이고, $P=170[\Omega]$, $Q=90[\Omega]$에서 브리지가 평형 되었다고 한다.)

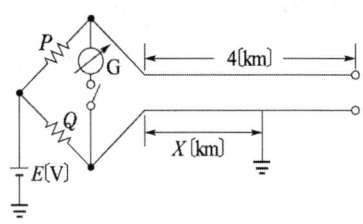

• 계산 :

• 답 :

답안작성

계산 : $PX = Q(8-X)$이므로 이를 풀면 $PX = 8Q - XQ$

$$X = \frac{Q}{P+Q} \times 8 = \frac{90}{170+90} \times 8 = 2.77[km]$$

답 : 2.77[km]

문제 17

지중 케이블의 고장점 탐지법 3가지와 각각의 사용 용도를 쓰시오.

고장점 탐지법	사용용도

답안작성

고장점 탐지법	사용용도
머레이 루프법	1선 지락 사고 및 선간 단락 사고시 고장점 측정
펄스 측정법	3선 단락 및 지락 사고시 고장점 측정
정전 브리지법	단선 사고시 고장점 측정

문제 18

과전류계전기와 수전용 차단기 연동시험 시 시험전류를 가하기 전에 준비하여야 하는 사항 3가지를 쓰시오.

답안작성

① 수저항기 ② 전류계 ③ 사이클카운터(계전기 시험장치)

문제 19

다음과 같은 값을 측정하는데 가장 적당한 것은?
(1) 단선인 전선의 굵기
(2) 옥내전등선의 절연저항
(3) 접지저항(브리지로 답할 것)

답안작성

(1) 와이어 게이지
(2) 메거
(3) 콜라우시 브리지

문제 20 전기설비기술기준 및 판단기준에 따라 사용전압이 154[kV]인 중성점 직접접지식 전로의 절연 내력시험을 하고자 한다. 시험전압[V]과 시험방법에 대하여 다음 각 물음에 답하시오.

(1) 절연내력 시험전압
 • 계산 : • 답 :

(2) 절연내력 시험방법

답안작성

(1) 계산 : 절연 내력 시험 전압 $V = 154{,}000 \times 0.72 = 110{,}880[\text{V}]$
 답 : 110,880[V]
(2) 절연내력 시험할 부분에 최대사용전압에 의하여 결정되는 시험전압을 계속하여 10분간 가하여 견디어야 한다.

문제 21 그림과 같이 전류계 3대를 가지고 부하전력 및 역률을 측정하려고 한다. 각 전류계의 눈금이 $A_3 = 10[\text{A}]$, $A_2 = 4[\text{A}]$, $A_1 = 7[\text{A}]$일 때, 부하전력 및 역률은 얼마인가? (단, 저항 R은 25[Ω]임.)

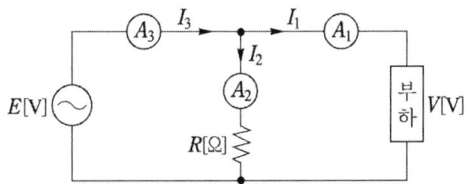

(1) 부하전력[W]
 • 계산 : • 답 :
(2) 부하역률
 • 계산 : • 답 :

답안작성

(1) 계산 : $P = \dfrac{R}{2}(A_3^2 - A_1^2 - A_2^2) = \dfrac{25}{2}(10^2 - 7^2 - 4^2) = 437.5[\text{W}]$
 답 : 437.5[W]
(2) 계산 : $\cos\theta = \dfrac{A_3^2 - A_1^2 - A_2^2}{2A_1 A_2} = \dfrac{10^2 - 7^2 - 4^2}{2 \times 7 \times 4} = 0.625 = 62.5[\%]$
 답 : 62.5[%]

문제 22 최대사용전압이 22,900[V]인 중성점 다중접지 방식의 절연내력시험전압은 몇 [V]이며, 이 시험전압을 몇 분간 가하여 이에 견디어야 하는가?

• 계산 : • 답 :

답안작성

① 절연내력시험전압
 • 계산 : 절연 내력 시험 전압 $V = 22,900 \times 0.92 = 21,068[V]$
 • 답 : 21,068[V]
② 가하는 시간 : 10분

마스터 전기기능장 실기

PART
10

시퀀스

제 10 장 시퀀스

10.1 시퀀스(SEQUENCE) 제어

1 접점과 접점기구

(1) 사용 기구

입력 기구, 출력 기구, 보조 기구로 구성된다.
① 입력 기구 : 수동 스위치 BS, 검출 스위치(일반용과 센서(sensor)용)
② 출력 기구 : MC(전자 접촉기), SV(전자 밸브), SOL(솔레노이드), Lamp, Bz(부저) 등
③ 보조 기구 : 제어 회로를 구성하는 보조 릴레이, 타이머 릴레이, 논리 IC소자, 입·출력 회로, PLC 장치 등

(2) 접점 (Contact)

회로를 열고 닫아 회로 상태를 결정하는 기능을 갖는 기구
① a접점 : 원래는 열려 있고 조작하면 닫히는 접점
② b접점 : 원래는 닫혀 있고 조작하면 열리는 접점
③ c접점 : a ⇔ b의 변환 접점

(3) 수동 스위치 (Switch)

회로의 개폐 또는 접속 변경 등의 작업 명령용 입력 기구
① 복귀형 : 조작하고 있을 때에만 조작 상태가 변하고 조작을 중지하면 원래 상태로 복귀하는 버튼스위치

② 유지형 : 조작한 후 다시 조작할 때까지 상태가 유지된다. 마이크로형, 토글형, 나이프형, 셀렉터형

(4) 검출 스위치

회로 외부에서 상태 변화를 검출하는 검출 스위치와 주로 회로 내부에서 검출과 변환을 하는 센서가 있다.

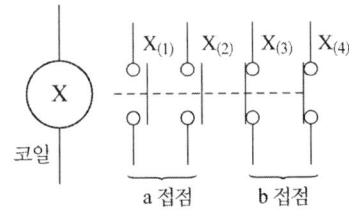

(5) 전자 계전기 (Relay)

전자력에 의하여 접점을 개폐하는 기능을 갖는 제어 기구로
① 제어용 보조 릴레이 ⓧ
② 용량이 크고 출력용으로 사용하는 전자 접촉기 MC가 있다. 근래에는 Power Relay(PR)가 사용되고 있다. 또 Thr 대신에 EOCR이 사용되고 있다.

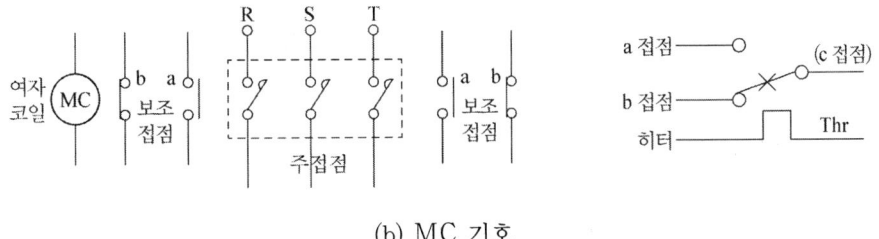

(a) 보조 릴레이 기호

(b) MC 기호

2 회로소자

(1) AND 회로

① 기능 : 회로그림에서 입력 A, B가 동시에 있을 때 출력 X가 생기는 회로
  ㉠ 논리곱 회로
  ㉡ 직렬 논리 회로
② 논리기호와 논리식

논리기호　　　　　　　　　　논리식 $X = AB$

③ 회로와 타임 차트

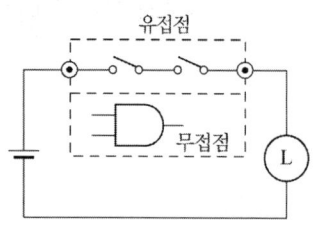 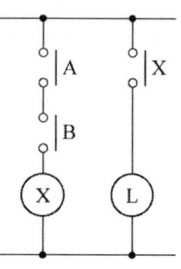 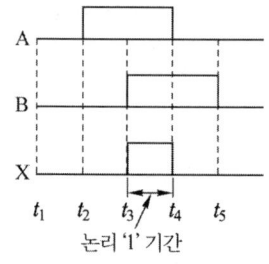

④ 진리표

A	B	X
0	0	0
0	1	0
1	0	0
1	1	1

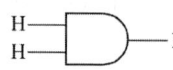

(2) OR회로

① 기능 : 그림에서 입력 A, B 중 한 입력만 있어도 출력 X가 생기는 회로
  ㉠ 논리합 회로
  ㉡ 병렬 논리 회로

② 논리 기호와 논리식

$$X = A + B$$

논리기호   논리식

③ 회로와 타임 차트

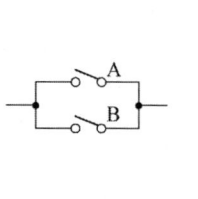 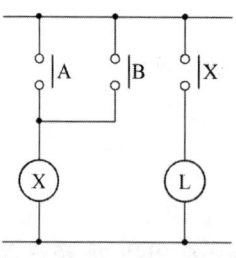 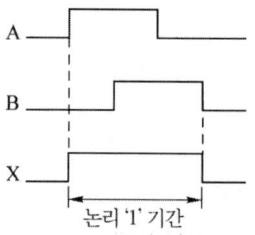

④ 진리표

A	B	X
0	0	0
0	1	1
1	0	1
1	1	1

(3) NOT 회로

① 기능 : 입력과 출력의 상태가 반대로 되는 상태 반전 회로,
   즉 부정의 판단 기능을 갖는 회로

② 논리 기호와 논리식

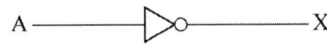

③ 회로와 타임 차트

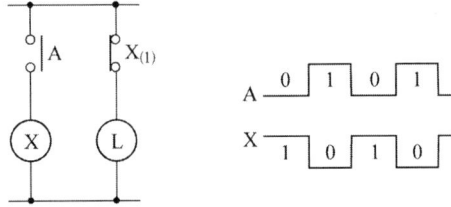

④ 진리표

A	X
0	1
1	0

(4) NAND 회로

① 기능 : AND 회로를 부정하는 판단 기능을 갖는 회로
   − AND + NOT로 구성

② 논리 기호와 논리식

$X = \overline{AB}$

$X = \overline{A \cdot B}$

③ 진리표

A	B	X
0	0	1
0	1	1
1	0	1
1	1	0

(5) NOR 회로

① 기능 : OR회로를 부정하는 판단 기능을 갖는 회로 ⇨ OR+NOT로 구성

② 논리 기화와 논리식

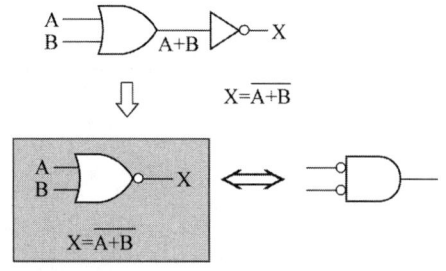

③ 진리표

A	B	X
0	0	1
0	1	0
1	0	0
1	1	0

3 논리 변환과 논리 연산

(1) 분배 법칙
① $A+(B \cdot C)=(A+B) \cdot (A+C)$
② $A \cdot (B+C)=(A \cdot B)+(A \cdot C)$

(2) 2진수(0과 1)에서
① $A+0=A,\ A \cdot 1=A$
② $A+A=A,\ A \cdot A=A$
③ $A+1=1,\ A+\overline{A}=1$
④ $A \cdot 0=0,\ A \cdot \overline{A}=0$
⑤ $0+0=1,\ 0+1=1,\ \overline{0}=1$
  $0 \cdot 1=0,\ 1 \cdot 1=1,\ \overline{1}=0$

(3) De Morgan의 정리
① $\overline{A+B}=\overline{A} \cdot \overline{B},\ \overline{AB}=\overline{A}+\overline{B}$
② $A+B=\overline{\overline{A}+\overline{B}},\ AB=\overline{\overline{A}+\overline{B}}$

(4) 동일 법칙
① $A \cdot A=A,\ \overline{A} \cdot A=0$
② $\overline{A} \cdot \overline{A}=\overline{A},\ A \cdot \overline{A}=0$

4 EOR(Exclusive OR)

(1) 기능
두 입력의 상태가 다를 때에만 출력이 생기는 판단 기능을 갖는 회로

(2) 논리 기호와 논리식

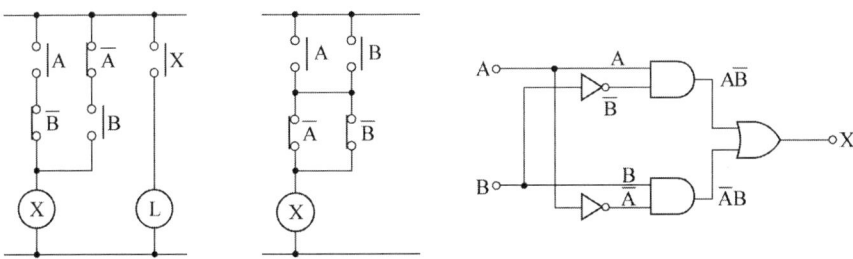

$$X = A\overline{B} + \overline{A}B = A \oplus B$$

EOR 회로 　　　　　논리식

(3) 회로도

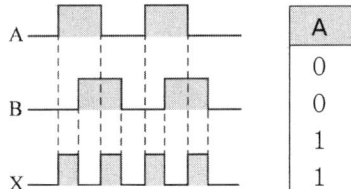

(4) 타임 차트와 진리표

A	B	X
0	0	0
0	1	1
1	0	1
1	1	0

5 인터록 회로(interlock)

(1) 기능
한쪽이 동작하면 다른 한쪽은 동작할 수 없는 논리

(2) 회로 및 타임 차트

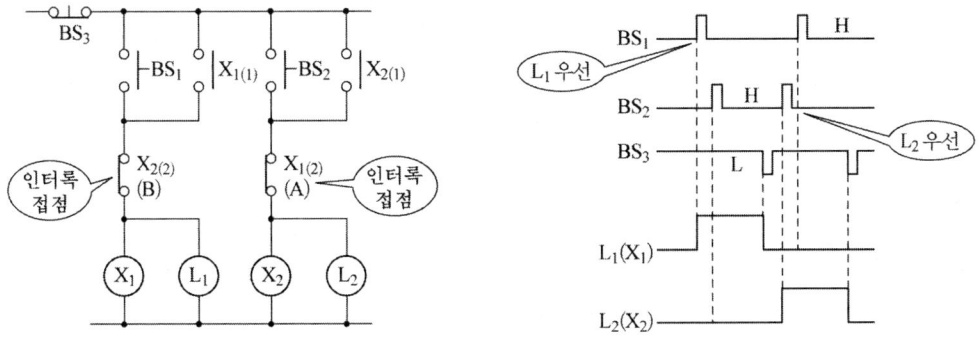

(3) 동작 설명

BS_1을 먼저 누르고 $L_1(X_1)$이 동작 유지하고 인터록 접점 $X_{1(2)}(A)$가 열린다. 따라서 이후 BS_2를 눌러도 $L_2(X_2)$가 동작할 수 없다. 또 BS_2를 먼저 주면 $L_2(X_2)$가 동작하고 인터록 접점 $X_{2(2)}(B)$가 열린다. 따라서 이후 BS_1을 눌러도 $L_1(X_1)$이 동작할 수 없다.

6 신입 신호 우선 회로

(1) 기능

한쪽이 동작하면 다른 한쪽이 복구되는 논리

(2) 회로 및 타임 차트

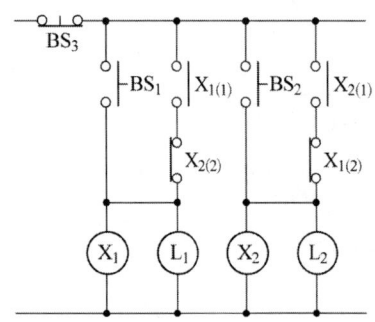
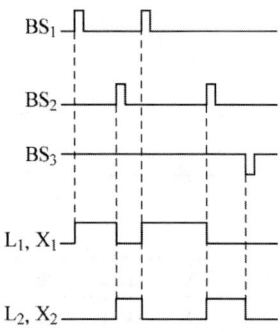

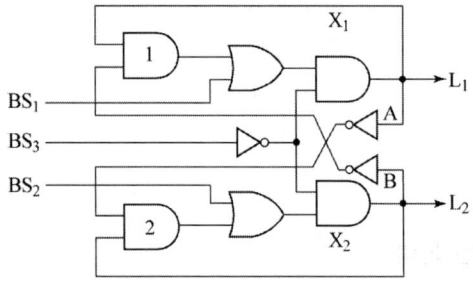

(3) 동작 설명

BS_1을 주면 $L_1(X_1)$이 동작하고 동작 중인 X_2의 유지 회로의 직렬 b접점 $X_{1(2)}$가 열려 $L_2(X_2)$가 복구한다. 다음 BS_2를 주면 $L_2(X_2)$가 동작하고 X_1의 유지 회로의 직렬 b접점 $X_{2(2)}$가 열려 동작 중인 $L_1(X_1)$이 복구한다. 이후 반복 동작된다.

7 동작 우선회로

(1) 기능

정해진 순서대로 동작되는 회로의 예이다.

(2) 회로 및 타임차트

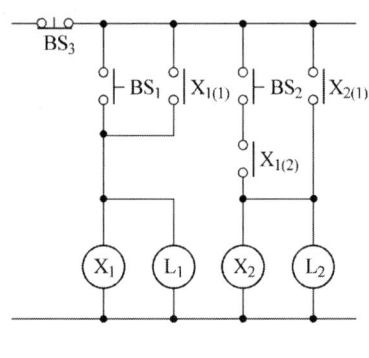
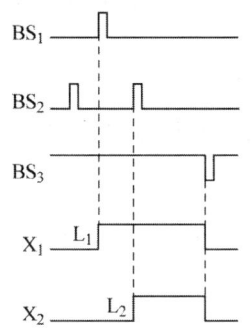

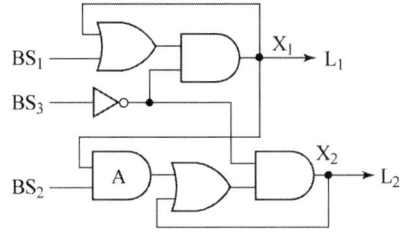

(3) 동작 설명

BS_1을 주면 $L_1(X_1)$이 동작하고 접점 $X_{1(2)}$가 닫혀 $L_2(X_2)$의 기동 회로를 준비한다. 다음 BS_2를 주면 $L_2(X_2)$가 동작하며 L_2가 먼저 동작할 수 없다.

8 시한 회로(On delay timer : Ton)

(1) 기능

입력을 주면 설정 시간 (t)이 지난 후 출력이 동작한다.

(2) 기호

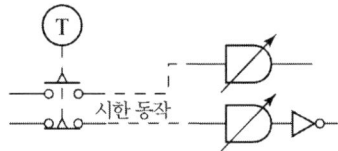

(3) 회로 및 타임차트

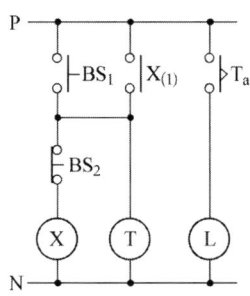
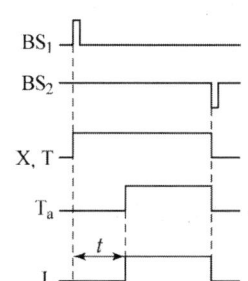

(4) 동작 설명

유지 회로 X_1에 의하여 시한 동작 타이머 ⓣ가 여자 되고 t초 후에 시한 동작 접점 T_a가 닫혀서 출력 ⓛ이 생긴다.

9 시한 복구회로(Off delay timer : Toff)

(1) 기능

정지 입력을 주면 설정 시간(t)이 지난 후 출력이 복구한다.

(2) 기호

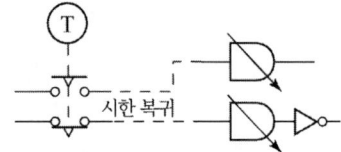

(3) 회로 및 타임차트

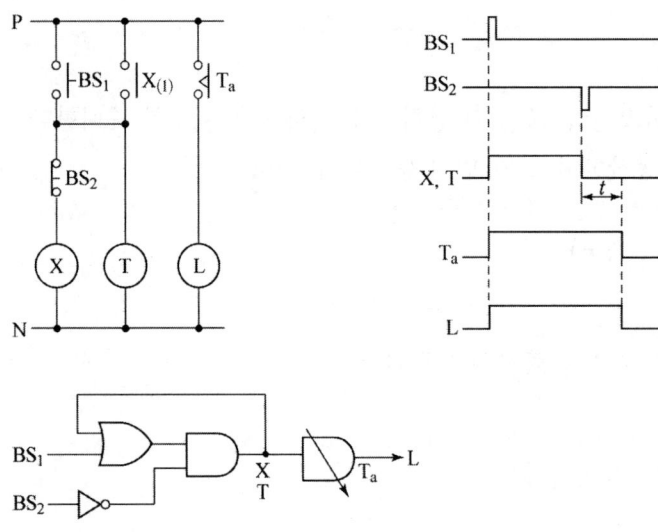

(4) 동작 설명

유지 회로 X_1로 시한 복구 타이머 ⓣ가 동작되고 출력 ⓛ이 생긴다. 정지 신호를 주면 t초 후에 시한 복구 접점 T_a가 열려 출력 ⓛ이 없어진다.

10 단안정 회로(monostable)

(1) 기능

정해진(설정 시간) 시간 동안만 출력이 생기는 회로

(2) 회로 및 타임차트

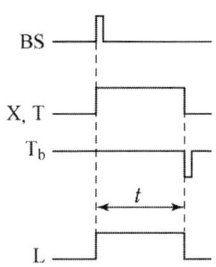
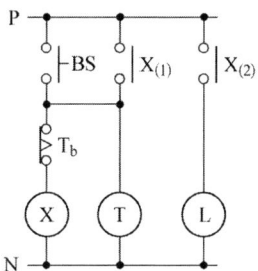

(3) 동작설명

유지 회로 $X_{(1)}$로 시한 동작 타이머 ⓣ가 여자 되고 시한 동작 b접점으로 회로를 복구시킨다.

11 전동기 운전 회로

(1) 구동 회로

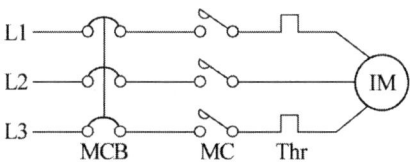

MC의 주접점이 닫히면 전동기 Ⓜ이 구동된다. 열동 계전기 Thr을 접속한다.

여기서, MCB : Molded case circuit Breaker
　　　　MC : Magnetic Contact
　　　　MS : Magnetic Switch
　　　　MS : MC + Thr
　　　　Thr : Thermal relay

(2) 회로 및 타임 차트

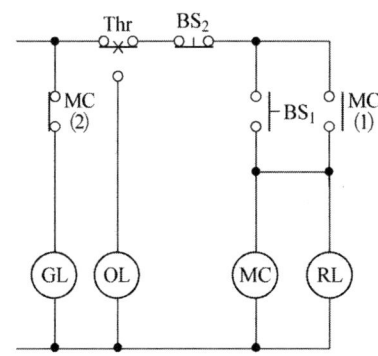
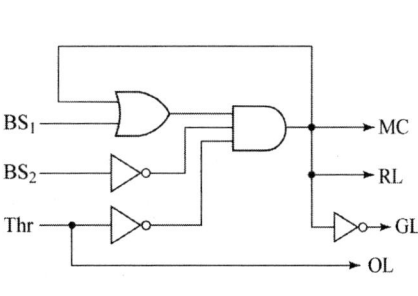

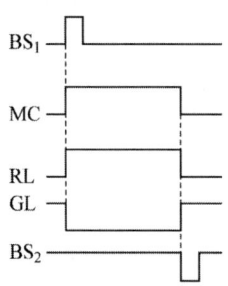

(3) 동작 설명

① 기동(동작 기구 : MC, RL, Ⓜ) : 전원을 투입(MCB)하면 정지 표시램프 GL이 점등한다. 기동 입력 BS_1을 주면 전자 접촉기 MC가 닫혀 전동기 Ⓜ이 기동한다. 동시에 GL이 소등되고, 운전 표시 램프 RL이 점등한다.

② 정지(동작기구 : GL) : 정지 입력 BS_2를 주면 MC가 복구하여 구동 회로의 주접점 MC가 열려 전동기 Ⓜ이 정지하고 동시에 GL이 점등되고 RL이 소등한다.

③ 고장 및 복구(고장 중 동작기구 : OL, GL, Thr) : 운전 중 이상 전류가 흘러 열동 계전기 Thr이 트립 되면 MC가 복구되고 Ⓜ이 정지하며 RL소등, GL점등과 동시에 경보 표시 램프 OL이 점등한다.

고장이 회복되면 수동, 혹은 자동으로 Thr이 회복되고 OL램프가 소등된다.

12 전동기 정·역 운전 회로

(1) 구동회로

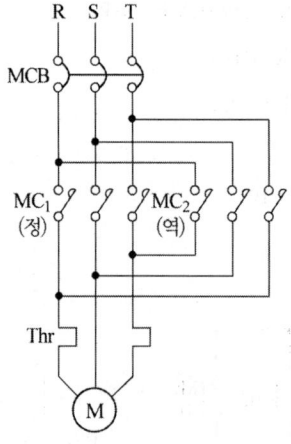

전동기의 정·역 회전은 회전 자장의 방향을 바꾼다.
- 3상 : 전원의 3단자 중 2단자의 접속을 바꾼다.
- 단상 : 기동 권선의 접속을 바꾼다.

(2) 회로 및 타임차트

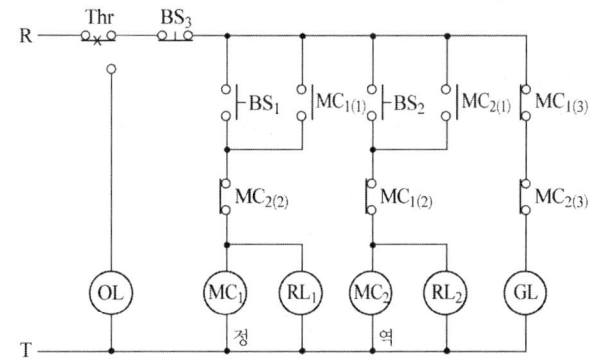

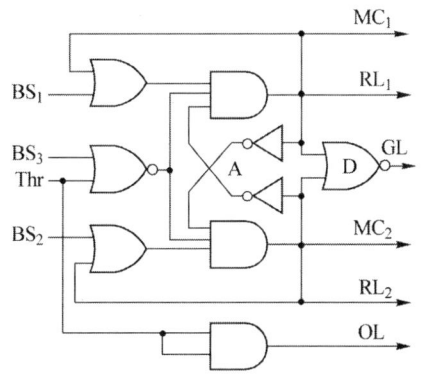
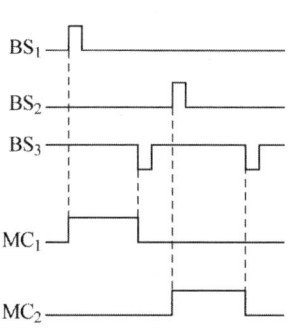

여기서, 입력 기구 : BS_1, BS_2
구동 기계 : Ⓜ (전동기)
정지 표시 램프 : GL
고장 표시 램프 : OL

출력 기구 : MC_1, MC_2
경보 기구 : Thr
운전 표시 램프 : RL_1, RL_2

(3) 동작 설명

① 정회전(동작 기구 : MC_1, RL_1, Ⓜ) : BS_1을 주면 MC_1이 동작 유지하고 구동 회로의 주접점 MC_1이 닫혀 전동기 Ⓜ이 정회전 기동한다. 동시에 GL이 소등되고, RL_1이 점등한다. 인터록 접점 $MC_{1(2)}$는 MC_2에 인터록을 건다.

② 역회전(동작 기구 : MC_2, RL_2, Ⓜ) : BS_2를 주면 MC_2가 동작 유지하고 구동 회로의 주접점 MC_2가 닫혀 전동기 Ⓜ이 역회전 기동한다. 동시에 GL이 소등되고, RL_2가 점등한다. 인터록 접점 $MC_{2(2)}$는 MC_1에 인터록을 건다.

③ 정지(동작 기구 : GL) : BS_3을 주면 $MC_1(MC_2)$이 복구하고 구동 회로의 주접점 MC_1(MC_2)이 열려 전동기 Ⓜ이 정지한다. 동시에 GL이 점등되고 RL_1(RL_2)이 소등된다.

④ 고장 및 복구(고장 중 동작기구 : OL(GL), Thr) : 운전 중 이상 전류가 흘러 열동 계전기 Thr이 트립 되면 $MC_1(MC_2)$이 복구하고 Ⓜ이 정지하며, RL_1(RL_2)이 소등되고,

GL이 소등됨과 동시에 경보 표시 램프 OL이 점등한다. 고장이 회복되면 수동, 혹은 자동으로 Thr이 회복되고 OL 램프가 소등된다.

13 전동기 Y-△ 기동 회로

전동기의 기동 전류를 줄이기 위하여 Y결선 기동하고 기동이 끝나고 ???결선으로 운전한다.

(1) 구동 회로

① 전전압 기동 시 기동 전류는 정격 전류의 6~7배 정도
② Y-△ 기동 시 전전압 기동 전류의 1/3배, 즉 정격의 2배
③ 모선 접속 : MC_1
　Y결선 기동 : MC_2 ⇨ 한 점에 묶는다.
　△결선 운전 : MC_3 ⇨ R-V, S-W, T-U
　※ MC_1은 생략할 수 있다.

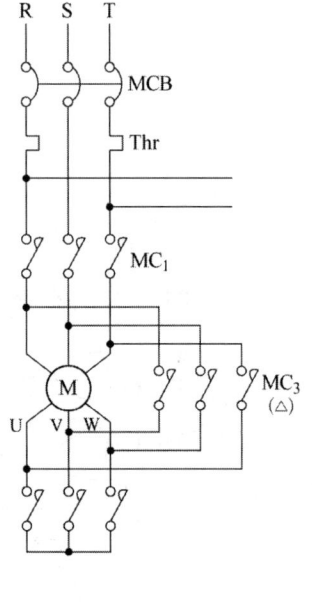

(2) 회로 및 타임 차트

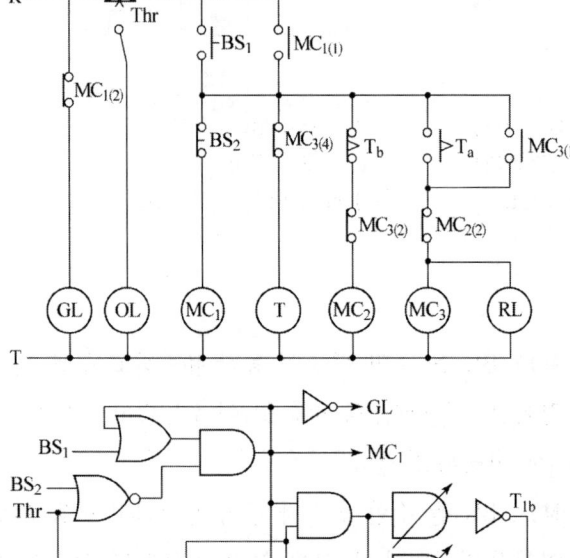

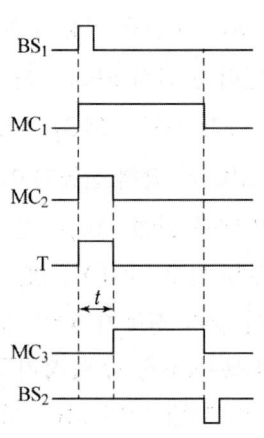

(3) 동작 설명

① 전원을 투입(MCB)하면 정지 표시 램프 GL이 점등한다. BS_1을 주면 MC_1이 동작 유지하고 GL이 소등된다. 또 MC_2가 동작하고 타이머 ⓣ가 여자 된다.

② 모선 접속 – 구동 회로의 주접점 MC_1이 닫혀 모선을 접속한다.

③ Y기동 – 구동 회로의 주접점 MC_2가 닫혀 전동기 Ⓜ이 기동한다. 도 접점 $MC_{2(2)}$는 MC_3에 인터록을 건다.

④ 설정 시간(약 7초)이 되면 시한 동작 타이머의 접점 T_b로 MC_2이 동작하고 RL이 점등한다.

⑤ △운전 – 구동 회로의 주접점 MC_3이 닫혀 전동기 Ⓜ이 운전된다. 또 접점 $MC_{3(2)}$는 MC_2에 인터록을 건다. 접점 $MC_{3(4)}$는 운전 중 타이머 ⓣ를 복구시킨다.

⑥ BS_2를 주면 MC_1이 복구하고 구동 회로의 주접점 MC_1이 열려 전동기 Ⓜ이 정지한다. 이어 MC_3이 복구하며 또한 GL이 소등된다.

⑦ 운전 중 이상 전류가 흘러 열동 계전기 Thr이 트립되면 MC_1과 MC_3이 복구하여 Ⓜ이 정지하며, RL이 소등하고 GL이 점등함과 동시에 OL이 점등한다. 고장이 회복되면 수동, 혹은 자동으로 Thr이 회복되고 OL램프가 소등된다.

10.2 PLC 제어

시퀀스 제어 회로를 CPU에 저장하여 프로그램화 한 것이다.

(1) PLC 구성도

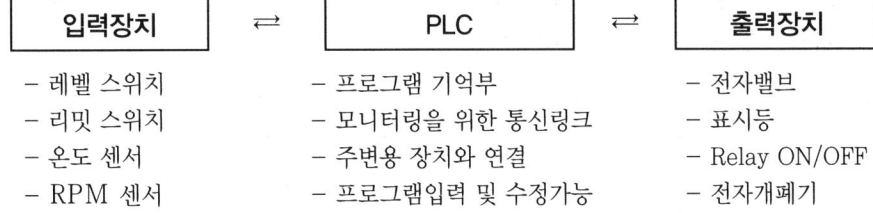

(2) PLC 시퀀스와 프로그램

[입력방법]

① 사용기구를 기억할 번지 정함 → ② 시퀀스 회로인 래더 다이어그램 작성 → ③ 명령어 사용 → ④ CPU에 입력

제10장 단원별 예상문제

문제 01 다음 그림과 같은 회로에서 램프 ⓛ의 동작을 답지의 타임차트에 표시하시오.
단, PB : 푸시 버튼 스위치, Ⓡ : 릴레이 접점, LS : 리밋 스위치

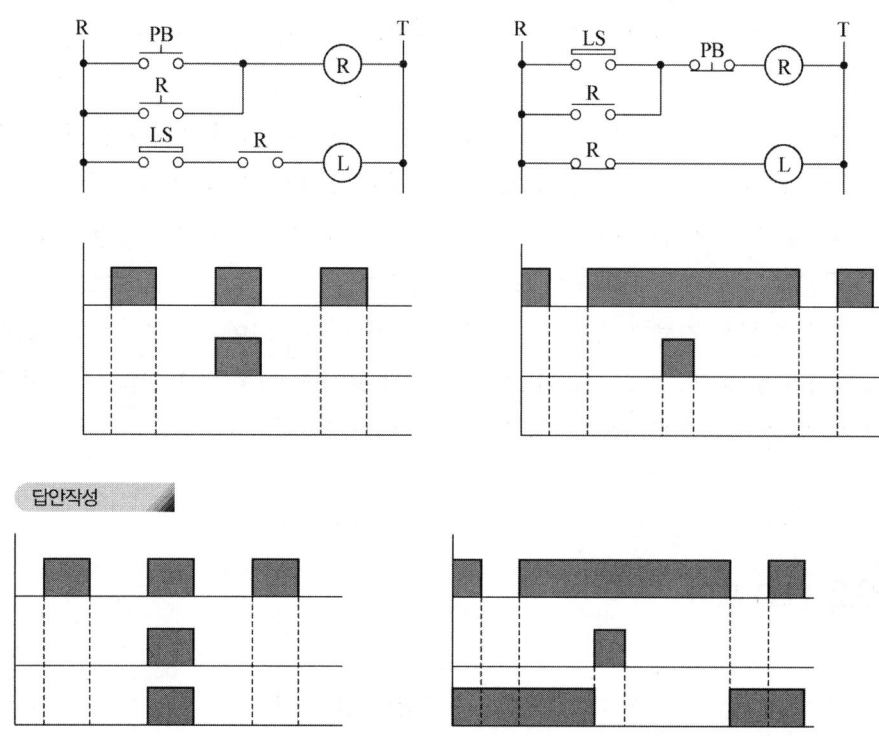

답안작성

문제 02 그림의 시퀀스 회로에서 A접점이 닫혀서 폐회로가 될 때 신호등 PL은 어떻게 동작하는가? 한 줄 이내로 답하시오.

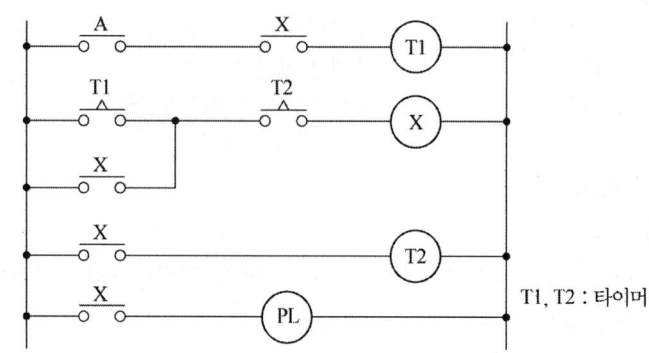

T1, T2 : 타이머

답안작성

PL 은 T1 설정 시간 동안 소등하고 T2 설정 시간 동안 점등함을 반복하며 A가 개로되면 반복을 중지한다.

문제 03 다음 회로의 계전기 X, Y, Z에 대한 논리식을 나타내시오.

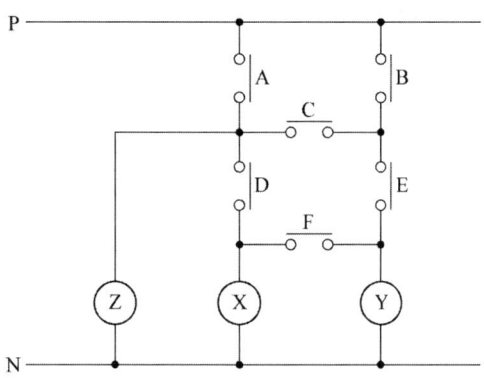

답안작성

(1) $X = AD + BCD + BEF + ACEF$
(2) $Y = BE + ACE + ADF + BCDF$
(3) $Z = A + BC + BEFD$

문제 04 다음 논리식을 간단히 하시오.
(1) $Z = (A + B + C)A$
(2) $Z = \overline{A}C + BC + AB + \overline{B}C$

답안작성

(1) $Z = (A+B+C)A = AA + AB + AC = A + AB + AC = A(1+B+C) = A$
(2) $Z = \overline{A}C + BC + AB + \overline{B}C = C(B+\overline{B}) + AB + \overline{A}C = C + AB + \overline{A}C$
   $= C(1+\overline{A}) + AB = AB + C$

문제 05 다음과 같은 접점 회로의 논리식은 어떻게 나타나는가?

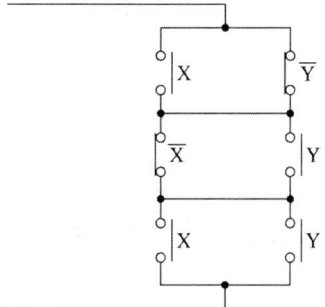

답안작성

(1) AA = A   1+B+C = 1 (1이 있으면 그 결과는 항상 1이 된다.)
(2) $A+\overline{A}=1$ $B+\overline{B}=1$

문제 06 그림과 같은 무접점 논리회로에 대응하는 유접점 릴레이(시퀀스) 회로를 그리고, 논리식으로 표현하시오.

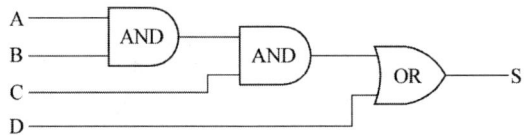

답안작성

(1)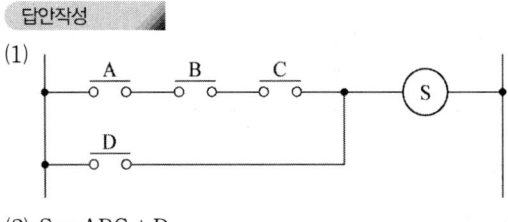

(2) S = ABC + D

해설

AND : 직렬 접속
OR : 병렬 접속

문제 07 그림과 같은 시퀀스 제어회로를 AND, OR, NOT의 기본회로(Logic sysmbol)를 이용하여 무접점 회로를 나타내시오.

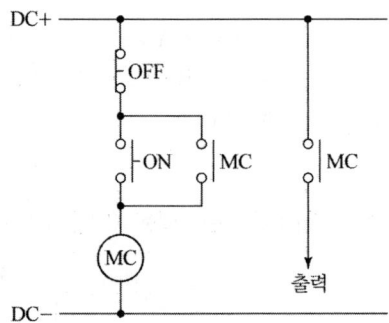

답안작성

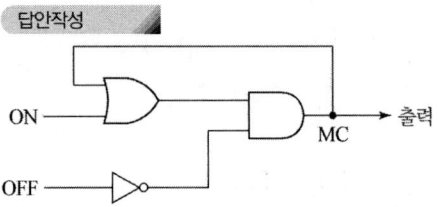

문제 08 다음 그림과 같은 유접점 시퀀스 회로를 무접점 시퀀스 회로로 바꾸어 그리시오.

[유접점 시퀀스 회로]

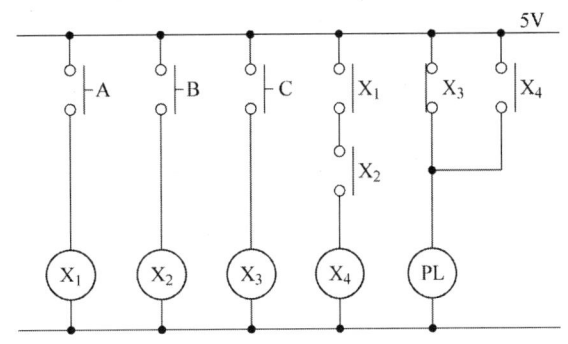

답안작성

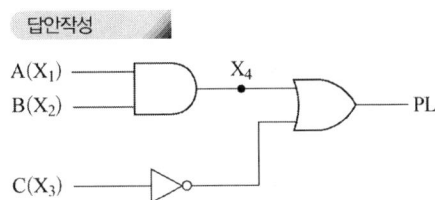

문제 09 논리 회로 (a)를 보고 진리표 (b)를 완성하시오.

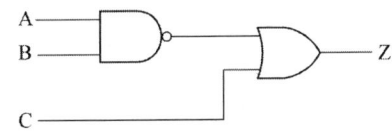

A	B	C	Z
0	0	0	
0	0	1	
0	1	1	
0	1	0	
1	1	1	

답안작성

A	B	C	Z
0	0	0	1
0	0	1	1
0	1	1	1
0	1	0	1
1	1	1	1

해설

AB가 동시에 1인 경우 이외 혹은 C가 1인 경우 Z는 1이 된다.

문제 10 다음 PLC 프로그램을 보고 래더 다이어그램을 완성하시오.

차 례	명령어	번지
0	STR	P00
1	OR	P01
2	STR NOT	P02
3	OR	P03
4	AND STR	–
5	AND NOT	P04
6	OUT	P10

답안작성

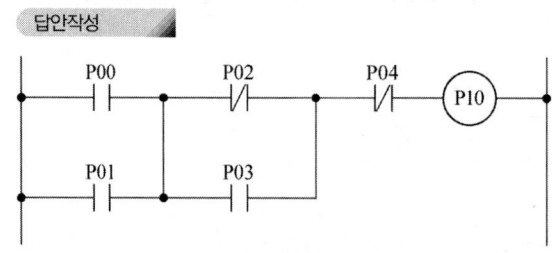

마스터 전기기능장 실기

PART 11

추가요점 및 예제정리

제11장 추가요점 및 예제정리

11.1 전선 및 옥내배선용 기호

1 배선공사

천장은폐	바닥은폐	노출배선	바닥노출	지중매설
————	— — — —	············	—·—·—·—	— - — - — -

2 케이블

약호	명 칭	약호	명 칭
A	연동선	NV	비닐 절연 네온전선
A-AL	경 알루미늄선	OW	옥외용 비닐 절연전선
ACSR	강심 알루미늄 연선	OC	가교 폴리에틸렌 절연전선
BCV	바인드용 동비닐선	OE	폴리에틸렌 절연전선
BE	부틸고무절연 폴리에틸렌 외장 케이블	PDB	고압인하용 부틸고무 절연전선
BL	부틸고무절연 연피케이블	PDC	고압인하용 가교폴리에틸렌 전선
BN	부틸고무절연 클로로프렌 외장 케이블	PDE	고압인하용 EP 고무 절연전선
BNCT	부틸고무절연 클로로프렌 캡타이어 케이블	PDV	고압인하용 비닐전선
BV	부틸고무절연 비닐외장 케이블	RB	600[V]고무 절연전선
CE	가교폴리에틸렌 절연폴리에틸렌 외장 케이블	RL	고무절연 연피케이블
CV	가교폴리에틸렌 절연 비닐외장 케이블	RV	고무절연 비닐외장 케이블
CN-CV	동심 중성선 차수형 전력케이블	CNCV-W	동심 중성선 수밀형 전력케이블
DV	인입용 비닐 절연전선	SF	옥내 단심 코드
DVF	인입용 비닐 평형 절연전선	SLE	폴리에틸렌 외장 SL케이블
EE	폴리에틸렌 절연 폴리에틸렌외장케이블	SLN	클로로프렌 외장 SL케이블
EL	폴리에틸렌 절연 연피케이블	SLTA	강대외장 SL케이블
EV	폴리에틸렌 절연 비닐외장케이이블	TF	옥내 2개연 코드
FL	형광 방전등용 비닐전선	VCE	가교폴리에틸렌 절연 폴리에틸렌 외장 케이블
GV	접지용 비닐전선	VCV	가교폴리에틸렌 절연 비닐 외장 케이블
H	경동선	VV	비닐절연 비닐외장 케이블

약호	명칭	약호	명칭
HA	반 경동선	VVF	비닐절연 비닐외장 평형 케이블
H-AL	경 알루미늄선	VVR	600[V] 비닐절연 비닐외장 회형 케이블
HA-AL	반경 알루미늄선	WCT	리드용 1종 케이블
HIV	내열용 비닐 절연전선	WNCT	리드용 2종 케이블
I-AL	알루미늄 합금선	WRCT	홀더용 1종 케이블
IV	600[V]비닐 절연전선	WRNCT	홀더용 2종 케이블
NEV	폴리에틸렌절연 비닐외장 네온전선		

3 배관공사

① 후강전선관(10종) : 16, 22, 28, 36, 42, 54, 70, 82, 92, 104
② 박강전선관(7종) : 19, 25, 31, 39, 51, 63, 75
③ 합성수지관(12종) : VE 14, 16, 22, 28, 36, 42, 54, 70, 82, 100, 104, 125
④ 폴리에틸렌관 PF
⑤ 2종 가요전선관 F_2
⑥ 전선없음 $---\!\!\subset\!\!---$

4 전선종류

① NR : 450/750[V] 일반용 단심 비닐절연전선
② HIV : 내열용 비닐 절연전선
③ GV : 접지용 비닐 절연전선
④ DV : 인입용 비닐 절연전선
⑤ OW : 옥외용 비닐 절연전선
⑥ RB : 600[V] 고무 절연전선
⑦ FL : 1000[V] 형광 방전등용 전선
⑧ 7.5kW NRV : 7.5[kW] 고무절연비닐네온전선
⑨ H-AL : 경 알루미늄선
⑩ ACSR : 강심 알루미늄 연선
⑪ PDB : 고압 인하용 부틸 고무 절연전선

※ 네온전선지지 - 코드 서포트
※ 켑타이어 케이블 : CTF
※ ACSR접속은 슬리브접속

5 소형변압기

소형 변압기	Ⓣ	벨 변압기	Ⓣ_B
네온 변압기	Ⓣ_N	형광방전등용 안정기	Ⓣ_F
리모콘 변압기	Ⓣ_R	고효율 방전등용 안정기	Ⓣ_H

6 등기구 심벌

(1) 백열전구 ○

리셉터클	Ⓡ	샨들리에	ⒸH
부라켓트	Ⓑ	실링라이트	ⒸL
코오트 팬던트	⊖	매입형기구	◎
옥 외 등	◎	벽붙이	◐

(2) 형 광 등

1등용	─○─ F40	3등용 2기구	─○─ F40×3-2
2등용	─○─ F40×2	형광등(가로붙이)	─◐─ F
3등용	─○─ F40×3	형광등(세로붙이)	◐

(3) 비상용 조명등

백열등	●	형광등	━○━

(4) 유 도 등

백열등	⊗	형광등	─⊗─

(5) 고효율 방전등

나트륨등	○_N	메탈헬라이드등	○_M
수 은 등	○_H	크세논등	○_X

(6) 겸용등 및 기타

형광등 + 비상 조명등(백)	─○●─	객석유도등	⊗_S
통로유도등 + 비상 조명등(형)	━⊗━		

7 콘센트 – 20[A] 이상만 기입

단극	◐		
2구	◐₂	3극	◐₃ₚ
방수형	◐WP	방폭형	◐EX
취사용	◐R	의료용	◐H
타이머붙이	◐TM	빠짐 방지형	◐LK
걸림형	◐T	접지극 붙이	◐E
누전차단기 붙이	◐EL	접지극 단자 붙이	◐ET
천장붙이	⊙	바닥붙이	⊙
비상콘센트	⊙⊙		

8 배전선로설비

(1) 전선로

가공전선로	----------	지중전선로	—·—·—·—

(2) 지지물

목주	─○─	CP 주	─●─
철주	─□─	철탑	─⊠─

(3) 지 선

지 선	──→	지 주	──┤
지선주	──⇥		

(4) 기 타

맨 홀	◎	케이블헤드	▽

9 배·분전반

배·분전반	▭	재해방지전원회로용 1종 배전반	⊠
배전반	⊠		

분전반	◧	재해방지전원회로용 2종 배전반	◪
제어반	⧖		

10 옥내배선공사

버스덕트	■■■■	금속덕트	MD
라이팅덕트	□─LD───	플로어덕트	─────(F7)

11 점멸기 – 15[A] 이상만 기입

점멸기 10[A]	●	점멸기 15[A]	●15[A]
방수형	●WP	방폭형	●EX
자동	●A	파일럿램프 내장	●L
3조	●3	파일럿램프 외장	○●
조광기	↗	누름스위치	▫
셀렉터스위치	⊗	누름스위치(벽붙이)	▯▫

12 사 고

	단선도	복선도
① 1선 지락		
② 2선 지락		
③ 1선 단선 지락		
④ 2선 단선 지락		
⑤ 2선 단락(선간단락)		
⑥ 3선 단락(3상 단락)		

13 기 타

최대수요전력량계 DM	자가용 설비 수용가의 최대(Peak)치 측정하여 기록함
적산전력량계 (WH)	수용가측 사용전력량 측정
무효전력계 (VAR)	자가용수용가 설비의 무효전력 측정
무효전력량계 (VARH)	자가용 수용가 설비의 무효전력 측정하여 기록함
주 파 수 계 (F)	자가용 수용가 설비의 주파수 측정
역 률 계 (PF)	자가용 수용가 설비의 역률측정
훅크온메타 (클램프메타)	선로를 절단하지 않고 간편하게 선로전류측(교류 실효 전압 측정 가능)
절연저항계	전기설비의 전기기기, 전선로등의 절연상태 측정
접지저항계 (접지저항측정기)	전기설비의 보안을 위해 제1종, 제2종, 제3종 접지 저항값 측정
회로시험기	전기설비의 교류전압, 직류전압, 직류전류, 저항, 도통시험, 다이오드 양부, 콘덴서 양부 판정에 사용

명칭 (약호)	기능(역할)
케이블 헤드(CH)	가공전선과 케이블의 단말 접속
단로기(DS)	무부하에서 회로(전로)를 개방, 변경
피뢰기(LA)	이상전압을 대지로 방전하고 속류를 차단
전력퓨즈(PF)	부하전류는 통전토록하고 과전류는 차단
계기용변압변류기(MOF)	전력량계를 위하여 PT와 CT를 한 함에 묶은 것
영상 변류기(ZCT)	지락전류를 검출하여 지락 계전기에 공급
계기용 변압기(PT)	고전압을 저전압으로 변성하여 계기나 계전기에 전원공급
계기용 변류기(CT)	대전류를 소전류로 변성하여 계기나 계전기에 전원공급
교류 차단기(CB)	부하전류를 개폐하고 사고(고장,이상)전류를 차단
유입 개폐기(OS)	부하전류를 개폐
트립 코일(TC)	사고시에 보호계전기에 의해 여자되어 차단기를 동작
지락 계전기(GR)	지락사고시에 지락전류(영상전류)로 동작, 트립코일 여자
과전류 계전기(OCR)	과전류에서 동작, 트립코일 여자
전압계용 전환스위치(VS)	전압계 1대로 3상의 선간 전압을 측정하기 위한 개폐기
전류계용 전환스위치(AS)	전류계 1대로 3상의 선간 전류을 측정하기 위한 개폐기
전압계(V)	전압을 측정
전류계(A)	전류를 측정
전력용 콘덴서(SC)	진상 무효전력을 공급하여 역률 개선
방전 코일(DC)	콘덴서의 잔류전하를 방전하여 감전사고 방지

명칭 (약호)	기능(역할)
직렬 리액터(SR)	제5고조파 제거 및 콘덴서 투입시 돌입전류를 억제
컷아웃 스위치(COS)	과전류를 차단하여 기기(변압기)를 보호
변압기(TR)	고전압을 저전압으로 변성하여 부하에 전원 공급
배선용차단기(MCCB)	고장전류차단 및 개폐
고압부하개폐기(LBS)	용단시 결상 사고의 파급 방지 및 단락 사고 보호용
선로 개폐기(LS) (기중개폐기/IS)	인입구 개폐로기 사용되며 소전류 및 충전류 개폐 가능함
자동고장구분개폐기(ASS)	사고시 자동으로 전로를 차단하여 사고확대를 최소화
자동절체개폐기(ATS)	정전때 비상 발전기 선로에 전체되어 전원공급을 가능하게 함

전 동 기	Ⓜ	발 전 기	Ⓖ
전 열 기	Ⓗ	환 풍 기	∞
룸 에어콘	RC	전력량계	Ⓦ︎H
배선용차단기	B	상자매입전력량계	WH
누전차단기	E	과전류소자붙이 누전차단기	BE
개 폐 기	S	전류계 붙이개폐기	Ⓢ
전자 개폐기	$	전류계 붙이 전자개폐기	Ⓢ︎$
접지센터	EC	정온식 감지기	⌂
누전경보기	⊗G	연기 감지기	Ⓢ
스 피 커	◁	내선 전화기	⊤
부 저	⌐	정션 박스	--◉--
VVF용 조인트박스	⊘	단지붙이VVF용 조인트박스	⊘t
리모콘릴레이	▲	열 전 대	⊻
저 항 관	—⋀—	접지 단자	⏚
수 력 발전소	◪	화 력 발전소	▤
원자력발전소	⊜	배관 상승	⤴
배관 하강	⤵	소 통	⤢

11.2 내선규정(용어)

1 용어정리

(1) 수용장소 : 전기사용장소를 포함하여 전기를 사용하는 구내 전체
(2) 우선내 : 옥측의 처마의 선단에서 연직선에 대해 45°를 그은 선내의 옥측부분 → 비 안맞는 부분
(3) 옥내배선 : 옥내의 전기 사용장소에 시설하는 배선
(4) 대지전압
    ① 비접지식 : 전선 상호간의 전압
    ② 접 지 식 : 대지와 전선 사이 전압
(5) 가공인입선 : 가공전선로의 지지물에서 다른 지지물을 거치지 않고 수용장소의 인입선 접속점에 이르는 가공전선
    ① 절연전선, 다심형 전선 또는 케이블
       전선은 케이블인 경우 이외는 지름 2.6[mm]의 경동선
    ② 전선의 높이 (저압)
       • 철도 : 6.5[m]
       • 도로횡단 : 5[m]
       • 횡단보도위 : 3[m]
       • 교통지장 없음 : 3[m]
       • 이외 : 4[m]
(6) 연접인입선 : 하나의 수용장소의 인입선 접속점에서 분기하여 지지물을 거치지 아니하고 다른 수용장소의 인입선 접속점에 이르는 전선
    ① 인입선에서 분기하는 점으로부터 100[m]를 넘지 말 것
    ② 폭 5[m] 도로 횡단 금지
    ③ 옥내 통과 금지
    ④ 전선 굵기 지름 2.6[mm]이상 경동선
(7) 수구 : 소켓, 리셉터클, 콘센트 등의 총칭
(8) 배선기구 : 개폐기, 과전류 차단기, 접속기 기타 유사한 기구
(9) 변전소 : 구외로부터 전송되는 전기를 구내에 시설한 변압기 등으로 변성한 전기를 다시 구외로 전송하는 곳
(10) 전선로 : 전기사용장소 상호간의 전선 및 이를 지지하거나 보장하는 전기설비
(11) 전차선 : 전차에 전기를 공급하기 위한 접촉전선
(12) 관등회로 : 방전등용 안정기와 점등관등의 점등에 필요한 부속품과 방전관을 연결하는 회로

⑬ 접근상태
　① 1차 접근상태 - 지지물의 도괴등 사고 때에 전선이 다른 공작물에 접촉할 위험이 있는 상태로 2차 접근상태 이외의 범위
　② 2차 접근상태 - 지지물과 3[m]의 수평거리내의 범위
⑭ 단락전류 : 전로의 선간이 임피던스가 적은 상태로 접촉되었을 경우 그 부분을 통해 흐르는 큰 전류
⑮ 급전선 : 배전변전소 또는 발전소로부터 배전간선에 이르기까지의 도중에 부하가 접속되지 않는 선로

2 전압

(1) 전압의 구분
　① 저압 : 직류 750[V] 교류 600[V] 이하
　② 고압 : 저압을 넘고 7000[V] 이하
　③ 특고압 : 고압을 넘는 전압

(2) 100[V]에서 220[V]로 승압할 경우의 장점과 단점

장 점	단 점
・공급전력이 4.84배 증대 ・전력손실이 79.33[%] 감소 ・전압강하율이 79.33[%] 감소 ・전선량이 감소	・시설비의 증가 ・인축접지사고의 증가 ・유도장해의 증가

3 전선의 굵기 결정

- 허용전류, 전압강하, 기계적 강도

(1) 전선의 구비 조건
　① 비중이 적을 것　　　　② 도전율이 클 것
　③ 가설하기 용이할 것　　④ 기계적 강도가 클 것
　⑤ 내부식성이 있을 것　　⑥ 경제적일 것

(2) 전류감소계수 (금속관 및 합성수지관 시설시)
　① 동일관내의 전선수가 3 이하일 때 : 0.70
　② 동일관내의 전선수가 4 이하일 때 : 0.63
　③ 동일관내의 전선수가 5~6 이하일 때 : 0.56
　※ 소수점이하 칠사팔입(七死八入)한다.
　※ 감소계수는 나누고 보정계수는 곱하고

※ 전선에 흐르는 허용전류
  ㉠ 순시 허용전류
  ㉡ 연속사용시 허용전류
  ㉢ 단락 허용전류

(3) 온도에 의한 허용전류 보정계수

$$R = \sqrt{\frac{H-\theta}{30}}$$

R : 허용온도 감소계수, θ : 주위 온도
H : 절연물의 최고 허용 온도 (NR전선 : 60[℃], HIV전선 : 75[℃])

(4) 전압강하 및 전선굵기

전기방식	전압강하	비고
1φ2W	$e = \dfrac{35.6LI}{1000A}$	e : 각 선간의 전압강하
3φ3W	$e = \dfrac{30.8LI}{1000A}$	e' : 중선선과의 전압강하 L : 전선 1본의 길이
1φ3W 3φ4W	$e' = \dfrac{17.8LI}{1000A}$	A : 전선의 단면적 I : 전류

(5) 전압과의 관계

① 전압 강하 : $e = K \cdot I(R\cos\theta + X\sin\theta)$

   : $e = \dfrac{P}{V}(R + X\tan\theta) \rightarrow e \propto \dfrac{1}{V}$

② 전압강하율 : $\delta = \dfrac{V_S - V_R}{V_R} \times 100 = \dfrac{e}{V_R} \times 100$

   : $\delta = \dfrac{P}{V^2}(R + X\tan\theta) \rightarrow \delta \propto \dfrac{1}{V^2}$

③ 전압변동률 : $\epsilon = \dfrac{V_{R0} - V_R}{V_R} \times 100$

④ 전력 손실 : $P_L = \dfrac{P^2 R}{V^2 \cos^2\theta} \rightarrow P_L \propto \dfrac{1}{V^2}$

⑤ 전력손실률 : $K = \dfrac{PR}{V^2 \cos^2\theta} \rightarrow K \propto \dfrac{1}{V^2}$

4 고조파

(1) 고조파 방지대책

① 교류필터 설치   ② 펄스의 다변화
③ 계통구성 고려   ④ 기기의 고주파 내량 증가

예제문제

(1) **뱅크** - 전로에 접속된 변압기 또는 콘덴서 결선상 단위
(2) **수구** - 소켓, 리셉터클, 콘센트의 총칭
(3) **한류 퓨즈** - 단락전류를 신속히 차단하며 흐르는 단락전류의 값을 제한하는 성질을 가진 퓨즈
(4) **접촉전압** - 지락이 발생된 전기기기 기구의 금속제 외함들에 인축이 닿을 때 인체에 가해지는 전압
(5) **대지전압**
 - 접지시 - 대지와 전선사이
 - 비접지식 - 한 선과 전로중 임의의 다른 전선 사이 전압
(6) 절연전선의 굵기, 전선수 및 접지선 표시 방법

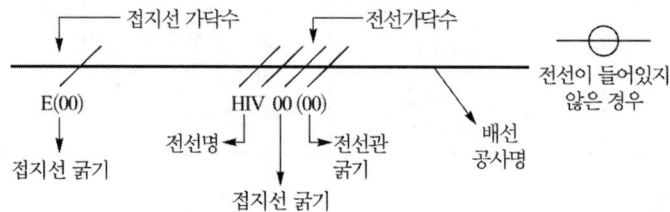

(7) 허용전류의 종류
  ① 연속사용시 허용전류
  ② 순시 허용전류
  ③ 단락시 허용전류

11.3 내선규정(배선설비설계)

1 저압 전로의 절연저항

(1) 저압전로의 절연저항치

전로의 사용전압[V]	DC 시험전압[V]	절연저항[MΩ]
SELV 및 PELV	250[V]	0.5[MΩ]
FELV, 500[V]이하	500[V]	1[MΩ]
500[V] 초과	1000[V]	1[MΩ]

2 절연내력시험

(1) 고압 및 특고압 기계기구 절연내력 시험 → 10분간 인가

전 압		배수	최소전압
7000[V]이하		1.5	500[V]
25[kV]이하	중성점다중접지	0.92	
60[kV]이하		1.25	10500[V]
60[kV]이상	비접지	1.25	
	중성점접지	1.1	75000[V]
	중성점직접접지	0.72	
170[kV]이상	중성점직접접지	0.64	

※ 케이블 시험인 경우 직류로 시험할 수 있으며, 시험전압은 교류시험전압의 2배가 된다.
※ 사용전압이 저압인 전로에서 정전이 어려운 경우 등 절연저항 측정이 곤란한 경우에는 누설전류를 1[mA] 이하로 유지

(2) 기타 기구 절연내력 시험 방법

종 류			시험전압	시험장소(시험방법)
회전기	발전기 전동기 조상기등	7[kV]이하	최대사용전압 × 1.5 (최저 500[V])	권선과 대지사이 연속하여 10분간
		7[kV]초과	최대사용전압 × 1.25 (최저 10,500[V])	
	회전변류기 (동기M+직류G)		직류측 최대사용전압 × 1 (최저 500[V])	
정류기	60,000[V] 이하		직류측의 최대사용전압의 1배의 교류 전압(최저 500[V])	충전부분과 외함간 연속하여 10분간
	60,000[V] 초과		교류측의 최대사용전압의 1.1배의 교류전압 또는 직류측의 최대사용전압의 1.1배의 직류전압	교류측 및 직류고전압측 단자와 대지간에 연속하여 10분간

※ 연료전지 및 태양전지 모듈은 최대사용전압의 1.5배의 직류전압 또는 1배의 교류전압(500[V] 미만으로 되는 경우에는 500[V])을 충전부분과 대지사이에 연속하여 10분간 가하여 절연내력을 시험

3 접지공사

(1) 목적
① 전기기계기구의 절연열화 방지
② 혼촉에 의한 이상전압 방지
③ 피뢰기등의 뇌해 방지및 보호 효과 증진
④ 감전사고 방지
⑤ 이상전압 억제 대지전압 억제, 보호장치 동작 확보

(2) 접지공사
변압기 고저압 혼촉시 접지저항

    접지저항과 접지선의 굵기 150 / 1선 지락전류

    2초 이내 자동차단시 300 / 1선 지락전류[Ω]

    1초 이내 자동차단시 600 / 1선 지락전류[Ω]

※ 접지가 생긴 경우 0.5초 이내 자동차단 장치 시설시

정격감도전류	접지저항치	정격감도전류	접지저항치
30[mA]	500[Ω]	500[mA]	30[Ω]
50[mA]	300[Ω]	100[mA]	150[Ω]
300[mA]	50[Ω]	200[mA]	75[Ω]

(정격감도전류 × 접지저항치 = 15[V])

4 1선지락전류의 계산식 (중성점 비접지식 고압전류)

① 전선이 케이블일 경우

$$I_g = 1 + \frac{\frac{V}{3} \times L' - 1}{2} \text{ [A]}$$

② 전선이 케이블이외 경우

$$I_g = 1 + \frac{\frac{V}{3} \times L - 100}{150} \text{ [A]}$$

③ 전선이 케이블과 케이블 이외의 전선으로 된 전선일 경우

$$I_g = 1 + \frac{\frac{V}{3} \times L' - 1}{2} + \frac{\frac{V}{3} \times L - 100}{150} \text{ [A]}$$

V : 공칭전압 / 1.1[kV](공칭전압 : 전선로를 대표하는 선간전압)
L : 동일 모선에 접속되는 고압전로의 전선연장[km] (긍장 × 회선수 × 선수)
L' : 동일모선에 접속되는 고압전로의 케이블 선로연장[km] (긍장 × 회선수)
I_g : 1선 지락전류
단) I_g의 값은 소수점 이하는 무조건 절상.
I_g값이 2 미만일 때는 2로 한다.

5 접지공사를 생략할 수 있는 경우
① 사용전압이 직류 300[V] 또는 교류 대지전압 150[V] 이하의 회로에 사용되는 기기를 건조한 장소에 시설한 경우
② 기계기구를 사람이 접촉될 우려가 없도록 목주 등과 같이 절연성이 있는 것 위에 시설한 경우
③ 저압용 기계기구에 전기를 공급하는 전로의 전원측에 절연변압기를 시설하고 절연변압기를 부하측의 전로를 접지하지 아니한 경우

6 접지극
① 동판 : 두께 0.7[mm] 이상 단면적 900[cm^2] 이상
② 동봉 : 지름 8[mm]이상 길이 0.9[m] 이상
③ 동복강판 : 두께 1.6[mm], 길이 0.9[m], 면적 250[cm^2] 이상

7 접지선
① 구비조건(굵기 결정 3요소)
  • 기계적 강도   • 전류용량   • 내부식성
② 접지선의 색 : 녹색, 청색애자로 지지
③ 접지선의 굵기 : $A = 0.0496 I_n$[mm^2] (I_n : 과전류차단기정격전류)

8 접지 공사 방법
① 접지극은 지하 75[cm] 이상의 깊이에 매설한다.
② 접지극을 철주 바로 밑에 시설시에는 30[cm] 이격하며 이외에는 금속체와 1[m] 이상 이격하여 시설한다.
③ 접지선은 접지극에서 지상 60[cm]까지 절연전선·케이블을 사용
④ 접지선의 지표면하 75[cm]에서 지상 2[m]까지 합성수지관(두께 2[mm] 이상) 또는 이와 동등 이상의 절연효력 및 강도가 있는 것으로 몰드할 것.
⑤ 접지극 병렬 매설시 접지극 상호간 2[m]이상 이격한다.
⑥ 접지선을 시설한 지지물에는 피뢰침용 접지선을 시설하여서는 안된다.

※ 수도관등의 접지극
① 안지름 75[cm] 이상 ⇒ 3[Ω]
② 안지름 75[cm] 미만의 분기점으로 부터 5[m]이내 ⇒ 3[Ω] 이하
③ 2[Ω] 이하인 경우 5[m] 초과할 수 있다.
※ 철골 접지극 2[Ω]이하
※ 전등 전력용 및 소세력 회로의 접지극과 접지선은 피뢰침용의 접지극 및 접지선에서 2[m]이상 이격하여 시설한다.
※ 저압개폐기 생략은 중성점과 연결된 선에서 할 수 있다.

9 전력계통

(1) 1φ3W 시설 기준
① 중성선에 2종 접지 시설
② 동시개폐기 시설
③ 중성선에 퓨즈 넣지 않는다.
※ 저압 밸런서의 역할 : 중성선 단락시 설비 불평형률 개선

(2) 전기방식에 따른 전선량

방식	1φ2W 전선량이 100[%]일 경우	절약량
1φ3W	3/8 = 37.5[%] 소요	62.5[%]
3φ3W	3/4 = 75.0[%] 소요	25.0[%]
3φ4W	1/3 = 33.3[%] 소요	66.7[%]

(3) 불평형 부하 제한
① 단상 3선식 – 40% 초과할 수 없다.

$$\text{설비불평형률} = \frac{\text{중성선과 연결된 전선간의 차}}{\text{총 부하설비 용량} \times 1/2} \times 100$$

② 3상 3선식, 3상 4선식 – 30[%] 초과할 수 없다.

$$\text{설비불평형률} = \frac{\text{단상부하 최대와 최소용량간의 차}}{\text{총 부하설비 용량} \times 1/3} \times 100$$

※ 30[%]를 초과할 수 있는 경우
- 저압수전에서 전용변압기 등으로 수전하는 경우
- 고압 및 특별고압 수전에서는 100[kVA]이하의 단상부하인 경우
- 고압 및 특별고압 수전에는 단상부하 용량의 최대와 최소의 차가 100[kVA]이하인 경우
- 특별고압 수전에서 100[kVA]이하의 단상 변압기 2대로 역V결선하는 경우

※ 특별고압 및 고압수전에서 대용량의 단상전기로 등의 사용에서 저항의 제한에 따르기 어려울 때는 전기사업자와 협의하여 다음 각호에 의하여 포설한다.
   ① 단상부하 1개의 경우에는 2차 역V결선에 의할 것.
      다만, 300[kVA](kW)이하인 경우
   ② 단상부하 2개의 경우에는 스코트 결선에 의할 것.
      다만, 300[kVA](kW)이하인 경우
   ③ 단상부하 3개의 경우에는 가급적 선로 전류가 평형이 되도록 각 선간에 부하를 접속할 것.

※ 과전류 차단기의 시설 제한
   ① 접지공사의 접지선
   ② 저압 가공전선로의 접지측 전선
   ③ 다선식 전로의 중성선

10 부하와의 관계

(1) 수용률

$$수용률 = \frac{최대수용전력[kW]}{설비용량[kW]} \times 100$$

(2) 부하율

$$부하율 = \frac{수용전력의\ 합[kW]}{합성\ 최대수용전력[kW]} \times 100$$

※ 부하율이 클수록 그에 대한 공급설비가 유효하게 사용됨

(3) 부등률

$$부등률 = \frac{개개의\ 최대\ 수용전력의\ 합[kW]}{합성\ 최대수용전력[kW]} > 1$$

※ 부등률이 크면 부하설비의 이용률이 높다.

(4) 수용률, 부등률 및 부하율의 관계

① 합성 최대수용전력 $= \dfrac{수용설비용량\ 합 \times 수용률}{부등률} \times (1+전력손실)$

② 부하율 $= \dfrac{평균수용전력}{수용설비용량\ 합} \times \dfrac{부등률}{수용률}$

※ 변압기 용량(합성 최대수용전력) $= \dfrac{\Sigma(설비용량 \times 수용률)}{부등률 \times 역률}$ [kVA]

11 부하 설비용량 선정

(1) 부하설비용량의 식

= (표준부하 × 바닥면적) + (부분부하 × 부분면적) + 가산부하

(2) 건축물에 따른 표준부하

건물의 종류	표준 부하 [VA/m^2]
공장, 교회당, 사원, 극장, 연회장 등	10
기숙사, 하숙집, 여관, 호텔, 병원 등	20
사무소, 은행, 상점 등	30
주택, 아파트	40

(3) 건물에서의 부분부하

건물 부분	부분 부하 [VA/m^2]
복도, 계단, 화장실, 창고, 다락	5
저장실, 강당, 관객석	10

12 간선의 수용률

(1) 옥내 배선의 설계에 있어서 간선의 굵기를 선정할 때 전등 및 소형 전기기계기구의 용량의 합계가 10[kVA]를 넘을 때

① 은행, 학교, 사무실 등 → 70[%]의 수용률 적용

② 여관, 기숙사, 호텔, 주택, 병원, 창고 등 → 50[%]의 수용률 적용

※ 전등 및 소형 기계기구의 수용률 적용은 10[kVA] 이상만 적용

㉠ 전등 25[kVA]와 대형기구 8[kVA]의 최대부하?(수용률 70[%])

Sol. $10 + (25 - 10) \times 0.7 + 8 = 28.5$[kVA]

(2) 간선의 전압강하 (전선긍장이 60[m] 이하인 경우)

간선의 전압강하는 2[%] 이하로 한다.

다만 전기사용장소 안에 시설한 변압기에 의한 공급은 3[%]

※ 전선의 긍장이 60[m] 이상일 때 전압강하 허용치

전선긍장	120[m] 이하	200[m] 이하	200[m] 초과
전기사업자로 부터	4[%]	5[%]	6[%]
전용변압기사용시	5[%]	6[%]	7[%]

※ 소형 전등수구 콘센트 : 예상부하 − 150[VA], 베이스공칭지름 − 26[mm]

　　대형 전등수구 : 예상부하 − 300[VA], 베이스공칭지름 − 39[mm]

예제문제

(1) 수용률은?

수용률 : 설비용량에 대한 최대전력의 비를 백분율로 나타낸 것

$$수용률 = \frac{최대수용전력}{설비용량} \times 100[\%]$$

(2) 부등률은?

$$부등률 = \frac{개개의\ 최대수용전력의\ 합}{합성\ 최대수용전력}$$

① 정의(간단히 설명하면) : 전력소비기기를 동시에 사용하는 정도(각 수용가의 최대수용전력이 발생하는 시각이 다른 정도)
② 부등률이 클수록 설비의 이용도는 어떠한가? 부등률이 클수록 부하율이 향상되어 설비의 이용도는 높아진다.
③ 부등률이 크다는 것은 어떤 것을 의미하는가? 최대전력을 소비하는 기기의 사용시간대가 서로 다르다.
④ 부등률이 클때 이용비와 경제성은 어떠한가? 부등률이 클수록 공급설비를 유효하게 사용하고 있다는 것이고 경제성은 높아진다.

(3) 부하율은?

부하율 : 어떤 기간 중의 평균수용전력과 최대수용전력과의 비를 나타낸다

$$부하율 = \frac{평균수용전력}{최대수용전력} \times 100[\%]$$

※ 부하율이 적다는 의미
① 공급설비를 유용하게 사용하지 못한다.
② 평균수용전력과 최대수용전력과의 차가 커지게 되므로 부하설비 가동률이 저하된다.

(4) TR 용량[KVA] ≥ 합성 최대 수용 전력 = $\dfrac{\Sigma(수용율 \times 설비용량[kW])}{부등율 \times 부하역률}$

(5) 접지저항의 측정방법 2가지는?
① 콜라우시 브리지에 의한 3극 접지저항 측정법
② 어스테스터에 의한 접지저항 측정법
  • 여부 – 1차측 및 2차측에 부착한다.
  • 이유 – 계기용 변압기 고장 및 2차측 단락시 퓨즈가 차단되어 사고가 확대되는 것을 방지

⑹ 접지선 굵기결정 요소 3가지
 ① 전류용량
 ② 내식성
 ③ 기계적 강도

⑺ 동일 개소에 2종류 이상의 접지공사를 할 때 접지저항이 적은 것을 공용으로 할 수 있다. 다만, 피뢰기, 피뢰침 접지는 타 접지와 공용이 안된다. 그 이유를 설명하시오.
 낙뢰에 의한 이상전압 침입시 피뢰기의 접지선을 통해 다른 기기, 기구에 침입하여 계통의 사고가 확대되는 것을 방지

⑻ 다음과 같은 저항측정 방법의 측정계기를 쓰시오.

저항 측정방법	
굵은 나전선 저항	캘빈 더블 브리지
단선인 전선의 굵기	와이어 게이지
수천옴의 가는 전선의 저항	휘스톤 브리지
검류계 내부 저항	휘스톤 브리지
전해액의 저항	콜라우시 브리지
황산구리 용액	콜라우시 브리지
옥내 전등선의 절연저항	메거
백열상태에 있는 백열전구의 필라멘트	전압강하법
접지저항	접지저항계(콜라우시 브리지)
배전선의 전류	후크온 메터

⑼ 설비불평형률(3상3선식, 3상4선식)
 ① 제한원칙 : 30[%] 이하
 ② 제한원칙을 따르지 않아도 되는 경우
  • 저압수전에서 (전용변압기) 등으로 수전하는 경우
  • 고압 및 특별고압 수전에서는 (100)[kVA] 이하의 단상부하인 경우
  • 특별고압 및 고압 수전에서는 단상부하 용량의 최대와 최소의 차가 (100)[kVA] 이하인 경우
  • 특별고압 수전에서는 (100)[kVA] 이하의 단상 변압기 2대로(역V)결선하는 경우

⑽ 배전용변전소 접지공사의 목적(3가지 요약 설명)
 ① 감전방지 - 기기의 손상 등으로 누전이 발생하면 전류가 접지선으로 흘러 기기의 대지전위 상승이 억제되고 감전위험이 줄어들게 된다
 ② 기기의 손상 방지 - 고, 저압 혼촉시 침입하는 고전압을 접지선을 통해 대지로 흘려보내 기기의 손상 등을 방지 할 수 있다

③ 보호계전기 동작 - 지락사고시 일정크기 이상의 지락전류가 쉽게 흐르기 때문에 지락계전기 등의 동작을 확실히 할 수 있다

④ 소호리액터 접지방식에서 1선 지락시의 아크지락을 재빨리 소멸시켜 그대로 송전을 계속할 수 있게 한다

※ 접지 5개소
㉠ 피뢰기 접지
㉡ 피뢰침 접지
㉢ 일반기기 및 제어반 외함 접지
㉣ 옥외철구 및 경계책 접지
㉤ 케이블 실드선 접지

(11) 비접지 3상 3선식 배전 방식에 대한 3상 4선식 다중접지 배전 방식의 장단점에 관하여 설명하시오.

[장점] ① 고저압 혼촉 사고시 이상전압이 적다.
② 지락사고시 건전상의 이상전압이 발생 않는다.
③ 변압기 절연을 단절연 할 수 있으므로 가격이 저렴하다.
④ 이중 고장이 일어날 가능성이 적다.

[단점] ① 지락전류가 분류되므로 지락전류 검출이 어려워져 고감도 지락계전기가 필요하다.
② 지락전류가 커져서 통신선에 유도장해를 준다.
③ 지락전류가 커서 안정도가 감소된다.
④ 지락전류가 단락전류보다 커지는 경우가 있으므로 차단기 용량이 증대된다.

11.4 조명(전등)설비

1 조명 용어정리

(1) 광도(I) : 광원의 밝기[cd]
(2) 광속(F) : 단위시간에 복사되는 에너지량 [lm]

구면광원	원주광원	평면광원
$F = 4\pi I$	$F = \pi^2 I$	$F = \pi I$

(3) 휘도(B) : 눈부심의 정도 [cd/m² = nt], [cd/cm² = sb]

휘도한계 : $0.5[cd/cm^2] = 0.5 \times 10^4 [cd/m^2]$

(4) 조도(E) : 단위 면적당 입사광속 [lx]

- 기 본 식 : $E = \dfrac{I}{r^2}$ [lx]

- 수평면조도 : $E = \dfrac{I}{l^2}\cos\theta = \dfrac{I}{h^2}\cos^3\theta$ [lx]

- 수직면조도 : $E = \dfrac{I}{l^2}\sin\theta = \dfrac{I}{h^2}\cos^2\theta \cdot \sin\theta$ [lx]

- 원뿔에서 : $E = \dfrac{2I(1-\cos\theta)}{r^2}$ [lx]

- 반구에서 : $E = \pi B \sin^2\theta$

- 비상설비조도적용 : $E = \dfrac{비상설비조도}{유지율}$

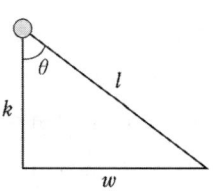

(5) 광속발산도(R) : 단위면적당 발산광속 [rlx]

- 기 본 식 : $R = \dfrac{dF}{dA}$ [rlx]

(6) 반사율(ρ) + 투과율(τ) + 흡수율(α) = 1

(7) 완전확산면 : 어느 방향에서 보아도 휘도가 일정한 면

- 기 본 식 : $R = \pi B = \rho E$ [rlx]

(8) 전등효율 : $\eta = \dfrac{F}{P}$ [lm/W]

(9) 구형 글로우브 효율 : $\eta = \dfrac{\tau}{1-\rho} \times 100$

2 발광 현상

(1) 스테판 볼쯔만의 법칙
 • 전복사 에너지는 절대온도의 4승에 비례한다.
(2) 비인 변위 법칙 ($\lambda_m T = 2896$)
 • 파장과 절대온도의 곱은 2896으로 일정하다.
(3) 플랭크의 복사법칙 : 분광 복사속의 발산도
(4) 루미네슨스 : 온도 방사 이외의 발광 현상의 총칭
 • 전기 : 네온관등, 수은등
 • 복사 : 형광등
(5) 형광(빛을 조사시만 발광), 인광(빛의 조사후에 도 계속 발광)
(6) 파센의 법칙 : 방전개시 전압을 나타내는 법칙
(7) 스토크스 법칙 : 형광이나 인광의 파장은 원래빛의 파장과 같거나 길어진다.
(8) 페닝의 효과 : 2종의 기체 충돌 발광현상
(9) 루소선도

$$F = \frac{2\pi}{r} S [\text{lm}] \ (S : 루소면적)$$

3 전등의 종류

(1) 효율순서

저압나트륨등 → 고압나트륨등 → 메탈할라이드등 → 초고압수은등 → 형광등 → 고압수은등 → 크세논등 → 탄소아크등 → 저압수은등 → 백열전구

(2) HID등이란? 고휘도(효율) 방전등

고압수은등, 고압나트륨등, 고압 크세논등, 메탈할라이드등, 형광수은등

(3) 적외선 전구
 ① 용도 : 표면건조 (500[W], 효율 : 80[%])
 ② 필라멘트의 온도 : 2500[°K] (2000~2600[°K])
 ③ 분광방사 발산도의 파장 : 1.15[μm]

(4) 할로겐 램프
 ① 용량 : 500~1500 [W]
 ② 효율 : 20~22 [lm/W]
 ③ 수명 : 2000~3000 [h]
 ④ 용도 : 영사기용, 자동차등, 투광조명
 ⑤ 부속장치 없음

(5) 슬림라인형광등의 일반형광등과의 비교

① 장점
- 램프의 유리관이 가늘고 길다.
- 형광 방전관에 고전압을 가하면 필라멘트를 예열하지 않고 순시 기동 가능
- 점등불량으로 인한 고장이 없다.
- 관이 길어 양광주가 길고 효율이 좋다.
- 베이스 핀이 한 개라 교체하기 쉽다.

② 단점
- 기동시 고전압이 전극에 걸려 수명이 짧아진다.
- 자기누설 변압기를 사용하여야 하므로 점등 장치가 비싸진다.
- 전력 손실이 크다.

4 조명설계

(1) 조명기구의 간격과 배치

① 등 기구 상호간의 간격 : $S \leq 1.5H$

② 벽·기구 상호간의 간격 : $S \leq \dfrac{1}{2}H$ (벽 이용시 : $\dfrac{1}{3}H$)

③ 방(실)지수 결정 : 방지수 = $\dfrac{XY}{H(X+Y)}$

　H : 등고, X : 방의 가로, Y : 방의 세로

④ 램프의 크기 결정 : $F \cdot U \cdot N = E \cdot A \cdot D$

　F : 램프 1개당 광속 [lm]　U : 조명률　N : 램프의 개수
　E : 평균조도 [lx]　A : 작업면의 면적[m^2]　D : 감광보상률

⑤ 전반조명의 조도는 국부조명의 조도의 1/10 이상이 좋다.

(2) 배선기구

① 보통소형콘센트는 1수구당 150[VA]

② 취부높이
- 스위치 : 1.2[m]
- 콘센트 : 30[cm] (욕탕 : 80[cm])

(3) 글레어

① 글레어가 일어나는 종류 : 직접, 대비, 반사

② 글레어 방지책
- 휘도가 낮은 광원을 사용
- 플라스틱 커버로 되어 있는 조명기구 선정
- 광원주위를 밝게 한다.
- 글레어 대역에 광원을 두지 않는다.

5 플리커 현상

(1) 플리커 방지대책
　① 부스터 설치　　　　　② 병렬 포화 리액터 설치
　③ 동기조상기 설치　　　④ 필터 콘덴서 설치

6 조명의 종류

① 코오너 조명 : 천장과 벽면과의 경계의 구석에 기구를 배치하여 천장과 벽면을 동시에 쬐면서 실내를 조명하는 방법이며 지하도 조명에 널리 이용

② 코오니스 조명 : 설계자가 크기 형상등 전체적인 조화를 생각하여 형광등 기구를 벽면 상방 모서리에 숨겨서 설치하는 방식으로 기구로 부터의 빛이 직접 벽면을 조명하는 건축화 조명
코오너 조명과 같이 천장과 벽면의 경계에 건축적으로 둘레턱을 만들고 그 내부에 램프를 배치하여 아랫 방향의 벽면의 조명방법이며 형광등의 건축화 조명으로서 널리 사용

③ 코오브 조명 : 램프를 감추고 그의 직사광선을 코오브의 벽이나 천장을 이용하여 간접조명을 하고 그의 반사광으로 채광하는 조명

④ 광천장 조명 : 천장 전면이 광천장으로 되어 있는 것. 부드럽고 깨끗한 조명이며, 천장재는 거의 조명 확산판이다. 이구조는 천장면에 확산 투과재를 붙이고 천장 내부에 광원을 배치

⑤ 다운라이트 조명 : 천장에 바로 붙임이나 매달림의 조명과 는 다르며 작은 구멍이 많이 천장면에 배치되어 천장면을 볼 때 눈에 거슬리는 것이 없으며 건축의 공간을 유효하게 하는 각각의 구멍으로부터 빛의 비임에 의한 조명

⑥ 밸런스 조명 : 벽면의 조명이며, 램프는 숨겨져 있고 그의 직사광은 아래쪽의 벽이나 커어튼에 위쪽은 천장으로 쬐도록 되어 있다. 분위기 조명이라 한다.

7 조명설비 기타

(1) 조명설비의 전력절약 방법 8가지
　① 자연채광의 최대이용　　　② 고효율 조명채택
　③ 조명설비의 적절한 배치　　④ 실내 주요 반사면의 적절한 이용
　⑤ 균일한 전압유지　　　　　⑥ 고역률 방식 채택
　⑦ 조명기구 보수관리 철저　　⑧ 불필요한 조명 소등
　⑨ 점등기구의 적절한 배치

(2) 건물내에 시설된 조명설비의 조도가 시설 당시보다 점차 떨어지는 이유?
　① 광원의 광속 및 효율 감소 (동정특성)
　② 기구의 오염에 따른 빛의 흡수
　③ 반사율·투과율의 저하

예제문제

(1) HID Lamp에 대한 다음 각 물음에 답하시오.
  ① 이 램프는 어떠한 램프를 말하는가? (우리말 명칭 또는 이 램프의 의미에 대한 설명을 쓸 것)
    - 고휘도 방전램프
  ② 가장 많이 사용되는 램프의 종류를 3가지만 쓰시오.
    - 고압 수은등, 고압 나트륨등, 메탈 할라이드등, 초고압 수은등, 고압 크세논등

(2) 조명용어의 정의 및 단위 설명
  ① 광속 F ; 광원이 단위 시간당 발산하는 빛에너지의 양, 단위 : lm
  ② 광도 I ; 광원에서 어떤 방향에 대한 단위 입체각으로 발산하는 광속, 단위 : cd
  ③ 조도 E ; 어떤 면의 단위 면적당 입사 광속, 단위 : lx
  ④ 휘도 B ; 광원의 임의방향에서 바라본 단위 투영 면적당 광도(광원의 빛나는 정도), 단위 : sb
  ⑤ 광속발산도 R ; 단위 면적으로 부터 발산하는 광속밀도, 단위 : rlx

(3) 램프의 효율 : [lm/W]

(4) 조명설비에서 전력을 절약하는 효율적인 방법에 대하여 8가지 쓰시오
  ① 고효율 등기구 채용
  ② 고역률 등기구 채용
  ③ 고조도, 저휘도, 반사갓 채용
  ④ 슬림라인 형광등 및 전구식 형광등 채용
  ⑤ 재실감지기 및 카드키 채용
  ⑥ 등기구의 격등 제어 및 회로 구성
  ⑦ 등기구의 보수 및 유지관리
  ⑧ 적절한 조광제어 실시
  ⑨ 균일한 전압 유지
  ⑩ 불필요한 조명 소등
  ⑪ 자연채광 최대한 이용
  ⑫ 실내 주요 반사면 적절한 이용
  ⑬ 점등기구의 적절한 배치

(5) 도로조명 설계시 고려사항
  ① 노면이 최대한 높은 휘도로 조명될 것
  ② 도로 양측의 보도, 건축물의 전면 등이 높은 조도로 조명될 것
  ③ 조명기구 등의 글래어(Glare)가 적을 것
  ④ 주간에 도로의 풍경을 해치지 않는 디자인으로 할 것
  ⑤ 조명의 광색, 연색성이 적절할 것
  ⑥ 휘도 차이에 따른 균제도(조도의 균일한 정도) 확보

(6) 조명설비의 깜빡임 현상을 줄일 수 있는 조치는 다음 경우에 어떻게 하여야 하는가?
① 백열등의 경우 : 직류를 사용하여 점등한다.
② 삼상전원인 경우 : 삼상접속을 바꾸어 준다.
③ 전구가 3개씩인 방전등 기구 : 하나는 쵸크형 안정기에 접속하여 지상 역률로 하고, 또 하나는 콘덴서형 안정기에 접속하여 진상 역률로 한다.

(7) 백열 전구 점등시 플리커(Flicker; 깜박임)현상이 생기는 경우를 2가지만 쓰시오.
1) 원인 : ① 조광 상태에서 필라멘트의 온도가 내려가는 경우
② 인가되는 전압 및 전류의 파형이 사인파가 아닌 경우
③ 필라멘트가 진동하는 경우
2) 대책 :
① 전원측 대책
- 전용설비에서 공급
- 공급선의 굵기를 굵게
- 저압 뱅킹방식 적용
② 수용가측 대책
- 부스터 설치
- 전동기의 시동전류 제한
- 직렬콘덴서 설치

(8) 설계자가 크기, 형상 등 전체적인 조화를 생각하여 형광등 기구를 벽면 상방 모서리에 숨겨서 설치하는 방식으로 기루로부터의 빛이 직접 벽면을 조명하는 건축화 조명을 무슨 조명이라 하는가?
- 코오니스 조명

(9) 적외선 전구에 대한 다음 각 물음에 답하시오.
① 주로 어떤 용도에 사용되는가? : 적외선에 의한 가열 및 건조(표면가열)
② 주로 몇 [W] 정도의 크기로 사용되는가? : 250[W]
③ 효율은 몇 [%] 정도 되는가? : 75[%]
④ 필라멘트의 온도는 절대 온도로 몇 [°K] 정도 되는가? : 2500[°K]
⑤ 적외선 전구에서 가장 많이 나오는 빛의 파장은 몇 [μm]인가? : 1~3[μm]

(10) 일반조명에 쓰이는 램프의 종류
백열전구, 할로겐 전구, 형광램프, 대형방전램프

⑾ 형광등의 백열등에 비해 우수한 점
　① 효율이 높다.
　② 광속이 크다.
　③ 수명이 길다.
　④ 열방사가 적다.
　⑤ 필요로 하는 광색을 얻을 수가 있다.

⑿ 백열전구 필라멘트의 조건
　① 융해점이 높을 것
　② 고유저항이 클 것
　③ 선팽창 계수가 적을 것
　④ 온도계수가 정확할 것
　⑤ 가공이 용이할 것
　⑥ 높은 온도에서 승화가 적을 것
　⑦ 고온에서 기계적 강도가 감소하지 않을 것

⒀ 일반적으로 사용되고 있는 열음극 형광등과 비교하여 슬림라인(Slim Line)형광등의 장점 5가지와 단점 3가지를 쓰시오.
　[장점]　① 필라멘트를 예열할 필요가 없어 점등관 등 기동장치가 불필요하다.
　　　　② 순시기동으로 점등시간이 짧다.
　　　　③ 점등불량으로 인한 고장이 없다.
　　　　④ 관이 길어 양광주가 길고, 효율이 좋다.
　　　　⑤ 전압변동으로 인한 수명 단축이 없다.
　[단점]　① 점등장치가 비싸다
　　　　② 전압이 높아 기동시 음극이 손상하기 쉽다
　　　　③ 전압이 높아 위험하다
　　　　④ 수명이 짧다
　　　　⑤ 전력손실이 크다

⒁ 조명계측기의 4가지를 측정 목적에 따라 쓰시오
　광도계, 조도계, 휘도계, 광속계

⒂ 조명설비의 조도가 시설 당시보다 점차 떨어지는 이유?
　① 램프의 광속 및 효율 저하
　② 등기구의 오염에 의한 이용광속 감소
　③ 벽, 천장 등의 오염에 의한 반사율 감소

11.5 동력설비

1 전동기 종류

(1) 직류전동기

종류	속도제어	적용부하	용도
분권전동기	계자, 전압	정속도, 정토크, 정출력 부하	송풍기, 펌프, 권상기, 압연기
직권전동기	계자, 전압	가변속도, 고시동 토크(무부하운전불가)	권상기, 기동기, 전동차
복권전동기	계자	속도일정, 고시동 토크	권상기, 절단기

(2) 동기전동기 : 속도일정, 시동토크 작음

(3) 3상 유도전동기 : 농형, 권상형

(4) 단상 유도전동기

※ 기동토오크 … 반발기동형 > 반발유도형 > 콘덴서기동형 > 분상기동형 > 셰이딩코일형

2 전동기 토크

(1) 전동기 출력

① 직류 전동기 : $P = VI \cdot \eta$

② 단상교류 전동기 : $P = VI\cos\theta \cdot \eta$

③ 3상 교류 전동기 : $P = \sqrt{3}\, VI\cos\theta \cdot \eta$

(2) 회전속도

① 동기전동기 : $N_S = \dfrac{120f}{P}$ [rpm]

② 유도전동기 : $N = (1-s)N_S = \dfrac{120f\,(1-s)}{P}$ [rpm]

　　슬립 $s = \dfrac{(N_S - N)}{N_S}$

3 전동기 시동법과 속도제어

종 류	기동법	용도
직류전동기	직입, 저항, 레어나드	계자제어, 저항제어 전압제어(일그너, 워드레어너드)
동기전동기	2차 권선법	
농형 유도전동기	직입, Y-△, 기동보상기, 전전압기동법, 저항기동법	극수변환법, 주파수변환법, 1차전압제법
권선형 유도전동기	2차 저항 기동방식(비례추이)	2차 저항제어, 2차 여자제어, 1차 전압제어

4 각종부하의 소요동력계산

(1) 권상기용 엘리베이터

$$P = \frac{WVC}{6.1\eta}[\text{kW}]$$

W : 하중[ton], V : 승강속도[m/min], C : 평형률

(2) 양수펌프

$$P = \frac{9.8\,QHK}{\eta}[\text{kW}]$$

Q : 양수량, H : 총양정[m³/sec], K : 여유계수

※ 권상기·펌프

$$P = \frac{9.8\,QH[\text{m}^3/\text{sec}]}{\eta} = \frac{9.8\,Qh[\text{m}^3/\text{min}]}{60\eta} = \frac{Qh[\text{m}^3/\text{min}]}{6.12\eta} \approx \frac{WV[\text{m/min}]}{6.12\eta}$$

※ 전기적 제동 : 발전제동, 역상제동(Plugging), 회생제동

※ 전동기 보호 계전기중 3E란 무엇인가?
  ① 과부하 운전 방지장치
  ② 단상운전 방지 보호장치
  ③ 역상운전 방지 보호장치

※ 전기기계의 방폭구조
  ① 내압(內壓) ② 내압(耐壓) ③ 안전중 ④ 유입 ⑤ 특수방폭구조

※ 아크용접기

100[A]이하	150[A]이하	200[A]이하
14[mm²]	22[mm²]	38[mm²]

※ 콘덴서 모터 : 보조권선과 직렬로 콘덴서를 접속하여 단상 전원으로 기동
※ 유도로
- 저주파 유도로 : 상용주파수(60[Hz])
- 중간 고주파 유도로 : 60[Hz]~10[kHz] 이하
- 고주파 유도로 : 10[kHz] 초과

※ 1[HP] = 0.746[kW]
※ 기기의 규약효율이란?
 ① 전손실(무부하손 + 부하손)을 계산하여 정격 출력과 전손실의 합에 대한 정격 출력의 비
 ② 발전기 규약효율 $\eta = \dfrac{입력 - 손실}{입력}$
 ③ 전동기 규약효율 $\eta = \dfrac{출력}{출력 + 손실}$

※ 60[Hz]로 설계된 3상 유도 전동기를 50[Hz]로 사용하면
 ① 무부하 전류 증가
 ② 온도 증가
 ③ 속도 감소

※ 발열량 $P = \dfrac{비열 \times [\ell] \times (T_2 - T_1)}{860 \times \eta \times t}$

※ 배전선로에서 전압 조정하기 위한 기기
 ① 승압기
 ② 유도전압조정기
 ③ 주상변압기 탭조정
 ④ 전력콘덴서 설치

※ 캐스케이딩 : 변압기 혹은 모선의 사고에 의한 한 뱅크안의 다른 건전한 변압기 전부 혹은 일부가 모선으로부터 분리 되는 현상

※ 3상 단락 전류 $I_s = \dfrac{V}{|Z|}$

※ 고조파 억제대책
 ① 기기의 고조파 내량 증가 ② 전원 단락 용량 증대
 ③ 계통 구성 고려   ④ 교류 필터설치
 ⑤ 변환기 다(多)펄스화

※ 농형 3상 전동기 기동되지 않는 원인 (5개)
 ① 1선 단선에 의한 단상 기동 ② 기동 토크 작은 경우
 ③ 공극의 불균형   ④ 결선의 오접속
 ⑤ 베어링이 축에 붙은 경우

예제문제

(1) ① 고압 전동기의 조작용 배전반에는 어떤 계전기를 장치하는 것이 바람직한가?
　　• 과부족 전압 계전기　　• 결상계전기
② 계기용 변성기는 어떤 형의 것을 사용하는 것이 바람직한가?
　　- 몰드형
③ 계전기의 변류기는 차단기의 전원측에 설치하는 것이 바람직다. 그 이유는?
　　- 보호 범위를 넓히기 위하여
④ 진상 콘덴서에 연결하는 방전 코일의 목적은?
　　• 콘덴서에 축적된 잔류 전하를 방전하여 인체의 감전사고 방지
　　• 재투입시 콘덴서에 걸리는 과전압 방지

(2) 동기발전기 병렬운전 조건과 맞지 않을 시 나타나는 현상
① 기전력 크기가 다를 때 - 무효순환 전류 발생
② 기전력 위상이 다를 때 - 동기화 전류, 유효횡류 발생
③ 기전력 주파수가 다를 때 - 난조 발생
④ 기전력 파형이 다를 때 - 고조파 순환전류 발생
⑤ 기전력 상회전이 다를 때 - 동기검정

(3) 농형3상유도 전동기가 전혀 기동되지 않고 있을 때 원인 5가지
① 3선중 1선이 단선된 경우
② 큰 전압강하로 인한 기동토크의 부족
③ 기동기 고장
④ 결선의 오접속
⑤ 공극불균등
⑥ 베어링이 축에 붙은 경우

(4) 단상유도전동기
① 기동방식 4가지
　　- 반발기동형, 세이딩코일형, 콘덴서기동형, 분상기동형
② 분상 기동형 단상유도전동기의 회전방향을 회전자의 방향을 바꾸려면 어떻게 해야 하는가?
　　- 기동권선의 접속을 반대로 바꾸어 준다.

⑸ 3상 유도전동기의 속도제어 방법
   ① 주파수 변환
   ② 극수 변환
   ③ 전압제어
   ④ 2차 저항제어 (권선형)

⑹ 유도전동기 기동방식
   ① 직입기동
   ② Y-△ 기동
   ③ 리액터 기동 - 전동기의 전원측에 직렬로 리액터를 접속하여 리액터의 전압 강하에 의해 전동기에 걸리는 전압을 감압시켜 기동하는 방법
   ④ 기동보상기 기동 - 기동시 전동기에 대한 인가전압을 단권 변압기로 감압하여 공급함으로써 기동전류를 억제하고 기동 완료 후 전전압을 가하는 방식.

⑺ 주파수 50[Hz]에 사용하는 3상 유도전동기를 60[Hz]의 전원에 사용할 때 3상 유도전동기의 회전수는 어떻게 변화하는가? (단, 몇 % 빨라진다, 늦어진다 등 수식적으로 설명하시오)
   - 회전수는 20[%] 빨라진다.

⑻ ① Y-△ 기동 및 운전에 대한 조작요령을 설명하시오.
   • Y결선으로 기동한 후 타이머 설정시간이 지나면 △결선으로 운전한다. 이 때 Y와 △는 동시투입되면 안된다.
   ② Y-△ 기동시와 전전압 기동시의 기동전류를 비교 설명하시오.
   • Y-△ 기동전류는 전전압 기동전류의 1/3 배이다.

⑼ 여자돌입 전류에 대한 오동작 방지법
   ① 감도 저하법
   ② 고조파 억제법
   ③ 비대칭파 저지법

⑽ 단락비가 큰 기계는?
   기기의 치수가 (크고), 가격은 (높고), 철손 및 기계손이 (크고), 안정도가 (높고), 전압변동률은 (작고), 효율은 (낮다)이다.

11.6 수변전설비

1 수변전설비 개요
수변전설비 : 수전방식 + 변전설비 + 배전설비
(1) 수전방식 :
　① 1회선 수전방식　② 2회선 수전방식(상용·예비 수전방식)
　③ 뱅크 수전방식　④ 스포트네트워크 수전방식
(2) 변전설비 : 케이블헤드에서부터 부하측 입구 까지의 기계기구
(3) 배전설비 : 부하설비

2 변전실 위치
① 부하중심일 것
② 외부로부터 송전선 유입이 쉬울 것
③ 기기의 반출입에 지장이 없을 것
④ 지반이 튼튼하고 침수 기타 재해가 일어날 염려가 적을 것
⑤ 주위에 화재 폭발 등의 위험성이 적을 것
⑥ 염해, 유독가스 등의 발생이 적을 것
⑦ 종합적으로 경제적일 것

3 수전설비 명칭 및 기능

케이블헤드 (CH)	케이블 단말처리 및 접지를 용이하게 하고 절연 열화 방지	유입차단기 (OCB)	부하전류 개폐 및 고장전류 차단
계기용변성기 (MOF)	전력량계 산출을 위해 PT와 CT를 하나의 함속에 넣은 것	트립코일(TC)	사고시 전류가 흘러 여자되어 차단기를 개로시킨다.
단로기(DS)	무부하 전로 개폐	계기용 변류기 (CT)	대전류를 소전류로 변류하여 계전기나 계측기에 전원을 공급
피뢰기(LA)	이상전압 발생시 대지로 방전시키고 속류를 차단한다.	과전류계전기 (OCR)	고장전류로 동작하여 트립코일을 여자시킨다.
영상변류기(ZCT)	지락 영상전류 검출	전류계용 전환 개폐기 (AS)	하나의 전류계로 3상의 선간전류를 측정
지락계전기(GR)	전로가 지락시 지락전류로 동작하여 트립코일을 여자시킨다.	전력용 퓨즈 (PF)	고장전류 차단 (단락보호)
계기용변압기(PT)	고전압을 저전압으로 변압하여 계전기나 계측기에 전원공급	컷아웃스위치 (COS)	고장전류 차단
표시등(PL)	전원의 정전여부를 표시	변압기(Tr)	고전압을 저전압으로 변압하여 부하에 전원 공급

전압계용전환개폐기 (VS)	전압계 하나로 3상의 선간전압을 측정	전력용 콘덴서 (SC)	무효전력을 공급하여 부하의 역률을 개선한다.

4 퓨우즈(Fuse)

(1) 성능 : 용단특성, 단시간허용특성, 전차단 특성
(2) 역할 : 부하전류를 안전하게 통전한다.
　　　　　과전류 차단하여 전로나 기기보호
(3) 규격
　① 저압용 Fuse
　　• 정격전류의 1.1배의 전류에 견딜것
　　• 정격전류의 1.6배 및 2배의 전류를 통한 경우

정격전류 [A]	용단시간	
	A종 135[%] B종 160[%]	200[%]
1~30	60	2
31~60	60	4
61~100	120	6
101~200	120	8
201~400	180	10

　　　※ A종 퓨우즈 : 110~135 [%], B종 퓨우즈 : 130~160 [%]
　　　※ A종은 정격의 110[%], B종은 정격의 130[%]의 전류로 용단되지 않을 것
　② 고압용 Fuse
　　• 포장퓨즈 : 정격전류의 1.3배에 견디고, 2배의 전류에 120분 안에 용단
　　• 비포장퓨즈 : 정격전류의 1.25배에 견디고, 2배의 전류에 2분 안에 용단
　　※ 비포장포장퓨즈는 고리퓨즈가 아니면 사용할 수 없으나 경금속제로서 단자간의 길이가 그 정격전류값에 따라 다음 값 이상인 경우는 사용할 수 있다.
　　　- 10[A] 미만 : 10[cm]
　　　- 20[A] 미만 : 12[cm]
　　　- 30[A] 미만 : 15[cm]
　③ 배선용 차단기(MCCB)
　　• 전자 작용 또는 바이메탈의 작용에 의하여 과전류를 검출하고 자동으로 차단.
　　• 최소 동작 전류가 정격 전류의 100~125[%]
　　• 정격전류의 1배의 전류로 자동적으로 동작하지 않을 것.
　　• 정격전류의 1.25배 및 2배의 전류를 통한 경우

정격전류 [A]	동작시간	
	정격전류의 1.25배	정격전류의 2배
1~30	60	2
31~50	60	4
51~100	120	6
101~225	120	8
225~400	120	10

5 차단기(CB : Current Breaker)

(1) 용도
① 선로 이상상태(과부하, 단락, 지락)고장시 고장전류 차단
② 부하전류, 무부하 전류를 차단한다.

(2) 차단시간 : 트립코일 여자로부터 소호시간
개극시간 + 아아크 시간 → 3~8 [Hz]

(3) 차단기 종류
① 유입차단기(OCB) : 아크를 절연유의 소호작용으로 소호하는 구조
② 공기차단기(ABB) : 압축공기로 불어 소호하는 구조로 특고압용으로 쓰인다.
③ 기중차단기(ABC) : 공기 차단기의 일종. 저압용으로 쓰인다.
④ 진공차단기(VCB) : 진공에서의 높은 절연 내력과 아크 생성물의 진공 중으로 급속한 확산을 이용하여 소호하는 구조
⑤ 자기차단기(MBB) : 아크와 차단 전류에 의해 만들어진 자계와의 사이의 전자력에 의해 아크를 소호실로 끌어 넣어 차단하는 구조
⑥ 가스차단기(GCB) : SF_6가스 이용, 고압또는 특별고압 수전 설비에 설치하는 차단지중 유도성 소전류 차단기로서 이상 전압이 발생치 아니하는 차단기
※ 재점호가 발생치 않는 차단기 : 유입차단기, 가스차단기
- SF_6 Gas : • 절연내력이 2~3배 무색 무취 무해
• 소호내력이 100~200배

(4) 차단기 정격전압 : 공칭전압의 1.2/1.1배

(5) 차단기 용량 선정
① 수전 차단기의 차단 용량

$$P_s = 기준용량[kVA] \times \frac{100}{\%Z}$$

단, P_s : 수전용 차단기의 차단 용량[kVA]
%Z : 선로의 합성 임피던스

② 변압기 2차측용 차단기의 차단용량

$$P_s = 변압기\ 용량[kVA] \times \frac{100}{\%Z}$$

단, P_s : 변압기 2차측용 차단기의 차단 용량[kVA]

$\%Z$: 변압기의 %임피던스

P_n : 자기용량은 변압기 용량을 말하고 기준용량은 전원측(전력회사)용량을 말한다. (자기용량과 기준용량이 다 주어지면 기준용량을 기준으로 계산한다.)

③ 정격 차단전류[kA]가 주어졌을 경우

$$차단기\ 용량[MVA] = \sqrt{3} \times 정격전압[kV] \times 정격차단전류[kA]$$

전압종류	7.2	25.8	72.5	170	362
O C B	○	○	○	○	−
M B B	○	−	−	−	−
V C B	○	○	○		
A B B		○	○	○	○
G C B		○	○	○	○

(6) 차단기 트립방식
① 변류기 2차 전류 트립방식
② 직류 전압(DC) 트립 방식
③ 콘덴서 트립 방식

(7) 차단기 보호계전기의 4가지 요소
① 임피던스요소　　　② 위상 및 방향
③ 전압요소　　　　　④ 전류요소

6 단로기(DS : Disconnecting Switch)

(1) 단로기의 역할
① 점검수리, 기기를 전로에서 완전 개방할 때
② 모선의 접속의 변경이 필요할 때

(2) 단로기 정격전압 : 공칭전압의 1.2/1.1배

(3) 단로기 접속 방법
• 표면접속(F-F)　　• 이면접속(B-B)　　• 표면이면접속(F-B)

(4) 단로기가 단로할 수 있는 전류
• 무부하 충전전류　　• 변압기 여자 전류

(5) 단로기 정격전압 = 공칭전압 $\times \dfrac{1.2}{1.1}$

공칭전압 [kV]	정격 전압 [kV]	
	이론계산값	실무(설계)사용값
22.9	$22.9 \times \dfrac{1.2}{1.1} = 24.98$	25.8
66	$66 \times \dfrac{1.2}{1.1} = 72$	72.5
154	$154 \times \dfrac{1.2}{1.1} = 168$	170
345	$345 \times \dfrac{1.2}{1.1} = 376.36$	372

※ 답안지 작성시 특별한 조건이 없을시 계산과정을 쓰고 실무(설계)값 적용
※ Blade 방향
 • 수직형 – 먼지가 많고 염해가 심한 장소, 무겁고 가격이 비싸다.
 • 수평형 – 일반적으로 많이 사용, 가볍고 가격이 싸다.
※ 단로기의 날과 날받이의 위치
 • 날 – 부하측 설치
 • 날 받이 – 전원측 설치

7 유입개폐기

(1) 용도 : 보통상태에서 부하전류를 수동개폐

8 전력용퓨즈 (PF: Power Fuse)

(1) 용도 : 고압회로의 단락 및 기기의 보호용

(2) 요구되는 특성
 ① 예상되는 과부하 전류에 동작되지 아니할 것
 ② 변압기 돌입여자 전류에 동작되지 아니할 것
 ③ 모터 및 축전지의 과도적 서지 기동돌입전류에 동작되지 아니할 것
 ④ 타 보호기와 협조를 가질 것

(3) 전력용 퓨즈의 장점
 ① 가격이 싸다.   ② 소형경량이다.
 ③ 보수가 간단하다.   ④ 고속도 차단한다.
 ⑤ 소형으로 큰 차단 용량을 갖는다.   ⑥ 릴레이나 변성기가 필요없다.
 ⑦ 한류형 Fuse는 차단시 무음, 무방출   ⑧ 후비보호에 완벽하다.

(4) 전력용 퓨즈의 단점
① 재투입을 할 수 없다.
② 과전류에서 용단될 수 있다.
③ 한류형은 차단시에 과전압을 발생한다.
④ 고임피던스 접지계통의 지락보호는 불가능하다.
⑤ 한류형 퓨즈는 용단해도 차단되지 않는 전류범위를 가진 것이 있다.
⑥ 비보호 영역이 있어 사용중에 열화해 동작하면 결상을 일으킬 우려가 있다.
⑦ 동작시간 전류특성을 계전기 처럼 자유로이 탭조정을 할 수 없다.

(5) 전력용 퓨즈의 종류
① 한류형(전압 0에서 차단한다) : 높은 아크 저항을 발생하여 사고 전류를 강제적으로 한류차단하는 퓨즈 (밀폐 퓨즈 통안에는 엘레멘트와 규소 등을 소호제로 내장 사용)
② 비한류형 (전류 0에서 차단) : 소호 가스를 뿜어내어 전류 0점인 극간의 절연 내력을 재기전압 이상으로 높여서 차단하는 퓨즈

※ 한류형과 비한류형의 장·단점 비교

종류	장 점	단 점
한류형	① 소형이며 차단용량이 크다 ② 한류효과가 크다 (백업용으로 적당)	① 과전압을 발생한다 ② 최소차단전류가 있다.
비 한류형	① 높으면 반드시 차단된다. (과부하 보호 가능) ② 과전압을 발생하지 않는다. (그중 회로용으로써 최적)	① 대형이다 ② 한류효과가 적다

※ 전력용 퓨즈 선정 및 구입시 고려하여야 할 사항
　① 설치장소 (사용장소)　② 정격전압　③ 정격차단 전류
　④ 정격차단 용량　⑤ 최소 차단전류

※ 전력용 퓨즈의 주된 특성(성능)
① 허용특성 : 퓨즈에 어느 시간 통전하여도 가용체에 열화를 일으키지 않는 전류의 한계와 시간의 관계를 나타낸 것.
② 용단특성 : 퓨즈에 과전류가 흐르기 시작할 때부터 가용체가 용단하여 아크가 발생하기까지의 시간과 전류의 관계를 나타낸 것.
③ 차단특성 : 용단특성에 아크 시간을 더한 것
④ 한류특성 : 퓨즈에 단락전류가 흐르게 될 때 그 단락전류를 어느 정도까지 적게 억제하는가를 나타낸 것.

9 컷아웃 스위치(C.O.S)

(1) 용도

배전선로의 전주위, 또는 자가용 변전실에서 변압기의 1차측에 달아 과전류 보호용으로 쓰인다.

※ 차단기, 개폐기, 단로기, 퓨즈의 기능 Ⅰ

기구 명칭	무부하 개	정상전류			이상전류		
		통전	개	폐	통전	투입	차단
차단기	○	○	○	○	○	○	○
퓨즈	○	○	×	×	×	×	○
단로기	○	○	△	×	○	×	×
개폐기	○	○	○	○	○	△	×

※ 차단기, 개폐기, 단로기, 퓨즈의 기능 Ⅱ

기구 명칭	회로분리		사고차단	
	무부하	부하	과부하	단락
퓨즈	○	×	×	○
차단기	○	○	○	○
개폐기	○	○	○	×
단로기	○	×	×	×
전자개폐기	○	○	○	×

10 피뢰기 (LA: Lighting arrester)

- 1종 접지, 단독접지시 30[Ω] 가능

(1) 피뢰기 설치목적

① 외부 이상전압 (낙뢰, 역섬락) 억제
② 기계기구의 절연보호
③ 이상전압을 대지로 방전시키고 속류 차단
※ 속류 : 상용주파 전류가 피뢰기를 통해 대지로 흐르는 것

(2) 피뢰기 구비조건

① 충격방전 개시 전압이 낮을 것
② 상용주파 방전 전압이 높을 것
③ 속류 차단 능력이 있을 것
④ 제한 전압이 낮을 것

(3) 피뢰기의 구조
① 직렬캡 : 뇌전류를 방전하고 속류차단
② 특성요소 : 자체의 전위 상승 억제

(4) 피뢰기 설치장소
① 발-변전소 인입-인출구
② 배전용 변압기의 고압 및 특고압측
③ (특)고압 수용가 인입구
④ 지중전선과 가공전선로가 접속되는 곳

※ 피뢰기 설치 제외 장소
- 가공전선이 짧은 경우
- 습뢰빈도가 작고 방출보호통 등을 사용한 경우

(5) 피뢰기의 정격전압 : 속류를 차단하는 교류최고 전압
※ 피뢰기 정격전압과 이격거리

공칭전압	중성점접지방식	피뢰기 정격전압		이격거리
		변전소	배전선로	
345	유효접지	288		85
154	유효접지	138		65
66	비접지	72		45
22	비접지	24		20
22.9	다중접지	21	18	20

(6) 피뢰기의 제한전압
① 뇌전류 방전시 직렬캡 양단에 나타나는 전압
② 피뢰기가 처리하고 남는 전압

※ 피뢰기 공칭 방전 전류

공칭방전전류	설치장소	적용조건
10,000[A]	변전소	·154[kV]이상 계통 ·66[kV]이하 계통에서 용량이 3,000[kVA] 초과하는 곳
5,000[A]	변전소	·66[kV]이하 계통에서 용량이 3,000[kVA] 이하인 곳
2,500[A]	배전선로	·22.9[kV]이하 배전선로

- 배전선로에 보통 사용되는 피뢰기 : 저항 밸브형
- 배전선로에 최근 많이 사용되는 피뢰기 : GAPLESS형

※ 피뢰기에 대한 용어해설
- 정격전압 - 속류를 차단하는 최고의 교류전압
- 제한전압 - 충격파 (동작시) 전류가 흐르고 있을 때의 피뢰기 단자전압 (파고치)

- 특성요소 – 산화아연(ZnO)을 주성분으로 한 소결체로 우수한 비직선 전압전류 특성이 있고 방전 내량도 우수하다. 또한 정격전압, 상규대지 전압에서는 약간의 누설전류 정도밖에 흐르지 않아 직렬 갭이 없어도 피뢰기 특성을 갖는다.
- 직렬 갭 – 상시 (정상시) 특성요소에 흐르는 누설전류를 방지하고 이상 전압 발생시에 대지로 방전에 의하여 회로를 만들어 속류차단 작용을 한다.

※ 갭레스형 피뢰기란

금속산화물(ZnO)특성 요소의 뛰어난 비직선 저항곡선을 이용하여 특성요소만으로 제작한 피뢰기

※ 갭레스형 피뢰기의 특징

㉠ 방전갭(직렬갭)이 없으므로 구조가 간단하다.
㉡ 소형 경량이며 가격이 가장 싸다.
㉢ 동작시 소손의 위험이 적고 뛰어난 성능기대
㉣ 속류가 없이 빈번한 작동에 잘 견디며 특성요소 변화가 적다.
㉤ 특성요소만으로 절연 – 특성요소 사고시 단락사고 유발가능

11 변압기

(1) 유입 변압기에 비해 H종 건식 변압기의 장점

① 소형 경량화
② 절연유을 사용하지 않으므로 유지보수가 용이
③ 화재 및 연소에 대한 안정성이 높다.
④ 과부하 및 단락 내량이 크다.
⑤ 과부하 및 단락 내량이 크다.

(2) 변압기 결선

	△-△ 결선	Y-Y 결선
장점	・제3고조파가 없다. ・유도장해가 없다. ・1대 고장시 V결선가능	・중성점접지 가능 ・순환전류가 없다
단점	・중성점 접지 불가 ・순환전류가 권선가열	・제3고조파 ・V-V 결선 불가
	Y-△ 결선	V-V 결선
장점	・△결선・제3고조파가 없다. ・중성점 접지 가능	・출 력 : $\sqrt{3}$배 ・이용률 : 86.6[%] ・출력비 : 57.7[%]
단점	・V-V결선 불가능 ・1차와 2차 30°위상차	

(3) 변압기 % 임피던스

① %임피던스 : 변압기 2차측을 단락했을 때 1차측에 정격전류가 흐르는 상태에서의 전압강하

② $\%Z = \dfrac{IZ}{E} \times 100 = \dfrac{PZ}{10\,V^2}$

③ %임피던스가 크면
- 단락 전류가 적어진다.
- 차단기 책무가 가벼워진다.
- 전압 변동이 커진다.
- 동손이 증가한다.

④ %임피던스가 작으면
- 단락비가 크므로 전기자 반작용이 작아진다.
- 철손 및 기계손이 증가하고 가격이 비싸진다.
- 안정도가 높아진다.

(4) 변압기 절연물의 종류

Y	A	E	B	F	H	C
90℃	105℃	120℃	130℃	155℃	180℃	180℃ 이상

※ 절연유가 구비할 조건
- ① 절연내력이 클 것
- ② 인화점이 높을 것
- ③ 화학적으로 안정될 것
- ④ 응고점이 낮을 것
- ⑤ 냉각작용이 양호할 것
- ⑥ 증발량이 적을 것

※ 절연유의 열화 원인
- ① 수분의 흡수 및 산화 작용
- ② 금속의 접촉작용
- ③ 절연재료의 영향
- ④ 광선의 영향
- ⑤ 이종절연유의 혼합

(5) 변압기 병렬운전 조건

① 극성이 같을 것
② 권수비가 같을 것…다르면 큰 순환 전류로 인해 과열 소손
③ 1차·2차 전압이 같을 것
④ 백분율 임피던스가 같을 것…다르면 이용률 저하
⑤ 저항과 리액턴스 비가 같을 것

(6) 변압기 효율이 떨어지는 경우
① 변압기 역률이 나쁠 때
② 부하 변동이 심할 때
③ 유도전동기의 경부하 운전시

※ 345[kVA]·154[kVA] 변압기 보호 계전기
① 비율 차동 계전기   ② 브흐흘쯔 계전기 – 절연사고 확대 방지
③ 온도 계전기   ④ 과전류 계전기
⑤ 압력 계전기

※ 변전소 모선 보호
① 방향 거리 계전 보호 방식   ② 전류 차동 보호 방식
③ 전압 차동 보호 방식   ④ 위상 비교 방식
⑤ 환상모선 보호방식

※ 콘서베이터 : 공기와 접촉에 의한 변압기유의 소화를 막기 위해 질소를 봉입

※ V-V 결선
① 출력비 : V결선의 용량 / △결선의 = 0.576
② 이용율 : 0.866

※ 3상에서 단상의 전원을 얻는 법
① 3상 배전선 중에서 2선만 사용
② 3상 변압기의 2개의 단자에서 단상 1회로를 얻는다.
③ 스코트 결선
④ 역 V결선

※ 단권변압기
  1) 용도
    ① 승압및 강압용 변압기
    ② 초고압 전력용 변압기
    ③ 기동보상기
  2) 장점
    ① 동손이 감소하여 효율이 좋아진다.
    ② 부하용량이 등가용량에 비하여 커져 경제적이다
    ③ 권선량이 감소되어 중량이 감소
    ④ 누설 자속이 적어 전압변동률이 적다.
  3) 단점
    ① 1차측 이상전압 발생시 2차 계통에 영향 미침
    ② 누설임피던스가 적어 단락전류가 크다.

12 계기용 변성기 MOF

(1) 용도 : 전력량계로서 고전압 전기회로의 전기사용량을 적산하기 위하여 고압의 전압과 전류를 저압과 전류로 변성하는 장치

(2) 구조 : CT(계기용 변류기)와 PT(계기용 변압기)를 한 탱크 안에 수용
(용량산정시 CT비의 여유계수 사용하지 않는다)

13 계기용 변압기 PT

(1) 용도
① 고압회로의 전압을 저압(110[V])으로 변성하기 위해서 사용
② 배전반의 전압계, 전력계, 주파수계등, 표시등의 전원으로 사용

(2) 계기용 변압기 퓨즈설치, 이유
① 1차측 : 퓨즈 부착 (이유 : PT고장이 선로에 파급되는 것 방지)
② 2차측 : 퓨즈 부착 (이유 : 2차측 단락시 1차측으로 사고파급 방지)
※ 오결선의 오류방지를 위해 전선에는 색별 번호를 붙인다.
※ 계기용 변성기(PT, CT)결선은 감극성을 표준.
※ 계기용 변성기1차, 2차간의 결선은 Y-Y, V-V 같은(동위상)결선으로 하여야 한다.

14 계기용 변류기 CT

(1) 용도
① 고압회로의 대전류를 소전류(5[A])로 변성하기 위해서 사용
② 전류계 및 트립코일의 전원으로 사용

(2) 1차 전류의 산정
① 변압기 회로의 경우 최대 부하전류의 125~150[%]
② 전동기 회로의 경우 최대 부하전류의 150~200[%]
※ 주의점 : 변류기 2차측에 연결되어 있는 전류계를 고장으로 교체하기 전에 2차측 단락

CT 정격 1차 전류[A]	정격 2차 전류 [A]	정격 부담 [VA]
5, 10, 15,20, 30, 40, 50, 75, 100, 150, 200, 300, 400, 500, 600, 750, 1000, 1500, 2000, 2500	5	일반적으로 고압회로 : 40[VA] 이하 저압회로 : 15[VA] 이하

> **예제 1**   C 100의 임피던스 1.0[Ω] 2차 전류 5[A] 부담
>
> **풀이** $VA = VI = I^2 Z = 5^2 \times 1 = 25[VA]$

※ 변류기 교체 작업시 - 2차를 개방상태에서 1차전류를 보내면 2차 단자란에 고전압이 발생하여 2차 회로의 절연 파괴될 염려가있고 철손증대로 인한 과열의 원인이 되므로 단락을 시킨 다음에 교체.

15. 영상변류기 ZCT

(1) 용도
지락사고 가 생겼을 때 흐르는 영상전류를 검출하여 접지 계전기에 의하여 차단기를 동작시켜 사고범위를 작게 한다.

(2) 영상전류
① 1차 정격 영상전류 : 200[mA]
② 2차 정격 영상전류 : 1.5[mA]

16. 접지형 계기용변압기 GPT

역할 → 고압설비계통의 고저항접지, 비접지방식의 지락 사고시 영상전압검출 보호 ($3\phi 3w$ 식 선로의 결상검출 보호도 가능함.)

(1) 3차측의 정격영상전압

$$V_0 = \frac{190}{3} = 63.33$$

∴ 64[V]이지만 V_0 전압계는 0[V]를 가르킨다.

(2) CLR (전류 제한 저항기)
역할 → 3차측 (오픈델타측)의 근소한 지락 유효분의 전류를 얻기 위해서 사용

(3) 영상 유효분전류로 IN을 0.38[A]로 선정한다.
이유 → 지락 방향 계전기의 감도 전류는 0.38[A]부근이 고감도로 하기 때문임.

17. 계전기

① 접지 계전기(GR; Ground Relay)
② 선택접지 계전기(SGR; Selectve Ground Relay)
③ 방향지락 계전기(DGR; Dirrectional G.R)
④ 과전압 계전기(OVR; Over Voltage Relay)
⑤ 부적전압 계전기(UVR; Under Voltage Relay)
⑥ 과전류 계전기(OCR; Over Current Relay)
⑦ 비율차동 계전기(DFR; Differential Relay)

※ 과전류계전기
역할 → 단락, 과부하시 동작하여 트립코일 여자시켜 차단기 개로시킨다.

(1) OCR 의 형식 명칭
① 상시폐로식 : 변류기 2차 전류트립방식 (고압)
② 상시개로식 : 전압트립 방식 (특고)

(2) OCR 과전류 계전기의 동작특성
① 순한시 계전기 : 정정(set)된 최소 동작 전류 이상의 전류가 흐르면 즉시 동작하는 것으로서 한도를 넘는 양과는 아무 관계가 없다. 동작시간은 0.3초 이내에서 동작하도록 하고 있으나 그 중에서도 0.5~2 사이클 정도의 짧은 시간에서 동작하는 것을 고속도 계전기라고 부르고 있다.
② 정한시 계전기 : 정정된 값 이상의 전류가 흘렀을 때 동작전류의 크기와는 관계없이 항상 정해진 시간이 경과한 후에 동작하는 것.
③ 반한시 계전기 : 정정된 값 이상의 전류가 흘러서 동작할 때 동작 전류값에 반비례 시킨다든지 전류값이 클수록 빨리 동작하고 반대로 전류값이 작을수록 느리게 동작하는 것.
④ 반한사성 정한시 : ② 와 ③ 의 특성을 조합한 것으로서 어느 전류값까지는 반한시 성이고 그 이상이 되면 정한시로 동작하는 것.

(3) 과전류 계전기 탭 선정치
① 순시 (단락사고) : 30~80[A]
② 한시 (과전류) : 4~12[A]
③ 지락 (지락사고) : 0.5~2[A]

※ 비율차동 계전기 (Ratlo Differential Relay : RDFR)
1) 개요
  비율차동 계전기는 보호구간에 유입하는 전류와 보호구간에서 유출하는 전류의 벡터의 차와 출입하는 전류와의 관계비로 동작하는 것인데 보호대상을(발전기, 변압기)의 내부 고장 검출(층간 단락 및 지락사고)로 사용하며 동작원리와 구조는 릴레이 자체로서는 억제력과 동작력을 하나의 가동부에 주는 형식으로 되어 있다.
① 동작코일 : 변압기 내부코일의 층간 단락, 지락사고시 1차와 2차의 전류차로 동작하여 차단기 개로시킨다.
  • 정상시 $I_d = i_1 - i_2 = 0$이면 부동작
  • 고장시 $I_d = i_1 - i_2 \neq 0$아니면 차전류가 흘러서 동작
② 억제코일 : 외부사고시 과대 전류가 동작코일에 흐르더라도 억제코일 전류에 대한 비율이 어떤 값(30[%]) 이상이 되어야만 동작하기 때문에 이 전류를 30[%]로 억제시킨다. (차단기 개폐시 과도 돌입 전류 억제)
  • 변압기 결선이 Y-△인 경우 CT의 접속은 △-Y로 하고
  • 변압기 결선이 △-Y인 경우 CT의 접속은 Y-△로 한다.

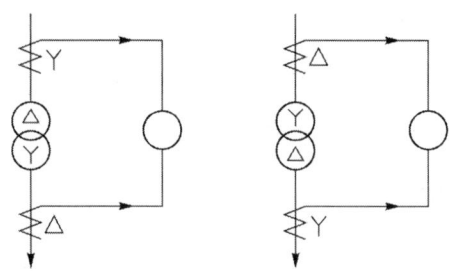

2) 보호 계전 방식에 의한 분류
   ① 모선 보호 계전기
   - 전압 차동 계전기
   - 전류 차동 계전기
   - 거리 계전기
   - 위상 비교 계전기
   - 전력 방향 계전기
   ② 송전 선로에 보호 계전기
   - 거리 계전기 → 동착 시간이 고장점까지의 거리에 따라 변환되는 계전기
   - 반송계전방식 → 전력선에 반송파를 보내 고장 발생시 송수전 양단을 고속 차단하는 방식 (위상비교, 방향비교, 송수트립)
   - 표시선 계전방식 → 고장 발생시 고장점의 위치에 상관없이 송수 양단에서 고속 차단하는 방식 (방향비교, 전압방향, 전류순환)

18 전력용 콘덴서 SC

(1) 용도 : 역률개선(부하에 병렬로 삽입하여 역률 90% 이상 유지)

(2) 설치효과
   ① 설비용량감소
   ② 전압강하 감소
   ③ 전력 손실 감소
   ④ 설비이용률 증가
   ⑤ 전기 요금의 할인

(3) 콘덴서 용량
$Q_C = P \cdot (\tan\theta_1 - \tan\theta_2)[\text{kVA}]$

(4) 콘덴서 설비의 주요사고 원인
   ① 콘덴서 설비의 모선 단락 및 지락
   ② 콘덴서 도체 파괴 및 층간 절연 파괴
   ③ 콘덴서 설비 내의 배선 단락

※ SC 전단의 개폐장치 선정

      [SC용량]   [개폐기]
- ① 20~30[kVA]이하   →   DS
- ② 50[kVA]이하   →   PC(직결한다)
- ③ 5~100[kVA]   →   OS
- ④ 100[kVA]   →   CB

※ SC 용량이 100[kVA] 초과시는 보호장치를 설치해야 하기 때문에 CB를 설치한다.

※ SC 뱅크 수 결정
- ① 300[kVA]이하 : 1개군 설치
- ② 300[kVA]초과 ~ 600[kVA]이하 : 2개군 설치
- ③ 600[kVA] 초과 : 3개군 설치

※ 콘덴서 보호장치
- ① OCR(과전류계전기) : 콘덴서의 산락사고 보호
- ② OVR(과전압계전기) : 선로의 과전압시 보호
- ③ UVR(부족전압) : 선로의 부족전압 (상시전원 정전시) 보호
- ④ DGR(지락 계전기) : 지락전류 외에 영상전압 또는 충전전류를 입력하여 그의 크기 및 위상을 판별하여 동작한다.

19 방전코일 DC

(1) 용도 : 콘덴서 잔류전하 방전

콘덴서를 회로로부터 분리했을 때 전하가 잔류함으로 일어나는 위험의 방지와 재투입할 때 콘덴서에 걸리는 과전압의 방지을 위해

20 직렬리액터 SR

(1) 용도 : 파형개선

대용량의 콘덴서를 설치하면 고주파 전류가 흘러 파형이 일그러지는 원인이 된다. 파형을 개선(제5고조파의 제거)하기 위해 전력용 콘덴서와 직렬로 리액터 설치

(2) 설치목적
- ① 제5고조파 제거
- ② 돌입전류 방지
- ③ 계통에의 과전압 억제
- ④ 고주파에 의한 계전기 오동작 방지

(3) 직렬 리액터 용량 : 콘덴서 용량의 6[%]가 표준 정격, 이론상 4[%]

※ 리액터의 목적
① 한류리액터 : 단락전류제한
② 분로리액터 : 페런티 현상 방지
③ 직렬리액터 : 파형개선
④ 소호리액터 : 아크소호

2 검사항목

(1) 차단기 사용 전 검사항목
① 외관검사
② 접지저항 측정
③ 절연저항 측정
④ 절연내력 시험
⑤ 보호장치 동작 시험
⑥ 계측 장치 동작 시험

(2) 변압기 사용 전 검사 항목
① 외관검사
② 접지저항 측정
③ 절연저항 측정
④ 절연내력 시험
⑤ 보호장치 동작 시험
⑥ 계측 장치 동작 시험
⑦ 절연유 내압 시험

예제문제

(1) 지락 보호 계전기의 종류를 용도(기능)별로 구분하여 3가지만 쓰시오.
 - 지락 과전류계전기, 지락 과전압계전기, 지락 방향 계전기

(2) 계전기의 명칭을 쓰시오.
 - OCR(51) - (과전류 계전기)
 - OCGR - (지락 과전류 계전기)
 - OVR(59) - (과전압 계전기)
 - OVGR(64) - (지락 과전압 계전기)
 - UVR(27) - (부족전압 계전기)
 - DOCR - (방향성 과전류 계전기)
 - GR - (지락계전기)
 - SGR - (지락 선택 계전기)

(3) SGR이란?
 선택 지락 계전기로서 다회선 배전 선로에서 지락이 발생한 회선을 선택하여 차단한다.

(4) 비율차동 계전기
 변압기나 발전기 내부고장에 대한 보호용.
  * 동작코일 : 2차 전류의 크기가 다를 경우 전류가 흘러 동작

(5) 과전류 계전기 시험 : 물저항기, 전류계, 사이클 카운터
 - 투입시 : 계전기 한시 동작 특성 시험
 - 개방시 : 계전기 최소 동작 전류 시험

(6) 수변전 설비에 설치되는 단로기는 회로에 흐르는 어떤 종류의 전류를 단로할 수 있는가?
 - 무부하 충전전류, 변압기 여자전류

(7) 변압기의 효율이 떨어지는 경우를 3가지 예로 들어 설명하시오.
 - 역률저하, 경부하 운전, 부하변동이 심한 경우, 주위온도 상승

(8) 변압기 병렬운전 조건을 기술하고 조건이 맞지 않을 경우 어떤 현상이 나타나는지 기술하시오.
 ① 각 변압기의 %임피던스 강하가 같을 것 (부하의 분담이 균형을 이룰수 없다)
 ② 각 변압기의 극성이 같을 것 (큰 순환전류가 흘러 권선이 소손)
 ③ 각 변압기의 1,2차 정격전압 및 권수비가 같을 것 (순환전류가 흘러 권선이 가열)
 ④ 각 변압기의 내부 저항과 누설 리액턴스의 비가 같을 것 (각 변압기의 전류간의 위상차가 생겨 동손이 증가)
 ⑤ 각 변압기의 상회전 방향 및 위상변위가 같을 것 (3상)

(9) H종 건식 변압기를 사용하려고 한다. 같은 용량의 유입 변압기를 사용할 때와 비교하여 그 이점을 4가지만 쓰시오. 단, 변압기의 가격, 설치 시의 비용 등 금전에 관한 사항은 제외한다.

① 소형, 경량화 할 수 있다.
② 절연에 따른 신뢰성이 높다.
③ 화재의 발생이나 연소의 우려가 적어 안전성이 높다.
④ 절연유를 사용하지 않으므로 유지보수가 용이
⑤ 과부하 및 단락내량이 크다.

⑽ 변압기에 사용되는 절연유의 필요한 성질
① 절연내력이 클 것
② 인화점이 높고 응고점이 낮을 것
③ 점도가 낮을 것
④ 산화 및 화학작용을 일으키지 않을 것

⑾ 대용량 변압기의 이상이나 고장등을 확인 또는 감시할 수 있는 변압기 보호 장치 5가지
① 유온계
② 충격압력 계전기
③ 브흐홀쯔 계전기
④ 비율 차동계전기
⑤ 방압 장치

⑿ 단권변압기
[용도] ① 승압 및 강압용 단권 변압기
② 초고압 전력용 변압기
③ 기동보상기용 변압기
④ 실험실용 소용량의 슬라이닥스
[장점] ① 1권선 변압기이므로 동량을 줄일 수 있어 경제적이다.
② 동손이 감소하여 효율이 좋아진다.
③ 부하용량이 등가용량에 비하여 커져 경제적이다.
④ 누설자속이 적어 전압변동률이 적다.
⑤ %임피던스 강하가 적다.
[단점] ① 누설임피던스가 적어 단락전류가 크다
② 1차측에 이상전압 발생시 2차측에도 고전압이 걸려 위험하다

⒀ ASS(Auto Section Switch)와 인터럽터 스위치를 비교 설명하시오.
• ASS : 무부하(무전압)시 개방이 가능하고, 과부하시 자동으로 개폐할 수 있는 고장구분개폐기로서 돌입전류 억제 기능을 가지고 있다.
• 인터럽터 스위치 : 수동조작만 가능하고, 과부하시 자동으로 개폐할 수 없고, 돌입전류 억제기능을 가지고 있지 않으며 용량 300KVA이하의 ASS대신에 주로 사용되고 있다.

[참고] ATS : 돌발적인 정전시 비상발전기 선로로 절체 (자동절체스위치)

⑭ 차단기 보호 계전기의 4가지 요소
① 임피던스 요소　　　② 위상 및 방향
③ 전압 요소　　　　　④ 전류 요소

⑮ 수전용 유입차단기의 차단 용량부족의 대비를 위하여 설치하는 설비기기는?
전력퓨즈(PF)

⑯ 500[kW] 미만의 주단로기 다음에 설치할 설비기기는?
차단기(CB)

⑰ 고압 이상에 사용되는 차단기의 종류를 3가지만 쓰시오.
– 유입차단기, 진공차단기, 가스차단기

⑱ 특별 고압수전설비에 설치될 차단기를 선정하고자 한다. 재점호가 발생하지 않는 차단기의 종류 2가지를 쓰시오.
– 가스차단기(GCB), 진공차단기(VCB)

⑲ 차단기의 정격 단시간 전류에 대하여 간단히 설명하시오.
– 정격 단시간 전류는 그 전류값을 규정된 회로 조건하에서 규정된 시간 동안 차단기에 흘려도 차단기에 이상이 생기지 않는 전류를 말한다.

⑳ 차단기의 정격전압
차단기에 부과할 수 있는 사용회로 전압의 상한

㉑ 차단기의 정격차단시간
개극시간과 아크소호시간 까지의 합

㉒ 과전류 차단기 시설제한 3가지
① 접지공사의 접지선
② 다선식 전로의 중성선
③ 저압 가공전선로의 접지측 전선

㉓ 차단기의 트립방식 4가지에 대해 간략하게 설명하시오.
① 직류전압 트립방식 : 축전지 등의 직류전원의 에너지에 의하여 트립되는 방식
② 과전류 트립방식 : 차단기의 주회로에 접속된 변류기의 2차전류에 의하여 차단기가 트립
③ 콘덴서 트립방식 : 충전된 콘덴서의 에너지에 의해 트립
④ 부족전압 트립방식 : 부족전압 트립장치로 인가된 전압의 저하에 의하여 차단기가 트립

(24) **표준동작책무**

차단기가 계통에 사용될 때 "차단-투입-차단"의 동작을 반복하게 되는데 그 시간 간격을 나타낸 일련의 동작을 규정한 것

(25) 누전차단기 시설장소는?

전로의 대지전압 \ 기계기구의 시설장소	옥내		옥측		옥외	물기가 있는 장소
	건조한 장소	습기가 많은 장소	우선 내	우선 외		
150[V] 이하	–	–	–	□	□	○
150[V] 초과 300[V] 이하	△	○	–	○	○	○

(26) 다음 각 기기가 정상전류, 이상전류에 작동할 수 있는 지를 ○, ×, △로 표시하시오.

기기	정상전류			이상전류		
	통전	개	폐	통전	투입	차단
차단기	○	○	○	○	○	○
퓨즈	○	×	×	×	×	○
단로기	○	△	×	○	×	×
개폐기	○	○	○	○	△	×

(27) 최근 차단기의 절연 및 소호용으로 많이 이용되고 있는 SF6 가스의 특성으로 4가지만 열거하시오.

① 안정도가 높은 불활성 기체이다.
② 무독, 무취, 불연 기체로서 유독가스를 발생하지 않는다.
③ 소호능력이 뛰어나다.(공기의 약 100배)
④ 절연내력은 공기의 2~3배 정도이다.

(28) 갭레스(Gapless)형 피뢰기의 주요 특징을 3가지만 쓰시오. (ZnO가 특성요소)

① 직렬갭이 없어 소형화, 경량화 할 수 있다.
② 오손에 강하다
③ 급준파 응답이 이론적으로 뛰어나다
④ 속류가 없어 빈번한 작동에도 잘 견딘다.
⑤ 속류에 따른 특성요소의 변화가 적다.

(29) 피뢰기와 같은 구조이나, 적용 전압 범위를 조정할 수 있는 옥내 피뢰기는?

– 서지 흡수기(Surge Absorber)

(30) 피뢰기에 대한 다음 각 물음에 답하시오.

1) 현재 사용되고 있는 교류용 피뢰기의 구조는 무엇과 무엇으로 구성되어 있는가?
   직렬갭과 특성요소
2) 피뢰기의 정격전압 : 속류를 차단할 수 있는 교류 최고 전압

3) 피뢰기의 제한전압 : 피뢰기 방전 중 피뢰기 단자에 남게되는 충격전압
4) 종류 : 갭 저항형, 밸브형, 밸브 저항형
5) 공칭전압 = 접지계수 (0.75) × 유도계수 (1.1) × 계통최고전압

공칭전압[kV]	중성점접지방식	피뢰기 정격전압[kV]		이격거리[m]
		변전소	선로	
345	유효접지	288		85
154	유효접지	138		65
66	비접지	72		45
22	비접지	24		20
22.9	다중접지	21	18	20

6) 방전전류 : 10000A, 5000A (66kV, 3000kVA 이하), 2500A (22.9kV)

(31) 피뢰기에 요구되는 피뢰기 특성
  ① 제한 전압 또는 충격방전 개시전압이 충분히 낮고 보호 능력이 있을 것
  ② 속류를 완전히 차단하며 동작 책무 특성이 충분할 것
  ③ 대전류 방전, 속류 차단의 반복 동작에 대해 장시간 사용에 충분히 견딜 것
  ④ 상용 주파수 방전개시 전압은 회로 전압보다 충분히 높아서 상용 주파수에서 방전을 않을 것

(32) 피뢰침 설치 의무화 : 지면상 20[m]를 초과하는 건축물, 설비, 위험물, 화약류 저장소
  • 구성요소 : 돌침부, 피뢰도선, 접지전극

(33) 변압기 결선 방식에서의 장·단점
  ① △-△결선
  [장점] • 변압기 외부선로에 제3고조파가 발생하지 않아 통신 장애가 없다.
        • 제3고조파 전류가 △결선 내를 순환하므로 정현파 교류전압을 유기하여 기전력이 왜곡되지 않는다.
        • 1상분이 고장이 생기면 나머지 2대로 V결선으로 사용할 수 있다.
        • 각 변압기의 상전류가 선전류의 $\frac{1}{\sqrt{3}}$ 이 되어 대전류에 적합
  [단점] • 중성점을 접지할 수 없으므로 지락사고 전류검출이 곤란하다.
        • 변압비가 다른 것을 결선하면 순환전류가 흐른다.
        • 각 상의 권선 임피던스가 다르면 3상 부하가 평형이 되어도 변압기의 부하 전류는 불평형이 된다.
  ② Y-Y결선
  [장점] • 중성점을 접지할 수 있으므로 단절연방식을 채택할수 있다.
        • 상전압이 선간전압의 $\frac{1}{\sqrt{3}}$ 이 되어 고전압측의 결선에 접합하다.

- 변압비, 권선의 임피던스가 서로 달라도 순환 전류가 흐르지 않는다.

[단점]
- 중성점이 접지되어 있지 않으면 제3고조파의 통로가 없어 기전력 파형은 제3고조파를 포함하여 왜형파가 된다.
- 중성점이 접지되어 있으면 접지선을 통해서 제3고조파 전류가 흘러 통신선에 유도 장해를 일으킨다.
- 부하의 불평형에 의하여 중성점 전위가 변동하여 3상 전압이 불평형을 일으킨다.

③ △-Y 결선

[장점]
- 2차 Y결선 중성점을 접지하여 이상전압을 경감할 수 있다.
- 2차 Y결선측을 변압기, 권선의 임피던스가 서로 달라도 순환 전류가 흐르지 않는다.
- △결선측에는 제3고조파의 여자전류를 환류시킬수 있으므로 2차측 각상에 정현파 전압이 유기된다.
- 2차 권선의 전압이 선간 전압의 $\frac{1}{\sqrt{3}}$ 이므로 승압용에 적당하다.

※ 변전소에서는 승압시 △-Y 사용하고 수용가에서는 $3\phi 4w$식 380/220 두 가지 전원을 얻기 위해서 Y결선을 사용한다.

[단점]
- △와 Y는 각변위차가 30°이므로 순환전류가 흐른다.
- 30°의 상변위가 생기므로 1대 고장시 전원공급 불가능

④ Y-△ 결선

[장점]
- 1차 Y권선의 전압은 선간 전압의 $\frac{1}{\sqrt{3}}$ 이 되므로 강압용에 적당하다.
  (수전단 변전소)
- 고전압측을 Y로 하면 변압기의 절연이 용이하다.
- 2차측의 제3고조파 여자 전류가 △결선내를 순환하므로 정현파 전압이 유기된다.
- 교류전압을 유기하여 기전력의 왜곡을 일으키지 않는다.

[단점]
- △-Y 단점과 동일

(34) **3상4선식 110/220[V](V결선) [13200-220/110 변압기]**

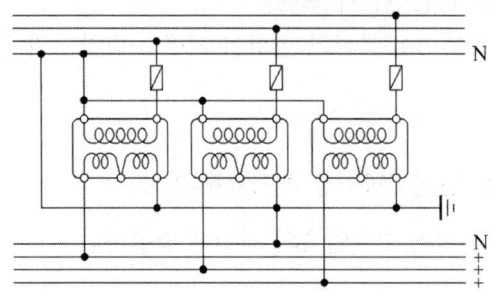

(35) 3상 4선식 220/380[V](Y결선) [13200-220/110 변압기]

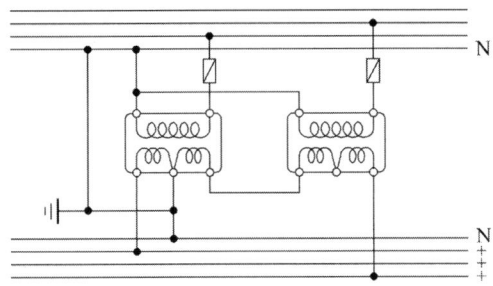

(36) 전력퓨즈에 대해
　1) 역할/기능
　　① 부하전류는 안전하게 통전한다.
　　② 어떤 일정값 이상의 과전류는 차단하여 전로나 기기를 보호한다.
　2) 전력퓨즈의 사용상 장점
　　① 소형, 경량이어서 설치 용이
　　② 소형으로 큰 차단용량을 갖는다.
　　③ 고속차단을 한다.
　　④ 보수가 간단하다.
　　⑤ 릴레이나 별도의 변성기가 필요 없다.
　　⑥ 가격이 싸다.
　3) 전력퓨즈의 사용상 단점
　　① 재투입을 할 수 없다.
　　② 과도전류에 용단되기 쉽고 결상을 일으킬 수 있다.
　　③ 동작시간, 전류특성을 계전기처럼 자유로이 조정할 수 없다.
　　④ 퓨즈가 용단되어도 차단하지 못하는 전류범위(비보호 영역)가 있다.
　　⑤ 차단시 과전압(이상전압)이 발생한다.
　4) 전력퓨즈를 구입하고자 할 때 고려해야 할 주요 사항 4가지
　　① 정격전압　　　　　② 정격전류
　　③ 정격차단전류　　　④ 사용장소
　5) 성능(특성) : ① 용단특성
　　　　　　　　　② 단시간 허용 특성
　　　　　　　　　③ 전차단 특성
　6) • 포장퓨즈 : 1.3배의 전류는 견디고 2배의 전류에서 120분에 용단
　　• 비포장퓨즈 : 1.25배의 전류는 견디고 2배의 전류에서 2분에 용단

기능 \ 능력	회로분리		사고차단	
	무부하	부하	과부하	단락
퓨즈	○			○
차단기	○	○	○	○
개폐기	○	○	○	
단로기	○			
전자개폐기	○	○	○	

⑶⑺ 수변전 설비에 설치하고자 하는 파워퓨즈를 선정하고자 할 때 고려하여야 할 주요 특성 4가지만 쓰시오.
 ① 과부하 전류에 동작하지 말 것
 ② 변압기 여자 돌입전류에 동작하지 말 것
 ③ 충전기 및 전동기 기동전류에 동작하지 말 것
 ④ 보호기기와 협조를 가질 것

⑶⑻ 역률 과보상시 나타나는 현상은?
 ① 역률의 저하 및 손실의 증가   ② 단자전압 상승
 ③ 계전기 오동작   ④ 전압강하

⑶⑼ 역률개선과 에너지 절감이라는 관점에서는 진상용 콘덴서를 모두 말단에 설치하는 것이 좋으나 다음과 같은 기준을 고려해야 한다.
 ① 비교적 대용량의 부하에는 직결한다.
 ② 소용량 부하의 집합장소에는 묶어서 일괄설치
 ③ 종합적인 부하역률 개선용 콘덴서는 수전측 고압모선에 설치한다.

⑷⑴ 부하의 역률 개선에 대한 다음 각 물음에 답하시오.
 1) 역률을 개선하는 원리를 간단히 설명하시오.
  – 부하에 병렬로 콘덴서를 설치하여 진상전류를 흘려줌으로써 무효전력을 감소시켜 역률을 개선한다.
 2) 부하 설비의 역률이 저하되는 경우 수용가가 볼 수 있는 손해를 2가지
  ① 전력손실이 커진다.   ② 전기요금이 증가한다.
  ③ 전압강하가 커진다.   ④ 전기설비용량이 증가한다.

  기본요금할인액 계산
  계약전력 : 5000[kW] 수용가
  역률개선 : 80[%] → 95[%]
  기본요금 : 5000[원/kW]
  연할인요금 $= 5000 \times 5000 \times \dfrac{95-80}{95} \times 12 \fallingdotseq 4700$ 만원

  ※ 역률 : 피상전력에 대한 유효전력의 비 (전압과 전류 사이의 위상차의 정현값)
  ※ 수용가는 수용장소의 전체 부하역률을 기준으로 90[%]이상으로 유지하여야 한다.

※ △결선으로 접속할 때 필요로 하는 콘덴서의 정전용량은 Y결선으로 접속하는 경우의 1/3로 충분

(41) **전력용 콘덴서의 뱅크수 결정**
① 300[kVA] : 1개 이하
② 300[kVA] ~ 600[kVA] : 2개군
③ 600[kVA] 초과 : 3개군

(42) **전력용 콘덴서 보호장치**
① OCR ② OVR ③ UVR ④ DGR

(43) **콘덴서(condenser) 설비의 주요 사고 원인을 3가지 예를 들어 설명하시오.**
① 콘덴서 설비의 모선 단락 및 지락
② 콘덴서 소체 파괴 및 층간 절연 파괴
③ 콘덴서 설비 내의 배선 단락

(44) **전력콘덴서의 개폐제어방식**
① 무효전력에 의한 제어
② 시간에 의한 제어
③ 역률에 의한 제어
④ 전압에 의한 제어
⑤ 전류에 의한 제어

(45) **전력용 콘덴서에 직렬 리액터를 사용하는 이유와 직렬 리액터의 용량을 정하는 기준등에 설명하시오.**
- 사용하는 이유 : 제5고조파 제거
  직렬리액터의 용량은 제5고조파 공진조건에 의해 산출한다.
- 콘덴서의 용량의 이론상 4[%] :
$$5\omega L = \frac{1}{5\omega C}, \quad \omega L = \frac{1}{25} \times \frac{1}{\omega C} = 0.04 \times \frac{1}{\omega C}$$
설계상 6[%] (2[%] 여유)

(46) **직렬리액터의 사용목적**
① 제5고조파로 인한 전압파형의 찌그러짐 방지
② 콘덴서 투입시 돌입전류 방지
③ 개폐시 계통의 과전압 억제
④ 고조파전류에 의한 계전기 오동작 방지
[참고] • 분로 리액터-페란티 현상 방지
• 소호 리액터-아크 소호
• 한류 리액터-돌발 단락전류를 제한

⑷⑺ 콘덴서의 용량, 접속 방법에 대한 각 물음에 답하시오.
  1) 콘덴서 용량 결전의 상한값은 어떤 성분의 전력값보다 크지 않아야 하는가?
     부하의 지상 무효분
  2) 콘덴서를 본선에 접속시키는 방법과 특히 유의할 점등을 설명하시오.
     콘덴서는 본선에 직접접속하고 특히 전용의 개폐기, 퓨즈, 유입 차단기 등은 시설하지 말 것. 이 경우 콘덴서에 이르는 분기선의 굵기는 본선의 최소굵기 이상으로 할 것
  3) 고압 및 특별고압 진상용 콘덴서를 설치하므로 인하여 공급 회로의 고조파 전류가 현저하게 증대하여 유해할 경우에는, 콘덴서 회로에 유효한 어떤 것을 설치해야 하는가?
     직렬리액터

⑷⑻ 수전설비의 설치장소로서 구비하여야 할 조건은?
  ① 전원의 인입, 인출을 원활히 할 수 있는 장소
  ② 가능한 부하의 중심에 가까워 배전을 원활하게 할 수 있는 장소
  ③ 증설, 확장에 필요한 여유가 확보가능한 장소
  ④ 변압기등의 소음공해를 일으키지 않을 장소
  ⑤ 지반이 견고한 장소
  ⑥ 기기의 반입, 반출을 원활히 할 수 있는 장소
  ⑦ 침수의 우려가 없고 가스, 분진 등이 적은 장소
  ⑧ 가연성, 폭발성 물질의 제조 및 저장소로부터 떨어진 장소
     CF. 수전설비의 크기를 좌우하는 사항들
        ① 수전 전압의 크기   ② 변압기 용량과 대수
        ③ 콘덴서 용량과 대수   ④ 고압회로의 분기수
        ⑤ 저압회로의 분기수   ⑥ 기기의 배치와 형식
        ⑦ 보수 점검의 공간   ⑧ 수전설비의 형태

⑷⑼ 수전설비의 단락전류 적용요소 3가지
  ① 보호차단기 용량의 선정 및 퓨즈 용량의 선정
  ② 보호계전기의 선정
  ③ 단락강도의 선정

⑸⑴ PT 2차 전로측 접지공사
  1,2차 혼촉 사고로 인한 2차 고전압 유기 방지

⑸⑵ 계기용변압기 1차측 및 2차측에 퓨즈를 부착하는지 여부를 밝히고, 퓨즈를 부착하는 경우에 그 이유를 간단히 설명하시오. 01-1
  • 여부 – 1차측 및 2차측에 부착한다.
  • 이유 – 계기용 변압기 고장 및 2차측 단락시 퓨즈가 차단되어 사고가 확대되는 것을 방지

(52) CT에 관한 다음 각 물음에 답하시오.

1) Y−△로 결선한 주변압기의 보호로 비율 차동계전기를 사용한다면 CT의 결선은 어떻게 해야 하는지를 설명하시오.
   - 주변압기의 1차측에 사용되는 변류기는 △결선, 2차측에 사용되는 변류기는 Y결선을 한다.

2) 통전 중에 있는 변류기 2차측 기기를 교체하려할 때, 가장 먼저 해야 할 조치는?
   - 2차측을 단락한다.

(53) 변류기 2차측을 개로하면 변류기에 어떤 현상, 원인 결과가 발생하는가?

CT의 사용중 2차측을 개방하면 1차측 부하전류가 모두 여자전류가 되어 2차측에 고전압이 유기되어 절연파괴의 우려가 있다.

(54) CT에 관한 다음 각 물음에 답하시오.

1) Y−△로 결선한 주변압기의 보호로 비율 차동 계전기를 사용한다면 CT의 결선은 어떻게 해야하는지를 설명하시오.
   - 주변압기의 1차측에 사용되는 변류기는 △결선, 2차측에 사용되는 변류기는 Y결선을 한다.

2) 통전 중에 있는 변류기 2차측 기기를 교체하려 할 때, 가장 먼저 해야 할 조치는?
   - 2차측을 단락한다.

(55) 변류기 2차측을 개로하면 변류기에 어떤 현상, 원인 결과가 발생하는가?

CT의 사용중 2차측을 개방하면 1차측 부하전류가 모두 여자전류가 되어 2차측에 고전압이 유기되어 절연파괴의 우려가 있다.

(56) 영상 변류기를 3상3선식 수전 설비에 시설할 때 항상 짝지어서 차단기를 동작시키는 계전기는 어떤 것인가?

지락계전기(GR)

(57) 영상 전압을 검출하는데 사용되는 것은?

- 3상 − 영상 접지 변압기(GPT)
- 단상 − 영상변류기를 이용한 저항 연결 방식

(58) 수전설비의 단락전류 적용요소 3가지

① 보호차단기 용량의 선정 및 퓨즈 용량의 선정

② 보호계전기의 선정

③ 단락강도의 선정

(59) 변전설비를 계획하고자 할때 기본계획에 고려해야 할 사항 6가지

① 안전성 ② 신뢰성 ③ 경제성

④ 주변 환경 고려 ⑤ 조작 및 취급 ⑥ 보수점검유지

(60) △-△ 결선
   [장점] ① 제3조고파전류가 △결선내를 순환하므로 정현파 교류전압을 유기하여 기전력의 파형이 왜곡되지 않는다
   ② 1대가 고장나면 나머지 2대로 V결선하여 사용할 수 있다
   ③ 상전류가 선전류의 $1/\sqrt{3}$이 되어 대전류에 적합하다
   [단점] ① 중성점을 접지할 수 없어 지락사고 검출이 곤란하다
   ② 권수비가 다른 변압기를 결선하면 순환전류가 흐른다
   ③ 각 상의 임피던스가 다를 경우 3상부하가 평형이 되어도 변압기 부하전류는 불평형이 됨

(61) Y-Y 결선
   [장점] ① 1,2차 전압사이에 위상차가 없다.
   ② 중성점 접지를 할수 있어 이상전압을 감소시킬 수 있으며 절연에 유리하다.
   ③ 상전압이 선전압의 $1/\sqrt{3}$이 되어 고전압에 적합하다.
   [단점] ① 기전력의 파형이 제3고조파를 포함한 왜형파가 된다.
   ② 중성점 접지시 통신선 유도장해를 일으킨다.
   ③ 부하의 불평형에 의하여 중성점 전위가 변동하여 3상 전압이 불평형을 일으킨다.

(62) V-V 결선
   [장점] ① △결선시 1상 고장시 2대로도 3상 전력 공급이 가능하다.
   ② 설치 방법이 간단.
   ③ 소용량이며 가격이 저렴하다.
   [단점] ① 설비의 이용율이 86.6[%] 저하된다.
   ② △결선에 비하여 출력이 5.57[%] 저하된다.
   ③ 부하의 상태에 따라 2차 단자전압이 불평형이 될 수 있다.

(63) 단상 변압기 3대를 이용하여 1차측 △결선, 2차측 Y 결선을 답안지에 그리고, 이 결선의 장/단점을 2가지씩 만 쓰시오.
   1) 결선 : △-Y결선, 승압용
   2) 장점
      ① 2차측(Y결선)에 중성점 접지를 할 수 있다.
      ② 2차측 상전압은 선간전압의 $1/\sqrt{3}$ 이므로 절연이 유리하다.
      ③ 1차가 △결선이므로 여자전류의 통로가 있어 기전력의 파형이 왜곡되지 않는다.
   3) 단점
      ① 1차와 2차 선간전압 사이(3상 입출력)에 30°의 위상차(각 변위)가 있다.
      ② 1상에 고장이 생기면 전원 공급이 불가능

③ 1상 단락시 다른 변압기를 과여자 시킨다.

(64) Y-Y-△ 에서 3권선 변압기에서 3권선의 용도
① 제3고조파 제거
② 조상설비 설치
③ 소내 전력 공급용

(65) PT 2차 전로측 접지공사
1,2차 혼촉 사고로 인한 2차 고전압 유기 방지

(66) 특별고압 수전회로의 수전방식
① 1회선 수전
② 2회선(상용 예비)수전
③ 평행 2회선 수전
④ 루우프 수전
⑤ 스포트 네트워크 수전

(67) 고압 수용가의 수전설비 종류
① CB형 정식 수전
② PF + CB형 정식 수전
③ PF + S (OS형)간이 수전

(68) 배전선의 전압을 조정하는 3가지 방법은?
① 유도전압 조정기 사용
② 주상변압기 탭 조정
③ 승압기 설치
④ 콘덴서 설치
⑤ 변전소에 ULTC 설치

(69) 절연협조
- 의미 : 계통내의 각 기기, 기구 및 애자등에 적정한 절연강도를 지니게 함으로써 계통 설계를 합리적, 경제적으로 할 수 있게 한 것을 절연협조라 한다.
- 절연강도 : 선로애자 > 결합콘덴서 > 기기부싱 > 변압기 > 피뢰기

(70) 500[kW] 미만 주단로기 다음 설비기기?
－차단기

(71) 수전용 유입 차단기의 차단 용량부족 대비 설비기기?
－전력용 퓨즈(PF)

(72) ULTC의 구조상의 종류 2가지를 쓰시오
- 병렬 구분식

- 단일 회로식

    ※ Under Load Tap Changer(부하시 자동 탭절환기)

(73) **파열극한 전위경도**
- 교류 21[kV/cm] (실효값)
- 직류 30[kV/cm]

(74) **22.9KV – Y 중성선 접지선 굵기**

   38[mm^2]

(75) **정격부담 (VA)**

   변성기 2차측 단자간에 접속되는 부하의 한도

(76) **보호장치에서 3E**
   ① 과부하 보호장치
   ② 단락사고 보호장치
   ③ 지락사고 보호장치

(77) **GIS 장점**
   ① 소형화 경량화
   ② 충전부 밀폐로 인한 안정성 향상
   ③ 신뢰도 향상
   ④ 소음감소
   ⑤ 친환경성

(78) **절환모선에 대한 다음에 물음에 답하시오.**
   1) 평상시에 절환모선이 가압되어 있는지의 여부를 밝히시오.
      - 가압되어 있지 않다.
   2) 절환모선을 설치한 이유는?
      - 교류차단기 또는 OCR 점검시 무정전 전원공급

11.7 옥내배선시설

1 시설장소와 배선방법

(1) 배선에 사용하는 전선의 굵기
① 2.5[mm²]이상의 연동선
② 1.0[mm²]이상의 MI 케이블
③ 2.3[mm]이상의 반경AL선(경알루미늄은 2.0[mm])
④ 예외
  - 전광사인 장치, 출퇴표시등 제어회로 1.5[mm²]이상 연동선
  - 전광사인 장치, 출퇴표시등 제어회로 0.75[mm²]이상 다심케이블

(2) 전선고정시 진동 등으로 헐거워질 우려가 있을 경우 이중너트, 스프링와셔 및 나사이완 방지기구가 있는 것을 사용할 것

2 애자사용공사
① 애자는 내수성, 난연성, 절연성이 있어야 한다.
② 애자사용배선시의 바인드선의 굵기

사용전선의 굵기	애자 바인드선의 굵기
14[mm] 이하	0.9[mm]
50[mm] 이하	1.2[mm]
50[mm] 초과	1.6[mm]

③ 애자사용배선시 전선의 이격거리
  - 전선상호간의 거리 : 6[cm]
  - 전선과 조영재와의 거리 : 400[V]미만 − 2.5[cm]
                              400[V]이상 − 4.5[cm]
④ 전선이 조영재를 관통하는 경우 사용하는 애관 합성수지관등의 양단은 1.5[cm] 이상 돌출되어야 한다.

3 금속관 공사
① 관의 두께 콘크리트 매입한 경우 − 1.2[mm] 이상
           기타의 경우 (노출)   − 1.0[mm] 이상
② 굵기가 다른 절연전선을 동일관내에 넣어 시설하는 경우 절연피복물 포함한 관내 단면적의 32[%]이하가 되도록 선정한다. 단, 동일굵기의 경우는 48[%]까지 채울 수 있다.
③ 아우트렛박스 또는 전선 인입구를 가지는 기구내의 금속관에는 4개소를 초과하는 직각 굴곡개소를 만들어서는 안된다.

④ 굴곡개소가 많거나 관의 길이가 30[m]를 초과하는 경우에는 풀박스를 설치하는 것이 바람직하다.

⑤ 관단에는 부싱을 사용할 것. 다만, 금소관에서 애자사용배선으로 바뀌는 개소에는 절연부싱, 터미널캡, 엔트런스캡 등을 사용할 것

⑥ 수직으로 배관한 금속관내의 전선의 지지점간의 거리

금속관 굵기	지지점 거리	금속관 굵기	지지점 거리
50[mm]	30[m]	100[mm]	25[m]
150[mm]	20[m]	250[mm]	15[m]
250[mm]	12[m]		

⑦ 저압옥내배선의 사용전압이 400[V]미만인 경우 관에는 3종접지공사를 할 것. 다만 다음 중에 해당하는 경우는 생략가능
- 관의 길이가 4[m]이하인 것을 건조한 장소에 시설
- 관의 길이가 8[m]이면서 직류사용전압이 300[V] 교류대지전압이 150[V]이하 사람이 쉽게 접촉할 우려가 없는 경우

4 합성수지관 공사

① 합성수지관 접속시 투입하는 길이는 관 바깥지름의 1.2배 이상 접착제 사용시 0.8배
② 관의 두께는 2[mm]이상 일 것
③ 합성수지관의 지지점간의 거리 1.5[m]

5 몰드공사

(1) 금속몰드
① 금속몰드에 넣는 전선수는 10[본] 이하로 할 것
② 전선수는 20[%] 이하로 할 것
③ 규격 : • 폭 5[cm] 이하
         • 두께 0.5[mm] 이상

(2) 합성수지몰드
규격 : 깊이 3.5[cm]이하 폭 3.5[cm]이하 두께 2[mm]이상. 사람이 접촉할 우려가 없는 경우 폭 5[cm]

6 덕트배선 공사

(1) 금속덕트
① 규격 : 폭 5[cm]이상 두께 1.2[mm]이상의 철판
② 내단면적의 20[%] 이하로 선정

단, 출퇴표시등의 제어회로는 50[%]까지
③ 강전선과 약전선을 동일 닥트내 시설시에는 특3종 접지

(2) 버스덕트
① 종류
- 피더 버스덕트 : 도중에 부하를 접속하지 않는 버스덕트
- 플러그인 버스덕트 : 도중에 부하접속용으로 꽂음 플러그를 설치
- 트롤리 버스덕트 : 도중에 이동 부하 접속용 트롤리 접촉식 구조

② 지지점간의 거리 : 3[m]이하
③ 버스덕트내 도체 지지 간격 : 0.5[m]이하

(3) 플러어 덕트
① 바닥면에 매입하여 전원을 쓸수 있게 한 덕트
② 내단면적 32[%]까지 사용

(4) 라이팅 덕트
① 사용전압 400[V]미만
② 라이팅 덕트 지지점간의 거리 : 2[m]

7 케이블 공사

(1) 지지점간의 거리:
① 조영재의 측면 또는 하면에서 수평 방향으로 시설 : 2[m]
② 사람이 접촉할 우려가 없는 곳에 수직으로 붙이는 경우 : 6[m]
③ 케이블과 박스기구와의 접속개소에서 : 0.3[m]

(2) 케이블의 굴곡
① 비닐외장케이블, 클로로프렌 단심 케이블 : 외경의 8배
② 연피 케이블 : 외경의 12배
③ CD 케이블 덕트의 바깥지름이 35[mm] 이상 : 10배
④ 나머지는 6배 (MI 케이블, 연피 케이블, 비닐외장케이블, 클로로프랜 다심 케이블 등)

※ 전력케이블의 허용전류 : 연속사용 허용전류, 순시허용전류, 단시간 허용전류
※ 캡타이어 케이블의 심선의 색 : 흑, 백, 적, 녹, 황
※ 고압 케이블의 단말 처리의 목적 : 케이블 부식 방지
※ 케이블의 절단 : 케이블 커터
※ 케이블 시스 유기전위 저감 대책
　① 케이블의 적절한 배열　② 완전 접지
　③ 편단접지　　　　　　　④ 크로스 본드 접지

※ 지지점 거리 정리

1 [m]	1.5 [m]	2 [m]	3 [m]	6 [m]
쇼윈도우 가요전선관 캡타이어케이블	합성수지관	케이블, 애자사용 (조영재 측면) 라이팅덕트	버스덕트 금속덕트	수직배관 (버스덕트, 케이블)

8 금속관배관에 사용하는 재료

① 후강전선관 : 16, 22, 28, 36, 42, 54, 70, 82, 92, 104 - 후안짝
② 박강전선관 : 15, 19, 25, 31, 39, 51, 63, 75
③ 로크너트 : 박스에 금속관을 고정시킬 때 쓰임
④ Out-let Box : 전선접속, 조명기구, 콘센트 취부시 사용
⑤ 절연부싱 : 전선의 피복손상 방지를 위해 관 끝에 설치
⑥ 링레듀서 : 박스와 관 접속시 박스의 지름이 관의 지름보다 커 로크너트만으로 고정이 어려울 때
⑦ 커플링 : 관과 관의 상호접속(유니온 커플링)
⑧ 서비스(터미널)캡 : 옥내 저압가공 인입선에서 금속관으로 옮겨지는 곳 또는 금속관에서 전선을 뽑아 전동기 단자 부분에 접속할 때 전선을 보호하기 위해 관 끝에 설치
⑨ 엔트런스캡 : 저압 가공 인입구에서 수용장소로 들어가는 관단에 설치 빗물의 침입을 방지
⑩ 픽스터 스터드(하키) : 무거운 조명기구를 박스에 취부할 때 사용
⑪ 노멀밴드 : 매입배관공사시의 관을 직각으로 구부리는데 사용
⑫ 유니버셜엘보우 : 노출배관 공사시 관을 직각으로 구부리는데 사용 (T, LL, LB 형이 있다.)
⑬ 플로어 박스 : 바닥에 매입배선시 콘센트 등을 바닥에 취부하기 위해 사용
⑭ 콘크리트 박스 : 천정 슬래브 배관에 많이 쓰는 박스

9 실내배선공사에 사용하는 공구

① 와이어 스트리퍼 : 전선피복을 벗기는 공구
② (워터) 펌프 플라이어 : 금속관 배관공사시 관상호 접속등
③ 드라이브 이트 : 콘크리트면이나 철판 등에 기구 취부용 나사를 쏘아 넣는 것
④ 프레셔툴(압착기) : 터미널 리그, 링 슬리브 등을 압착
⑤ 노크아웃 펀치 : 철판의 구멍 뚫기에 사용
⑥ 홀소 : (드릴에 취부하여) 금속판의 구멍뚫기에 사용
⑦ 버니어 캘리퍼스 : 외경 및 내경 판 두께 측정
⑧ 네온 검전기 : 접지, 비접지극 조사 및 충전 유무 조사

⑨ 오스터 : 금속관에 대한 나사 내기에 사용
⑩ 쇠톱 : 금속관, 비닐관, 강재 등의 절단
⑪ 볼트 클리퍼 : 볼트, 철근, 철선, 굵은 전선 등의 절단
⑫ 케이블 커터 : 케이블, 굵은 전선 등 절단
⑬ 유압식 파이프 벤더 : 굵은 금속관의 굽힘 가공
⑭ 파이프 바이스 : 금속관을 절단, 나사 내기 등을 할 때 관 고정
⑮ 파일럿 테이프 : 굴곡이 있는 관안에 전선을 넣을 때 사용

10 전선의 접속

① 트위스트 접속 → 6[mm^2]이하 단선의 직선접속
② 브리타니아 직선접속 → 10[mm^2]이상(조인트선 1.0[mm], 1.2[mm])
③ 연선의 권선 직선 접속 → 첨선사용
④ 연선의 단권 접속 → 굵기를 얇게 조인 접속
⑤ 연선의 복권 접속 → 굵기를 두껍게
⑥ 가는 단선(6[mm^2]이하) 분기접속 – 5회 이상
⑦ 트위스트 분기접속
⑧ 단선의 브리타니아 분기 접속
⑨ 연선의 단권 접속 → 얇게
⑩ 연선의 분할 분기 복권 접속 → 두껍게 분할 분기
⑪ 연선의 분할 분기 권선 접속 → 첨선사용
⑫ 연선의 분할 분기 단권 접속 → 얇게 분할 분기
　소선이 19본이상시 3회씩만 감는다.
⑬ 쥐꼬리 접속
⑭ 와이어 커넥터에 의한 접속 → 상자안에서 만
⑮ 슬리브에 의한 접속
　• S형 슬리브에의한 접속 → 직선 및 분할 접속 가능
　• O형·B형 슬리브에 의한 접속 → 직선 접속

11 특수 장소·기구 시설

(1) 화약고등의 위험장소
① 대지전압 300[V]
② 전기기계기구는 전폐형의 것을 사용
③ 개폐기 및 과전류 차단기에서 화약고의 인입구까지의 배선은 케이블공사

(2) 유희용 전차의 시설
① 전로의 사용전압 : 직류 60[V]이하, 교류 40[V]이하

② 접촉전선은 제 3 궤조방식에 의하여 시설할 것
③ 유희용 전차의 전차내에서 승압하여 사용하는 경우 변압기는 절연변압기를 사용하고 2차전압은 150 [V] 이하로 할 것

(3) 전극식 온천 승온기
① 사용전압 400[V] 미만
② 절연변압기 절연내력시험 : 교류 2000[V]의 시험전압을 권선과 권선사이 권선과 외함 사이에 계속적으로 1분간 가하여 견딜 것.
③ 접지공사
  - 절연변압기의 철심 및 금속장 외함에는 제3종 접지공사
  - 차폐장치의 전극에는 제1종접지공사
④ 접지극은 2[m]이상 이격

(4) 전기욕기 시설
① 대지전압 300[V]
② 전원변압기 2차측 전압 : 10[V]이하
③ 유도전류의 2차측 전압의 파고치 30[V]이하
④ 욕조 전극간의 거리 : 1[m]이상
⑤ 절연변압기 퓨즈의 정격은 1[A]
⑥ 절연저항 0.1[MΩ]

(5) 수중조명등
① 절연변압기 2차측은 접지하지 않는다.
② 2차측 전로의 사용전압이 30[V]이하일 경우
   1차권선과 2차권선사이에 금속제 혼촉방지판 설치후 1종 접지공사
③ 2차측 전로의 사용전압이 30[V]초과일 경우
   2차회로에 지기사 생겼을 경우에 자동적으로 전로를 차단하는 누전 차단장치 시설

(6) 항공장해등
① 60[m]이상의 높이의 조영물에 시설
② 고광도 항공장해등 2000[cd]
③ 저광도 항공장해등 20[cd]
④ 피뢰침 접지선과 1.5[m]이상 이격할 것
⑤ 점멸기 장치는 지상 3[m] 이상 5[m]이하 되는 것에 시설

(7) 네온방전등
① 대지전압 300[V]이하
② 네온방전등은 15[A] 분기회로 또는 20[A] 배선용차단기 분기회로로 사용하여야 한다.

이 경우 네온 방전등과 전등 및 소형기계기구를 병용 할수 있다.
③ 전선은 네온 전선을 사용할 것 (7500[V]와 15000[V])
④ 전선 상호간 이격거리는 6[cm]이상일 것
⑤ 전선과 조영재와의 이격거리 (노출장소)

전압구분	이격거리
6000[V] 이하	2[cm]
6000[V] 초과 9000[V]이하	3[cm]
9000[V] 초과	4[cm]

※ 은폐장소는 6[cm] 이상

⑥ 전선지지점간의 이격은 1[m]이하
⑦ 네온변압기의 외함은 3종 접지 - 접지선은 2.6[mm]이상

(8) 전동기, 가열장치 및 전력장치 시설
① 표시등 상시전력 15[W] 이하를 원칙
② 전류계의 눈금: 보통 150[%] 전동기 200[%]
③ 수중전동기 캡타이어 케이블의 지지점간 거리

캡타이어케이블 심선굵기	지지점간의 거리
50[mm²] 이하	6[m] 이하
50[mm²] 초과	3[m] 이하

④ 트롤리선의 단면적 8.0[mm²] 이상
⑤ 에스컬레이터 전동기 1대의 용량이 50[kW]를 초과하는 경우에는 고압전동기사용
⑥ 적외선등 가열장치 대지전압 150[V]이 원칙이나 접속단자의 단자부 온도상승이 40[℃] 이하인 경우 대지 전압 300[V] 이하로 할 수 있다.

(9) 기타 설비
① 교통신호등의 시설 : 사용전압 300[V]
② 전기방식 : 전기방식회로의 사용전압은 60[V]이하

12 누전차단기
(1) 사람이 쉽게 접촉될 경우가 있는 장소에 시설
(2) 사용전압 60[V]를 초과하는 저압의 금속제 외함을 가지는 기계기구에 전기를 공급하는 전로에 지기가 발생했을 때 자동적으로 차단하는 누전차단기등을 설치
단, 다음상황에 해당할 경우 그러하지 아니하다.
① 대지전압 150[V] 이하인 기계 기구를 물기가 없는곳에 시설한 경우
② 전기용품안전관리법의 적용을 받는 2중 절연구조의 기계기구를 시설한 경우

③ 전로의 전원측에 절연변압기(2차 전압이 300[V]이하 이며 정격용량이 3[kVA] 이하인 것에 한한다.)를 시설하고 당해 절연 변압기의 부하측의 전로에 접지하지 아니한 경우
(3) 시설방법 : 분전반의 분기회로수가 7 회로 이상의 경우에 누전차단기를 인입개폐기로 병용할 경우에는 과전류 차단가 붙은 것이어야 한다.

13 누전화재 경보기
(1) 문화재 중요민속자료사적 중요 미술품 건축물
(2) 연면적 150[m^2]이상 여관, 호텔, 기숙사, 공중목욕탕
(3) 연면적 300[m^2]이상의 극장, 관람장, 공회당
(4) 연면적 500[m^2]이상의 각종학교, 도서관, 교회

14 수급계기등의 설치
옥내에 설치하는 경우에는 인입수 근처 바닥에서 1.8[m]~2.2[m] 이하의 높이로 설치할 것

15 전등 및 가정용 전기 기계기구 시설

(1) 소형기계기구라함은?
   소비전류 6[A]이하 (전동기에서는 정격출력 200[W]이하)의 가정용 전기기계기구를 말함

(2) 코오드 사용전압 400[V]미만 2심~4심까지 있다.

(3) 콘센트의 취부 높이
   ① 지상 30[cm]정도에 시설하며
   ② 고속도 고감도형 누전차단기(30[mA] 0.03[초]동작) 또는 절연변압기 (정격용량 3[kVA]이하)로 보호된 회로에 접속하고 콘센트의 취부 높이는 80[cm]이상 높이

(4) 점멸기의 시설
   ① 1개의 점등군에 속하는 등기구수는 6개 이내로 할 것
   ② 타임 S/W
      • 일반 주택 및 아파트 객실 현관 : 3분 이내에 소등
      • 호텔 또는 여관객실 입구 : 1분 이내 소등

(5) 테이블탭
   ① 단면적 1.25[mm^2] 이상의 코오드를 사용하고 플러그를 부속시킬 것
   ② 코오드의 길이는 3[m]이하 일 것
   ③ 옥내 배선과 접속은 콘센트로 할 것

16 기계 기구 설치
(1) 코드 팬던트 시설방법 : 중량은 3[kg]이하일 것

(2) 진열창·진열함의 내부배선
① 내부 사용전압 400[V] 미만
② 전선 단면적 0.75[mm²]이상의 코오드 또는 캡타이어 케이블

(3) 고압 옥내 배선(케이블, 애자사용공사)
① 전선은 최소 2.6[mm], 최고 5.0[mm]의 경동선(간선에는 22[mm²]의 경동연선)
② 전선상호간 간격 8[cm]
③ 조영재와 이격거리 5[cm]

(4) 특별고압옥내배선
① 사용전압 100[kV] 이하일 것
② 전선은 케이블
③ 특고압 옥내배선과 저고압 옥내 배선과의 이격거리 60[cm]

(5) 진상용 콘덴서
① 콘덴서 용량 100[kVA] 이하인 경우 유입개폐기, 인터럽터 스위치를 사용할 수 있다.
② 콘덴서 용량 50[kVA] 이하인 경우 컷아웃스위치(직결)을 사용할 수 있다.

(6) 옥외등 시설
① 애자사용공사   ② 금속관공사
③ 합성수지관공사 ④ 케이블공사

(7) 전주외등
① 부착중량 100[kg]이하일 것
② 기구 부착 높이는 지표상 4.5[m]이상
③ 교통의 지장이 없는 경우에는 지표상 3.0[m] 이상
④ 점멸기는 방수형 자동 점멸기
⑤ 1.6[mm]이상 절연전선
⑥ 금속관공사, 합성수지관공사, 케이블공사

17 고압 또는 특고압 배선 및 기계기구 시설
(1) 고압기계기구 및 옥내배선의 절연저항은 3[MΩ] 이상
(2) (특)고압수전설비는 보안시의 책임분계점에 구분개폐기를 시설함
(3) 배전반
① 부하의 합계용량이 300[kVA]를 초과하는 배전반에는 전류계 전압계를 부착하는 것이 원칙이다.
② 다중접지 계통에서의 접지는 중성선에 공동 접속하고 1종 접지함.
 다만 단상 2부싱 변압기로 Y−△ 결선시에는 1차측 중성점 접지를 생략한다.

예제문제

(1) 옥내 저압 배선을 설계하고자 한다. 이때 시설 장소의 조건에 관계없이 한가지 배선방법으로 배선하고자 할 때 옥내에는 건조한 장소, 습기진 장소, 노출 배선장소, 은폐배선을 하여야 할 장소, 점검이 불가능한 장소 등으로 되어있다면 적용 가능한 배선 방법의 종류 4가지는?
  ① 금속관 배선
  ② 합성 수지관 배선
  ③ 2종 가요전선관
  ④ 3종,4종 클로로프렌 캡타이어 케이블

(2) 인입구 장치에서 심야전력기기까지 배선공사방법은?
  ① 금속관 공사
  ② 케이블 공사
  ③ 합성 수지관 공사
  ④ 가요 전선관 공사

(3) 3상 4선식의 옥내 배선 전압측 전선색
  흑 – 적 – 청 – 백

(4) 400[V] 이상 저압옥내배선의 시설장소와 배선방법(○는 시설가능, ×는 시설 불가능 표시)

시설장소 배선방법	옥 내		은폐장소			
			점검가능		점검불가능	
	건조한 장소	습기가 많은 장소	건조한 장소	습기가 많은 장소	건조한 장소	습기가 많은 장소
애자사용배선	○	○	○	○	×	×
금속관배선	○	○	○	○	○	○
합성수지관배선	○	○	○	○	○	○

(5) MCC반을 구성하고자 할 때 다음 각 물음에 답하시오
  1) MCC(Motor Control Center)의 기기 구성에 대한 대표적인 장치를 3가지만 쓰시오.
     차단장치, 기동장치, 제어 및 보호장치
  2) 전동기 기동방식을 기기의 수명과 경제적인 면을 고려한다면 어떤 방식이 적합한가?
     기동보상기법

(6) 플로어 덕트
  • 통신선로 혹은 전력선로용 전선을 바닥에 배선하는 경우 바닥에 포설되는 관로로서 600[mm] 간격마다 인출구를 갖는 강판제의 덕트이다.
  • 용도 : 중규모 혹은 대규모의 사무실, 백화점, 실험실 등에서 통신선 혹은 전력용 배선

(7) 릴레이 시퀀스와 무접점 시퀀스에 사용되는 전자릴레이와 무접점 릴레이를 비교할 때 전자릴레이의 장/단점을 5가지씩만 쓰시오.

[장점] ① 과부하 내량이 크다.
② 온도 특성이 좋다.
③ 전기적 잡음없이 입/출력 분리 가능
④ 가격이 싸다.
⑤ 부하가 큰 전력을 인출할 수 있다.

[단점] ① 소비전력이 크다.
② 소형화에 한계가 있다.
③ 응답속도가 느리다.
④ 가동접촉부 수명이 짧다.
⑤ 충격, 진동에 약하다.

(8) 타이머 내부 결선도

동작설명) 시한동작 순시복귀 a, b접점으로 타이머가 여자된 후, 설정시간 후에 동작되고, 무여자되면 즉시 복구된다.

(9) 인터록이란 무엇인지 설명하시오.

보안 회로로서 둘 이상의 출력이 동시에 생기는 것을 방지한다. 하나의 출력이 생기면 나머지는 출력이 생기지 않도록 b접점으로 동작 회로를 끊는다.

11.8 예비전원설비

1 예비전원시설 개요

(1) 구비조건
① 비상용 부하의 사용 목적에 적합한 방식
② 신뢰도가 높은 것
③ 취급 운전 조작이 용이한 것
④ 경제적인 것

(2) 수전설비용량에 대한 예비 비용 자가 발전 용량
① 빌딩 : 20[%]   ② 병원 : 30[%]
③ 전신전화설비 : 65[%]   ④ 상하수도설비 : 80[%]

(3) 예비전원과 부하에 이르는 전로시설 기구
① 예비 발전기와 연결시 : 개폐기, 과전류 차단기, 전류계, 전압계 시설
② 예비 축전기와 연결시 : 개폐기, 과전류 차단기
③ 양전원 접속점에 절체개폐기(ATS) 시설

2 자가 발전기의 출력결정

(1) 단순부하

발전기 용량[kVA] = 부하의 총 정격입력 [kW] × 수용률

(2) 전동기 부하

$$발전기\ 정격출력 > \left(\frac{1}{e}-1\right) \times X_d \times 전동기\ 기동용량$$

e : 허용 전압강하, X_d : 발전기의 과도 리액턴스 (보통 25~30[%])

$$전동기\ 기동용량[kVA] = \sqrt{3} \times 정격전압 \times 기동전류 \times 10^{-3}$$

(3) 축전지 설비
① 축전지   ② 보안장치   ③ 충전장치   ④ 제어장치

3 엔진출력 결정

(1) 조건
① 전부하에서 운전이 가능
② 유도전동기가 기동할 때 과부하에 견딜 것

(2) 엔진출력[PS]

$$\text{엔진 출력} = \frac{\text{발전기 용량}[kVA] \times \text{역률}[\%]}{\text{발전기 효율}} \times \frac{1}{0.736}$$

※ 발전실 넓이

$S = 1.7\sqrt{PS} \qquad PS = 1.36 \times \text{기동용량}$

4 축전지 용량 일반 산출식

$$C = \frac{1}{L}[K_1 I_1 + K_2(I_2 - I_1) + \cdots + K_n(I_n - I_{n-1})]$$

C : 축전지 용량 (25[℃]일 때) [Ah]
L : 보수율(경년 용량 저하율 일반적으로 0.8)
K : 전류 환산시간
I : 방전 전류[A]

$$\text{축전지 연결 갯수 결정 } N = \frac{V}{N_B}$$

N : 축전지 갯수
V_B : 축전지의 공칭 전압 (연축전지 2V/갯수, 알카리 1.2V/갯수)

5 축전기 한 개의 허용 최저 전압(방전종지전압)

$$V = \frac{V_a + V_c}{n}$$

V_a : 부하의 처용 최저전압
V_c : 축전지와 부하 사이의 접속선의 전압강하
n : 직렬로 접속된 전기의 개수

6 축전지

(1) 축전지의 충전 방식

① 보통충전   ② 균등충전   ③ 급속충전   ④ 세류충전   ⑤ 부동충전

※ 급속충전 : 비교적 단시간내에 보통 충전 전류의 2~3배의 전류로 충전
※ 세류충전 : 자기 방전량만 충전

(2) 부동충전 : 가장 많이 사용되는 방식

① 정의 : 축전기가 자기방전을 보충함과 동시에 상용 부하에 대한 전력공급은 충전지가 부담하고 충전기가 부담하기 어려운 일시적 대전류 부하를 축전지가 부담케하는 방식

② 결선도

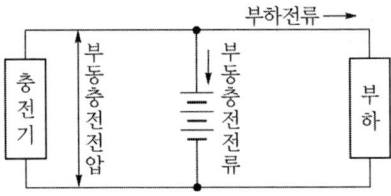

(3) 연축전지와 알카리 축전지의 비교

	연축전지	알칼리축전지
기 전 력	약 2.05~2.08[V]	1.32[V]
공 칭 전 압	2.0[V]	1.2[V]
충 전 시 간	길다	짧다
정 격 용 량	10시간 방전율	5시간 방전율
수 명	10~20년	30년
온 도 특 성	열등하다	우수
	기전력이 크다. 가격이 싸다. 방전전류의 대소에 따라 용량의 증감이 크다. 방전상태로 장시간 방치하면 불활성 유산염이 되므로 용량이 감퇴한다.	진동, 충격에 강하다. 과충전, 방전에 강하다. 수명이 길다. 방전 특성이 좋다. 방전 전류의 대소에 의한 용량의 증감이 적다. 자기방전이 적다. 소요스페이스가 적다. 가격이 비싸다.

(4) 축전지 화학 반응식

① 연축전지

$$\underset{\text{양극}}{PbO_2} + \underset{\text{전해액}}{2H_2SO_4} + Pb \rightleftharpoons \underset{\text{음극}}{PbSO_4} + \underset{\text{양극}}{2H_2O} + \underset{\text{음극}}{PbSO_4}$$

② 알칼리 축전지

$$\underset{\text{양극}}{2NiOOH} + 2H_2O + \underset{\text{음극}}{Cd} \rightleftharpoons \underset{\text{양극}}{2Ni(OH)_2} + \underset{\text{음극}}{Cd(OH)_2}$$

(5) 셀페이션 현상

① 현상
- 극판이 백색으로 되거나 표면에 백색 반점 생긴다.
- 비중이 저하하고 충전용량리 감소한다.
- 충전시 전압 상승이 빠르고 가스 발생이 심하나 비중이 증가하지 않는다.

② 원인
- 방전상태로 장기간 방치
- 충전상태에서 보충을 하지 않고 방치

- 충전부족상태에서 장기간 사용
- 전해액의 부족으로 극판이 노출되어 있을 때
- 비중과다
- 불순물

※ 충전전류 $I = \dfrac{AH}{10(5)} + \dfrac{P}{V}$

(5)는 알카리 10은 납축전지

예제문제

(1) 컴퓨터나 마이크로 프로세서에 사용하기 위하여 전원장치로 UPS를 구성하려고 한다. 주어진 그림을 보고 다음 물음에 답하시오.

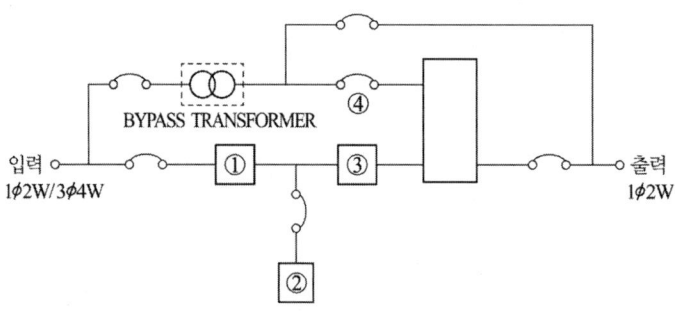

1) 그림의 ①~④에 들어갈 기기 또는 명칭을 쓰고 그 역할에 대해 간단히 설명하시오.
   ① 컨버터: 교류를 직류로 변환
   ② 축전지: 변환된 직류전력을 저장
   ③ 인버터: 직류를 주파수의 교류전압으로 변환
   ④ 절체스위치: 상용전원 정전시 인버터 회로로 절체되어 부하에 무정전으로 전력을 공급
2) Bypass Transformer를 설치하여 회로를 구성하는 이유를 설명하시오.
   ① 회로의 절연
   ② 교류 입력의 전압과 부하의 정격 전압이 다른 경우에 전압의 크기를 같게하기 위하여 사용
3) 전원장치인 UPS, CVVF, VVVF 장치에 대한 비교표를 다음과 같이 구분할 때 빈 칸을 채우시오. 단, 출력전원에 대해서는 가능을 ○, 불가능은 ×로 표시하시오.

구분	장치	UPS	CVVF	VVVF
우리말 명칭		무정전 전원공급장치	정전압 정주파수 장치	가변전압 가변주파수장치
주회로 방식		전압형 인버터	전압형 인버터	전류형 인버터
스위칭 방식	컨버터	PWM제어 또는 위상제어	PWM제어	PWM제어 또는 위상제어
	인버터	PWM제어	PWM제어	PWM제어
주회로 디바이스	컨버터	IGBT	IGBT	IGBT
	인버터	IGBT	IGBT	IGBT

구분	장치	UPS	CVVF	VVVF
출력 전압	무정전	○	×	×
	정전압 정주파수	○	○	×
	가변전압 가변주파수	○	×	○

(2) UPS(무정전 전원 장치)의 불록 다이어그램

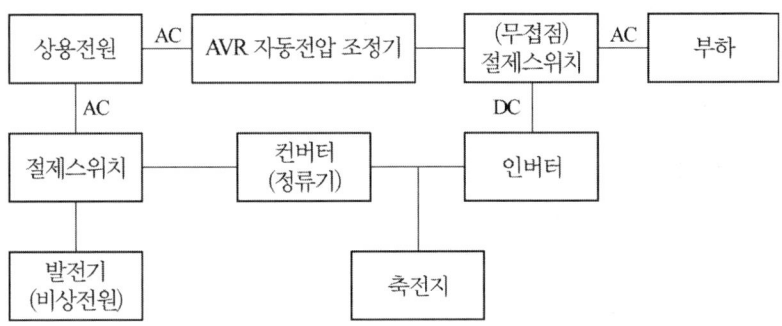

[설명]
- UPS설비는 직류전원 장치와 사이리스터를 조합한 것으로서 평상시에는 교류전원을 컨버터로써 직류로 변환하고 인버터에 의하여 안정된 교류로 역변환하여 부하에 전력을 공급하고, 교류전원이 정전시에는 축전지가 방전하여 이것을 인버터에 의해 교류로 역변환하여 부하에 전력을 공급하는 기능을 가진 것이다.
- 선로의 정전이나 입력전원에 이상상태가 발생했을 경우에도 정상적으로 부하측에 전력을 공급하는 장치

(3) 예비전원 설비가 구비하여야 할 조건은?
① 비상용 부하의 사용목적에 적합한 방식의 전원설비일 것.
② 신뢰도가 높을 것.
③ 조작, 취급, 운전이 쉬울 것.
④ 경제적일 것.

(4) 예비전원으로 시설하는 고압발전기의 가까운 곳에 반드시 시설되어야 할 것들 4가지는?
① 각 극에 개폐기 및 과전류 차단기를 설치할 것.
② 전압계는 각 상의 전압을 읽을 수 있도록 시설할 것.
③ 전류계는 각 선의 전류를 읽을 수 있도록 시설할 것.

(5) 알칼리축전지를 연축전지와 비교할 때 알칼리축전지의 장점 2가지, 단점 1가지를 쓰시오.
[장점] ① 충방전 특성이 양호하다.
② 방전시 전압변동이 적다.

③ 수명이 길다.
④ 사용온도 범위가 넓다.
⑤ 진동, 충격에 강하다.

[단점] ① 축전지에 비하여 공칭전압이 낮다.
② 중량이 무겁다.
③ 가격이 비싸다.

[참고] • 알갈리축전지 : 단시간 대전류를 쓰는 부하, 소전류에서 대전류로 변환하는 경우
• 연축전지 : 장시간 일정전류를 취하는 부하

⑹ 축전지의 충전방식 4가지를 쓰시오.
- 초충전방식, 급속충전방식, 균등충전방식, 부동충전방식

⑺ 축전지설비 구성요소 4가지
① 축전지   ② 충전장치   ③ 보안장치   ④ 제어장치

⑻ 축전지 수명
축전지 용량이 규정용량의 80~90[%]로 저하될 때까지의 총 방전횟수

⑼ 연축전지의 고장에 따른 현상에 대한 추정원인
1) 초기 고장 : 전 셀의 전압 불균형이 크고 비중이 낮다.
  원인 : 부동 충전전압이 낮다, 균등충전 부족
2) 우발 고장 : 전해액의 감소가 빠르다.
  원인 : 충전 전압이 높다. 실온이 높다.

⑽ 연축전기의 고장현상이 다음과 같을 때 이의 추정 원인을 쓰시오.
1) 전 셀의 전압 불균일이 크고 비중이 낮다.
  - 충전부족으로 장시간 방치한 경우
2) 전 셀의 비중이 높다.
  - 증류수가 부족한 경우(액면저하로 극판 노출)
3) 전해액 변색, 충전하지 않고 그냥두어도 다량의 가스가 발생한다.
  - 전해액에 불순물의 혼입

⑾ 주어진 표의 빈칸에 연 축전지와 알칼리 축전지의 특성을 비교, 설명

구 분	연 축전지	알칼리 축전지
수 명	(짧다)	(길다)
강 도	약	강
공칭전압	(2V)	(1.2V)

⑿ 축전지 설비에 대한 다음 각 물음에 답하시오.
  1) 연 축전지 설비의 초기에 단전지 전압의 비중이 저하되고, 전압계가 역전하였다. 어떤 원인으로 추정할 수 있는가?
    - 축전지의 역 접속
  2) 충전장치 고장, 과충전, 액면 저하로 인한 극판 노출, 교류분 전류의 유입과대 등의 원인에 의하여 발생될 수 있는 현상은?
    - 축전지의 현저한 온도 상승 또는 소손
  3) 축전지와 부하를 충전기에 병렬로 접속하여 사용하는 충전방식은?
    - 부동충전방식

⒀ 축전지가 다음과 같은 현상일 때 그 추정원인을 쓰시오.
  - 극판이 백색으로 되거나 백색반점이 생긴다.
  - 비중이 저하되고 충전용량이 감소한다.
  - 충전시 전압 상승이 빠르고 스가 다량 발생한다.
  현상) 설페이션 현상
  원인) ① 방전상태로 장시간 방치하는 경우
       ② 방전전류가 대단히 큰 경우
       ③ 불충분한 충전을 반복하는 경우

⒁ 부동충전방식의 특징
  ① 항상 완전 충전상태에 있어 언제든지 그 능력을 발휘할 수 있다.
  ② 수명이 길어진다.
  ③ 보수가 간단하고 고장이나 취급상 과실이 적다.
  ④ 충전지 및 충전지 용량이 길어도 된다.

⒂ 변전소에 200Ah의 연 축전지가 55개 설치되어있다. 다음 각 물음에 답하시오.
  1) 묽은 황산의 농도는 표준이고, 액면이 저하하여 극판이 노출되어 있다. 어떤 조치를 하여야 하는가?
    - 증류수를 보충한다.
  2) 부동 충전시에 알맞은 전압은?
    - $2.15 \times 55 = 118.25[V]$ [참고] UPS $\Rightarrow 2.18[V]$
  3) 충전시에 발생하는 가스의 종류는?
    - 수소가스
  4) 가스발생시의 주의 사항을 쓰시오.
    - 환기에 주의하고 화기에 조심할 것
  5) 충전이 부족할 때 극판에 발생하는 현상을 무엇이라고 하는가?
    - 설페이션 현상

⒃ 1) 전류형 인버터와 전압형 인버터의 회로상의 차이점을 2가지씩 쓰시오.

전류형 인버터	전압형 인버터
DC Link 양단에 평활용 콘덴서 대신에 리액터 사용	출력의 맥동을 줄이기 위해 LC 필터 사용
인버터부에 SCR 사용	컨버터부에 3상 다이오드 모듈 사용

2) 전류형 인버터와 전압형 인버터의 출력 파형상의 차이점을 설명하시오.
- 전류형 인버터 : 전압 – 정현파, 전류 – 구형파
- 전압형 인버터 : 전압 – PWM구형파, 전류 – 정현파(전동기 부하인 경우)

⒄ 자가용 전기 설비의 중요 검사(시험) 사항을 3가지만 쓰시오.
- 절연 저항 시험
- 절연내력시험
- 접지 저항 시험
- 계전기 동작시험
- 외관검사
- 보호장치 동작시험

⒅ 자가용 전기 설비에 발전 시설이 구비되어 있을 경우 자가용 수용가에 설치되어야 할 계전기는?
① 과전류계전기   ② 과전압계전기   ③ 부족전압계전기
④ 비율차동계전기   ⑤ 주파수계전기

⒆ 수차 발전기와 터빈 발전기 중 단락비가 큰 것은 어느 것인가?
수차 발전기

11.9 시험 및 측정

1 계기 오차

① 오차 = 측정값(M) − 참값(T)

② 오차율 %$\epsilon = \dfrac{M-T}{T} \times 100$

③ 보정률 %$\delta = \dfrac{T-M}{T} \times 100$

2 계기의 등급

① 대형부표준기(副標準器) : 0.2
② 휴대용 계기(정밀급) : 0.5
③ 소형 휴대용 계기(정밀측정) : 1.0
④ 배전반용 계기(공업용 보통측정) : 1.5
⑤ 배전반용 소형계기 : 2.5

3 적산전력계

(1) 구비조건

① 부하의 특성이 좋을 것
② 과부하 내량이 클 것
③ 내구성과 기계적 강도가 클 것
④ 기동전류 및 내부 손실이 적을 것
⑤ 온도 및 주파수 보상이 되어 있을 것

(2) 잠동현상

① 적산전력계원판이 무부하 상태에서 회전하는 현상
② 잠동방지 현상
  • 원판에 조그만 구멍을 뚫는다.
  • 원판축에 작은 철편을 붙인다.

(3) $P = \dfrac{3600n}{Kt} \times PT\text{비} \times CT\text{비}$

4 저항측정법

① 굵은 나전선 : 캘빈더블 브리지
② 수천옴의 가는 전선의 저항 : 휘스톤 브리지
③ 전해액의 저항 : 코올라시 브리지
④ 절연저항 : 메거 (저압 500[V]급, 고압 1000[V]급)

5 콜올라우시 브리지법

① 접지저항계

각 단자간 간격 : 10[m] 이상

② 접지저항값 $R_a = \dfrac{1}{2}(R_{ab} + R_{ca} - R_{bc})$

6 전기재해의 종류

① 감전 : 충전부분 노출 전선의 피복노출
② 누전 : 전기기기 절연파괴, 화재 발생
③ 낙뢰 : 전기기기 절연파괴, 인명피해, 뇌로 인한 화재

7 검사항목

(1) 차단기 사용전 검사항목

① 외관검사
② 접지저항 측정
③ 절연저항 측정
④ 절연내력 시험
⑤ 보호장치 동작 시험
⑥ 계측 장치 동작 시험

(2) 변압기 사용전 검사 항목

① 외관검사
② 접지저항 측정
③ 절연저항 측정
④ 절연내력 시험
⑤ 보호장치 동작 시험
⑥ 계측 장치 동작 시험
⑦ 절연유 내압 시험

예제문제

(1) 1) 적산전력계의 잠동현상에 대하여 설명하고 잠동을 막기 위하한 2가지 방법을 쓰시오.
① 잠동현상 : 정격전압 및 정격주파수의 110[%] 인가 후 무부하 상태에서 계기의 원판이 1회전 이상 회전하는 현상
② 잠동방지방법 : • 원판에 작은 구멍을 뚫는다.
　　　　　　　　• 원판에 작은 철편을 붙인다.

2) 적산전력계에 필요한 제반 특성을 5가지만 쓰시오.
① 부하특성　　② 역률특성
③ 전압특성　　④ 주파수특성　　⑤ 온도특성

3) 적산전력계가 구비해야 할 특성 5가지는?
① 오차가 적을 것　② 주위온도에 영향을 적게 받을 것
③ 내구성이 있을 것　④ 구입이 쉬울 것
⑤ 가격이 쌀 것

(2) 1) 단락시험을 했다고 가정하고 임피던스 전압, %임피던스, 동손을 구하는 방법을 설명하시오.
① 임피던스 전압 : 시험용변압기의 2차측을 단락한 상태에서 슬라이닥스를 조정하여 1차측 단락전류가 1차 정격 전류와 같을 때, 1차측 단자 전압을 말한다.
② %임피던스
③ 동손 : 교류전력계의 지시값을 75[℃]로 환산한 값이다.

2) 무부하 시험으로 철손을 구하는 방법을 설명하시오.
－ 시험용 변압기의 2차측을 개방한 상태에서 슬라이닥스를 조정하여 교류 전압계의 지시값이 1차 정격 전압일 때의 전력계의 지시값이다.

3) 단락 시험, 무부하 시험으로 변압기 효율을 구하는 방법을 간단히 설명하시오.
－ 단락 시험에서의 동손 P 값과 무부하 시험에서의 P 값 그리고 시험용 변압기의 정격출력 KVA으로써 변압기의 효율을 구할 수 있다.

4) %임피던스와 변압기 고장시 단락 고장 전류, 변압기 전압 변동률과의 관계를 간단히 설명하시오.
① %임피던스가 크면 전압변동이 커진다.
② $I_s = \dfrac{100}{\%Z} I_n$ 이므로 %임피던스가 작으면 단락 고장 전류는 커진다.

11.10 방재설비

1 피뢰침 설비
건축물의 높이가 20[m]를 넘는 건물

(1) 피뢰기 구성요소
  ① 돌침부   ② 피뢰도선   ③ 접지극

(2) 피뢰방식
  ① 돌침 방식
  ② 수평도체 방식
  ③ 완전도체(cage) 방식
  ④ 단독 피뢰침방식
  ⑤ 단독 가공지선 방식

(3) 피뢰침의 보호각과 보호범위
  ① 일반 건축물 60°
  ② 위험물 저장 건축물 45°

(4) 돌침 및 돌침부
  ① 돌침은 12[mm]이상의 동봉사용
  ② 피보호물에서 25[cm]이상 돌출시킨다.

(5) 피뢰침 접지공사
  ① 접지극은 두께 1.4[mm]이상 0.35[mm^2]이상의 동판, 두께 3.0[mm]이상 0.35[mm^2] 이상의 아연도금철판
  ② 피뢰침 총 접지저항은 10[Ω]이하. 단, 단독접직 저항은 20[Ω]
  ③ 접지극 병렬 사용시 상호간 2[m]이상으로 지하 50[cm]에 매설

(6) 피뢰도선
  ① 피뢰도선은 전화선, 가스관등과 1.5[m] 이상 이격
  ② 인하 도선은 2조이상으로 한다.
     단, 피보호물 수평 투영면적이 50[m^2]이하는 1조도 할 수 있음
  ③ 인하 도선의 간격은 50[m] 이하

예제문제

(1) 전기에 대한 재해를 3가지로 크게 대별하고, 이들의 각 재해를 구체적으로 분류하면 어떤 재해가 있는지 구분하여 설명하시오.
① 전기 재해 : 감전, 아크의 복사열에 의한 화상, 전기 화재, 전기설비의 손괴 및 기능 일시 정지
② 정전기 재해 : 감전, 설비기능 저하, 정전기 화재
③ 낙뢰 재해 : 감전, 낙뢰 하재, 물체 손괴

(2) 감전사고 방지대책
① 외함접지공사 철저히
② 접지 저항값을 규정값 이하로
③ 정기적으로 선로와 기기의 절연 저항과 절연 내력을 측정하여 기준값 이상으로 유지
④ 2중 절연구조의 전기기기 선택

11.11 송·배전설비

1 지지물

(1) 종류 : 목주, CP주, 철주, 철탑

(2) 지지물의 최소길이 : 저압 - 8[m], 고압 - 10[m]

(3) 전주의 근입
① 전장 15[m] 이하 : 지지물 전장의 1/6 이상
② 전장 15[m] 초과 : 2.5[m]이상
※ 설계하중이 700[kg] 초과하고 1000[kg] 이하인 B종 CP주는 30[cm] 가산
※ 설계하중이 1000[kg] 초과하고 1500[kg] 이하인 B종 CP주
  • 15[m]이하 : 50[cm] 가산
  • 15[m]~18[m]이하 : 3[m]이상

(4) 근가 취부

① 지표면하 0.5[m] 이상의 깊이에 근가를 취부한다.
② 근가의 규격

전주길이	8	10	12	14	16
근가길이	1.0	1.2	1.5	1.8	1.8이상

③ 근가블록의 취부 방향은 직선선로에서는 전로방향으로 전주 1본마다 좌·우 교대로 취부한다.

　※ • CP주 지름 증가율 : 75[cm]당 1[cm]
　　• 목주 지름 증가율 : 5/1000

※ 경간

종류	표준경간	장경간	저·고압 보안공사	1종 보안공사	2종 보안공사
A종	150	300	100	×	100
B종	250	500	150	150	200
철탑	600	∞	400	400	400

※ 안전률
① 지지물 : 2.0 (이상 상정하중에 대한 철탑:1.33)
② 지 선 : 2.5 이상
③ 전 선 : • 경동선 - 2.2　• Al선 : 2.5

※ 완철의 표준길이

가선수	저압	고압	특고압
2	900	1400	1800
3	1400	1800	2400

※ 장주우선순위
① 높은 전압이 상단으로
② 전용선은 상단으로
③ 원거리선을 상단으로

(5) 장주용 자재 종류

① ㄱ형완철 : U볼트로 취부 암타이, 암타이밴드로 고정한다.
② 경완철 : U볼트로 취부 완금밴드로 고정한다.
　※ 완금과 경완금은 최상단의 완금은 목주인 경우 30[cm], CP주인 경우 25[cm]의 위치에 취부한다.
③ 랙크 : 저압을 수직배선할 때 사용
④ 발판볼트: 지표상 1.8[m]에서 완철하부 0.9[m]까지 취부한다.

　※ 송전전력 : $P = \dfrac{V_s \cdot V_R}{X} \sin\delta$

2 장주도

(1) 장주의 각부분 명칭

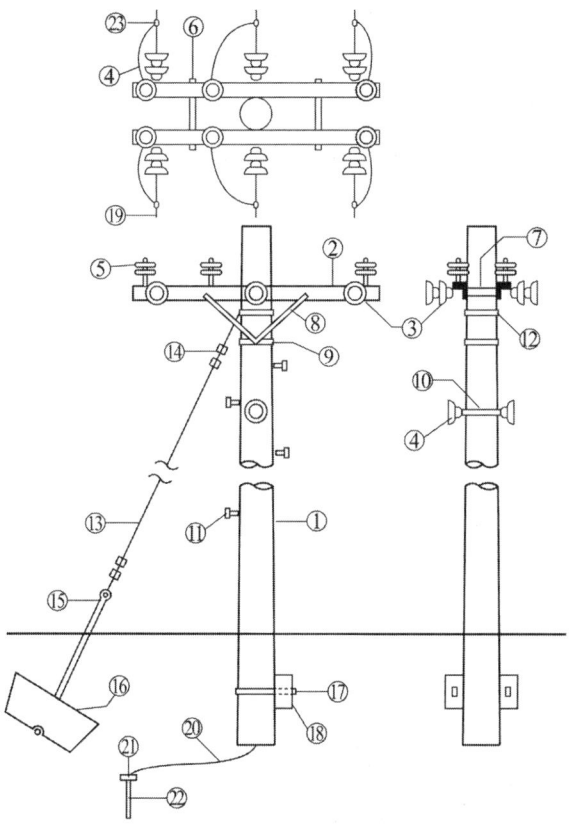

① CP주
② 완금
③ 현수애자
④ 점퍼선
⑤ 특고압 핀애자
⑥ 머신볼트
⑦ 완금밴드
⑧ 암타이
⑨ 암타이밴드
⑩ 랙밴드
⑪ 발판볼트
⑫ 지선밴드
⑬ 지선
⑭ 지선클램프
⑮ 지선롯트
⑯ 지선근가
⑰ 근가용U볼트
⑱ 전주근가
⑲ 전선
⑳ 접지전선
㉑ 접지동봉클램프
㉒ 접지동봉
㉓ 활선용커넥터

(2) 장주의 종류

보통장주　　　창출장주　　　편출장주

3 지선과 지주

(1) 지선의 설치목적

① 지지물의 강도를 보강
② 전선로의 안전성을 증대하기 위해

③ 불평형하중에 대한 평형을 이루고자
④ 전선로가 건조물 등과 접근할 경우에 보안을 위해

(2) 지선의 종류
① 보통지선
② 수평지선 : 교통에 지장을 주거나 건축물의 출입구 등에 시설할 때
③ 공동지선 : 주로 직선로에서 선로 방향으로 불균형 장력이 생길 때
④ Y 지선 : 다단의 완철이 설치되고 장력이 클 때 또는 H주일 때 보통지선을 2단으로 부설
⑤ 궁지선 : 비교적 장력이 적고 다른 종류의 지선을 시설할 수 없는 경우(R형 & A형)

(3) 지선의 설치
① 인장하중 440[kg] 이상
② 소선 3조(3종 이상 꼬은 연선)
  • 2.6[mm] 이상 금속선
  • 2.0[mm] 이상 아연도금 철선
③ 지중부분과 지표상 30[cm] 아연도금 철봉 – 부식방지
④ 안전율 : 2.5
  ※ 지선 시설시 가장 경제적인 각도 26.5

4 전선의 접속

(1) 전선 접속의 일반사항
① 접속부분은 동일전선저항보다 증가하지 않아야 함
② 접속부분 기계적 강도는 접속하지 않은 부분의 80[%]를 유지
③ 절연은 타부분의 절연물과 동등이상의 효력을 가질 것
④ 횡단하는 장소에서는 접속개소를 만들어서는 안됨

(2) Al 전선의 접속
① 브러쉬·샌드페이퍼로 산화피막제거
② 도선성 컴파운드 도포 접합한 금구와 공구 사용

(3) 컴파운드의 사용 목적
① 알루미늄 전선의 산화 피막생성 방지
② 접속저항을 감소시킨다.
③ 수밀성이므로 수분침입을 막아 부식을 방지한다.

5 이도
고저차가 없고 지지점의 높이가 같을 때만 적용

(1) 기본식

$$W = \sqrt{W_0^2 + W_b^2} \quad T = \frac{인장하중}{안전율}$$

$$D = \frac{WS^2}{8T} \qquad L = S + \frac{8D^2}{3S}$$

(T : 수평장력, W : 합성하중, S : 경간)

(2) 이도를 크게 하면

장 점	단 점
안정도 증가, 진동 방지, 지지물에 가해지는 장력감소	지지물이 높아진다. 전선접촉사고가 많아진다.

6 풍압하중

(1) 갑종 풍압하중 : 수직투영면적 1[m²]당 압력[Pa]

- 목주, CP주, 철주 : 원형 → 588[Pa]
- 전선 및 가섭선 – 다도체 : 666[Pa], 단도체 : 745[Pa]
- 애자장치 : 1039[Pa]
- 철탑 : 강관구성 1255[Pa]

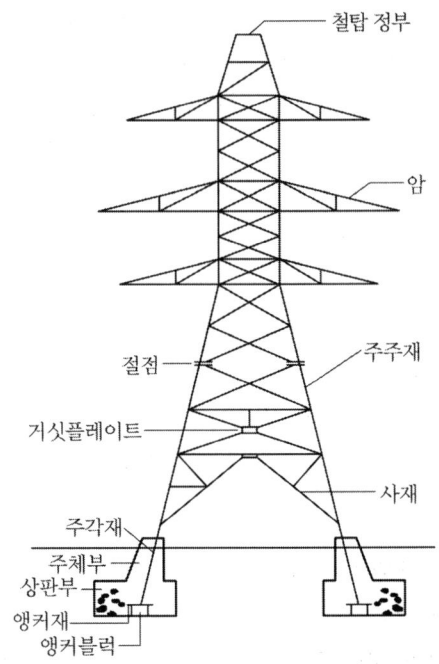

(2) 을종 풍압하중
- 빙설두께 : 6[mm], 비중 0.9[kg/m²] → 갑종풍압하중의 1/2

(3) 병종 풍압하중
- 인가 밀집지역 → 갑종풍압하중의 1/2

※ 전선하중 : 전선자중, 풍압하중, 빙설하중
※ 연선 : 연선의 접속은 최외각층만으로 접속한다.

(4) 연선 계산식
- $N = 3n(n+1) + 1$[가닥] (단, N : 소선수, n : 층수)
- $D = (2n+1)d$[mm] (단, D : 전선의 지름, d : 소선의 지름)
- $A = \dfrac{\pi}{4} d^2 N$[mm²] (단, A : 전선의 단면적)

7 철탑 설계

(1) 송전선로 건설
굴착 → 각입 → 타설 → 조립 → 연선 → 긴선

(2) 철탑의 종류
① 직선형 : 수평각도가 적은 개소에 사용
② 각도형 : 수평각도가 크고 내장애자 장치 철탑을 말함
③ 인류형 : 전체의 간섭선을 인류하는 개소에 사용하는 철탑
④ 내장형 : 경간차가 매우 크고 불평형장력을 발생할 염려가 있는 개소
⑤ 보강형 : 직선형 철탑이 연속될 때 10기 이하마다 1기씩 내장애자 장치의 각도형 철탑을 사용

(3) 철탑의 터파기량

$$터파기량 = 가로 \times 세로 \times 높이 \times 1.21$$

※ 철탑모형 결정에 필요한 4가지
① 경과지 조건   ② 애자장치
③ 절연설계   ④ 표준모형의 배려

(4) 철탑 각부의 명칭
① 부재 : 주주재, 복재, 암재의 총칭
② 암재 : 암을 구성하는 부재
③ 철탑부재 : 암을 제외한 철탑지 상부
④ 주주재 : 철탑을 구성하는 부재중 중요 부분
⑤ 복재 : 주주재 및 암주재를 제외한 부분

(5) 철탑 결구의 종류

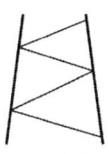 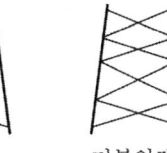 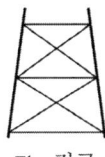 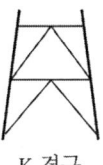 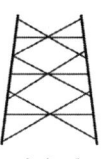

싱글와렌　　　더블와렌　　　Flat 결구　　　K 결구　　　브레히 결구

※ 탑각 접지
- 상용주파 대지 전압 상승 억제
- 임펄스에 의한 대지전위 상승 억제
- 낙뢰에 의한 역섬락 방지

※ 슬랙모선이란? 유효전력 조정용 모선

※ 철탑접지공사
- 분포접지 : 탑각에서 방사형으로 매설지선을 포설하여 접지
- 집중접지 : 탑각에서 10[m] 떨어진 지점의 직각 방향으로 접지하는 방식

8 애자장치

(1) 애자구비조건
① 절연저항이 클 것
② 기계적 강도가 클 것
③ 절연내력이 클 것
④ 충격파에 견딜 것
⑤ 경제적일 것

(2) 가공송전선로에서 쓰이는 애자의 종류
① 핀애자　　　　　　② 현수애자
③ 장간애자　　　　　④ 내무애자

(3) 아크혼의 기능
① 내뢰보호　　　　　② 코로나 방호
③ 애자분담 전압의 완화　④ 내아크 보호

(4) 초호각의 기능
① 섬락시 애자련 보호
② 역섬락 방지
③ 애자련 전압분포개선

(5) 사용전압에 따른 애자의 색

애 자 종 류	색 별
특고압 핀애자	적색
저압용 애자(접지측 제외)	백색
접지측 애자	청색

※ 애자 장치도

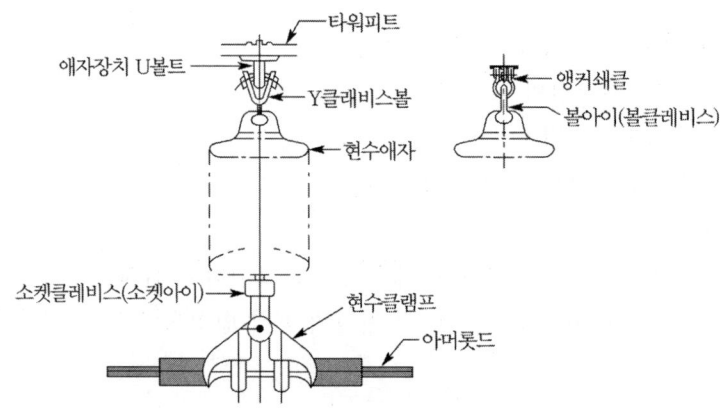

[1련 애자 장치도]

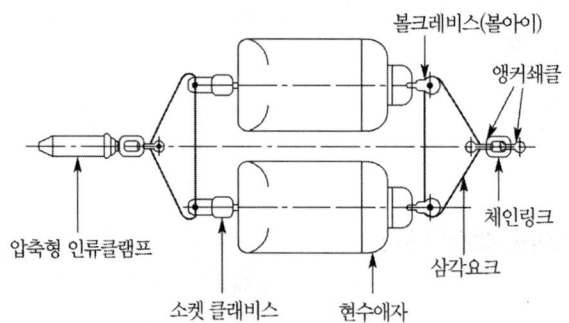

[2련 내장애자 장치도(역조형)]

※ 245[mm] 현수애자의 섬락값
   ① 건조섬락전압 : 80[kV]
   ② 주수섬락전압 : 50[kV]
   ③ 충격섬락전압 : 125[kV]

※ 애자의 오손이나 염해 대책 3가지
   ① 과절연   ② 애자청소   ③ 실리콘 콤파운드 도포

※ 조가용선
    ① 조가용선에 50[cm]마다 행거로 시설
    ② 조가용선의 단면적 : 22[mm^2] 3조 이상 꼰 아연도 철연선
    ③ E_3 접지
    ④ 금속테이프 간격 20[cm]

※ 중성선 직접접지 방식의 장·단점

장점	• 보호계전기 동작 확실 • 피뢰기 효과 증진 • 단절연이 가능하므로 기기의 중량 가격 경감 • 기기 절연레벨 저하
단점	• 과도 안정도가 나쁘다 • 통신선에 유도장해 • 지락전류가 커서 기기에 충격을 준다. • 차단기 값이 비싸진다

※ 중선선의 굵기 : 최대 ACSR 95□ 최소 32□

9 송전선로

(1) 송전선로에 안정도 증진방법
① 직렬 리액턴스를 작게 한다.
② 전압 변동를 작게 한다.
③ 계통을 연계한다.
④ 고장전류를 줄이고 고장 구간을 고속차단
⑤ 중간 조상 방식을 채택한다.
⑥ 고장시 발전기 입출력의 불평형을 작게 한다.

(2) 코로나
① 영향 : 전력손실, 전선부식, 통신선에 유도장해, 코로나 잡음 등
② 방지대책 : 전선을 굵게 한다. 복도체 다도체를 사용한다.

복도체방식의 장점	복도체방식의 단점
• 인덕턴스 감소 • 정전용량 증가 • 안정도 증가 • 코로나 방지 • 파동임피던스는 작아진다.	• 시설비 증가 • 꼬임 현상, 소도체 충돌 • 단락 시 대전류 등이 흐를 때 정전흡인력 발생

(3) 유도장해

① 근본대책 : 지중케이블화, 차폐선 설치, 이격거리 크게, 사고값을 줄인다.

② 전력선측 대책
- 연가를 충분히 한다.
- 소호리액터 채용
- 지중케이블화 한다.
- 이격거리를 크게 한다.
- 고장회선을 고속도 차단한다.
- 2회선 송전선의 경우 역상순 배열한다.
- 고장전류를 줄인다.

③ 통신선측 대책
- 나선을 연피 케이블화 한다.
- 차폐선을 시설한다.
- 통신선로 수직교차
- 통신선 케이블화
- 배류코일을 사용한다.
- 피뢰기 설치
- 통신선 및 통신기기의 절연강화

(4) 송전선 굵기 선정

① 연속 허용전류와 단시간 허용전류
② 경제전류
③ 순시허용전류
④ 전압강화와 전압변동
⑤ 코로나

※ Still's Law : 경제적인 송전전압

$$E = 5.5\sqrt{0.6\ell + 0.01\,P}$$

※ 산본측량 : 전선이 소정의 각도내을 횡진한 경우 지표면 수목회단 또는 접근하는 타건조물로부터 규정 이격거리를 유지하기 위해 측량

※ 연가 : 3상 송전선의 전선배치는 대부분 비대칭이므로 각 전선의 선로 정수는 불평형되어 중성점의 전위가 영전위가 되지 않고 어떤 전류전압이 생긴다. 이를 방지하기 위해 전선로를 그림과 같이 연결한다.

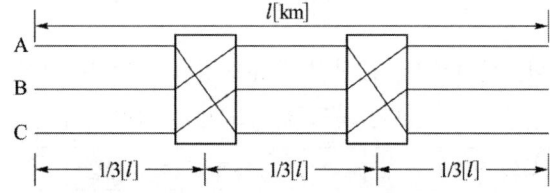

10 지중전선로

(1) 지중전선로를 택하는 이유
① 도시미관 고려
② 보안상 제한 조건 등에 의해
③ 재해 등에 높은 신뢰도를 요구
④ 수용밀도가 높은 지역에 공급

(2) 지중배선공사의 현장시험항목
절연저항, 절연레벨, 접지저항, 상일치, 검상 시험

(3) 지중전선로 매설깊이
① 차량 또는 중량물의 압력을 받을 우려가 있는 장소 : 1.2[m]
② 기타의 장소 : 0.6[m]

(4) 지중전선로 케이블의 방호범위
지상 2[m]이상 지하 20[cm] 이상

※ 기타
① 지중전선로 절연내력시험 10분간
  • 유·수압 : 1.5배   • 기압 : 1.25배
② 매설길이 : 압력우려 1[m], 기타 0.6[m]
③ 지중에서 • 약전선 ⇔ 고·저 지중선 : 30[cm]
       • 약전선 ⇔ 특고압 지중선 : 60[cm]
       • 가스관 ⇔ 특고압 지중선 : 1[m]

※ 가스관과의 이격거리
  • 저압 10[cm]   • 고압 15[cm]   • 특고압 60[cm]

11 특고압 가공전선로

(1) 지지물의 최소 길이 10[m] 기기장착 12[m]
(2) 완금접지 : 특고압선로의 완금은 접지하며 접지선은 중성선에 연결
(3) 가공전선의 최소굵기
  • 동선 : 22[mm^2] 이상   • ACSR선 : 38[mm^2] 이상
(4) 중성선의 굵기
  • 최소 : 32[mm^2] 이상   • 최대 : 95[mm^2] 이상
(5) 특고압 가공인입선의 높이
  • 도로횡단 : 6[m]   • 철도 : 6.5[m]
  • 기타장소 : 5[m]   • 위험표식 : 4.0[mm]
(6) 접지저항값

	다중접지일 때 1[km]당 접지저항값	단독개소마다 접지저항값
25,000~15,000[V]	15[Ω]	150[Ω]
15,000[V]	30[Ω]	300[Ω]

예제문제

(1) 지선밴드를 이용한 현수애자 설치방법
   ① 특고압 장경간 개소에서 중성선 지지(긍장 80[m] 이상)
   ② 저압선로에 AL전선 사용시 인류 또는 내장개소
   ③ 하천, 철도 및 고속도로 횡단개소

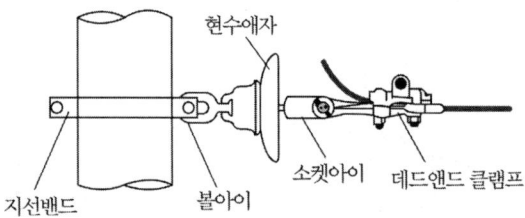

(2) 폴리머애자 시공법

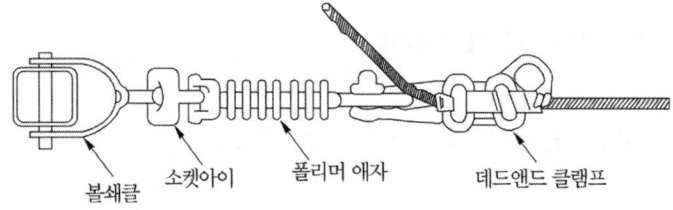

(3) 인류스트랩 설치방법
   다중접지 중성선이나 저압중성선이 AL전선인 경우 인류 및 내장개소에 설치한다.

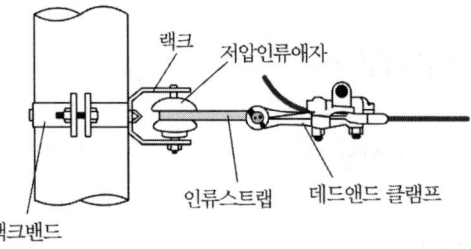

(4) 현수애자 설치방법
   ① ㄱ형 완철

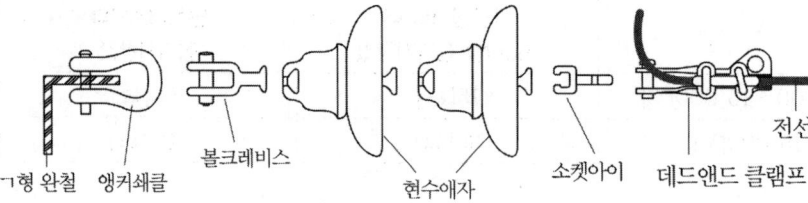

② 경완철

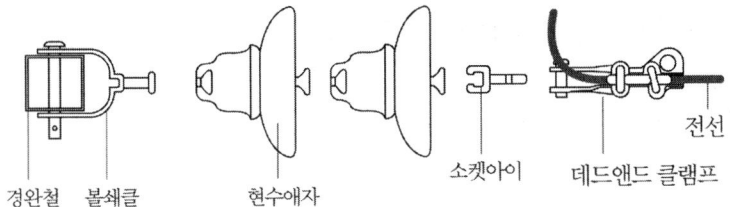

경완철 볼쉐클   현수애자   소켓아이 데드앤드 클램프

(5) 통신선의 전자 유도 장해 경감에 관한 대책은?

  1) 근본대책 : 전자 유도 전압의 억제
    ① 기유도전류의 감소
    ② 통신선과 전력선간의 상호 인덕턴스 감소
    ③ 선로의 병행길이 감소

  2) 전력선측 대책(5가지)
    ① 송전선로를 될수 있는 한 통신선로로 부터 멀리 떨어져 건설한다.
    ② 중성점을 접지할 경우 저항값을 가능한 큰 값으로 한다.
    ③ 고속도 지락 보호 계전 방식을 채용한다.
    ④ 차폐선을 설치한다.
    ⑤ 지중 전선로 방식을 채용한다.

  3) 통신선측 대책(5가지)
    ① 절연 변압기를 사용하여 각 구간을 분리한다.
    ② 연피 케이블을 사용한다.
    ③ 통신선에 우수한 피뢰기를 사용한다.
    ④ 배류코일을 설치한다.
    ⑤ 전력선과 교차시 수직 교차한다.

(6) 송전선로의 거리가 길어지면서 송전선로의 전압이 대단히 커지고 있다. 따라서 여러 가지 이유에 의하여 단도체 대신 복도체 또는 다도체 방식이 채용되고 있는 데 복도체(또는 다도체) 방식을 단도체 방식과 비교할 때 그 장점과 단점을 각각 3가지씩만 쓰시오.

  [장점] ① 송전용량 증대
       ② 코로나 손실 감소
       ③ 안정도 증대
       ④ 인덕턴스 감소
       ⑤ 정전용량 증가

  [단점] ① 건설비 증가
       ② 꼬임 현상 및 소도체 사이의 충돌 발생
       ③ 단락시 대전류 등이 흐를 때 소도체 사이의 흡인력이 발생

⑺ 송전선로에 코로나가 발생할 경우 나쁜 영향들을 4가지만 설명하고 또한 코로나 발생 방지대책과 방지대책에 대한 그 이유를 설명하시오.
  1) 영향(4가지)
    ① 통신선에 유도 장해를 일으킨다.
    ② 코로나 손실이 발생해 송전효율을 저하시킨다.
    ③ 소호리액터의 소호능력을 저하시킨다.
    ④ 전선의 부식이 발생한다.
  2) 방지대책과 그 이유
    ① 대책 : 굵은 전선을 사용하거나 복도체 사용.
    ② 이유 : 전선주위에 전위경도를 낮춤으로써 코로나 임계전압을 상승시켜 코로나 발생을 방지

⑻ 송전선로의 안정도 증진방법
  ① 직렬 리액턴스를 작게   ② 전압 변동을 작게 한다.
  ③ 계통을 연계   ④ 고장전류를 줄이고 고장 구간을 고속도 차단
  ⑤ 중간조상방식을 채택   ⑥ 고장시 발전기 입출력의 불평형을 작게

⑼ 송전선로에서 지중전선로를 채택하는 이유 4가지
  ① 도시 미관을 중요시 하는 경우
  ② 수용밀도가 현저하게 높은 지역에 공급되는 경우
  ③ 뇌, 풍수해등 사고에 대하여 높은 신뢰도가 요구되는 경우
  ④ 보안상의 제한조건으로 가공전선로를 건설할 수 없는 경우

⑽ 지중케이블 포설방법 3가지
  ① 직접 매설식   ② 관로식   ③ 암거식

⑾ 다음은 지중 케이블의 사고점 측정법과 절연의 건전도를 측정하는 방법을 열거한 것이다. 다음 방법중 사고점 측정법과 절연 감시법을 구분하시오.
  ① Megger법
  ② Tan 측정법
  ③ 부분 방전 측정법
  ④ Murray Loop법
  ⑤ Capacity Bridge 정전브릿지법
  ⑥ Pulse radar 펄스측정법
    • 사고점 측정법 : ④, ⑤, ⑥
    • 절연 감시법 : ①, ②, ③

⑿ 배전선로에서 고조파 발생시 고조파가 전기설비에 미치는 영향 4가지
  ① 기기의 역률저하
  ② 콘덴서 및 리액터의 과열소손
  ③ 변압기의 효율 저하
  ④ 케이블의 중성선 과열
  ⑤ 계전기 오동작

⒀ 선로나 간선에 고조파 전류를 발생시키는 발생기기가 있을 경우 그 대책을 적절히 세워야 한다. 이 고조파 억제 대책을 3가지만 쓰시오.
  ① 전력 변환 장치의 pulse수를 크게 한다.
  ② 전력 변환 장치의 전원 측 부근에 교류 리액터를 설치한다.
  ③ 부하측 부근에 고조파 필터를 설치한다.

⒁ 전선 굵기결정 요소 3가지
  ① 허용전류   ② 전압강하   ③ 기계적 강도

⒂ 전력계통의 발전기, 변압기 등의 증설이나 송전선의 신·증설으로 인하여 단락.지락전류가 증가하여 송변전 기기에서 손상이 증대되고 부근에 있는 통신선의 유도장해가 증가하는 등의 문제점이 예상된다. 따라서 이러한 문제점을 해결하기 위하여 전력계통의 단락용량의 경감대책을 세워야 한다. 이 대책을 3가지만 쓰시오
  ① 고 임피던스 기기를 채택한다.
  ② 모선계통을 분리, 운용한다.
  ③ 한류리액터를 설치한다.
  ④ 계통전압의 격상
  ⑤ 직류연계
  ⑥ 고장 전류 제한기 사용

⒃ 승압의 효과
  ① 전력손실 및 전압강하율 감소
  ② 전력 판매 원가 절감
  ③ 양질의 전기 공급 및 사용가능
  ④ 저압설비의 투자비 절감
  ⑤ 전압에 비례하여 공급능력 증대
  ⑥ 전압의 자승에 비례하여 공급전력 증대(전력손실율이 동일한 경우)
  ⑦ 고압배전선 연장의 감소
  ⑧ 대용량 전기기기 사용이 용이

MEMO

마스터 전기기능장 실기

PART

12

전기기능장
필답형 과년도문제

- 2018년 전기기능장 필답형(63회, 64회)
- 2019년 전기기능장 필답형(65회, 66회)
- 2020년 전기기능장 필답형(67회, 68회)
- 2021년 전기기능장 필답형(69회, 70회)
- 2022년 전기기능장 필답형(71회, 72회)
- 2023년 전기기능장 필답형(73회, 74회)
- 2024년 전기기능장 필답형(75회, 76회)
- 2025년 전기기능장 필답형(77회, 78회)

2018년 전기기능장 제63회 필답형 실기시험

자격종목	코드	시험시간	형별	수험번호	성명
전기기능장					

문제 01
▶ 배점 : 5점

고조파 장해 방지대책을 5가지 쓰시오.

답안작성

① 전력변환 장치의 Pulse수를 크게 한다.
② 고조파 필터를 사용하여 제거한다.
③ 고조파를 발생하는 기기들을 따로 모아 결선해서 별도의 상위 전원으로부터 전력을 공급하고 여타 기기들로부터 분리시킨다.
④ 전력용 콘덴서에는 직렬 리액터를 설치한다.
⑤ 선로의 코로나 방지를 위하여 복도체, 다도체를 사용한다.
⑥ 변압기 결선에서 △결선을 채용하여 고조파 순환회로를 구성하여 외부에 고조파가 나타나지 않도록 한다.
⑦ PWM제어방식 채택

문제 02
▶ 배점 : 4점

설비불평형률 공식과 기준을 쓰시오.(단위도 쓰시오)

(1) 단상 3선식
- 공식 :
- 기준 :

(2) 3상 4선식
- 공식 :
- 기준 :

답안작성

(1) 단상 3선식
- 공식 : 설비불평형률 = $\dfrac{\text{중성선과 각 전압측 전선간에 접속되는 부하설비용량[kVA]의 차}}{\text{총 부하설비 용량[kVA]의 1/2}} \times 100[\%]$
- 기준 : 40[%] 이하

(2) 3상 4선식
- 공식 : 설비불평형률 = $\dfrac{\text{각 선간에 접속되는 단상부하 총 부하설비용량[kVA]의 최대와 최소의 차}}{\text{총 부하설비 용량[kVA](3상 부하도 포함)의 1/3}} \times 100[\%]$
- 기준 : 30[%] 이하

▶ 배점 : 5점

문제 03 피뢰시스템 회전구체 반경과 메쉬사이즈 표에서 빈칸을 채우시오.

피뢰시스템 레벨	구체 반경	메시 치수
I	20	
II		10×10
III	45	
IV		

답안작성

피뢰시스템 레벨	구체 반경	메시 치수
I	20	5×5
II	30	10×10
III	45	15×15
IV	60	20×20

▶ 배점 : 6점

문제 04 특고압에서 차단기와 비교하여 PF의 기능적인 면에 대한 장점 3가지를 쓰시오.

답안작성

- 릴레이와 변성기가 필요없다.
- 한류형은 차단시 무방출 무소음
- 고속도 차단한다.
- 보수가 용이하다.
- 한류효과가 우수하다.
- 소형이기 때문에 장치전체가 소형
- 후비보호가 완벽하다.

해설

장 점	단 점
· 소형 경량이다. · 가격이 싸다. · 릴레이와 변성기가 필요없다. · 한류형은 차단시 무방출 무소음 · 고속도 차단한다. · 보수가 용이하다. · 한류효과가 우수하다. · 소형이기 때문에 장치전체가 소형 · 후비보호가 완벽하다.	· 재투입을 할 수 없다.(가장 큰 단점) · 과전류에서 용단될 수 있다. · 동작시간-전류 특성을 계전기처럼 마음대로 조정 불가능 · 최소차단전류 영역이 있다. · 비보호 영역이 있어 사용 중에 열화동작에 의해 결상 우려가 있다. · 차단시 과전압을 발생(한류형) · 고임피던스 접지계통의 지락보호는 불가

▶배점 : 6점

문제 05 아래 그림을 보고 접지계통 이름을 표기하시오.

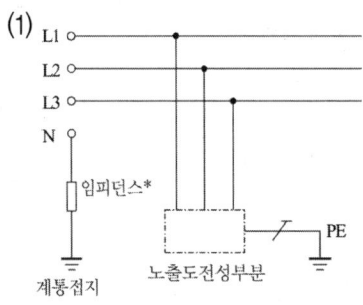

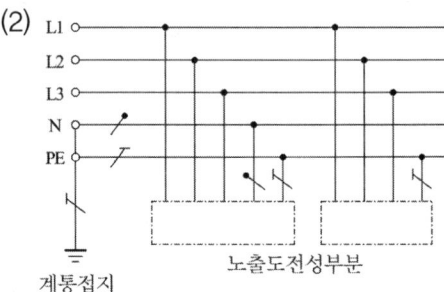

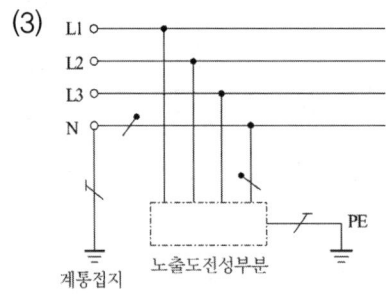

▸답안작성

(1) IT 계통   (2) TN-S 계통   (3) TT 계통

▶배점 : 4점

문제 06 22.9[kV-Y], 용량 500[KVA]의 변압기 2차측 모선에 연결되어 있는 배선용차단기(MCCB)의 차단전류를 구하시오.(단 변압기의 %Z=5[%], 2차 전압은 380[V], 선로의 임피던스는 무시하며 차단전류는 2.5[kA], 5[kA], 10[kA], 20 [kA], 30[kA] 중에서 고르시오.)

▸답안작성

- 계산 : $I_s = \dfrac{100}{\%Z} \times I_n = \dfrac{100}{5} \times \dfrac{500 \times 10^3}{\sqrt{3} \times 380} \times 10^{-3} = 15.19[\text{kA}]$
- 답 : 20[kA]

▶배점 : 5점

문제 07 3상3선식 선로에서 전압 380[V], 부하전류 250[A], 부하 역률이 0.8인 부하가 있다. 선로의 길이가 200[m]인 CV케이블의 20[℃]에 대한 직류도체 저항이 0.193[Ω/km], 20[℃]를 기준으로 한 저항의 온도계수가 1.2751이고 표피효과계수 1.005, 근접효과계수 1.004일 때 부하 측 전압강하를 구하시오.(단, 리액턴스는 무시한다.)

• 답안작성
• 계산 : $r = 0.193 \times 0.2 \times 1.2751 \times (1 + 1.005 + 1.004) = 0.1481[\Omega]$
  전압강하 $e = \sqrt{3} \times 250 \times 0.1481 \times 0.8 = 51.3033[V]$
• 답 : 51.3[V]

• 해설
교류도체의 저항 $r = r_0 \times k_1 \times k_2$
여기서, r_0 : 20[℃]에서의 직류 최대도체저항
 k_1 : 도체저항의 온도계수
 k_2 : 교류-직류도체의 저항 비(1 + 표피효과계수 + 근접효과계수)

▶ 배점 : 4점

문제 08 전력계통에 일반적으로 사용되는 리액터에는 병렬리액터, 한류리액터, 직렬리액터 및 소호리액터 등이 있다. 이들 리액터의 설치목적을 쓰시오.
(1) 분로(병렬) 리액터
(2) 직렬 리액터
(3) 소호 리액터
(4) 한류 리액터

• 답안작성
(1) 페란티 현상의 방지   (2) 제5고조파의 제거
(3) 지락 전류의 제한   (4) 단락 전류의 제한

▶ 배점 : 6점

문제 09 다음은 분산형 전원의 배전계통 연계기술기준이다. 아래의 동기화 제한범위에 대하여 빈칸을 채우시오.

분산형 전원 정격용량 합계 [kVA]	주파수차 ($\triangle f$, Hz)	전압차 ($\triangle V$,%)	위상각 차 ($\triangle \phi$,°)
0~500	0.3		
500 초과~1500		5	
1,500 초과~20,000 미만			

• 답안작성

분산형 전원 정격용량 합계 [kVA]	주파수차 ($\triangle f$, Hz)	전압차 ($\triangle V$,%)	위상각 차 ($\triangle \phi$,°)
0~500	0.3	10	20
500 초과~1500	0.2	5	15
1,500 초과~20,000 미만	0.1	3	10

▶ 배점 : 5점

문제 10 3상 4선식 선로의 선로전류가 39[A]이고, 제 3고조파 성분이 40[%]일 경우 중성선 전류 및 전선의 굵기를 선택하시오.

전선 굵기 [mm²]	전류[A]
6	41
10	57
16	76

답안작성

- 계산 : • 중성선에 흐르는 전류 $I_N = 3 \cdot I_l \cdot k_m = 3 \times 39 \times 0.4 = 46.8[A]$
  - 중성선의 굵기
    제3고조파 함유율이 33[%] 초과 ~ 45[%] 이하이므로 고조파 전류 저감계수는 0.86이다.
    $$\therefore I_3 = \frac{I_N}{\text{고조파 전류 저감계수}} = \frac{46.8}{0.86} = 54.42[A]$$ 이므로
    표에서 전선의 굵기는 10[mm²]를 선정한다.
- 답 : 중성선 전류 : 46.8[A], 중성선 굵기 10[mm²]

참고

KEC 핸드북 표 H232.5-1 고조파 전류의 저감계수

선전류의 제3고조파 성분 [%]	저감계수	
	선전류를 고려한 표준결정	중성선 전류를 고려한 표준결정
0~15[%] 이하	1.0	–
15[%] 초과~33[%] 이하	0.86	–
33[%] 초과~45[%] 이하	–	0.86
45[%] 초과	–	1.0

2018년 전기기능장 제64회 필답형 실기시험

자격종목	코드	시험시간	형별	수험번호	성명
전기기능장					

▶ 배점 : 5점

문제 01 동기 발전기 병렬운전조건 3가지를 쓰시오.

(1)

(2)

(3)

답안작성

① 기전력의 크기가 같을 것
② 기전력의 위상이 같을 것
③ 기전력의 파형이 같을 것
④ 기전력의 주파수가 같을 것

▶ 배점 : 5점

문제 02 그림은 22.9[kV-Y] 1000[KVA]이하를 시설하는 경우의 간이수전설비 결선도이다. 다음의 각 물음에 답하시오.

(1) 인입선을 지중선으로 하는 경우로 공동주택 등 고장 시 정전피해가 큰 경우는 예비 지중선을 포함하여 몇 회선으로 시설하는 것이 바람직한가?

(2) 전력구·공동구·덕트·건물구내 등 화재의 우려가 있는 장소에서는 어떤 케이블을 사용하여 시설하는 것이 바람직한가?

(3) LA용 DS는 생략할 수 있으며 22.9[kV-Y]용의 LA는 어떤 타입을 사용하여야 하는가?

(4) ASS의 명칭을 쓰시오.

(5) PF의 역할은 무엇인가?

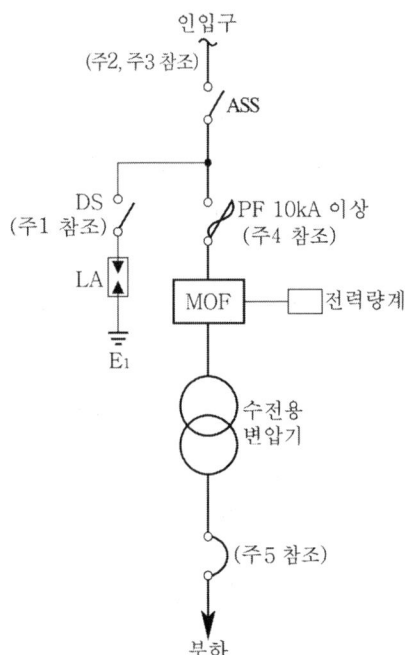

답안작성

(1) 2회선
(2) FR CNCO-W 케이블(난연)
(3) Disconnector(또는 Isolator) 붙임형
(4) 자동고장 구분 개폐기
(5) 회로 및 기기의 단락보호용

▶배점 : 5점

문제 03 부하 설비 및 수용률이 그림과 같은 경우 이곳에 공급할 변압기 Tr의 용량을 계산하여 표준 용량으로 결정하시오. 단, 부등률은 1.1, 종합 역률은 80[%] 이하로 한다.

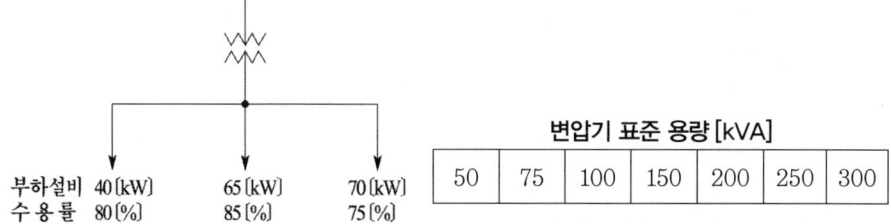

변압기 표준 용량[kVA]						
50	75	100	150	200	250	300

• 계산 :   • 답 :

답안작성

• 계산 : 변압기 용량 = $\dfrac{40 \times 0.8 + 65 \times 0.85 + 70 \times 0.75}{1.1 \times 0.8}$ = 158.81[kVA]

• 답 : 표준 용량 200[kVA] 선정

▶배점 : 5점

문제 04 다음 주어진 내용에 대하여 O, X로 답하시오.

번호	문제	O, X 표기
1	애자사용공사 시 이격거리는 6[cm] 이상이다.	
2	방폭구조설비 공사는 합성수지관 공사로 한다.	
3	콘크리트 매설 시 금속관 두께는 1.2[mm] 이상이다.	
4	점검할 수 없는 장소에 케이블공사, 금속관공사, 가요전선관 공사를 한다.	
5	금속덕트 배선은 옥내의 건조한 장소로서 노출된 장소 또는 점검할 수 있는 은폐된 장소에 한하여 사용할 수 있다.	
6	버스덕트 공사 시 덕트의 지지점간 거리는 3[m]이하로 한다.	

답안작성

번호	문제	O, X 표기
1	애자사용공사 시 이격거리는 6[cm] 이상이다.	○
2	방폭구조설비 공사는 합성수지관 공사로 한다.	×
3	콘크리트 매설 시 금속관 두께는 1.2[mm] 이상이다.	○
4	점검할 수 없는 장소에 케이블공사, 금속관공사, 가요전선관 공사를 한다.	×
5	금속덕트 배선은 옥내의 건조한 장소로서 노출된 장소 또는 점검할 수 있는 은폐된 장소에 한하여 사용할 수 있다.	○
6	버스덕트 공사 시 덕트의 지지점간 거리는 3[m]이하로 한다.	○

해설

2. 방폭구조설비 공사는 금속관공사 또는 케이블공사에 의한다.
4. 점검할 수 없는 장소에는 경질비닐 전선관 공사, 금속관 공사, 케이블 공사에 의한다. 애자사용공사는 건조한 장소에 한한다.

▶ 배점 : 4점

문제 05

수전용량 1500[kW] 22.9[kV] 수전설비의 보호방식이다. 다음 물음에 답하시오. (단, CT비 50/5[A]의 변류기를 통하여 과부하 계전기를 시설하였고 150[%]의 과부하에서 차단기를 동작하며, 유도형 OCR(과전류 계전기)의 탭 전류는 3[A], 4[A], 5[A], 6[A], 8[A] 이다.)

(1) 영상전류 검출방법 중 무슨 방식인가?
(2) A_1 계전기의 종류는?
(3) A_0 계전기의 설치 목적은 무엇인가?
(4) A_1 계전기의 전류 탭 값을 구하시오.
   • 계산 :   • 답 :

답안작성

(1) Y 잔류회로(Y결선 CT 잔류회로) 이용법
(2) OCR(과전류 계전기)
(3) 지락전류 검출
(4) 계산 : 과전류 계전기의 전류 탭(I_t) = 부하전류(I) × $\dfrac{1}{변류비}$ × 설정값

$$\therefore I_t = \frac{1500 \times 10^3}{\sqrt{3} \times 22900} \times \frac{5}{50} \times 1.5 = 5.67[A]$$

답 : 6[A] 설정

해설

[영상전류 검출 방법]
- Y결선의 CT 잔류회로 이용법
  - 3상 회로의 변류기와 부하측을 각각 Y접속하고 중성점을 연결한 잔류회로 이용법
  - 지락사고 발생 시 잔류회로에는 각 상전류의 벡터합이 흐르게 되어
  $i_R + i_S + i_T = 3\dot{I}_0 + (1+a^2+a)\dot{I}_1$
  $+ (1+a^2+a)\dot{I}_2 = 3\dot{I}_0$

인 3배의 영상전류가 지락계전기에 흐르게 된다.

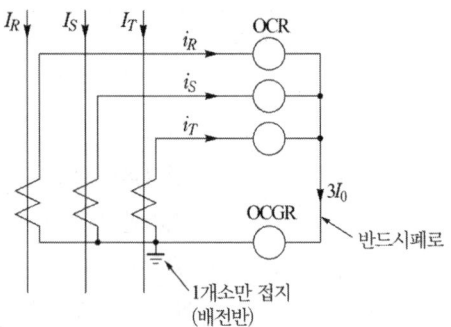

▶ 배점 : 4점

문제 06 수용가 인입구의 전압이 22.9[kV], 주차단기의 차단 용량이 250[MVA]이다. 10[MVA], 22.9/3.3[kV] 변압기의 임피던스가 5.5[%]일 때 변압기 2차측에 필요한 차단기 용량을 다음 표에서 선정하시오.

차단기 정격용량 [MVA]
10, 20, 30, 50, 75, 100, 150, 250, 300, 400, 500, 750, 1000

• 계산 :   • 답 :

답안작성

계산 : ① 기준 Base를 10[MVA]로 할 때 전원측 임피던스
$\%Z_s = \dfrac{100}{250} \times 10 = 4[\%]$

② 차단기 용량
단락 용량 $P_s = \dfrac{100}{\%Z} \times P_n = \dfrac{100}{4+5.5} \times 10 = 105.26[MVA]$

∴ 차단 용량은 단락 용량보다 커야하므로 표에서 150[MVA] 선정
답 : 150[MVA]

▶ 배점 : 6점

문제 07 접지에 관한 각 물음에 답하시오.
(1) 중성점(N)과 보호접지(PE)가 변압기나 발전기 근처에만 서로 연결되어 있고 전 구간에서 분리되어 있는 방식을 무엇이라고 하는가?
(2) (   )공사를 한 경우에는 과전압으로부터 전기설비들을 보호하기 위하여 서비 보호장치를 설치하여야 한다. (   )안의 접지 방식을 쓰시오.
(3) 서지보호장치의 영문 약호는 무엇인가?

답안작성

(1) TN-S   (2) 통합접지   (3) 서지보호기(SPD)

문제 08

▶ 배점 : 6점

태양광발전시설에 대한 감전방지대책 3가지를 쓰시오.

답안작성

(1) 작업 전에 태양전지모듈 표면에 차광막을 씌어 태양광을 차폐한다.
(2) 저압 절연장갑을 착용한다.
(3) 절연처리가 된 공구를 사용한다.
(4) 강우 시에는 작업을 하지 않는다.

문제 09

▶ 배점 : 6점

제1종 또는 제2종 접지공사에 사용하는 접지선을 사람이 접촉할 우려가 있는 경우는 다음과 같이 시설한다. 다음 각 물음에 답하시오.

(1) 접지극은 지하 (①)이상의 깊이에 매설하되 (②)를 감안하여 매설할 것
(2) 접지선을 철주 기타 금속체를 따라서 시설하는 경우에는 접지극을 철주의 밑면으로부터 (③) 이상 깊이에 매설하는 경우 이외에는 접지극을 지중에서 그 금속체로부터 (④)이상 떼어 매설할 것
(3) 접지선의 지하 (⑤)부터 지표상 (⑥)까지의 부분은 합성수지관 등으로 덮을 것(단, 두께 2[mm] 미만의 합성수지제 전선관 및 콤바인 덕트관 제외)

답안작성

(1) ① 75[cm]   ② 동결 깊이
(2) ③ 30[cm]   ④ 1[m]
(3) ⑤ 75[cm]   ⑥ 2[m]

문제 10

▶ 배점 : 4점

지표상 15[m]높이의 수조가 있다. 이 수조에 10[m³/min]물을 양수하는데 필요한 펌프용 전동기의 소요 동력은 몇 [kW]인가? (단, 펌프의 효율은 65[%]로 하고, 15[%]의 여유율을 둔다.)

• 계산 :   • 답 :

답안작성

계산 : $P = \dfrac{KQH}{6.12\eta} = \dfrac{1.15 \times 10 \times 15}{6.12 \times 0.65} = 43.36[kW]$

답 : 43.36[kW]

2019년 전기기능장 제65회 필답형 실기시험

자격종목	코드	시험시간	형별	수험번호	성명
전기기능장					

※ 수험생의 기억에 의해 복원된 검정문제로 실제 시험과 상이할 수 있습니다.

▶ 배점 : 6점

문제 01 다음은 CLR에 대한 내용이다. 물음에 답하시오.

(1) CLR의 역할 2가지를 쓰시오.
(2) 다음 그림에서 ☐ 의 명칭과 사용 목적을 쓰시오.

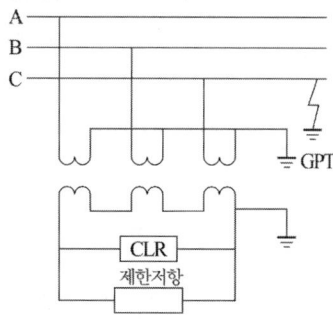

:답안작성:

(1) ① 지락전류 제한
② 계전기 동작에 필요한 유효전류 공급
③ 제3고조파 억제
(2) 명칭 : SGR(방향선택 지락계전기)
사용목적 : 영상(지락)전류를 검출하여 기기 보호

▶ 배점 : 4점

문제 02 상용주파 스트레스 전압에 대한 내용이다. 물음에 답하시오.

(1) 상용주파에서 스트레스전압의 정의는 무엇인가?
(2) 저압설비의 허용 스트레스전압 범위의 빈칸을 채우시오.

고압계통에서 지락고장시간[초]	저압설비의 허용 상용주파 과전압[V]
> 5	U_0 + [①]
≤ 5	U_0 + [②]
중성선 도체가 없는 계통에서는 U_0 는 선간전압을 말한다.	

:답안작성:

(1) 고압계통의 지락사고로 인하여 수용가 설비의 저압기기에 가해지는 전압
(2) ① 250   ② 1,200

▶ 배점 : 4점

문제 03 전기설비기술기준 및 판단기준에 의한 피뢰기의 시설장소 4개소를 쓰시오.
(1)
(2)
(3)
(4)

답안작성
(1) 발전소, 변전소 또는 이에 준하는 장소의 가공 전선 인입구 및 인출구
(2) 가공 전선로에 접속하는 배전용 변압기의 고압측 및 특고압측
(3) 고압 및 특고압 가공 전선로부터 공급을 받는 수용장소의 인입구
(4) 가공 전선로와 지중 전선로가 접속되는 곳

▶ 배점 : 6점

문제 04 수전설비의 고장전류 계산 목적 3가지를 쓰시오.
(1)
(2)
(3)

답안작성
(1) 차단기의 차단용량 결정   (2) 전력기기의 기계적 강도 결정
(3) 보호계전기의 정정   (4) 통신 유도장해 검토
(5) 유효접지 검토   (6) 효율적인 계통 구성

▶ 배점 : 4점

문제 05 축전기실 등의 시설에 관한 설명이다. 다음 물음에 답하시오.
(1) (①)를 초과하는 축전지는 비접지측 도체에 쉽게 차단할 수 있는 곳에 (②)를 설치하여야 한다.
(2) 옥내전로에 연계되는 축전지는 비접지측 도체에 (③)를 시설하여야 한다.
(3) 축전지실 등은 폭발성의 가스가 축적되지 않도록 (④)등을 시설하여야 한다.

답안작성
(1) ① 30[V]   ② 개폐기
(2) ③ 과전류보호장치
(3) ④ 환기장치

문제 06

▶배점 : 5점

다음 100/5[A]의 CT를 사용하여 2차측을 측정한 결과 4.9[A]였다. 이때 변류기의 비오차를 구하시오.

- 계산 :
- 답 :

답안작성

계산 : $\epsilon = \dfrac{\dfrac{100}{5} - \dfrac{100}{4.9}}{\dfrac{100}{4.9}} \times 100 = -2[\%]$

답 : $-2[\%]$

※ 비오차(Error ratio)
비오차란 공칭 변성비(Kn)와 실제 변성비(K)의 차를 실제 변성비(K)로 나눈 백분율이다.
$\epsilon = \dfrac{공칭\,변류비 - 실제\,변류비}{실제\,변류비} \times 100$ (단, 여기서 공칭변류비는 $\dfrac{정격1차\,전류}{정격2차\,전류}$)

문제 07

▶배점 : 5점

과전류 차단기 200AT 간선 전선 굵기 95[mm^2] 일 때 접지선의 굵기가 16 [mm^2] 이다. 전압강하가 원인으로 간선의 굵기가 120[mm^2]로 선정되면 접지선의 굵기는 얼마로 선정하는가?

접지선의 최소 굵기 [mm^2]							
2.5	4	6	16	25	35	50	70	95

- 계산 :
- 답 :

답안작성

계산 : $95 : 16 = 120 : X$ 이므로 $X = \dfrac{16 \times 120}{95} = 20.32$ 가 된다.

답 : 접지선의 굵기 25[mm^2] 선정

해설

[제3종 또는 특별 제3종 접지공사의 접지선의 굵기]
전압강하 등의 사유로 간선규격을 상위 규격으로 선정할 경우에는 이에 비례하여 증가분을 계산 후 접지선의 규격도 상위 규격으로 선정하여야 한다.

▶ 배점 : 5점

문제 08 다음은 A형 지선을 이용한 10[m] 콘크리트주의 공사를 그린 것이다. 도면을 보고 물음에 답하시오.

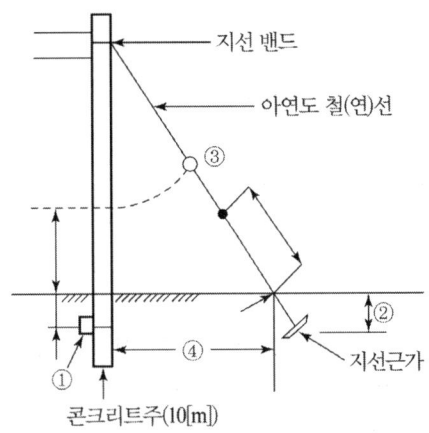

(1) ①의 명칭은?
(2) ②의 깊이는 최소 몇 [m] 이상인가?
(3) 콘크리트주 전체의 길이가 10[m]인 경우 묻히는 최소 길이는?
(4) ③의 명칭은?
(5) ④의 간격은 몇 [m]인가?

답안작성

(1) 전주근가
(2) 1.5[m]
(3) $10 \times \dfrac{1}{6} = 1.67[m]$
(4) 지선애자
(5) 전주의 높이 $\times \dfrac{1}{2} = 10 \times \dfrac{1}{2} = 5[m]$

해설

지선의 굵기 및 시설방법

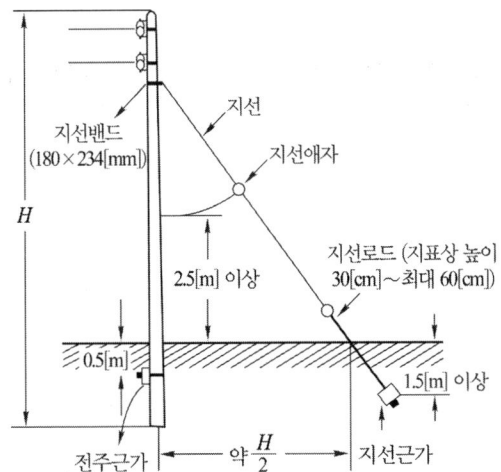

① 지선의 안전율은 2.5 이상일 것. 이 경우에 허용 인장하중의 최저는 4.31[kN]으로 한다.
② 지선에 연선을 사용할 경우에는 다음에 의할 것
  • 소선 3가닥 이상의 연선일 것
  • 소선의 지름이 2.6[mm] 이상의 금속선을 사용한 것일 것. 다만, 소선의 지름이 2[mm] 이상인 아연도강연선으로서 소선의 인장강도가 0.68[kN/mm^2] 이상인 것을 사용하는 경우에는 그러하지 아니하다.
③ 지중부분 및 지표상 30[cm]까지의 부분에는 내식성이 있는 것 또는 아연도금을 한 철봉을 사용하고 쉽게 부식되지 아니하는 근가에 견고하게 붙일 것. 다만, 목주에 시설하는 지선에 대해서는 그러하지 아니하다.
④ 지선근가는 지선의 인장하중에 충분히 견디도록 시설할 것

▶배점 : 6점

문제 09 3상 유도전동기의 기동장치에 대한 설명이다. 다음 빈칸에 들어갈 말을 쓰시오.

(1) 기동 시에는 전선 3가닥에만 전류가 흐르다가 기동완료 후에는 전선 6가닥 전체에 전류가 흐르면 이때 6가닥의 전선에 흐르는 전류는 상전류로서 전부하 전류의 (①)에 해당하는 전류가 흐르므로 직 기동시 사용되는 전선의 허용전류의 (①) 이상의 허용전류를 가진 전선을 선정하면 된다.

(2) 기동장치 중 Y-△ 기동기를 사용하는 경우는 기동기와 전동기간의 배선은 해당 전동기 분기회로 배선의 (②) 이상의 허용전류를 가지는 전선을 사용하여야 한다.

: 답안작성

(1) $\dfrac{1}{\sqrt{3}}$

(2) 60[%]

개정된 관계 법규에 따라 삭제된 문제가 있어서 10 문항이 안됩니다.

2019년 전기기능장 제66회 필답형 실기시험

자격종목	코드	시험시간	형별	수험번호	성명
전기기능장					

※ 수험생의 기억에 의해 복원된 검정문제로 실제 시험과 상이할 수 있습니다.

문제 01 ▶배점 : 5점

전기사업법에 따른 전기안전관리자의 직무내용을 5가지 쓰시오.

(1)

(2)

(3)

(4)

(5)

답안작성

1. 전기설비의 공사·유지 및 운용에 관한 업무 및 이에 종사하는 사람에 대한 안전교육
2. 전기설비의 안전관리를 위한 확인·점검 및 이에 대한 업무의 감독
3. 전기설비의 운전·조작 또는 이에 대한 업무의 감독
4. 법 제73조의 3 제3항에 따른 전기설비의 안전관리에 관한 기록의 작성·보존 및 비치
5. 공사계획의 인가신청 또는 신고에 필요한 서류의 검토
6. 다음 각 목의 어느 하나에 해당하는 공사의 감리업무
   가. 비상용 예비발전설비의 설치·변경공사로서 총공사비가 1억원 미만인 공사
   나. 전기수용설비의 증설 또는 변경공사로서 총공사비가 5천만원 미만인 공사
7. 전기설비의 일상점검·정기점검·정밀점검의 절차, 방법 및 기준에 대한 안전관리규정의 작성
8. 전기재해의 발생을 예방하거나 그 피해를 줄이기 위하여 필요한 응급조치

해설

전기안전관리자의 직무범위(전기사업법 시행규칙 제 44조) 근거

문제 02 ▶배점 : 4점

다음의 반감산기 논리회로와 진리표를 보고 물음에 답하시오.

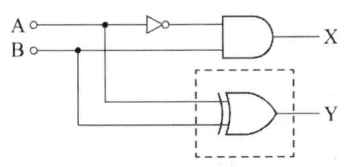

입 력		출 력	
A	B	X	Y
0	0	0	0
0	1	1	1
1	0	0	1
1	1	0	0

(1) 논리식
(2) 점선부분을 AND, OR, NOT의 기본 논리 회로만을 이용하여 무접점회로로 나타내시오.
(3) 유접점 릴레이 시퀀스 회로를 그리시오.

답안작성

(1) $X = \overline{A} \cdot B$, $Y = \overline{A} \cdot B + A \cdot \overline{B} = A \oplus B$

(2)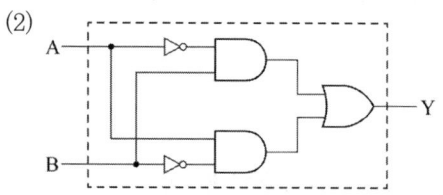

(3)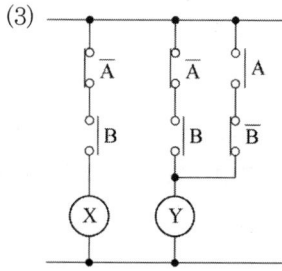

해설

반감산기(Half-Subtracter ; HS)
피감수와 감수만 다루고 아랫자리에서의 빌림수는 취급하지 않으므로 2진수 1자리의 감산에만 사용할 수 있다.

(1) 차 : $D = \overline{A}B + A\overline{B} = A \oplus B$
(2) 빌림 수 : $b = \overline{A}B$

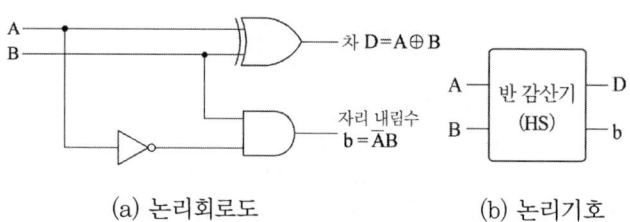

입력		출력	
A	B	D	b
0	0	0	0
0	1	1	1
1	0	1	0
1	1	0	0

(a) 논리회로도 (b) 논리기호 (c) 진리표

[반감산기]

▶ 배점 : 5점

문제 03 한류저항기(CLR : Current Limit Resistor)에 대한 내용이다. 다음 물음에 답하시오.
(1) 한류저항기(CLR)의 설치위치를 쓰시오.
(2) 한류저항기(CLR)의 설치목적 3가지를 쓰시오.

답안작성

(1) GPT 3차 권선에 보호계전기(SGR)와 병렬로 접속
(2) 한류저항기(CLR)의 설치목적 3가지
    ① 지락전류의 제한
    ② 계전기에 유효 전류 공급
    ③ 제 3고조파 억제 및 계통의 안정화계전기
    ④ 철공진 등에 의한 중성점 불안정 현상 방지

문제 04
▶ 배점 : 4점

전력케이블의 전기적 손실 3가지를 쓰시오.

답안작성
① 저항손 ② 유전체손 ③ 연피손

문제 05
▶ 배점 : 6점

접지공사에서 접지저항을 저감시키는 방법을 3가지만 쓰시오.
(1)
(2)
(3)

답안작성
① 접지극의 길이를 길게 한다.
② 접지극을 병렬 접속한다.
③ 접지봉의 매설깊이를 깊게 한다.
④ 접지저항 저감재를 사용한다.
⑤ 심타공법으로 시공한다.

문제 06
▶ 배점 : 5점

덕트 배선 공사에 대한 설명이다. (   )안에 알맞은 내용을 답란에 쓰시오.

> (1) 금속 덕트 내 전선의 단면적의 합계는 덕트 내 단면적의 (   )% 이하일 것
> (2) 금속 덕트 내 전선의 단면적의 합계는 전광표시장치, 출퇴표시 등 기타 이와 유사한 장치 또는 제어회로의 배선만 넣을 경우는 덕트 내 단면적의 (   )% 이하일 것

(1)
(2)

답안작성
(1) 20
(2) 50

문제 07
▶ 배점 : 6점

13200/22900, 3상 4선식으로 수전하며 수전 용량이 1000[kW], 역률이 90[%]라 할 때 이 인입구에 MOF를 시설하는 경우 MOF의 적당한 변류비와 변성비를 산출하여 표준 규격으로 선정하시오.

(1) 변성(PT)비
- 계산 :
- 답 :
(2) 변류(CT)비
- 계산 :
- 답 :

답안작성

(1) PT비 $\dfrac{22900}{\sqrt{3}} / \dfrac{190}{\sqrt{3}} = 13200/110$ 따라서, 변성비 13200/110 선정

(2) CT비 $I_1 = \dfrac{1000 \times 10^3}{\sqrt{3} \times 22.9 \times 10^3 \times 0.9} = 28.01[A]$ 따라서, 변류비 30/5 선정

▶ 배점 : 5점

문제 08

(1) 역률을 개선하면 전기요금의 저감과 배전선의 손실 경감, 전압강하 감소 설비 여력의 증가 등을 기할 수 있으나 너무 과보상하면 역효과가 나타난다. 이에 각 물음에 답하시오. (1) 경부하시에 콘덴서가 과대삽입되는 경우의 결점을 3가지 쓰시오.
①
②
③

(2) 진상역률과 지상역률에 대하여 설명하시오. (단, 전압과 전류의 위상을 사용하여 설명할 것.)
① 진상역률
② 지상역률

답안작성

(1) ① 앞선 역률에 의한 전력손실이 생긴다.
    ② 모선 전압의 과상승
    ③ 설비용량이 감소하여 과부하가 될 수 있다.
(2) ① 진상역률이란 용량성 리액턴스에서 전류가 전압보다 앞서게 될 때 이 전류의 위상각이 전압의 위상각보다 크다는 것을 의미한다.
    ② 지상역률이란 유도성 리액턴스에서 전류가 전압보다 위상이 뒤지게 될 때 전류의 위상각이 전압의 위상각보다 작다는 것을 의미한다.

▶ 배점 : 4점

문제 09

전기설비의 접지계통과 건축물의 피뢰설비 및 통신설비 등의 접지극을 공용하는 접지방식은?

답안작성

통합접지(global earthing system)

문제 10 ▶배점 : 6점

3상 4선식에서 역률 100[%]의 부하가 각 상과 중성선간에 연결되어 있다. a상, b상, c상에 흐르는 전류가 각각 200[A], 160[A], 180[A]이다. 중성선에 흐르는 전류의 크기의 절대값은 몇 [A]인가?

• 계산 :   • 답 :

답안작성

계산 : $I_n = 200 + 160(1\angle -120°) + 180(1\angle 120°)$
$= 200 + 160\left(-\dfrac{1}{2} - j\dfrac{\sqrt{3}}{2}\right) + 180\left(-\dfrac{1}{2} + j\dfrac{\sqrt{3}}{2}\right)$
$= 30 + j10\sqrt{3} = 34.64[A]$

답 : 34.64[A]

2020년 전기기능장 제67회 필답형 실기시험

자격종목	코드	시험시간	형별	수험번호	성명
전기기능장					

※ 수험생의 기억에 의해 복원된 검정문제로 실제 시험과 상이할 수 있습니다.

문제 01
▶배점 : 5점

지락사고 시 영상전류를 검출하는 방법 3가지를 쓰시오

답안작성
(1) 영상변류기(ZCT)를 이용한다.
(2) 중성선 CT 접속방식(접지방식)
(3) 잔류회로방식(접지방식)

문제 02
▶배점 : 5점

다음 괄호 안에 알맞은 것을 써 넣어라.
저압전로 중 정전이 어려운 경우 등 절연저항 측정이 곤란한 경우는 누설전류를 (   ) 이하로 유지하여야 한다.

답안작성
1[mA]

문제 03
▶배점 : 5점

배전 설계시 분기 과전류 차단기의 정격전류에 따른 분기회로 종류 7가지를 서술하시오.

답안작성
(1) 15[A] 분기회로
(2) 20[A] 분기회로
(3) 20[A] 배선차단기 분기회로
(4) 30[A] 분기회로
(5) 40[A] 분기회로
(6) 50[A] 분기회로
(7) 50[A] 초과 분기회로

문제 04

▶배점 : 4점

다음 퓨즈에 대한 물음에 답하시오.

(1) 전력용 퓨즈 설치목적
(2) 소호방식에 따른 퓨즈의 종류 중 전압이 0인 점에서 동작하는 퓨즈와 전류가 0인 점에서 동작하는 퓨즈는
(3) 한류 퓨즈 특성에 대해 3가지만 서술하시오.
(4) 한류 퓨즈 선정시 고려사항 2가지를 서술하시오.

답안작성

(1) 부하 전류는 안전하게 통전하고, 어떤 일정값 이상의 과전류는 차단하여 전로나 기기를 보호한다.
(2) 한류형 퓨즈(PF)-전압 0점에서 차단
    비한류형퓨즈(COS)-전류0점에서 차단
(3) ① 용단 특성   ② 단시간 허용 특성   ③ 전차단 특성
(4) ① 변압기 여자 돌입전류에 동작하지 말 것
    ② 과부하 전류에 동작하지 말 것

참고 한류 퓨즈 선정시 고려사항
① 변압기 여자 돌입전류에 동작하지 말 것
② 과부하 전류에 동작하지 말 것
③ 타보호 기기와 협조를 가질 것
④ 정격차단용량, 최소차단전류, 전류-시간 특성

문제 05

▶배점 : 6점

다음 도면을 보고 물음에 답하시오.

(1) VCB의 필요한 최소 차단 용량 [MVA]을 구하시오.
- 계산 :
- 답 :

(2) ACB의 필요한 최소 차단 용량 [MVA]을 구하시오.
- 계산 :
- 답 :

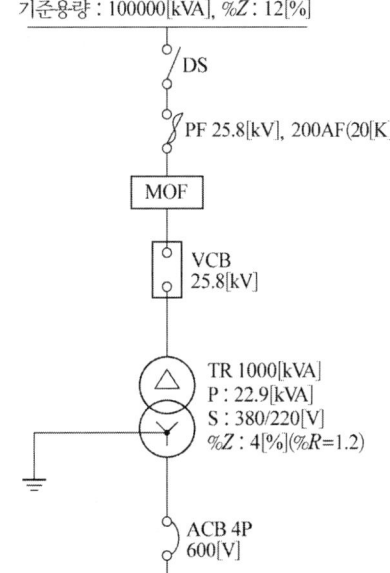

답안작성

(1) 계산 : 전원측 %Z가 100[MVA]에 대하여 12[%]이므로
$$P_S = \frac{100}{\%Z} \times P_n = \frac{100}{12} \times 100$$
$$= 833.33[MVA]$$
답 : 833.33[MVA]

(2) 계산 : 변압기 %Z를 100[MVA]로 환산하면 $\dfrac{100{,}000}{1{,}000} \times 4 = 400[\%]$

합성 $\%Z = 12 + 400 = 412[\%]$ 이므로

$$P_S = \dfrac{100}{\%Z} \times P_n = \dfrac{100}{412} \times 100 = 24.27[\text{MVA}]$$

답 : 24.27[MVA]

▶ 배점 : 5점

문제 06 피뢰기를 시설해야 하는 곳을 4개소로 요약하여 열거하고, 제1보호대상에 대하여 서술하시오.

답안작성

- 설치장소 : ① 발전소 인출구
  ② 변전소 인입 및 인출구
  ③ 특별 고압 수용가의 인입구
  ④ 가공전선로와 지중전선로가 만나는 곳
- 제1보호대상 : 변압기

▶ 배점 : 6점

문제 07 ( ) 안에 보호선의 길이는 몇 [cm]인가?

> SPD 연결도체는 상전선에서 SPD와 SPD에서 주접지단자(또는 보호선)까지 길이가 가능한 ( )[cm] 이하일 것. 다만, SPD 연결도체 길이가 ( )[cm]를 넘을 경우에는 연결도체의 전압강하를 고려하여 SPD의 전압보호레벨(UP)을 선정하고, 연결도체의 전압강하를 포함하는 실효보호레벨(UP/F)이 기기에 요구되는 임펄스 내전압(UW)을 초과해서는 안 된다. (예, 230/400V 설비의 UW는 2.5kV, 120~240V 설비에서는 1.5kV 임)

답안작성

50[cm]

▶ 배점 : 6점

문제 08 누전차단기의 감도별 종류 3가지를 쓰고 감도형별 종류를 쓰시오.

답안작성

(1) 감도별 종류
  ① 고감도형 ② 중감도형 ③ 저감도형
(2) 감도형별 종류
  ① 고감도형 : 고속형, 시연형, 반한시형
  ② 중감도형 : 고속형, 시연형
  ③ 저감도형 : 고속형, 시연형

:참고

구분	형식	동작시간	정격감도전류[mA]
고감도형	고속형	정격감도전류에서 0.1초 이내 인체 감전 보호용은 0.03초 이내	5, 10, 15, 30
	시연형	정격감도전류에서 0.1초 초과~2초 이내	
	반한시형	정격감도전류에서 0.2초 초과~2초 이내 정격감도전류 1.4배의 전류에서 0.1초 초과~0.5초 이내 정격감도전류 4.4배의 전류에서 0.05초 이내	
중감도형	고속형	정격감도전류에서 0.1초 이내	50, 100, 200 500, 1000
	시연형	정격감도전류에서 0.1초 초과~2초 이내	
저감도형	고속형	정격감도전류에서 0.1 이내	3000, 5000 10000, 20000
	시연형	정격감도전류에서 0.1초 초과~2초 이내	

▶ 배점 : 4점

문제 09 정상적인 상용전원 인입 시에는 인버터 모듈 내의 IGBT 프리 휠링 다이오드를 통한 풀브리지 정류방식으로 충전기 기능을 하고 정전 시에는 인버터로 동작을 하여 출력전원을 공급하는 방식으로, 오프라인 방식이지만 일정전압이 자동으로 조정되는 기능을 갖는 UPS 동작 방식을 쓰시오.

:답안작성

라인 인터랙티브 방식 = Line Interactive 방식

:참고

① 온라인(On-Line)방식
   항상 충전기와 인버터에 직류전원을 공급하는 방식으로, 평상시에도 인버터를 통하여 부하에 전원이 공급되는 방식이다.
② 오프라인(Off-Line)방식
   정상 시에는 직접 상용전원을 부하에 공급하고 있다가 정전 시에만 인버터를 동작하여 부하에 전원을 공급하는 방식으로 주로 소용량에 사용된다.
③ 라인 인터랙티브(Line Interactive)방식
   정상적인 상용전원 인입시에는 인버터 모듈 내의 IGBT프리 휠링 다이오드를 통한 풀 브리지 정류방식으로 충전기 기능을 하고 정전시에는 인버터로 동작을 하여 출력전원을 공급하는 방식이다.

▶ 배점 : 5점

문제 10 다음 무접점 회로를 이용하여 논리식과 유접점 회로를 구성하시오.

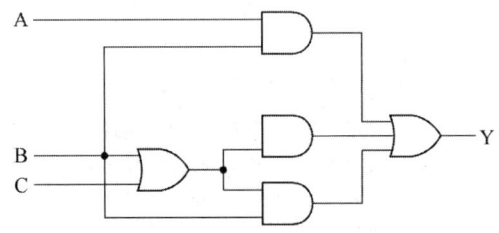

: 답안작성

(1) 논리식
$$Y = AB + A(B+C) + B(B+C)$$
$$= AB + AB + AC + BB + BC$$
$$= AB + AC + B + BC$$
$$= B(A + 1 + C) + AC$$
$$= B + AC$$

(2) 유접점회로

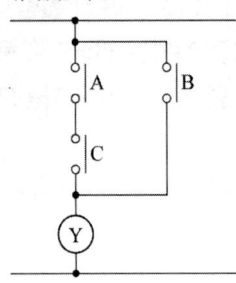

2020년 전기기능장 제68회 필답형 실기시험

자격종목	코드	시험시간	형별	수험번호	성명
전기기능장					

※ 수험생의 기억에 의해 복원된 검정문제로 실제 시험과 상이할 수 있습니다.

문제 01
▶배점 : 5점

파워 퓨즈(전력 퓨즈)의 이용상 장점을 5가지만 쓰시오

답안작성

전력퓨즈의 장점 5가지
① 가격이 싸다.
② 소형 경량이다.
③ 릴레이나 변성기가 필요 없다.
④ 고속도 차단한다.
⑤ 소형으로 큰 차단 용량을 갖는다.

참고 전력퓨즈의 단점 5가지
① 재투입을 할 수 없다.
② 동작시간, 전류 특성을 자유로이 조정할 수 없다.
③ 비보호 영역이 있다.
④ 과도 전류로 용단되기 쉽고 결상을 일으킬 염려가 있다.
⑤ 차단시 이상 전압이 발생한다.

문제 02
▶배점 : 4점

단상 변압기 병렬 운전 조건 4가지를 쓰고, 이들 각각에 대하여 조건이 맞지 않을 경우에 어떤 현상이 나타나는지 쓰시오.

답안작성

① 조건 : 극성이 같을 것
　현상 : 큰 순환 전류가 흘러 권선이 소손
② 조건 : 권수비 및 정격전압 같을 것
　현상 : 순환 전류가 흘러 권선이 가열
③ 조건 : %임피던스 강하가 같을 것
　현상 : 부하의 부담이 용량의 비가 되지 않아 부하의 분담이 균형을 이룰 수 없다.
④ 조건 : 내부 저항과 누설 리액턴스 비가 같을 것
　현상 : 각 변압기의 전류간에 위상차가 생겨 동손이 증가

▶배점 : 5점

문제 03 다음과 같은 단상전파 브리지정류회로에서 L과 C의 역할은 무엇인가?

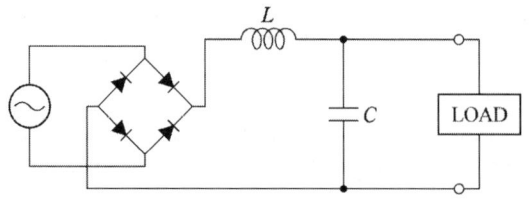

∴답안작성

L : 노이즈 제거
C : 출력전압파형의 평활화

▶배점 : 5점

문제 04 접지저항의 크기에 가장 많은 영향을 주는 요소로서 대지저항율 (Soil Resistivity)과 접지극의 포설방법을 들 수 있는데, 이때 대지저항율은 (①), (②), (③), (④), (⑤) 에 대하여 영향을 받는다.

∴답안작성

① 토양의 온도
② 토양의 수분함량
③ 토양의 종류
④ 토양의 성질 수분의 화학성분
⑤ 자연환경(계절변동계수-계절의 영향)

∴참고

⑥ 토양의 조밀한 정도
⑦ 접지전극의 부족도

▶배점 : 4점

문제 05 3상4선식 케이블 선로의 전류가 40[A] 흐르고, 제3고조파 성분이 40[%]일 때 다음 표를 이용하여 물음에 답하시오.

전선의 굵기[mm²]	허용전류[A]
6	41
10	67
16	76
25	84

(1) 중성선에 흐르는 전류[A]를 구하시오.
(2) 중성선 굵기를 선정하시오.

답안작성

- 계산 : • 중성선에 흐르는 전류 $I_N = 3 \cdot I_l \cdot k_m = 3 \times 40 \times 0.4 = 48[A]$
  - 중성선의 굵기
    제3고조파 함유율이 33[%] 초과 ~45[%] 이하이므로 고조파 전류 저감계수는 0.86 이다.
    $\therefore I_3 = \dfrac{48}{0.86} = 55.81[A]$ 이므로
    표에서 전선의 굵기는 10[mm^2]를 선정한다.
- 답 : 중성선 전류 : 48[A], 중성선 굵기 10[mm^2]

참고

KEC 핸드북 표 H232.5-1 고조파 전류의 저감계수

선전류의 제3고조파 성분 [%]	저감계수	
	선전류를 고려한 표준결정	중성선 전류를 고려한 표준결정
0~15[%] 이하	1.0	-
15[%] 초과~33[%] 이하	0.86	-
33[%] 초과~45[%] 이하	-	0.86
45[%] 초과	-	1.0

▶ 배점 : 6점

문제 06 비상콘센트설비의 전원회로에 대한 기준이다. (   ) 물음에 답하시오

1. 전원회로는 (①)에서 전용회로로 할 것, 다만 다른설비 회로의 사고에 영향을 받지 아니하도록 되어 있는 것은 그러하지 아니한다.
2. 콘센트마다 (②)를 설치하여야 하며, (③) 가 노출되지 아니하도록 할 것
3. 전원회로는 단상교류 220[V]일 때 공급용량 (④)[kVA], 3상 380[V]일 때 공급용량 (⑤)[kVA] 이상일 것
4. 하나의 전용회로에 설치하는 비상콘센트는 (⑥)개 이하로 할 것

답안작성

① 주배전반 ② 배선용차단기 ③ 충전부 ④ 1.5[kVA] ⑤ 3[kVA] ⑥ 10

▶ 배점 : 6점

문제 07 부하의 역률 개선에 대한 다음 각 물음에 답하시오.

(1) 역률을 개선하는 원리를 간단히 설명하시오.
(2) 부하 설비의 역률이 저하하는 경우 수용가가 볼수 있는 손해를 두 가지만 쓰시오.
(3) 어느 공장의 3상 부하가 30[kW]이고, 역률이 65[%]이다. 이것의 역률을 90[%]로 개선하려면 전력용 콘덴서 몇[kVA]가 필요한가?

답안작성

(1) 유도성 부하를 사용하게 되면 역률이 저하한다. 이것을 개선하기 위하여 부하에 병렬로 콘덴서(용량성)을 설치하여 진상 전류를 흘려줌으로서 무효전력을 감소시켜 역률을 개선한다.

(2) • 전력손실이 커진다.
    • 전기요금이 증가한다.

(3) 계산 : $Q_c = P\left(\dfrac{\sin\theta_1}{\cos\theta_1} - \dfrac{\sin\theta_2}{\cos\theta_2}\right) = 30 \times \left(\dfrac{\sqrt{1-0.65^2}}{0.65} - \dfrac{\sqrt{1-0.9^2}}{0.9}\right) = 20.54 \text{[kVA]}$

답 : 20.54[kVA]

참고

부하설비의 역률이 저하하는 경우, 수용가가 예상될수 있는 손해 4가지
① 전력손실이 커진다.
② 전기요금이 증가한다.
③ 전압강하가 커진다.
④ 전원설비 용량이 증가한다.

▶배점 : 5점

문제 08

다음 표는 분산형전원 배전계통연계 기술기준입니다. 다음 ( )에 알맞은 답을 쓰시오.

[표] 계통 연계를 위한 동기화 변수 제한범위

분산형전원 정격용량 합계(kW)	주파수 차 (Δf, Hz)	전압 차 (ΔV, %)	위상각 차 ($\Delta \phi$, °)
0 ~ 500	0.3	(①)	(②)
500 초과 ~1,500	(③)	5	(④)
1,500 초과 ~20,000 미만	0.1	(⑤)	(⑥)

답안작성

① 10 ② 20 ③ 0.2 ④ 15 ⑤ 3 ⑥ 10

▶배점 : 4점

문제 09

접지저항을 결정하는 3가지 저항요소를 쓰시오

답안작성

① 접지도체 및 접지전극 자체의 저항
② 접지전극과 토양 사이의 접촉저항
③ 접지전극 주위의 토양의 저항

▶배점 : 6점

문제 10 22.9[kV-Y] 용량500[kVA]의 변압기 2차측 모선에 접속된 배선용차단기의 정격차단전류[KA]를 구하시오. (단, 변압기%Z=5[%], 2차 전압380[V]이다.)

[표] 차단기 정격차단전류[kV]

2.5[kV]	5[kV]	10[kV]
20[kV]	30[kV]	50[kV]

: 답안작성

계산 : 정격차단전류 $I_s = \dfrac{100}{\%Z} \times \dfrac{P_n}{\sqrt{3} \times V} = \dfrac{100}{5} \times \dfrac{500,000}{\sqrt{3} \times 380} \times 10^{-3} = 15.19[kA]$

답 : 차단기 정격차단전류 표에서 20[kA] 선정

2021년 전기기능장 제69회 필답형 실기시험

자격종목	코드	시험시간	형별	수험번호	성명
전기기능장					

※ 수험생의 기억에 의해 복원된 검정문제로 실제 시험과 상이할 수 있습니다.

문제 01
▶배점 : 6점

대용량 유입변압기의 기계적인 보호장치와 전기적인 보호장치를 3가지씩 쓰시오.

답안작성

(1) 기계적인 보호장치 3가지
① 방압안전장치 ② 충격압력계전기 ③ 부흐홀쯔 계전기
(2) 전기적인 보호장치 3가지
① 비율차동 계전기 ② 과전류 계전기 ③ 차동 계전기

문제 02
▶배점 : 5점

지표면상 20 [m] 높이에 수조가 있다. 이 수조에 분당 10 [m³]의 물을 양수하려고 한다. 여기에 사용되는 펌프 모터에 3상 전력을 공급하기 위하여 단상 변압기 2대를 사용하였다. 이때 펌프용 전동기의 소요 동력은 몇 [kW]인가?
(펌프 효율이 65 [%]이고, 펌프축 동력에 15[%]의 여유를 둔다)

• 계산 :   • 답 :

답안작성

양수 펌프용 전동기 $P = \dfrac{QHK}{6.12\eta}$

여기서, $P = \dfrac{20 \times 10 \times 1.15}{6.12 \times 0.65} = 57.82 [\text{kW}]$

문제 03
▶배점 : 4점

동기 발전기를 병렬 운전하려고 한다. 병렬 운전이 가능한 조건 3가지를 쓰시오.

답안작성

① 기전력의 크기가 같을 것
② 기전력의 위상이 같을 것
③ 기전력의 파형이 같을 것

> 참고

동기발전기 병렬운전조건 4가지
① 기전력의 크기가 같을 것
② 기전력의 위상이 같을 것
③ 기전력의 파형이 같을 것
④ 기전력의 주파수가 같을 것

문제 04
▶ 배점 : 4점

전기저장장치의 이차전지에 자동으로 전로로부터 차단하는 장치를 시설하여야 하는 경우 3가지를 쓰시오.

> 답안작성

① 과전압또는 과전류가 발생하는 경우
② 제어장치에 이상이 발생한 경우
③ 2차전지 모듈의 내부 온도가 급격히 상승할 경우

문제 05
▶ 배점 : 4점

유도등의 비상조명등 상용전원은 다음과 같이 설치하여야 한다. 다음 ( ) 안에 답을 하시오

(1) 유도등의 전원은 (①)로 할 것.
(2) 유도등을 (②) 이상 유효하게 작동시킬수 있는 용량으로 할 것. 단, 다음 각 목의 특정 소방 대상물의 경우 그 부분에서 피난층에 이르는 부분의 유도등을 (③)이상 유효하게 작동시킬 수 있는 용량으로 할 것.
　가. 지하층을 제외한 층수가 11층 이상인 층
　나. 지하층 또는 무창층으로서 용도가 도매시장, 소매시장, 여객자동차 터미널, 지하역사 또는 지하상가

> 답안작성

① 축전기　② 20　③ 60

문제 06
▶ 배점 : 5점

서지보호장치(SPD)의 육안검사 항목 5가지를 쓰시오.

> 답안작성

① 부식에 의한 접속점의 손상유무
② SPD 접속도체의 굵기 및 길이의 적합성
③ SPD의 외관상 이상 유무
④ SPD의 고장표시등의 유무에 따른 상태 검사
⑤ SPD의 설치위치

: 참고
⑥ SPD의 부착 및 접지상태   ⑦ 배선경로의 적정성

▶배점 : 4점

문제 07 전기안전관리업무를 위해 필요한 계측장비 및 안전장구의 권장 교정 및 시험주기를 참고하여 주기적으로 교정하고, 안전장구의 성능을 적정하게 유지할 수 있도록 시험을 하여야 한다. 다음은 안전 장구류에 권장교정 및 시험주기는 각각 얼마인가?

[안전장구시험]
① 특고압 COS 조작봉   ② 저압 검전기
③ 고압 및 특고압 검전기   ④ 고압 절연장갑
⑤ 절연 장화   ⑥ 절연 안전모

: 답안작성
안전장구시험 주기는 모두 1년이다.

▶배점 : 4점

문제 08 접지시스템에서 통합접지란 전기설비 접지 계통, 피뢰설비 및 전기통신설비 등의 접지극을 통합하여 접지시스템을 구성하는 것을 말하는데 다음은 무슨접지 방식인지를 쓰시오.
(1) 전원 측의 한 점을직접 접지하고 설비의 노출 도전부를보호도체로 접지하는방식
(2) 계통 전체에 대해 별도의 중성선 또는 PE 도체를 사용
(3) 배전계통에서 PE도체를 추가로 접지할 수 있다

: 답안작성
TN-S 계통

: 참고
TN-S 계통은 계통 전체에 대해 별도의 중성선 또는 PE 도체를 사용한다.

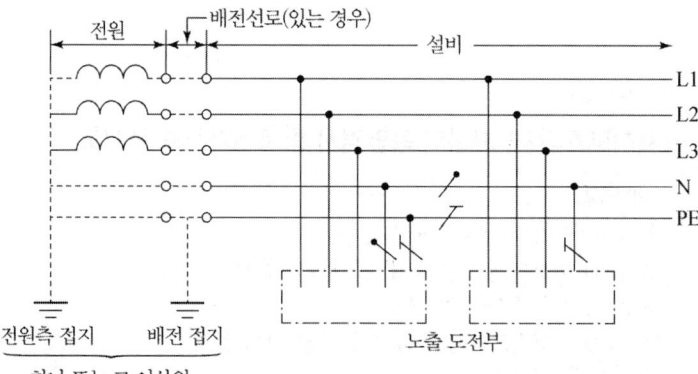

▶ 배점 : 6점

문제 09 그림과 같은 22.9/3.3 [kV] 수전 설비에서 3.3 [kV]측 F점에서 단락 사고가 발생할 경우 단락 용량은 몇 [MVA]인가? 단, 수전점 단락 용량은 900 [MVA]라 한다.

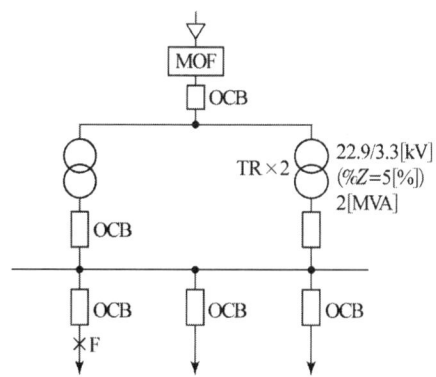

🖊 답안작성

기준 Base를 2 [MVA]로 하면, 수전점 단락 용량이 900 [MVA]이므로

① 전원측 %임피던스 $\%Z_S = \dfrac{p_n}{p_s} \times 100 = \dfrac{2}{900} \times 100 = 0.22[\%]$

② 합성 %임피던스 $\%Z = \%Z_S + \%Z_T = 0.22 + \dfrac{5}{2} = 2.72[\%]$

③ OCB의 단락 용량 $I_s = \dfrac{100}{\%Z} P_n = \dfrac{100}{2.72} \times 2 = 73.53[\text{MVA}]$

답 : 73.53[MVA]

▶ 배점 : 5점

문제 10 그림에 대한 반 감산기 이다. 물음에 답하시오

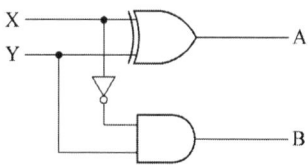

(1) 반감산기에 논리식을 쓰시오.
(2) 반감산기에 무접점 회로를 그리시오.
(3) 반감산기에 대한 유접점 회로를 그리시오.

🖊 답안작성

(1) 반감산기에 논리식
  $A = \overline{X} \cdot Y + X \cdot \overline{Y} = X \oplus Y$
  $B = \overline{X} \cdot Y$

(2) 반감산기에 무접점 회로

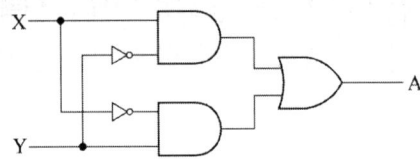

(3) 반감산기에 대한 유접점 회로

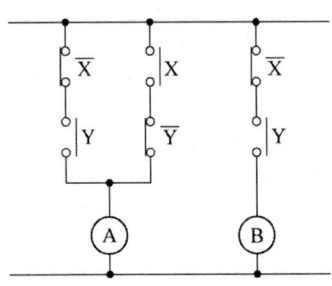

2021년 전기기능장 제70회 필답형 실기시험

자격종목	코드	시험시간	형별	수험번호	성명
전기기능장					

※ 수험생의 기억에 의해 복원된 검정문제로 실제 시험과 상이할 수 있습니다.

▶ 배점 : 5점

문제 01 통합접지공사를 한 경우는 과전압으로부터 전기설비들을 보호하기 위하여 SPD를 설치하여야 한다. 과전압에 대한 효과적인 보호를 위해서는 SPD의 연결전선의 길이가 가능한 짧고 어떠한 접속도 없어야 하는데 이때 SPD의 연결전선은 몇[m]를 초과하지 않아야 하는가?

답안작성

0.5[m]

▶ 배점 : 4점

문제 02 저압전로의 보호도체 및 중성선의 접속 방식에 따른 접지계통을 쓰시오.

(1)
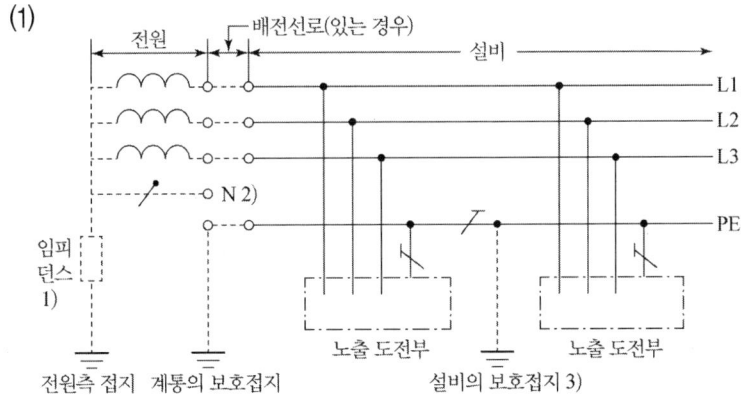

(2)
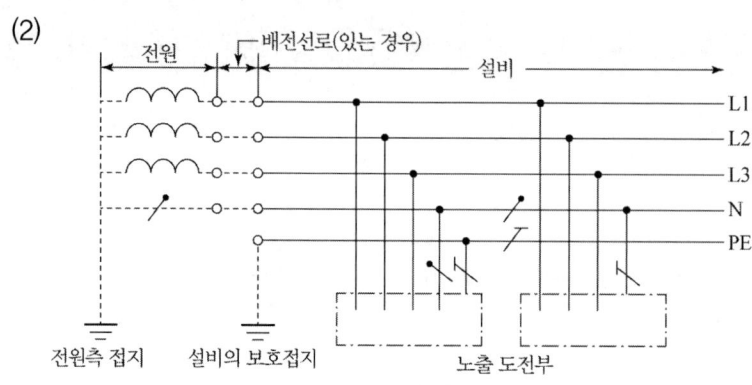

(3)
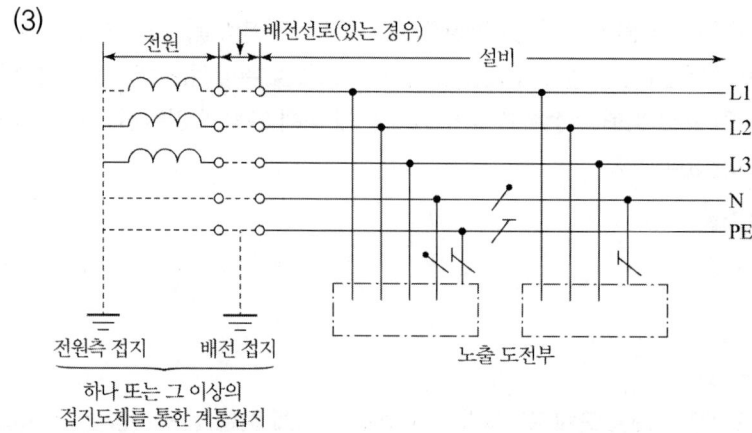

(4)
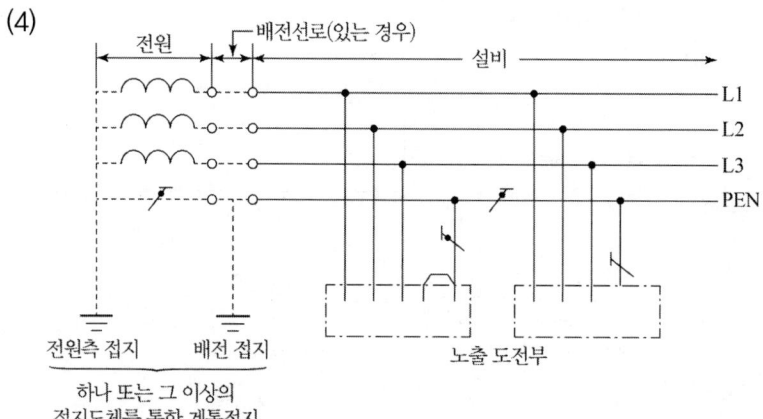

(5)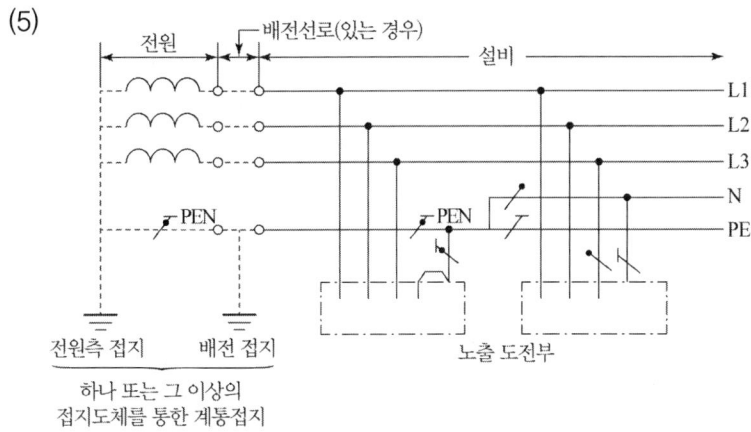

답안작성

(1) IT 계통 (2) TT계통 (3) TN-S (4) TN-C (5) TN-C-S

▶배점 : 5점

문제 03 그림과 같이 수용가 인입구의 전압이 22.9[kV], 주차단기의 차단 용량이 250[MVA]로 정하고 변압기 2차측에 필요한 차단기 용량을 구하여 제시된 표(차단기의 정격차단용량표)를 참조하여 차단기 용량을 선정하시오.

차단기의 정격 차단용량[MVA]

10	20	30	50	75	100	150	250	300	400	500	750	1000

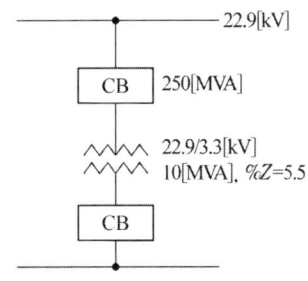

답안작성

합성 %임피던스 $\%Z = \%Z_s + \%Z_{tr} = 4 + 5.5 = 9.5[\%]$

단락용량 $P_s = \dfrac{100}{\%Z} \times P_n = \dfrac{100}{9.5} \times 10 = 105.26[\text{MVA}]$

답 : 표에서 150[MVA] 선정

▶ 배점 : 5점

문제 04 어느 수용가가 당초 역률(지상) 80 [%]로 100 [kW]의 부하를 사용하고 있었는데 새로 역률(지상) 60 [%] 80 [kW]의 부하를 증가하여 사용하게 되었다. 이 때 콘덴서로 합성 역률을 90 [%]로 개선하는데 필요한 용량은 몇 [kVA]인가?

답안작성

계산 : 무효 전력 $Q = \dfrac{100}{0.8} \times 0.6 + \dfrac{80}{0.6} \times 0.8 = 181.67 \,[\text{kVar}]$

유효 전력 $P = 100 + 80 = 180\,[\text{kW}]$

합성 역률 $\cos\theta = \dfrac{P}{\sqrt{P^2 + Q^2}} = \dfrac{180}{\sqrt{180^2 + 181.67^2}} = 0.7038$

∴ $Q_c = P(\tan\theta_1 - \tan\theta_2) = 180\left(\dfrac{\sqrt{1-0.7038^2}}{0.7038} - \dfrac{\sqrt{1-0.9^2}}{0.9}\right) = 94.51\,[\text{kVA}]$

답 : 94.51 [kVA]

▶ 배점 : 6점

문제 05 다음 표에 나타낸 어느 수용가들 사이의 부등률을 1.1로 한다면 이들의 합성 최대전력은 몇 [kW]인가?

수용가	설비용량[kW]	수용률[%]
A	300	80
B	200	60
C	100	80

답안작성

계산 : 합성최대전력 $= \dfrac{300 \times 0.8 + 200 \times 0.6 + 100 \times 0.8}{1.1} = 400\,[\text{kW}]$

답 : 400[kW]

▶ 배점 : 6점

문제 06 가정용 220[V] 전압을 380[V]로 승압할 경우 저압간선에 나타나는 효과로서 다음 각 물음에 답하시오

(1) 공급능력 증대는 몇 배인가?
(2) 전력손실의 감소는 몇 [%]인가?
(3) 전압강하율의 감소는 몇[%]인가?

답안작성

(1) 계산 : $P \propto V \propto \left(\dfrac{380}{220}\right) \propto 1.73$ 답 : 1.73 배

(2) 계산 : $P_L \propto \dfrac{1}{V^2} = \propto \dfrac{1}{\left(\dfrac{380}{220}\right)^2} \propto 0.3352$

　　　　감소는 $1 - 0.3352 = 0.6648$　　　　　　답 : 66.48[%]

(3) 계산 : $\delta \propto \dfrac{1}{V^2} = \propto \dfrac{1}{\left(\dfrac{380}{220}\right)^2} \propto 0.3352$

　　　　감소는 $1 - 0.3352 = 0.6648$　　　　　　답 : 66.48[%]

▶ 배점 : 6점

문제 07 정격전류에 따른 주택용 차단기의 과전류 트립 동작시간 및 특성표이다. 다음 표의 빈 칸을 채우시오.

순시트립에 따른 구분(주택용 배선용차단기)

형	순시트립범위
①	$3I_n$ 초과 ~ $5I_n$ 이하
②	$5I_n$ 초과 ~ $10I_n$ 이하
③	$10I_n$ 초과 ~ $20I_n$ 이하

과전류트립 동작시간 및 특성(주택용 배선차단기)

정격전류	규정시간	정격전류의 배수(모든극에통전)	
		부동작 전류	동작 전류
63[A] 이하	④	1.13배	1.45배
63[A] 초과	⑤	1.13배	1.45배

❖ 답안작성

① B형　② C형　③ D형　④ 60분　⑤ 120분

▶ 배점 : 5점

문제 08 교류 $v = 220\sqrt{2}\sin\omega t$ [V]일 때, 부하저항 $R[\Omega]$에 나타나는 평균값 E_d[V]를 구하시오. (변압기 권수비는 2 : 1 이다.)

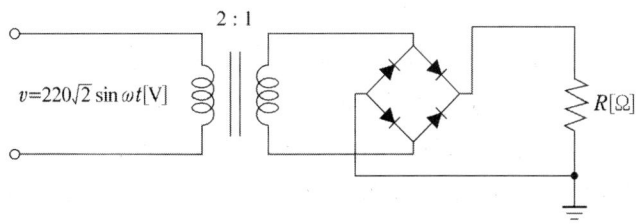

답안작성

계산 : 실효값 $V_1 = \dfrac{V_m}{\sqrt{2}} = \dfrac{220\sqrt{2}}{\sqrt{2}} = 220[V]$

여기서 변압기 권수비 $a = \dfrac{N_1}{N_2} = \dfrac{V_1}{V_2}$ 이므로 $\dfrac{2}{1} = \dfrac{220}{V_2}$

2차전압의 실효값 $V_2 = \dfrac{220}{2} = 110[V]$

단상전파 평균값 $E_d = \dfrac{2\sqrt{2}}{\pi}V_2 = \dfrac{2\sqrt{2}}{\pi} \times 110 = 99.03[V]$

답 : 99.03[V]

▶배점 : 5점

문제 09 그림은 22.9[kV-y] 1000[kVA] 이하를 시설하는 경우의 특별고압 간이수전설비 결선도이다. [주1]~[주5]의 (①~⑤)에 알맞은 내용을 쓰시오.

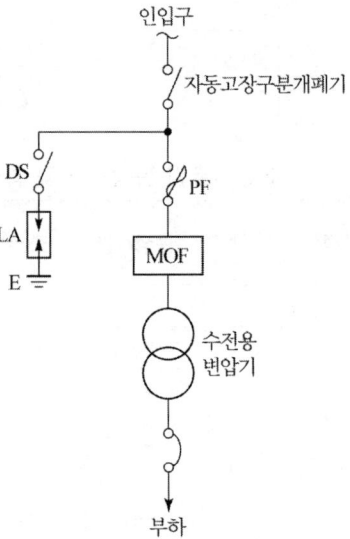

【주1】 LA용 DS는 생략할 수 있으며 22.9[kV-y]용의 LA는 (①)붙임 형을 사용하여야 한다.

【주2】 인입선을 지중선으로 시설하는 경우로 공동주택 등 고장 시 정전피해가 큰 경우는 예비 지중선을 포함하여 (②)으로 시설하는 것이 바람직하다.

【주3】 지중 인입선의 경우에 22.9[kV-y] 계통은 (③) 또는 (④)을 사용하여야 한다. 다만, 전력구·공동구·덕트·건물구내 등 화재의 우려가 있는 장소에서는 FR CNCO-W(난연) 케이블을 사용하는 것이 바람직하다.

【주4】 300[kVA] 이하인 경우는 PF 대신 (⑤)을 사용할 수 있다.

【주5】 특별고압 간이수전설비는 PF의 용단 등의 결상사고에 대한 대책이 없으므로 변압기 2차측에 설치되는 주차단기에는 결상 계전기 등을 설치하여 결상사고에 대한 보호능력이 있도록 함이 바람직하다.

답안작성

① Islator ② 2회선 ③ CNCV-W케이블(수밀형)
④ TR CNCV-W(트리억제형) ⑤ COS

▶배점 : 5점

문제 10 다음 그림은 반가산기이다. 물음에 답하시오.

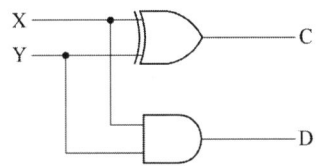

(1) 그림에 대한 반가산기의 논리식을 쓰시오.
(2) 반가산기의 논리 회로를 그리시오.
(3) 반가산기에 대한 유접점 회로를 그리시오.

답안작성

(1) 반가산기의 논리식
   $C = X \cdot \overline{Y} + \overline{X} \cdot Y$
   $D = X \cdot Y$

(2) 반가산기의 논리 회로

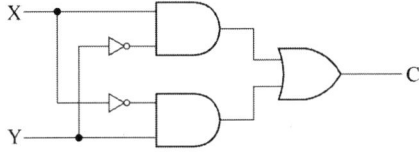

(3) 반가산기의 유접점 회로

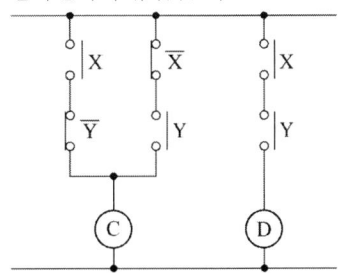

2022년 전기기능장 제71회 필답형 실기시험

자격종목	코드	시험시간	형별	수험번호	성명
전기기능장					

※ 수험생의 기억에 의해 복원된 검정문제로 실제 시험과 상이할 수 있습니다.

문제 01
▶배점 : 5점

다음의 고압 및 특고압 절연내력 시험전압에 대한 내용이다. 물음에 답하시오

(1) 다음의 고압 및 특고압 절연내력 시험전압을 구하여 답란에 작성하시오

공칭전압[V]	최대사용전압[V]	절연내력시험전압[V]
6,600[V]	6,900(비접지)	①
13,200[V]	13,800(중성선 다중접지)	②
22,900[V]	24,000(중성선 다중접지)	③

(2) 고압및 특고압 전로의 절연내력시험시 방법에 대하여 설명하시오.

답안작성

(1) ① $6,900 \times 1.5 = 10,350[V]$　　답 : 10,350[V]
　　② $13,800 \times 0.92 = 12,696[V]$　　답 : 12,696[V]
　　③ $24,000 \times 0.92 = 22,080[V]$　　답 : 22,080[V]
(2) 절연내력 시험할 부분에 최대사용전압에 의하여 결정되는 시험전압을 계속하여 10분간 가하여 견디어야 한다.

문제 02
▶배점 : 4점

피뢰기를 시설해야 하는 곳을 4개소로 요약하여 열거하시오.

답안작성

① 발전소 인출구
② 변전소 인입 및 인출구
③ 특별 고압 수용가의 인입구
④ 가공전선로와 지중전선로가 만나는 곳

문제 03
▶배점 : 6점

비상콘센트 설비의 화재안전기준 (NFSC 504)에 대한 내용이다. ( )에 알맞은 답을 쓰시오.

• 바닥으로부터 높이 (①) m 이상 (②) m 이하의 위치에 설치할 것

- 비상콘센트의 배치는 아파트 또는 바닥면적이 1,000 m² 미만인 층은 계단의 출입구(계단의 부속실을 포함하며 계단이 2 이상 있는 경우에는 그중 1개의 계단을 말한다)로부터 (③)m 이내에, 바닥면적 1,000 m² 이상인 층(아파트를 제외한다)은 각 계단의 출입구 또는 계단부속실의 출입구(계단의 부속실을 포함하며 계단이 3 이상 있는 층의 경우에는 그중 2개의 계단을 말한다)로부터 (④)m 이내에 설치하되, 그 비상콘센트로부터 그 층의 각 부분까지의 거리가 다음 각 목의 기준을 초과하는 경우에는 그 기준 이하가 되도록 비상콘센트를 추가하여 설치할 것
  가. 지하상가 또는 지하층의 바닥면적의 합계가 3,000 m² 이상인 것은 수평거리 (⑤) m
  나. 가목에 해당하지 아니하는 것은 수평거리 (⑥)m

:답안작성

① 0.8 ② 1.5 ③ 5 ④ 5 ⑤ 25 ⑥ 50

▶ 배점 : 4점

문제 04

부하설비 및 수용률이 각각 그림과 같이 설치될 경우, 이곳에 공급할 변압기의 용량을 계산하여 표준 용량으로 결정하시오. 단, 부등률을 1.1 종합 역률은 80[%]로 한다.

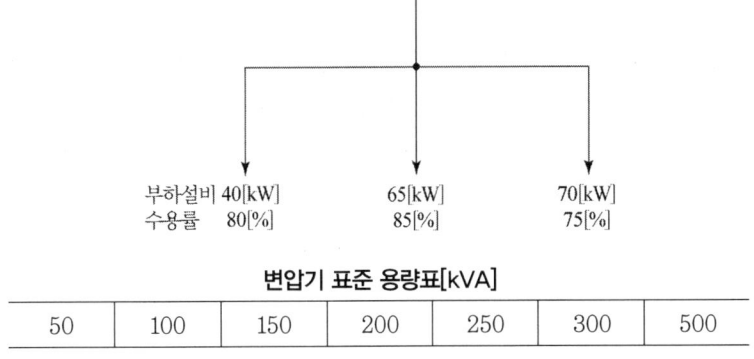

변압기 표준 용량표[kVA]

50	100	150	200	250	300	500

계산 :   답 :

:답안작성

계산 : 변압기 용량 = $\dfrac{40 \times 0.8 + 65 \times 0.85 + 70 \times 0.75}{1.1 \times 0.8}$ = 158.81[kVA]

답 : 200[kVA] 선정

▶ 배점 : 6점

문제 05

건축전기설비에서 사용하는 것으로 PEN 선, PEM 선, PEL 선은 각각 어떤 전선을 말하는가?

① PEN 선
② PEM 선
③ PEL 선

답안작성

① PEN 선 : 보호선과 중성선의 기능을 겸한 전선을 말한다.
② PEM 선 : 보호선과 중간선의 기능을 겸한 전선을 말한다.
③ PEL 선 : 보호선과 전압선의 기능을 겸한 전선을 말한다.

▶ 배점 : 5점

문제 06 매분 10[m³]의 물을 높이 15[m]인 탱크에 양수하는데 필요한 전력을 V 결선한 변압기로 공급한다면, 여기에 필요한 단상 변압기 1대의 용량은 몇 [kW]인가? 단, 펌프와 전동기의 합성 효율은 65[%]이고, 펌프의 축동력은 15[%]의 여유를 본다고 한다.

답안작성

계산 : $P = \dfrac{QHK}{6.12 \times \eta} = \dfrac{10 \times 15 \times 1.15}{6.12 \times 0.65} = 43.36 [kW]$

답 : 43.36[kW]

▶ 배점 : 5점

문제 07 전기공사사업 시행령중 제5조 대통령령으로 정하는 경미한 전기공사 란 다음 각 호의 공사를 말한다. 다음 (   )에 알맞은 말을 쓰시오

(1) 꽂음접속기, 소켓, 로제트, 실링블록, 접속기, 전구류 나이프스위치, 그 밖에 개폐기의 (①) 및 (②)에 관한 공사

(2) 벨, 인터폰, 장식전구, 그 밖에 이와 비슷한 시설에 사용되는 소형 변압기[2차측 전압 (③) 볼트 이하의 것으로 한정한다.] 의 철치 및 그 2차측 공사

(3) 전력량계 또는 퓨즈를 부착하거나 떼어내는 공사

(4) 전기용품 및 생활용품 안전관련법 에 따른 전기용품 중 꽂음접속기를 이용하여 사용하거나 전기기계 · 기구(배선기구는 제외한다. 이하같다) 단자에 전선[코드, 캡타이어케이블(경질고무케이블) 및 케이블을 포함한다]을 부착하는 공사

(5) 전압이 (④)볼트 이하이고, 전기시설 용량이 (⑤)킬로와트 이하인 단독주택 전기시설의 개선 및 보수공사. 다만, 전기 공사기술자가 하는 경우로 한정한다.

답안작성

① 보수   ② 교환   ③ 36   ④ 600   ⑤ 5

▶배점 : 5점

문제 08 수용가 인입구의 전압이 22.9[kV], 주차단기의 차단 용량이 250[MVA]이다. 10[MVA], 22.9/3.3[kV] 변압기의 임피던스가 5.5[%]일 때 변압기 2차측에 필요한 차단기 용량을 다음 표에서 선정하시오.

차단기 정격용량 [MVA]

10, 20, 30, 50, 75, 100, 150, 250, 300, 400, 500, 750, 1000

• 계산 :   • 답 :

답안작성

계산 : ① 기준 Base를 10[MVA]로 할 때 전원측 임피던스

$$\%Z_s = \frac{100}{250} \times 10 = 4[\%]$$

② 차단기 용량

단락 용량 $P_s = \frac{100}{\%Z} \times P_n = \frac{100}{4+5.5} \times 10 = 105.26[\text{MVA}]$

∴ 차단 용량은 단락 용량보다 커야하므로 표에서 150[MVA] 선정

답 : 150[MVA]

▶배점 : 5점

문제 09 다음 3상 전파정류회로에 각상의 전압 $v_p = 220\sqrt{2}\sin(120\pi t)$[V]의 전압을 인가할 때 직류측 부하전압의 평균값 E_d[V]를 구하시오.

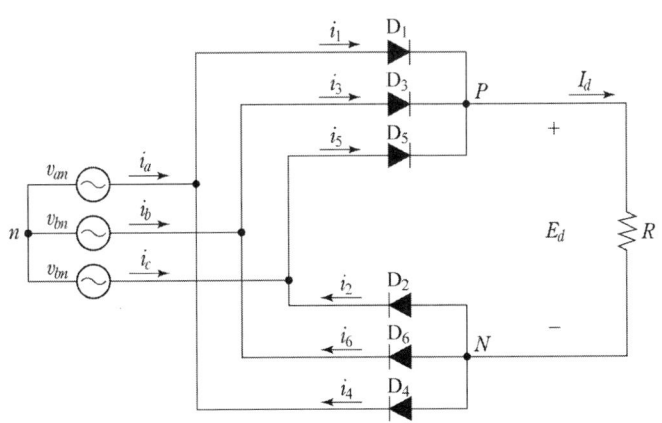

답안작성

실효값 상전압 $v_p = \frac{220\sqrt{2}}{\sqrt{2}} = 220[\text{V}]$

직류측 부하전압의 평균값

$E_d = 1.35\,V_l = 1.35 \times V_P\sqrt{3} = 1.35 \times 220\sqrt{3} = 514.42[\text{V}]$

답 : 514.42[V]

▶ 배점 : 6점

문제 10 다음 무접점 논리 회로이다. 물음에 답하시오

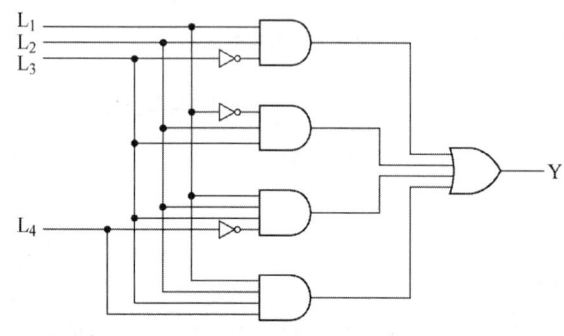

(1) 무접점 논리회로를 논리식으로 바꾸시오.
(2) 논리식을 이용하여 무접점 회로를 그리시오.
(3) 논리식을 이용하여 유접점 회로를 그리시오.

답안작성

(1) 논리식

$$Y = L_1 L_2 \overline{L_3} + \overline{L_1} L_2 L_3 + L_1 L_2 L_3 \overline{L_4} + L_1 L_2 L_3 L_4$$
$$= L_1 L_2 \overline{L_3} + \overline{L_1} L_2 L_3 + L_1 L_2 L_3 (\overline{L_4} + L_4)$$
$$= L_1 L_2 \overline{L_3} + \overline{L_1} L_2 L_3 + L_1 L_2 L_3$$
$$= L_1 L_2 (\overline{L_3} + L_3) + L_2 L_3 (\overline{L_1} + L_1)$$
$$= L_1 L_2 + L_2 L_3$$
$$= L_2 (L_1 + L_3)$$

(2) 무접점 회로

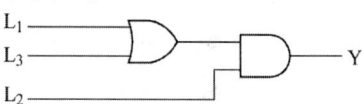

(3) 유접점 회로

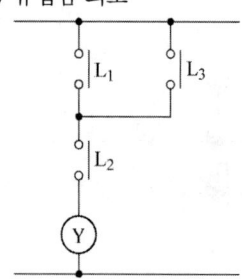

2022년 전기기능장 제72회 필답형 실기시험

자격종목	코드	시험시간	형별	수험번호	성명
전기기능장					

※ 수험생의 기억에 의해 복원된 검정문제로 실제 시험과 상이할 수 있습니다.

문제 01

▶ 배점 : 6점

전원에 고조파 성분이 포함되어 있는 경우 부하설비의 과열 및 이상현상이 발생하는 경우가 있다. 이러한 고조파 전류가 발생하는 주원인과 그 대책을 각각 3가지씩 쓰시오.

(가) 고조파 전류의 발생 원인

(나) 대책

답안작성

(가) ① 변압기, 전동기 등의 여자 전류
　　② Converter, Inverter, Chopper 등의 전력 변환 장치
　　③ 전기로, 아크로 등
(나) ① 전력 변환 장치의 pulse 수를 크게 한다.
　　② 고조파 필터를 사용하여 제거한다.
　　③ 변압기 결선에서 △ 결선을 채용하여 고조파 순환회로를 구성하여 외부에 고조파가 나타나지 않도록 한다.

문제 02

▶ 배점 : 5점

지표면상 20[m] 높이의 수조가 있다. 이 수조에 18[m³/min] 물을 양수하는데 필요한 펌프용 전동기의 소요 동력은 몇 [kW]인가? (단, 펌프의 효율은 70[%]로 하고, 여유계수는 1.1로 한다.)

• 계산 : 　　　　　　　　　　　　　　　　• 답 :

답안작성

계산 : $P = \dfrac{KQH}{6.12\eta} = \dfrac{1.1 \times 18 \times 20}{6.12 \times 0.7} = 92.44 [\text{kW}]$　　　답 : 92.44[kW]

문제 03

▶ 배점 : 5점

KEC에서는 접지시스템을 계통접지, 보호접지와 피뢰시스템접지 등으로 구분하고, 접지시스템의 시설종류로는 단독접지, 공통접지 및 통합접지로 명시하고 있다. 여기서, 단독접지와 공통접지 및 통합접지 방식을 설명하시오.

답안작성
- 단독접지 : 단독접지는 고압, 특고압계통의 접지극과 저압계통의 접지극을 독립적으로 설치하는 것
- 공통접지 : 공통접지는 등전위가 형성되도록 고압·특고압접지계통과 저압접지계통을 공통으로 접지한 것
- 통합접지 : 통합접지는 전기설비 접지계통, 피뢰설비 및 전기통신설비등의 접지극을 통합하여 접지시스템을 구성하는 것

▶ 배점 : 5점

문제 04 어느 공장의 수전용 주변압기의 사양은 다음과 같다. 2차측(고압회로)의 단락전류는 몇 [kA]인가? 단, 전원측 %임피던스는 무시한다.

[사양]
- 전압 : 22.9/3.3 [kV]
- 상수 : 3상
- %임피던스 : 5.5 [%]
- 변압기 용량 : 2000 [kVA]

답안작성

계산 : 단락 전류 $I_S = \dfrac{100}{\%Z} \times$ 정격전류 $= \dfrac{100}{5.5} \times \left(\dfrac{2000}{\sqrt{3} \times 3.3}\right) \times 10^{-3} = 6.36 [kA]$

답 : 6.36 [kA]

▶ 배점 : 4점

문제 05 수뢰부시스템과 접지시스템을 연결하는 것으로 배치 방법중 건축물·구조물과 분리되지 않은 피뢰시스템인 경우에 대한 내용이다. ( )안에 최대간격을 넣으시오.

병렬 인하도선의 최대 간격은 피뢰시스템 등급에 따라 Ⅰ등급 (①) [m], Ⅱ등급은 (②) [m], Ⅲ등급은 (③) [m], Ⅳ등급은 (④) [m] 로 한다.

답안작성

① 10 ② 10 ③ 15 ④ 20

▶ 배점 : 5점

문제 06 두 개 이상의 전선을 병렬로 사용하는 경우에는 다음에 의하여 시설하여야 하는데 다음 ( )안을 채워넣으시오.

가. 병렬로 사용하는 각 전선의 굵기는 동선 (①) mm² 이상 또는 알루미늄 (②) mm² 이상으로 하고, 전선은 같은 도체, 같은 재료, 같은 길이 및 같은 굵기의 것을 사용할 것.

나. 같은 극의 각 전선은 동일한 터미널러그에 완전히 접속할 것.

다. 같은 극인 각 전선의 터미널러그는 동일한 도체에 2개 이상의 리벳 또는 (③) 이상의 나사로 접속할 것.
라. 병렬로 사용하는 전선에는 각각에 (④)를 설치하지 말 것.
마. 교류회로에서 병렬로 사용하는 전선은 금속관 안에 전자적 (⑤)이 생기지 않도록 시설할 것.

답안작성

① 50   ② 70   ③ 2개   ④ 퓨즈   ⑤ 불평형

▶ 배점 : 5점

문제 07

비상조명등의 화재안전기준에 대한 문제에 답하시오.
(1) 비상조명등의 화재안전기준 (NFSC394)에 따라 비상조명등의 조도는 비상조명등이 설치된 장소의 각 부분의 바닥에서 몇 lx 이상이 되도록 하여야 하는가?
(2) 비상전원의 비상조명등은 몇 분 이상 유효하게 작동시킬 수 있는 용량으로 하여야 하는가?
(3) 지하층을 제외한 11층 이상의 건물, 지하층, 무창층으로서 도매시장, 소매시장, 여객자동차터미널, 지하역사, 지하상가등의 비상조명등의 몇 분 이상의 작동용량으로 해야는가.

답안작성

(1) 1[lx]
(2) 20분
(3) 60분

참고

비상조명등이란 - 화재발생 등에 따른 정전 시에 안전하고 원활한 피난활동을 할 수 있도록 거실이나 피난통로 등에 설치되어 자동으로 점등되는 조명등

▶ 배점 : 5점

문제 08

3상 4선식 380/220[V] 구내배선 긍장이 100[m], 부하의 최대 전류는 200[A]인 배선에서 전압 강하를 7[V]로 하고자 하는 경우에 사용하는 전선의 공칭 단면적[mm²]은 얼마인가?

전선의 규격[mm²]
1.5, 2.5, 4, 6, 10, 16, 25, 35, 50, 70, 95, 120, 150, 185, 240, 300, 400, 500, 630

답안작성

계산 : $A = \dfrac{17.8LI}{1000e} = \dfrac{17.8 \times 100 \times 200}{1000 \times 7} = 50.86 [\text{mm}^2]$

답 : 70[mm²] 선정

584 제12장 전기기능장 필답형 과년도 문제

참고

① 전압강하 계산

전기 방식	전압 강하		전선 단면적
단상 3선식 직류 3선식 3상 4선식	$e_1 = IR$	$e_1 = \dfrac{17.8LI}{1000A}$	$A = \dfrac{17.8LI}{1000e_1}$
단상 2선식 및 직류 2선식	$e_2 = 2IR = 2e_1$	$e_2 = \dfrac{35.6LI}{1000A}$	$A = \dfrac{35.6LI}{1000e_2}$
3상 3선식	$e_3 = \sqrt{3}IR = \sqrt{3}e_1$	$e_3 = \dfrac{30.8LI}{1000A}$	$A = \dfrac{30.8LI}{1000e_3}$

② KSC IEC 전선규격
1.5, 2.5, 4, 6, 10, 16, 25, 35, 50, 70, 95, 120, 150, 185, 240, 300, 400, 500, 630[mm²]

▶배점 : 5점

문제 09

다음의 진리표를 보고 RL, YL, GL의 논리식을 간소화하고, 유접점 시퀀스 회로를 그리시오. (단, A, B, C는 입력)

A	B	C	RL	YL	GL
0	0	0	0	0	0
0	0	1	0	1	0
0	1	0	1	0	0
0	1	1	1	1	0
1	0	0	0	0	1
1	0	1	0	1	1
1	1	0	1	0	0
1	1	1	0	1	1

답안작성

(1) 진리표

① $RL = \overline{A}B\overline{C} + \overline{A}BC + AB\overline{C}$

카르노맵

C \ AB	$\overline{A}\overline{B}$	$\overline{A}B$	AB	$A\overline{B}$
$\overline{C}$		1	1	
C		1		

답 : $B\overline{C} + \overline{A}B = B(\overline{C} + \overline{A})$

② YL = $\overline{A}\,\overline{B}C + \overline{A}BC + A\overline{B}C + ABC$

<table>
<tr><td>카르노맵</td><td>C \ AB</td><td>$\overline{A}\overline{B}$</td><td>$\overline{A}B$</td><td>AB</td><td>$A\overline{B}$</td></tr>
<tr><td></td><td>$\overline{C}$</td><td></td><td></td><td></td><td></td></tr>
<tr><td></td><td>C</td><td>1</td><td>1</td><td>1</td><td>1</td></tr>
</table>

답 : C

③ GL = $A\overline{B}\,\overline{C} + A\overline{B}C + ABC$

<table>
<tr><td>카르노맵</td><td>C \ AB</td><td>$\overline{A}\overline{B}$</td><td>$\overline{A}B$</td><td>AB</td><td>$A\overline{B}$</td></tr>
<tr><td></td><td>$\overline{C}$</td><td></td><td></td><td></td><td>1</td></tr>
<tr><td></td><td>C</td><td></td><td></td><td>1</td><td>1</td></tr>
</table>

답 : $A\overline{B} + AC = A(\overline{B} + C)$

(2) 시퀀스 회로도

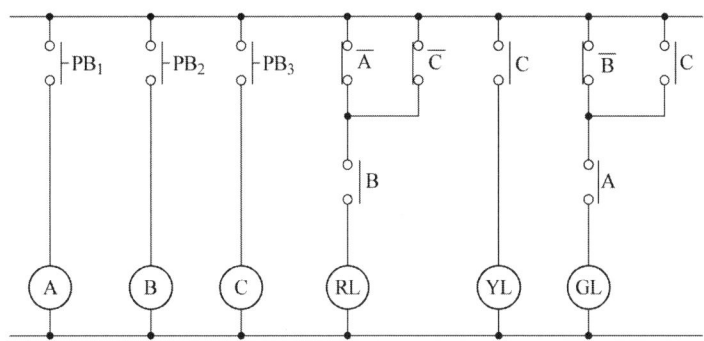

▶ 배점 : 5점

문제 10 단상 전파정류회로의 1차 전압 $v_p = 200\sqrt{2}\sin(377t)$일 때 다음 물음에 답하시오.
(단, 부하는 순저항으로 $R = 10[\Omega]$이며, SCR 점호각 $\alpha = 30°$이다.)

(1) 미완성 단상 전파 정류회로를 완성하시오

(2) 직류측 부하전압의 평균값 $E_d[V]$를 구하시오.

(3) 직류측 평균 전류 $I_d[V]$를 구하시오

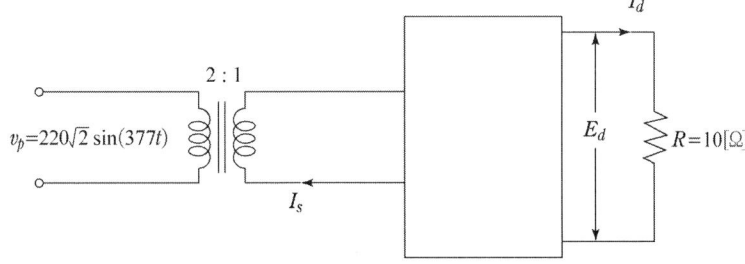

답안작성

(1)

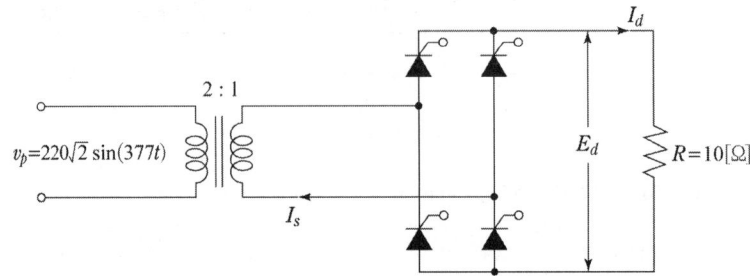

(2) 실효값 $V_1 = \dfrac{V_m}{\sqrt{2}} = \dfrac{200\sqrt{2}}{\sqrt{2}} = 200[V]$

여기서, 변압기 권수비 $a = \dfrac{N_1}{N_2} = \dfrac{V_1}{V_2}$ 이므로 $\dfrac{2}{1} = \dfrac{200}{V_2}$

2차전압의 실효값 $V_2 = \dfrac{200}{2} = 100[V]$

직류측전압 $E_d = \dfrac{2\sqrt{2}\,V_2}{\pi}(1+\cos\alpha) = \dfrac{2\sqrt{2}\times 100}{\pi}(1+\cos 30°) = 77.17[V]$

답 : 77.17[V]

(3) $I_d = \dfrac{E_d}{R} = \dfrac{77.17}{10} = 7.717 = 7.72[A]$

답 : 7.72[A]

2023년 전기기능장 제73회 필답형 실기시험

자격종목	코드	시험시간	형별	수험번호	성명
전기기능장					

※ 수험생의 기억에 의해 복원된 검정문제로 실제 시험과 상이할 수 있습니다.

문제 01

▶배점 : 5점

수전설비 변압기 용량 500[kVA]에서 지상 역률 70[%]로 부하 350[kW] 를 사용하고 있다. 이때 부하의 역률을 90[%]로 올리고자 할 때 설치하는 전력용 콘덴서 용량 [kVA]을 구하시오.

답안작성

$$Q_c = P \cdot \left(\frac{\sin\theta_1}{\cos\theta_1} - \frac{\sin\theta_2}{\cos\theta_2} \right) = 350 \times \left(\frac{\sqrt{1-0.7^2}}{0.7} - \frac{\sqrt{1-0.9^2}}{0.9} \right) = 187.56 [\text{kVA}]$$

답 : 187.56[kVA]

문제 02

▶배점 : 5점

다음은 피뢰시스템(LPS)레벨에 따른 각 보호법의 치수에 관한 표이다.
표 안의 ① ~ ⑤에 알맞은 치수를 적으시오(5점)

피뢰시스템 레벨	보호법		
	회전구체반경[m]	메시치수	보호각 $\alpha°$
I	20	③	피뢰시스템 레벨 별보호대상 지역기준 평명으로부터 높이에 따라 변경
II	①	10×10	
III	45	④	
IV	②	⑤	

답안작성

① 30
② 60
③ 5×5
④ 15×15
⑤ 20×20

문제 03

▶배점 : 5점

3상 4선식 전로의 역률100[%]의 부하가 각상에 A상200[A], B상 160[A], C상 180[A]의 전류가 흐르고 있다. 이때 중성선에 흐르는 전류의 크기의 절대값은 몇 [A]인가?

답안작성

$I_N = I_A \angle 0 + I_B \angle -120 + I_C \angle 120$
$\quad = 200\angle 0 + 160\angle -120 + 180\angle 120$
$\quad = 30 + j17.32 = 34.64[A]$

문제 04

▶배점 : 6점

다음 용어에 대한 한국전기설비규정에서 정의하는 내용을 정확히 쓰시오.(6점)
① 계통접지
② 등전위본딩
③ 서지보호장치(SPD)

답안작성

① 전력계통에서 돌발적으로 발생하는 이상 현상에 대비하여 계통을 연결하는 것으로 변압기 중성선 을 대지에 접속하는 것
② 등전위본딩 : 등전위성을 얻기 위해 전선간을 전기적으로 접속하는 조치를 말한다.
③ 서지보호장치(SPD) : 과도적인 과전압을 제한하고 서지(Surge)전류를 분류하는 목적으로 사용하는 장치

참고

▶ 접지 시스템의 구분
  • 계통접지 : 전력계통에서 돌발적으로 발생하는 이상 현상에 대비하여 계통을 연결하는 것으로 변압기 중성선 을 대지에 접속하는 것
  • 보호접지 : 전기사고나 고장이 발생했을 때 감전사고를 예방할 목적으로 금속제 외함 또는 전기기기를 접지하는 것으로 일반적으로 건물내부 또는 주택에서 접지공사를 하는 목적이 바로 보호접지를 하기 위함이다.
  • 피뢰시스템 접지 : 낙뢰 등으로 인해 발생하는 뇌전류로부터 보호하기 위한 접지로서, 전기설비 뿐만 아니라 폭발물이나 주유소 등에서도 사용한다.

▶ 서지보호장치(SPD: Surge Protective Device)에 대한 기능에 따라 3가지로 분류
  ① 전압스위치형 SPD
  ② 전압제한형 SPD
  ③ 복합형 SPD

▶ 배점 : 6점

문제 05
다음 진리표를 보고 최소 간소화하여 논리식을 쓰고 시퀀스 회로도(유접점)를 완성하시오.

A	B	C	RL	YL	GL
0	0	0	0	1	0
0	0	1	0	1	0
0	1	0	1	1	0
0	1	1	0	0	0
1	0	0	0	1	0
1	0	1	0	1	1
1	1	0	1	1	1
1	1	1	1	0	1

1) 간략화한 논리식

　RL =

　YL =

　GL =

2) 유접점 회로

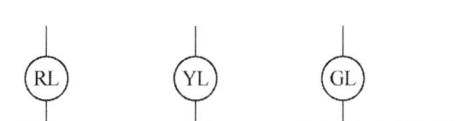

답안작성

1) $RL = B \cdot (A + \overline{C})$, $YL = \overline{B} + \overline{C}$, $GL = A \cdot (B + C)$

참고 카르노맵 작성요령

- 짝수로 묶는다.
- BB, $\overline{B}\,\overline{B}$, CC, AA 구성된다.

RL =

A \ BC	$\overline{B}\overline{C}$ 00	$\overline{B}C$ 01	BC 11	$B\overline{C}$ 10
$\overline{A}$ 0	0	0	0	1
A 1	0	0	1	1

YL =

A \ BC	$\overline{B}\overline{C}$ 00	$\overline{B}C$ 01	BC 11	$B\overline{C}$ 10
$\overline{A}$ 0	1	1	0	1
A 1	1	1	0	1

GL =

A \ BC	$\overline{B}\overline{C}$ 00	$\overline{B}C$ 01	BC 11	$B\overline{C}$ 10
$\overline{A}$ 0	0	0	0	0
A 1	0	1	1	1

2)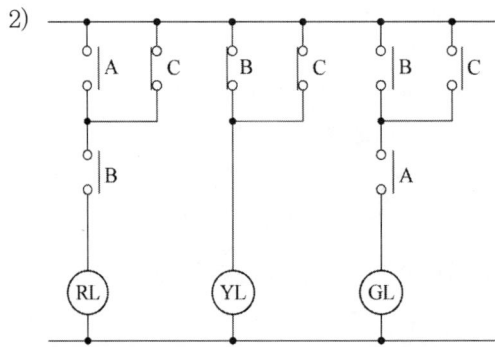

▶ 배점 : 4점

문제 06 다음은 한국전기설비규정에서 정하는 축전지실 등의 시설에 관한 규정이다. ①~④에 알맞은 것을 쓰시오.

1) (①)[V]를 초과하는 축전지는 비접지측 도체에 쉽게 차단할 수 있는 곳에 (②)를 시설하여야 한다.
2) 옥내전로에 연계되는 축전지는 비접지측 도체에 (③)를 시설하여야 한다.
3) 축전지실 등은 폭발성의 가스가 축적되지 않도록 (④)등을 시설하여야 한다.

∴ 답안작성
① 30
② 개폐기
③ 과전류보호장치
④ 환기장치

문제 07

▶배점 : 4점

다음은 비상콘센트설비의 화재안전기술기준(NFTC 504)의 내용이다. ①~④에 알맞은 것을 쓰시오.

- 비상콘센트설비의 전원회로는 단상교류(①)[V]인 것으로써, 그 공급용량은 (②)[kVA] 이상일 것
- 비상콘센트설비를 유효하게 (③)분 이상 작동시킬 수 있는 용량으로 할 것
- 비상콘센트를 하나의 전용회로에 설치하는 경우 (④)개 이하로 할 수 있다.

답안작성

① 220 ② 1.5 ③ 20 ④ 10

문제 08

▶배점 : 6점

어느 공장의 총 부하설비용량 500[kVA]를 사용하는 시설에 하루 4시간은 300[kW], 8시간은 200[kW], 나머지 12시간은 100[kW]의 전력을 사용할 때 다음 물음에 답하시오. (단, 부하의 역률은 85[%]이다.)

1) 수용률[%]를 구하시오.
2) 일부하율[%]을 구하시오.

답안작성

1) 수용률 = $\dfrac{최대수용전력}{설비용량} \times 100 = \dfrac{300}{500 \times 0.85} \times 100 = 70.59[\%]$

2) 일부하율 = $\dfrac{평균수용전력}{최대수용전력} \times 100 = \dfrac{300 \times 4 + 200 \times 8 + 100 \times 12}{24 \times 300} \times 100 = 55.56[\%]$

문제 09

▶배점 : 5점

3상 22.9[kV] 배전선로에서 93,000[kVA]의 용량을 부하에 공급하고 있다. 이때 한 상의 전선이 지락되었을 때 1선 지락전류[A]를 구하시오.
(단, 정상, 역상 임피던스 $Z_1 = Z_2 = 0.582[\Omega]$, 영상 임피던스 $Z_0 = 0.185[\Omega]$, 지락점의 저항 $R_f = 0.2[\Omega]$ 이다.

답안작성

1선지락전류 $I_g = \dfrac{3E}{Z_0 + Z_1 + Z_2 + 3R_f}$

$= \dfrac{3 \times \dfrac{22900}{\sqrt{3}}}{0.582 + 0.582 + 0.185 + 3 \times 0.2} = 20350.93[A]$

답 : 20350.93[A]

▶ 배점 : 5점

문제 10 아래는 단상2선식과 3상4선식의 변류기(CT)만을 사용한 경우에 전력량계 표준 결선도 이다. 미완성 분의 회로를 그리시오.

1) 단상 2선식

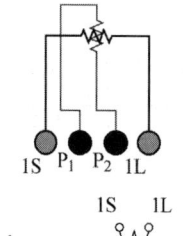

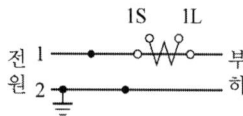

2) 3상 4선식

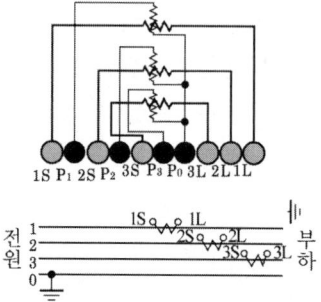

∴ 답안작성

1)

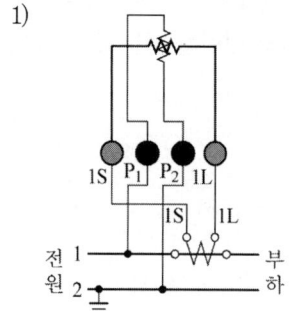

2)

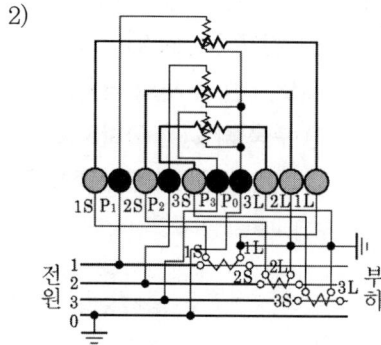

2023년 전기기능장 제74회 필답형 실기시험

자격종목	코드	시험시간	형별	수험번호	성명
전기기능장					

※ 수험생의 기억에 의해 복원된 검정문제로 실제 시험과 상이할 수 있습니다.

▶ 배점 : 6점

문제 01

KSC 4612 고압전류 제한퓨즈에서 다음 각 퓨즈의 반복 과전류 특성을 간략히 서술하시오.

퓨즈의 종류	반복 과전류 특성
일반 부하용(G Type)	—
모터 보호용(M Type)	
변압기보호용(T Type)	
콘덴서보호용(C Type)	

답안작성

퓨즈의 종류	반복 과전류 특성
일반 부하용(G Type)	—
모터 보호용(M Type)	기동전류가 퓨즈 정격전류의 5배의 크기로 10초 동안 10,000회 반복하여도 용단되지 않을 것
변압기보호용(T Type)	여자돌입전류의 실효치가 퓨즈 정격전류의 10배로 0.1초 동안 100회 반복하여도 용단되지 않을 것
콘덴서보호용(C Type)	순간 돌입전류가 정격전류의 70배가 0.002초 동안 100회 반복하여도 이에 용단되지 않을 것

참고

▶ 한류형 파워퓨즈의 분류 및 선정

KSC 4612에는 일반용 퓨즈(G Type)에 대한 시험방법과 내용에 대해 명기되어 있으며, 퓨즈의 사용 목적에 따라 M Type(모터보호용), T Type(변압기 보호용), C Type(콘텐서 보호용)에 대하여 아래와 같이 명시되어있다.

보통 G Type을 가지고 보호 협조를 계산하여 퓨즈를 선정하고 있으나, 국내에서 생산 시판되는 제품은 일반부하용(G Type), 모터보호용(M Type), Pad TR보호용(T Type) 등 부하의 특성에 적합한 퓨즈가 특수하게 제작되어 있음으로 변압기, 모터 및 콘덴서 등 부하특성에 적합한 전용의 퓨즈를 사용하는 것이 좋다.

1. 일반부하용(G Type)

   전력계통의 과전류 및 사고전류 보호를 위한 퓨즈로서 퓨즈의 선정 원칙은 다음 사항을 참조하여 선정한다.

1) 한류형 퓨즈는 단락사고의 보호를 주요 목적으로 한다.
2) 퓨즈는 동작 후 재투입을 할 수 없다.
3) 과도전류에 대하여 퓨즈가 동작 및 손상되지 않도록 선정한다.
4) 퓨즈의 동작특성은 고정된 것임으로 용도와 회로특성을 고려하여 선정한다.
5) 최소차단전류 이하에서는 다른 보호기로 보호를 한다.
6) 퓨즈는 열화변질을 일으킬 수 있음으로 충분한 여유의 정격을 사용한다.
7) 퓨즈 용단 시에는 전상을 모두 교체한다.
8) 부하 전류보다 퓨즈의 정격전류가 크도록 선정한다.

2. 모터보호용(M Type)

모터 보호용은 모터의 빈번한 기동전류에도 용단되지 않고, 경미한 과부하로 인한 퓨즈의 열화가 없도록 모터의 특성에 적합하게 제조된 퓨즈로서 일반부하용(G Type)과 그 적용 특성 곡선을 달리한다. 즉, KS규격에서는 모터의 기동전류가 퓨즈 정격전류의 5배의 크기로 10초 동안 10,000회 반복하여도 용단되지 않는 특성으로 규정되어있다. 제품의 정격선정은 모터의 기동전류 특성이 퓨즈의 허용시간특성 이내가 되는 정격전류의 퓨즈를 선정한다.

3. 변압기보호용(T Type)

변압기는 전압을 인가시 여자전류 유입에 따른 퓨즈의 용단이나 열화가 없어야 한다. 변압기 제조업체에서 보증하는 변압기 허용 과부하로 인하여 퓨즈는 열화되지 않고, 여자돌입전류의 실효치가 퓨즈 정격전류의 10배로 0.1초 동안 100회 반복하여도 용단되지 않는 적합한 정격을 선정해야 한다. 또한 퓨즈의 최소 차단전류가 변압기 2차측 단락사고시의 1차측의 예상 전류보다 작은 정격을 선정해야 한다.

4. 콘덴서보호용(C Type)

콘덴서 보호용은 콘덴서를 투입시 예상되는 과도전류를 고려하여 선정하며, 순간 돌입전류가 정격전류의 70배가 0.002초 동안 100회 반복하여도 이에 용단되지 않는 특성을 보유하도록 규정되어 있다. 또한 허용 과부하로 인한 열화가 없어야 하며, 병렬 콘덴서로부터의 유입되는 전류도 함께 감안해서 정격을 선정해야 한다.

▶ 배점 : 4점

문제 02 다음은 지중전선과 지중약전류 전선 등 또는 관과의 접근 또는 교차에 관한 규정이다. ( )에 알맞은 것을 쓰시오.

> 지중전선이 지중약전류 전선 등과 접근하거나 교차하는 경우에 상호간의 이격거리가 저압 또는 고압의 지중전선은 (①)[m]이하, 특고압 지중전선은 (②)[m] 이하인 때에는 지중전선과 지중약전류 전선 등 사이에 견고한 내화성의 격벽을 설치하는 경우 이외에는 지중전선을 견고한 불연성 또는 난연성의 관에 넣어 그 관이 지중 약전류전선 등과 직접 접촉하지 아니하도록 하여야 한다.

답안작성

① 0.3   ② 0.6

문제 03

▶ 배점 : 4점

1개의 건축물에는 그 건축물 대지 전위의 기준이 되는 접지극, 접지선 및 주 접지단자를 그림과 같이 구성한다. 건축 내 전기기기의 노출 도전성부분 및 계통외 도전성 부분(건축구조물의 금속제부분 및 가스, 물, 난방 등의 금속배관설비) 모두를 주 접지단자에 접속한다. 이것에 의해 하나의 건축물 내 모든 금속제 부분에 주 등전위 접속이 시설된 것이 된다. 다음 그림에서 ①~④까지 명칭을 쓰시오.

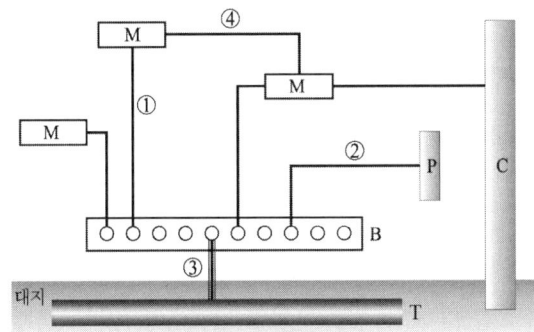

B : 주 접지단자
M : 전기기구의 노출 도전성부분
C : 철골, 금속닥트의 계통 외 도전성 부분
P : 수도관, 가스관 등 금속배관
T : 접지극

답안작성

① 보호선(PE)
② 주 등전위 접속용 선
③ 접지선
④ 보조 등전위 접속용 선

문제 04

▶ 배점 : 6점

중성점 직접 접지계통에 인접한 통신선의 전자유도장해 경감에 관한 대책을 경제성이 높은 것부터 전력선측 대책과 통신선측 대책을 설명하시오.

답안작성

(1) 전력선측 대책(5가지)
　① 충분한 연가
　② 차폐선 설치
　③ 이격거리 증대
　④ 중성점 저항접지일 경우 저항값은 가급적 크게
　⑤ 고장회선 고속도 차단
(2) 통신선측 대책(5가지)
　① 연피케이블 사용
　② 통신선용 피뢰기 설치
　③ 배류코일 설치
　④ 중계코일설치하여 구간 분할
　⑤ 수직교차

▶ 배점 : ???점

문제 **05**   피뢰기의 설치 장소 4개소를 쓰시오.

답안작성

① 발전소, 변전소 또는 이에 준하는 장소의 가공 전선 인입구 및 인출구
② 가공 전선로에 접속하는 배전용 변압기의 고압측 및 특고압측
③ 고압 및 특고압 가공 전선로로부터 공급을 받는 수용장소의 인입구
④ 가공 전선로와 지중 전선로가 접속되는 곳

▶ 배점 : 7점

문제 **06**   그림은 UPS 설비의 블록 다이어 그램이다. 그림을 보고 다음 각 물음에 답하시오.

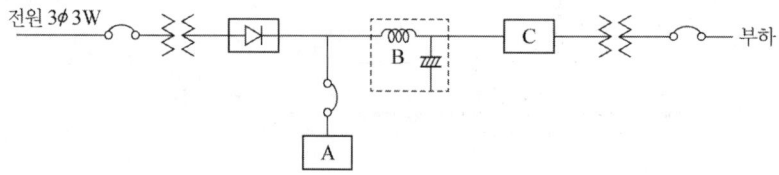

(1) UPS의 기능을 2가지로 요약하여 설명하시오.
(2) A는 무슨 부분인가?
(3) B는 무슨 역할을 하는 회로인가?
(4) C부분은 무슨 회로 부분이며, 그 역할은 무엇인가?
(5) UPS의 운전상태에서 바이패스(bypass) 전환 회로는 어떤 역할을 하는지 쓰시오.

답안작성

(1) 무정전일 것, 안정되고 질이 좋은 전력을 공급할 수 있을 것.
(2) 축전지
(3) Ripple 전압을 여과하여 양질의 직류전압으로 만드는 필터회로
(4) ① 인버터   ② 역할 : 직류를 교류로 변환
(5) UPS 내부회로 이상시나 기타 문제 발생시 UPS를 거치지 않고 부하설비에 직접 상용 전원을 공급하도록 하는 회로

▶ 배점 : 6점

문제 **07**   다음은 반감산기의 논리회로도이다. 다음 물음에 답하시오.
(단, X, Y 는 입력변수이고 차를 D(Difference), 빌려오는 수를 B(Borrow)라고 한다.

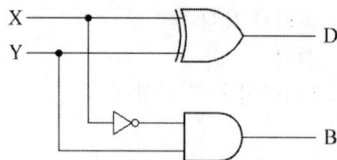

(1) D와 B의 논리식을 쓰시오.
　① D=
　② B=
(2) 위 D의 논리식을 AND, OR, NOT gate를 사용하여 회로도를 그리시오.
(3) 위 D와 B의 식을 유접점 회로로 그리시오.
　(단, X, Y는 1a1b 푸스버튼이라고 하고 D, B는 2a2b 릴레이 이다.)

답안작성

(1) ① $D = \overline{X} \cdot Y + X \cdot \overline{Y} = X \oplus B$
② $B = \overline{X} \cdot Y$

참고

▶ 베타적 논리 회로
　• D : 1일 때만 ON
　• D : 0일 때는 Off

X	Y	D
0	0	0
0	1	1
1	1	0

• AND

X	Y	출력
0	0	0
0	1	0
1	0	0
1	1	1

• OR

X	Y	출력
0	0	0
0	1	1
1	0	1
1	1	1

• NOT

X	출력
1	0
0	1

Y	출력
1	0
0	1

• AND 직렬(곱)으로 표시
• OR 병렬(합)으로 표시
• D, B 출력표기
• X, Y 입력 표기

(2)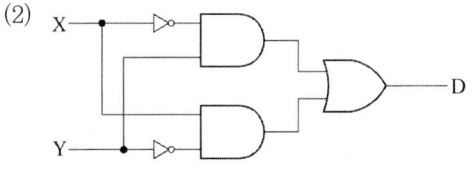

(3)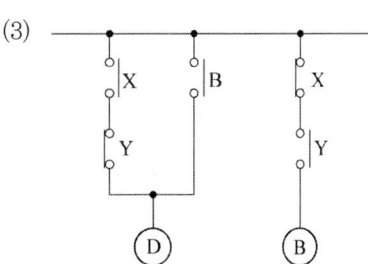

▶ 배점 : 4점

문제 08 다음 그림과 같이 단상 2선식 배전선로의 공급점에서 30[m] 지점에 80[A], 45[m] 지점에 50[A], 60[m] 지점에 30[A]의 부하가 걸려 있을 때 부하 중심점의 거리를 산출하여 전압강하를 고려한 전선의 굵기를 산정하려고 한다. 부하 중심점(즉, 집중부하라고 가정한 경우)의 거리는 공급점에서 약 몇[m]인가? (단, 소수점 첫째 자리까지만 계산할 것)(4점)

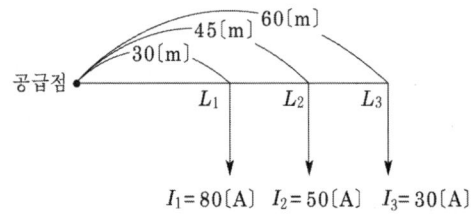

답안작성

계산 : 직선 부하에서의 부하 중심점까지의 거리

$$L = \frac{L_1I_1 + L_2I_2 + L_3I_3}{I_1 + I_2 + I_3} = \frac{30 \times 80 + 45 \times 50 + 60 \times 30}{80 + 50 + 30} = 40.3[m]$$

답 : 40.3[m]

▶ 배점 : 3점

문제 09 전기저장장치의 이차전지는 전로로부터 차단하는 장치를 시설해야 하는 경우 3가지를 쓰시오.

답안작성
① 과전압 또는 과전류가 발생한 경우
② 제어장치에 이상이 발생한 경우
③ 이차전지 모듈의 내부 온도가 급격히 상승할 경우

▶ 배점 : ???점

문제 10 22.9[kV] 중성선 다중접지 선로에 관한 다음 물음에 답하시오.
(1) 최대사용전압이 22,900[V]인 중성점 다중접지 방식의 절연내력시험전압은 몇[V]이가?
(2) 선로에 사용하는 계기용 변압기(PT)와 계기용변류기(CT)2차 정격전압[V]과 정격전류[A]를 쓰시오.
(3) 통전 중에 있는 변류기 2차측 기기를 교체하고자 할 때 가장 먼저 취하여야 할 조치는 무엇인지 쓰시오.

답안작성

(1) 계산 : 절연내력시험전압 $V = 22900 \times 0.92 = 21,068[V]$
답 : 21,07[V]

(2) 계기용변압기 2차 정격전압 110 또는 $\left(\dfrac{190}{\sqrt{3}}\right)$

계기용변류기 2차 경격전류 5[A]

(3) 2차측 단락

2024년 전기기능장 제75회 필답형 실기시험

자격종목	코드	시험시간	형별	수험번호	성명
전기기능장					

※ 수험생의 기억에 의해 복원된 검정문제로 실제 시험과 상이할 수 있습니다.

문제 01

▶ 배점 : 6점

다음은 전기안전관리자의 직무고시 제9조의 계측장비 교정및 안전장구시험에 관한 내용이다. (   ) 안에 알맞은 것을 쓰시오.

계측장비 등 권장 교정 및 시험주기		
구분		권장교정및 시험주기(년)
계측장비 교정	계전기 시험기	1
	(1)	1
	(2)	1
	적외선 열화상 카메라	1
	전원 품질분석기	1
	절연저항 측정기(1,00 V, 200 MΩ)	1
	절연저항 측정기(500 V, 100 MΩ)	1
	(3)	1
	(4)	1
	클램프미터	1
안전장구시험	특고압 COS 조작봉	1
	(5)	1
	(6)	1
	고압절연장갑	1
	절연장화	1

▶ 답안작성

(1) 절연내력 시험기
(2) 절연유 내압 시험기
(3) 회로시험기
(4) 접지저항 측정기
(5) 저압검전기
(6) 고압·특고압 검전기

문제 02 ▶배점 : 4점

배선용차단기(MCCB)의 AT/AF의 각각의 용어 및 의미를 간단히 쓰시오.

답안작성

- AF(암페어 프레임-Ampere Frame) : 같은 형명으로 제작할 수 있는 최대정격전류로 배선용차단기의 제품의 크기
- AT(암페어 트립-Ampere Trip) : 배선용 차단기의 과전류 트립의 기준치로 정격사용 전류이다.

문제 03 ▶배점 : 5점

저압 옥내 직류전기설비는 전로 보호장치의 확실한 동작의 확보, 이상전압 및 대지전압의 억제를 위해
 · 직류 2선식의 임의 한 점 또는
 · 변환장치의 직류측 중간점
 · 태양전지의 중간점 등을 접지해야 한다
다만, 직류 2선식을 다음에 따라 시설하는 경우에는 그러하지 아니하여도 되는데 그 예외 경우 5가지를 쓰시오.

답안작성

1. 사용전압이 60[V] 이하인 경우
2. 접지검출기를 설치하고 특정구역내의 산업용 기계기구에만 공급하는 경우
3. 교류전로로부터 공급을 받는 정류기에서 인출되는 직류계통
4. 최대전류 30[mA] 이하의 직류화재경보회로
5. 절연감시장치 또는 절연고장점검출장치를 설치하여 관리자가 확인할 수 있도록 경보장치를 시설하는 경우

문제 04 ▶배점 : 6점

수전용량 1500[kW] 22.9[kV] 수전설비의 보호방식이다. 다음 물음에 답하시오.
(단, CT비 50/5[A]의 변류기를 통하여 과부하 계전기를 시설하였고 150[%]의 과부하에서 차단기를 동작하며, 유도형 OCR(과전류 계전기)의 탭 전류는 3[A], 4[A], 5[A], 6[A], 8[A] 이다.)

(1) 영상전류 검출방법 중 무슨 방식인가?
(2) A_1 계전기의 종류는?
(3) A_0 계전기의 설치 목적은 무엇인가?
(4) A_1 계전기의 전류 탭 값을 구하시오.
  • 계산 :
  • 답 :

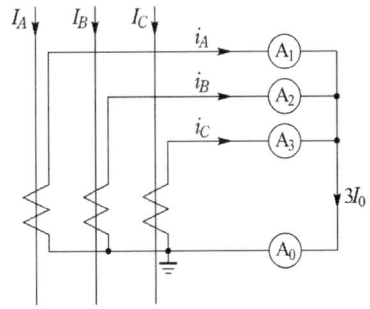

답안작성

(1) Y 잔류회로(Y결선 CT 잔류회로) 이용법
(2) OCR(과전류 계전기)
(3) 지락전류 검출
(4) 계산 : 과전류 계전기의 전류 탭(I_t) = 부하전류(I) × $\dfrac{1}{\text{변류비}}$ × 설정값

$$\therefore I_t = \dfrac{1500 \times 10^3}{\sqrt{3} \times 22900} \times \dfrac{5}{50} \times 1.5 = 5.67[\text{A}]$$

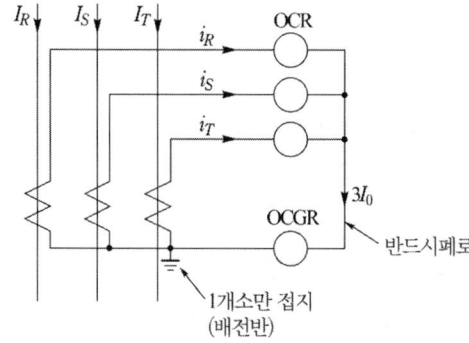

답 : 6[A] 설정

▶ 배점 : 4점

문제 05

어느 전력계통에서 보호장치를 통해 흐를수 있는 예상 고장전류가 25[kA], 자동차단을 위한 보호장치의 동작시간이 0.5초이며, 보호도체, 절연 기타 부위의 재질및 초기온도와 최종온도에 따라 정해지는 계수가 159일 때 이 계통의 보호도체 단면적[mm²]을 선정하시오. (단, 보호도체, 절연, 기타 부위의 재질 및 초기온도와 최종온도에 따라 정해지는 계수는 KS C IEC 60364-5-54 의 부속서 A에 의한다.)

답안작성

계산 : $S = \dfrac{\sqrt{I^2 t}}{k} = \dfrac{\sqrt{25000^2 \times 0.5}}{159} = 111.18[\text{mm}^2]$

답 : 120[mm²]

해설

KSC IEC 규격

전선의 공칭 단면적[mm²]			
1.5	2.5	4	6
10	16	25	35
50	70	95	120
150	185	240	300
400	500		

문제 06 ▶배점 : 3점

다음과 같은 단상전파 정류회로에서 L과 C의 사용이유와 역할은?

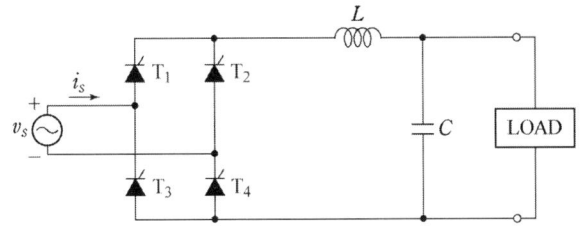

답안작성
- L 사용이유 : 인덕터를 통한 고주파성분을 차단하고 리플(맥동)전압을 감소시킨다.
- 역할 : 노이즈 제거
- C 사용이유 : 맥류를 직류로 만드는 역할로 평활작용을 한다.
- 역할 : 출력전압파형의 평활화

문제 07 ▶배점 : 6점

다음 그림은 저압전로에 있어서의 지락고장을 표시한 그림이다. 그림의 전동기 M_1(단상 110[V])의 내부와 외함간에 누전으로 지락사고를 일으킨 경우 변압기 저압측 전로의 1선은 한국전기설비규정(KEC) 기준령에 의하여 고ㆍ저압 혼촉시의 대지전위 상승을 억제하기 위하여 접지공사를 하도록 규정하고 있다. 다음 물음에 답하시오.

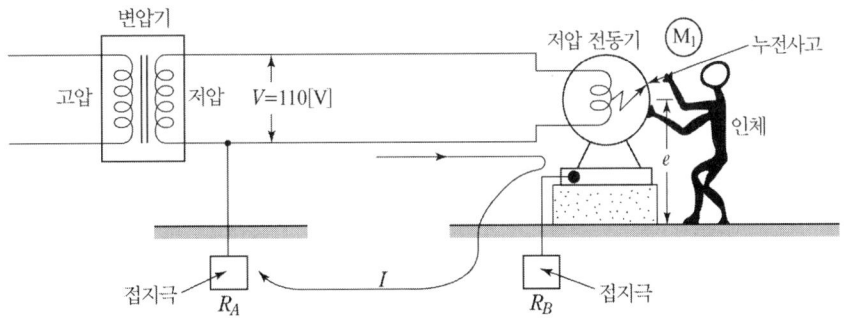

앞의 그림에 대한 등가회로를 그리면 아래와 같다. 물음에 답하시오.

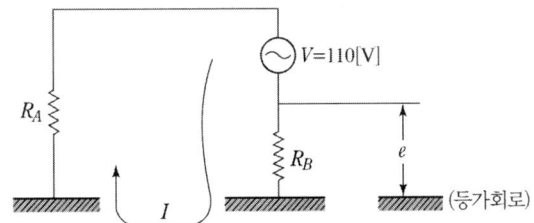

(1) 등가회로상의 e는 무엇을 의미하는가?
(2) 등가회로상의 e의 값을 표시하는 수식을 표시하시오.
(3) 저압회로의 지락전류 $I = \dfrac{V}{R_A + R_B}$[A]로 표시할수 있다. 고압측 전로의 중성점이 비접식은 경우에 고압측 전로의 1선 지락전류가 4[A]라고 하면 변압기의 2차측(저압측)에 대한 접지 저항값은 얼마인가? 또 위에서 구한 접지 저항값(R_A)을 기준으로 하였을 때의 R_B의 값을 구하고, 위 등가회로상의 I, 즉 저압측 전로의 1선 지락전류를 구하시오. 단, e의 값은 25[V]로 제한하도록 한다.
(4) 저압전동기에 인체가 접촉되었을때 인체에 흐르는 전류[mA]를 구하시오.
(단 인체저항은 2000[Ω] 이다.

답안작성

(1) 접촉전압

(2) $e = \dfrac{R_B}{R_A + R_B} V$

(3) 변압기 2차측 접지저항 $R_A = \dfrac{150}{I} = \dfrac{150}{4} = 37.5[\Omega]$ ∴ $R_A = 37.5[\Omega]$

R_A 기준으로하였을 때 R_B 저항은 $25 = \dfrac{R_B}{37.5 + R_B} \times 110$ ∴ $R_B = 11.03[\Omega]$

1선지락전류 $I = \dfrac{V}{R_A + R_B} = \dfrac{110}{37.5 + 11.03} = 2.27[A]$ ∴ $I = 2.27[A]$

답 : $R_A = 37.5[\Omega]$, $R_B = 11.03[\Omega]$, $I = 2.27[A]$

(4) 인체에 흐르는 전류 $I = \dfrac{V}{R_A + \dfrac{R_B \times R}{R_B + R}} \times \dfrac{R_B}{R_B + R}$

$= \dfrac{110}{37.5 + \dfrac{11.3 \times 3000}{11.3 + 3000}} \times \dfrac{11.3}{11.3 + 3000}$

$= 0.01015[A] = 10.15[mA]$

답 : 10.15[mA]

▶ 배점 : 6점

문제 08 다음 논리식에 대해 간소화 하시오.

$A \cdot 0 = $ ① $A \cdot \overline{A} = $ ②
$A + A = $ ③ $A + A \cdot B = $ ④
$A \cdot (A + B) = $ ⑤ $(A + B) \cdot (A + C) = $ ⑥

답안작성

① 0   ② 0   ③ A   ④ A   ⑤ A   ⑥ $A + B \cdot C$

문제 09

▶배점 : 5점

다음 축전지에 대한 물음에 답하시오.
(1) 연 축전지와 알칼리 축전지의 공칭 전압은 각각 몇 [V]인가?
　　연 축전지 :
　　알칼리 축전지 :
(2) 축전지를 사용 중 충전하는 방식을 4가지만 쓰시오.
(3) UPS를 우리말로 하면 어떤 것을 뜻하는가?
(4) UPS에서 AC → DC부와 DC → AC부로 변환하는 부분의 명칭을 각각 무엇이라 부르는가?
(5) UPS가 동작되면 전력 공급을 위한 축전지가 필요한데 그 때의 축전지 용량을 구하는 공식을 쓰시오. 단, 사용 기호에 대한 의미도 설명하도록 하시오.

: 답안작성

(1) 연 축전지 : 2 [V/cell]　　알칼리 축전지 : 1.2 [V/cell]
(2) 급속충전, 부동충전, 세류충전, 균등충전
(3) 무정전 전원 공급 장치
(4) AC → DC : 컨버터 ,　DC → AC : 인버터
(5) $C = \dfrac{1}{L}KI$ [Ah]

　　여기서, C : 축전지의 용량 [Ah]　L : 보수율(경년용량 저하율)
　　　　　　K : 용량환산 시간 계수　I : 방전 전류 [A]

문제 10

▶배점 : 5점

외부 피뢰시스템의 구성요소 3가지는 수뢰부시스템, 인하도선시스템, 접지시스템 이 있다. 여기서 인하도선시스템시설방법 5가지를 쓰시오.

: 답안작성

① 여러 개의 병렬 전류통로를 형성할 것
② 전류통로의 길이는 최소로 유지할 것
③ 구조물의 도전성 부분에 등전위 본딩을 실시할 것
④ 측면에서 인하도선을 서로 접속
⑤ 가능한 여러 개의 인하도선을 환상도체를 이용하여 등간격으로 서로 접속

: 해설

피뢰시스템의 역할
1) 외부 피뢰시스템
　　① 수뢰부시스템 : 구조물의 뇌격을 받아들임
　　② 인하도선시스템 : 뇌격전류를 안전하게 대지로 보냄
　　③ 접지시스템 : 뇌격전류를 대지로 방류시킴

2) 내부 시스템의 고장 보호(차폐, 본딩(bonding) 및 접지, SPD)
   ① 저항이나 유도결합을 일으키는 구조물로의 뇌격으로 인한 과전압
   ② 유도결합을 일으키는 구조물 근처의 뇌격으로 인한 과전압
   ③ 전선에 대한 뇌격이나 주변의 뇌격에 의해 구조물과 연결된 전선에 의해 전달된 과전압
   ④ 내부시스템과 직접 결합하는 자기장

2024년 전기기능장 제76회 필답형 실기시험

자격종목	코드	시험시간	형별	수험번호	성명
전기기능장					

※ 수험생의 기억에 의해 복원된 검정문제로 실제 시험과 상이할 수 있습니다.

문제 01 ▶배점 : 4점

건물의 종류에 대응한 표준부하 값을 주어진 답안지에 답하시오.

건물의 종류	표준부하[VA/m²]
공장, 공회당, 사원, 교회, 극장, 영화관 등	(①)
기숙사, 여관, 호텔, 병원, 학교, 음식점, 다방, 대중 목욕탕	(②)
사무실, 은행, 상점, 이발소	(③)
주택, 아파트	(④)

답안작성

① 10   ② 20   ③ 30   ④ 40

문제 02 ▶배점 : 4점

대용량 변압기의 이상이나 고장등을 확인 또는 감시할 수 있는 변압기 기계적인 보호방식 4가지만 쓰시오.

답안작성

① 유온계   ② 충격 압력 계전기
③ 브흐홀쯔 계전기   ④ 방압장치

해설

전기적인 보호방식 : 비율차동계전기
기계적인 보호방식 : 유온계, 충격 압력 계전기, 브흐흘쯔 계전기, 방압장치

문제 03 ▶배점 : 3점

외부 피뢰시스템의 구성요소 3가지를 쓰시오.

답안작성

① 수뢰부 시스템
② 인하도선 시스템
③ 접지극 시스템

해설

1. 수뢰부시스템이란 낙뢰가 발생했을때 구조물에서 포착하여 낙뢰로부터 안전하게 보호하는 시스템
2. 인하도선시스템은 낙뢰로부터 발생하는 전압과 전류를 안전하게 지하로 내려갈 수 있도록 도와주는 시스템
3. 접지극시스템은 위험한 과전압을 발생시키지 않고 뇌 전류를 대지로 안전하게 방류시키는 것

▶ 배점 : 6점

문제 04

가정용 220[V] 전압을 380[V]로 승압할 경우 저압간선에 나타나는 효과로서 다음 각 물음에 답하시오.

(1) 공급능력 증대는 몇 배인가?
   계산 :   답 :
(2) 전력손실의 감소는 몇 [%]인가?
   계산 :   답 :
(3) 전압강하율의 감소는 몇 [%]인가?
   계산 :   답 :

답안작성

(1) 계산 : $P \propto V \propto \left(\dfrac{380}{220}\right) \propto 1.73$ 답 : 1.73 배

(2) 계산 : $P_L \propto \dfrac{1}{V^2} = \propto \dfrac{1}{\left(\dfrac{380}{220}\right)^2} \propto 0.3352$

   감소는 $1 - 0.3352 = 0.6648$ 답 : 66.48[%]

(3) 계산 : $\delta \propto \dfrac{1}{V^2} = \propto \dfrac{1}{\left(\dfrac{380}{220}\right)^2} \propto 0.3352$

   감소는 $1 - 0.3352 = 0.6648$ 답 : 66.48[%]

▶ 배점 : 6점

문제 05

유도등및 유도표지의 화재안전성능기준에 대한 다음 내용의 빈칸에 알맞은 것을 답란에 쓰시오.

(1) 유도등의 상용전원은 전기가 정상적으로 공급되는 (①),(②), 또는 (③)으로 하고, 전원까지의 배선은 전용으로 해야 한다.
(2) 비상전원은 유도등을 (④) 이상 유효하게 작동시킬 수 있는 용량의 축전지로 설치해야 한다. 단, 지하층을 제외한 층수가 (⑤) 이상의 층이나, 지하층 또는 무창층으로서 도매시장, 소매시장, 여객자동차 터미널, 지하역사 또는 지하상가는 유도등을 (⑥) 이상 유효하게 작동시킬 수 있는 용량으로 해야 한다.

• 답안작성
(1) ① 축전지설비   ② 전기저장장치   ③ 교류전안의 옥내간선
(2) ④ 20분   ⑤ 11층   ⑥ 60분

▶ 배점 : 4점

문제 06 경제적인 송전전압의 결정 할 때 쓰이는 식은 무엇인지를 쓰고, 식을 쓰시오?
(단, L 은 송전거리[km], P 는 송전전력[kW])

• 답안작성
(1) 스틸(Still)의 식
(2) $V = 5.5\sqrt{0.6L[\text{km}] + P\dfrac{[\text{kW}]}{100}}\ [\text{kV}]$

▶ 배점 : 8점

문제 07 저압 전기설비의 시설기준에 대한 다음 내용에서 옳은 것은 ○, 옳지 않은 것은 ×를 괄호에 표기하시오.
(1) 애자 공사 시 전선 상호 간의 간격은 6[cm]이상으로 한다. (   )
(2) 합성수지몰드 공사 시 전선은 절연전선으로 하며, 옥외용 비닐절연전선은 제외한다. (   )
(3) 가연성 분진에 전기설비가 발화원이 되어 폭발할 우려가 있는 곳에 합성수지관 공사를 해야 한다. (   )
(4) 금속관을 콘크리트에 매설하는 경우, 금속관의 두께는 1.2[mm]이상으로 한다. (   )
(5) 금속덕트 내의 케이블 단면적(절연피복의 단면적은 불포함)의 합계는 55[%] 이하이다. (   )
(6) 금속관 내에서 케이블의 접속점은 없어야 한다. (   )
(7) 점검 불가능한 은폐된 장소에는 금속덕트, 금속과, 케이블 공사를 한다. (   )
(8) 옥내 케이블공사 작업 시에 캡타이어 케이블은 제외한다. (   )

• 답안작성
(1) ○   (2) ○   (3) ○   (4) ○   (5) ×   (6) ○   (7) ×   (8) ×

▶배점 : 5점

문제 08 안전을 위한 보호에 대한 내용이다 무슨 보호방식인지 빈칸에 답을 쓰시오.

1. (①)

    직접접촉을 방지하는 것으로, 전기설비의 충전부에 인축이 접촉하여 일어날 수 있는 위험으로부터 보호되어야 한다. 기본보호는 다음 중 어느 하나에 적합하여야 한다.

    가. 인축의 몸을 통해 전류가 흐르는 것을 방지

    나. 인축의 몸에 흐르는 전류를 위험하지 않는 값 이하로 제한

2. (②)

    고장보호는 일반적으로 기본절연의 고장에 의한 간접접촉을 방지하는 것이다.

    가. 노출도전부에 인축이 접촉하여 일어날 수 있는 위험으로부터 보호되어야 한다.

    나. 고장보호는 다음 중 어느 하나에 적합하여야 한다.
    - 인축의 몸을 통해 고장전류가 흐르는 것을 방지
    - 인축의 몸에 흐르는 고장전류를 위험하지 않는 값 이하로 제한
    - 인축의 몸에 흐르는 고장전류의 지속시간을 위험하지 않은 시간까지로 제한

3. (③)

    고온 또는 전기 아크로 인해 가연물이 발화 또는 손상되지 않도록 전기설비를 설치하여야 한다. 또한 정상적으로 전기기기가 작동할 때 인축이 화상을 입지 않도록 하여야 한다.

4. (④)

    가. 도체에서 발생할 수 있는 과전류에 의한 과열 또는 전기·기계적 응력에 의한 위험으로부터 인축의 상해를 방지하고 재산을 보호하여야 한다.

    나. 과전류에 대한 보호는 과전류가 흐르는 것을 방지하거나 과전류의 지속시간을 위험하지 않는 시간까지로 제한함으로써 보호할 수 있다.

5. (⑤)

    가. 고장전류가 흐르는 도체 및 다른 부분은 고장전류로 인해 허용온도 상승 한계에 도달하지 않도록 하여야 한다. 도체를 포함한 전기설비는 인축의 상해 또는 재산의 손실을 방지하기 위하여 보호장치가 구비되어야 한다.

    나. 도체는 (④)에 따라 고장으로 인해 발생하는 과전류에 대하여 보호되어야 한다.

: 답안작성

(①) 기본보호
(②) 고장보호
(③) 열 영향에 대한 보호
(④) 과전류에 대한 보호
(⑤) 고장전류에 대한 보호

: 참고

6. 과전압 및 전자기 장애에 대한 대책
   가. 회로의 충전부 사이의 결함으로 발생한 전압에 의한 고장으로 인한 인축의 상해가 없도록 보호하여야 하며, 유해한 영향으로부터 재산을 보호하여야 한다.
   나. 저전압과 뒤이은 전압 회복의 영향으로 발생하는 상해로부터 인축을 보호하여야 하며, 손상에 대해 재산을 보호하여야 한다.
   다. 설비는 규정된 환경에서 그 기능을 제대로 수행하기 위해 전자기 장애로부터 적절한 수준의 내성을 가져야 한다. 설비를 설계할 때는 설비 또는 설치 기기에서 발생되는 전자기 방사량이 설비 내의 전기사용기기와 상호 연결 기기들이 함께 사용되는 데 적합한지를 고려하여야 한다.
7. 전원공급 중단에 대한 보호
   전원공급 중단으로 인해 위험과 피해가 예상되면, 설비 또는 설치기기에 적절한 보호장치를 구비하여야 한다.

▶ 배점 : 5점

문제 09

3상 변압기 병렬 운전 조건 5가지를 쓰고, 이들 각각에 대하여 조건이 맞지 않을 경우에 어떤 현상이 나타나는지 쓰시오.

: 답안작성

① 조건 : 극성이 같을 것
   현상 : 큰 순환 전류가 흘러 권선이 소손
② 조건 : 권수비 및 정격전압 같을 것
   현상 : 순환 전류가 흘러 권선이 가열
③ 조건 : %임피던스 강하가 같을 것
   현상 : 부하의 부담이 용량의 비가 되지 않아 부하의 분담이 균형을 이룰수 없다.
④ 조건 : 내부 저항과 누설 리액턴스 비가 같을 것
   현상 : 각 변압기의 전류간에 위상차가 생겨 동손이 증가
⑤ 조건 : 상회전 방향위상각 변위 같을 것
   현상 : 위상차에 의한 순환전류가 발생한다.

▶ 배점 : 5점

문제 10 저압전로의 보호도체 및 중성선의 접속 방식에 따른 접지계통을 쓰시오.

(1)

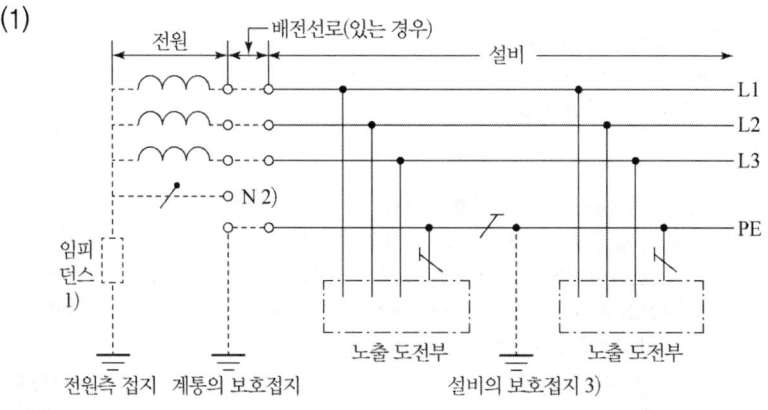

(2)

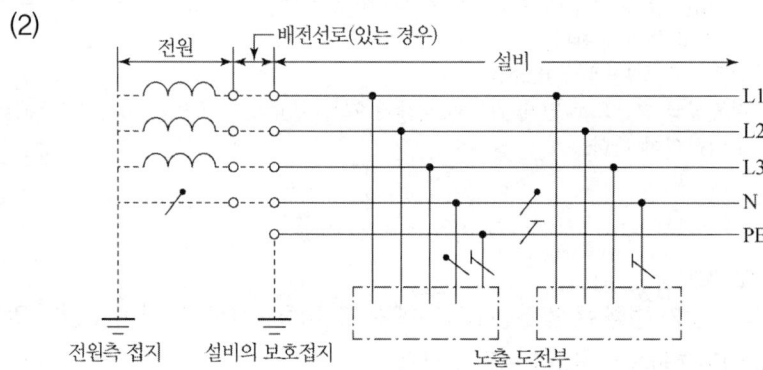

(3)

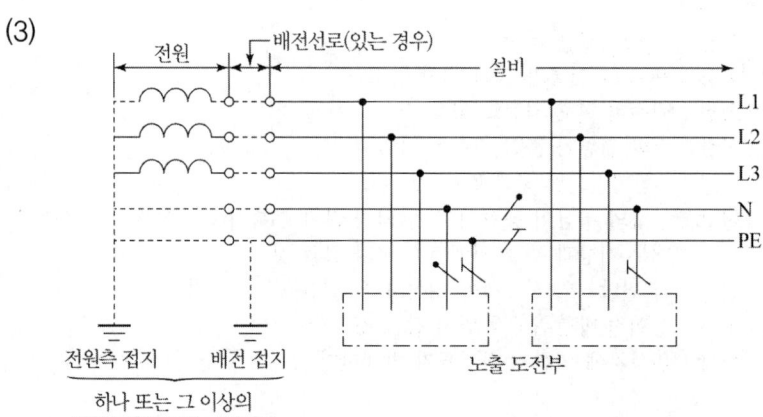

(4)

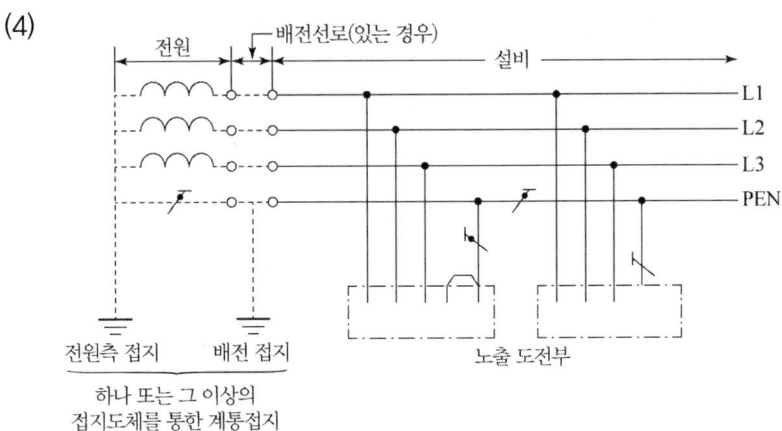

(5)

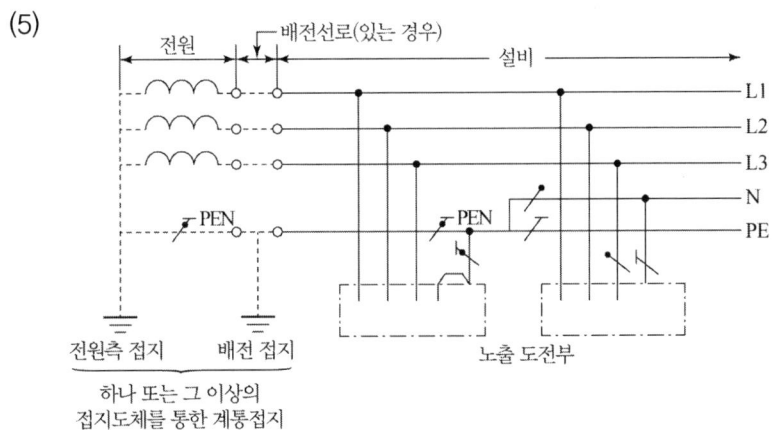

※ 답안작성
(1) IT 계통
(2) TT 계통
(3) TN-S
(4) TN-C
(5) TN-C-S

2025년 전기기능장 제77회 필답형 실기시험

자격종목	코드	시험시간	형별	수험번호	성명
전기기능장					

※ 수험생의 기억에 의해 복원된 검정문제로 실제 시험과 상이할 수 있습니다.

문제 01 ▶배점 : 4점

두 개 이상의 전선을 병렬로 사용하는 경우에는 다음에 의하여 시설할 것.
(1) 병렬로 사용하는 각 전선의 굵기는 동선 (①)이상 또는 알루미늄 (②) 이상으로 하고, 전선은 같은 도체, 같은 재료, 같은 길이 및 같은 굵기의 것을 사용할 것.
(2) 같은 극의 각 전선은 동일한 터미널러그 에 완전히 접속할 것.
(3) 같은 극인 각 전선의 터미널러그는 동일한 도체에 (③) 이상의 리벳 또는 (③) 이상의 나사로 접속할 것.
(4) 병렬로 사용하는 전선에는 각각에 (④)를 설치하지 말 것.
(5) 교류회로에서 병렬로 사용하는 전선은 금속관 안에 전자적 불평형이 생기지 않도록 시설할 것.

답안작성
(1) ① 50[mm^2], ② 70[mm^2]
(3) ③ 2개
(4) ④ 퓨즈

문제 02 ▶배점 : 5점

건축물의 설비기준 등에 관한 규칙에 의해 낙뢰의 우려가 있는 건축물, 높이 20미터 이상의 건축물에는 다음 각 호의 기준에 적합하게 피뢰설비를 설치해야 한다. 다음 빈칸을 채우시오.
(1) 피뢰설비는 한국산업표준이 정하는 피뢰레벨 등급에 적합한 피뢰설비일 것. 다만, 위험물저장 및 처리시설에 설치하는 피뢰설비는 한국산업표준이 정하는 (①) 이상이어야 한다.
(2) 돌침은 건축물의 맨 윗부분으로부터 (②)이상 돌출시켜 설치하되, 「건축물의 구조기준 등에 관한 규칙」 제9조에 따른 설계하중에 견딜 수 있는 구조일 것
(3) 피뢰설비의 재료는 최소 단면적이 피복이 없는 동선(동선)을 기준으로 수뢰부, 인하도선 및 접지극은 (③) 이상이거나 이와 동등 이상의 성능을 갖출 것

(4) 피뢰설비의 인하도선을 대신하여 철골조의 철골구조물과 철근콘크리트조의 철근구조체 등을 사용하는 경우에는 전기적 연속성이 보장될 것. 이 경우 전기적 연속성이 있다고 판단되기 위하여는 건축물 금속 구조체의 최상단부와 지표레벨 사이의 전기저항이 (④) 이하이어야 한다.

(5) 측면 낙뢰를 방지하기 위하여 높이가 (⑤)를 초과하는 건축물 등에는 지면에서 건축물 높이의 5분의 4가 되는 지점부터 최상단부분까지의 측면에 수뢰부를 설치하여야 하며, 지표레벨에서 최상단부의 높이가 150[m]를 초과하는 건축물은 120[m] 지점부터 최상단부분까지의 측면에 수뢰부를 설치할 것. 다만, 건축물의 외벽이 금속부재(부재)로 마감되고, 금속부재 상호간에 제4호 후단에 적합한 전기적 연속성이 보장되며 피뢰시스템레벨 등급에 적합하게 설치하여 인하도선에 연결한 경우에는 측면 수뢰부가 설치된 것으로 본다.

답안작성

(1) ① 피뢰시스템 레벨 Ⅱ
(2) ② 25[cm]
(3) ③ 50[mm^2]
(4) ④ 0.2[Ω]
(5) ⑤ 60[m]

참고

(6) 접지(접지)는 환경오염을 일으킬 수 있는 시공방법이나 화학 첨가물 등을 사용하지 아니할 것
(7) 급수·급탕·난방·가스 등을 공급하기 위하여 건축물에 설치하는 금속배관 및 금속재 설비는 전위(전위)가 균등하게 이루어지도록 전기적으로 접속할 것
(8) 전기설비의 접지계통과 건축물의 피뢰설비 및 통신설비 등의 접지극을 공용하는 통합접지공사를 하는 경우에는 낙뢰 등으로 인한 과전압으로부터 전기설비 등을 보호하기 위하여 한국산업표준에 적합한 서지보호장치[서지(surge: 전류·전압 등의 과도 파형을 말한다)로부터 각종 설비를 보호하기 위한 장치를 말한다]를 설치할 것
(9) 그 밖에 피뢰설비와 관련된 사항은 한국산업표준에 적합하게 설치할 것

▶ 배점 : 4점

문제 03 전압의 크기에 따라 종별로 구분하고 그 전압의 범위를 쓰시오.

답안작성

① 저압 • 직류 : 1.5[kV] 이하, • 교류 : 1[kV] 이하
② 고압 • 직류 : 1.5[kV] 초과 ~ 7[kV] 이하
        • 교류 : 1[kV] 초과 ~ 7[kV] 이하
③ 특별고압 : 7[kV] 초과

▶배점 : 6점

문제 04 그림과 같이 수용가 인입구의 전압이 22.9[kV], 주차단기의 차단 용량이 250[MVA]로 정하고 임피던스 맵을 그리시오.

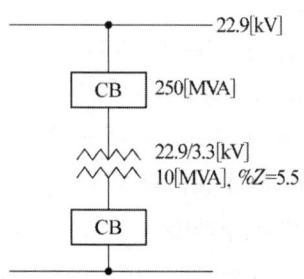

(1) 합성 %임피던스를 구하시오.

계산 :   답 :

(2) 변압기 2차측에 필요한 차단기 용량을 구하여 제시된 표(차단기의 정격차단용량 표)를 참조하여 차단기 용량을 선정하시오.

차단기의 정격 차단용량[MVA]

10	20	30	50	75	100	150	250	300	400	500	750	1000

계산 :   답 :

:답안작성

(1) 기준 Base를 10[MVA]로 할 때 전원측 임피던스

$P_s = \dfrac{100}{\%Z} \times P_n$ 에서 $\%Z = \dfrac{100}{P_s} \times P_n = \dfrac{100}{250} \times 10 = 4[\%]$

합성 %임피던스 $\%Z = \%Z_s + \%Z_{tr} = 4 + 5.5 = 9.5[\%]$

답 : 9.5[%]

(2) 단락용량 $P_s = \dfrac{100}{\%Z} \times P_n = \dfrac{100}{9.5} \times 10 = 105.26[MVA]$

답 : 표에서 150[MVA] 선정

▶배점 : 6점

문제 05 태양광 발전설비의 안전 요구 사항 3가지를 쓰시오.

:답안작성

① 태양 전지 모듈 전선 개폐기 및 기타 기구는 충전 부분이 노출되지 않게 시설할 것
② 모든 접속함에는 내부의 충전부가 인버터로부터 분리된 후에도 여전히 충전 상태일 수 있음을 나타내는 경우가 붙어 있어야 한다.
③ 태양광 발전 설비의 고장이나 외부 환경 요인으로 인하여 계통 연기에 문제가 있을 경우 분리 회로 분류를 위한 안전 시스템이 있을 것

:참고

태양광 발전설비의 설치 장소의 요구사항
① 인버터, 제어반, 배전반 등의 시설은 기기 등을 조작하는 보수 점검할 수 있는 충분한 공간을 확보하고 필요한 조명 설비를 시설할 것
② 인버터 등을 수납하는 공간에는 실내 온도의 과열 상승을 방지하기 위한 환기 시설을 갖추어야 하며 적정한 온도와 습도를 유지하도록 시설할 것
③ 배전반 인버터 접속 장치 등을 옥외 시설하는 경우 침수의 우려가 없게 시설할 것
④ 태양전지 모듈을 지붕에 시설하는 경우 취급자에게 추락의 위험이 없도록 점검 통로를 안전하게 시설할 태양전지의 직렬군 최대 개방 전압이 직류 750[V] 초과 1500[V] 이하인 시설 장소는 규정에 의한 울타리 등의 안전 조치를 취하여야 한다.

▶배점 : 5점

문제 06 22.9[kV-Y] 선로 수전방식 중 1,000[kVA] 이하의 수전단선 결선도 중 하나이다. 그림을 보고 물음에 답하시오.

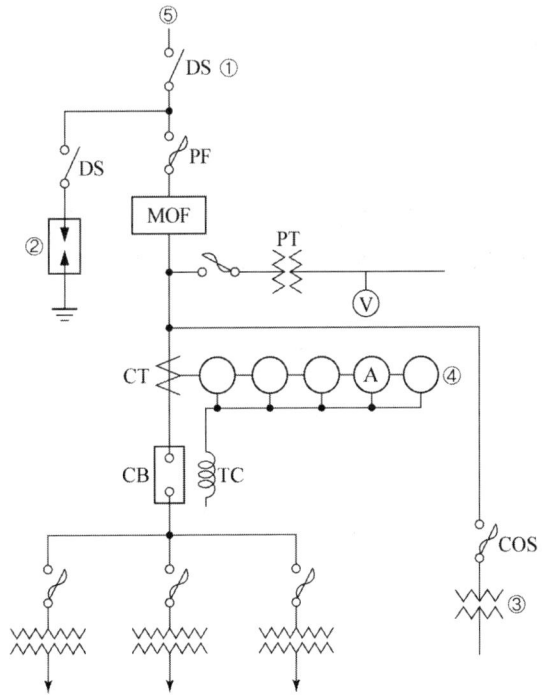

- 수전단 DS 대신 ASS(자동 고장구분 개폐기)를 사용할 수 있다.
- 피뢰기 정격전압은 18[kV], 정격전류 2.5[kA] 이다.
- 소내용 변압기 용량은 10[kVA] 이다.
- 보호계전기는 과전류 계전기(OCR), 지락 과전류 계전기(OCGR) 이다.

(1) 지중인입의 경우 인입전로 사용할 수 있는 케이블 2가지를 쓰시오.
(2) 차단기 트립전원 방식 2가지를 쓰시오.

답안작성

(1) ① CNCV-W 케이블(동심중성선 수밀형 전력케이블)
　　② TR CNCV-W(동심중성선 트리억제형 전력케이블)
(2) ① DC(직류) 방식
　　② CTD(콘덴서 트립) 방식

▶ 배점 : 5점

문제 07 공칭 변류비가 100/5이다. 1차측에 250[A]를 흘렸을 때 2차에 10[A]가 흘렀을 경우 비오차[%]는?

답안작성

계산 : 비오차 $= \dfrac{\text{공칭변류비} - \text{실제변류비}}{\text{실제변류비}} \times 100 = \dfrac{\dfrac{100}{5} - \dfrac{250}{10}}{\dfrac{250}{10}} \times 100 = -20[\%]$

답 : $-20[\%]$

▶ 배점 : 6점

문제 08 그림과 같은 3상 3선식 200[V] 수전인 경우의 설비불평형률을 계산하고 불평형률이 양호한지 양호하지 않은지 판단하시오. 단, 전용 변압기 등으로 수전하는 경우가 아님

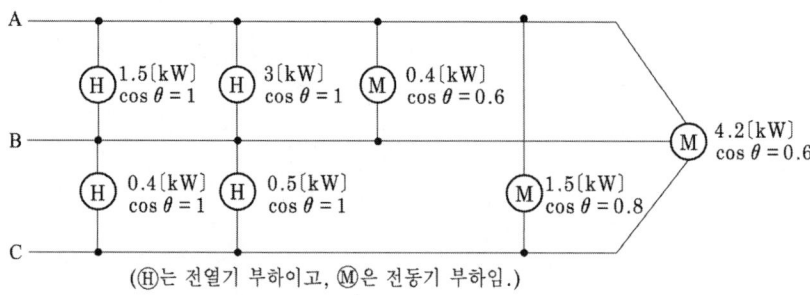

(Ⓗ는 전열기 부하이고, Ⓜ은 전동기 부하임.)

답안작성

3상 3선식의 경우

설비불평형률 $= \dfrac{\left(1.5 + 3 + \dfrac{0.4}{0.6}\right) - (0.4 + 0.5)}{\left(1.5 + 3 + \dfrac{0.4}{0.6} + 0.4 + 0.5 + \dfrac{1.5}{0.8} + \dfrac{4.2}{0.6}\right) \times \dfrac{1}{3}} \times 100 = 85.7[\%]$

판단 : 30[%]를 초과하였으므로 설비불평형이 양호하지 않다.

해설

- 설비불평형률 = $\dfrac{\text{각 선간에 접속되는 단상부하의 최대와 최소의 차}}{\text{총 부하설비 용량의 }1/3} \times 100[\%]$
- A-B 사이의 부하 $= 1.5 + 3 + \dfrac{0.4}{0.6} = 5.17\,[\text{kVA}]$ — 최대
- B-C 사이의 부하 $= 0.4 + 0.5 = 0.9\,[\text{kVA}]$ — 최소
- C-A 사이의 부하 $= \dfrac{1.5}{0.8} = 1.88\,[\text{kVA}]$

▶ 배점 : 4점

문제 09

접지에 관한 각 물음에 답하시오.

(1) 중성점(N)과 보호접지(PE)가 변압기나 발전기 근처에만 서로 연결되어 있고 전 구간에서 분리되어 있는 방식을 무엇이라고 하는가?

(2) (①)공사를 한 경우에는 과전압으로부터 전기설비들을 보호하기 위하여 (②)를 설치하여야 한다. ( )안의 접지 방식을 쓰시오.

(3) 서지보호장치의 영문 약호는 무엇인가?

답안작성

(1) TN-S
(2) ① 통합접지 ② 서지보호장치
(3) SPD

▶ 배점 : 5점

문제 10

다음은 결선방법에 대한 내용이다. 다음 변압기 결선방식을 쓰시오.

(1) 장점 :
 ⓐ 제3고조파 전류가 △결선 내를 순환하므로 정현파 교류 전압을 유기하여 기전력의 파형이 왜곡되지 않는다.
 ⓑ 1대가 고장이 나면 나머지 2대로 V결선하여 사용할 수 있다.
 ⓒ 각 변압기의 상 전류가 선전류의 $1/\sqrt{3}$ 이 되어 대전류에 적합하다.

단점 :
 ⓐ 중성점을 접지할 수 없으므로 지락사고의 검출이 곤란하다.
 ⓑ 권수비가 다른 변압기를 결선하면 순환전류가 흐른다.
 ⓒ 각상의 임피던스가 다를 경우 3상 부하가 평형이 되어도 변압기의 부하 전류는 불평형이 된다.

(2) 장점 :
  ⓐ 중성점 접지할 수 있다.
  ⓑ 상전압이 선간전압의 $\frac{1}{\sqrt{3}}$ 이 되어 고전압의 결선에 적합하다.
  ⓒ 변압비, 권선 임피던스가 서로 틀려도 순환전류가 흐르지 않는다.
  단점 :
  ⓐ 제 3고조파 여자 전류의 통로가 없어 유도 기전력이 제3고조파를 함유하여 중성점을 접지하면 통신선에 유도장해를 준다.
  ⓑ 통신선 유도장해가 발생할 수 있다.

(3) 장점 :
  ⓐ 2차 권선의 상전압은 선간 전압의 $1/\sqrt{3}$ 이므로 절연이 유리하다.
  ⓑ 1차측에 여자 전류의 통로가 있으므로 제3고조파의 장해가 적고 기전력의 파형이 왜곡 되지 않는다.
  ⓒ 중성점 접지가 가능하다.
  단점 :
  ⓐ 1차와 2차 선간 전압 사이에 30°의 위상차가 있다.
  ⓑ 1상에 고장이 생기면 전원 공급이 불가능하다.

(4) 장점 :
  ⓐ 중성점 접지가 가능하다.
  ⓑ 대전류를 필요로 하는 부하에 적합하다.
  ⓒ 강압용으로 유리하다
  단점 :
  ⓐ 1차와 2차 선간 전압 사이에 30°의 위상차가 있다.
  ⓑ 1상에 고장이 생기면 전원 공급이 불가능하다.
  ⓒ 단상 2부싱 변압기로 1차측 중성점은 접지를 하면 지락 또는 단락 등에 의해서 결상이 발생하는 경우 건전상의 전위상승이 평상시보다 $\sqrt{3}$ 배가 증대하여 기기가 소손될 수 있다.

(5) 장점 :
  ⓐ △-△ 결선에서 1대의 변압기 고장시 2대만으로도 3상부하에 전력을 공급할 수 있다.
  ⓑ 설치방법 간단하다.
  ⓒ 저렴하다.
  단점 :
  ⓐ 설비의 이용률이 86.6[%]로 저하된다.
  ⓑ △결선에 비해 출력이 57.7[%]로 저하된다.
  ⓒ 부하의 상태에 따라서, 2차 단자 전압이 불평형이 될 수 있다.

답안작성

(1) △-△ 결선
(2) Y-Y 결선
(3) △-Y 결선
(4) Y-△ 결선
(5) V-V 결선

2025년 전기기능장 제78회 필답형 실기시험

자격종목	코드	시험시간	형별	수험번호	성명
전기기능장					

※ 수험생의 기억에 의해 복원된 검정문제로 실제 시험과 상이할 수 있습니다.

문제 01

▶배점 : 4점

다음은 태양광발전설비 인버터의 기능에 대한 설명이다. 주어진 설명에 대한 기능을 [보기]에서 찾아 답란에 쓰시오.

[보기] 직류아크검출, 단독운전방지, 자동전압조정, 최대전력추종

(1) 태양광 시스템이 단절된 전력망에 전력을 공급하는 것을 차단하여 작업자와 장비를 보호하는 안전장치
 (①   )

(2) 태양전지모듈은 태양의 일사량과 온도의 변화에 따라 출력이 변화한다. 이러한 변화에 최대출력을 낼수 있도록 태양광발전 인버터에서만 적용하는 추종제어 기능.
 (②   )

(3) 태양광 DC(직류) 선로에서 전기 불꽃 발생을 신속히 감지해 화재 등 2차 피해를 예방하는 기술
 (③   )

(4) 태양광에서 생산된 전기의 전압을 안정적으로 변환·조정하여 전력망에 연계할 수 있도록 하는 핵심 장치
 (④   )

답안작성

(1) ① 단독운전방지
(2) ② 최대전력추종
(3) ③ 직류아크검출
(4) ④ 자동전압조정

문제 02 ▸배점 : 5점

저항이 2[Ω]이고, 리액턴스가 5[Ω]인 3상 22.9[kV] 선로에서 송전단 전압이 23[kV], 역률이 0.8, 전압강하율이 15[%]라고 할 때 수전단 전압은 몇 [kV]인가?

: 답안작성

계산 : $\delta = \dfrac{V_s - V_r}{V_r} \times 100$ 에서 $\delta = \dfrac{23 - V_r}{V_r} \times 100 = 15[\%]$

에서 수전전압 $\dfrac{23 - V_r}{V_r} = \dfrac{15}{100} = 0.15$

∴ $V_r = \dfrac{23}{1.15} = 20[\text{kV}]$

답 : 20[kV]

문제 03 ▸배점 : 6점

정격전압이 같은 A, B 2대의 단상변압기가 있다. A 변압기는 용량 100[kVA] 퍼센트 임피던스 4[%]이고, B변압기는 용량 300[kVA], 퍼센트 임피던스 3[%] 이다. 이 두 변압기를 병렬운전하여 360[kVA]의 부하를 접속했을 때 각 변압기의 부하분담용량 [kVA]을 구하시오.

: 답안작성

두 변압기의 부하분담비

$$\dfrac{P_A}{P_B} = \dfrac{P_A' \times \%Z_B}{P_B' \times \%Z_A} = \dfrac{100 \times 3}{300 \times 4} = \dfrac{300}{1200}$$

여기서, P_A, P_B : 각 변압기의 용량
P_A', P_B' : 각변압기 부하분담용량
P_L : 전체부하용량

A 변압기 부하분담용량 $P_A = \dfrac{P_A' \times \%Z_B}{P_A' \times \%Z_B + P_B' \times \%Z_A} \times P_L$

$P_A = \dfrac{100 \times 3}{100 \times 3 + 300 \times 4} \times 360 = 72[\text{kVA}]$

B변압기 부하분담용량 $P_B = \dfrac{P_B' \times \%Z_A}{P_B' \times \%Z_A + P_A' \times \%Z_B} \times P_L$

$P_B = \dfrac{300 \times 4}{300 \times 4 + 100 \times 3} \times 360 = 288[\text{kVA}]$

답 : A변압기 부하분담용량 72[kVA]
B변압기 부하분담용량 288[kVA]

문제 **04** 다음 논리회로에 대한 물음에 답하시오.

▶배점 : 5점

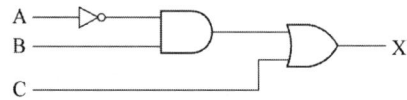

(1) 위 논리회로도의 논리식을 간략화하시오.
(2) NOR 만의 회로를 그리시오.
(3) NAND 만의 회로를 그리시오.

답안작성

(1) $X = \overline{A} \cdot B + C$
(2)
(3)

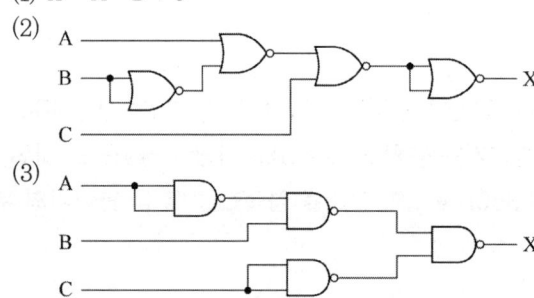

문제 **05** 50[kW], 역률이 1인 부하와 100[kW], 역률 0.8인 부하에 전력을 공급하기 위해 단상 변압기 3대를 시설할 때, 다음 물음에 답하시오.

▶배점 : 6점

(1) 변압기를 △결선할 경우, 변압기 한 대당 필요한 최저 용량[kVA]을 계산하시오.
(2) 변압기 1대의 고장으로 V결선할 것을 고려할 경우, 변압기 1대 당 필요한 최저용량[kVA]을 계산하시오.

답안작성

(1) 계산 : 합성유효전력 $P = 50 + 100 = 150[\text{kW}]$

합성무효전력 $Q = \dfrac{50}{1} \times 0 + \dfrac{100}{0.8} \times \sqrt{1 - 0.8^2} = 75[\text{kVar}]$

합성용량 $P_a = \sqrt{150^2 + 75^2} = 167.71[\text{kVA}]$

여기서, △결선 1대용량 $P_1 = \dfrac{P_a}{3} = \dfrac{167.71}{3} = 55.9[\text{kVA}]$

답 : 55.9[kVA]

(2) 계산 : $P_V = \sqrt{3} P_1 = \sqrt{3} \times 55.9 = 96.82[\text{kVA}]$

답 : 96.82[kVA]

▶배점 : 4점

문제 06 건축물 구조물과 분리되지 않은 피뢰시스템은 피뢰도선이 건축물 표면이나 내부에 직접 설치되어 전기적 연속성을 확보하는 방식으로 분리되지 않은 피뢰시스템의 주요 특징이다. 다음 빈칸에 물음에 답하시오.

(1) 인하도선 수는 (①) 이상으로 설치하며, 보호대상 건축물·구조물의 둘레에 균등하게 배치할 것
(2) 이격 기준은 벽이 불연성 재료일 경우 표면 또는 내부에 설치할 수 있고, 벽이 가연성 재료일 경우 (②)이상 이격하거나 이격이 불가능한 경우에는 도체의 단면적을 (③) 이상으로 하여야 한다.

답안작성

(1) ① 2가닥
(2) ② 0.1[m]   ③ 100[mm^2]

참고

피뢰설비(KDS 32 40 10) 규정 중 건축물·구조물과 분리되지 않은 경우
① 벽이 불연성 재료로 된 경우에는 벽의 표면 또는 내부에 시설할 수 있다. 다만, 벽이 가연성 재료인 경우에는 0.1[m] 이상 이격하고, 이격이 불가능한 경우에는 도체의 단면적을 100[mm^2] 이상으로 한다.
② 인하도선의 수는 2가닥 이상으로 한다.
③ 보호대상 건축물·구조물의 투영에 다른 둘레에 가능한 한 균등한 간격으로 배치하고, 노출된 모서리 부분에 우선하여 설치한다.
④ 병렬 인하도선의 최대 간격은 피뢰시스템 등급에 따라 Ⅰ·Ⅱ 등급은 10[m] Ⅲ 등급은 15[m], Ⅳ 등급은 20[m]로 한다.

▶배점 : 5점

문제 07 경간 200[m]인 가공 송전선로가 있다. 전선 1[m]당 무게는 2.0[kg]이고 풍압하중은 없다고 한다. 인장강도 4000[kg]의 전선을 사용할 때 전선의 실제 길이를 구하시오. (단, 전선의 안전율은 2.2로 한다.)

답안작성

계산 : 이도 $D = \dfrac{WS^2}{8T} = \dfrac{2 \times 200^2}{8 \times \dfrac{4000}{2.2}} = 5.5 [m]$

전선의 실제 길이 $L = S + \dfrac{8D^2}{3S} = 200 + \dfrac{8 \times 5.5^2}{3 \times 200} = 200.4 [m]$

답 : 200.4[m]

문제 08

▶배점 : 5점

다음은 배선차단기의 순서 트립에 따른 구분과 과전류 트립 동작 및 특성표이다. 표의 빈 칸을 채우시오.

(1) 과전류 트립 동작시간 및 특성 (배선용 차단기)

정격전류	규정시간	정격전류의 배수			
		주택용		산업용	
		부동작전류	동작전류	부동작전류	동작전류
63[A] 이하	60분	①	②	1.05배	1.3배
63[A] 초과	120분	①	②	1.05배	1.3배

(2) 순시 트립에 따른 구분 (주택용 배선용 차단기)

형	순시트립 범위
③	$3I_n$ 초과 ~ $5I_n$ 이하
④	$5I_n$ 초과 ~ $10I_n$ 이하
⑤	$10I_n$ 초과 ~ $20I_n$ 이하

답안작성

(1) ① 1.13배 ② 1.45배
(2) ③ B형 ④ C형 ⑤ D형

문제 09

▶배점 : 5점

다음은 KS C IEC 60364-5-52 저압 전기설비(전기기기의 선정 및 설치-배선설비) 규정에 관한 내용이다. 다음은 무엇을 말하는 것이지 쓰시오.

(1) 배전설비는 최대 주위온도와 최저 주위돈도 사시에서 온도상승 한도를 적용해야 하며, 이 범위를 벗어나면 설비 안전에 문제가 발생할수 있다. 이것을 초과시 설비의 열화, 절연 저하, 고장 위험이 커지므로, 주위온도와 설비온도 모두를 주기적으로 점검해야 한다.
(2) 전기설비의 안전성과 신뢰서을 평가하기 위해 사용되는 등급체계로 배선설비는 결로 또는 물의 침입에 의한 손상이 없도록 선성하고 설치하여야 한다. 설치가 완성된 배선설비는 개별 장소에 알맞은 보호등급에 적합애야 한다.

답안작성

(1) 온도상승한도
(2) IP등급 (IP보호등급)

문제 10

▶배점 : 5점

한국전기설비규정(KEC)의 공통사항에 있어서 다음 설명이 의미하는 용어를 쓰시오.
(1) 교류 회로에서 중성선 겸용 보호도체를 말한다.
(2) 전기설비에서 접지극과 연결되는 주된 도체로 감전보호 및 전기적 안정성 확보를 위해 설치되는 도체
(3) 전기 설비의 여러 금속 부분이나 도전성 부분을 도체로 연결하여 전위차를 없애는 것
(4) 전력계통에서 돌발적으로 발생하는 이상현상에 대비하여 대지와 계통을 연결하는 것.
(5) 정상 작동을 할때에는 충전부는 아니지만 기초 절연을 파괴할 때에는 충전될수 있는, 접촉 가능한 전기 장비의 도전부

답안작성
(1) PEN도체
(2) 접지도체
(3) 등전위본딩
(4) 계통접지
(5) 노출도전부

MEMO

마스터 전기기능장 실기 [필답형]

발　　행 / 2025년 12월 22일

저　　자 / 현명걸, 김동진
펴 낸 이 / 이 지 연
펴 낸 곳 / 엔트미디어
주　　소 / 서울시 강서구 강서로 47-8 302호
　　　　　 (화곡동 평인빌딩)
전　　화 / 02) 2608-8339
팩　　스 / 02) 2608-8314
등록번호 / 제839-91-00430호

낙장 및 파본된 책은 구입서점이나 본사에서 교환해 드립니다.

ISBN : 979-11-92810-71-3　13560

값 / 39,000원

이 책은 저작권법에 의해 저작권이 보호됩니다.
엔트미디어 발행인의 승인자료 없이 무단 전재하거나 복제하는
행위는 저작권법 제136조에 의해 5년 이하의 징역 또는 5,000만
원 이하의 벌금에 처하거나 이를 병과(倂科)할 수 있습니다.